準プリニー式噴火を発生した霧島山新燃岳 (2011年1月26日) (→ 4 章)

ストロンボリ式噴火をする伊豆大島 (1986年11月21日宮崎務氏撮影) (→ 4 章)

ブルカノ式噴火をする浅間山 (2004年9月16日小山悦郎氏撮影) (→ 4 章)

粘性の低い溶岩を流出するハワイ・キラウエア火山 (安井真也氏撮影) (→ 4 章)

タヒチ島玄武岩溶岩の反射顕微鏡写真 (綱川ほか, 2008). 白く光っているように見える部分は磁性鉱物. 画像横幅の長さは 1 mm. (→ 6 章)

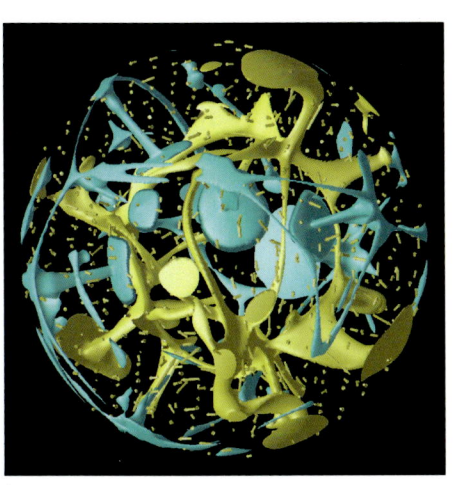

3次元球殻領域内でのマントルの熱対流シミュレーションの例. 矢印は流れの速度を示す. 黄色は周辺よりも高温の上昇域, 青は低温の下降域を表す. (→ 10 章)

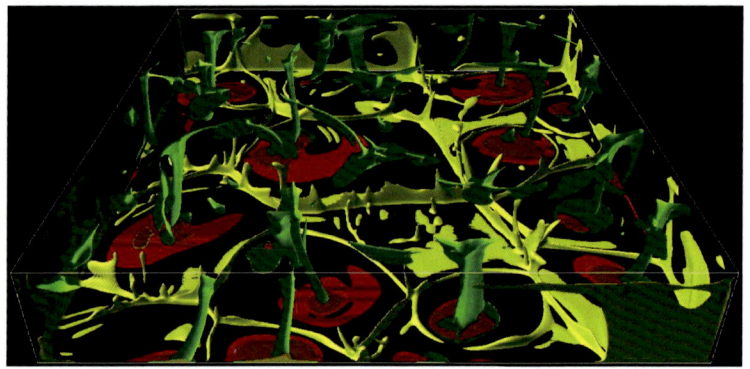

3次元箱型領域内でのマントルの熱対流シミュレーションの例．黄色は周辺よりも高温の上昇域，緑は低温の下降域を表す．赤はマントル最下部に予想されるポストペロブスカイト相転移が起こっている部分を示す．（→ 10 章）

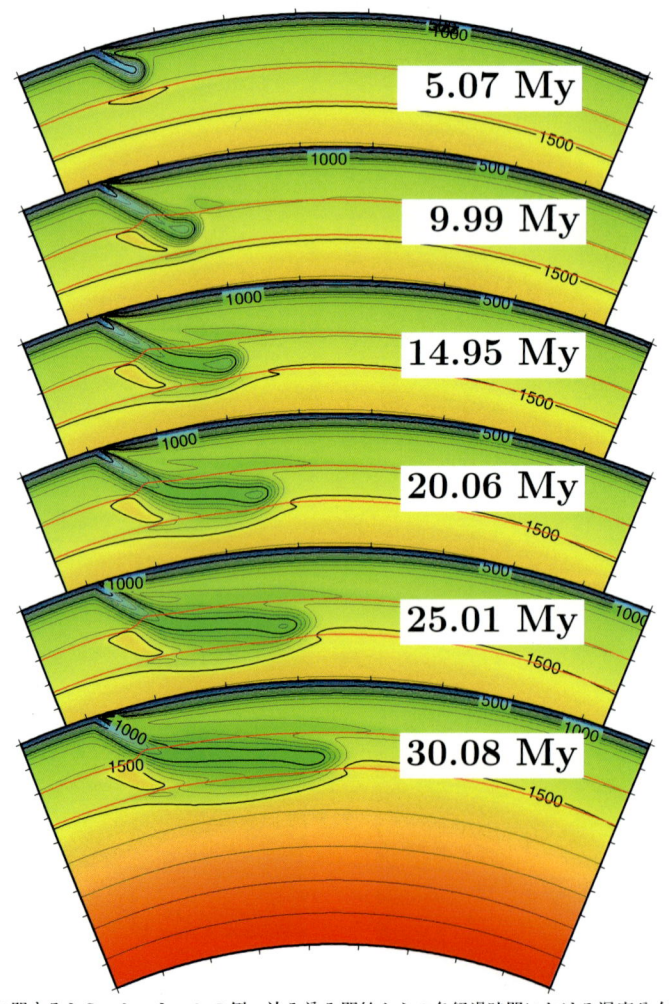

プレート沈み込みに関するシミュレーションの例．沈み込み開始からの各経過時間における温度分布を，色と等値線で示している．赤線はマントル遷移層を特徴づける相転移が起こる位置を表す（データは木村綾花氏による）．（→ 10 章）

地球ダイナミクス

山本明彦［編著］

朝倉書店

執 筆 者

山本 明彦* 愛媛大学大学院理工学研究科 [1, 7章]

須田 直樹 広島大学大学院理学研究科 [2章]

田部井隆雄 高知大学教育研究部自然科学系理学部門 [3章]

鵜川 元雄 日本大学文理学部 [4章]

谷岡勇市郎 北海道大学大学院理学研究院 [5章]

綱川 秀夫 東京工業大学大学院理工学研究科 [6章]

田中 明子 産業技術総合研究所地質情報研究部門 [8章]

井上 徹 愛媛大学地球深部ダイナミクス研究センター [9章]

亀山 真典 愛媛大学地球深部ダイナミクス研究センター [10章]

(執筆順. *は編著者)

まえがき

　あの日，2011年3月11日の大地震が起きた頃，私はパソコンに向かっていつものように仕事をしていた．メールをチェックするうちにただならぬ様子を感じ，すぐに近くのテレビを見たところ，アナウンサーが絶叫し，避難した人々が映し出されていた．マグニチュード9の東北地方太平洋沖地震であった．さらに驚いたのは津波であった．まるでスローモーションのようにゆっくりと海岸に迫ったかと思うと，いきなり黒い牙をむけて襲いかかる様子がはっきりと映し出されていた．長い間，地球科学の研究に勤しんできたが，このような津波の光景を目にするのは始めてであった．2万人にのぼる人々の命をのみ込んだ津波は場所によっては10 mを超える高さであった．さらにショックを受けたのはその後にもたらされた，いわゆる原発災害である．文明が作り上げた利器の脆さが露呈した瞬間であった．これはまさに『文明が進めば進むほど天然の暴威による災害がその劇烈の度を増す』という寺田寅彦の言葉そのもののように私には思われた．このような地震や津波といった現象は，普段，我々が目にしたり耳にする地球科学現象の代表であろう．これらの現象は地球が生きている証拠でもあり，地球内部のダイナミズムが重要な役目を果たしている．このようなダイナミックな地球は我々にさまざまな恩恵を与えてくれる．温泉などはそのよい例であろう．しかし，一方で，先に述べたように，自然は我々に大きな災いをもたらすのもまた現実である．このような現象は地球科学を通して理解するのが早道である．特に地球物理学的な目でそうした現象を追いかければさまざまなことが見えてくる．そうした観点から本書は書かれている．特に，本書では，地球物理学的な視点から地球のダイナミクス全般を概観し，観測事実とそれを支配する物理法則の検証を中心としてコンパクトにまとめたつもりである．わかりやすい地球物理学の入門書の類は豊富に存在するように思うが，その先にあるものは難しい専門書になってしまい，その中間を埋める存在の教科書が少ないように思われる．特に，地球科学を学ぶ若い学部学生たちからは，いわゆる入門書を読んだ後に，自分たちの方向付けをしてくれるような書物を希望する声を聞くことが多い．本書はこういった潜在的な期待に多少なりとも応えようとするものである．本書は固体地球物理学を専門とする9人の研究者によって書かれたものである．いずれも，高い専門性をもった内容がわかりやすく記述され，数式の導出もできる限り省略することなく記述されている．このため学部学生にとって，入門書，あるいは，専門書と入門書の中間的なレベルの書物として最適なものと思う．各章は独立した構成になっているので，興味を覚えたところから読んでいただきたい．本書が，若い学生にとって，専門の道に進む少し手前の教科書として，あるいは，大学の学部レベルの教科書として活用されれば著者一同の喜びである．最後になったが，本書の原稿執筆段階から，編集さらには出版に至るまで，朝倉書店編集部に大変お世話になった．編集部の後押しがなければ本書は決して日の目を見ることはなかったと思う．ここに記して感謝いたします．

　2014年2月

山 本 明 彦

目　次

1. **序　章** …………………………………………………………………………………… 1
   1.1　地球のダイナミクス ……………… 1

2. **地　震** …………………………………………………………………………………… 4
   2.1　断層と地震 ………………………… 4　　2.3　地震波と発震機構 ……………… 22
   2.2　地震波と地球内部構造 …………… 13

3. **地 殻 変 動** ……………………………………………………………………………… 28
   3.1　地殻変動の記述：変位とひずみ … 28　　3.4　プレート運動と日本列島の地殻変動 … 40
   3.2　地殻変動の計測手法 ……………… 30　　3.5　地震サイクルと地殻変動 ……… 44
   3.3　断層モデルと地殻変動 …………… 38

4. **火山の物理** ……………………………………………………………………………… 50
   4.1　火山の多様性 ……………………… 50　　4.5　火山の変動と火山観測 ………… 61
   4.2　マグマの生成から噴火まで ……… 54　　4.6　火山と地震 ……………………… 64
   4.3　マグマの移動速度と固化時間 …… 58　　4.7　火山噴火予知 …………………… 68
   4.4　火山の構造探査 …………………… 60

5. **津　波** …………………………………………………………………………………… 71
   5.1　津波の発生 ………………………… 71　　5.4　津波の数値計算 ………………… 81
   5.2　津波の伝播 ………………………… 74　　5.5　津波の予測 ……………………… 86
   5.3　津波の観測 ………………………… 78

6. **地球の磁場** ……………………………………………………………………………… 89
   6.1　宇宙空間の地球磁場 ……………… 89　　6.5　地磁気の成因 …………………… 95
   6.2　地球の双極子磁場 ………………… 90　　6.6　地磁気の時間変化 ……………… 100
   6.3　現在の地磁気 ……………………… 92　　6.7　岩石の地磁気記録 ……………… 103
   6.4　地磁気ガウス係数 ………………… 94　　6.8　地球内部の電気伝導度構造 …… 108

7. **重　力** …………………………………………………………………………………… 112
   7.1　万有引力・遠心力・重力 ………… 112　　7.6　重力補正密度 …………………… 129
   7.2　地球内部〜外部の重力とポテンシャル · 116　　7.7　地下構造解析の理論 …………… 132
   7.3　ジオイド …………………………… 119　　7.8　地下構造解析の応用 …………… 134
   7.4　測地基準系と正規重力 …………… 120　　7.9　おわりに ………………………… 135
   7.5　重力異常と重力補正 ……………… 122

8. **温度・熱** ………………………………………………………………………………… 137
   8.1　はじめに …………………………… 137　　8.5　地球内部温度分布 ……………… 149
   8.2　地球の熱収支 ……………………… 137　　8.6　地下温度分布が語るもの ……… 150
   8.3　地殻熱流量 ………………………… 140　　8.7　他の地球物理学的データよりの類推 … 151
   8.4　熱伝導方程式 ……………………… 144

9. 地球内部の物質科学 ･･･ 155
- 9.1 固体地球の内部構造 ･･････････････ 155
- 9.2 地球の構成元素・構成物質 ････････ 157
- 9.3 高圧実験 ･･･････････････････････ 159
- 9.4 鉱物の高圧相転移 ･･･････････････ 163
- 9.5 相転移の熱力学 ･････････････････ 165
- 9.6 地球深部物質における水の影響 ････ 166
- 9.7 地球深部ダイナミクスへの応用 ････ 172

10. 地球内部のダイナミクス ･･･ 175
- 10.1 序：地球内部のダイナミクスと地表面現象との関わり ･･････････････････ 175
- 10.2 地球深部での物質の変形の仕方 ････ 177
- 10.3 地球内部の流動現象を記述する基礎理論 180
- 10.4 地球内部での温度状態を決めるもの ･･ 184
- 10.5 熱対流：地球内部のダイナミクスの基本的描像 ････････････････････････ 188
- 10.6 熱対流の先へ：リアルな地球内部のダイナミクス像に向けて ･･････････ 192

付録

A. 物理数学の基礎 ･･ 197
- A.1 数学的準備 ････････････････････ 197
- A.2 数理物理学的な表記とベクトル解析の公式 ････････････････････････ 197
- A.3 代表的な座標系におけるスカラー場とベクトル場の記述 ･･････････････ 198
- A.4 ベクトル解析における恒等式と公式 ･･ 199
- A.5 テーラー展開 ･･･････････････････ 200
- A.6 フーリエ展開とフーリエ変換 ･･･････ 201
- A.7 特殊関数 ･･･････････････････････ 202
- A.8 球面調和関数 ･･･････････････････ 205
- A.9 微分方程式 ･････････････････････ 206

演習問題解答 ･･･ 208
引用文献 ･･･ 213
使用記号一覧 ･･･ 220
索引 ･･･ 225

1 序章

地球の内部では，常にダイナミックな運動が継続している．これらの運動はプレートを動かし，大陸を移動させ，地球の磁場を発生させ，地震を引き起こし，火山を噴火させ，長い地質時代の間に膨大な活動を行っている．本書では，生きている明かしともいえるこのような地球の営みがなぜ起こるのか，そしてどのような理論でそれらを説明できるのか，といった内容を，特に，地球物理学的な視点から詳細に記述した．本書を通読することにより，地球科学の面白さや楽しさを感じながら，地球と地球のダイナミクスの全容を理解していだければ幸いである．

◆　◆　◆　◆　◆　◆

1.1 地球のダイナミクス

2011年3月11日(金) 14時46分に発生した東北地方太平洋沖地震は東日本大震災を引き起こし，東北から関東にかけての東日本一帯に甚大な被害をもたらし，約2万人という無辜の人々が犠牲となった．まことに痛恨の極みである．このような大地震の発生や火山の噴火など，我々が普段目にする地球科学的な現象の多くは地球のダイナミクスが関連しており，いずれも地球が生きている証拠でもある．このような地球のダイナミクスにはさまざまな解釈が可能であり，そのためにはいろいろなアプローチがある．そしてこのようなダイナミックな現象は科学の目を通すことによって物理現象としてきちんと説明できるはずである．このような考え方を意識しながら本書は書かれている．特に，地球物理学的な視点から地球のダイナミクス全般を概観し，現象を支配する物理法則から地球の活動を洞察し，観測された事実から物理法則を検証するという内容を中心としている．

▶ 1.1.1 本書の特徴と構成

地球科学は『理論，観測，検証』がうまく機能し，それらが有機的に，かつ，相互に結びつくことによって学問体系が成り立っている．観測や検証が伴わない理論は説得力をもたないだろうし，理論的な裏付けのない観測は体系だった説明を必要とするだろう．本書はこの考え方を基礎として，『理論，観測，検証』の記述や説明をなるべくコンパクトに，かつ，わかりやすくまとめたものである．各章の内容はそれぞれの分野の専門家が長年研究し，蓄積してきた知識を基にしてまとめたものであり，また，それぞれ実際に自分が受けもつ授業の教材としても利用できるように配慮して書いたものである．

a. 特徴

本書では，対象を大学の学部学生にしぼって記載した．そのため大学院生にとっては，やや専門性に不満を残すこともあると思う．しかし，反面，地球物理学の基礎をしっかりと学びたいという意欲があれば本書は最適な導入書となろう．先に述べたように，最近頻発している大地震や大津波などの現象を背景として，本書では，『津波，地殻変動，電磁気，温度・熱』という分野を単独の章として独立させ，わかりやすく，かつ，専門性の高い記述を行った．これらの分野は，通常の地球物理学の教科書では単独の章として記載されることは少ないため，地球のダイナミズムに関して大いに理解が進むことと思う．また，地球内部の物質・物性科学，シミュレーション，ダイナミクスなどにも焦点をあてて記述した．もちろん，これら以外に，地震や重力といった，いわば教科書では定番となっている分野も含まれている．

地球物理学的な内容や現象の記述には物理や数学の知識を抜きにしては語ることができない．少なくとも高校程度の数学や物理の知識があれば本書の基本的な内容は理解できると思う．これらは，微分，積分，三角関数，基礎的な線形代数などに相当するが，本書では，専門性の高い内容の記述にも対応するため，もう少し上級の数学や物理学も使われている．これらも含めて，本書では，特に必要な場合を除いて数理物理学的な基礎知識は説明なしに使用されている．これらの基礎知識が必ずしも本書の理解にとって必要となるわけではないが，多くの場合，法則の説明には現象を記

述するための数学や物理が使用されるので，数理物理学的な基礎知識をもっている方が理解しやすいと思う．そして，できる限り，数式の導出や変形には細心の注意をはらい，かつ，きちんと式が追えるような記述を心がけた．式の導出そのものには興味がない場合には，その部分を飛ばしていただいてもさしつかえはないと思う．

b．構成

本書は地球物理学に関連した専門性の高い分野を9個の独立した章として配置した．各章で扱われる内容については，なるべく専門的な知識を豊富に盛り込むように努力した．また章内の節ごとに多くの例題を掲載し，読者の理解が進むようにした．さらに，読者が本書を読み進む際の清涼剤としての役割を果たせるように，各章にはミニコラムを配置した．このコラムには，各章の著者が日頃自分の専門分野に関連して考えていることや思っていること，また，いわゆる TIPS のような内容などが中心に述べられている．各章の最後には演習問題，文献リストを配置した．演習問題は適度な難易度のものも含めて基本的な問題にしぼって掲載したので，各章の理解度をはかるための指標として役立てていただきたいと思う．また，参考文献は，本書の読者にとって参考になるように，教科書のようなできるだけ基本的で入手しやすい文献を中心として掲載した．本書で扱う数学の内容は大学の初等年次で学ぶレベルであり，線形代数などの基礎的な知識があれば理解度は深まると思う．しかし，そのような知識をもたない読者がそのつど数学の教科書をにらみながら本書を読むのはいかにも効率が悪く，理解の妨げになると思う．そのため，本書で扱われる数学や物理学に関連した物理数学の基礎知識をまとめて巻末に掲載した．ただし，基礎知識として物理数学全般を網羅しているわけではない点に注意されたい．本書に登場する定数や記号などは，一覧表の形式で巻末に掲載した．定数の数値などのチェックにも役立つものと思う．以下に各章の内容を簡潔に説明しよう．

▶ **1.1.2 各章の内容**

第2章は地震や地震現象を扱う．現在では，地震の正体が断層のすべりであることはよく知られているが，地震波の解析からその事実が確定されるまでには長い年月を要した．現在では断層すべりの時空間分布がかなり詳細にわかるようになったが，そのすべりをもたらす断層のダイナミクスについては不明な部分が多い．本章では，特に地震と地球内部構造の基礎について解説する．

第3章は地殻変動を扱っている．ここで扱うのは地球の最表層を構成する厚さ数 km から数十 km の「薄く固い殻」である．地殻変動とは，固い地殻に力を加えたときに地殻が変形する現象のことである．ここでは，より広い意味で「プレート運動とその相互作用によって生じるプレートの内部変形」を地殻変動として扱う．また，地殻変動を記述する基礎としての変位とひずみの理論に始まり，宇宙測地技術に代表される地殻変動の主な計測手法，断層運動や地震サイクルと地殻変動の関係などを，実際の観測例を交えて解説する．

第4章では火山および火山活動について述べる．火山活動とは，マグマが地球内部で作られ，上昇し，地表に噴出する現象である．地表に現れる火山の姿は多様であり，また噴火現象も変化に富んでいる．この多様性はマグマの生成・上昇・蓄積・噴火の過程で作られ，それを理解するためには物理学，地質学，岩石学，化学など多分野の知識が必要である．この章では，地上で見られる火山現象を概観するとともに，地球物理学的な視点でマグマの発生から噴火までの基本的な過程を理解する．

第5章では津波全般を扱う．津波の発生と伝播の基礎から始まり，理論的表現を用いて地球物理学的な意味を分かりやすく解説する．さらに，最近発展してきた津波波形の観測手法について概観する．これらの観測津波波形がどのような手法で再現されるのか，あるいは，実際の津波の挙動をどのように実現するのかを理解するため，津波伝播の基礎方程式を数値計算により解く手法を解説する．最後には，津波数値計算手法を取り入れた現在の津波の予測技術についてまとめる．

第6章は地球の磁場を取り扱っている．太陽系惑星の多くには，惑星内部に成因をもつ磁場があり，地球もその1つである．本章では，まず宇宙空間における地球磁場を概観し，地球磁場の空間分布から双極子磁場という大きな特徴を把握する．次に，地球磁場を数学的に表現して定量的に把握し，双極子磁場が地球中心核で作用するダイナモにより生成・維持されていることを議論する．さらに，地球磁場が数百年から数万年という時間スケールで変動する永年変化，数十万年から数百万年で極性が反転する逆転現象を，観測結果や岩石磁化の記録から理解する．

第7章では重力を扱う．地球上で観測される重力は，地球の大きさや形を決める重要な要素であり，地表では12桁までの観測精度を有する物理量である．宇宙技術が進んだ今日では，衛星による重力場の観測が現実のものとなり，衛星重力場の観測による重力変化を捉えることが可能となった．一方で，詳細な重力場を知ることにより，地球内部の密度構造の推定が可能となり，地下の構造解析や防災・減災に資するものとなっ

ている．本章では，重力の基礎理論を概観し，構造解析を行うための技術について説明する．さらに，物理探査などにも応用可能な解析理論や解析技術についても実際の解析例を交えながら説明する．

第 8 章では，地球の熱と内部温度構造を扱う．地球はそれ自体が巨大な熱機関としてふるまい，地球磁場・マントル対流・プレートテクトニクスを駆動し，地形やその変形を規定し，地震や火山活動などを起こしている．熱機関としての地球のあり方を捉えるためには，地球の熱源とその放出機構や地球内部の温度分布などを明らかにする必要がある．また，地球を構成している岩石の物性値は温度に依存しているので，地下で起きる現象の多くが温度構造と密接に関係している．この章では，熱機関地球のさまざまな過程によるエネルギー収支について概観し，ほぼ唯一の観測量である地殻熱流量について説明する．さらに，熱伝導方程式の導出を通して，地球内部の温度分布について記述する．

第 9 章では地球内部の物質科学について書かれている．どのような「物質 (鉱物)」が地球内部に存在するかを知るためには実験室内での「高温高圧実験」が必要不可欠である．本章では，物質科学的な側面からの地球内部像を解説する．地震学的観測から得られている物性値や不連続面について理解し，物質との関係について概観するとともに，地球の組成について，宇宙の元素存在度や表層でのマントルかんらん岩の組成から平均的なマントル組成はどのように推定されうるかを解説する．また，地球内部について物質科学的に明らかにするために重要となる高圧実験の基礎について述べる．さらに，高圧相転移の熱力学についての基礎を解説するとともに，地球内部における水の重要性について解説する．

第 10 章では，地球内部のダイナミクスについて書かれている．地球のマントルや外核の内部で起きているダイナミックな運動は，大陸移動やプレート運動，あるいは地球の磁場の生成やその逆転といった，地球表面で我々が観測できるさまざまな地学現象の原動力である．本章では，地球内部のダイナミクスを調べる上で非常に重要な物理法則を説明し，それに基づく内部の流れの様子や物理的状態をいかに予測するのかを解説する．さらに，地球内部のマントルや外核のダイナミクスを概観するとともに，これらを記述する基礎的理論を紹介する．

▶ 1.1.3 記号と単位

MKS 単位系を基礎とした SI 単位系を使用しているが，場合によっては CGS 単位系を使用している．これらはそのつど本文中に記載されている．また，例えば，gal (ガル) のように，分野によっては特別な呼称をもつ単位が使われているとか，あるいは，分野の慣習によって同じ記号が別の章で使われていたりすることがある．これらについても必要な場合には本文中に記載した．組み立て単位の表記は，1 つのスラッシュで分子・分母を区切ることとし，分母に複数の単位がくる場合にはカッコでくくらずに記述した (例：J/kg/K は J/kg K と記述)．本書で使われている記号は，巻末にそれらの一覧表を掲載した．

▶ 1.1.4 図・式の番号と数式の記述

式や数式の番号は各章ごとに通し番号を採用し，基本的にすべての数式には番号を付した．これらを引用する際には『式 (6.23) のように...』，『第 7 章の図 7.4 では...』のように引用されている．数式については，定式化された最終結果の式だけでなく，読者が導出過程を追いかけることができるように，可能な限り詳細に記述するように配慮した．また数式の記載に使われる数学や物理学の基礎知識を巻末にまとめたので参考にしてほしい．

▶ 1.1.5 読み進む前に

各章に分かれた内容は，基本的に各章のみで完結するように書かれている．したがって必ずしも先頭から読み進んでいく必要はなく，必要なときに，必要な章を読み進めばよいように構成されているので，自由に読み進んでいただきたい．また，先に述べたように，本書には読者の理解を助けるような仕掛け，あるいは，疲れたら休憩できるような仕掛けがあちこちに施されている．そういうものを味わいながら読み進むのもまた別の楽しみ方だと思う．地球科学を目指す若い学生諸氏が本書を通読することによって，地球科学の面白さや楽しさを感じていただけたなら著者一同にとって望外の喜びである．

2

地　震

　地震に関する科学的な研究は，明治時代初期に日本を訪れた外国人教師たちから始まった．地震の正体が断層のすべりであることは早くから示唆されていたが，地震波の解析からそれが確定的になるまでには長い年月を要した．計測機器が発達した現代でも，断層のダイナミクスについてはまだ不明な点が多い．地震に関する研究は微細な鉱物の研究から宇宙技術を用いた研究まで多岐にわたり，さらに応用として地球内部構造の探査がある．本章では地震・地震波・地球内部構造の基礎について解説する．

◆　◆　◆　◆　◆　◆

2.1 断層と地震

▶ 2.1.1 地震とは

a. 地震と地震動

　岩石中の割れ目のうち，それに沿ってずれが生じているものを断層 (fault) と呼ぶ．地震 (earthquake) とは，地殻やマントルの変形により蓄えられたエネルギーが，断層がすべることで解放される現象である[*1]．すべりが比較的高速 (1 m/s 程度) で起こる場合には地震波が放射され，地表に揺れがもたらされる．日常的には，この地表の揺れを指して地震と呼ぶことが多い．しかし，地震を扱う学問である地震学ではそれを地震動と呼び，断層すべりとしての地震とは区別している．建造物に被害を及ぼすような強い地震動を特に強震動と呼ぶ．地震の規模はマグニチュードで，地震動の程度は震度で表す．

　断層すべりが低速で起こる場合には地震波はほとんど放射されなくなるが，周囲に及ぼす変形を地表での地殻変動として捉えることができる．近年になって，そのようなゆっくりとした断層すべりが数多く観測されるようになり，それらをスロースリップ (slow slip) と呼ぶ．最近では地球温暖化に関連すると考えられる氷河のすべりによる「氷震」も数多く観測されている．過渡的な断層すべりを地震の定義とするならば，これらも地震と呼んでさしつかえない．

　地震という言葉を断層すべりに限らずに，地震波の発生源という広い意味で用いることも多い．例えば火山周辺で起こる地震を火山性地震 (volcanic earthquake)

と呼ぶ．それらは断層すべりの場合もあるが，マグマなどの火山性流体の運動の場合もある．また地下構造の探査を目的として行われるダイナマイトなどの爆発をしばしば人工地震と呼ぶ．

b. 弾性反発説

　内陸で起こる大規模な地震では地震に伴って断層が地表に現れることがあり，それらを地表地震断層と呼ぶ．1891 年濃尾地震 (マグニチュード 8.0) は根尾谷断層で発生した内陸域では最大級の規模の地震であり，長さ 80 km，ずれの大きさが上下 6 m，水平 2 m に及ぶ断層が地表に現れた (図 2.1)．小藤文次郎 (1893) は断層の現地調査に基づき，地震とは断層のずれである，という断層地震説を提唱した．しかし，そのような断層は地震の原因ではなく結果であるとされ，この説は日本では長い間受け入れられなかった．

　1906 年サンフランシスコ地震 (マグニチュード 7.9) はサンアンドレアス断層で発生し，長さ 430 km，大きさ 3～6 m の水平な断層のずれが地表で確認された．また，この地震の前後に行われた測量から地震によって断層近傍に地殻変動が集中して起こったことが明らか

図 2.1　1891 年濃尾地震で現れた水鳥 (みどり) 断層崖 (当時の写真)

[*1] 「地震」は漢語であり，紀元前の中国の文献にすでに見られる．

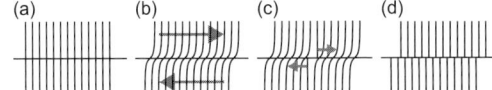

図 2.2 弾性反発説の模式図 (断層面が鉛直で水平方向にずれる場合)

になった．これらの観測からアメリカの Reid (1910) は地震の発生に関して弾性反発説を提唱した (図 2.2)．この説では，まず地殻を弾性体とする．弾性体とは変形が加えられた力に比例し，力を除くと元に戻るような物体である．地震は次のような過程で起こる．

(a) 前回の地震の発生直後の状態から出発．
(b) ずれの力により地殻が変形し，弾性エネルギーが蓄積．
(c) 断層の一部から破壊が開始．断層のすべりにより両側の地殻が元に戻るときに弾性エネルギーの一部を地震波として放射．
(d) 広い面積で断層がずれて地殻は元の状態に復帰．

この説によると，ずれの力が加わり続ける限り地震は同じ断層で繰り返し起こることになる．その後のさまざまな地震の観測から，この説は妥当であることが示され，現在の力学的な震源モデルの基礎となった．

c. 震源断層

地震波の発生源としての断層を震源断層と呼ぶ．図 2.3 に震源断層の模式図を示す．断層面を境に上側の岩体を上盤（うわばん），下側の岩体を下盤（したばん）と呼ぶ．断層面の方位は走向 (strike) $\phi_S(0° \leq \phi_S < 360°)$ と傾斜 (dip) $\delta(0° \leq \delta \leq 90°)$ で表される．走向は断層面と地表との交線を北から時計回りにはかった角度，傾斜は断層面を水平面から下向きにはかった角度である．走向の方位は，傾斜が大きくなるように右ねじを回すときにねじの進む方向である．すべりの向きは上盤の下盤に対するずれの向きとして定義される．すべり角 (rake) $\lambda(-180° < \delta \leq 180°)$ は，すべりの方向を断層面上での走向の方位から反時計回りにはかった角度である．

断層のすべりは断層面の固着が破壊されることで起こる．地震の際，断層面は同時に一様にすべるわけで

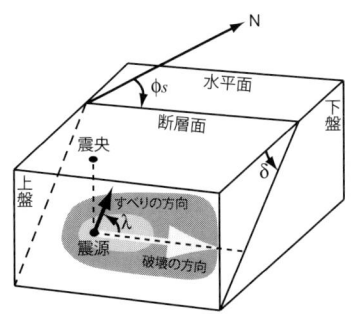

図 2.3 震源断層の模式図 (ϕ_S:走向, δ:傾斜, λ:すべり角)

はなく，ある 1 点から始まった破壊が伝播することで次々にすべりが起こり，最終的に有限の面積をもつ断層面がずれる．破壊の開始時刻を震源時 (origin time) と呼び，破壊の開始から終了までの一連の過程を震源過程と呼ぶ．破壊が始まる点を震源 (origin, hypocenter) と呼び，震源を地表へ鉛直に投影した点を震央 (epicenter) と呼ぶ．また，断層面上ですべりが起こった領域を震源域と呼ぶ．大規模な地震では，震源は震源域の端に近い場所に位置することが多い．震源域の面積は，マグニチュード 8 の地震では 150 km×70 km 程度，マグニチュード 9 の地震では 500 km×200 km 程度であり，マグニチュードが 1 大きくなるとおよそ 10 倍になることが知られている．

図 2.4 に典型的な 3 種類の断層とそれらに対応する力の状態を示す．上盤が下盤に対して傾斜方向にずり落ちているのが正断層 (normal fault)，乗り上げているのが逆断層 (reverse fault) である．また断層面が垂直で，ずれが水平な断層が横ずれ断層 (strike-slip fault) である．断層を挟んで向こう側が右にずれている場合を右横ずれ，左にずれている場合を左横ずれと呼ぶ．図 2.2 は右横ずれ，図 2.4(c) は左横ずれである．応力の理論によると，物体中のどのような力の状態も，互いに直交する単位面積あたりの力の組み合わせで表すことができる．それらを主応力と呼び，最大，中間，最小主応力をそれぞれ σ_1, σ_2, σ_3 で表す[*2]．また主応力の方向を主軸，主軸を座標軸とする座標系を主軸系と呼ぶ．断層の原因であるずれの力は，σ_2 軸を含み σ_1 軸と σ_3 軸に対して 45° の角度をなす面上で σ_2 軸に垂直な方向に最大になる．したがって断層の種類は地下の主軸系の向きでおおよそ決まる．

断層のすべりと破壊の伝播は全く異なる現象であることに注意しなければならない．これらは一般に異なる方向と速度をもつ．図 2.3 では，すべりを表すベクトルは断層面に沿って上向きになっており，全体的に上盤が下盤に対して上に動いていることを示す．一方，破壊が震源から伝播する方向は全体的には走向に沿った方向になっている．断層がすべる速度をすべり速度 (slip velocity)，破壊が伝播する速度を破壊速度 (rupture

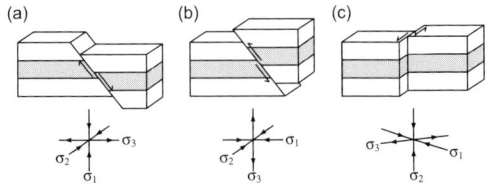

図 2.4 3 種類の断層と対応する主軸の方向
(a) 正断層, (b) 逆断層, (c) 横ずれ断層.

[*2] ここでは圧縮を正とする．

velocity) と呼ぶ．すべり速度は通常の地震ではおよそ 1 m/s，スロースリップではおよそ 1×10^{-7} m/s である．破壊速度は通常の地震ではおよそ 3 km/s，スロースリップではおよそ 1×10^{-4} km/s である．一般にすべり速度は破壊速度に比べて極めて小さい．

断層面上において，通常は強く固着していて地震時に特に大きくすべる部分をアスペリティ (asperity) と呼ぶ．ある地域で繰り返し起こる地震では，同じアスペリティが繰り返しすべることが多い．しかし，次の地震でのすべりの大きさや，隣のアスペリティが連動してすべるかどうかについて，あらかじめ知ることは難しい．したがって過去の地震からアスペリティの分布が知られていても，次の地震の規模を予測することは一般には困難である．

▶ 2.1.2 地震の原因

a. リソスフェアとアセノスフェア

固体地球の上部は，リソスフェア (lithosphere) と呼ばれる固い表層がアセノスフェア (asthenosphere) と呼ばれる軟らかい層を覆う構造になっており，これらの層の厚さは最大で 100 km 程度である．固体地球の上部を力学的観点から区分したのがリソスフェアとアセノスフェアであるのに対し，岩石学的・化学的観点から区分したのが地殻とマントルである．リソスフェアは地殻とマントルの最上部に対応する (図 2.5)．リソスフェアは断片化していて，それぞれをプレート (plate) と呼ぶ．ただし，プレートといっても平板ではなく球殻の断片である．個々のプレートはそれぞれ異なった方向と速さで水平に運動しており，それをプレート運動と呼ぶ．弾性反発説が提唱された当時は，地殻にずれをもたらす原因が何かわからなかったが，やがてそれはプレート運動であることが明らかになった．

b. プレート運動の原因

リソスフェアとアセノスフェアの違いは温度による粘性の違いである．地震のように比較的早い運動を考える場合は岩石を弾性体と見なすが，プレート運動のようにゆっくりとした運動を考える場合は岩石を粘性流体と見なす．粘性流体とは変形速度が力に比例するような物体である．地球内部は深くなるほど温度が高く，粘性は温度の上昇に伴い急激に低下する．そのためアセノスフェアはリソスフェアに比べて流動しやすい．また冷却による収縮でリソスフェアはアセノスフェア

よりも密度が大きい．そのためリソスフェアの断片であるプレートはアセノスフェアの上で力学的に不安定な状態にあり，どこか弱いところがあれば自らの重みでそこからアセノスフェアへ潜り込んでいく．その結果としてプレートは年間数 cm の速度で水平に運動する．

c. 大陸プレートと海洋プレート

プレートテクトニクス (plate tectonics) とは，地震・地殻変動・造山運動などの地表で起こる変動は水平方向に運動するプレート間の相互作用で起こる，という考え方である．プレートには主に大陸域にある大陸プレートと海洋域にある海洋プレートの 2 種類がある．大陸プレートは海洋プレートやアセノスフェアに比べて軽い．これは大陸プレートが低密度で厚い大陸地殻を乗せているからである．主なプレートとして，ユーラシアプレート，北米プレート，南米プレート，アフリカプレート，インドプレート，オーストラリアプレート，南極プレート，太平洋プレートがある (図 2.6)．

d. プレート境界の種類

プレート境界は，そこでのプレートの相対運動の違いによって次の 3 種類に分類される (図 2.7)．

(1) 発散境界：プレート同士が互いに離れていく境界．離れることによって生じる隙間はアセノスフェアからの物質によって埋められ，プレートが生成される．海洋地域では中央海嶺 (mid-oceanic ridge) と呼ばれる海底の大山脈に，大陸地域ではリフト帯と呼ばれる

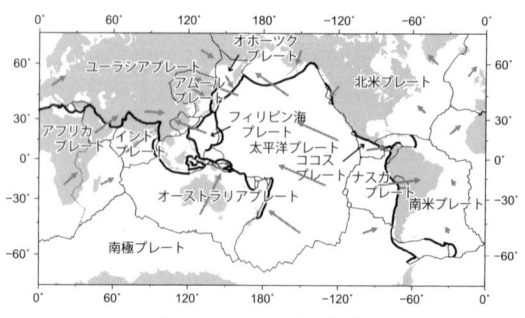

図 2.6 プレートの分布
太い実線は収束境界，細い実線は発散またはすれ違い境界．グレーの矢印はプレートの運動方向で，大きさは速さに比例．

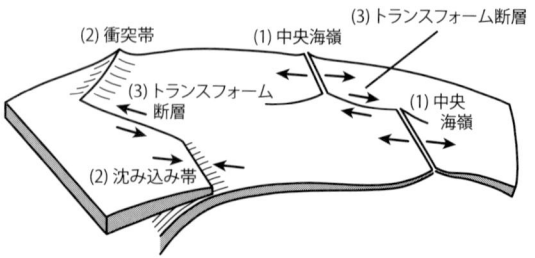

図 2.7 3 種類のプレート境界 (上田 (1989) の図を改変)
(1) 発散境界，(2) 収束境界，(3) 横ずれ境界．

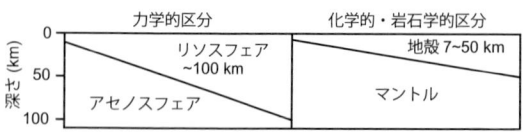

図 2.5 リソスフェア/アセノスフェアと地殻/マントル

陥没谷になっている．これらの場所では主に正断層が生じている．

(2) 収束境界：プレート同士が互いに近づいていく境界．そこでは一方のプレートがもう一方のプレートの下に潜り込んでいく．海洋プレートが潜り込んでいる地域を沈み込み帯 (subduction zone)，大陸プレートが潜り込んでいる地域を衝突帯 (collision zone) と呼ぶ．沈み込み帯で海洋プレートが沈み込む境界には溝状の地形が見られ，水深が深いものを海溝 (trench)，浅いものをトラフ (trough) と呼ぶ．海洋プレートが沈み込む際の曲りに伴い，海溝より海側に隆起した海底地形が見られることがある．これをアウターライズ (outer rise) と呼ぶ．沈み込み帯の内陸側や衝突帯では主に逆断層と横ずれ断層が生じているが，アウターライズの浅い部分では主に正断層が生じている．また大陸プレートと海洋プレートの境界は巨大な逆断層となっている．海溝から沈み込んだ海洋プレートをスラブ (slab) と呼ぶ．

(3) 横ずれ境界：プレート同士が互いにすれ違う境界．中央海嶺は多くの不連続によって断片化されており，それらはトランスフォーム断層 (transform fault) と呼ばれる横ずれ断層で結ばれている．サンアンドレアス断層は，陸上に現れている巨大なトランスフォーム断層である．発散境界同士ばかりでなく，発散境界と収束境界，収束境界同士を結ぶトランスフォーム断層もある．

▶ **2.1.3 地震の起こる場所と深さ**
　a. 世界の地震

図 2.8 に世界の地震分布を示す．(a) は深さ 100 km よりも浅い地震，(b) は深さ 100 km よりも深い地震である．地震は世界中で一様に起こるのではなく，地震帯と呼ばれる帯状の領域で起こっており，それらに囲まれた領域ではあまり起こっていないことがわかる．地震帯の存在は Gutenberg と Richter によって 1940 年代に示されたが，それが何を意味するのか当時は明らかではなかった．1960 年代のプレートテクトニクスの発展に伴い，その意味が理解できるようになった．図 2.6 と比べると地震帯はプレート境界に対応していることがわかる．地震帯の存在は，ほとんどの地震はプレート境界においてプレート間の相互作用の結果として起こることを意味する．太平洋の周りの環太平洋地震帯と，東南アジア–ヒマラヤ山脈・チベット高原–中東–地中海にわたるユーラシア地震帯は幅が広く，沈み込み帯や衝突帯に対応する．海洋域では地震帯の幅は細く，中央海嶺やトランスフォーム断層に対応する．プレートの境界で起こる地震をプレート境界地震，プ

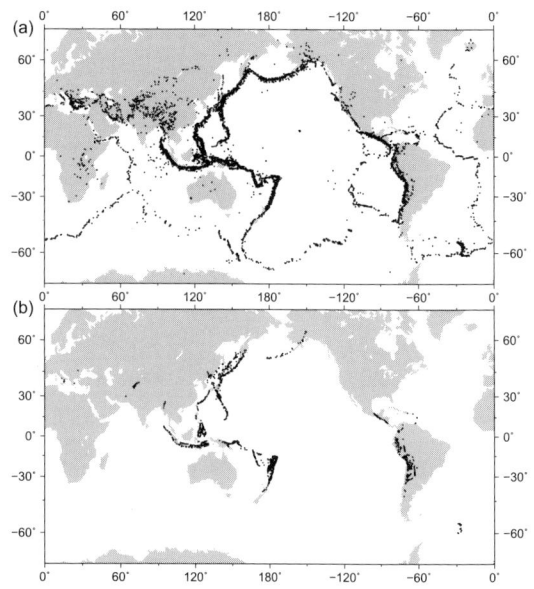

図 2.8 1960 年から 2009 年までのマグニチュード 5.5 以上の地震の震央分布
(a) 100 km よりも浅い地震．(b) 100 km よりも深い地震．

レートの中で起こる地震をプレート内地震と呼ぶ．

中央海嶺やトランスフォーム断層では深さ 10 km 程度の浅い地震しか起こらない．それに対して図 2.8(b) からわかるように沈み込み帯では深発地震 (deep earthquake) と呼ばれる深さ 100 km を超える地震が起こる．深発地震の定義は厳密ではなく，深さ 300 km 以深の地震を深発地震と呼ぶこともある．その場合，深さ 60 km または 70 km 以浅の地震を浅発地震 (shallow earthquake)，その間の深さの地震をやや深発地震 (intermediate earthquake) と呼ぶ．地球深部では岩石は流動により変形するので，ずれの力を支えられないはずであるが，場所によっては深さ 700 km まで地震が起きている．深発地震が発生するメカニズムは，まだよくわかっていない．やや深発地震と深発地震は沈み込む海洋プレート内において境界面に沿って起こっている．このような面状の発生は和達清夫 (1935) によって初めて示され，のちに Benioff によって広く知られるようになったことから和達–ベニオフ帯 (Wadachi–Benioff zone) と呼ぶ．

　b. 日本付近の地震

日本付近には少なくとも 4 枚のプレートがある．最近の研究では，東北日本はオホーツクプレート，西南日本はアムールプレートの上にあるとされている．東北日本の下には太平洋プレートが，西南日本の下にはフィリピン海プレートが沈み込んでいる．東北日本では全体的に太平洋スラブによる和達–ベニオフ帯が顕著であり，深さ 600 km よりも深い深発地震が発生して

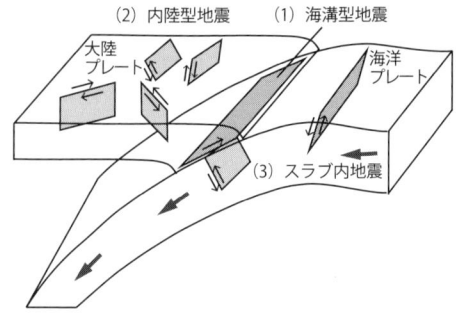

図 2.9 沈み込み帯で起こる 3 種類の被害地震 (気象庁 WEB ページの図を改変)

いる.また,東北や関東の下ではやや深発地震が二重深発地震面と呼ばれる二重の面上分布を示す.西南日本では,東海地方や九州の下のフィリピン海スラブは活発な地震活動を伴う.一方,中四国地方の下のフィリピン海スラブは四国の下では地震を伴うが,中国地方の下ではほとんど地震を伴わない非地震性のスラブとなっている.

日本付近で特に大きな被害をもたらす地震には 3 種類ある (図 2.9).

(1) 海溝型地震:大陸プレートと海洋プレートの境界面で発生する逆断層型のプレート境界地震.震源域の深さが 20 km までの領域で発生し,大規模な津波を伴うことが多い.日本付近で最近起こった大規模な海溝型地震として,2003 年十勝沖地震 (マグニチュード 8.0) と 2011 年東北地方太平洋沖地震 (マグニチュード 9.0) がある.これらは太平洋プレートの沈み込みに伴って起こった地震である.西南日本ではフィリピン海プレートの沈み込みに伴って静岡県沖から高知県沖の南海トラフ沿いに大規模な海溝型地震が起こる.それらは 100〜200 年間隔で繰り返し起こったことが古文書などから知られている (図 2.10).1707 年宝永地震 (マグニチュード 8.8 程度) は最近ではもっとも規模が大きく,地震の 49 日後には富士山が噴火した.最近では 1944 年東南海地震と 1946 年南海地震 (両方ともマグニチュード 8.1) が起こった.これらは比較的規模が小さかったため,次回は宝永地震のように大規模なものが起こると考えられている.

(2) 内陸型地震:海洋プレートによる圧縮力により内陸部で発生する横ずれまたは逆断層型のプレート内地震.震源の深さは 20 km よりも浅いので,都市部の直下で発生すると比較的規模が小さくても大きな被害をもたらす.日本列島で最近起こった規模の大きな内陸型地震として,1995 年兵庫県南部地震 (マグニチュード 7.3; 横ずれ断層型) や 2004 年新潟県中越地震 (マグニチュード 6.8; 逆断層型) がある.

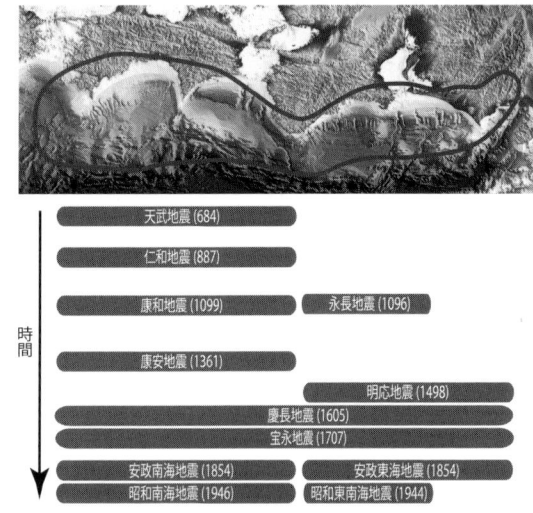

図 2.10 繰り返す南海トラフの海溝型巨大地震
地図中に実線で囲われた領域はプレート境界上の想定震源域[*3].

(3) スラブ内地震:海洋プレートが沈み込む際の曲がりに関連して発生するプレート内地震.特に海溝より海側で発生する地震をアウターライズ地震と呼び,浅い部分では正断層型の,深い部分では逆断層型の地震が起こる.正断層型の浅いアウターライズ地震は大規模な津波を伴う.1933 年昭和三陸地震 (マグニチュード 8.1) は,この型の地震である.

---

mini column 1

● スロー地震 ●

2002 年に小原一成により低周波微動または非火山性微動 (non-volcanic tremor) と呼ばれる微弱な地震が東海地域から豊後水道にかけての南海沈み込み帯で起こっていることが発見された (Obara, 2002).その後,小原のグループにより微動と同じ領域で短期的スロースリップイベントや超低周波地震といった地震現象が微動とともに起こっていることが明らかになった (Obara, 2002; Ito et al., 2007).これらはいずれも断層すべりであるが,すべり速度や破壊速度が通常の地震と比べて小さいことから,スロー地震 (slow earthquake) と総称されている.このようなスロー地震は,カスカディア沈み込み帯やサンアンドレアス断層などでも観測されている.沈み込み帯のスロー地震は海溝型地震と同様にプレート境界での逆断層型の断層すべりであるが,スロー地震の方が海溝型地震よりも深い部分で起こっており,両者の違いは断層面の摩擦の性質の違いによると考えられている.スロー地震は,断層面の摩擦法則や海溝型巨大地震の発生との関連から,現在世界中の多くの地震学者によって研究が進められている.

[*3] 最新の想定震源域は内陸側と九州側に広げられている.

▶ **2.1.4 地震の観測**
  a. 地 震 計

現在用いられている多くの地震計測システムでは，地震動をアナログ電気信号に変換するセンサー部分と，それをデジタル信号に変換して収録・保存・伝送する部分に分かれている．前者を地震計 (seismograph, seismometer)，後者をデータロガーと呼ぶ．地動はベクトルなので3方向について計測する必要があり，通常は上下動成分と東西・南北の水平動2成分について計測する．最近の地震計は3成分のセンサーが1つの筐体に収められたコンパクトなものになっている．地震波にはさまざまな周波数の波が含まれており，地震の規模によって振幅も大きく異なる．そのような振動を計測するための地震計の性能は，周波数帯域とダイナミックレンジで表される．周波数帯域は計測可能な周波数の範囲であり，ダイナミックレンジは計測可能な振幅の範囲である．計測システム全体としての周波数帯域とダイナミックレンジは，データロガーの部分からも制約を受ける．

地動を計測するには，原理的には空間の不動点に対する地面の相対的な動きを測ればよい．ほとんどの地震計では，振り子に取り付けられたおもりを不動点の代わりとしている．この場合，地動により動き出した振り子を元の位置に戻すためのばねと，振り子の自由振動を抑制するための減衰器が必要となる．古くは振り子の動きを機械的に拡大して煤書き用紙に針で波形を記録する機械式地震計が用いられた．初期の機械式地震計には減衰器がなかったため，振り子の自由振動に妨げられて地震波を明瞭に記録できなかった．20世紀初頭になって，ドイツの Wiechert (1904) により1トンを超える巨大なおもりと空気減衰器をもつウィーヘルト式地震計が開発され，P (primary)，S (secondary)，L (long) と名付けられた地震波が明瞭に記録できるようになった．これらのうち P 波，S 波といった用語は現在でも用いられている．一方日本では，お雇い外国人教師であったイギリスの Milne による地震計を基礎に，19世紀末に大森房吉 (1898) によって比較的小型で軽量の大森式水平動地震計が開発され，同様な地震波の相が記録できるようになっていた．

その後，Galitzin (1907) によって開発された電磁式地震計では，振り子に取り付けたコイルが磁場中を動くことで電磁誘導により地動の速度に比例した起電力を生じさせ，それによる電流で検流計のコイルに取り付けた鏡を回転させて光学的に拡大された波形を感光紙に記録した[*4]．このようなコイルが動く型の電磁式地震計はその後の地震計の主流となった．現在では出力である電圧変化のアナログ信号をアナログ-デジタル (A/D) 変換器でデジタル信号に変換して収録・伝送している．

電磁式地震計は大振幅の地震動に対しては振り子が振り切れてしまい計測できなくなる欠点をもつ．フィードバック型地震計では振り子の動きを高感度の変位センサーで検出し，それに応じて振り子に取り付けたコイルに電流を流すことで電磁力を生じさせて振り子に働く慣性力を相殺する．気象庁の震度計や防災科学技術研究所の強震計は，この型の地震計である．また，電子回路の特性で周波数帯域を調整できることも特徴である．グローバル地震観測網で用いられている Streckeisen 社の STS–1 型や STS–2 型，Guralp 社の CMG–3 型といった広帯域地震計 (broadband seismometer) は，広い周波数範囲で一定の感度をもつように設計されたフィードバック型地震計である．

  b. グローバル地震観測網

帰国したミルンの努力によって，20世紀の初めには世界各地の地震観測点における地震波の到着時刻などの情報の収集と解析が行われる体制が整い，それによって地震の分布や地球内部構造に関する研究が大きく進展した．この体制は，その後国際地震センター (International Seismological Centre, ISC) に引き継がれて今日まで継続している．第2次大戦後の地震学の長足の進歩は，世界標準地震計観測網 (World-Wide Standardized Seismograph Network, WWSSN) のデータに負うところが大きい．WWSSN は東西冷戦下における地下核実験探知計画の一環としてアメリカによって1960年代に設置された．観測点数は西側諸国の125観測点であった．WWSSN が画期的だったのは，整備された多数の観測点に標準化された地震計が設置されたことと，波形記録がマイクロフィルムの形で公開されたことである．WWSSN による地震記録の解析から，正確な震源の位置と震源メカニズム解 (2.3.3 項) が明らかになった．それらのデータは，海洋域での地球物理学的探査によるデータと共に，プレートテクトニクスの構築に大きな役割を果たした．

1960年代には電子計算機が一般的に利用できるようになったが，地震記録が紙やマイクロフィルム上に描かれたアナログ記録であったことは研究の障害となっていた．そのため地震記録をデジタルデータとして収録・伝送することが望まれた．本格的にデジタル化された観測網の設置・運用は，1980年代後半から始まった．主な観測網として，アメリカの GSN，フランスの GEOSCOPE，ヨーロッパ諸国の ORFEUS，そして日本が西太平洋地域に展開した PACIFIC21 などがあ

[*4] この独創的な地震計は1912年にはすでに観測に用いられていた．

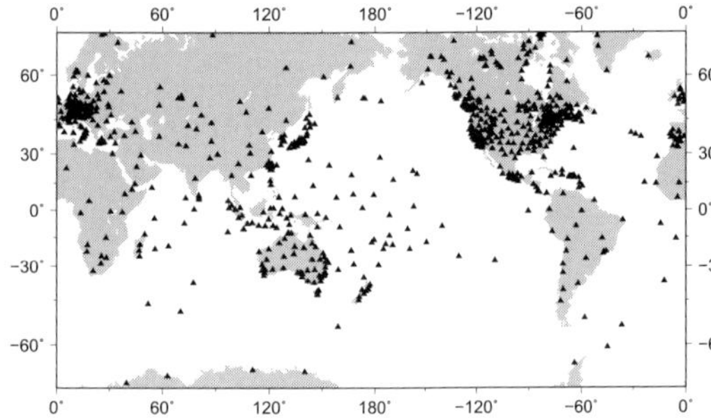

図 2.11 FDSN に属する地震観測点の分布

る．これらの観測網のデータは SEED 形式と呼ばれる共通のデータ形式になっていて，主な観測網ではインターネットを通じて配布されている．これらの観測網は，国際デジタル地震観測網連合 (International Federation of Digital Seismograph Networks, FDSN) と呼ばれる組織に属する形になっており，観測点数は 1000 を超えている (図 2.11)．

c. 日本の地震観測網

日本では気象庁と国立大学を中心に地震観測網が整備されてきたが，1995 年兵庫県南部地震の発生をきっかけに地震および地殻変動の観測が飛躍的に強化された．地震に関しては，防災科学技術研究所により Hi-net 高感度地震計観測網，F-net 広帯域地震観測網，強震観測網 K-net/Kik-net が設置された．

Hi-net では 20 km 四方に 1 点という密度で観測点が設置され，その数は全国で 1000 点を超えている．地表起源の振動ノイズを避けるため，ボアホールと呼ばれる観測井戸の底に高感度地震計が設置されている．F-net はおよそ 70 観測点をもち，整備された観測壕に広帯域地震計と強震計を設置して広帯域・広ダイナミックレンジの観測を行っている．Hi-net と F-net からの波形データは，気象庁や大学などの観測点の波形データとともに気象庁による震源決定や緊急地震速報に用いられている．また，波形データは SINET などの学術ネットワーク上に構築された JDXnet と呼ばれる波形データ流通システムを用いて，全国の研究者にほぼリアルタイムで配信されている．

K-net はおよそ 1000 点，Kik-net はおよそ 700 点の観測点をもつ強震計の観測網である．K-net では地表に，Kik-net では地表と地中の両方に強震計を設置して観測を行っている．Hi-net と F-net では波形記録は連続収録されているが，K-net/Kik-net では地震が起きたときのみ収録するトリガー収録が行われている．いずれのネットワークのデータもインターネットを通じて配布されている．

▶ 2.1.5 地震の規模と揺れの程度

a. マグニチュード

マグニチュード (magnitude) は地震の規模を表す指標であり，さまざまな種類がある．現在，国際的に用いられている主なマグニチュードとして，モーメントマグニチュード M_W，表面波マグニチュード M_S，実体波マグニチュード m_b がある．また日本付近で起こる地震については，気象庁によって気象庁マグニチュード M_J が決められている．M_W 以外のマグニチュードは，地震計で計測された地動の最大値の常用対数に震源からの距離や震源の深さに依存する補正を施した値として定義されている．もともとマグニチュードは地震の正体がまだわかっておらず電子計算機も使えなかった時代に，地震計の計測値から簡単に求められる値として用いられてきた指標なので，物理的な意味をもたない．また，M_W 以外のマグニチュードは特定の周期の地震波の最大振幅のみを用いているため，より長周期の地震波を放射する大規模な地震では値が飽和してしまい，規模を正しく評価できないという欠点をもつ．

b. 地震モーメント

断層すべりとしての地震の大きさを表す物理量は，次のような地震モーメント (seismic moment) M_0 である．

$$M_0 = \mu D S \tag{2.1}$$

ここで μ は岩石の剛性率 (ずれに対する強さ) [N/m^2]，D は断層面上の平均的なすべり量 [m]，S は断層面積 [m^2] である．これらの物理量の次元より，地震モーメントの次元は力のモーメントと同じ [N m] であることがわかる．通常の地震の地震モーメントは地震波形の解析から求められる．式 (2.1) の右辺はすべて断層の動きとは直接関係しない静的な物理量からなるので，地震波を放射しないスロースリップに対しても地震モーメントを求めることができる．スロースリップの地震モーメントは，地表での変位・ひずみ・傾斜といった地殻変動の観測から求められる．観測から M_0, D, S の間には $M_0 \propto S^{3/2}$，$D \propto S^{1/2}$ という相似則が近似的に成り立つことが知られている．

c. モーメントマグニチュード

モーメントマグニチュード (moment magnitude) M_W は，金森博雄 (1979) により地震モーメントにもとづき次のように定義されたマグニチュードである．

$$M_W = (\log M_0 - 9.1)/1.5 \tag{2.2}$$

ここで M_0 は [N m] を単位とする地震モーメントである．M_W は M_S と整合性をもつように定義されている．図 2.12 にモーメントマグニチュードとその他のマ

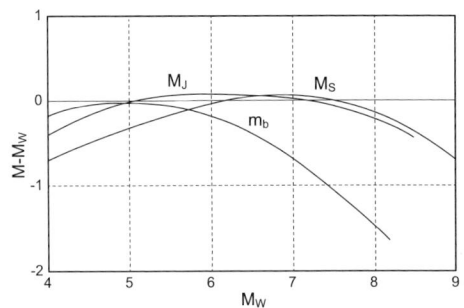

図 2.12 モーメントマグニチュードとその他のマグニチュードの差 (宇津 (2001) の図を改変)

表 2.1 20 世紀以降に起こった超巨大地震

地震	M_W
1960 年チリ地震	9.5
1964 年アラスカ地震	9.2
1957 年アリューシャン地震	9.1
2004 年スマトラ沖地震	9.1
1952 年カムチャッカ地震	9.0
2011 年東北地方太平洋沖地震	9.0

グニチュードの比較を示す．M_S は 5.3〜8.2，m_b は 4.0〜6.2，M_J は 4.3〜8.0 の範囲で M_W とおおよそ同じ値をとる．しかし，いずれのマグニチュードも値が大きくなると M_W に対して小さくなり，値が飽和していることがわかる．2011 年東北地方太平洋沖地震では，暫定値として M_J8.4 が公表されたが，後に M_W9.0 が公表された．このように M_W は値の飽和という欠点を持たないが，決定には良質な地震波形の解析を必要とする．そのため最大振幅のみを用いる従来のマグニチュードに比べて小さい地震については決めにくい．また速報性に劣るという欠点もあるが，これについては今後の改善が期待される．マグニチュードが 7 以上の地震を大地震と呼ぶ．また，マグニチュードが 8 または 8.5 以上を巨大地震，9 以上を超巨大地震と呼ぶことがあるが，明確な定義はない．表 2.1 にこれまで求められた M_W の大きな地震を示す．

(i) 震度　震度 (seismic intensity) はある地点での地震動の程度を表す指標である．地震の規模は地震ごとに 1 つしかないが，地震動の程度は場所によって異なる．マグニチュードと異なり，国際的に共通に用いられている震度はない．日本で用いられている震度は気象庁震度階で，震度 0 から 7 までである．震度 5 と 6 については，それぞれが強と弱に分けられているので，全部で 10 階級存在する．日本以外の多くの国では 12 階級の震度階が用いられている．例えば，アメリカでは改正メルカリ震度階，ヨーロッパ諸国ではヨーロッパマクロ震度階，中国では中国地震烈度表が用いられている．しかし，それらは細かい点で異なっており，相互に単純な関係はない．

(ii) 計測震度　日本では従来は気象台職員の体感や周辺の被害状況から震度を決定していた．特に震度 7 は 1948 年福井地震の被害を踏まえて家屋倒壊率 30%以上という基準で設けられたため，詳細な現地調査を必要としていた．震度 7 が初めて記録されたのは 1995 年兵庫県南部地震のときである．このときの震度 7 の領域は帯状の狭い範囲に限られ，それは「震災の帯」と呼ばれた．現在，震度は地表に設置されている震度計により計測震度として自動的に算出されている．これによって無人の観測点でも震度が決められるようになり，全国に設置された震度計により高密度の震度分布が地震発生直後にわかるようになった．このことは大地震発生後の被害状況の把握を容易にした．これまでに 7 を超えた計測震度が発表されたのは，2004 年新潟県中越地震と 2011 年東北地方太平洋沖地震のときである．計測震度は地動加速度の波形から計算され，その方法は気象庁告示によって定められている．計算には周期や継続時間も関わってくるので，計測震度は地動の最大加速度や最大速度と単純な関係にはない．表 2.2 に計測震度と震度階級の対応を示す．

(iii) 異常震域　スラブに関連して発生する地震では，震央から遠く離れた地点で局所的に震度が大きくなったり，スラブの走向方向に沿って帯状に震度の大きな地点が現れたりすることがある．そのような震度分布を異常震域と呼ぶ．これは，地震動に大きく影響する短周期の地震波が減衰の小さいスラブ内を伝わってくることによる．異常震域は太平洋スラブに関連して東北や関東に現れることが多いが，フィリピン海スラブに関連して西南日本に現れることもある．2006 年大分県西部の地震 (深さ 145 km，M_J6.2) では，フィリピン海スラブの走向に沿って豊後水道から瀬戸内海沿岸にかけて震度の大きな地点が帯状に現れ，震央から遠く離れた広島県や愛媛県東部で震度 5 弱が計測された (図 2.13)．

表 2.2 計測震度と震度階級

計測震度	震度階級
0.5 未満	震度 0
0.5 以上 1.5 未満	震度 1
1.5 以上 2.5 未満	震度 2
2.5 以上 3.5 未満	震度 3
3.5 以上 4.5 未満	震度 4
4.5 以上 5.0 未満	震度 5 弱
5.0 以上 5.5 未満	震度 5 強
5.5 以上 6.0 未満	震度 6 弱
6.0 以上 6.5 未満	震度 6 強
6.5 以上	震度 7

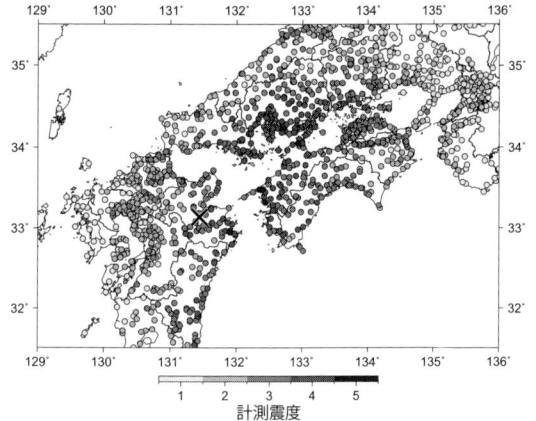

図 2.13 西南日本における異常震域の例
2006 年大分県西部地震の計測震度の分布. × 印が震央.

▶ 2.1.6 地震の起こり方

a. 前震・本震・余震

浅発地震は時間的空間的にまとまって起こることが多い. 大きな地震が起こった後には, それよりも小さい多数の地震が周辺で発生する. それらを余震 (aftershock) と呼び, 最初の大きな地震を本震 (main shock) と呼ぶ. 本震の断層面付近で余震が発生する領域を余震域と呼ぶ. 本震から 1 日程度までの余震域は震源域にほぼ一致し, その後周辺に拡大していくことが知られている. これは, 本震が起こったことによる応力[*5)]の増加により, 震源域や周辺の断層が時間的に遅れてすべる現象が余震であることを示す. 余震の分布から本震の断層面の方位や面積が推定できる. 本震の断層すべりによる応力の増加により震源域から遠い領域で地震活動が活発化することがある. これらは誘発地震と呼ばれるが, 広い意味で余震とも呼ばれる.

本震の前に地震活動が震源付近で起こることがあり, それらを前震 (foreshock) と呼ぶ. ある地震が前震かどうか判断することは困難であり, ほとんどの場合で本震が起こって初めて前震であることがわかる. 2011 年東北地方太平洋沖地震の際にも, 本震の 1 ヶ月前から活発な地震活動が本震の震源周辺で発生し, 2 日前にはマグニチュード 7.3 の大地震が発生していた.

b. 群発地震

本震と呼べるような特に大きな地震が起こらずに, 多数の地震が狭い領域で集中的に起こることがある. このような一連の地震活動を群発地震 (swarm) と呼ぶ. 火山活動に伴ってマグニチュード 6 クラスを最大とする比較的小さい地震が連続的に起こる場合が多い. 2000 年に伊豆諸島北部で起こった群発地震は, マグニチュード 6 クラスの地震 5 個を含む, マグニチュー

ド 3 以上の地震が 7000 個に及ぶ観測史上もっとも大規模なものであった. このときは三宅島が噴火するなど活発な火山活動が観測された. 大規模な地震の誘発地震として群発地震が発生する場合もある. 2011 年東北地方太平洋沖地震の後では, 福島・茨城県境地域や長野県北部など東日本の内陸域で群発地震が発生した. 内陸域の群発地震としてもっともよく知られているのは, 長野県松代地域で発生した松代群発地震である. 主な活動期間 1965〜67 年に 6 万回を超える有感地震が発生した. 原因としては, 地下流体の上昇・拡散による断層強度の低下によるという「水噴火説」がもっとも有力である.

c. 地震の頻度分布

地震の発生頻度はマグニチュードが大きくなると指数関数的に減少する. これは Gutenberg と Richter (1941) によって示されたグーテンベルク–リヒター則 (Gutenberg–Richter law) と呼ばれる経験則で, 次の式で表される.

$$\log n(M) = a - bM \tag{2.3}$$

ここで M はマグニチュード, a, b は定数, $n(M)$ は度数密度で, $n(M)dM$ でマグニチュードが $M \sim M+dM$ の地震の数となる. また, マグニチュードが M 以上の地震の数を $N(M)$ とすると, A を定数として

$$\log N(M) = A - bM \tag{2.4}$$

と表される. この法則は, ある地域に限定しても地球全体でも成立する. 地域や深さによって多少異なるが, b は 1 前後の値をとる. 図 2.14 に世界中で 1 年間に発生するあるマグニチュード以上の地震の数を示す. 縦軸が対数の片対数グラフで直線であることから, $N(M)$ は M に関して指数分布であること, 傾きがほぼ -1 ($b=1$) であることがわかる. 地震の数は, マグニチュード 4 以上がおよそ 1 万なのに対し, マグニチュード 5 以上ではおよそ 1000 となり, マグニチュー

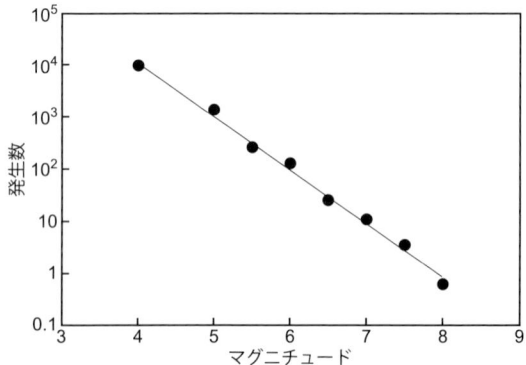

図 2.14 グーテンベルク–リヒター則
1904 年から 2000 年のデータを用いて求めた 1 年間に発生する地震の数. Kanamori and Brodsky (2001) の図を改変.

[*5)] この場合は断層にかかる単位面積あたりのずれの力.

ドが 1 大きくなると 1/10 になることがわかる．
式 (2.2) を式 (2.3) に代入すると

$$\log n(M_0) = c - d \log M_0 \tag{2.5}$$

となる．ここで c, d は定数である．このように，地震モーメントを用いると頻度分布は両対数グラフで直線となり，これをべき分布と呼ぶ．一般に，ある事象の発生数 y が事象の大きさ x のべき乗で表されるとき，その事象の発生はべき乗則 (power law) に従うといわれる．自然現象や社会現象にはべき乗則に従う量が数多く見られる．例えば，小惑星・クレーター・プレートのサイズ分布，地すべり・山火事・洪水の規模，都市や戦争の規模，株価や為替の変動などがべき乗則に従う量として知られている．べき乗則に従う量には典型的な大きさが存在しない．したがって地震には典型的な規模というものがない．これとは対照的に，身長や試験の成績など正規分布に従う量には平均値という典型的な値が存在し，それから大きく離れた値が現れることは少ない．正規分布は平均値を中心とする幅の狭い分布であるのに対し，べき分布は値の大きい方に長く尾を引く分布である．グーテンベルク・リヒター則は，稀にではあるが極めて大きな地震も起こりうることを示している．

d. 余震の数

単位時間あたりの余震数は本震からの時間に反比例することが大森房吉 (1894) によって濃尾地震の余震の解析から示された．これは後に宇津徳治 (1961) によって以下のような式に改良された．

$$n(t) = \frac{K}{(t+c)^P} \tag{2.6}$$

ここで t は本震からの時間，K, c, P は定数，$n(t)$ は単位時間あたりの余震数である．これは大森・宇津公式 (改良大森公式) と呼ばれ，$P = 1$ の場合が大森が最初に示した大森公式である．多くの場合で c は数時間程度なので，本震から数日以降では

$$n(t) = Kt^{-P} \tag{2.7}$$

と近似できる．これは，単位時間あたりの余震数は時間に関してべき乗則に従うことを示す．このことから余震は本震のかなり後まで継続することがわかる．例えば 1891 年濃尾地震の余震と考えられる地震が現在も起こっている．このような長く尾を引く時間的減衰と対照的な現象として放射性元素の崩壊がある．放射性元素の質量は指数関数に従って速やかに減少する．

［例題 2.1］ 図 2.14 よりマグニチュード 9 以上の地震は何年に 1 回発生すると考えられるか．
［解答］図の直線をマグニチュード 9 まで外挿すると発生数は 0.1 となるので，10 年に 1 回．

2.2 地震波と地球内部構造

2.2.1 波の伝播

a. 波とは

波とは媒質の状態の変化が空間を伝わっていく現象であり，変化を維持させるような慣性力と，変化を元に戻すような復元力を伴う．地震波は，地球内部の物質の変形が弾性的な力を復元力として伝わる弾性波の一種である．弾性波を数学的に記述するためには弾性論が必要となる．ここでは，一般的な波とその伝播に関する数学的な記述について解説する．

図 2.15 は，関数 $f(x)$ とそれを $a \, (> 0)$ だけ平行移動した関数 $f(x-a)$ のグラフである．平行移動の大きさ a が時間 t に比例して $vt \, (v > 0)$ と表されるとき，関数 $f(x-vt)$ のグラフは速さ v で平行移動していく．これは座標軸の正方向へ伝わる 1 次元の波を表す一般的な式である．波を表す関数の ( ) の中を位相 (phase) と呼び，この場合は距離の次元をもつ．同じ波を $F(t - x/v)$ のように表すこともある．この場合，位相は時間の次元をもつ．

距離 x と時間 t を独立変数とする 2 変数関数 $\phi(x,t) = f(x-vt)$ が 1 次元波動方程式

$$\frac{\partial^2 \phi}{\partial t^2} = v^2 \frac{\partial^2 \phi}{\partial x^2} \tag{2.8}$$

を満たすことは簡単に確かめられる．座標軸の負方向に伝わる波 $g(x+vt)$ も同様にこの式を満たす．1 次元波動方程式の一般解 ϕ は，それらの和として

$$\phi(x,t) = f(x-vt) + g(x+vt) \tag{2.9}$$

と表される．ここで関数 f, g は微分可能な関数である．

b. 正弦波

次に基本的な波として正弦波を考える．振幅 (amplitude) A，波長 (wavelength) λ をもち，速さ v で正方向へ伝わる正弦波 $f(x,t)$ は

$$f(x,t) = A \sin \left[\frac{2\pi}{\lambda} (x - vt) \right] \tag{2.10}$$

と表される．これは，関数 $f(x) = A\sin[2\pi x/\lambda]$ が速さ v で座標軸の正方向へ平行移動していくことを表している．ここで [ ] の中の位相は次元をもつ量であってはならない．なぜなら三角関数の位相はラジアンで表

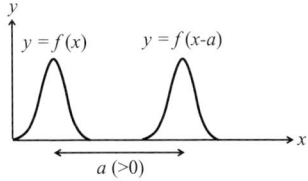

図 2.15　平行移動と波の伝播

される無次元量だからである．式 (2.10) で $T = \lambda/v$ とすると

$$f(x,t) = A\sin\left(\frac{2\pi}{\lambda}x - \frac{2\pi}{T}t\right) \quad (2.11)$$

となる．ここで T は周期 (period) であり，波が 1 波長移動するのに，または 1 回振動するのに要する時間である．周期の逆数 $f = 1/T$ は周波数 (frequency) であり，単位時間あたりの振動数である．式 (2.11) で $k = 2\pi/\lambda, \omega = 2\pi/T$ とすると，

$$f(x,t) = A\sin(kx - \omega t) \quad (2.12)$$

となる．ここで k は波数 (wavenumber)，ω は角周波数 (angular frequency) であり，それぞれ単位長さあたりの波の数と単位時間あたりの振動数をラジアンで表したものである．

c． 平面波と球面波

式 (2.12) を 3 次元に拡張した式

$$f(x,y,z,t) = A\sin(kx + ly + mz - \omega t) \quad (2.13)$$

では，位相が一定となる $\boldsymbol{x} = (x,y,z)$ は波数ベクトル $\boldsymbol{k} = (k,l,m)$ に垂直な平面上にある．このように，ある時刻で波の位相が一定となる面を波面 (wavefront) と呼び，波面の法線ベクトルを連ねてできる曲線を波線 (ray) と呼ぶ．式 (2.13) のように波面が平面である波を平面波 (plane wave) と呼ぶ．

一般に平面波は微分可能な関数 f を用いて $f(\boldsymbol{k}\cdot\boldsymbol{x}\pm\omega t)$ と表される．これが 3 次元波動方程式

$$\frac{\partial^2 \phi}{\partial t^2} = v^2 \nabla^2 \phi \quad (2.14)$$

を満たすことは簡単に確かめられる．ここで ∇^2 はラプラス演算子であり，

$$\nabla^2 = \frac{\partial^2}{\partial x^2} + \frac{\partial^2}{\partial y^2} + \frac{\partial^2}{\partial z^2} \quad (2.15)$$

と表される．1 次元の場合と同様に一般解 ϕ は

$$\phi(\boldsymbol{x},t) = f(\boldsymbol{k}\cdot\boldsymbol{x} - \omega t) + g(\boldsymbol{k}\cdot\boldsymbol{x} + \omega t) \quad (2.16)$$

と表される．ここで $\phi(\boldsymbol{x},t)$ は $\phi(x,y,z,t)$ の略記である．

関数 ϕ が原点からの距離 r のみに依存する場合，ラプラス演算子 ∇^2 は

$$\nabla^2 = \frac{1}{r^2}\frac{\partial}{\partial r}\left(r^2\frac{\partial}{\partial r}\right) \quad (2.17)$$

と表される．これは球座標系[*6] (r,θ,ϕ) における ∇^2 の r に関する部分である．式 (2.14) と式 (2.17) より，この場合の波動方程式は

$$\frac{\partial^2}{\partial t^2}(r\phi) = v^2\frac{\partial^2}{\partial r^2}(r\phi) \quad (2.18)$$

と表され，関数 $r\phi$ に関する 1 次元波動方程式に帰着する．式 (2.9) より一般解は

[*6] 図 2.35 参照．

$$\phi(r,t) = \frac{1}{r}f(r - vt) + \frac{1}{r}g(r + vt) \quad (2.19)$$

となる．これらは波面が球である球面波 (spherical wave) である．右辺第 1 項は原点から拡大する波，第 2 項は原点へ収束する波である．前者では波面の拡大に伴い波の振幅が $1/r$ に比例して減衰する．このような減衰を幾何学的減衰と呼ぶ．波面が円筒の波を円筒波と呼ぶ．円筒波の振幅は $1/\sqrt{r}$ に比例して減衰するので，球面波と比較して幾何学的減衰が小さい．原点から十分遠方では，球面波や円筒波は平面波で近似できる．

▶ 2.2.2 波の屈折

a． 屈折の法則

境界面において波は以下の式を満たすように屈折する (図 2.16)．

$$\frac{\sin\theta_1}{v_1} = \frac{\sin\theta_2}{v_2} \quad (2.20)$$

ここで θ_1 と θ_2 はそれぞれ入射角と屈折角，v_1 と v_2 はそれぞれ入射側と屈折側の波の速度である．これを屈折の法則と呼ぶ．ここで波線パラメータ (ray parameter) を $p = \sin\theta_i/v_i$ と定義すると，式 (2.20) より境界面が何枚あってもそれは波線に沿って等しくなる．言いかえると，波は波線に沿って波線パラメータが等しくなるように屈折していく．波線パラメータの逆数は境界面を波面が伝播する見かけ速度 (apparent velocity) v_a に等しい．式 (2.20) より $v_1 < v_2$ のとき $\theta_1 < \theta_2$ となるので，上からの入射に対しては境界面に近づくように上向きに屈折する．逆に $v_1 > v_2$ のときは境界面から遠ざかるように下向きに屈折する．図 2.16 は前者の場合である．

b． 臨界屈折波とヘッドウェイブ

図 2.17 は表面をもつ 2 層構造での反射・屈折の模式図である．v_1 と v_2 はそれぞれ表層と第 2 層の波の速度で，$v_1 < v_2$ とする．表面上の波源から入射角を徐々に大きくしながら境界面へ波線を入射させると，入射角が小さい間は境界面から反射波と屈折波が生じる．入射角を大きくしていくと，屈折角は徐々に大きくなりやがて 90° になる．このときの入射角 θ_c を臨

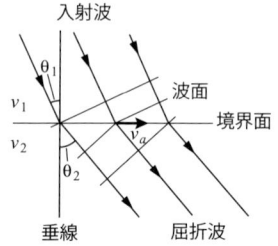

図 **2.16** 波の屈折の模式図

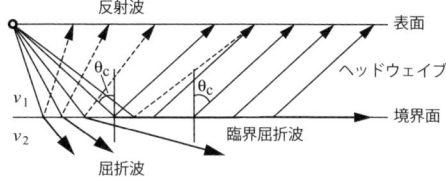

図 2.17 臨界屈折波とヘッドウェイブの模式図

界角，境界面に沿って伝播する屈折波を臨界屈折波と呼ぶ．臨界屈折波は速度 v_2 で境界を伝播しながらヘッドウェイブ (head wave) と呼ばれる速度 v_1 の波を上向きに臨界角 θ_c で放射していく．ヘッドウェイブは慣習的に「屈折波」とも呼ばれるが，屈折波そのものではなく，速度 v_2 で伝播する臨界屈折波がそれよりも遅い速度 v_1 をもつ表層に与える攪乱により生じる波である．

▶ 2.2.3 地震波

a. 実体波

地球内部は第 1 次近似では地震波速度が方向に依存しない等方的な弾性体としてよい．このような等方弾性体を伝わる波には，体積変化を伴う縦波とずれのみを伴う横波があり，これらを実体波 (body wave) と呼ぶ．縦波は波線に平行に振動し，横波は波線に直交する面内を振動する．地震波の場合，最初に到達する波を P 波 (P wave)，遅れて到達する波を S 波 (S wave) と呼ぶ．後に示すように P 波は縦波であり，S 波は横波である[*7]．水平な境界面での反射や屈折の際，S 波は波線を含む鉛直面内で振動する成分と水平面内で振動する成分とでは異なったふるまいをする．前者を SV 波，後者を SH 波と呼ぶ（図 2.18）．これらの反射・屈折では P 波の入射に対して反射波と屈折波のそれぞれに P 波と SV 波が生じる．また，SV 波の入射に対しても反射波と屈折波のそれぞれに P 波と SV 波が生じる．SH 波が入射する場合は反射波も屈折波も SH 波のみである．

震央から観測点までの距離を震央距離 (epicentral distance) と呼ぶ．震央距離は地球中心から見た角度である角距離で表すことが多い．図 2.19 は 2001 年芸予地震の世界各地の観測点における上下動速度波形

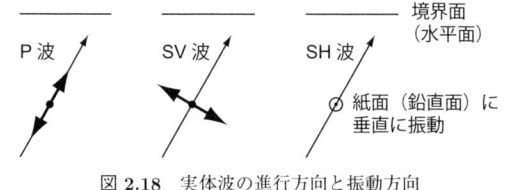

図 2.18 実体波の進行方向と振動方向

[*7] 意外なことに，この関係がわかるまでに 30 年を要した．

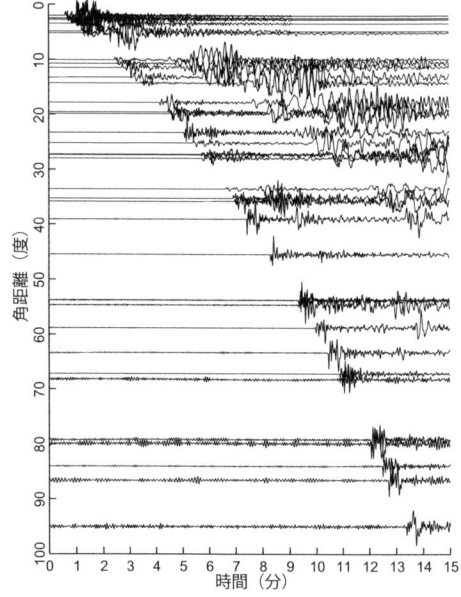

図 2.19 上下動波形のペーストアップ

である．横軸は時間で長さ 15 分，縦軸は角距離 $0°〜100°$ の範囲の各観測点の波形を表示している．このような表示方法をペーストアップと呼び，各観測点への地震波の到達が明瞭に見て取れる．

b. 表面波

表面をもつ弾性体では実体波の他に表面波 (surface wave) が存在する．表面波は表面付近を円筒波として伝わる波である．したがって震源から遠方で観測される地震波形では，表面波は実体波よりも大きな振幅をもつことが多い．表面波にはレイリー波 (Rayleigh wave) とラブ波 (Love wave) がある．レイリー波は P 波と SV 波の干渉の結果として生じ，ラブ波は成層構造における SH 波の多重反射として生じる．レイリー波は体積変化を伴うが，ラブ波は伴わない．媒質中の点はレイリー波では波の進行方向を含む鉛直面内で楕円を描くように振動し，ラブ波では進行方向に垂直に水平面内で振動する．レイリー波とラブ波は，それぞれ Rn と Gn ($n = 1, 2, 3, \ldots$) という記号で表す．表面波は震央と観測点を通る大円に沿って伝播する（図 2.20）．劣弧に沿って最初に観測点に到達する表面波を R1, G1，優弧にそって到達する表面波を R2, G2 とし，以降大円を 1 周するごとに n の値に 2 を足していく．

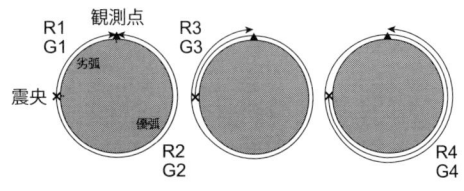

図 2.20 表面波の伝播

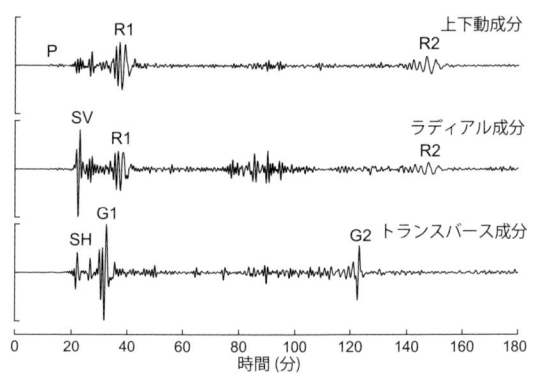

図 2.21 長周期の地震波形 (3 成分)

図 2.25(a) では，R2 が地球をさらに 3 周した R8 が見て取れる．

図 2.21 は 1994 年三陸はるか沖地震 ($M7.6$) のアメリカ西海岸の PAS 観測点における 3 時間分の 3 成分速度波形記録で，震央距離はおよそ $75°$ である．波形には周期 50〜300 秒の波が含まれるようにフィルター処理 (バンドパスフィルター) が施されている．また，水平動成分は東西成分と南北成分ではなく，ラディアル成分とトランスバース成分を示してある．ラディアル成分とは震央と観測点を結ぶ大円に沿った方向の成分，トランスバース成分とはそれに直交する方向の成分であり，東西成分と南北成分を回転することで得られる．レイリー波は上下動成分とラディアル成分に，ラブ波はトランスバース成分に振幅をもつので，このような回転によって両者を分離できる．また，SV 波と SH 波も同様に分離できる．波形では，小振幅の P 波と大振幅の S 波に続いてレイリー波とラブ波が到達していることがわかる．

一般に表面波の伝播速度は周期依存性を示し，これを分散 (dispersion) と呼ぶ．分散する波では，周期の異なる波同士が干渉して生じる波束の伝播速度と波の位相の伝播速度が異なる．前者を群速度 (group velocity)，後者を位相速度 (phase velocity) と呼ぶ．群速度は波のエネルギーの伝播速度といえる．図 2.22 に標準的な地球モデルである PREM (Dziewonski and Anderson, 1981) から計算したレイリー波とラブ波の位相速度および群速度の周期依存性を示す．このような曲線を分散曲線と呼ぶ．群速度はラブ波の方がレイリー波よりも大きいので，図 2.21 の表面波の波束はラブ波 (G) の方がレイリー波 (R) よりも早く到達している．レイリー波の群速度は周期 50 秒付近で極大，250 秒付近で極小となっている．これらの周期付近の波はほぼ同じ速さで伝播するので，大振幅の波束であるエアリー相を形成する．ラブ波は周期 100〜300 秒では群速度がほぼ一定で分散性が弱いので，この周期帯ではレイリー波に比べてパルス状の波束となる．レイリー波は周期 50〜250 秒では長周期ほど群速度が遅くなっている．図 2.21 の R1, R2 の波束では長周期の波ほど遅れて観測点に到達していることが見て取れる．

▶ 2.2.4 地球自由振動

大地震により地球が釣鐘をついた後のように全体で振動する現象を地球自由振動 (Earth's free oscillation) と呼ぶ．地球全体の振動現象としては他に地球潮汐 (Earth tide) がある．これは，潮の満ち引きの原因でもある天体の引力による起潮力が地球の固体部分に作用することで生じる強制振動であり，その周期は外力である起潮力の周期である．これに対して地球自由振動の周期は地球内部構造で決まる．したがって地球自由振動の解析は地球内部構造に関する重要な情報を与える．

a. モード

一般に自由振動は，ある決まった周期と振動パターンをもつ多数のモード (mode) から構成される．その周期を固有周期，振動パターンを表す関数を固有関数と呼ぶ．地球が球対称の構造をもつと仮定すると，球面方向の固有関数は球面調和関数 $Y_l^m(\theta, \varphi)$ として解析的に表されるが，半径方向の固有関数は数値計算で求める必要がある．モードには体積変化を伴う伸び縮みモード (spheroidal mode) と体積変化を伴わないねじれモード (toroidal mode) がある．伸び縮みモードは地動の上下動成分と水平動成分に現れ，ねじれモードは水平動成分のみに現れる．

モードは厳密には 3 つの整数の組 (l, m, n) で指定

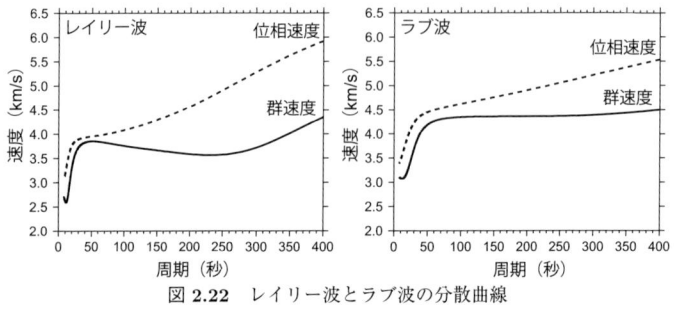

図 2.22 レイリー波とラブ波の分散曲線

される.ここで l, m は球面調和関数の次数と階数であり,l は非負整数,m は $-l \leq m \leq l$ を満たす整数である.また,n は半径方向の固有関数の次数であり,非負整数である.l, m は球面上の節の数に,n は半径方向の節の数に関係している.これらの値が大きいほど節の数が多くなり,固有周期は短くなる.半径方向に節をもたない $n = 0$ のモードを基本モード,$n > 0$ のモードを高次モードと呼ぶ.慣習的に伸び縮みモードとねじれモードをそれぞれ $_nS_l$ と $_nT_l$ という記号で表す.モードを完全に指定するには m も必要であるが,球対称地球のモードの固有周期は m に依存しないので省略されることが多い.表 2.3 にいくつかの長周期モードの固有周期の観測値を示す.$_0S_0$ は地球全体が膨れたり縮んだりするもっとも単純なモードであるが,もっとも周期が長いモードは $_0S_2$ である.

図 2.23 に $l = 7$ の伸び縮みモード ($_nS_7$) の上下動の振動パターンを示す.球面上の線は振動の節であり,それらを境に振動の向きは逆になる.一般に l は球面上の節の総数,m はそのうち極を通る節の数である.

図 2.24 にいくつかのモードの地球の半径方向の理論的な振幅分布を示す.これらはいずれも地球深部,特に内核での振動が大きいモードである.一方,表面波に対応する基本モードは地球深部では振幅を持たない.図に示したモードの固有周期は,内核領域の S 波速度が有限か 0 か,すなわち内核が固体であるか否かによって大きく異なる.これらのようなモードの固有周期の観測値と理論値を比較することで,内核が固体であることが証明された (Dziewonski and Gilbert, 1971).

b. 地球自由振動と表面波

地球自由振動は地震波形記録をフーリエ変換などのスペクトル解析法で周波数領域に変換することで検出する.図 2.25(a) は 1994 年三陸はるか沖地震の南アフリカの SUR 観測点における上下動加速度波形で,周期 200〜1000 秒のバンドパスフィルターが施されている.(b) はそのフーリエ振幅スペクトルである.波形は上下動記録なのでスペクトルのピークはすべて伸び縮みモードに対応する.縦の破線で示された伸び縮み基本モードの理論固有周波数との比較より,振幅の大

表 2.3 地球自由振動の固有周期

伸び縮みモード		ねじれモード	
$_0S_2$	3233.25 秒	$_0T_2$	2636.38 秒
$_0S_3$	2134.67 秒	$_0T_3$	1705.95 秒
$_0S_4$	1545.60 秒	$_0T_4$	1305.92 秒
$_0S_0$	1227.52 秒	$_0T_5$	1075.98 秒
$_0S_5$	1190.13 秒	$_0T_6$	925.84 秒

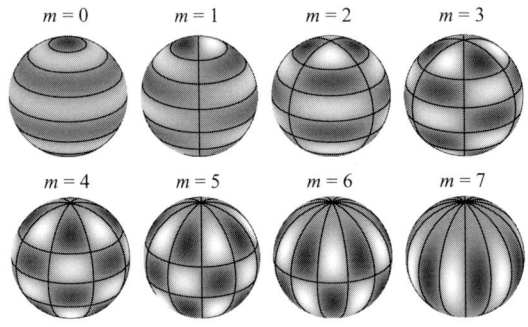

図 2.23 伸び縮みモードの球面における上下動の振動パターン
m が負の場合は正の場合を極軸の周りに $\pi/2m$ だけ回転したものになり,パターンは同じ.

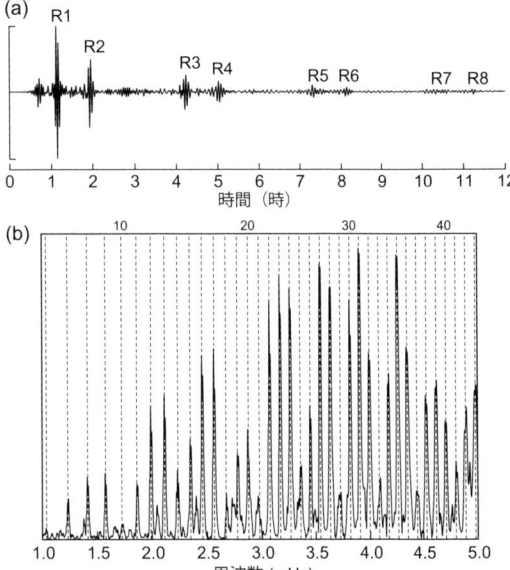

図 2.25 長周期の地震波形とそのスペクトル

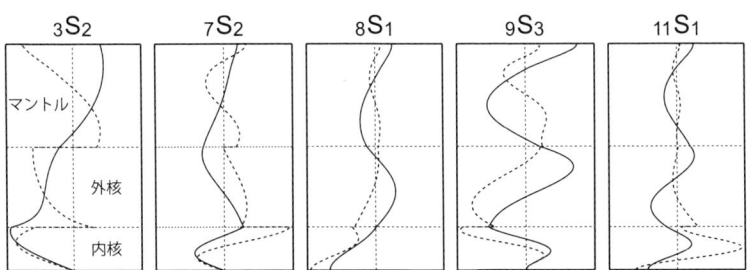

図 2.24 伸び縮みモードの半径方向の理論振幅分布
実線が上下動,破線が水平動.

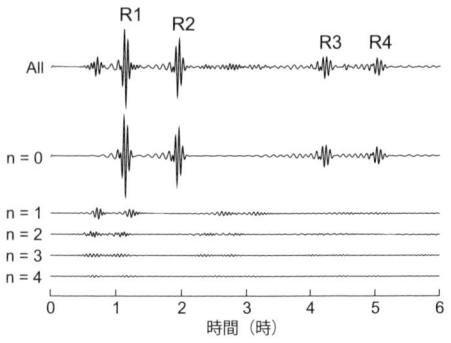

図 2.26 モードの足し合わせと表面波

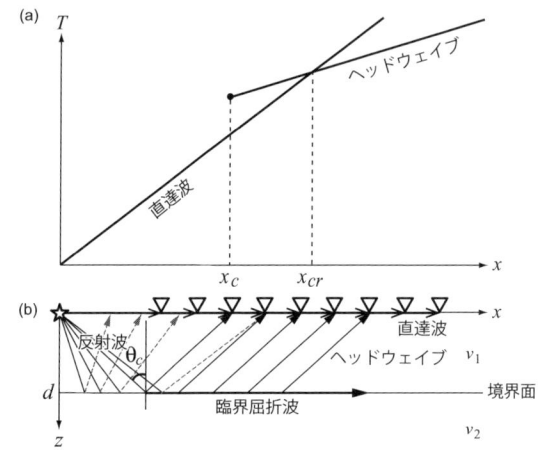

図 2.27 水平二層構造の場合の走時曲線と波線の模式図 (a) 直達波とヘッドウェイブの走時曲線, (b) 水平二層構造を伝わる P 波の波線.

きなピークは基本モードに対応することがわかる．特に 3～5 mHz の基本モードのピークは振幅が大きく，レイリー波のエアリー相に対応する．一般に伸び縮み基本モードはレイリー波に，ねじれ基本モードはラブ波に対応する．

地球内部を伝播するすべての地震波は地球自由振動のモードの足し合わせとして表現することができる．特に長周期の表面波は比較的少ない数のモードの足し合わせで精度よく表される．図 2.26 は理論的に計算した周期 200 秒以上のモードを足し合わせることで合成した理論波形である．想定した地震と観測点は図 2.25 と同じである．図の一番上の波形は周期 200 秒以上のすべてのモードを足し合わせて合成した理論波形であり，観測波形である図 2.20(a) とよく一致している．その下の波形は特定の n のモードのみを足し合わせて合成した理論波形である．例えば $n=0$ の波形は伸び縮み基本モード ($_0S_l$) のみを足し合わせて合成した．レイリー波の波束は伸び縮み基本モードのみの足し合わせで表現できることがわかる．同様にラブ波はねじれ基本モードの足し合わせで表現できる．短周期の高次モードまで足し合わせることで実体波も表現できる．

▶ **2.2.5 地球内部を伝わる地震波**

a． 浅い領域を伝わる地震波

地球内部の浅い領域を伝わる地震波の例として，厚さ d の表層をもつ水平二層構造における P 波の伝播を考える (図 2.27)．簡単のため震源の深さを 0 とし，表層とその下の層の P 波速度をそれぞれ v_1, v_2 ($v_1 < v_2$) とする．この構造では観測点に届く P 波として直達波，反射波，そしてヘッドウェイブがある．震源から観測点まで波が到達するのに要する時間を走時 (traveltime) と呼ぶ．直達波の走時 $T_D(x)$ は震央距離を x とすると

$$T_D(x) = \frac{x}{v_1} \quad (2.21)$$

と表される．ヘッドウェイブの走時 $T_H(x)$ は，臨界屈折波の速度が v_2 であることに注意すると

$$T_H(x) = \frac{x}{v_2} + 2d\sqrt{\frac{1}{v_1^2} - \frac{1}{v_2^2}} \quad (2.22)$$

と表される．

横軸を震央距離として走時を示した図を走時曲線と呼ぶ．図 2.27(a) は直達波とヘッドウェイブの走時曲線の模式図である．2 本の走時曲線は距離 x_{cr} で交差

---

mini column 2

● **常時地球自由振動** ●

地球自由振動は 1960 年チリ地震の際に初めて検出された．その後 1964 年アラスカ地震により励起されたモードの解析から，内核が固体であることが証明された．当時の地震計記録はデジタル記録ではなかったため，波形を読み取って電子計算機で使えるデータにするまでに 2 年の歳月を要したという．1970 年代半ばから IDA と呼ばれる観測網のデジタル記録が利用できるようになり，$M_W 6.5$ 程度の地震でも検出可能になったことで，地球自由振動を用いた研究は大きく進展した．1980 年代初めには，上部マントルに大規模な不均質性があることが地球自由振動の解析から初めて明らかになった (Masters et al., 1982)．地球自由振動はもっぱら地震により励起されているものと考えられてきたが，1998 年に日本の研究グループによって地震とは関係なく常時微弱に励起されていることが発見された (e.g. Suda et al., 1998)．これは常時地球自由振動 (Earth's background free oscillation) と呼ばれ，大気や海洋の運動が固体地球に与えるランダムな力が励起源と考えられている．その後，大気の振動モードと共振していることや，モードの振幅が年周変化をすることなど，新たな現象が発見されている (Nishida et al., 2002)．最近では，火星での常時自由振動の観測も検討されている．もしそれが観測されれば，モードの固有周期から火星の内部構造に関する重要な情報が得られるであろう．

している．波形記録において地震動の始まりは初動と呼ばれ，多くの場合明瞭に認識できる．初動の走時曲線は，この場合 $x = x_{cr}$ で折れ曲がりのある直線となることがわかる．初動は x_{cr} よりも震源に近い観測点では直達波であり，遠い観測点ではヘッドウェイブである．反射波は初動にはならない．初動の走時曲線の傾きより v_1, v_2 が求められ，それらと x_{cr} より

$$d = \frac{x_{cr}}{2}\sqrt{\frac{v_2 - v_1}{v_2 + v_1}} \quad (2.23)$$

を用いて表層の厚さ d が求められる．

b. 深い領域を伝わる地震波

地球内部の深い領域を伝わる地震波は震源から遠方の観測点に到達するので，地球が球である効果を考慮する必要がある．図 2.28 のような各層で地震波速度が一定の球殻構造における境界面での地震波の屈折を考える．境界面は局所的には平面に近似できるので，式 (2.20) より

$$\frac{\sin\theta_1}{v_1} = \frac{\sin\theta'_1}{v_2} \quad (2.24)$$

が成り立つ．図より $r_1 \sin\theta'_1 = r_2 \sin\theta_2$ が成り立つので

$$\frac{r_1 \sin\theta_1}{v_1} = \frac{r_2 \sin\theta_2}{v_2} \quad (2.25)$$

が得られる．これは球の場合の屈折の法則であり，波線パラメータは $p = r_i \sin\theta_i / v_i$ となる．地震波速度が半径（地球中心からの距離）r の関数 $v(r)$ で表される場合は，波線パラメータは

$$p = \frac{r \sin\theta}{v(r)} \quad (2.26)$$

となる．ここで θ は波線の接線と鉛直方向のなす角である．球の場合の波線パラメータは，地球中心から見た波の見かけの角速度の逆数になっている．したがって走時を T，角距離を Δ とすると

$$p = \frac{dT}{d\Delta} \quad (2.27)$$

が成り立つ．これより波線パラメータは走時曲線の傾きに等しいことがわかる．

以下では典型的な 3 種類の地震波速度構造に対する波線と走時曲線を考える．図 2.29 は左から地震波速

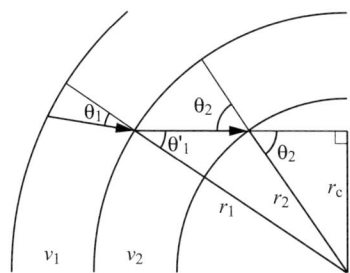

図 2.28 球殻構造を伝わる地震波の模式図
v_1, v_2 は地震波速度．

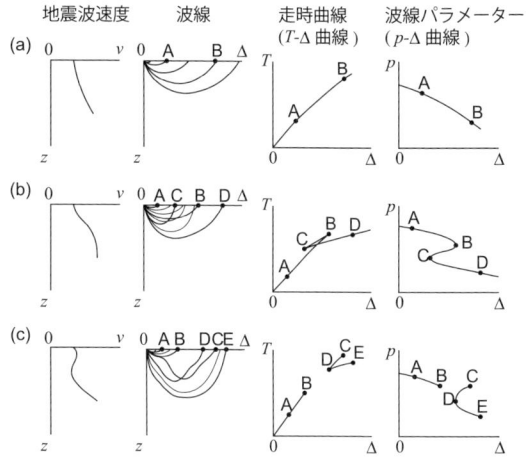

図 2.29 3 種類の速度構造に対応する波線，走時曲線，波線パラメータの模式図
v は地震波速度，z は深さ，Δ は震央距離，T は走時，p は波線パラメータ．Lay and Wallace (1995) の図を改変．

度，波線，走時曲線（T–Δ 曲線），波線パラメータ（p–Δ 曲線）の模式図であり，(a) は速度が穏やかに増加する場合，(b) は速度の急増がある場合，(c) は低速度層がある場合である．簡単のため震源は地表にあるとする．震源からの波線の射出角（鉛直下向きから測った角度）を i_0，地球半径を r_0，地表での地震波速度を v_0 とする．以下では波線を水平から次第に下向きに射出していくことを考える．このとき射出角 i_0 は $\pi/2$ から次第に小さくなるので，波線パラメータ $p = (r_0/v_0)\sin i_0$ は単調に減少していく．これは，p–Δ 曲線で縦軸の値を次第に小さくしていくことに対応する．(a) の場合，p–Δ 曲線を見ると p の減少に伴い Δ は単調に増加していくことがわかる．これは，波を下向きに射出していくと地表での到達点が次第に震央から遠くなることを表す．(b) では，p の減少に伴い Δ は p–Δ 曲線の点 B から減少に転じ，点 C で再び増加に転じることがわかる．これを波線で見てみよう．波の地表での到達点は，初めは下向きへの射出に伴って震央から遠ざかるが，波線が速度の急増部分に入り上に曲げられるようになると，今度は点 B から点 C へ震央に近づいていく．さらに下向きに射出すると再び震央から遠ざかるようになる．走時曲線では，それに対応して点 B から点 C では走時が Δ の三価関数となり，三重合（triplication）が形成される．(c) では，p の減少に伴い Δ は p–Δ 曲線の点 B から点 C へジャンプする．そして点 D まで減少したのち再び増加に転じる．波線で見ると，波の地表での到達点は初めは下向きへの射出に伴って震央から遠ざかるが，波が低速度層に入り下に曲げられると，はるかに遠い点 C に到達する．その後，到達点は震央に近づいたのち再び遠ざかっていく．波線の図で

は，それに対応して点Bから点Dでは地震波が到達しない地震波の影(シャドーゾーン，shadow zone)が現れる．

▶ 2.2.6　固体地球の成層構造

a. 球対称地球モデル

地球の固体部分は，地表から地殻(crust)，マントル(mantle)，外核(outer core)，内核(inner core)の順に成層構造をしている．地殻・マントルはケイ酸塩であるのに対し，外核・内核は金属であり，軽い物質が重い物質を取り巻く構造になっている．このような基本構造は地球誕生時にはすでに形成されており，その後長い時間をかけてマントルから地殻が，流体の外核から固体の内核が分化してきた．そして，そのような分化過程は今なお継続している．地球内部の地震波速度構造は細かく見ると3次元に不均質だが，水平方向よりも深さ方向の違いの方が大きい．そのため基本的には構造が半径のみに依存する1次元構造である球対称モデルが用いられ，3次元構造はそれからの微小なずれ(摂動)として表現されることが多い．図2.30は実体波の研究でよく用いられる球対称地球モデルであるak135 (Kennett et al., 1995)である．一方，表面波や地球自由振動の研究によく用いられるモデルとしてPREMがある．ak135は実体波をよく説明するためのモデルであるのに対し，PREMは実体波・表面波・地球自由振動のすべてをよく説明するためのモデルである．

b. 地震波の命名規則

地球内部の深い領域を伝わる実体波は，震源からさまざまな経路で地表の観測点まで伝わってくる(図2.31)．それらを区別するために，マントル(地殻も含む)・外核・内核の通過およびそれらの境界面での反射ごとに，

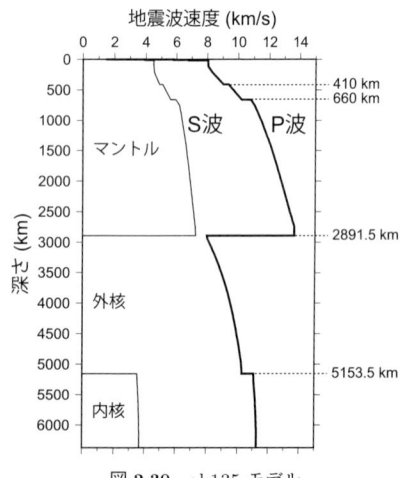

図2.30　ak135モデル

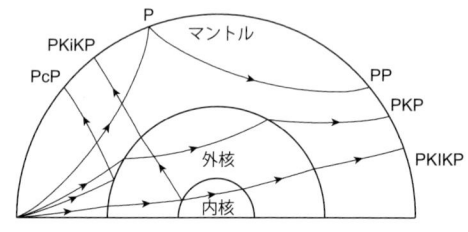

図2.31　地球深部を伝わるP波の名称

表2.4　地震波の通過・反射に与える記号

領域	P波として通過	S波として通過	境界面での反射
マントル	P	S	—
外核	K	—	c
内核	I	J	i

表2.4で示された文字を並べて地震波を命名する．例えばマントル→外核→内核→外核→マントルという経路をすべてP波として通過してきた波はPKIKPである．また，外核境界で反射してきたP波はPcP，内核境界で反射してきたP波はPKiKPである．境界面の外側での反射には文字が付与されるのに対し，内側での反射には付与されない．例えば地表で1回反射してきたP波はPPであり，外核境界の内側で1回反射してきたP波はPKKPである．P波とSV波は境界面で互いに変換するので，SKSといった波も存在する．マントルと外核をP波として，内核をS波として通過してきた波はPKJKPである．この波の地表での振幅は非常に小さく，確定的な検出はまだ報告されていない．

c. 地殻

地殻は海洋地域と大陸地域で大きく異なっている．海洋地殻の厚さはおよそ7 kmでほぼ一定であるのに対し，大陸地殻では30〜50 kmで地域によって大きく異なる．また，海洋地殻の組成は玄武岩質であるのに対し，大陸地殻では上部は花崗岩質，深部は玄武岩質である．地殻とマントルの境界面は，地震学的にはP波速度の15%程度の急激な増加として認められ，モホロビチッチ不連続面(Mohorovičić discontinuity)，略してモホ面と呼ぶ．モホ面はクロアチアのMohorovičićにより1909年に発見された．現在ではモホ面は世界中の海洋および大陸地域に広く分布していることがわかっている．

海洋地殻は明瞭な3層構造を示し，第1層は堆積物層，第2層は玄武岩層，第3層ははんれい岩層で，その下にかんらん岩のマントルがある．大陸地殻は海洋地殻と異なり明瞭な成層構造をもたないが，岩石学的には3層と認識できる．第1層は堆積岩・火山岩類，第2層は花崗岩・変成岩，第3層は玄武岩質集積岩である．第1層と第2層がいわゆる上部地殻であり，第

3層が下部地殻である.反射波の観測からは上部地殻が均質なのに対して下部地殻には多数の反射面が見える.上部地殻と下部地殻の間にはコンラッド面と呼ばれる不連続面が見られることがあるが,モホ面のように広く分布はしていない.

d. マントル

マントルはかんらん岩質であり,深さ 670 km を境に上部マントルと下部マントルに分けられる.上部マントルの地震学的特徴は,深さに伴う地震波速度と密度の変化が大きいことである.深さ 410 km と 660 km には地震波速度の不連続面が見られ,その間の層はマントル遷移層 (mantle transition zone) と呼ばれる.マントル遷移層の構造が明らかになったのはアレイ観測のデータ解析による.アレイ観測とは密に配置した地震計による観測で,その記録からは波線パラメータが直接求められる.その結果,深さ 400 km と 650 km 付近で速度が急増することがわかった.その後の研究から,それらは平均的深さがそれぞれ 410 km と 660 km の不連続面であり,地域によって 20 〜 30 km の変化が見られるものの,モホ面と同様に広く分布することがわかった.また,地震波速度と密度の変化は 4 〜 8% 程度であることがわかった.

高温高圧実験により,マントルの主要構成鉱物であるカンラン石は上部マントルの深さ範囲で相転移および分解反応を起こすことが知られている.ここで相転移とは,深くなることに伴い鉱物の結晶構造がより密な構造に不連続に変化することである.実験結果との対比から,410 km 不連続面はカンラン石からウォズレアイトへの相転移に,660 km 不連続面はリングウッダイトからマグネシオウスタイトとペロブスカイトへの分解反応に対応すると考えられている.地域によっては 520 km にも不連続が見られることがあり,ウォズレアイトからリングウッダイトへの相転移に対応すると考えられているが,その他の不連続面に比べると明瞭ではない.

もともと下部マントルは D 層とも呼ばれていたが,マントル最深部の厚さ 200 km の層では地震波速度の深さ勾配がほとんど 0 になることや水平方向の不均質が大きいことから,その層を D'' 層と呼ぶようになった.その後,地震波速度の深さ勾配が地域によって正または負の値をとることや,地震波速度の異方性が存在することなどが明らかになった.これらのことから D'' 層ではその上の下部マントルとは異なる化学組成をもつことなどが考えられた.しかし,近年になってペロブスカイトが D'' 層の深さではポストペロブスカイトに相転移することが明らかになり,その物性がこれまでの地震学的観測と調和的であることがわかってきた.また,D'' 層の最深部の厚さ 10 km には地域によって地震波速度の極低速度層が存在することが明らかになっており,これもポストペロブスカイトに鉄が混ざることによって説明できる可能性があるなど,この領域の研究には新たな展開が見られる.

e. 核

コア–マントル境界 (core–mantle boundary, CMB) は地球内部最大の不連続面である.マントルはケイ酸塩で固体である一方,外核は鉄–ニッケル合金で流体である.両者の間の弾性波速度と密度の差は,地表における大気と地殻の間のそれらの差よりも大きい.衝撃圧縮実験から外核の密度は同じ圧力下の鉄–ニッケル合金よりも軽いことが示され,質量にして 10% 程度の密度の小さい元素も含むと考えられている.それらの元素は軽元素と総称され,高温高圧実験により O, S, Si, H などのさまざまな元素について存在可能性が研究されてきた.外核は Oldham (1906) によってその存在が示唆され,後に Gutenberg (1914) によって正確な半径が決められた.

内核は外核が固化することで形成され,その成長は現在も継続している.固化の過程で内核表面で鉄–ニッケル合金が晶出する際に潜熱と軽元素を放出する.これらは地磁気の発生源である外核中の対流の主要な駆動力であると考えられている.

核を通過する実体波をコアフェーズ (core phase) と呼ぶ.図 2.32 は核を P 波として通過するコアフェーズの波線と走時曲線の模式図である.走時曲線は一見複雑だが,2 つの部分に分解して考えることができる.マントルに対して外核は低速度なので,それに対応し

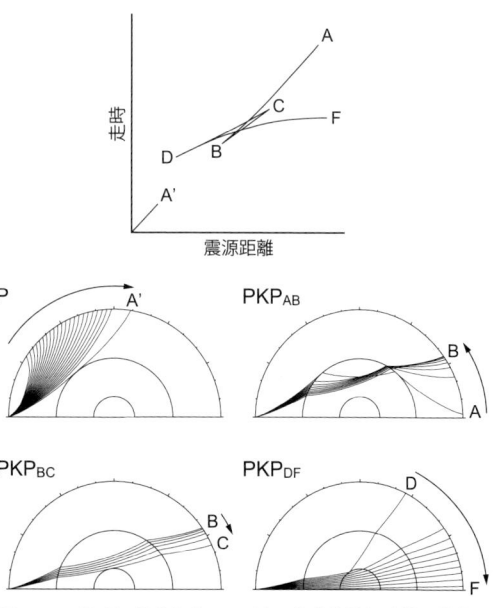

図 **2.32** 地球深部を伝わる P 波の走時曲線と波線の模式図

て走時曲線には A–B–C 分枝がある．PKP のうち，走時曲線の AB 分枝と BC 分枝に対応する P 波をそれぞれ PKP$_{AB}$，と PKP$_{BC}$ と呼ぶ．また，外核に対して内核は高速度なので B–C–D–F で三重合が形成されている．PKIKP は DF 分枝に対応するので PKP$_{DF}$ とも呼ぶ．内核はデンマークの Lehmann (1936) によって発見された．内核がなければ A′–B の間は地震波の影となるが，実際には PKIKP や PKiKP などが観測される．ただし，この発見は内核が固体であることを直接的には意味しない．固体性の証明は S 波の存在を確認することであり，それは地球自由振動の観測から示された (2.2.3 項参照)．

[例題 2.2] コア–マントル境界をかすめるようにマントルからコアに入射する P 波の屈折角を求めよ．ただし P 波速度はマントル側で 13.7 km/s，コア側で 8.0 km/s とする．
[解答] 式 (2.20) で $\theta_1 = 90°$，$v_1 = 13.7$，$v_2 = 8.0$ として，$\theta_2 = 35.7°$．

[例題 2.3] 図 2.22 を参照して周期 250 秒付近のレイリー波の波束が地球を 1 周するのに要するおよその時間を求めよ．
[解答] 図より群速度はおよそ 3.5 km/s．大円の円周 $2\pi \times 6371$ km をこの値で割るとおよそ 3.2 時間．

2.3 地震波と発震機構

▶ 2.3.1 グリーン関数

a. グリーン関数とは

地震波は震源過程と地球内部構造の両方の影響を受ける．地表で観測した地震波から震源過程を推定するとき，構造の影響を分離して取り扱うことができれば解析は容易になる．それを可能にするのがグリーン関数 (Green function) である．一般にグリーン関数とは，媒質中のある時刻・位置で入力として単位インパルスが与えられたときの任意の時刻・位置での出力である．地震波の場合，与えられた構造のグリーン関数がわかっていれば，さまざまな震源過程からの理論地震波形を容易に計算できる．

単位インパルスはディラックのデルタ関数 $\delta(t)$ を用いて表す．デルタ関数は時間や空間での局在を表す関数であり，

$$\int_{-\infty}^{\infty} \delta(t-\tau)f(\tau)d\tau = f(t) \quad (2.28)$$

という性質をもつ．ここで $f(t)$ は実連続関数である．この場合，$t - \tau = 0$ となるときの $f(\tau)$ の値，すなわち $f(t)$ の値がデルタ関数により積分の結果として取り出されている．またデルタ関数の微分は

$$\int_{-\infty}^{\infty} \dot{\delta}(t-\tau)f(\tau)d\tau = -\dot{f}(t) \quad (2.29)$$

という性質をもつ[*8]．この場合は微分 $\dot{f}(t)$ の値が取り出されている．

1 次元の振動は次の微分方程式で表される．

$$\frac{d^2}{dt^2}x(t) + \omega^2 x(t) = f(t) \quad (2.30)$$

ここで $x(t)$ は振動の変位，$f(t)$ は外力，ω は振動の角周波数である．この場合のグリーン関数 $G(t;\tau)$ は，時刻 τ で与えられる単位インパルス $\delta(t-\tau)$ によって励起される時刻 t での変位であり，次の微分方程式を満たす．

$$\frac{d^2}{dt^2}G(t;\tau) + \omega^2 G(t;\tau) = \delta(t-\tau) \quad (2.31)$$

上式の両辺に $f(\tau)$ をかけて τ で積分すると

$$\frac{d^2}{dt^2}\int_{-\infty}^{\infty} G(t;\tau)f(\tau)d\tau + \omega^2 \int_{-\infty}^{\infty} G(t;\tau)f(\tau)d\tau$$
$$= \int_{-\infty}^{\infty} \delta(t-\tau)f(\tau)d\tau = f(t) \quad (2.32)$$

となる．これを式 (2.30) と比較すると，解 $x(t)$ は

$$x(t) = \int_{-\infty}^{\infty} G(t;\tau)f(\tau)d\tau \quad (2.33)$$

であることがわかる．このように，グリーン関数 $G(t;\tau)$ があらかじめわかっていれば，任意の外力 $f(t)$ による変位 $x(t)$ は積分だけで求められる．これが可能なのは，入力 $f(t)$ と出力 $x(t)$ の関係が線形だからである．

b. 弾性波のグリーン関数

3 次元空間を伝わる波の場合，力と変位の両方が 3 成分をもつベクトルである．そのため両者を結ぶグリーン関数は $3 \times 3 = 9$ 個の成分をもち，$G_{ij}(\boldsymbol{x},t;\boldsymbol{x}_0,\tau)$ $(i,j = 1,2,3)$ のように表される．これは位置 $\boldsymbol{x}_0$，時刻 τ において座標軸の j 方向に与えられた単位インパルスによる位置 $\boldsymbol{x}$，時刻 t における変位の i 成分である．震源断層は有限の面積をもつので，地震波の変位を求めるための積分は，一般には空間についても行う必要がある．しかし，P 波や S 波の最初の部分だけに限れば，震源近傍だけを考えればよく，それは点とみなせる．また表面波や地球自由振動については，比較的大きな地震でも震源域全体を点とみなせる．以下ではこのような点震源 (point sourse) を扱うので，空間についての積分は現れない．外力が位置 $\boldsymbol{x}_0$ で与えられる時間的に変化する力 $\boldsymbol{f}(\tau)$ の場合，位置 $\boldsymbol{x}$，時刻 t の変位 $\boldsymbol{u}$ は次のように表される．

$$u_i(\boldsymbol{x},t) = \sum_{j=1}^{3} \int_{-\infty}^{\infty} G_{ij}(\boldsymbol{x},t;\boldsymbol{x}_0,\tau)f_j(\tau)d\tau \quad (2.34)$$

ここで u_i は変位の i 成分，f_j は力の j 成分である．

[*8] 右辺にはマイナスが付くことに注意．

無限に広がった均質な等方弾性体における弾性波のグリーン関数は、解析的に求めることができ、次のように表される[*9]。

$$G_{ij}(\boldsymbol{x},t;0,\tau) = \frac{1}{4\pi\rho\alpha^2}\gamma_i\gamma_j\frac{\delta(t-\tau-r/\alpha)}{r}$$
$$+ \frac{1}{4\pi\rho\beta^2}(\delta_{ij}-\gamma_i\gamma_j)\frac{\delta(t-\tau-r/\beta)}{r}$$
$$+ \frac{1}{4\pi\rho}(3\gamma_i\gamma_j-\delta_{ij})\frac{1}{r^3}\int_{r/\alpha}^{r/\beta}\tau\delta(t-\tau-t')dt' \quad (2.35)$$

ここで、ρ は密度、r は震源からの距離、$\gamma_i = x_i/r$ である。また、α, β は

$$\alpha = \sqrt{\frac{\lambda+2\mu}{\rho}}, \quad \beta = \sqrt{\frac{\mu}{\rho}} \quad (2.36)$$

と表され、λ, μ は等方弾性体の弾性パラメータである。式 (2.35) の右辺第1項と第2項は $1/r$ に比例して減衰するのに対し、第3項は $1/r^2$ に比例して減衰する。したがって遠方では前2者が卓越する。このことから、前2者を遠地項 (far-field term)、後者を近地項 (near-field term) と呼ぶ。右辺第1項は速度 α で伝わる球面波で、振動方向が進行方向に平行な縦波である。また、第2項は速度 β で伝わる球面波で、振動方向が進行方向に垂直な横波である。

▶ **2.3.2 偶力による変位**

a. 偶力とモーメントテンソル

偶力とは、図 2.33(a) のように大きさが同じで向きが反対の力の組み合わせである。偶力には2つの方向が関わっており、1つは力の方向、もう1つは力の始点を結ぶ線分である「腕」の方向である。式 (2.35) は1方向の力 (シングルフォース, single force) による変位なので、地震のような断層のずれにより生じる変位は表せない。後に示すように、図 2.2 のような断層のずれによる変位と、図 2.33(b), (c) のような直交する同じ大きさの2対の偶力 (ダブルカップル, double couple) による変位は遠方では同じになる。そこで、以下では偶力による変位を導出する。

図 2.33(a) に示された力と腕の方向がそれぞれ j 軸と k 軸の方向である一対の偶力 (シングルカップル, single couple) による変位 $\boldsymbol{u}$ は、始点がわずかに離れた、向きが反対の2つのシングルフォースによる変位の足し合わせとして求められる。偶力の腕の長さを a として、

$$G_{ij}(\boldsymbol{x},t;\boldsymbol{x}_0+\tfrac{1}{2}a\hat{\boldsymbol{x}}_k,\tau) - G_{ij}(\boldsymbol{x},t;\boldsymbol{x}_0-\tfrac{1}{2}a\hat{\boldsymbol{x}}_k,\tau)$$
$$\approx \frac{\partial G_{ij}(\boldsymbol{x},t;\boldsymbol{x}_0,\tau)}{\partial x_k}a \quad (2.37)$$

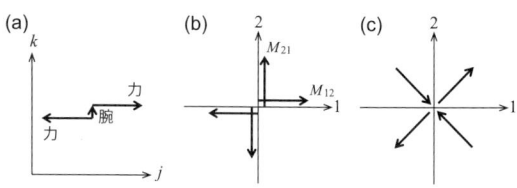

図 2.33 偶力の模式図
(a) シングルカップル、(b), (c) ダブルカップル。

を用いると、シングルカップルによる変位の i 成分は

$$u_i(\boldsymbol{x},t) = \int_{-\infty}^{\infty}\frac{\partial G_{ij}(\boldsymbol{x},t;\boldsymbol{x}_0,\tau)}{\partial x_k}f_j(\tau)a d\tau \quad (2.38)$$

と表される。ここで $f_j(\tau)$ は j 軸方向の力、a は偶力の k 軸方向の腕の長さである。一般に、偶力は力と腕の方向の組み合わせで9通りある (図 2.34)。そこで $M_{jk} = f_j a$ として[*10]、次のような 3×3 行列で表されるモーメントテンソル (moment tensor) $\boldsymbol{M}$ を導入する。

$$\boldsymbol{M} = \begin{pmatrix} M_{11} & M_{12} & M_{13} \\ M_{21} & M_{22} & M_{23} \\ M_{31} & M_{32} & M_{33} \end{pmatrix} \quad (2.39)$$

これら9個の偶力による合力と合モーメントは0になることから、$M_{ij} = M_{ji}$ であることが示される。断層のすべりの他にも、割れ目の開閉や球やパイプの膨張・収縮といった重要な力源がモーメントテンソルで表される。地震モーメント M_0 は

$$M_0 = \left(\frac{\sum M_{ij}^2}{2}\right)^{1/2} \quad (2.40)$$

として求められる。モーメントテンソルを用いると、式 (2.38) は次のように一般化される。

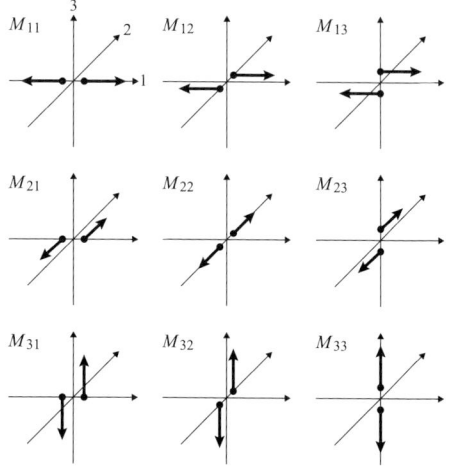

図 2.34 モーメントテンソルの9成分
M_{ij} の i は力の方向、j は腕の方向。

[*9] この形の式は Stokes によって 1849 年に求められた。

[*10] 厳密には $M_{jk} = \lim_{a\to 0, f_j\to\infty} f_j a_j$ を考える。

$$u_i(\boldsymbol{x},t)=\sum_{j=1}^{3}\sum_{k=1}^{3}\int_{-\infty}^{\infty}\frac{\partial G_{ij}(\boldsymbol{x},t;\boldsymbol{x}_0,\tau)}{\partial x_k}M_{jk}(\tau)d\tau \tag{2.41}$$

これは，時間変化する偶力の組み合わせによる波の変位を表す一般式である．

b.　偶力による P 波と S 波の変位

震源から遠方で観測される地震波は，式 (2.35) の遠地項から得られる．図 2.33(a) のシングルカップルによる変位の i 成分は式 (2.35) と式 (2.41) より

$$\begin{aligned}u_i\,(\boldsymbol{x},t)&=\frac{1}{4\pi\rho\alpha^3}\gamma_i\gamma_j\gamma_k\frac{1}{r}\dot{M}_{jk}\,(t-r/\alpha)\\&\quad+\frac{\delta_{ij}-\gamma_i\gamma_j}{4\pi\rho\beta^3}\gamma_k\frac{1}{r}\dot{M}_{jk}\,(t-r/\beta)\end{aligned} \tag{2.42}$$

と表される*11)．ここで $\dot{M}_{\boldsymbol{jk}}$ はモーメントテンソルの成分の時間微分を表す．ここでは遠方で観測される変位を考えているので，$1/r$ よりも高次の項は無視している．

次に図 2.33(b) で示されたダブルカップルによる変位を求める．このダブルカップルのモーメントテンソル $\boldsymbol{M}$ は

$$\boldsymbol{M}=\begin{pmatrix}0 & M_{12} & 0\\ M_{21} & 0 & 0\\ 0 & 0 & 0\end{pmatrix} \tag{2.43}$$

と表される (図 2.34 を参照)．このとき，P 波の変位の i 成分は 2 つのシングルカップルによる変位の足し合わせとして式 (2.42) の右辺第 1 項より次のように求められる．

$$\begin{aligned}u_i^{\mathrm{P}}\,(\boldsymbol{x},t)\ &\frac{1}{4\pi\rho\alpha^3}\gamma_i\gamma_1\gamma_2\frac{1}{r}\dot{M}_{12}\,(t-r/\alpha)\\&+\frac{1}{4\pi\rho\alpha^3}\gamma_i\gamma_2\gamma_1\frac{1}{r}\dot{M}_{21}\,(t-r/\alpha)\\&=\frac{1}{4\pi\rho\alpha^3}2\gamma_1\gamma_2\gamma_i\frac{1}{r}\dot{M}_{12}\,(t-r/\alpha)\end{aligned} \tag{2.44}$$

ここで $M_{12}=M_{21}$ を用いた．同様に S 波の変位の i 成分は式 (2.42) の右辺第 2 項より次のように求められる．

$$\begin{aligned}u_i^{S}\,(\boldsymbol{x},t)&=\frac{1}{4\pi\rho\beta^3}(-2\gamma_i\gamma_1\gamma_2+\delta_{i1}\gamma_2+\delta_{i2}\gamma_1)\\&\quad\times\frac{1}{r}\dot{M}_{12}\,(t-r/\beta)\end{aligned} \tag{2.45}$$

モーメントテンソルの各成分の時間変化が同じ場合は $\dot{M}_{ij(t)}=m_{ij}\dot{M}_0(t)$ と表される．このとき $\dot{M}_0(t)$ をモーメント速度関数 (moment-rate function) と呼ぶ．式 (2.44) と (2.45) からわかるように，遠方での実体波の変位は $M_0(t)$ ではなく $\dot{M}_0(t)$ に比例している．

*11)　変形には式 (2.29) を用いている．

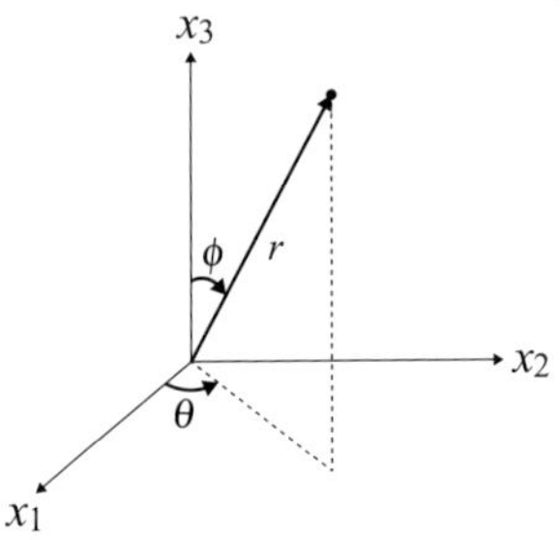

図 **2.35**　球座標系とデカルト座標系

▶ 2.3.3　放射パターンと震源メカニズム解

a.　放射パターン

デカルト座標系での表現である式 (2.44), (2.45) を，

$$\begin{aligned}\gamma_1&=\sin\theta\cos\phi\\\gamma_2&=\sin\theta\sin\phi\\\gamma_3&=\cos\phi\end{aligned} \tag{2.46}$$

を用いて球座標系 (図 2.35) での表現に書き換えると，

$$\begin{aligned}u_r&=\frac{1}{4\pi\rho\alpha^3 r}\dot{M}_{12}\,(t-r/\alpha)\sin^2\theta\sin2\phi\\u_\theta&=\frac{1}{4\pi\rho\beta^3 r}\dot{M}_{12}\,(t-r/\beta)\,\frac{1}{2}\sin2\theta\sin2\phi\\u_\phi&=\frac{1}{4\pi\rho\beta^3 r}\dot{M}_{12}\,(t-r/\beta)\sin\theta\cos2\phi\end{aligned} \tag{2.47}$$

となる．ここで (u_r,u_θ,u_ϕ) は極座標系での変位であり，r 成分は P 波，θ 成分と ϕ 成分は S 波に対応する．

図 2.36 は式 (2.47) の変位の絶対値の方位依存性を表し，放射パターンと呼ばれる．P 波振幅は，$x_1=0, x_2=0$ の直交する 2 つの面に含まれる方向で 0 になる．このような面を節面 (nodal plane) と呼ぶ．節

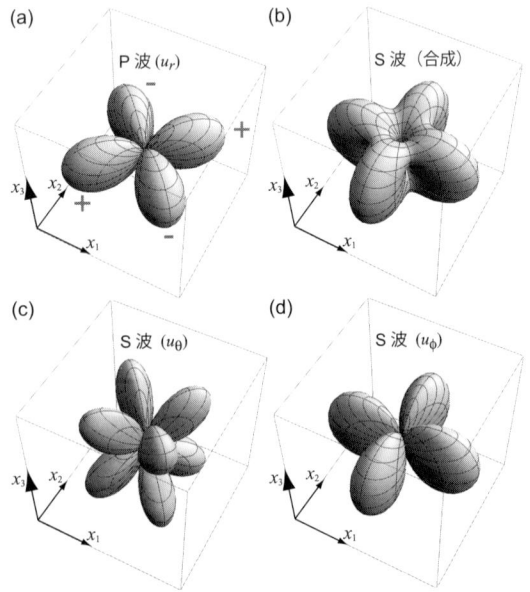

図 **2.36**　実体波の放射パターン

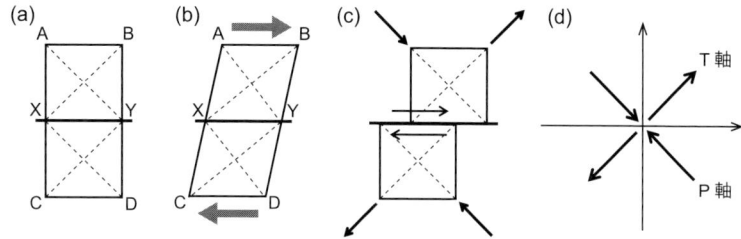

図 2.37 断層のずれとダブルカップルの等価性

面を境にして振幅の符号が正または負の領域が交互に現れており，このような放射パターンを4象限型と呼ぶ．S波のθ成分には$x_1 = 0, x_2 = 0, x_3 = 0$の3つの節面が，$\phi$成分には$x_1 = x_2, x_1 = -x_2$の2つの接面があり，それぞれで直交している．図にはS波の合成振幅についても示してある．S波のϕ成分の振幅はθ成分の2倍であることから，合成振幅はϕ成分の寄与が大きくなっている．

b. 断層のずれと等価な力

断層のずれと力は全く異なった概念であるが，弾性体において断層のずれと力の分布が等価である，すなわち同じ変位を与えることは，1964年にBurridgeとKnopoffにより数学的に示された (Burridge and Knopoff, 1964)．ここでは断層のずれとダブルカップルの等価性を図を用いて直感的に示す．例として図2.2と同様に鉛直な断層面をもつ右横ずれ断層を考える (図2.37)．この断層のずれにより周囲には以下のように力が及ぼされる．

(a) 弾性エネルギーが蓄積される前の状態．
(b) ずれの力がはたらき，弾性エネルギーが蓄積された状態．
(c) 断層面がすべった直後の状態で，矢印はそのとき周囲に与える力[*12]．
(d) これらの力を遠方から見た図．

以上より，断層のずれは震源に働くダブルカップルと等価であることがわかる．外向き偶力の方向をT軸 (T axis)，内向き偶力の方向をP軸 (P axis) と呼ぶ．P波の放射パターンにおいて，振幅が正の極大となる方向がT軸，負の極大となる方向がP軸である．また，P波の節面は断層面とそれに直交する面に対応している．

c. 断層のずれとモーメントテンソル：

図2.37(d)においてT軸とP軸をそれぞれx軸とy軸とし，紙面に垂直上向きをz軸とする座標系では，このダブルカップルに対応するモーメントテンソル$\boldsymbol{M}$を表す行列は，

$$\boldsymbol{M} = \begin{pmatrix} M_0 & 0 & 0 \\ 0 & -M_0 & 0 \\ 0 & 0 & 0 \end{pmatrix} \quad (2.48)$$

の形になる (図2.34を参照)．この座標系をz軸のまわりに$-45°$回転させて断層方向とそれに直交する方向をそれぞれ新しいx軸とy軸とすると，この行列は

$$\boldsymbol{M} = \begin{pmatrix} 0 & M_0 & 0 \\ M_0 & 0 & 0 \\ 0 & 0 & 0 \end{pmatrix} \quad (2.49)$$

の形に変換される[*13]．これは式(2.43)と同じ形の行列であることから，図2.37(d)と図2.33(b)のダブルカップルは等価であることがわかる．これより，右横ずれ断層による変位は，遠方では式(2.47)で表される変位と同じになることがわかる．式(2.40)よりM_0は地震モーメントである．

このように，遠方から見た断層のずれは点震源に働くダブルカップルに置き換えることができる．ただし，断層のずれとダブルカップルの対応は1対1ではない．上の例の右横ずれ断層に直交する左横ずれ断層について同様に考えても，同じダブルカップルが得られ，それによる変位も同じになる．したがって放射パターンだけでは節面のどちらが断層面であるかはわからない．

断層のずれを規定するパラメータは，断層面とすべりの方向を規定する走向ϕ_S，傾斜δ，すべり角λと，大きさを規定する地震モーメントM_0の計4個である．3つの角度は，断層面の単位法線ベクトル$\boldsymbol{n}$とそれに直交するすべり方向の単位ベクトル$\boldsymbol{d}$に等価である．これらを用いると，ダブルカップルに等価なモーメントテンソルの一般形は，

$$M_{ij} = M_0(d_i n_j + n_i d_j) \quad (2.50)$$

と表される[*14]．これは対角和と判別式が0の対称行列なので，自由度は断層のずれと同じく4である．適当な座標変換により，この行列は式(2.48)または式(2.49)の形の行列に変換することができる．つまり，

[*12] 破線で示した対角線をゴムの棒と考え，変形による伸び・縮みの後，それらが断層のところで切られたときに周囲に及ぼす力と考えればよい．

[*13] 行列の違いは座標系の違いであり，同じダブルカップルを表していることに注意．

[*14] 走向・傾斜・すべり角を用いた具体的な表現は菊地 (2003) の付録を参照.

断層面とそれに沿ったすべりがどのような方向であっても，P 波の放射パターンは図 2.36 で示されたような 4 象限型になり，変わるのは空間に対する方位だけである．

d. 震源メカニズム解

実体波の放射パターンを地表で観測することにより，震源における断層面とすべりの方向が推定できる．このような目的にもっともよく用いられるのは P 波初動の向きである．P 波は縦波なので，P 波初動による地動の方向は，波線に沿って震源から押される方向か，または震源に引かれる方向のいずれかである．前者を押し，後者を引きと呼ぶ．P 波初動による地動の上下動は，押しの場合は上向き，引きの場合は下向きであり，上下動の波形記録から容易に決めることができる．

地球内部は均質ではないので，実体波の放射パターンが図 2.36 のようになるのは震源近傍だけである．そこで，震源を中心とする仮想的な小球面である震源球での押し引きを考える．震源から放射された P 波は，震源球を通過すると波線に沿って観測点まで到達する（図 2.38）．地震波速度モデルが与えられれば，地表での押し引きを震源球上の押し引きに引き戻すことができる．震源球での押し引き分布は，図 2.36(a) より直交する 2 枚の節面を境に押しと引きの領域が交互に現れる 4 象限型となる．多数の観測点で押し引きがわかれば，震源球での押し引きがうまく 4 象限型になるように，2 枚の直交する節面を決めることができる．T 軸は押しの振幅が最大となる方向であり，P 軸は引きの振幅が最大となる方向である．

震源球上の押し引き分布を分かりやすく表示するため，押しの領域を色付きに，引きの領域を白抜きにして，震源球の下半分をステレオ投影法で水平面に投影した図が震源メカニズム解 (focal mechanism) である．下半球を投影するのは，遠方で観測される P 波は震源球の下半分を通過してくるからである．図 2.37 の右横ずれ断層に対応する震源メカニズム解は図 2.39(a) のようになる．また図 2.3 の正断層と逆断層の走向を南北とすると，対応する震源メカニズム解はそれぞれ図 2.39(b) と (c) のようになる．これは，図 2.40 の断面図で震源球の下半球の色分けを上から見た図と思えば

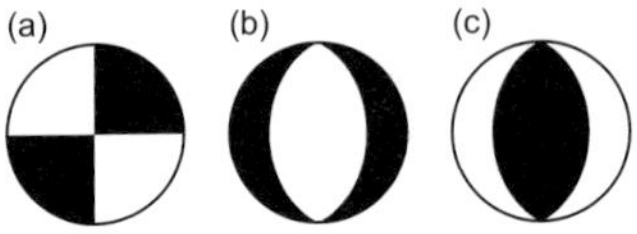

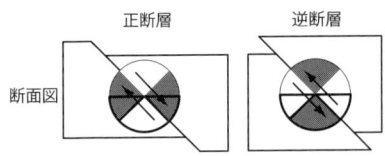

図 2.39 震源メカニズム解の例
(a) 横ずれ型．(b) 正断層型．(c) 逆断層型．

図 2.40 正断層と逆断層に対応する震源球を横から見た図
矢印はすべりの向き．

よい．

図 2.41 は 3 種類のプレート境界付近で起こった地震の震源メカニズム解の例である．中央海嶺では正断層型，トランスフォーム断層では横ずれ断層型の震源メカニズム解であることがわかる．トランスフォーム断層では海嶺との位置関係で右横ずれか左横ずれかが決まる[*15]．沈み込み帯では海溝よりも陸側では低角逆断層型，海側では正断層型であることがわかる．低角逆断層型の地震はプレート境界地震である．また正断層型の地震はアウターライズ地震であり，海溝部分でのプレートの曲げによる引張により起こる．このようなプレート境界での震源メカニズム解の決定は，プレートテクトニクスの形成に大きな役割を果たした．

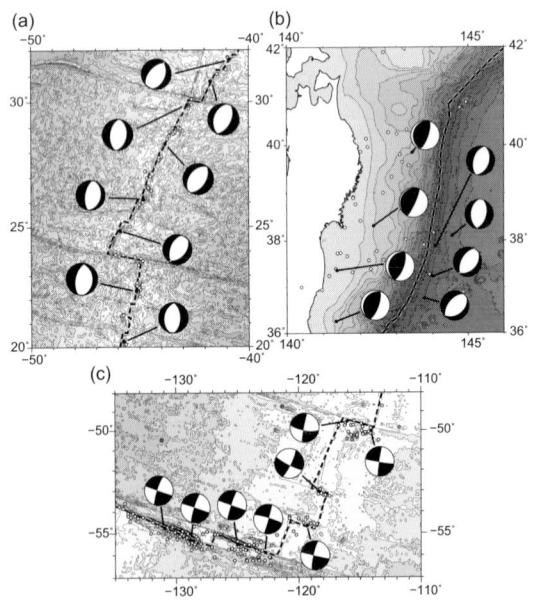

図 2.41 3 種類のプレート境界と震源メカニズム解の例
(a) 中央海嶺．(b) 沈み込み帯 (2011 年東北地方太平洋沖地震の本震と余震)．(c) トランスフォーム断層．

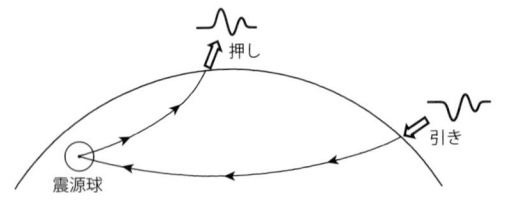

図 2.38 震源球，押し・引き，P 波初動の上下動波形の模式図

[*15] トランスフォーム断層を挟んで向こう側を見たとき，海嶺が左手にあれば右横ずれ，右手にあれば左横ずれ．

[例題 2.4] 図 2.42 は 2011 年東北地方太平洋沖地震の震源メカニズム解である．(a) と (b) の節面のうち，どちらが断層面に対応するか，理由と共に答えよ．

[解答] 西北西に向かって低角で沈み込む太平洋プレートの境界面で起こったので，(a) が断層面に対応する．

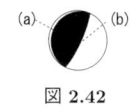

図 2.42

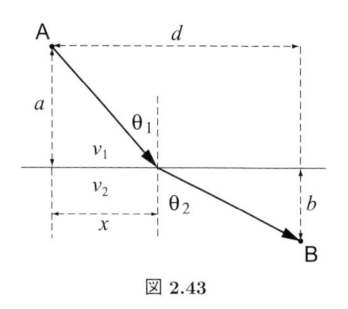

図 2.43

演習問題

(1) 地震モーメントと断層面積の相似則より，モーメントマグニチュードが 1 大きくなると断層面積は 10 倍になることを示せ．

(2) 図 2.43 を利用してフェルマーの原理から屈折の法則を示せ．フェルマーの原理とは，波は走時が最小となるような経路を進む，という原理である．

(3) 振幅が等しく角周波数と波数がわずかに異なる 2 つの波 $u_1 = A\cos(k_1 x - \omega_1 t)$ と $u_2 = A\cos(k_2 x - \omega_2 t)$ を考える．ここで，$\omega_1 = \omega - \delta\omega, k_1 = k - \delta k, \omega_2 = \omega + \delta\omega, k_2 = k + \delta k$ ($\delta\omega \ll \omega, \delta k \ll k$) である．2 つの波の足し合わせ $u = u_1 + u_2$ は，これらが干渉して振幅が変調された波となる．この波の位相速度 C と群速度 U を求めよ．

(4) 行列 $\begin{pmatrix} M_0 & 0 \\ 0 & -M_0 \end{pmatrix}$ は座標系の $-45°$ の回転により行列 $\begin{pmatrix} 0 & M_0 \\ M_0 & 0 \end{pmatrix}$ に変換されることを示せ．

参考文献

菊地正幸 (編著), 2002, 地殻ダイナミクスと地震発生, 朝倉書店, 222p.

菊地正幸, 2003, リアルタイム地震学, 東京大学出版会, 222p.

Lay, T. and Wallace, T.C., 1995, Modern Global Seismology, Academic Press, 534p.

瀬野徹三, 1995, プレートテクトニクスの基礎, 朝倉書店, 190p.

Shearer, P.M., 2009, Introduction to Seismology, Cambridge University Press, 408p.

上田誠也, 1989, プレート・テクトニクス, 岩波書店, 268p.

宇津徳治, 2001, 地震学, 共立出版, 390p.

宇津徳治・吉井敏尅・嶋 悦三・山科健一郎 (編著), 2001, 地震の事典, 朝倉書店, 657p.

3

地 殻 変 動

地殻 (crust) とは,地球の最表層を構成する厚さ数 km から数十 km の「薄く固い殻」である.固いといっても剛体ではなく,力を受ければわずかであるが変形する.これが地殻変動 (crustal deformation) である.ただし,同様の挙動を示すのは地殻だけでなく,その下のマントル最上部もひとつながりとなって運動する.物質科学的分類ではなく,運動学的観点から分類された地球の最表層がプレート (plate) である.狭義の地殻変動が意味するものはまさに地殻の変形であるが,その根本的な源となるものはプレート運動であり,ここではより広い意味で,「プレート運動とその相互作用によって生じるプレートの内部変形」を地殻変動として扱う.この章では,地殻変動を記述する基礎としての変位とひずみの理論に始まり,宇宙測地技術に代表される地殻変動の主な計測手法,断層運動や地震サイクルと地殻変動の関係などを,実際の観測例を交えて解説する.地殻変動という目を通してダイナミックに躍動する地球像に迫り,「動くこと大地のごとし」を実感してほしい.

◆ ◆ ◆ ◆ ◆ ◆

3.1 地殻変動の記述:変位とひずみ

地殻に力が加われば,地表および内部の点はある方向へ移動する.これが変位 (displacement) であり,大きさと向きをもつ 3 次元ベクトル量である.地表の変動を表現する際は,変位を水平面内の 2 次元ベクトル量と上下方向のスカラー量に分けて扱う場合が多い.ある領域が揃って同じ方向へ同じ量だけ移動すれば,並進としての変位は生じるものの,領域内に変形は生じない (図 3.1(a)).反対に,ある領域が変形したときは,領域内の変位ベクトルに必ず差が生じている.すなわち,変位することと,変形が生じることを混同してはならない.また,変位の量も方向も,どこを基準にしているかに依存する (図 3.1(b) と (c)).変位ベクトルを扱う際は,常に座標系の取り方と空間的な変化に注意する必要がある.

地殻の変形の大きさや様式はひずみ (strain) によって表される.ひずみは変位の空間的な変化率,つまり,変位の空間微分である.地殻は相当固く,実際に,地球を構成する岩石はひずみが 10^{-4} を超える変形には耐えられず破壊してしまう.地殻変動として扱うひずみは非常に小さく,ひずみ成分の 2 次以上の積は無視できるという,無限小ひずみの理論が適用できる.ひずみは本来 3 次元量であるが,地表は水平な自由表面と見なすことができ,一般に上下方向のひずみは無視されることが多い.本書でも簡単のため,水平面内の 2 次元無限小ひずみを扱う.

図 3.2(a) のように物体内部に点 P(x, y),その近傍に点 Q$(x+dx, y+dy)$ をとる.物体が変形したとき P, Q の変位ベクトルをそれぞれ $\boldsymbol{u}(u, v)$, $\boldsymbol{u}'(u+du, v+dv)$,変形後の位置をそれぞれ P′, Q′ とする.$\boldsymbol{u}' - \boldsymbol{u} = (du, dv)$ は P に対する Q の相対変位である.ひずみ成分 e_{ij} は以下の式で定義される.

$$e_{xx} = \frac{\partial u}{\partial x}, \quad e_{yy} = \frac{\partial v}{\partial y} \quad (3.1)$$

$$e_{xy} = e_{yx} = \frac{1}{2}\left(\frac{\partial v}{\partial x} + \frac{\partial u}{\partial y}\right) \quad (3.2)$$

また,以下で回転 (rotation) を定義する.

$$\omega_{xy} = -\omega_{yx} = \frac{1}{2}\left(\frac{\partial v}{\partial x} - \frac{\partial u}{\partial y}\right) \quad (3.3)$$

式 (3.1)~(3.3) が意味するところを以下の (1)~(4) にまとめてみよう.

(1) e_{xx} は x 軸方向の,e_{yy} は y 軸方向の伸びひずみを表す.例えば図 3.2(b) において式 (3.1) を用いて

$$P'Q' = dx + du = dx + \frac{\partial u}{\partial x}dx = (1+e_{xx})PQ \quad (3.4)$$

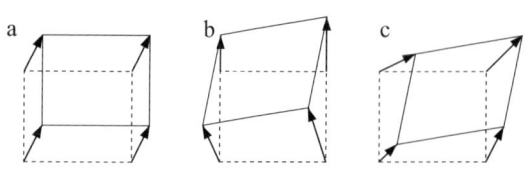

図 3.1 変位と変形
(a) ではすべての変位ベクトルが同じで,変形は生じない.
(b) と (c) は変形は同じであるものの,変位ベクトルは異なる.これは「どこを基準にしているか」の違いによる.

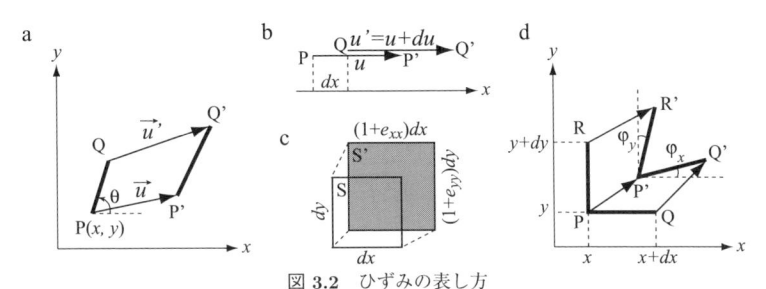

図 3.2 ひずみの表し方
(a) 微小線分 PQ と変形後の線分 P′Q′. (b) 1 次元の伸びひずみ (P′Q′ − PQ)/PQ. (c) 面積ひずみ (S′ − S)/S.
(d) せん断ひずみ (角度の変化) $\varphi_x + \varphi_y$.

一般には伸びを正，縮みを負とする．

(2) 直交する 2 方向の伸びひずみの和は面積ひずみ (dilatation) を表す (図 3.2(c))．

$$\Theta = e_{xx} + e_{yy} \tag{3.5}$$

変形前に 1 辺が dx, dy であった長方形の面積 S が変形後に S′ になったとすると，式 (3.4) より

$$S' = (1+e_{xx})dx(1+e_{yy})dy \approx (1+\Theta)S \tag{3.6}$$

となる．このとき，ひずみ成分の 2 次以上の積を無視し，式 (3.5) を用いている．面積ひずみは座標系の取り方に依存しない．

(3) $2e_{xy}$ は x 軸と y 軸との間の角度変化 (radian 単位) を表し，せん断ひずみ (shear strain) と呼ばれる (図 3.2(d))．これは，ある領域が面積を変えることなく"ひしゃげる"程度を表している．この量は方向によって変化する．変形前に直角を形成していた 3 点 P, Q, R がそれぞれ P′, Q′, R′ に変位したとする．$\overrightarrow{PP'} = \boldsymbol{u}(u,v)$ ならば，$\overrightarrow{QQ'}$ では y に関する変位の増分値が，$\overrightarrow{RR'}$ では x に関する変位の増分値がゼロなので

$$\overrightarrow{QQ'} = \left(u + \frac{\partial u}{\partial x}dx, v + \frac{\partial v}{\partial x}dx\right)$$

$$\overrightarrow{RR'} = \left(u + \frac{\partial u}{\partial y}dy, v + \frac{\partial v}{\partial y}dy\right)$$

P′Q′ が x 軸となす角を φ_x，P′R′ が y 軸となす角を φ_y とする．ともに微小量なので，それぞれ $\tan\varphi_x$, $\tan\varphi_y$ と近似できる．

$$\varphi_x \approx \tan\varphi_x = \frac{(y+v+\frac{\partial v}{\partial x}dx)-(y+v)}{(x+dx+u+\frac{\partial u}{\partial x}dx)-(x+u)}$$

$$= \frac{\partial v}{\partial x}\left(1+\frac{\partial u}{\partial x}\right)^{-1} \approx \frac{\partial v}{\partial x}$$

$$\varphi_y \approx \tan\varphi_y = \frac{(x+u+\frac{\partial u}{\partial y}dy)-(x+u)}{(y+dy+v+\frac{\partial v}{\partial y}dy)-(y+v)}$$

$$= \frac{\partial u}{\partial y}\left(1+\frac{\partial v}{\partial y}\right)^{-1} \approx \frac{\partial u}{\partial y}$$

したがって

$$2e_{xy} = 2e_{yx} = \frac{\partial v}{\partial x} + \frac{\partial u}{\partial y} = \varphi_x + \varphi_y \tag{3.7}$$

(4) $\omega_{xy} = -\omega_{yx}$ は系全体の回転を表す．せん断ひずみの議論を応用すれば，式 (3.7) と同様に

$$2\omega_{xy} = -2\omega_{yx} = \frac{\partial v}{\partial x} - \frac{\partial u}{\partial y} = \varphi_x - \varphi_y \tag{3.8}$$

もし図 3.2(d) のように，φ_x と φ_y が同符号でほぼ同じ大きさであれば，系全体の回転は無視できる．一方，両者が逆符号であったり，大きさに著しい差が見られるときは，系全体の回転が生じている．

ひずみ成分 e_{xx}, e_{xy}, e_{yy} と，任意の方向のひずみとの関係を求めてみよう．図 3.2(a) に戻り，x 軸と角 θ をなす方向にある線分 PQ と，変形後の線分 P′Q′ とを比較する．

$$P'Q'^2 = (dx+du)^2 + (dy+dv)^2$$

ここで $\partial u/\partial x$ などの 2 次の積を無視すると

$$(dx+du)^2 = \left[\left(1+\frac{\partial u}{\partial x}\right)dx + \frac{\partial u}{\partial y}dy\right]^2$$
$$= dx^2 + 2\frac{\partial u}{\partial x}dx^2 + 2\frac{\partial u}{\partial y}dxdy$$

同様に

$$(dy+dv)^2 = dy^2 + 2\frac{\partial v}{\partial y}dy^2 + 2\frac{\partial v}{\partial x}dxdy$$

両式の和をとり，式 (3.1) と (3.2) の関係を用いれば
$P'Q'^2 = dx^2 + dy^2 + 2e_{xx}dx^2 + 4e_{xy}dxdy + 2e_{yy}dy^2$
が得られる．このとき

$$dx = PQ\cos\theta, \quad dy = PQ\sin\theta$$

であるから

$$P'Q'^2 = PQ^2(1 + 2e_{xx}\cos^2\theta + 4e_{xy}\sin\theta\cos\theta + 2e_{yy}\sin^2\theta)$$

ひずみ成分の 2 次以上の項が無視できることに注意して上式の平方根をとると

$$P'Q' = PQ(1 + e_{xx}\cos^2\theta + 2e_{xy}\sin\theta\cos\theta + e_{yy}\sin^2\theta)$$

θ 方向における伸びひずみ e_θ は $(P'Q' - PQ)/PQ$ と表されるから

$$e_\theta = e_{xx}\cos^2\theta + 2e_{xy}\sin\theta\cos\theta + e_{yy}\sin^2\theta \tag{3.9}$$

上式からひずみの重要な性質が導かれる．まず，水平

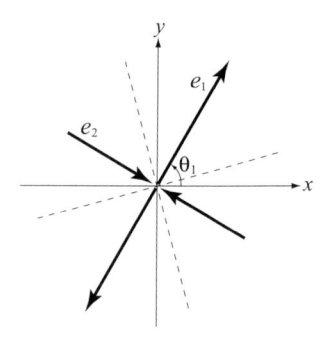

図 3.3 主ひずみの表し方
ここでは最大値 e_1 が正 (伸び), 最小値 e_2 が負 (縮み) の場合を示す. 点線は最大せん断ひずみ Σ の方向を表す.

面内の異なる 3 方向の伸びひずみを観測すれば, 任意の座標系でのひずみ 3 成分が求められることを示している. 次に, 式 (3.9) を θ で微分して, e_θ が極値をとる方向を求めると,

$$\tan 2\theta = \frac{2\tan\theta}{1 - \tan^2\theta} = \frac{2e_{xy}}{e_{xx} - e_{yy}} \tag{3.10}$$

上式を解いて, その値を式 (3.9) に代入すれば, ひずみの最大値 e_1 および最小値 e_2 が得られる. e_1, e_2 を主ひずみ (principal strain) と呼ぶ.

$$e_1 = \frac{1}{2}(\Theta + \Sigma) \tag{3.11}$$

$$\tan\theta_1 = \frac{-(e_{xx} - e_{yy}) + \Sigma}{2e_{xy}} \tag{3.12}$$

$$e_2 = \frac{1}{2}(\Theta - \Sigma) \tag{3.13}$$

$$\tan\theta_2 = \frac{-(e_{xx} - e_{yy}) - \Sigma}{2e_{xy}} \tag{3.14}$$

ここで Θ は式 (3.5) の面積ひずみを, Σ は以下で表される最大せん断ひずみ (maximum shear) を表す.

$$\Sigma = \sqrt{(e_{xx} - e_{yy})^2 + 4e_{xy}^2} = e_1 - e_2 \tag{3.15}$$

図 3.3 に e_1 が正 (伸び), e_2 が負 (縮み) のときの主ひずみを示す. e_1 と e_2 を案分する方向 (図中の点線の方向) では, 伸びひずみがゼロとなる一方で, せん断ひずみが最大となる (式 (3.15)).

[例題 3.1] 物体が全く変形せずに微小回転だけしているときのひずみと回転の条件を示せ.
[解答] $e_{xx} = e_{yy} = e_{xy} = 0$ かつ $\omega_{xy} \neq 0$ なので, 式 (3.1)〜(3.3) より $\frac{\partial u}{\partial x} = \frac{\partial v}{\partial y} = 0$, $\frac{\partial v}{\partial x} = -\frac{\partial u}{\partial y} \neq 0$.

3.2 地殻変動の計測手法

▶ 3.2.1 概論

今日の地殻変動観測の主流は, 宇宙測地技術を用いた精密位置計測である. 地表の同一地点で繰り返し位置計測を行い, 座標値の時間変化から観測点の変位を導く. これを複数の点で行えば, 観測点間の相対変位, すなわち変形が求められる. 代表的な手法として VLBI (Very Long Baseline Interferometry, 超長基線電波干渉計), SLR (Satellite Laser Ranging, 人工衛星レーザー測距), GPS (Global Positioning System, 全地球測位システム) がある. 中でも, 操作性, 可搬性, 精度対価格の面でもっとも有利なのは GPS である. GPS の本来の目的は移動体の位置と時刻をリアルタイムに決定することにあるが, 一般の地殻変動観測では, 静止点において比較的長時間の観測を行い, 観測後の後処理解析によって高精度の測位解を得る. 例えば, 数百 km 離れた 2 点間の 3 次元相対位置を数 mm の精度で決定できる. なお, GPS と同様の測位システムとしてロシアの GLONASS, 欧州連合の GALILEO, 中国の COMPASS などがあり, これらを総称して GNSS (Global Navigation Satellite System) と呼ぶ. 日本の QZSS (Quasi-Zenith Satellite System, 準天頂衛星システム) は GPS を補完・補強するもので, 現時点では単独の測位システムではない.

近年大きな成果を挙げているのが, 人工衛星を利用した SAR 干渉法 (Interferometric Synthetic Aperture Rader, 干渉合成開口レーダーで InSAR とも記述される) である. 異なる時期に撮像された同一地域の 2 つの SAR 画像を解析することで, この期間に生じた地殻変動を面的に検出することができる. 最大の特徴は, 地表計測を必要としないことと, 面的な地殻変動の一括検出が可能なことである. ただし, SAR で検出可能な変動は衛星と地上間の視線方向の距離変化のみであり, 撮像から次の撮像までの時間変化の過程も不明である. こうした SAR 観測の長所短所は GPS と全く反対であり, 両者を統合した地殻変動観測を行えば, 空間的にも時間的にも十分な情報を得ることができると期待される.

GPS などの精密位置計測から得られる情報は観測点間の相対位置変化であり, これらを空間的に微分すれば変形あるいはひずみが求められる. これに対し, 地中でひずみ変化を直接に, 時間的に連続して計測するのがひずみ計 (strainmeter) である. また, 上下変位を水平面内で微分したものが傾斜であり, 傾斜もひずみの一部と見なすことができる. 面的なひずみの決定には異なる 3 方向の観測値が, 傾斜の決定には 2 方向の観測値が必要である. ひずみ計や傾斜計 (tiltmeter) の分解能は非常に高く, 例えば GPS 観測から求めたひずみの分解能が 10^{-8} オーダーがやっとなのに対し, ひずみ計の分解能は 10^{-10} に達する. それだけに気温, 気圧, 降雨, 地下水などの外的要因に敏感に反応し, こうした影響を軽減するため, 横抗 (トンネル) や縦抗

(ボアホール) に計器が設置される．高感度ゆえに設置場所が限定されることと，観測点周辺の岩盤の局所的な変形の影響を強く受けることが難点である．

以下で GPS, SAR, ひずみ計と傾斜計の測定原理を解説する．ここで GPS と SAR のすべてを解説することは量的に不可能なので，より詳細を知りたい方はそれぞれ専門の解説書を参照されたい．

▶ 3.2.2 GPS

a. コードと搬送波

GPS の利用形態には，受信機 1 台を用いてその位置と時刻をリアルタイムに決定する単独測位と，複数点で同時観測を行い後処理解析によって互いの相対位置を精密決定する相対測位の 2 つがある．これ以外にも，1 点の静止位置を受信機 1 台のみで精密決定する精密単独測位や，移動体の時々刻々の位置を相対測位によって決定するキネマティック測位などの手法もある．

GPS 衛星は地表高度約 20000 km の 6 つの軌道面に 4 個ずつ，計 24 個が投入されている (実際には予備を含めてもっと多い)．各衛星は非常に精密な原子時計を搭載し，L1 (1575 MHz，波長約 19 cm) および L2 (1228 MHz，波長約 24 cm) の 2 つの周波数の搬送波を，衛星ごとに割り当てられたコードパターンで変調し送信している．コードとは，ある時間幅を最小単位とし，0 と 1 のいずれかの値が不規則に並ぶ PRN (Pseudo-Random Noise，擬似乱数列) である (図 3.4(a))．コードの値が変化すると，搬送波の位相は反転する (図 3.4(b))．GPS では C/A コード，P コードの 2 種類のコードが使われ，最小時間幅はそれぞれ 1 μs (10^{-6} 秒)，0.1 μs (10^{-7} 秒) である．距離に換算すればそれぞれ約 300 m，約 30 m となり，搬送波の波長に比べれば圧倒的に長い．C/A コードでは 1 ms (10^{-3} 秒) ごとに同じコードパターンが繰り返されるが，P コードでは不規則パターンが 1 週間継続する．搬送波の L1 は C/A コードと P コードで，L2 は P コードで変調されている．コード利用は，搬送波の再生，衛星から受信点までの電波伝播時間の決定，機密性の保持，などの特徴を有している．

受信機には複数の衛星から同じ周波数の搬送波が混信して届く．ここから特定の衛星の搬送波を再生するとともに，衛星‒受信機間の距離を測定する．まず，受信機内部で目的とする衛星のコードの逆パターンを生成し，受信電波に積算する．このとき，衛星から受信機までの電波伝播時間だけずらして積算しないと，コードによる変調が消えない．逆に，もとの搬送波が再生されれば，電波伝播時間が正しく決定されたことになる．この伝播時間に光速を乗じ，衛星から受信機までの距離 (電離層や対流圏での電波伝播遅延を含んでいるので擬似距離と呼ばれる) を求めることができる．単独測位では擬似距離が，相対測位では再生された搬送波の位相が観測量となる．

GPS 観測において，衛星位置は常に既知である．各衛星の動きは地上の監視局によって追跡され，数時間前までの衛星の運動から予測した現在位置を搬送波に載せて放送している (broadcast orbit, 放送暦)．これはリアルタイムに利用可能である．また，時間遅れが生じるものの，地球上の多数の観測データから，衛星が実際に運動した軌跡が精密に決定されている (precise orbit, 精密暦)．

b. 単独測位

単独測位では，衛星を中心に擬似距離を半径とする球面を描き，これらの交点として受信点位置を決定する．ここで，受信機に内蔵された時計は，衛星の原子時計と比較し，精度が数桁劣ることに注意を要する．つまり，電波の発信時刻は正確でも，到達時刻には大きな誤差が含まれている．ただし，ある瞬間に同じ受信機で複数の衛星の電波を同時受信すれば，各々の測定値に含まれる時計誤差は同じ値である．こうして，受信点の 3 次元位置とともに，受信機時計の誤差も未知量に加え，4 つの未知量を決定するために同時に 4 個以上の衛星からの擬似距離を利用する (図 3.5(a))．単独測位はリアルタイムに連続して行うことができ，時計が時々刻々更新されることで，受信機内部に仮想的な原子時計が出現する．受信機側に原子時計を装備する必要がなく，結果として，受信機の小型軽量化，低価格化が実現されている．

単独測位の精度を決定する要因は，(1) 放送暦の衛星軌道情報の精度，(2) 電離層および対流圏内での電波の伝播遅延，(3) コードによる擬似距離の分解能，(4) 受信機時計の補正の不完全さ，などである．(1) は数 m 程度である．(2) の電離層の影響は，太陽活動の極大期には 10 m を超えることがある．対流圏内の乾燥

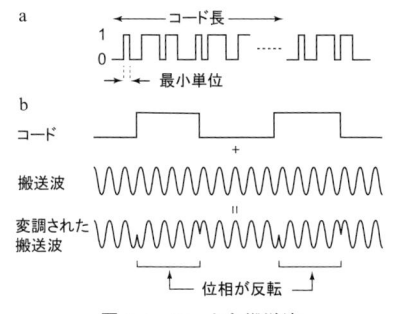

図 3.4　コードと搬送波
(a) コードはある時間幅を最小単位として 0 と 1 の値が不規則に並ぶ擬似乱数列である．(b) コードの値が 0 と 1 の間で変化するとき，搬送波の位相は反転する．

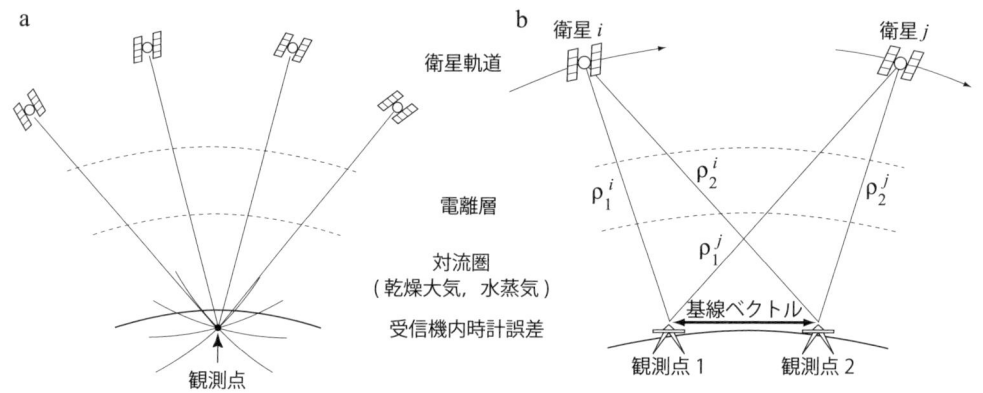

図 3.5 GPS の 2 つの利用形態
(a) 単独測位．未知数は観測点の 3 次元位置および受信機内時計誤差の計 4 個である．(b) 相対測位．2 衛星–2 観測点間で位相の二重差を計算することで，誤差の大部分を相殺する．

大気の影響は数 m，水蒸気の影響は乾燥大気の影響より小さいが，時空間変動が激しい．(3) と (4) は密接に関連する．電波の伝播時間の測定精度はコードの最小時間幅と同程度である．以上を総合すると，単独測位の精度はせいぜい 10 m〜数 m で，車両，船舶，航空機などの航法支援には十分であるが，地殻変動観測の手法としては精度が不足する．

c. 相対測位

より高精度の測位精度が必要な場合には相対測位を用いる．相対測位では，複数点で同時観測された搬送波の位相を利用する．搬送波の波長（約 19 cm または 24 cm）をさらに細分して測定することが可能なので，コードによる距離測定に比べ，分解能は非常に高い．ただし，位相観測は波長の整数倍の不確定性を伴うことに注意を要する．

図 3.5(b) のように，観測点 1, 2 において衛星 i, j からの電波を同時受信する．時刻 t に衛星 i から発射された電波の位相は

$$\phi^i(t) = \omega t + \phi_0^i \quad (3.16)$$

ここで，ϕ_0^i は時刻 $t=0$ における初期位相で，衛星ごとに一定の値をとる．観測点 1 において時刻 t に受信された衛星 i からの電波の位相は

$$\phi_1^i(t) = \omega \left(t - \frac{\rho_1^i(t)}{c} - t_{P1}^i \right) + \phi_0^i + \Delta\tau_1 \quad (3.17)$$

ここで，$\rho_1^i(t)$ は衛星 i と観測点 1 の間の真の距離，t_{P1}^i は衛星 i と観測点 1 の間の電波伝播遅延，$\Delta\tau_1$ は観測点 1 のケーブルや受信機内回路に起因する内部遅延を表す．

現実には，観測点 1 の受信機時計が刻む時刻 t_1^* は真の時刻 t とは異なる．

$$t_1^* = t + \Delta t_1 \quad (3.18)$$

Δt_1 は観測点 1 における時計誤差で，微小量である．式 (3.17) を上記の t_1^* で書き直す．

$$\begin{aligned}\phi_1^i(t_1^*) &= \omega\left(t_1^* - \frac{\rho_1^i(t_1^*)}{c} - t_{P1}^i\right) + \phi_0^i + \Delta\tau_1 \\ &\approx \omega t + \phi_0^i + \omega\Delta t_1 - \omega\Delta t_{P1}^i + \Delta\tau_1 \\ &\quad - \omega\frac{\rho_1^i(t) + \dot\rho_1^i(t)\Delta t_1}{c}\end{aligned} \quad (3.19)$$

添字 1 を 2 に変えれば，観測点 2 に対する同様の式が作れる．

観測終了後に，観測点 1 と 2 の記録を持ち寄って解析作業に入る．両点の観測位相の差をとる．

$$\begin{aligned}\Delta\phi_{12}^i &= \phi_1^i(t_1^*) - \phi_2^i(t_2^*) \\ &\approx \omega(\Delta t_1 - \Delta t_2) - \omega(t_{P1}^i - t_{P2}^i) + (\Delta\tau_1 - \Delta\tau_2) \\ &\quad - \frac{\omega}{c}[\rho_1^i(t) - \rho_2^i(t) + \dot\rho_1^i(t)\Delta t_1 - \dot\rho_2^i(t)\Delta t_2]\end{aligned}$$

最後の $\dot\rho_1^i(t)\Delta t_1$ および $\dot\rho_2^i(t)\Delta t_2$ は微小量同士の積であり，これらを無視して

$$\begin{aligned}\Delta\phi_{12}^i &\approx \omega(\Delta t_1 - \Delta t_2) - \omega(t_{P1}^i - t_{P2}^i) \\ &\quad + (\Delta\tau_1 - \Delta\tau_2) - \frac{\omega}{c}[\rho_1^i(t) - \rho_2^i(t)]\end{aligned} \quad (3.20)$$

式 (3.20) を一重位相差 (single phase difference) と呼ぶ．現実の 2 つの観測点間の距離に比べ，衛星–観測点間距離ははるかに大きい．したがって，衛星 i–観測点 1 と衛星 i–観測点 2 の経路は非常に接近しており（図 3.5(b)），一重位相差をとることにより，電波伝播遅延のような経路に起因する誤差はほとんど相殺される．また，式には現れていないものの，衛星軌道誤差も大幅に低減される．式 (3.20) の添字 i を j に変えれば，衛星 j に対する同様の式が作れる．

次に，2 衛星と 2 観測点の間で得られた 2 組の一重位相差を用い，さらにこれらの差を計算する．

$$\begin{aligned}\Delta\Delta\phi_{12}^{ij} &= \Delta\phi_{12}^i - \Delta\phi_{12}^j \\ &= -\omega(t_{P1}^i - t_{P2}^i) + \omega(t_{P1}^j - t_{P2}^j) \\ &\quad + \frac{\omega}{c}[\rho_1^i(t) - \rho_2^i(t)] - \frac{\omega}{c}[\rho_1^j(t) - \rho_2^j(t)]\end{aligned}$$
$$(3.21)$$

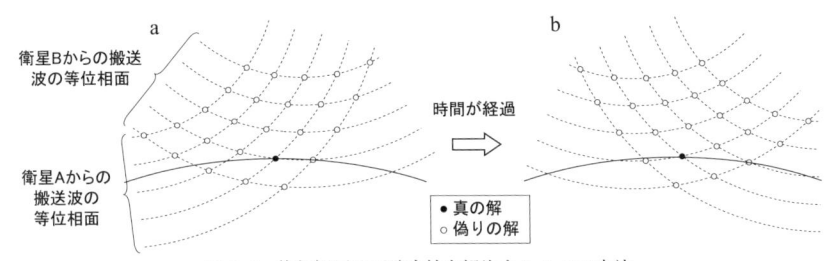

図 3.6 位相観測の不確定性を解決する 1 つの方法
受信点は搬送波の等位相面の交点であるが，偽りの解が多数存在する．時間の経過とともに衛星が移動し，偽りの解も移動する．真の解は不動のままである (日本測地学会, 2012)．

これを二重位相差 (double phase difference) と呼ぶ．式から明らかなように，観測点の時計誤差 Δt_1 と Δt_2，および観測点の内部遅延 $\Delta \tau_1$ と $\Delta \tau_2$ は消滅している．また，一重位相差と同様に，近接した経路間で位相差を計算することにより，電波伝播遅延は大幅に低減されている．二重位相差は相対測位の基本観測量で，測位計算に入る前に誤差要因の大部分が除去されている．ただし，決定できるのは観測点間の相対的な位置関係 (基線ベクトル) のみで，一方の座標値が既知である必要がある．

位相観測では波長の整数倍の不確定性を解決する必要がある．この作業を「アンビギュイティを解く」，「整数値バイアスを決定する」という．一般的な方法は衛星の移動を利用するものである．ある瞬間に衛星からの搬送波位相が等しい点を結んでできる等位相面を，1 波長ずつずらしながら空間上に多数描くことができる．他の衛星に対しても同様である．等位相面の交点が観測点位置の候補となるが，空間上には偽りの解が多数存在する (図 3.6(a))．時間とともに衛星は移動し，偽りの解の位置も変化するが，真の観測点位置は不動のままである (図 3.6(b))．相対測位で長時間観測を行う意義は，データ量を増やす以上に，衛星の移動を利用して真の解と偽りの解を分離することにある．これ以外にも，2 周波の位相と P コードを組み合わせて，ごく短時間のデータから位相不確定性を解く方法もある．いずれにおいても，位相不確定性の処理をいかに効率よく高速に行うかが，ソフトウェアの腕の見せ所である．

d. 高精度測位のために

GPS 衛星が送信する 2 周波の搬送波位相 ϕ_1, ϕ_2 を受信し，これより求めた衛星–受信点間の距離を L_1, L_2 とする．電離層内での電波伝播遅延は周波数 f_1, f_2 の 2 乗に反比例することから，L_1, L_2 は以下のように書き表すことができる．

$$L_1 = \frac{c}{f_1}\phi_1 = \rho - \frac{f_2^2}{f_1^2 - f_2^2}I + d + \lambda_1 b_1 \quad (3.22)$$

$$L_2 = \frac{c}{f_2}\phi_2 = \rho - \frac{f_1^2}{f_1^2 - f_2^2}I + d + \lambda_2 b_2 \quad (3.23)$$

ここで ρ は衛星–受信点間の真の距離，c は真空中の光速，I は 2 周波の電離層電波伝播遅延の差 (電離層パラメータ)，d は 2 周波共通の誤差要因 (衛星軌道誤差，衛星時計誤差，対流圏電波伝播遅延，受信機時計誤差など)，λ_1 と λ_2 は搬送波の波長，b_1 と b_2 は不確定の整数値である．

同様に，2 周波の P コードから求めた擬似距離 P_1, P_2 は以下のように書き表すことができる．

$$P_1 = \rho + \frac{f_2^2}{f_1^2 - f_2^2}I + d \quad (3.24)$$

$$P_2 = \rho + \frac{f_1^2}{f_1^2 - f_2^2}I + d \quad (3.25)$$

式 (3.22)〜(3.25) で注意すべきことは，電離層パラメータ I の符号である．電波の位相速度から算出される L_1 および L_2 と，群速度から算出される P_1 および P_2 では，電離層による遅延の影響が反対になる．

2 周波を用いた GPS 精密測位では，観測位相 ϕ_1 と ϕ_2 を直接用いるのではなく，用途に応じてそれらの線形結合を作成する場合が多い．

$$\phi_{nm} = n\phi_1 + m\phi_2 \quad (3.26)$$

ここで，$\phi_1 = 2\pi f_1 t$, $\phi_2 = 2\pi f_2 t$ であるから，$\phi_{nm} = 2\pi f_{nm} t$ とすると

$$f_{nm} = nf_1 + mf_2 \quad (3.27)$$

$$\frac{1}{\lambda_{nm}} = \frac{n}{\lambda_1} + \frac{m}{\lambda_2} \quad (3.28)$$

$$b_{nm} = nb_1 + mb_2 \quad (3.29)$$

b_{nm} は線形結合の不確定整数値である．距離に換算したノイズは

$$\sigma_{nm} = \lambda_{nm}\sqrt{n^2 + m^2}\sigma_0 \quad (3.30)$$

σ_0 はオリジナル位相のノイズで，L_1 で 3.0 mm, L_2 で 3.9 mm 程度である．

2 周波を利用して高精度測位解を得る際は，何種類かの線形結合を利用し，解を探索する空間を順次絞り込んでいく方法がとられている．以下に，代表的な線形結合とそれらの性質をまとめておく．

(1) Wide-lane 結合 L_W ($n=1, m=-1$)：波長 $\lambda_W = 86.2$ cm と長波長のため，位相の不確定整数値

$b_W (= b_1 - b_2)$ の決定が容易である．一旦 b_W が決定できれば，b_1, b_2 を探索する空間が劇的に減少する．

(2) Narrow-lane 結合 L_N ($n = m = 1$)：波長 $\lambda_N = 10.7$ cm と短波長のため位相の不確定整数値の決定が困難で，単独で用いられることはない．ノイズは約 2.1 mm で，オリジナル位相のノイズより小さい．

(3) Ionosphere-free 結合 L_3：Wide-lane 結合 L_W と Narrow-lane 結合 L_N の和をとる．

$$\begin{aligned} L_3 &= \frac{L_W + L_N}{2} \\ &= \frac{1}{f_1^2 - f_2^2}(f_1^2 L_1 - f_2^2 L_2) \\ &= \rho + d + \lambda_3 b_3 \end{aligned} \quad (3.31)$$

電離層の影響が消えている．中長距離基線 (> 10 km) では，二重位相差を用いても電離層伝播遅延の影響が相殺されずに残るため，L_3 を用いて最終の測位計算を行う場合が多い．ただし，b_3 はもはや整数値ではない．

(4) Geometry-free 結合 L_4：L_1 と L_2 の差をとる．

$$\begin{aligned} L_4 &= L_1 - L_2 \\ &= I + \lambda_1 b_1 - \lambda_2 b_2 \end{aligned} \quad (3.32)$$

衛星–観測点間の距離 ρ と共通誤差要因 d が消えており，衛星の幾何学的配置に影響されない．電離層のモデル化に用いられる．

最後に，高精度測位に影響を与える他の誤差要因についてまとめておく．IGS (International GNSS Service) が全球観測データから作成している精密暦は数 cm の精度を有しており，これを利用する限り，衛星軌道誤差を考慮する必要がなくなった．観測点とその周辺の要因について，GPS 電波を受信するアンテナ内部の電気的位相中心変動は，アンテナ機種ごとに衛星の高度角と方位角に応じた検定結果が用意されており，解析時にこれを利用できる．一方，依然として大気水蒸気の時空間変動の影響を完全に除去することは困難で，GPS 精密測位に最後まで残された課題である．

［例題 3.2］ Wide-lane 結合と Narrow-lane 結合の波長がそれぞれ 86.2 cm，10.7 cm となることを確かめよ．
［解答］式 (3.28) に $\lambda_1 = c/f_1$ および $\lambda_2 = c/f_2$ を代入して逆数をとると $\lambda_{nm} = c/(nf_1 + mf_2)$．ここで $c = 2.998 \times 10^8$ m/s, $f_1 = 1.575 \times 10^9$, $f_2 = 1.228 \times 10^9$ であり，Wide-lane の場合は $n = 1, m = -1$，Narrow-lane の場合は $n = m = 1$ を用いる．

▶ 3.2.3 SAR
a. 予備知識

レーダー観測において，アンテナの大きさが L，電波の波長が λ のとき，送信波のビーム幅は λ/L となり，これが物体を識別可能な最小分解能である．例えば，波長 24 cm のマイクロ波を用いて 500 km 離れた位置から大きさ 10 m の物体を識別しようとすれば，大きさ 12 km のアンテナが必要になる．このようなアンテナを実現することは不可能である．そこで，アンテナを搭載した飛翔体が運動しながらマイクロ波を連続的に照射し，同一の対象から返ってくる反射波を合成することで，1 つの巨大なアンテナで送受信を行ったのと同じ分解能を得るのが合成開口レーダーである．

SAR 衛星の進行方向をアジマス方向，これと直交し地表面に沿った方向をグランドレンジ方向，同じくアジマス方向に直交し衛星から地表を向く方向をスラン

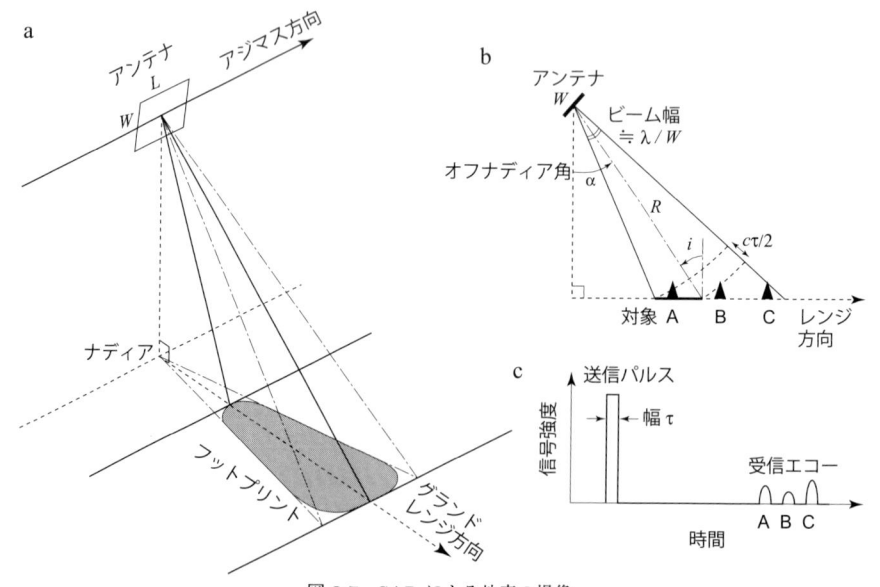

図 3.7 SAR による地表の撮像
(a) サイドルッキングレーダーと座標系．(b) パルスはビーム幅に広がって斜め下方に照射される．(c) 衛星から対象物までの距離に応じ，エコーの到着時刻にずれが生じる．

トレンジ方向と称する (図 3.7(a)). SAR 衛星は地球をほぼ南北に周回しており，北向きに上昇する場合を ascending 軌道，南向きに下降する場合を descending 軌道と称する．衛星は横斜め下方向 (通常は右斜め下) に向けてマイクロ波の送受信を行っており，このような方式のレーダーはサイドルッキングレーダーと呼ばれる．アンテナから周波数 f (波長 λ) の電波を短い時間間隔 τ だけ発射したとする．送信信号は

$$E(t) = A\cos(2\pi ft) \quad \left(-\frac{\tau}{2} < t < \frac{\tau}{2}\right) \quad (3.33)$$

と書き表される．地表に到達した電波は四方八方に散乱し，そのごく一部がアンテナに返ってくる．アンテナと対象物との距離 (スラントレンジと称する) を R とすると (図 3.7(b))，受信信号は光速を c として

$$E_r(t) = \alpha A\cos\left[2\pi\left(ft - \frac{2R}{\lambda}\right)\right]$$
$$\left(\frac{2R}{c} - \frac{\tau}{2} < t < \frac{2R}{c} + \frac{\tau}{2}\right) \quad (3.34)$$

となる．ここで α は減衰率を表し，電波が空間に広がることによる幾何学的な減衰，地表での散乱，アンテナの指向性などの影響をすべて含んでいる．式 (3.33) と式 (3.34) の位相差は

$$\phi = -\frac{4\pi R}{\lambda} \quad (3.35)$$

となり，対象物までの距離の情報が含まれている．

SAR 衛星を特徴づける最大の要因は，用いる電波の波長であろう．波長が短ければビーム幅が狭くなり，地表の照射範囲は狭くなる．そのかわりに，式 (3.35) から予想されるように，位相の変化が大きくなり，小さな変化でも検出しやすくなる．ただし，短波長レーダーは植生の時間変化の影響を強く受ける．季節によっては，電波が地表まで届かずに樹林帯の上部で反射してしまう場合がある．短波長レーダーを搭載した代表的な SAR 衛星として，X バンドでは TerraSAR–X ($\lambda = 3.1$ cm, 2007〜) が，C バンドでは ENVISAT ($\lambda = 5.6$ cm, 2002〜2012) がある．

植生の季節変化が激しい日本では，これの影響を受けにくい L バンドのレーダーが使われてきた．JERS–1 (1992〜1998)，ALOS/PALSAR (2006〜2011) はそれぞれ $\lambda = 23.5$ cm および 23.6 cm で，湿潤な温帯地域でも良好な観測結果が得られている．近年問題となっているのは，電離層内でのマイクロ波の電波伝播遅延である．遅延は周波数の 2 乗に反比例するため，周波数の低い L バンドレーダーほど影響が大きい．電離層の影響は画像全体に及ぶ長波長のノイズとなって現れることが多く，広域の地殻変動との分離が困難になる場合がある．

b. レンジ方向の分解能とパルス圧縮

送信に用いる時間幅 τ，周波数 f の波群を 1 つのパルスとして記述する．パルスを斜め下方へ照射すると，地表からの反射パルスには距離の差に応じた時間差が生じる (図 3.7(b) と (c))．つまり，1 つのパルスで異なる対象を識別可能である．ただし，アンテナから対象物までの往復時間が，パルス幅 τ 以上離れている場合に限る．これを片道距離に換算すれば，$c\tau/2$ 以上離れていることが必要となる．したがって，電波の入射角が i のとき (図 3.7(b))，レンジ方向の空間分解能は

$$\Delta\rho_c = \frac{c\tau}{2\sin i} \quad (3.36)$$

となる．パルス幅が狭いほど空間分解能が高い．

実際に発射されるパルスの幅は数 μs から数十 μs で，これより短くすると送信パワー (ピーク電力とパルス幅の積) が不足する．ピーク電力には限界がある．仮にパルス幅を 10 μs，入射角を 35° とすると，式 (3.36) より空間分解能は 2.6 km となる．これでは分解能が不足し，実用に適さない．そこで，「パルス圧縮」の技術を用いて，数百分の 1 のパルス幅を達成する．

パルス圧縮の詳細は専門の解説書を参照されたいが，概略は以下の通りである．パルス圧縮にはチャープ信号を用いる．これは，パルス内の周波数 f を一定に保つのではなく，時間の 1 次関数として f から $f + \delta f$ まで変化させるものである．δf はバンド幅と呼ばれる．受信信号の周波数も，送信信号と同様に時間的に増大している．ここで，受信信号と送信信号の相互相関をとるパルス圧縮処理を行う．その結果として，$1/\delta f$ のパルス幅で観測した場合と同等の空間分解能が得られる．つまり，実際上は幅の狭い，振幅の大きなパルスを送受信したのと同等の効果を得る．ALOS/PALSAR の高分解能モードではレーダーの周波数が 1270 MHz なのに対し，バンド幅は 28 MHz である．周波数変化は 2.2%にすぎないが，パルス幅は 3.6×10^{-6} s となり，入射角を約 35° とすれば，式 (3.36) より空間分解能は約 9.3 m となる．

c. アジマス方向の分解能と合成開口

アジマス方向のアンテナ長を L とすれば (図 3.7(a))，地表においてアジマス方向のビームの広がりは $\lambda R/L$ となる．例えば $L = 10$ m, $\lambda = 24$ cm, $R = 850$ km ならば，この値は約 20 km である．図 3.8 のようにアジマス方向に x 軸をとり，衛星がある対象物の真横に来たときを $x = 0$ とする．衛星が $|x| \le \lambda R_0/2L$ の位置にあるとき，対象物は照射パルスのビーム幅内にある．この間に衛星から何度もパルスが発射されれば，この対象物は連続してパルスの照射を受けることになる．

一般に $x \ll R_0$ であるから

$$R = \sqrt{R_0^2 + x^2} \approx R_0 + \frac{x^2}{2R_0} \quad (3.37)$$

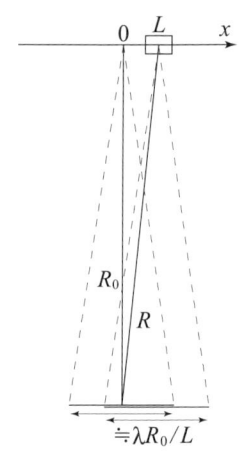

図 3.8 アジマス方向の衛星の移動と地表の照射範囲

受信波と送信波の位相差は式 (3.35) と (3.37) より

$$\Delta\phi(x) \approx -\frac{4\pi R_0}{\lambda} - \frac{2\pi x^2}{\lambda R_0} \quad (3.38)$$

衛星は一定速度 v で運動しているので, 時間の原点を $x=0$ に一致させれば $x=vt$ となる.

$$\Delta\phi(t) \approx -\frac{4\pi R_0}{\lambda} - \frac{2\pi v^2 t^2}{\lambda R_0} \quad (3.39)$$

上式を微分して位相の時間変化を求めると

$$\frac{d\phi}{dt} \approx -\frac{4\pi v^2 t}{\lambda R_0} \quad (3.40)$$

これは, 地表に対して衛星が運動していることによるドップラー効果を表している. 衛星が相対的に近づいてくるとき ($t<0$ すなわち $x<0$) は受信信号の周波数は正に, 反対に衛星が遠ざかるとき ($t>0$ すなわち $x>0$) は負に変位する. 位相変化が時間の 1 次関数で表されることは, レンジ圧縮で述べたチャープ信号と同じである. つまり, レンジ圧縮と同じ原理で, アジマス方向の分解能を飛躍的に向上させることができる. これは, $|x| \leq \lambda R_0/2L$ の範囲にアンテナを敷き詰め, アジマス方向のビーム幅をソフトウェア的にしぼって, 地表のある対象を同時にレーダー観測したことと等価となる. これが「合成開口」の原理である.

d. SAR 干渉法

SAR 衛星は地球を周回しながら, 一定の日数で同一軌道に回帰する. ただし, 同一とはいっても, ほとんどの場合, 軌道はわずかにずれている. ある領域に対し SAR 観測を行い, 別の時期にほぼ同じ位置から同じ領域に対し 2 回目の観測を行うものとする. 2 つの SAR 画像を干渉させると, 同位相の箇所で位相は強め合い, 逆位相の箇所で弱め合う. その結果, 位相差の等しい点を結んだ干渉縞ができる (軌道縞と呼ぶ). これは, 2 本の細い平行スリットを通った光が, 反対側の壁に干渉縞を作る現象 (ヤングの実験) と類似している. さらに, 地表が平坦ではなく起伏 (地形) をもっているために, 干渉縞がゆがんでいる. もし衛星の軌道情報が既知であれば, 軌道縞を理論的に計算し除去することで, 地形のみに起因する干渉縞 (地形縞) を取り出すことができる. これを定量的に示してみよう.

最初に, 地表に起伏がない場合を考える (図 3.9(a)). ただし, 地球の曲率は考慮する. 1 回目と 2 回目の観測で軌道はわずかにずれている. 軌道間の距離を B, その仰角を α とする. 一般に $B \ll R$ であるから, 1 回目と 2 回目の観測で同一対象物に対するオフナディア角 θ は同一で, 2 つのスラントレンジは平行と見なせる. 衛星と対象物の位置関係を図 3.9(b) に示す.

1 回目の観測において, 送信信号と受信信号の位相差は式 (3.35) より

$$\phi_1 = -\frac{4\pi R}{\lambda}$$

2 回目の観測では距離が d だけ変化しているので

$$\phi_2 = -\frac{4\pi (R+d)}{\lambda}$$

実際に位相観測結果を距離に換算する際には, $2n\pi$ (n は整数) の不確定性の問題を解決しなければならない. これを解いて正しい距離を求める作業をアンラッピングと呼ぶが, ここでは詳細を省略し, 正しい距離 (R と d) が求まったものとする.

2 つの観測結果の干渉操作を行う.

$$\Delta\phi = \phi_2 - \phi_1 = -\frac{4\pi d}{\lambda} \quad (3.41)$$

ここで

$$d = B\sin(\alpha - \theta)$$

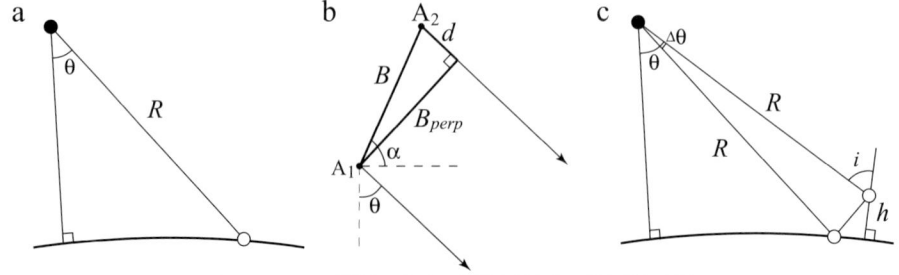

図 3.9 SAR 干渉法における衛星と対象物の幾何学的配置
(a) 地形起伏がない場合, (b) 衛星付近の拡大図, (c) 対象物がある高さを有する場合.

であるから，前式に代入して
$$\Delta\phi = \frac{4\pi B \sin(\theta-\alpha)}{\lambda} \quad (3.42)$$
この式から明らかなように，1つの干渉画像内における位相差の変化は θ の変化によって生じる．

次に，地形がある場合を考える．図 3.9(c) に示すように，対象物の高さを h，スラントレンジを R，入射角を i とする．同じスラントレンジを有する基準面上の点までのオフナディア角を θ とし，対象物のオフナディア角は θ から $\Delta\theta$ だけずれているものとする．式 (3.42) を用いれば，2回の観測の位相差は

$$\begin{aligned}\Delta\phi &= \frac{4\pi B \sin(\theta + \Delta\theta - \alpha)}{\lambda}\\ &= \frac{4\pi B}{\lambda}[\sin(\theta-\alpha)\cos(\Delta\theta)+\cos(\theta-\alpha)\sin(\Delta\theta)]\\ &\approx \frac{4\pi B}{\lambda}[\sin(\theta-\alpha)+\cos(\theta-\alpha)\Delta\theta]\\ &= \frac{4\pi B}{\lambda}\sin(\theta-\alpha)+\frac{4\pi hB}{\lambda R \sin i}\cos(\theta-\alpha) \quad (3.43)\end{aligned}$$

最後の式の変形には以下の関係を用いた．
$$h = R\Delta\theta \sin i$$

式 (3.43) の第1項は地形起伏がなくても生じる位相差成分で，軌道縞と呼ばれる．第2項は地形起伏によって生じる位相差成分で，地形縞と呼ばれる．衛星軌道が十分正確に既知であれば，第1項は計算により除去できる．第2項は観測により得られる結果で，対象物の高さを決定できる．この作業はたった1点に対して行うのではなく，レンジ方向とアジマス方向に連続して行われる．つまり，面的な地形標高モデルの作成が可能である．

2回のSAR観測の間に地形が変化した，すなわち，地殻変動が生じたときはどうなるだろうか？ 衛星軌道情報から軌道縞は除去できるものとすると，干渉画像には地形縞と，地殻変動に起因する変動縞が混ざっている．もし地殻変動が生じていない時期の別の干渉画像が得られているとすると，地殻変動を含む干渉画像との差を計算することで，両者に共通した地形縞を除き変動縞を抽出することができる (差分干渉 SAR)．あるいは，すでに十分な精度で地形標高モデルが得られているならば，地形縞を理論的に計算して干渉画像から除去し，変動縞のみを抽出することが可能である．

図 3.9(b) の $B_{perp} = B\cos(\alpha-\theta)$ は，衛星–地表方向と直角に軌道がどれだけずれているかを表す．B_{perp} が大きくなると入射角の違いも大きくなり，地表の散乱特性が異なり良好な干渉が得られなくなる．Lバンドレーダーの場合，B_{perp} の限界は数 km である．

[**例題 3.3**] 図 3.7 において，SAR 衛星の地上高度 ($= h$) が 700 km で，$\alpha = 35°$，$\lambda = 0.24$ m，$W = 5.0$ m のとき，

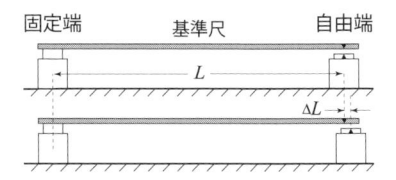

図 3.10 伸縮計の測定原理
基準尺の一端を固定し，自由端と台座の間の相対変位を計測する．伸びひずみは $\Delta L/L$ で定義される．

グランドレンジ方向へ広がるフットプリントの幅を求めよ．
[解答] 約 50 km．地上にビームが届くときの幅は $\lambda R/W$ であり，地表面に投影された幅は $\lambda R/(W\cos\alpha)$ となる．さらに $R = h/\cos\alpha$ であるから，解は $\lambda h/(W\cos^2\alpha)$ となる．

▶ **3.2.4　ひずみ計と傾斜計**

ひずみ計や傾斜計は，設置形態から横抗式とボアホール式に大別される．横抗における観測は，鉱山の坑道や鉄道・道路トンネルの一部を利用するなど，大学による長い歴史がある．横抗式は地殻変動だけでなく，地球潮汐観測にも大きな貢献をなしてきた．計器のメンテナンスも比較的容易である．しかし，設置場所が極めて限定されることと，地山応力や地下水浸透による坑道の局所変形の影響を強く受けるという難点がある．ボアホールは直径 10 cm 程度と計器の設置場所の自由度が高く，空間密度を高めることが比較的容易である．また，掘削費用や温度の問題はあるものの，横抗では達成が困難な大深度にも計器を設置し，より変動源に近づいて観測することが可能である．ただし，一度計器を設置すると，不具合が生じても修理や調整は容易ではない．特に，岩盤との密着が重要視されるひずみ計はセメントなどで埋設されるのが普通であり，交換や再設置は不可能に近い．横抗式，ボアホール式のいずれにおいてもひずみや傾斜の測定原理は簡単明瞭であり，ごくわずかな変位を拡大して記録する工夫が施されている．

横抗式の場合，水平坑道の軸方向に棒式のひずみ計 (伸縮計と呼ばれる) や水管傾斜計を配置する．ひずみ観測ではさらに別方向の2成分が，傾斜観測では1成分が必要であり，別方向に伸びる複数の坑道が必要となる．伸縮計は熱膨張係数が極めて小さい水晶管やスーパーインバー棒を基準尺とする (図 3.10)．長さは通常 20〜30 m である．一端を台座に固定し，もう片方を自由端として，差動トランスなどを用いて岩盤の伸縮を記録する．このままでは自身の重みで基準尺がたわんでしまうため，数 m おきに極細のワイヤーで基準尺を吊り支える．基準尺に代わって，2つの台座間の距離変化をレーザーの干渉を利用して検出する方式もある．

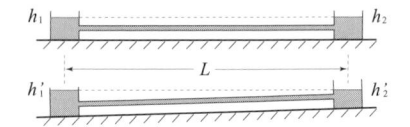

図 3.11 水管傾斜計の測定原理
2つのポットの水位変化から傾斜を求める．傾斜は $[(h'_1 - h_1) - (h'_2 - h_2)]/L(\mathrm{rad})$ で定義される．

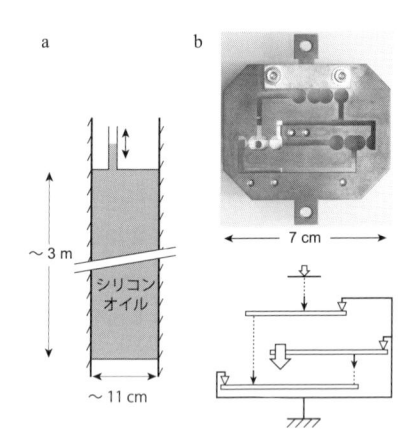

図 3.12 ボアホール型ひずみ計
(a) 体積ひずみ計．容器の膨張・収縮をシリコンオイルの液面変化として検出する．(b) 石井式ひずみ計の拡大機構．ボアホールの抗径変化を3台のてこを連結して約40倍に拡大する．写真提供は石井紘氏（東濃地震科学研究所）による．

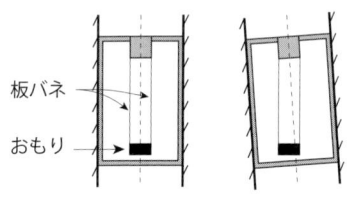

図 3.13 ボアホール型傾斜計

水管傾斜計は，水管で連結された2つのポットの水位変化を利用して傾斜を求めるものである（図 3.11）．地面が傾斜すると，一方のポットの水位は上昇し，もう一方では下降する．相対的な水位変化をポット間の距離で割れば，radian 単位の傾斜が求められる．水位変化は，ポット内に浮かべたフロートの上下変化として記録する．水管傾斜計は長期安定性に優れている半面，地震の際は水面が揺れてしまい，地震動を忠実に記録できないという難点がある．

ボアホール計器として代表的なものは体積ひずみ計である（図 3.12(a)）．シリコンオイルを満たした細長い円筒容器を膨張性セメントで岩盤に密着固定させる．内部のシリコンオイルは細長いパイプに導かれ，岩盤の膨張・収縮による容器の体積変化を，パイプ内のオイル面の上下変化として拡大記録する．このタイプのひずみ計は，気象庁によって関東東海地域の数十ヶ所に展開されている．ただし，この方式では膨張か収縮かという変化しか捉えることはできず，主ひずみの大きさや方向，せん断ひずみ変化などの測定はできない．

上記の問題を解決するために，容器の形状を円筒ではなく，加わる力の方向に応じて応答が異なる形状に変更し，これを3方向に併置することでひずみ3成分の測定を可能にした「坂田式」3成分ひずみ計が考案された．しかし，依然としてひずみ計の全長が数 m に

及び，取り扱いは容易ではない．これに対し，3つ以上の方向のボアホール孔径変化を，薄い平面内の変形としててこの原理により機械的に拡大記録する「石井式」3成分ひずみ計が開発された（石井ほか，2001，図 3.12(b)）．てこを3台連結することで，拡大装置両端の変位を約40倍に増幅する．このひずみ計は計器の全長が50 cm 程度と小型で，操作性とコストパフォーマンスに非常に優れている．現在もっとも多く使われているボアホール計器であろう．

ボアホール内での傾斜観測には鉛直振り子が用いられる（図 3.13）．ボアホールが傾斜しても振り子は常に鉛直を保つ性質を利用する．特定の方向の傾斜変化のみを測定するため，2枚の板ばねで振り子を吊るなどの工夫がなされている．

ボアホールの掘削には多額の費用を要することから，1本のボアホールで多項目の観測を観測を行うシステムも考案されている．東京大学地震研究所は，数 m の長さの1本の装置でひずみ6成分，傾斜2成分，地震波形3成分，磁場4成分，温度などを観測するボアホール総合観測システムを開発している．

3.3 断層モデルと地殻変動

▶ 3.3.1 断層モデルの確立

地震は地下の断層 (fault) の運動と等価であることが証明されている．断層運動によって生じる地表の変位・ひずみ・傾斜を求める解析解の導出や，逆に地殻変動の観測データから断層運動を一意に決定する方法（測地インバージョンと呼ばれる）など，数多くの研究がなされてきた．当然ながら，地殻変動は地震＝断層運動のみに関係するものではなく，地震を伴わないプレート間相互作用や火山活動に伴うものなど，力源はさまざまである．しかし，ここで取り上げる断層モデル (fault model) は，後述するようにプレート沈み込み境界のすべり–固着分布の推定や，マグマ貫入のモデル化などに応用可能であり，実用性は非常に高い．

等方・均質な半無限弾性体の中に1つの矩形断層を置く（図 3.14）．断層の走向方向に沿った長さを L，傾斜方向に沿った長さ（幅）を W，傾斜角を δ とする．走向方向 θ は，真北から反時計回りに測った，断層面

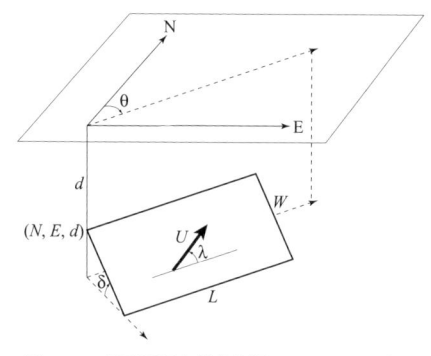

図 3.14 矩形断層と静的断層パラメータの定義

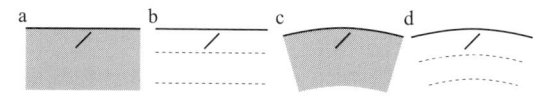

図 3.15 断層モデルを扱う媒質
(a) 均質な半無限弾性体. (b) 水平成層構造を有する半無限弾性体. (c) 均質な球状弾性体. (d) 球対称の層構造を有する弾性体.

が右手側に傾き下がるように向いた方位，とする．これに，断層上辺左端の水平位置 N および E と，地表からの深さ d を指定すれば，断層の幾何学的形状と配置が決まる．

断層面上の変位は，下盤に対する上盤の変位で定義する．弾性体内部に生じたこの変位の不連続を食い違い，ずれ，すべりなどと呼ぶ．断層面上のある 1 点で生じた食い違いが時間をかけて面全体に広がっていったとき，どのような弾性波が発生し，弾性体内部と表面にどのような変形が生じたか．これを扱うのが「食い違いの弾性論」(elastic theory of dislocation) である．地殻変動の研究では，動的な変位が終了した後に残った静的変位 (永久変位) のみを扱う場合がほとんどなので，食い違いの時間発展は問題とせず，最終的な変位量 U とその方向 (すべり角) λ が問題となる．$\lambda = 0°, 90°, 180°, 270°$ に対応して左横ずれ断層 (left-lateral fault)，逆断層 (reverse fault)，右横ずれ断層 (right-lateral fault)，正断層 (normal fault) となる．

断層面全体にわたって変位量とすべり角が一定という単純な場合でも，変位・ひずみ・傾斜を求める理論式は非常に複雑で，本書の扱いの範囲を超える．このような計算は 1950 年代後半から開始され，鉛直断層や純粋の横ずれといった単純な仮定から，徐々に汎用的な断層運動に対する解が求められていった．最終的には Okada (1985, 1992) によって完全な定式化がなされ，本人作成の計算プログラムが無償で提供されたことから，誰でも容易に理論計算が可能となった．なお，Okada (1985) は断層面上に拘束された変位だけでなく，断層面が「開く」(開口する) ことによって生じる地表の変形も同時に定式化した．

▶ **3.3.2 断層モデルの発展**

地震波形や地殻変動のデータから断層面上のすべり分布を推定すると，断層面全体にわたって変位が一定ということはまずありえない．そこには大きな不均質が認められる．変位量もすべり角も，断層面上で急激に変化することはないにしても，空間変化が存在することを前提にするのが自然である．同様に，断層面を 1 つの平面で表現することにも限界がある．こうした問題は，断層面を複数に分割し，小さな矩形断層の集合として扱うことで解決できる．断層モデルから導かれる解は重ね合わせが可能である．ただし，小断層の変位量とすべり角をすべて独立に扱ったのでは，未知パラメータの数が著しく増大する．インバージョン解析においては，未知数が観測データ数を上回ると解が不定になる．そうでなくても，隣接する小断層間で全く異なる解が求まる可能性もある．小断層に分割する際は，隣接する断層間で変位量とすべり角が急激に変化しないよう，平滑化の条件を導入するなどの工夫が必要である．

これまでの議論は均質な半無限弾性体内部の断層運動に限られていた．一方，現実の地球は曲率をもち，深さ方向に媒質の性質が変化している．地震の規模が大きくなり，震源域の広がりに加え変動の及ぶ範囲が広域になるほど，それらの影響が増大することは容易に予想できる．断層運動が生じる媒質の扱いも，均質な半無限弾性体から水平成層構造を有するものへ，あるいは曲率を有する弾性体へと理論的拡張がなされた．Pollitz (1996) は，球対称の層構造を有する弾性体の内部で生じた断層運動に伴う静的変位場の解析的表現を求めた．その成果が広く認識されたのは，2004 年 12 月に発生したスマトラ–アンダマン地震 (M_W 9.2) に伴う地殻変動の解析であろう (Banerjee et al., 2005)．この地震では，スンダ海溝のプレート境界が長さ 1000 km 以上にわたって破壊され，インド洋に大津波を引き起こすとともに，数千 km 離れた GPS 観測網においても地震時変動が観測された．このような空間スケールの議論では，もはや地球の曲率の影響を無視することはできず (図 3.16(a))．同様に，地球の層構造も考慮に入れた計算が必要となる (図 3.16(b))．一方で，断層の深さが比較的浅く，断層から数百 km 以内の地殻変動を議論するならば，半無限弾性体の仮定は依然として十分実用的である．

複雑な形状をした断層やプレート境界を矩形要素の集合で近似しようとすると，要素間に隙間や重なりが生じることがある．これを避けるには，断層要素を矩

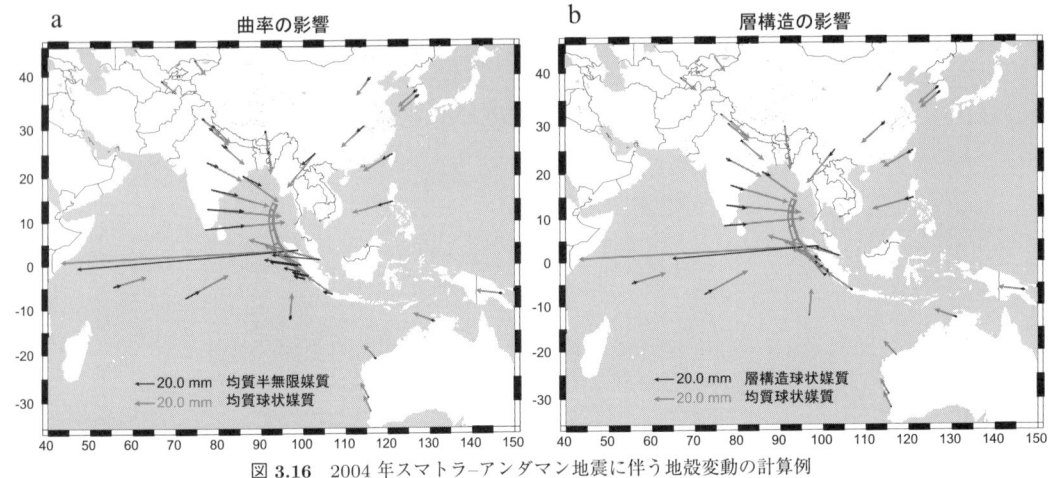

図 3.16 2004年スマトラ−アンダマン地震に伴う地殻変動の計算例
(a) 均質半無限媒質に対する解 (黒色矢印) と均質球状媒質に対する解 (灰色矢印) との比較. (b) 層構造をもつ球状媒質に対する解 (黒色矢印) と均質球状媒質に対する解 (灰色矢印) との比較 (Banerjee et al., 2005).

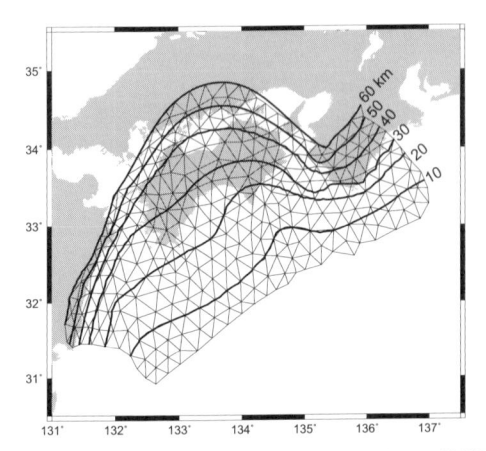

図 3.17 三角形要素で表現した南海トラフのプレート境界面

形から三角形に変更すればよい．任意の三角形の断層面上に変位の食い違いが生じたとき，地表の変形に対する解析解が求められ (Maerten et al., 2005; Meade, 2007)，三角形要素群による断層面の表現が可能になった．ただし，媒質はまだ均質な半無限弾性体に限られている．一例として，西南日本に沈み込むフィリピン海プレートの上面を，多数の三角形要素の集合で表現したものを図 3.17 に示す．紀伊半島から四国，九州東部にかけてプレートの傾斜角と最大傾斜方向が大きく変化しているが，隙間や重なりが生じることなく，プレート形状を再現できている．

断層面を矩形や三角形の小断層に分割するのではなく，滑らかに変化するひとつながりの面として扱う方法もある．Yabuki and Matsu'ura (1992) は，非平面の断層形状を長さ方向，幅方向ともにいくつかの節点をもつ双 3 次 B スプライン関数によって表現し，すべりが断層面上に滑らかに分布するという条件のもとで，各節点上のすべりを推定するインバージョン法を考案

した．その際に問題となるのが，すべり分布の滑らかさである．滑らかさが強すぎると，モデルとしては単純明快であるが，観測データを十分説明することができない．反対に滑らかさが弱すぎると，観測データをよく説明するものの，モデルとしては現実にそぐわない不自然なものになる．ここでは，ABIC (Akaike's Bayesian Information Criterion, 赤池のベイズ型情報量規準) という統計量を用いて，観測データから最適な条件を決定している．

3.4 プレート運動と日本列島の地殻変動

▶ 3.4.1 プレート運動の表現

地表のすべての観測点は，いずれかのプレート上に位置している．すべてのプレートは地球深部に対して運動しているため，地表に不動の観測点は存在しない．ただし，プレート間相互作用によって内部変形が生じるプレート境界付近を除けば，プレート本体部の運動は比較的安定している．プレート運動速度が一定ならば，ある時刻 t における観測点の座標成分 x は以下のように書き表される．

$$x(t) = x_0 + v_x(t - t_0) \qquad (3.44)$$

ここで x_0 は時刻の元期 t_0 における初期位置，v_x は x 方向の速度である．観測点の位置を正確に記述するには，座標 3 成分に加えて，速度 3 成分が必要となる．

GPS, VLBI, SLR などの宇宙測地技術を用いて観測点の日々の座標を決定し，これを長期間 (最低でも数年間) 継続すれば，観測点の座標とともに速度が決定される．こうした観測点が 1 つのプレート上に最低 2 点存在すれば，プレートの運動が求まる．実際は，すべてのプレート上により多数の観測点が必要である．こう

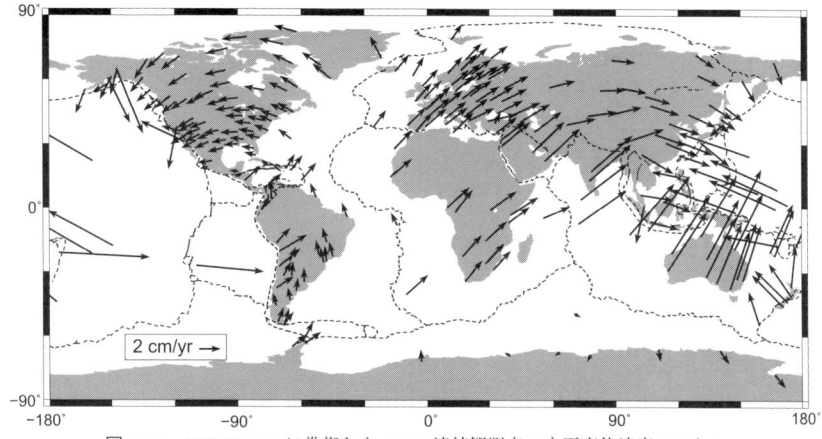

図 3.18　ITRF2008 に準拠した GPS 連続観測点の水平変位速度ベクトル

した作業により，座標原点を地球重心にもち，地球とともに自転する 3 次元直交座標系 ITRF (International Terrestrial Reference Frame，国際地球基準座標系) が維持されている．ITRF の z 軸は自転軸に一致し，x 軸は赤道面内の春分点方向を向く．ただし，地球上で生活するものにとって 3 次元直交座標系は直観的ではないため，必要に応じて地球楕円体に準拠した経度，緯度，高さに変換して用いられる．

ITRF の実現には，全世界をカバーする観測網で十分な期間のデータを取得する必要がある．こうした条件が整ったのは 1990 年代以降であり，観測網の充実に伴い，ITRF も数年おきに更新されている．最新版 (2014 年 2 月現在) は ITRF2008 で，そこに座標と速度が登録されている観測点の数は GPS だけで 500 に近い．なお，ITRF2008 における時刻の元期は 2005 年 1 月 1 日である．ITRF2008 の観測点変位速度を図 3.18 に示す．

宇宙測地技術を用いて得た全プレートの運動から，プレート運動モデルが作られる．プレート運動のように地球表面に沿った水平運動はオイラーの定理により，「地球の中心を通る 1 つの軸の回りの回転運動」として表現できる (図 3.19)．回転軸と地表の交点 2 ヶ所のうち，上から見下ろしたときプレートが反時計回りに回転する方の交点を，オイラー極 (回転極) とする．また，プレート運動の速度は高々数 cm/yr であり，短い時間スケールの移動量は地球半径に比べ無視できるほど小さい．このような回転は「瞬間的な無限小回転」として扱うことができる．こうしてプレート運動を記述するパラメータは，オイラー極の緯度，経度および軸回りの角速度 ω の 3 つである．また，地球の中心からオイラー極の方向を向き，角速度 ω と同じ大きさをもつオイラーベクトル (回転ベクトル) $\boldsymbol{\omega}$ も，プレート運動の表現に用いられる．オイラーベクトルと観測

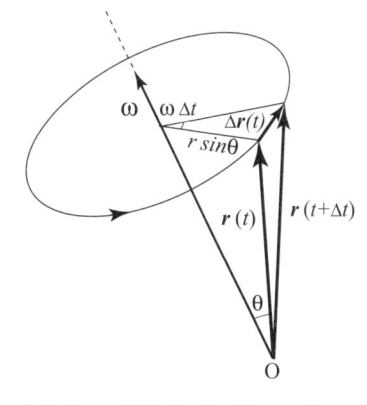

図 3.19　無限小回転と質点の位置ベクトルおよび速度との関係

点の位置ベクトル $\boldsymbol{r}$ および観測点の速度 $\boldsymbol{v}$ の関係は図 3.19 を参照して

$$\Delta r = r \sin\theta \cdot \omega \Delta t$$

なので

$$\boldsymbol{v} = \boldsymbol{\omega} \times \boldsymbol{r} \quad (3.45)$$

である．$\boldsymbol{r} = (x, y, z)$ のとき，上式を行列の演算式に書き直すと

$$\boldsymbol{v} = \boldsymbol{P}\boldsymbol{\omega} \quad (3.46)$$

$$\boldsymbol{P} = \begin{pmatrix} 0 & z & -y \\ -z & 0 & x \\ y & -x & 0 \end{pmatrix} \quad (3.47)$$

無限小回転の特徴は，オイラーベクトルの加減が可能なことである．地球深部に対するプレート A, B の絶対運動のオイラーベクトル $\boldsymbol{\omega}_A, \boldsymbol{\omega}_B$ が既知であれば，$\boldsymbol{\omega}_{AB} = \boldsymbol{\omega}_A - \boldsymbol{\omega}_B$ は，プレート B に対するプレート A の相対運動のオイラーベクトルを表す．自分が位置しているプレートに対し，隣のプレートはどのように運動しているか，このような問題を扱う場合にはプレートの絶対運動は必ずしも適していない．このようなときは，オイラーベクトルの差を利用すればよい．例えば

プレート A に属する観測点の絶対速度 $v(=\omega_A\times r)$ が求まっているとき，これをプレート B に対する相対速度に変換するには，$v'=\omega_B\times r$ を計算して v から減じればよい．

上の議論を 3 つのプレート A, B, C の場合に拡張すれば

$$\omega_{AB}+\omega_{BC}+\omega_{CA}=0 \quad (3.48)$$

または

$$\omega_{AC}=\omega_{AB}+\omega_{BC} \quad (3.49)$$

となる．これは，3 つのプレートの間の 3 組の相対運動のうち，2 組がわかれば残り 1 組は自動的に決まることを示している．結果はオイラーベクトルの加減の順序によらない．実測データによってプレート間の相対運動を直接決定できない場合でも，周辺のプレート運動がわかれば，間接的に予測することが可能である．この議論は，プレートの数がいくつに増えても成り立つ．

ITRF で記述されたプレート運動が地球深部に対する絶対運動であることは，どのようにして保障されるだろうか？これには NNR (no-net-notation, すべてのプレートがもつ角運動量の総和がゼロになる) という考えを用いる．プレート間に働く力はすべて作用・反作用の関係にあり，力の源は地球内部起源であるから，NNR の仮定は妥当なものである．すなわち，プレート間の相対運動関係を維持したまま，NNR が実現されるように全体の回転を調整する．ただし，その実現のためにはすべてのプレート上に観測点が分布していなければならないが，図 3.18 に見られるように，観測点分布は依然として不均一である．また，NNR の計算では，すべてのプレートが同じ厚さと密度をもつことを仮定しているが，これにも地域差が存在する．こうした問題点を抱えているものの，NNR は現実的で実用的な解決策といえる．

宇宙測地技術が実用化される以前は，地磁気縞模様から求めた海嶺の拡大速度，トランスフォーム断層の走向，プレート収束境界に発生する地震のスリップベクトルなどをもとにプレート運動が決定されてきた．これらのデータはいずれも隣り合うプレートの間の相対運動を与えるもので，オイラーベクトルも 2 つのプレートの組ごとに定義される．代表的なプレートモデルに NUVEL–1 (DeMets et al., 1990) がある．これを NNR の条件の下で絶対運動モデルに変換したものが NNR–NUVEL–1 である．モデルの発表後に地磁気逆転年代表の改訂があり，海嶺の拡大速度も見直しが必要となった．これを考慮して再計算されたものが NNR–NUVEL–1A で，以前よりプレート速度は平均して 4.4％ ほど減少した．

図 3.18 が示す ITRF2008 の観測点変位速度は，

---

mini column 3

● 遠くから見る利点 ●

ある現象を詳細に記録したければ，一般には対象に近づいて観察する．ところが，地殻変動観測の分野では，これとは逆の行動が主流になっている．すなわち，地面の動きを決定するのに，地表に沿って計測を行うのでなく，人工衛星–地上間の測定量を用いる．GPS 観測では，地上の受信機は衛星からの電波を受信するのみで，障害物に阻まれて他の観測点との視通が妨げられても一向に構わない．SAR 観測に至っては，測定は完全に衛星に任されている．地上には何の観測装置も必要とされない．なぜこのような事態になったのか？第 1 の理由は，その方が高精度を達成できるからである．地上測量の最大のノイズ源は，大気の存在である．地表に沿った測量に用いられる光波は大気の層に極めて低角度で入射するため，屈折の影響が非常に大きい．つまり，見ている方向に相手はいない，まっすぐ測ったつもりが曲がっている，昨日と今日で答えが違う，ということになる．また，行路がすべて濃密な大気中にあるため，散乱の効果も大きい．人工衛星–地上間の測定では大気の層に対する電波の入射角度が大きくなり，屈折の影響が激減する．2 番目の理由は長距離化である．地上の観測では，山や建物が測定点間に存在すれば障害物となる．地球自身も曲率という障害物をもっている．衛星を相手とすることで，互いの視通は不要となる．

一歩離れてみたら，見えないものが見えてきた．地殻変動観測に限った話ではないような……

NNR–NUVEL–1A から予想される速度と全体的によく一致する．わずか十数年の観測から得たプレート運動と，過去数十万年間の地質データに基づいた運動が一致することは，プレート運動がかなり安定した状態にあることを示している．両者の結果の不一致が目立つのはプレート境界周辺部で，その幅はおよそ数百 km である．この領域ではプレート間の相互作用による変形が進んでいる．

[例題 3.4] プレート相対運動モデルを絶対運動モデルに変換するには，NNR の条件以外にどのようなものが利用できるだろうか．

[解答] ホットスポット．プレートがホットスポットの上を通過した後にできる火山列の年代と軌跡は，プレート絶対運動の基準尺として利用できる．

▶ **3.4.2 日本列島の定常的地殻変動**

日本列島は 4 つの主要なプレートの境界域に位置し (図 3.20)，世界的に見ても活発な地殻変動が進行している．東北日本と西南日本は，それぞれ大陸性の北アメリカプレートとアムールプレートに属している．東北日本弧の下には太平洋プレートが，西南日本弧の下にはフィリピン海プレートが沈み込んでおり，日本列島の変動場を支配する 2 大要因となっている．より詳

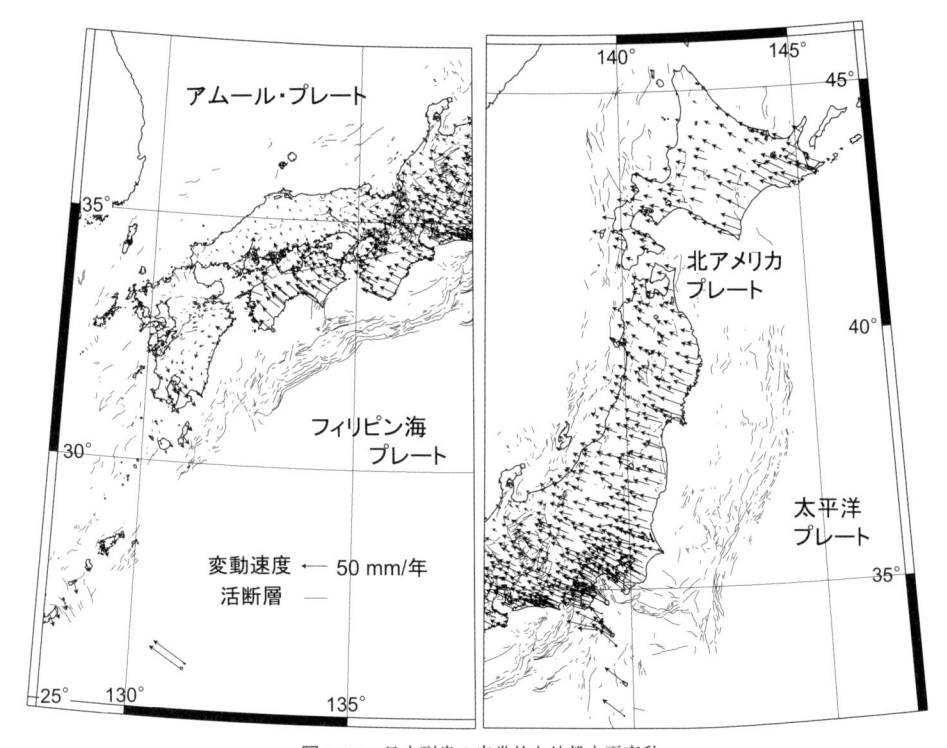

図 3.20 日本列島の定常的な地殻水平変動
国土地理院 GPS 全国連続観測網 GEONET の観測成果 (1996 年 4 月～1999 年 7 月) に基づき，アムールプレートに対する変位速度を示す．図中の細い線は活断層を示す．

細に見ると，中部日本では東北日本と西南日本の島弧–島弧衝突が起きており，伊豆・小笠原弧の下ではフィリピン海プレートの下に太平洋プレートが沈み込む海洋性プレート同士の収束が起きている．なお，西南日本はユーラシアプレートに属すると長く考えられてきたが，GPS 観測成果は西南日本を含む極東地域がユーラシア安定地塊に対しわずかながらも系統的な速度をもつことを示しており，ここでは西南日本がアムールプレートに属するとの立場に立って議論を進める．

国土地理院は 1990 年代半ばより日本全国に GEONET (GPS Earth Observation Network System, GPS 連続観測網) を展開している (2012 年より GPS 以外の GLONASS や準天頂衛星のデータ取得も開始され，国土地理院は現在は GPS に代わって GNSS という名称を用いている)．当初は南関東・東海地域に約 100 点，それ以外の全国に約 100 点の配置であったが，年とともに稠密化が進み，2013 年 9 月現在の観測点数は 1200 を超える．観測点間の平均距離は 15～20 km である．30 秒サンプリングの生データとともに，これらから計算された日々の観測点座標も公表され，地殻変動研究だけでなく，一般測量の「電子基準点」としても広く活用されている．また，GEONET は稠密化とともに，解析の迅速化が図られている．30

秒データの取得単位を 24 時間から 3 時間に短縮することで，日本列島とその周辺で M6 クラス以上の地震が発生した際は，数時間遅れで断層モデルの提示が可能になった．さらに，現在はほぼ全点で 1 秒サンプリングが実施されており，これをリアルタイムでキネマティック解析することで，断層モデルの準リアルタイム推定を行い津波警報の発令に役立てようという実験が開始されている (Ohta et al., 2012).

図 3.20 に日本列島の定常的な地殻水平変動を示す．データ期間は 1996～1999 年と少々古く観測点密度も現在より低いが，この期間に顕著な地震の発生はなく，定常変動を見るには都合がよい．アムールプレートに準拠した変位速度場に変換してあるので，中国地方の日本海沿岸部で速度が最小となっている．この図は非常に多くの示唆に富んでいる．一見して特徴的なことは，北海道から四国までの広い領域が北西～西北西の方向に変位し，その速度は太平洋側で数 cm/yr の大きさであるのに対し，日本海側へ向かうにつれて急激に減衰している．すなわち，日本列島が東–西から南東–北西の方向に強く圧縮されている．これは太平洋プレートとフィリピン海プレートが日本列島下に沈み込む際に，プレート境界面が固着し陸側プレートを引きずりこむとともに，水平方向に強く圧縮しているためであ

る．ひずみ速度に換算すると，変動がもっとも激しい四国地方太平洋側で $2\sim3\times10^{-7}$/yr である．

これに対し，四国から九州へかけて変動場の様相は一変する．北海道から続いていた北西〜西北西方向への変位が急速に減衰し，変位方向が反時計回りに回転する．九州南部に至って変位方向は南東方向へと逆転し，その傾向は南西諸島まで続く．ひと続きの同じプレート境界に面しながら，東海〜四国と九州〜南西諸島では変動場の様相がなぜ激変するのだろうか？ それにはフィリピン海プレートの沈み込む角度が大きく関係している．東海から四国にかけての沈み込み角は約 $10\sim25°$ と小さく，特に土佐湾沖で最小となる．一方，九州東方沖の日向灘ではこの角度が急に大きくなり，この状態が西南諸島南東側の琉球海溝まで続く．沈み込み角が大きくなるとプレート境界面での固着が弱まり，海洋プレートの押しが効果的に陸側に伝わらなくなる．さらに，南西諸島をはさんで琉球海溝と反対側に平行に伸びる沖縄トラフでは背弧拡大が生じていると考えられ，九州南部から南西諸島を南東方向へ押し出す一因となっている．

ここで再び，ひとつながりのプレート境界でなぜ沈み込み角に著しい差が生じるかという疑問が生じる．沈み込み角を決定づける最大の要因はプレート間の密度差である．プレートの密度は年代と密接な関連があり，一般に古いプレートほど密度が大きい．フィリピン海プレートの年代はプレート境界に沿って変化することが知られており，紀伊半島沖と四国東部沖で一番若く，そこから東西に向かって徐々に古くなる (Wang et al., 2004)．しかし，四国沖と九州東方沖の沈み込み角の急変が，この間の年代差だけで説明できるかどうかは，なお検討を要する．

図 3.20 に目を戻してみると，いくつかの興味深い特徴が認められるのだが，細かな変形を議論するには変位速度よりもひずみ速度が適している．Sagiya et al. (2000) は，図 3.20 とほぼ同期間の GEONET 観測成果からひずみ速度場を算出し，新潟平野から北陸地方内陸部，琵琶湖西岸を経て神戸，淡路島に至る長さ約 500 km の変動帯が存在することを見出した．彼らはこれを「新潟–神戸ひずみ集中帯」(Niigata–Kobe Tectonic Zone, NKTZ) と名付けた．ここでは従来から $M6\sim7$ クラスの内陸地震が発生することが知られていたが，2004 年中越地震 (M_j6.8) および 2007 年中越沖地震 (M_j6.8) の発生を受け，ひずみ集中帯の存在がにわかに注目されるようになった．ひずみ集中が起こるメカニズムの解明に向けて，地殻構造探査や GPS 集中観測が実施されている．

[例題 3.5] 図 3.20 において四国地方のひずみ速度を実際に計算してみよう．高知県室戸市における水平変位速度はほぼ北東に 45 mm/yr である．ここから北東方向に約 140 km 離れた愛媛県北条市の変位速度は同じく北東に約 14 mm/yr である．2 点間のひずみ速度を求めよ．
[解答] $(45-14)\times10^{-3}/140\times10^3 = 2.2\times10^{-7}$ yr^{-1}．プレート沈み込み境界域におけるひずみ速度は，およそ 10^{-7} yr^{-1} オーダーである．

3.5 地震サイクルと地殻変動

大地震の発生時には顕著な地震時変動 (coseismic deformation) が生じる．また，地震発生に至る長期間の準備過程においては，ひずみの蓄積という形で地震間変動 (interseismic deformation) が進行する．地震発生後には，余効変動 (postseismic deformation) と呼ばれる遷移的変動が数年間，時には 10 年以上にわたって継続することがある．このように，地殻変動は地震サイクルの時間的進行と表裏一体の関係にある．

▶ 3.5.1 地震間の断層面固着の推定

日本列島の地殻変動を決定づける主たる要因は，太平洋プレートとフィリピン海プレートの沈み込みである．プレート間の相対運動はグローバルプレート運動モデルから予測可能であるが，プレート境界面のどの範囲がどの程度固着し，ひずみ蓄積がどのように進行しているかは，陸側プレートの変形の観測結果から推定せざるをえない．プレート境界面の固着はいずれは巨大地震の発生につながり，固着の強さと分布およびその時間変化を知ることは，地震発生のメカニズムを知る上でも，災害を予測し効果的な防災対策を講じる上でも重要である．

プレート境界において，逆断層型の巨大地震の震源域となる領域は深さ数十 km までに限られる．そこでは境界面が固着し，海洋プレートの沈み込みが進行することで陸側プレート内にひずみが蓄積する．それより深部では，高温高圧のために陸側プレートは剛性を失い，海洋プレートは大きな抵抗を受けることなく定常的に沈み込む．この状態を Savage (1983) は図 3.21 のようにモデル化した．地震と地震の間に浅部が固着し，深部で定常すべりが起きている状態が図 3.21(c) である．これを 2 つの現象に分解する．1 つは浅部から深部までプレート間に固着が全く存在しない状態で，海洋プレートは陸側プレートに変形を及ぼすことなく定常的に沈み込む (図 3.21(a))．もう 1 つは，深部が固着し，浅部に現実とは逆向きの仮想的な正断層すべりが生じている状態である (図 3.21(b))．2 つの状態

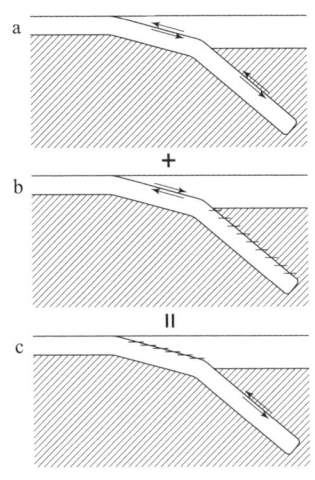

図 3.21 プレート境界におけるすべり欠損モデルの概念図 (a) プレート間に固着のない一様で定常的な沈み込み．陸側プレートに変動は及ばない．(b) 浅部の仮想的な正断層すべり（バックスリップまたはすべり欠損）．(c) 地震間のすべり分布．浅部が固着し，深部で定常すべりが起きている (Savage, 1983).

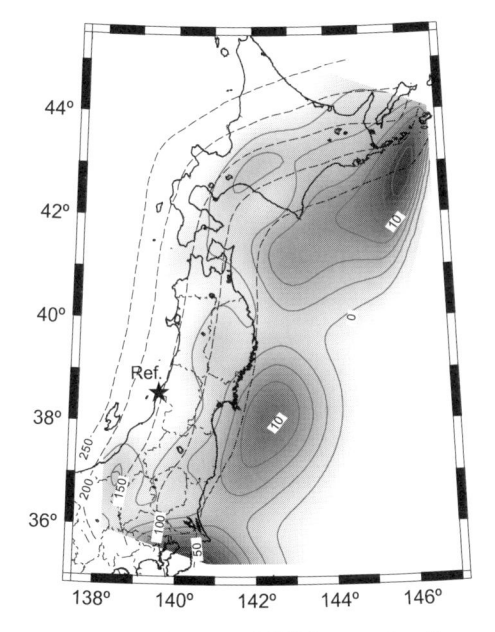

図 3.22 陸上の 3 次元 GPS 変位速度 (1997 年 1 月～2001 年 12 月) から推定した日本海溝のプレート境界面におけるすべり欠損速度の分布
実線コンターは 2 cm/yr 間隔のすべり欠損速度を，破線コンターは 50 km 間隔のプレート深度を表す (Suwa et al., 2006).

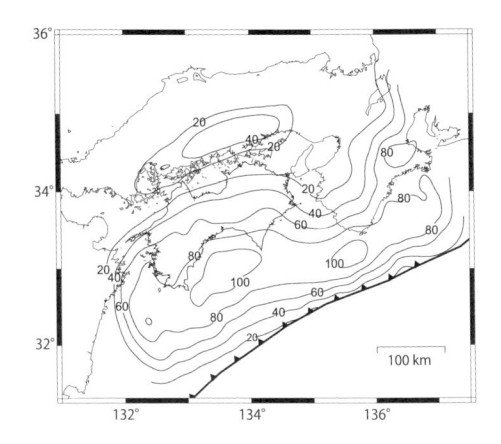

図 3.23 陸上の 3 次元 GPS 変位速度 (1998 年 1 月～2007 年 6 月) から推定した南海トラフのプレート境界面におけるプレート間カップリング率 (%) (一谷ほか, 2010).

(slip deficit) と呼ぶ．あるいは現実とは反対向きのすべりという意味で「バックスリップ」(back slip) と呼ばれることも多い．すべり欠損が大きいということは固着が強いことを表し，そこに大きな速度でひずみが蓄積していることを示している．ここで，断層運動によって生じる地表の変動は理論的な解が求められていること，そして，地殻変動で扱う静的変位は最終的な変位量とすべり角のみによって決まることを思い出してほしい．すなわち，陸側プレートから見る限り，プレート境界面上のすべり欠損は，正断層すべりが非常にゆっくりと進行している断層運動と見なすことが可能である．地震＝断層運動を扱うときと同じ手法が，プレート間固着分布の推定に応用できる．

図 3.22 は陸域の GPS データからインバージョン解析によって推定した，日本海溝のプレート境界面におけるすべり欠損速度分布である．宮城県沖に固着が最大の領域が存在する．そこでのすべり欠損速度は約 10 cm/yr で，東北日本に相対的な太平洋プレートの進行速度にほぼ匹敵する．固着が強い領域の下限の深さは 50 km 程度で，そこから深さ 100 km までは固着が徐々に弱まる遷移領域である．なお，推定領域の北東端と南端にも固着の強い領域が存在するが，これは領域をここで切断しているために生じた見かけのものである．

図 3.23 は南海トラフのプレート境界面における推定結果である．ここではすべり欠損速度をプレートの運動速度で規格化した固着率 (%) で示してある．土佐湾沖と紀伊半島沖に固着率 100%の領域が存在し，これらは 1946 年南海地震 (M8.0) の主たる破壊領域にほぼ一致する．このことは，地震の主破壊域は次の地震においても同じ役割を果たすことを示唆する．

日本海溝と南海トラフの結果を比較すると，興味深

い差異に気づく．全体の固着分布を見ると，南海トラフでは相対的に固着率が高い．深さ10～25 kmの領域ではほぼ90～100%，深さ25～35 kmでは40～80%である．一方，日本海溝では固着が強い領域は限定的である．ただし，固着の強い領域は，南海トラフよりも深部に達している．

プレートの沈み込み過程を解明する上で，地殻変動データから推定したすべり欠損分布は非常に重要な示唆に富んでいる．ただし，データの大部分は陸域に限定されていることに注意を要する．陸域から離れ海溝軸に近づくにつれて解像度は低下する．解析の際の拘束条件や境界条件の設定の仕方によっては，同じデータから導かれる結果が異なる場合もある．現在，日本海溝周辺と南海トラフ周辺で海底の変位を計測する海底地殻変動観測局の整備が進められており，今後はこうした問題点も解消されていくことと期待される．

プレート境界を離れたプレート内部の活断層においても，地震間のひずみ蓄積は進行する．しかし，活断層の活動の原因となる力源は，元をたどればプレート間の相対運動に帰着される．ひずみの振幅は力源からの距離の3乗に反比例することを考慮すると，プレート境界に比べ，活断層のひずみ蓄積速度は1桁以上小さいと考えるのが妥当である．必然的に活動の再来間隔は1桁以上長くなる．新潟–神戸ひずみ集中帯 (Sagiya et al., 2000) のような例を除けば，内陸活断層で進行しているひずみ蓄積を監視することは，現在の GPS 全国連続観測網をもってしても容易ではない．ひずみ計による連続観測が適当であろうが，日本には観測対象が多すぎるという問題がある．

▶ 3.5.2 地震によるひずみの解放

ひとたび地震が発生すれば，強い地震動に加え，顕著な地殻変動が生じる．プレート間の巨大地震であれば，大規模な津波も発生する．ここでは我々の記憶に新しい2011年3月11日東北地方太平洋沖地震 (M_W 9.0) を例に，地震時変動を概観する．

図3.24 は，GEONET が捉えた東北地方太平洋沖地震による地殻変動と，その観測結果から推定した震源域のすべり分布を示す (Ozawa et al., 2011)．東北日本の広い範囲が震源方向に変位している．その最大値は震源に近い牡鹿半島で観測された約5.3 mである．変動はこの図よりずっと広範囲に及び，中国・四国地方や朝鮮半島でも数 cm の水平変位が観測された．牡鹿半島から約 150 km 西方の日本海沿岸でも，なお 1 m 近い変位が生じている．この地震によって東北日本弧には東西に約 3×10^{-5} の伸びひずみが生じたことになる．上下変動では，日本海側を除く東北地方のほぼ全

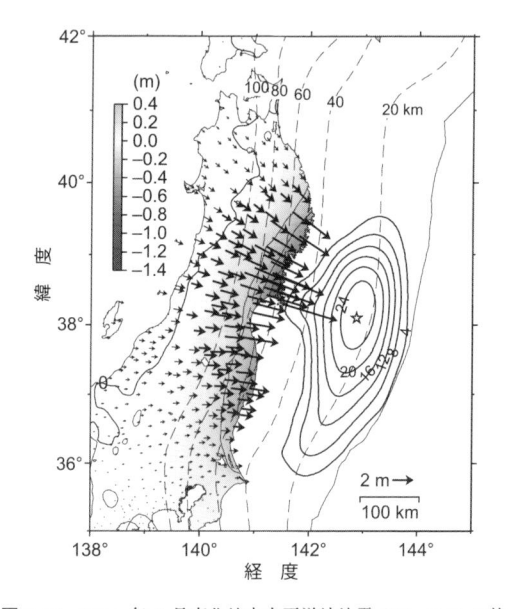

図 3.24 2011 年 3 月東北地方太平洋沖地震 (M_W 9.0) に伴う地震時の地殻変動とすべり分布
星印は震央位置を，実線コンターは 4 m 間隔のすべり分布を，破線コンターは 20 km 間隔のプレート深度を表す (Ozawa et al., 2011).

域で沈降が観測された．最大値はやはり牡鹿半島での約 1.2 m である．この図には示されていないが，震源のほぼ直上に位置する海底地殻変動観測局は，地震によって東南東へ 24 m 変位し，3 m 沈降したことが報告されている (Sato et al., 2011)．こうした変動は，大局的にはプレート境界における大規模な逆断層運動によって説明可能である．

図 3.24 に示されたプレート境界面のすべり分布は，海溝に沿って長さ約 400 km にわたる領域が最大約 27 m すべったことを示しており，範囲もすべり量も非常に大規模なものである．ここで図 3.22 と対比すると，主破壊域の位置が地震間のすべり欠損速度の最大域と非常によく一致していることがわかる．南海トラフのすべり欠損速度 (図 3.23) でも説明したように，地震間に固着の強い領域が次の地震の核となることを示している．

前項でも述べたが，実は陸域から遠く離れた海溝近くのプレート境界浅部のモデル解像度は低い．これに対し，地震波の解析や津波の波源域を推定した研究からは，海溝近くの浅部で非常に大きなすべりが生じたことが示されている．同様のことは，海底地殻変動観測結果からも支持される．したがって，用いるデータと解析条件の違いによって，図 3.24 とは異なるすべり分布が得られていることに注意を要する．例えば GEONET 成果に海底地殻変動の観測結果を加えてすべり分布を推定した研究 (Iinuma et al., 2012) によると，すべりの最大域はより浅部の海溝寄りに求まり，すべりの最

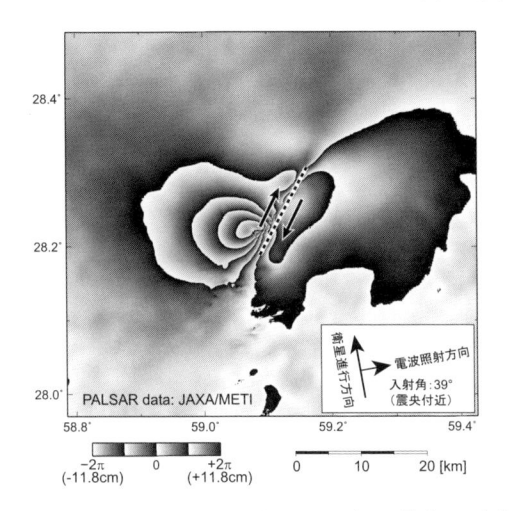

図 3.25 ALOS/PALSAR による 2010 年 12 月イラン南東部の地震 (M6.5) に伴う変動縞

破線は断層位置を，矢印は断層のずれの向きを表す．PALSAR データの所有権は宇宙航空研究開発機構 (JAXA) および経済産業省 (METI) にある．作図は小澤拓氏 (防災科学技術研究所) による．

大値も 50 m 以上という結果が得られている．プレート運動の速度が最大で 10 cm/yr 程度であることを考えると，これほどの量のすべりを発生させるのに必要なひずみが蓄積するには，非常に長い期間が必要である．地震や地殻変動といった，計器観測を主体とした研究の予想を大幅に超える量のすべりが生じたことは疑いない．津波堆積物の分析から，800〜1100 年周期でこの地震と同規模の巨大地震が日本海溝で発生していることが示されており (Minoura et al., 2001)，これよりは小型でより短い周期をもつ地震サイクルと合わせて，地震の発生様式に階層構造が存在するのかもしれない．

次に，プレート境界を離れ，プレート内部で発生した地震の観測例を取り上げる．日本のような稠密な連続観測網が整備されていない国では，干渉 SAR 観測が重要な役割を果たす場合が多い．図 3.25 は，2010 年 12 月 20 日にイラン南東部で発生した $M_W 6.5$ の地震によって生じた地殻変動の観測例を示す．図に示す領域の西方上空を北向きに移動する軌道から東斜め下方を観測している．地震前後 (2010 年 9 月 30 日および 12 月 31 日) の 2 回の ALOS/PALSAR 画像を干渉処理し，衛星視線方向の往復距離の変化を位相の干渉縞として示している．波長 23.6 cm の L バンドレーダーを使用しているので，1 波長 (2π rad) の往復距離変化は片道距離に換算して 11.8 cm となる．

図 3.25 の西半分に注目すると，周辺域から中央に向かって黒–白–灰–黒の順に位相が変化している．これは中央に向かうにつれて衛星からより遠ざかるセンスの変化を示している．一方，図の東半分では順番がこの逆で，周辺から中央に向かって黒–灰–白–黒の順である．これは中央に向かうほど衛星により近づくことを示す．以上の結果と，図の中央の北北東–南南西方向に変動縞のギャップが存在することを加味すると，破線で示す位置に高角の右横ずれ断層が存在することが示される．この地震をさらに南向き軌道からの SAR 観測結果も加えて解析した結果によると，断層は長さ 14.9 km，幅 5.2 km ですべり量は 2.9 m と求められた (Kobayashi et al., 2012)．もし GPS 観測だけでこのような結果を得ようとするなら，あらかじめ地表に稠密な観測網を展開していなければならない．日本の GEONET でさえ観測点間距離が 15〜20 km であるから，図 3.25 と同等の空間分解能を得ようとすると，非常に多数の観測点が必要である．

SAR は変動を検知する絶対的な精度や時間分解能の点で GPS に及ばないものの，あらかじめ画像の撮像が済んでいれば，地震や火山活動といったイベント発生後に直ちに 2 回目の撮像を行うことで，地表観測なしで広範囲の変動を一括決定できる．こうした長所を生かして，GPS などとの連携が重要である．

▶ 3.5.3　地震後の余効変動

顕著な地震が発生すると，地震時の急激な変動に続き，時間ともに減衰する緩慢な変化が観測される．これが余効変動である．図 3.26 は，インドネシア・スマトラ北西部の GPS 観測網が捉えた余効変動である (Ito et al., 2012)．2004 年 12 月スマトラ–アンダマン地震 ($M_W 9.2$) 後に観測点が設置されたので，これ

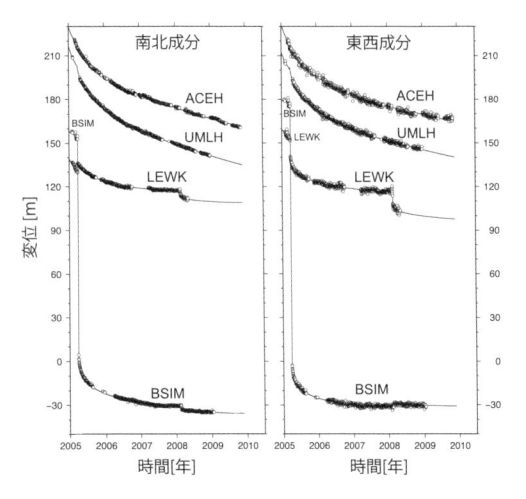

図 3.26 インドネシア・スマトラ北西部の GPS 観測網が捉えた余効変動

地震は 2004 年 12 月 26 日 ($M_W 9.2$)，2005 年 3 月 28 日 ($M_W 8.7$)，2008 年 2 月 20 日 ($M_W 7.5$) の 3 回起きている (Ito et al., 2012)．

に伴う地震時変動は示されていないが，2005年初頭から顕著な余効変動が記録されている．2005年3月28日にはスマトラ–アンダマン地震の震源域の南東に位置するニアス島付近で $M_W 8.7$ の地震が発生し，震源に近いBSIM観測点では南西へ2.3 m変位するとともに，その直後からこの地震に伴う新たな余効変動が生じている．さらに，これら2つの地震の震源域の中間に位置するシムルー島付近で，2008年2月20日に $M_W 7.5$ の地震が発生し，これに伴う地震時変動も観測されている．スマトラ北端に位置するACEH観測点では，スマトラ–アンダマン地震から5年が経過した後も，依然として約10 cm/yrの速度で南西へ変位している．変位方向は地震時変位の方向と同じで，プレート境界の方向を向いている．

余効変動の減衰を表す時定数は数ヶ月から10年以上とさまざまであるが，メカニズムとして大きく2つのモデルが提唱されている．1つめのモデルは，余効変動は断層周辺の余効すべり (afterslip) によるとするものである．地震が発生すると断層周辺の応力場は急激に変化する．これに応答して，本震の主破壊域周辺では余震が発生するとともに，応力の不均質を解消するため，断層の深部延長や周辺の固着の弱い領域でゆっくりとしたすべりが誘発されると考えられる．これが余効すべりであり，断層面の摩擦特性と密接に関係する．地震発生後，やがては断層面の固着は回復し，次の地震に向けてひずみの蓄積が再開される．余効すべりを捉えることは，地震時のひずみ解放から地震間のひずみ蓄積に至る，断層面上の固着状態の遷移過程を監視することになる．一般に，余効すべりによる変動の時定数は数年以下と見積もられ，対数関数的な減衰が予想される (Marone et al., 1991)．

余効すべりのメカニズムは，基本的に本震のそれと同じである．したがって，余効すべりに伴う余効変動も，地震時変動と同じセンスに進行するはずである．しかし，一般に余効すべりが起こる領域 (変動源) は本震の震源域と同一であるとは限らず，変動源に対する観測点の相対位置によっては，本震時と異なるパターンの変化が観測される可能性がある．

余効すべりが初めて明瞭に検出されたのは，1994年12月三陸はるか沖地震 ($M_W 7.6$) 後である (Heki et al., 1997)．GPS観測により，地震後1年以上にわたって余効変動が続き，地震時変動を上回る量に達したことが判明した．本震を起こした断層面の深部延長や上部で余効すべりが生じたのでは観測された時系列を説明することはできず，この地震の場合は，本震と同じ断層面が地震後もずるずるとすべったことが明らかになった．一方，2011年東北地方太平洋沖地震を含む多くの地震に対しては，余効すべりの量は本震のすべり量よりずっと小さく，本震の主破壊域の周辺で生じているという結果が得られている (例えばOzawa et al., 2011)．いずれの場合においても，ひずみの蓄積と解放の収支バランスを考えたとき，本震のみを扱ったのではひずみ解放を過小評価することになる．

2つめのモデルは，下部地殻と最上部マントルの粘弾性緩和 (viscoelastic relaxation) によるとするものである．断層運動が終了した後でも，地震によって生じた急激な応力変化は，粘弾性体内部で時間とともに指数関数的にゆっくりと緩和する．それによって地表も過度的な変形を起こす．例えば，地震で急激に沈降した地域が，地震後長い期間をかけてゆっくりと上昇に転ずる現象がある．これを，断層面の固着が回復し地震前のひずみ蓄積過程に戻ったと見なすことも可能だが，下部の粘弾性緩和による過度的現象と解釈することも可能である．

粘弾性体のモデルとして，弾性要素と粘性要素の組み合わせ方によりマクスウェル物体，ケルビン物体 (またはフォークト物体)，一般線形物体などがある．それらのモデルの特性を決定するものは，剛性率 μ に対する粘性率 η の比 $t_0 = \eta/\mu$ である．t_0 はマクスウェル物体では緩和時間と呼ばれ，t_0 経過後に応力は初めの値の $1/e$ になる．ケルビン物体では t_0 は遅延時間と呼ばれ，t_0 経過後にひずみは初めの値の $1/e$ になる．観測された余効変動の時系列から時定数を求め，別の方法で μ が求められれば η を推定できる．ただし，下部地殻と最上部マントルの粘性を分離することは難しい．また，実際の地球は粘弾性層の上に弾性層の上部地殻が載っている構造をしており，余効変動の時定数は上記の t_0 より大きくなると予想される．

余効変動のモデルとして，余効すべりと粘弾性緩和のどちらが妥当かという判断は難しい．大地震が発生すれば，おそらく両方が余効変動を引き起こすだろう．両者を区別するとすれば，減衰は対数関数的か指数関数的か，時定数は何年程度か，変動の量とセンスは地震時変動とどのような関連があるかなどが判断材料となろう．一般的には，地震直後から始まり変動量は大きいが比較的短い時間に減衰するものを余効すべりとして，数年よりも長い時定数をもち，変動量は大きくないが広範囲に及ぶものを粘弾性緩和として扱う場合が多い．いずれにせよ，地震発生後も長期間の地表変動の監視が必要である．

▶ 3.5.4 スロースリップ

前項で述べたように，1994年三陸はるか沖地震後に観測された余効すべりは本震のすべりを上回った．こ

うなると，地震に付随した現象というより，独立した別の現象がたまたま地震によって誘発されたと考えるのが妥当かもしれない．こうした地震波を放出しないゆっくりとしたすべり「スロースリップ」(slow slip) の発生が，GPS 連続観測網の充実とともに，日本だけでなく世界のプレート沈み込み帯で発見されている．

四国と九州の間に位置する豊後水道の周辺では，1996年から1997年にかけての約1年間，GPS 観測点の変位速度の異常が発見された．定常的な変位速度を除去した異常成分を用いて変動源を推定すると，プレート間巨大地震の震源域と予想される領域の深部延長部で，プレート運動によるひずみを解放するセンスでスロースリップが発生したことが判明した (Hirose et al., 1999)．全モーメント解放量は $M_W6.6$ の地震に相当する．その後，2003年と2009年にもほぼ同じ場所で同じ規模のスロースリップが観測されている．1回のスロースリップで生じる断層面のすべり量 (20〜30 cm)，繰り返し間隔 (6〜7年)，この領域の通常のプレート間すべり欠損速度 (数 cm/yr) を考えると，ひずみ蓄積と解放の収支はほぼバランスしている．

東海地方では，2000年の伊豆諸島北部群発地震活動に続き，スロースリップの発生が確認された．発生域は浜名湖周辺の深さ 25〜35 km の領域である．東海地方のスロースリップの期間は豊後水道よりもずっと長く，2004年頃まで継続した．

世界の沈み込み帯では，カナダ南西部，メキシコ南部，アラスカ南部などの GPS 観測網がスロースリップの発生を捉えている．日本の例も含めた共通点は，固着が強くプレート間巨大地震の主破壊域となる浅部固着域と，地震を発生させない安定した深部沈み込み域の中間に相当する領域で，スロースリップの多くが発生していることである．もし，スロースリップの発生域がこの領域に限定されるならば，スロースリップの発生は浅部固着域の地震サイクルの評価に大きな影響を及ぼさない．一方，1994年三陸はるか沖地震の例のように，地震の主破壊域がときにはずるずるとすべる可能性もある．プレート間巨大地震が繰り返し発生する南海トラフでも，1605年慶長東海・南海地震は大きな津波被害を引き起こした一方で震害の記録は見当たらず，ゆっくりとしたすべりが生じた可能性がある．このような場合，スロースリップを考慮しないとひずみの解放過程を過小評価することになり，地震の繰り返し周期の見積もりを誤ることになる．

[例題 3.6] プレート沈み込み境界のすべりと地震の再来周期の関係を見積もろう．沈み込み速度を v，地震間のプレート境界面の固着率を α，地震時のすべり量を U，地震後の余効すべり量を U'，スロースリップによるすべり量を S とするとき，次の地震発生までの周期 T はどのように表されるか．

[解答] $T = (U + U' + S)/\alpha v$．$T$ の見積もりには U と v だけでなく，その他の要因も重要である．

演習問題

(1) 3.2.2節の最後に述べたように，GPS 精密測位に最後まで残された課題は大気水蒸気による電波伝搬遅延である．近年ではこれを逆に利用して，GPS 精密測位解析から大気水蒸気の時空間変動を抽出し，気象予報に役立てようとする作業が実用化されている．このとき，大きな障害となる要因は何か．

(2) 人工衛星 SAR 干渉法によって求めることができる地殻変動は，衛星-地表間の視線方向の成分のみである．今，SAR 衛星の ascending 軌道，descending 軌道とも完全に南北方向にあり，両軌道から SAR 干渉法によって視線方向の地殻変動が得られたとする．異なる視線方向の観測結果を組み合わせて，東西方向と上下方向の2つの成分の地殻変動を求めることができることを示せ．ただし，この手法が適用できるためには，ある条件が必要である．その条件を考察せよ．

(3) プレート境界における地震間のプレート間固着によって生じる上盤側の地殻変動は，時間的にゆっくりと進行する仮想的な正断層運動によってモデル化された．では，断層面が開く運動は，どのような様式の地殻変動のモデル化に応用可能だろうか．

(4) 長期間の GPS 観測から地表の水平変位速度を決定し，プレート運動のオイラーベクトルを求めることを考える．同一プレート上に最低何点の観測点が必要か．

参考文献

Heki, K., Miyazaki, S. and Tsuji, H., 1997, Silent fault slip following an interplate thrust earthquake at the Japan Trench, *Nature*, **386**, 595–598.

ホフマン-ウェレンホフ B., リヒテネガー H., コリンズ J. 著, 西修二郎訳, 2005, GPS 理論と応用, シュプリンガー・フェアラーク東京, 435p.

菊地正幸編, 2002, 地殻ダイナミクスと地震発生, 朝倉書店, 222p.

日本写真測量学会編, 1998, 合成開口レーダ画像ハンドブック, 朝倉書店, 208p.

Ozawa, S., Nishimura, T., Suito, H., Kobayashi, T., Tobita, M. and Imakiire, T., 2011, Coseismic and postseismic slip of the 2011 magnitude-9 Tohoku-Oki earthquake, *Nature*, **475**, 373–376.

小澤 拓, 2006, 衛星合成開口レーダ干渉法による地震・火山活動に伴う地殻変動の検出, 測地学会誌, **52**, 253–264.

Sagiya, T., 2004, A decade of GEONET: 1994-2003 - The continuous GPS observation in Japan and its impact on earthquake studies-, *Earth Planets Space*, **56**, xxix–xli.

佐藤良輔編, 1989, 日本の地震断層パラメター・ハンドブック, 鹿島出版会, 390p.

Seeber, G., 2003, Satellite Geodesy, 2nd ed., Walter de Gruyter, 589p.

Segall, P., 2010, Earthquake and Volcano Deformation, Princeton University Press, 432p.

Subarya, C., Chlieh, M., Prawirodirdjo, L., Avouac, J-P., Bock, Y., Sieh, K., Meltzner, A. J., Natawidjaja, D. H. and MvCaffrey, R., 2006, Plate-boundary deformation associated with the great Sumatra-Andaman earthquake, *Nature*, **440**, 46–51.

4
火山の物理

火山活動は，マグマが地球内部で作られ，上昇し，地表に噴出する現象である．地表に現れる火山の姿は多様であり，また噴火現象も変化に富んでいる．この多様性はマグマの生成・上昇・蓄積・噴火の過程で作られ，それを理解するためには物理学，地質学，岩石学，化学など多分野の知識が必要である．この章では，まず地上で見られる火山現象を概観し，次に地球物理学的な視点でマグマの発生から噴火までの基本的な過程を理解する．その内容は，火山災害の予測や噴火予知に直接結びつくものである．火山で発生する地震や地殻変動などの事象は，地震学や測地学などで発展した手法を適用する格好の場でもある．最新の観測と解析手法を用いることにより，地下のマグマの挙動が解明されつつあり，その成果は地球内部の理解だけでなく火山噴火予知にも生かされている．

◆　　◆　　◆　　◆　　◆

4.1　火山の多様性

火山やその噴火は多様である．山体の大きさは，ハワイ島マウナロア火山のように長径が 50 km を超える火山もあれば伊豆半島の大室山のような直径約 1 km の火山もある．噴火の規模は，1815 年にインドネシアのタンボラ火山で発生した 100 km³ 規模の火砕物を噴出する巨大噴火から桜島で頻発する少量の火山灰を放出する爆発現象まで幅広い．噴出物も火山灰，噴石，溶岩，火山ガスなど種類が多い．われわれが見ることができる地表に現れた多様な火山活動は，地下で進行するマグマの発生から噴出に至る過程で作られている．ここではまず火山やその噴火の形態について概観する．

▶ 4.1.1　マグマや溶岩の粘性

岩石が地下で溶融した状態の物質をマグマと呼び，マグマが地表に現れたものを溶岩と呼ぶ．マグマが火山現象の主役であり，それは流体としてふるまう．流体の性質の 1 つはひずみ速度に応じたせん断応力が生じ，流れに対して抵抗力として働くことである．この応力がひずみ速度 (流体の速度の勾配) に比例するとき，その比例係数を粘性率という．粘性率の次元は応力 × 時間で，Pa s を用いる．粘性率が高いほど流れにくくなる (第 10 章 p.178 参照)．マグマや溶岩の粘性は，それらの移動速度やマグマに含まれる火山ガスの挙動を支配し，火山活動の推移や噴火の仕方を決定する重要なパラメータである．

表 4.1　マグマの基本的な性質

マグマの種類	SiO_2 の割合 [wt%]	噴出時の温度 [°C]	密度 [kg/m³] 1 気圧	1 万気圧
玄武岩質	45〜52	1000〜1200	約 2700	約 2800
安山岩質	52〜63	950〜1200	約 2500	約 2700
デーサイト質	63〜73	800〜1100	約 2400	約 2600
流紋岩質	69〜	700〜900	約 2350	約 2550

密度は 1 気圧 (0.1 MPa) と 1 万気圧 (1 GPa) について Spera(2000) をもとに示した．

マグマや溶岩の主成分は二酸化ケイ素 (SiO_2) であり，SiO_2 の含有量によって玄武岩質，安山岩質，デーサイト質，流紋岩質の 4 つに大きく分けることができる (表 4.1)．この分類は火成岩の分類に基づいているが，それにはアルカリ成分 (Na_2O と K_2O) の含有量も考慮されるので，SiO_2 の量は重なるところがある．SiO_2 の含有量は密度や粘性のようなマグマの物理的な性質に大きく影響するので，上記の分類はマグマや溶岩の挙動の特徴によく対応し，便利である．表 4.1 にマグマ噴出時の温度と 2 つの圧力 (地表と深さ約 40 km に相当) での密度も示した (詳しくは井田 (1995) や Spera(2000) を参照)．マントル中で生成されたばかりのマグマは玄武岩質と考えられ，その後の移動蓄積過程で成分の多様性が生まれる．

ケイ素 (Si) は原子の構造上 4 本の腕をもち，Si の量が増えるとケイ酸塩鉱物の分子同士が連結するため，マグマや溶岩の粘性が高くなる．このため SiO_2 の含有量の少ない玄武岩質マグマがもっとも粘性が低く，SiO_2 の含有量が多いデーサイト質マグマは粘性が高い．

粘性は温度依存性が大きい．普通玄武岩質溶岩は高温で，また流紋岩質溶岩やデーサイト質溶岩は低温で噴出する傾向があるので，溶岩の粘性の違いはいっそ

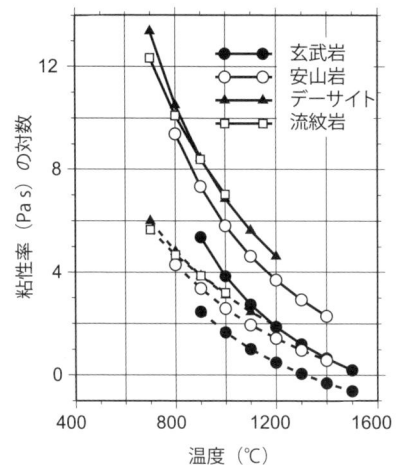

図 4.1 組成と温度によるマグマの粘性率の変化
Giordano et al.(2008) のモデルによる計算値. 実線は H_2O を含まない組成, 波線は 5% の H_2O を含む場合.

図 4.2 伊豆半島の単成火山大室山

図 4.3 典型的な成層火山である富士山

図 4.4 米国北西部のコロンビア川洪水溶岩台地

う顕著になる. 図 4.1 にモデル計算により推定したマグマの粘性率と温度の関係を示す. マグマの粘性率は, 温度が 1000°C 前後で 100°C 低下するとほぼ 1 桁大きくなる. 1200°C の玄武岩質マグマの粘性率が 10^3 Pa s であるのに対して 700°C のデーサイト質マグマの粘性率は 10^{12} Pa s である. 実際のマグマの粘性の範囲は 10^{15} に及ぶと考えられている (例えば Giordano et al., 2008).

またマグマ中の水 (H_2O) は Si の結合を断ち切ると考えられ, H_2O が含まれると粘性率は急激に低下する. 図 4.1 に示すように H_2O の含有率が 5%(重量) のマグマの粘性は H_2O を含まないマグマに比べ数桁低く, H_2O がマグマの挙動に大きな影響を与えることがわかる.

▶ **4.1.2 火山の形の多様性**

火山体は大きく単成火山と複成火山に分けられる. 新しい火口を毎回作って噴火する火山を単成火山と呼ぶ. 伊豆半島東部の大室山などを含む伊豆東部火山群は日本の単成火山の代表である (図 4.2). これに対して主に中央の火口から噴火を繰り返し, 火山体が成長していく火山を複成火山という.

複成火山の形状は, その形成過程によって幅広い. 複成火山の典型は, 富士山のような溶岩と火山灰や軽石などの火砕物が交互に積み重なって成長する成層火山である (図 4.3).

粘性の低い溶岩を多量に噴出するハワイやアイスランドの火山は盾状火山と呼ばれる巨大でゆるやかな高まりの地形を形成する. 大規模な割れ目火口から多量の溶岩流が繰り返し噴出すると溶岩台地が形成される. 北米のコロンビア川流域に広がるコロンビア川洪水玄武岩はその例である (図 4.4). 巨大な火砕流噴火を繰り返すと九州のシラス台地のような火砕流台地が形成される.

▶ **4.1.3 噴火の多様性**

噴火は, その激しさや噴出物の違い, 噴出物の流下速度の違いなどにおいて多彩な現象である. 噴火形態の特徴は, 噴出物が火山灰などの降下火砕物に富むか溶岩が主体か, 噴煙柱を形成する激しい噴火か, 水との反応が噴火を支配しているかなど, いくつかの要因によって決まる. 噴火の形態を噴火様式という.

火山ごとに似た噴火様式を繰り返す傾向はあるが, 固有の様式が決まっているわけではない. また 1 回の噴火においても噴火様式が時間的に変化することも多い. 主な噴火様式を以下に示す.

a. 噴煙柱を形成する噴火 (プリニー式噴火)

マグマが火道を上昇する間にマグマに含まれている

図 4.5 準プリニー式噴火を発生した霧島山新燃岳 (2011 年 1 月 26 日)

図 4.7 ストロンボリ式噴火をする伊豆大島 (1986 年 11 月 21 日宮崎務氏撮影)

図 4.6 ブルカノ式噴火をする浅間山 (2004 年 9 月 16 日小山悦郎氏撮影)

図 4.8 粘性の低い溶岩を流出するハワイ・キラウエア火山 (安井真也氏撮影)

火山ガスが発泡・膨張し，マグマが激しく粉砕されると，高温の火山灰が大量に生成される．この火山灰が火口から噴出し，周囲の空気を取り込み，高温の火山灰と気体の混合体として上昇して噴煙柱を形成する．形成されたキノコ雲状の噴煙柱の高さは 1 万 m を超えることもまれでない．このような激しい噴火をプリニー式噴火と呼ぶ．1991 年に発生したフィリピンのピナツボ山噴火では噴煙が約 40 km の高さまで上昇した．写真は 2011 年 1 月に噴火した霧島山新燃岳の噴火で，プリニー式噴火よりやや規模の小さい準プリニー式噴火である (図 4.5)．

 b. 火山灰や礫を爆発的に放出する噴火 (ブルカノ式噴火)

粘性の高い溶岩が火口の地表近くにあり，火道最上部の溶岩が固化し，マグマに含まれるガスの放出を妨げ，火道中の圧力が高まると火山礫の混じった火山灰を激しい爆発とともに放出する．圧力の増加には地下水が原因となることもある．このような噴火をブルカノ式噴火と呼ぶ．主に安山岩質の火山で発生し，日本では浅間山や桜島でしばしば見られる (図 4.6)．

 c. 低粘性の溶岩を火口から噴出する噴火 (ストロンボリ式噴火)

低粘性の玄武岩質溶岩あるいは安山岩質玄武岩の溶岩が火山礫や火山弾として火口から噴出し，火口からは溶岩流が流下する噴火をストロンボリ式噴火と呼んでいる．1986 年伊豆大島噴火はその例である (図 4.7)．

 d. 流動的な溶岩が火口から流出する噴火 (ハワイ式噴火)

粘性がさらに低い玄武岩質溶岩は，火口から非常に流動性に富む溶岩流として流出する．溶岩は火口から高さ数十 m から 100 m 以上噴出することがある．ハワイのキラウエア火山に代表される噴火で，ハワイ式噴火と呼ばれる (図 4.8)．

 e. 溶岩ドームを形成する噴火

マグマの粘性が高いと溶岩流として流下せず，盛り上がった溶岩ドームを形成する．有珠山の昭和新山は 1943 年～45 年の噴火で形成された溶岩ドームである．

 f. マグマ水蒸気爆発と水蒸気爆発

急激な水蒸気の発生や膨張が引き起こす爆発現象で，マグマが直接関与する「マグマ水蒸気爆発」と関与しない「水蒸気爆発」に分けられる．マグマや溶岩が地下の帯水層や海水，湖水などの水と直接，接したために発生する爆発現象をマグマ水蒸気爆発と呼ぶ．1963 年から 1967 年にアイスランド南西沖に火山島スルツエイを誕生させた海底噴火はマグマ水蒸気爆発として代表的なものである．

上昇してきたマグマから放出されるガスなどを熱源として地下の帯水層が過熱状態となり，高圧の蒸気が発生し，急激に体積膨張することにより爆発する現象を水蒸気爆発と呼ぶ．この場合は，過去の噴火で流出し固化した溶岩や基盤の岩石を放出し，新たに上昇してきたマグマによる溶岩や火山灰などの火砕物は放出しない．

g. 火砕流

火山から噴出される火山灰，火山弾，火山岩塊などの火山砕屑物が，高温のガスと一体となって，斜面を流下する現象である．溶岩ドームが崩壊することにより発生する比較的規模の小さい火砕流から，火口から立ち上がった噴煙柱が崩壊し，火砕物が火山体斜面に沿って広域に流下する大規模なものまで規模の幅は広い．1991年から1995年に噴火した雲仙普賢岳では溶岩ドームが崩壊する火砕流が発生した．

▶ 4.1.4 噴火のエネルギー

噴火のために供給される主要なエネルギー源は，高温のマグマと地表の温度差による熱エネルギーとマグマと周囲の岩石の密度差による浮力の位置エネルギーである．その放出は，温度差による熱エネルギーとしての放出だけでなく，噴出する火砕物や水蒸気などの揮発性成分の運動エネルギーや地震や微動など波動エネルギー，地殻変動によるひずみエネルギーや位置エネルギーなどさまざまな形に変化して放出される．

熱エネルギー E_T と位置エネルギー E_p は下記のように見積もることができる (小屋口, 2008)．

$$E_T = \{(T-T_0)C_p + H\}M \quad (4.1)$$

$$E_p = \frac{\Delta\rho}{\rho_s}Mgz \quad (4.2)$$

ここに T はマグマの温度，T_0 は地表の温度，C_p は定圧比熱，H は潜熱，M は噴出したマグマの質量，ρ_s は地殻の密度，$\Delta\rho$ はマグマと地殻との密度差，g は重力加速度，z はマグマ溜まりの深さである．

上式を使って E_T と E_P を求める．マグマには数%の H_2O が含まれているが，ここではそれを無視し，単位質量 (1 kg) あたりのエネルギーを計算する．マグマと地表の温度差を 1000°C，マグマの C_p を 1.2 kJ/kg K，H を 320 kJ/kg，$\Delta\rho/\rho_s$ を 0.1，z を 5 km とすれば，$E_T = 1.2\times 10^6$ J/kg，$E_P = 5\times 10^3$ J/kg となり，解放される位置エネルギーは運ばれてくる熱エネルギーの 1% 以下である．浅間山 (1938年)，有珠山 (1943～45年)，伊豆大島 (1953～54年)，ベズミアニ (1956年) の各噴火の研究例でも熱エネルギーが全体の 95% 以上を占めている (小屋口 (1995) の表 4.1 参照)．

しかし運ばれてくる熱エネルギーの大きさだけで噴火の激しさが決まるわけではない．小屋口 (1995) は爆発的噴火を特徴づける要因である「強度」「規模」「散布力」「激しさ」は，熱エネルギーの総量と供給率および大気の力学エネルギーへ変換された量，火道中で力学エネルギーに変換された量によって決まることを指摘している．

▶ 4.1.5 噴火の規模

噴火は大量の溶岩が静かに流出する場合や，噴出物の量は少ないが爆発的に噴火が起こる場合などがある．このため噴火の規模を例えば噴火のエネルギーのような 1 つの指標で表すことはできない．そこで特に爆発の強さを示す指標として，火山爆発指数 (Volcanic Explosive Index, VEI) が提案され，現在，広く普及している．VEI は爆発的な噴火を噴出量の観点から 8 段階に分割している (表 4.2)．

代表的な噴火の火山爆発指数を表 4.3 に示す．歴史上に記録のある噴火でもっとも VEI の高い噴火は，1815年のタンボラ火山噴火である．また 1981 年のアイスランドのクラフラ噴火は大量の溶岩を噴出したが VEI は 0 である．1700 年以降の日本の噴火では 1707 年富士山宝永噴火の VEI がもっとも高く VEI 5 である．

噴火の大きさは，この他に噴出物の量 (体積や質量) や噴煙高度，噴火のエネルギーで測られることもある．

▶ 4.1.6 噴火の継続時間と噴火の間隔

噴火の継続期間や間隔は，火山あるいは噴火によって，幅広く変化する．火山活動が活発な時期の桜島のようにほぼ連続的に噴火を繰り返す場合もあれば，1983年三宅島噴火のように 1 回の噴火が数日で終了する噴火，あるいは雲仙岳のように数年溶岩の噴出が継続した噴火もある．

3929 個の噴火データを統計的に分析した Siebert et

表 4.2 火山爆発指数 (Siebert et al.(2010) より作成)

VEI	0	1	2	3	4	5	6	7	8
一般的記載	非爆発的	小	中	中～大	大	巨大			
火山灰の噴出量 [m³]	$<10^4$	$10^4\sim10^6$	$10^6\sim10^7$	$10^7\sim10^8$	$10^8\sim10^9$	$10^9\sim10^{10}$	$10^{10}\sim10^{11}$	$10^{11}\sim10^{12}$	$10^{12}<$
噴煙柱の高さ [km]	<0.1	$0.1\sim1$	$1\sim5$	$3\sim15$	$10\sim25$	>25			
定性的性質	穏やか	← 流出的 →	← 爆発的 →			← 激しく，破局的 →			
噴火の様式			← ストロンボリ式 →		← プリニー式 →				
		← ハワイ式 →		← ブルカノ式 →		← ウルトラプリニー式 →			

表 4.3 最近の主な噴火の火山爆発指数

火山名	地域あるいは国名	噴火年	マグマ噴出量 [kg]	VEI
富士山	日本	1707	1.8×10^{12}	5
ラーキ	アイスランド	1783	3.4×10^{13}	4+
浅間山	日本	1783	4×10^{11}	4
タンボラ	インドネシア	1815	2.4×10^{14}	7
クラカタウ	インドネシア	1883	2.7×10^{13}	6
カトマイ	アラスカ	1912	$1.2 \sim 1.5 \times 10^{13}$	3
桜島	日本	1914	3×10^{12}	4
アグン	インドネシア	1963	2.4×10^{12}	5
スルツェイ (ベストマナエヤル)	アイスランド	1963	2.8×10^{12}	3
ヘイマエイ (ベストマナエヤル)	アイスランド	1973	3.3×10^{11}	3
スーフリエール	西インド諸島 セントビンセント島	1979	4.0×10^{10}	3
セントヘレンズ	アメリカ合衆国	1980	6.5×10^{11}	5
クラフラ	アイスランド	1981	5.6×10^{10}	0
エルチチョン	メキシコ	1982	5.0×10^{11}	5
ピナツボ	フィリピン	1991	5.0×10^{12}	6

理科年表 (2013) に加筆. VEI はスミソニアン自然史博物館による

al. (2010) によれば，1 回の噴火活動が 1 日以内に終了したのは 12%，2 日以内が 18%，1 週間以内が 25%，1 ヶ月以内が 44% で，ほぼ半数は 1 ヶ月以内に終了している．1 年以上継続したものは 15%，20 年以上は 1% にすぎない．長期間噴火が継続した例として，1943 年に噴火が始まり，1952 年までの約 10 年間噴火が続いたメキシコの単成火山であるパリクテン火山や 1995 年から 2013 年時点でも噴火を継続しているモンセラート島スフリエールヒルズ火山がある．

噴火と噴火の間には噴火活動の休止期間がある．休止期間の長さもさまざまである．Siebert et al. (2010) によれば，噴火の間隔の最頻値は 13 年であるが，1 年以内から 1 万年以上まで広く分布する．約 5 分の 2 は半世紀以上の間隔で噴火し，約 8% は 1000 年以上の間隔で噴火している．

4.2 マグマの生成から噴火まで

▶ 4.2.1 マグマが生産される場所

火山の位置とプレート境界を図 4.9 に示す．地球上の大多数の火山は主に次の 3 つの地学的な場所に位置している．環太平洋やインドネシア，カリブ海，地中海などのプレートの沈み込み境界 (島弧)，大西洋中央海嶺やアフリカの地溝帯のようなプレートの拡大境界，ハワイやイエローストーンのようなホットスポットである．一方，マグマの生産量は，海底下にある中央海

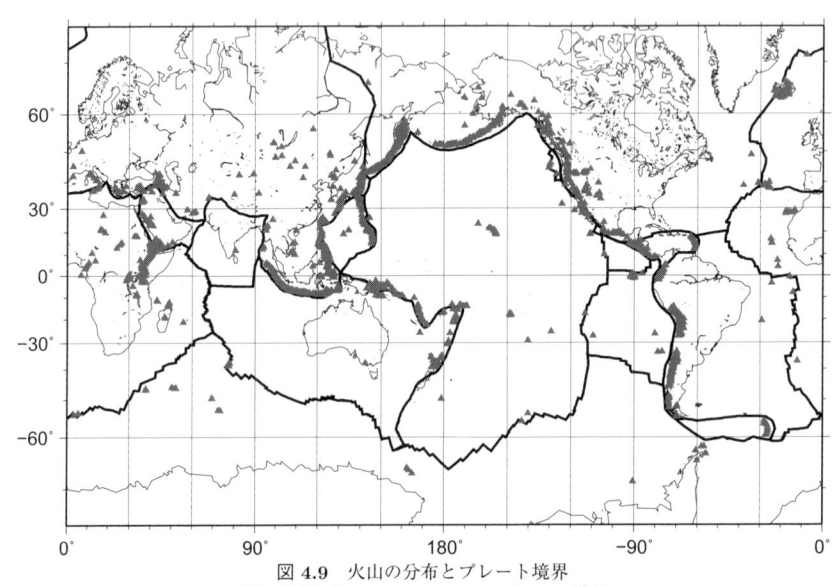

図 4.9 火山の分布とプレート境界

火山の位置 (▲) はスミソニアン自然史博物館 GVP による．プレート境界は UNAVCO のデータベース．Generic Mapping Tools を使用．

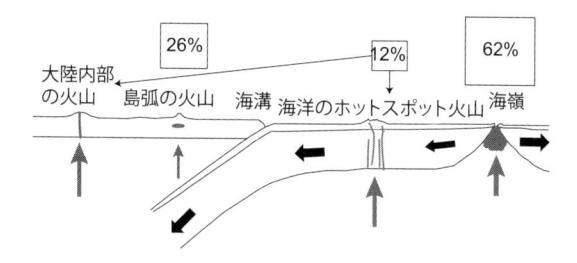

図 4.10 マグマが生産される主な領域. 枠の中の数字はマグマの相対的な生産量を示す (Fisher and Schmincke (1984) による推定値).

嶺が圧倒的に多い. 図 4.10 に Fisher and Schmincke (1984) による推定を示した.

a. 中央海嶺でのマグマの生成メカニズム

海洋プレートが移動する原動力は海溝から沈み込む海洋プレート自身の自重によると考えられている. 海溝での海洋プレートの沈み込みに伴い, 海嶺では物質の欠損が生じ, そこを埋めるためにマントルの上昇流が受動的に発生する. マントル物質の上昇速度は海洋プレートの沈み込みとほぼ同じオーダーと考えられる. マントル物質の熱伝導は小さいので, この上昇は断熱的である. 上昇に伴い圧力が下がるとマントル物質は膨張するので温度が低下するが, マントル構成岩石の融点も低下する. 岩石が溶け始める温度をソリダス, 完全に溶け終わる温度をリキダスと呼ぶ. その間の温度で岩石は固液 2 相が共存する部分溶融状態にある. 図 4.11 に上部マントルにおける物質の上昇と岩石の溶融の関係を概念的に示す. 図 4.11 に示すように融点の低下の方が大きいため, 上昇している岩石は部分溶融する (減圧融解). 部分溶融すると熱エネルギーが消費されるため, 温度の低下が進む.

上記の過程で部分溶融した液体を初生マグマという. 初生マグマの成分は玄武岩的で, このため比重が $2800 \, \text{kg/m}^3$ 前後である. 一方, 上部マントルのマントル構成物質の密度は $3400 \, \text{kg/m}^3$ 程度であり, この密度差による浮力によってマグマは浅部に押し上げら

れる.

b. 島弧火山のマグマ

冷たい海洋プレートが沈み込む島弧で熱いマグマが発生するのは, 一見, 不思議である. その島弧マグマの成因については, 現在, 下記のように考えられている. 海溝から沈み込む海洋プレートの海洋地殻には大量の水 (H_2O) が含まれている. 沈み込みに伴い H_2O がマントル中に放出される. マントル中に放出された H_2O によって沈み込む海洋プレートに隣接するマントルウェッジのソリダスは図 4.11 に示すように大幅に低下し, マントルは部分溶融を開始する.

部分溶融したマグマの上昇メカニズムについては, マントルウェッジ内の高温領域を通過し, 加熱され, ダイアピルとして上昇を続けるという考え方 (巽, 1995), 沈み込む海洋プレートの反流としてマントルウェッジに高温のマントル物質の上昇が引き起こされ, 部分溶融が促進されて連続的にマグマが上昇するという考え方 (井田, 1995) などがある. マントルウェッジの部分溶融は地震波トモグラフィーによる低速度領域の分布から推定されている. 図 4.12 に島弧でのマグマの発生から上昇, マグマ溜まりの形成, 噴火に至る過程を模式的に示した.

c. ホットスポット

太平洋プレートの内部に位置するハワイ諸島や北米プレート内部にあるイエローストーンのようにプレート内部に巨大な火山が長期間活動している場所があり, ホットスポットと呼ばれている. ホットスポットの火山活動の成因は, マントル深部, 少なくとも上部マントル以深, おそらくマントルと外核の境界である D″ から高温物質がホットプルームとして浮力により上昇してくるためと考えられている (例えば Perfit and Davidson, 2000). 上昇してきた物質は, 図 4.11 に示すように減圧融解することにより最上部マントルで部分溶融し, マグマを生成する.

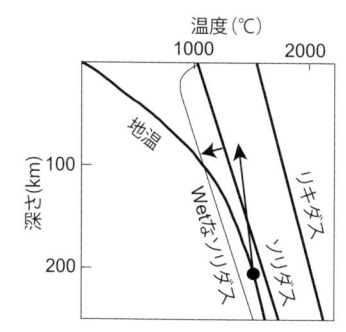

図 4.11 マントル中の物質上昇と融点との関係 Perfit and Davidson(2000) を改変.

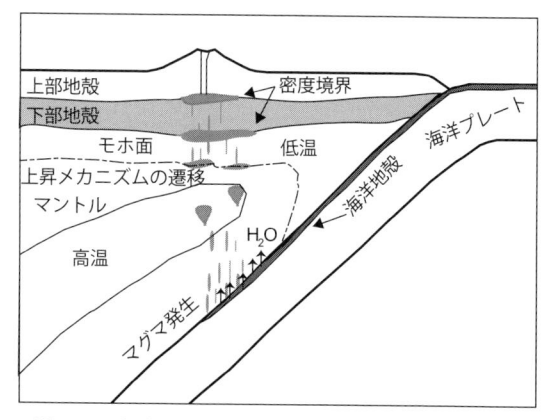

図 4.12 島弧マグマの発生・上昇・蓄積過程を示す模式図

4.2.2 マグマの上昇：マントルから地殻へ

マントルや地殻の中をマグマや高温の物質が移動する際に，周囲の物質やマグマの粘性，物理・化学的性質，温度などにより，ダイアピル（あるいはプルーム），浸透流，岩脈，(円筒状の) 火道の4つの形態をとると考えられている (図4.13)．マグマが生成され，地表に噴出する間に通過する上部マントルと地殻は，構成している岩石の密度や変形に対する性質 (延性的か脆性的か) が大きく異なる．このため上部マントルや地殻を通過する過程でマグマの上昇する形態が変化すると考えられる．

図4.13に示した上昇形態の中でプルームの上昇速度は後で見るように半径が数km以上の大きさがないとマントル中の上昇流として小さすぎる．このためホットスポットを形成するような大規模のプルームに適用できると考えられる．

マントルが部分溶融状態にあるとき，マグマは粒界を通路とする浸透流として移動することができる．部分溶融状態にあるマグマは，ケイ酸塩鉱物の結晶と溶融した液体のなす角度 (濡れ角) が60°以下であれば，結晶の稜線に集中し液体が連結することができる．ケイ酸塩鉱物が溶融したマグマでは実験により濡れ角が60°より小さいこと (オリビンでは20°〜50°) がわかっているので，部分溶融状態にあるマントルでは，液体のマグマは相互に連結した網目状となり，浮力により網目を流れる浸透流として上昇すると考えられている (例えば井田，1995やDaine, 2000)．浸透流としての移動の過程でマグマの集積が進むであろう．

マグマが上昇し温度が低下すると，粘性が大きくなり，浸透流としての移動が困難になる．その場合でもマグマを含むマントル物質は周囲のマントルより密度が小さく，浮力が働く．このような場合，周囲の物質の粘性とマグマを含む物質の粘性の比が小さいとダイアピルとして上昇する．この比が大きい場合は，周囲の物質に割れ目を作り，その中をマグマは上昇する．

4.2.3 マグマ溜まり

かんらん岩が主体の上部マントルを密度差による浮力で上昇してきた玄武岩質マグマは，マントルと地殻の境界であるモホ面に到達すると下部地殻の物質とマグマの密度がほぼ等しくなり，浮力による上昇が停止する．このためモホ面付近でマグマが集積し，マグマ溜まりを形成すると考えられる．マグマ溜まりで「分化」し，密度が低下したマグマ (相対的にSiO_2に富む安山岩質マグマ) は下部地殻を上昇することが可能になる．上部地殻に到達すると密度差がなくなり，ここでもマグマの集積が起こり，マグマ溜まりが形成されるであろう．実際には上部マントルから地殻の密度はゆるやかに変化しているかもしれないが，そのような場合でもマグマの密度と周囲の物質の密度差が小さくなるところでマグマ溜まりが形成されると考えられる．

マグマ溜まりからマグマが上昇を開始するメカニズムとしては，① 分化による密度の低下，② 二酸化炭素 (CO_2) や二酸化硫黄ガス (SO_2) のようなマグマに含まれる揮発性物質の発泡と集積が考えられる．マグマの集積による圧力の増加もマグマの移動を引き起こす原動力と考えられるが，周囲の岩盤の密度とマグマの密度差が小さければ上昇せずに水平に移動すると考えられる．

マグマの上昇が停止する原因として密度差以外にも，温度低下によりマグマが浸透流として上昇できなくなり滞留する可能性，あるいはダイアピルとして上昇してきたマグマが周囲の物質の粘性が増加したために一旦上昇を停止し，割れ目形成に移行するなどマグマの上昇形態の変化による可能性もある (図4.12および図4.14)．

4.2.4 火道や岩脈による地殻内のマグマの移動

マグマの粘性に比べて周囲の岩盤の粘性が十分に大きいとき，マグマは岩盤に亀裂を作り，亀裂を押し広げて平行な通路を作ることにより，移動する (図4.14)(Rubin, 1992)．この平行な岩盤の壁で囲まれたマグマの流れを岩脈という (地質学では，固化したものを岩脈

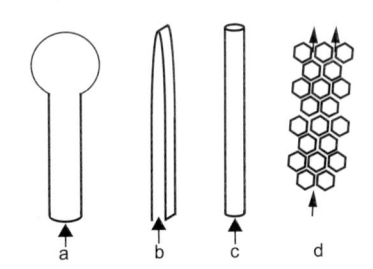

図4.13 地殻やマントルを上昇するマグマの形態
a：ダイアピル，b：岩脈，c：円筒火道，d：浸透流．

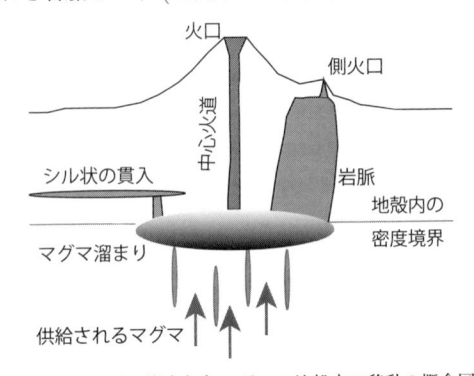

図4.14 マグマ溜まりとマグマの地殻内の移動の概念図

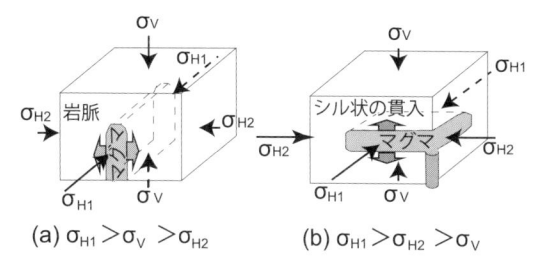

図 4.15 開口割れ目とテクトニック応力の方向
主応力の各成分が水平面と鉛直方向にある場合を考える. σ_{H1}, σ_{H2}, σ_V はそれぞれ水平最大主応力, 水平最小主応力, 鉛直応力である.

というが, ここでは地球物理学の慣例に従って溶けたマグマの流れも岩脈として表現する). 実際に露頭で観察される岩脈の厚さは 1〜数 m が多い.

岩脈が開く方向は周囲の岩盤にかかっている構造性 (テクトニック) 応力に支配されている (図 4.15 参照). 岩脈が開口する方向は, 開口によって岩盤を変形させる仕事がもっとも小さい方向である最小主応力の方向である. 最小主応力が水平方向にある場合は, 岩盤は水平方向に開くために鉛直方向に伸びた岩脈を形成する (図 4.15(a)). 一方, 最小主応力が鉛直方向にある場合は, 鉛直に開口するため, いわゆる「シル」を形成する (図 4.15(b)). 岩脈が水平方向に伸張するか鉛直方向に上昇するかは, マグマの浮力や周囲の岩盤の破壊強度などの影響で決まると考えられる. 実際に野外で観測される岩脈の方向から, 岩脈が貫入した当時の最大水平応力の方向を知ることができる.

▶ 4.2.5 マグマ溜まりや岩脈の固化

マグマの温度が周囲の温度より高ければ, マグマから周囲の岩盤に熱が流れ, マグマの温度が低下する. 周囲の岩盤の熱の移動が熱伝導の場合, 熱伝導による熱流量は小さいため, 球のような形のマグマ溜まりでは固化し冷却するのに時間がかかる.

深さ 5 km にある半径 2 km のマグマ溜まりが初期値として一様な温度であったとき, 熱伝導だけで冷却が進み, 初期値の約 90% の温度に低下するには 10^4 年, また初期値の 10% まで低下するには 10^5 年を要する (力武, 1994).

一方, 岩脈の中のマグマの冷却を考えると, 同じ体積の球に比べて岩脈の表面積は大きいので, 冷却効率がよい. このため厚さが 1 m 程度の岩脈であれば 1 週間程度で固化する (Turcotte and Schubert, 2002). 計算方法については次節に示す.

▶ 4.2.6 マグマの発泡と脱ガス：噴火の爆発性を決めるもの

a. 流出的な噴火と爆発的な噴火

4.1 節で見たように噴火様式は火口から溶岩流を流出する穏やかなものから火山灰や火山礫などマグマが粉砕された火砕物を放出する激しいものまでさまざまである. 噴火様式は火山防災を考える上で重要な因子である. 噴火様式を決める主要因は, マグマに含まれるガス成分 (揮発性成分) の挙動である.

特に火口につながる火道内では液相のマグマに溶解していた揮発性成分が気相として現れ, 2 相流となって上昇し, さらにガスの膨張でマグマは破砕され, 噴出に至る複雑な過程が進行する. ここでは火道内で起きると考えられる過程について定性的に説明する. なお爆発的な噴火を引き起こす要因として, マグマに含まれるガスの急激な膨張によるものとマグマやその熱が外部の水と接触して起きる水蒸気爆発があるが, ここでは前者について考える.

b. マグマに含まれる揮発性成分の発泡と脱ガス

マグマには数%の揮発性成分が含まれている. 多くのマグマでは, 揮発性成分の主成分は H_2O で, 揮発性成分の 95% 程度を占め, 次に多いのは, 二酸化炭素 (CO_2) である (例えば松尾, 1995). マグマに融解している揮発性成分が発泡するのは揮発性成分のマグマへの融解度が下がるためである. その条件として, 減圧による発泡 (減圧発泡), 温度上昇による発泡 (加熱発泡), 温度降下による結晶化に伴う発泡の 3 つの場合がある. 減圧発泡はマグマの上昇による圧力低下により発生する. また 1980 年のセントヘレンズ山噴火のように山体崩壊で山体内部のマグマにかかっていた荷重が取り去られるときにも起こりうる. 加熱発泡は, マグマ溜まりに新たに高温のマグマが流入し既存のマグマと混じり合った場合に起こる (寅丸, 2009).

マグマが高圧下にあるときは, 揮発性成分はマグマに溶解しているが, 圧力が低下すると発泡する. 噴火の爆発性を決定するのは, マグマに溶解していた揮発性成分が発泡したあと, マグマからすばやく抜け出ることができるかどうかである. その過程は, 発泡が急激に進む低圧下の火道内で進行し, 気泡の上昇速度を左右するマグマの粘性が支配要因となる.

c. 火道内を上昇するマグマの形態

マグマ溜まりから火口につながる火道内のマグマの上昇過程は, 気泡の量によって次のように変化すると考えられている (図 4.16).

① 気泡のない領域.
② 発泡が開始し成長する領域. 気泡はマグマの中を上昇する (気泡流).

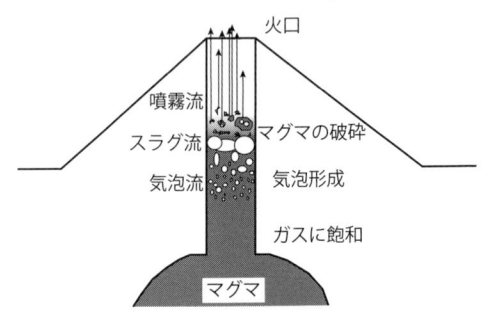

図 4.16 火道を上昇するマグマの形態
(Cashman et al.(2000) を改変)

③ さらに気泡が成長し，火道内の気泡の割合が増大し，マグマが気泡によって破砕される領域．気泡の成長とともにマグマ中の H_2O 濃度が下がり，マグマの粘性が大きくなる．このため気泡の成長が止まり，気泡内の圧力が上昇し，マグマは破砕される (スラグ流)．

④ ガスによって破砕されたマグマが運ばれる領域 (噴霧流)．

噴火の様式やマグマの発泡の程度によっては，火道内にこれら4つの領域のいくつかがない場合がある．マグマ溜まりの中で発泡する場合には火道の下端からすでに気泡流と考えられる．また溶岩流として火口から流出する噴火ではマグマの破砕や噴霧流の領域は存在しない．

玄武岩質マグマでは粘性が低いため気泡はマグマの中を容易に上昇し，マグマから散逸していくことができると考えられる．このため火道の中の流れは気泡流として火口まで到達し，溶岩として流出する．ただし富士山の1707年宝永噴火のように玄武岩質マグマでもプリニー式噴火が発生することがある．

一方，SiO_2 に富み粘性率の高い流紋岩質マグマやデーサイト質マグマの場合は，気泡がマグマの中を上昇して散逸する効率が低く，火道内で気泡の膨張によりマグマの破砕が進み，火山灰を放出する噴火になりやすい．デーサイト質マグマの噴火では，マグマ破砕が起こらず，溶岩ドームが形成されることがある．その理由として分離したガス成分が火道壁から散逸するメカニズムが提唱されている (例えば Jaupart, 1998)．

火道内の流れは，液相と気相，ときには固相も関連する多相流であり，また粘性や密度が相変化に伴って大きく変化する複雑な運動である．

▶ **4.2.7 噴煙柱の形成と拡散**

火口から噴出した物質 (火口から噴出したばかりの火砕物と火山ガスの混合物であるが，ここでは噴煙と呼ぶ) は，まずそれ自身の噴出速度により上向きに噴

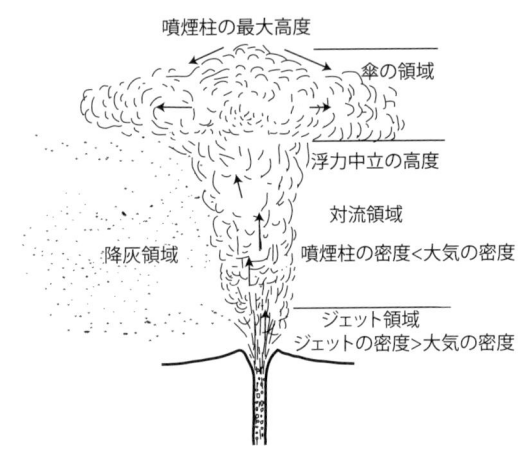

図 4.17 噴煙柱の構造
(Carey and Bursik(2000) を改変)

出する．噴煙の密度は周囲の空気の密度より重く，周囲の空気との摩擦と重力によって減速していく．一方，この過程で噴煙は周囲の空気を取り込み，それを噴煙自身の熱エネルギーで暖めることにより膨張する．この結果，噴煙全体の密度は減少し，十分な空気を取り込めれば周囲の空気より密度が小さくなり，浮力で上昇することが可能になる．噴煙が周囲の空気とつりあう高度まで上昇すると噴煙は水平に傘状に拡散する．図 4.17 にこの噴煙上昇過程を示す．

粘性の高いデーサイト質マグマや流紋岩質マグマでは，火道中のマグマに含まれる揮発性成分の量が多く，マグマの破砕が進み，火砕物の粒径が小さくなるため，火砕物はガスとともに高速で火口から噴出し，上昇することができる (ブルカノ式噴火やプリニー式噴火)．一方，粘性の低い玄武岩質マグマでは火道の中でガス成分が脱ガスしてしまうため，マグマの破砕は十分に進まず，比較的小さな噴出速度で火口から放出された火砕物は火口周辺に落下する (ストロンボリ式噴火)．

噴煙の上昇する高度は，噴出した物質の成分，ガスの割合，火口からの流出量や流出速度，火口の形状などによって決まる．噴煙柱が十分に発達すれば，降灰の被害や航空機の飛行への影響はあるものの大規模な犠牲者を伴う災害になることは少ない．しかし噴煙柱が浮力を十分に獲得できるほどには発達できないと噴煙柱は崩壊し，高温の火砕物が山体を流れ下る大規模火砕流が発生し，重大な災害を引き起こす原因となる．

4.3 マグマの移動速度と固化時間

ここではマグマの挙動に影響する移動速度や固化にかかる時間を簡単な計算で見積もることを試みる．

▶ 4.3.1 粘性流体としてのマグマや溶岩の移動速度

マグマや溶岩は粘性流体として移動するので，主要な移動形態を粘性流体の観点でモデル化する．

a. ダイアピルの上昇速度

マントル中を上昇する低粘性のダイアピルの速度を推定する．図 4.18(a) に示すようにダイアピルを半径 a の球と仮定し，この球が密度差により上昇する速度 U を求める．周囲のマントルの粘性を η_s，マントルと上昇する物質の密度差を $\Delta\rho$ とすると，ストークスの抵抗則に浮力がつりあうことにより一定速度で上昇することになり，その速度 U は，下記の式で表される (Turcotte and Schubert, 2002, p.258–259).

$$U = \frac{\Delta\rho g a^2}{3\eta_s} \quad (4.3)$$

ダイアピルによる上昇速度は，周囲の物質の粘性率によって支配されるので，粘性率が高いマントルでは小さい値となる．例えば $\eta_s = 10^{19}\,\mathrm{Pa\,s}, \Delta\rho = 600\,\mathrm{kg/m^3}, a = 10\,\mathrm{km}$ とすると，$U = 0.6\,\mathrm{m/yr}$ となる．ダイアピル中の高温物質がダイアピルの周囲のマントルを温め，粘性率を下げ，上昇速度が大きくなる可能性が指摘されている (巽, 1995).

b. 割れ目を流れるマグマの速度

マグマが岩盤の中に亀裂を作り，その中を流れる速度を推定する．亀裂を幅 $2h$ の平行な壁の通路と考え，その中を流れるマグマを粘性率 η_m の非圧縮性粘性流体とし，層流を仮定してマグマの流速を計算する．図 4.18(b) のようにマグマの流れる方向を x，割れ目内のマグマの圧力を $P(x)$ とすると，圧力勾配は dP/dx である．通路の両端の距離を L，圧力差を ΔP とすると $dP/dx = \Delta P/L$．このとき割れ目内の流速は，割れ目に直交する方向を y 軸とし，割れ目の幅の中央を原点とするとき，

$$u(y) = \frac{1}{2\eta_m}\left(y^2 - \frac{h^2}{4}\right)\frac{\Delta P}{L} \quad (4.4)$$

で表される (Turcotte and Schubert, 2002). 流速の最大値 u_{max} は，流れの中央部 $(y=0)$ で

$$u_{max} = -\frac{h^2}{8\eta_m}\frac{\Delta P}{L} \quad (4.5)$$

平均流速 $\bar{u}$ は，

$$\bar{u} = -\frac{h^2}{12\eta_m}\frac{\Delta P}{L} \quad (4.6)$$

である．

幅 $h = 1\,\mathrm{m}$ の岩脈を，$\eta_m = 10^3\,\mathrm{Pa\,s}$ のマグマが $\bar{u} = 1\,\mathrm{m/s}$ の速度で流れるために必要な圧力勾配は約 $10\,\mathrm{kPa/m}$ である．

ここでは通路を作る母岩の物質を変形しない剛体として扱ったが，実際の地球の内部で岩脈が伸張するときは，岩脈先端の破壊の進行や母岩の粘弾性的性質も考慮しなければならない．

c. 円筒火道を上昇するマグマの速度

マグマを非圧縮性流体と仮定して，浮力で上昇するマグマの速度を計算する．図 4.18(c) に示すように半径 R の円筒火道を流れるマグマの速度は，火道の動径方向の位置を r，鉛直方向を z，マグマの粘性率を η_m として

$$u(r) = -\frac{1}{4\eta_m}(R^2 - r^2)\frac{dP}{dz} \quad (4.7)$$

流れの最大値 u_{max} は火道の中心 $(r = 0)$ で

$$u_{max} = -\frac{R^2}{4\eta_m}\frac{dP}{dz} \quad (4.8)$$

マグマの上昇を駆動する力が浮力だけに起因するとき，火道の周囲の岩石の密度を ρ_r，マグマの密度を ρ_m とすると圧力勾配は $-(\rho_r - \rho_m)g$ である．式 (4.8) より，

$$u_{max} = \frac{R^2}{4\eta_m}(\rho_r - \rho_m)g \quad (4.9)$$

を得る．深さ H にあるマグマ溜まりに過剰圧 ΔP が働いている場合は，

$$u_{max} = \frac{R^2}{4\eta_m}\left\{(\rho_r - \rho_m)g + \frac{\Delta P}{H}\right\} \quad (4.10)$$

を得る (Jaupart, 2000). $R = 10\,\mathrm{m}$ の火道を浮力だけで駆動された $\eta = 10^3\,\mathrm{Pa\,s}, \rho_r - \rho_m = 100\,\mathrm{kg/m^3}$ のマグマが上昇する速度 u_{max} は，約 $100\,\mathrm{m/s}$ である．実際の火道は凹凸や曲がりがあるので，流れに対してさまざまな抵抗が働き，流速は落ちるであろう．

d. 斜面を流れる溶岩の速度

溶岩流の流れも斜面を流れる層流を仮定し，概算することができる (Turcotte and Schubert, 2002). 斜面の角度を α，溶岩の密度を ρ，粘性率を η，溶岩流の上面からの距離を y とするとき，厚さ h の溶岩流の流下速度は下記の式で表される．

$$u(y) = -\frac{\rho g \sin\alpha}{2\eta}(h^2 - y^2) \quad (4.11)$$

$\rho = 2500\,\mathrm{kg/m^3}, \eta = 10^4\,\mathrm{Pa\,s}, h = 1\,\mathrm{m}$，斜面の傾きが $30°$ のとき，溶岩流表面の流下速度は，約 $0.6\,\mathrm{m/s}$ となる．溶岩流の流下速度は粘性率の逆数に比例する．

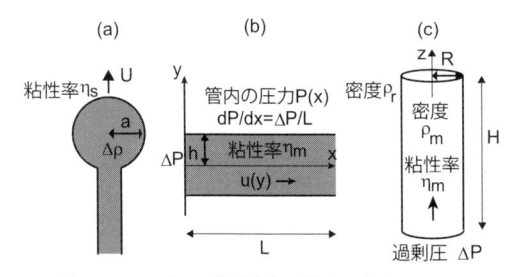

図 4.18 マグマの移動速度の推定のためのモデル
(a) ダイアピルの上昇．(b) 平行な壁の間の流れ．(c) 円筒の火道のマグマの上昇．

e. 層流か乱流か

上述のb～dでは流れを層流として扱った．粘性流体の流れが層流か乱流かについては，レイノルズ数 Re で判別することができる．粘性率 η の粘性流体のレイノルズ数は流れの代表的な長さを L として

$$Re = \frac{\rho \bar{u} L}{\eta} \quad (4.12)$$

である．割れ目の流れであれば，幅 h，火道であれば直径 $2R$ が代表的な長さ L である．

マグマの密度を 2500 kg/m^3，粘性を玄武岩の粘性 10^3 Pa s とすれば，平均流速が 1 m/s 程度の流れのレイノルズ数 Re は L が 1～10 m のとき 1～10 のオーダーあり，層流の条件である $Re < 2200$ を満たしている．

▶ 4.3.2 マグマの固化：岩脈やシルの固化時間

平行な壁によって挟まれた空間を満たすマグマが固化するために要する時間を求める．なおマグマの冷却は壁からの熱伝導によるもののみとし，マグマの温度の初期値は融点とする．図 4.19(a) のようにマグマで満たされた層の厚さが $2b$ の岩脈を考える．マグマはマグマの融点 T_m で溶けた状態にあり，マグマの潜熱 H を壁からの熱伝導で周囲の母岩に失いながら固化していく．母岩の熱伝導係数を k，密度を ρ，比熱を c，熱拡散係数 κ，温度を T_0 とする．$k = \kappa \rho c$ の関係がある．

マグマの潜熱が境界面から熱伝導により失われる熱量に等しいという境界条件から λ についての下記の式を得る (Turcotte and Schubert, 2002).

$$\frac{H\sqrt{\pi}}{c(T_m - T_0)} = \frac{e^{-\lambda^2}}{\lambda(1 + \text{erf}(\lambda))} \quad (4.13)$$

ここに $\text{erf}(\lambda) = \int_0^\lambda e^{-\lambda'^2} d\lambda'$．式 (4.13) から得られる λ を用いて，厚さ $2b$ の岩脈が固化に要する時間 t_s,

$$t_s = \frac{b^2}{4\kappa\lambda^2} \quad (4.14)$$

を得る．

マグマの温度が 1200°C の岩脈について，岩脈の厚さと固化に要する時間の関係を図 4.19(b) に示す．周囲の岩盤の温度は 700°C と 200°C について計算した．厚さ 1 m の岩脈は数日で固化すること，また 100 年以上固化しないためには厚さが 100 m 以上でなければならないことがわかる．

4.4 火山の構造探査

火山の下には溶けたマグマや熱水が存在し，また火山体は過去の噴出物によって作られているので，火山下の構造は 3 次元的な不均質が大きい．地震波速度や密度，電気伝導度の 3 次元分布を調べることにより，火山の構造を明らかにすることができる．現在，3 次元不均質構造の解明が進んでおり，多くの成果がカラー表示された図で発表されている．ここでは総説的な文献を挙げるにとどめる．

▶ 4.4.1 地震波による探査

地震波を使った地下構造探査は火山の地下構造を調べる有力な手段である．特に近年，3 次元トモグラフィー法の発展により，マグマを含む部分溶融域と考えられる地震波低速度領域が描き出されるようになった．

a. 海嶺

東太平洋海盆 (East Pacific Rise) や大西洋中央海嶺 (Mid Atlantic Ridge) の下で地震波低速度層が存在し，海嶺から離れるにつれて低速度領域は小さくなることが，主に表面波の位相速度や群速度をもとにした 3 次元速度構造から明らかにされてきた．また海嶺直下の地震波速度構造は海底地震探査により詳細な 3 次元構造が明らかにされ，海嶺直下の海洋地殻には溶融物質の割合が 10～40% にのぼるマグマ溜まりが存在すると主張されている (例えば Dunn and Forsyth, 2009).

b. ホットスポット

地震波速度構造の 3 次元トモグラフィーによりホッ

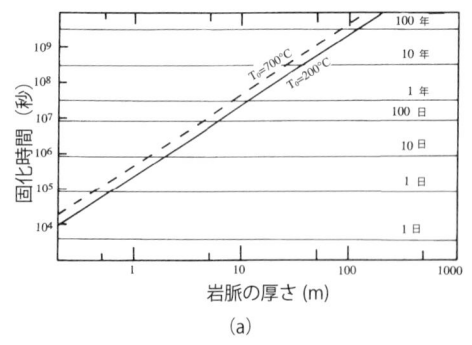

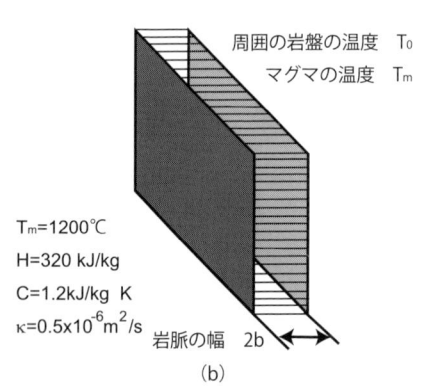

図 4.19 (a) 岩脈の固化時間計算のためのモデル，(b) 岩脈の固化時間

トスポットはマントル遷移層 (410～670 km) より浅い上部マントルでは低速度領域としてイメージされている．下部マントルについては地震波速度構造の解像度が低いためにまだ明確な結論は出ていないが，ホットスポットはコア–マントル境界 (D'' 層) に起源があると考えられている (例えば Nataf, 2000 や Nolet et al., 2007).

c. 島 弧

稠密な地震観測網が稼働している日本列島について，地震波トモグラフィーによる詳細な島弧ウェッジマントルの構造が明らかになっている (例えば Nakamura et al., 2008)．それらによれば，沈み込んでいる太平洋プレートに平行した地震波低速度層が日本海側から火山フロントに向かって浅くなっていく様子が描き出されている．また火山地域のモホ面直下には低速度領域が明瞭に描き出され，マグマの集積が起こっていることを示唆している．東北地方においては，火山に向かって分裂する S 波低速度領域が存在し，地形や深部低周波地震と相関している様子が明瞭に示された．溶融したマグマの分布と高温のための低速度領域の区別は難しいが，マグマが密度境界であるモホ面直下に集積していることは間違いなさそうである (長谷川ほか, 2008).

d. 火山体の構造

地震波トモグラフィーにより火山直下の地殻内のマグマ溜まりも描画されてきた (例えば Lees, 2007)．また人工地震による構造探査によっても火山体直下の構造が調べられている (例えば筒井, 2005)．これらによると火口に近い火道周辺は，地震波速度が周囲より速く，固化したマグマの影響と考えられている．低速度の領域は深さ数 km から下部地殻に観測され，マグマ溜まりと考えられている.

▶ **4.4.2 重力測定による構造探査**

地下の密度分布は重力観測から推定することができる．火山体は密度の小さい噴出物や高密度の貫入岩など密度差の大きい物質によって構成されているので，密度の空間的な変化を知ることは火山体の内部構造の理解のために重要である．このため重力の面的に稠密な測定が多くの火山で実施されている．特に大規模カルデラでは大量の密度の小さい噴出物がカルデラ火口に堆積しているので，ブーゲー重力異常によってカルデラの内部構造についての情報を得ることができる (例えば横山, 2005).

▶ **4.4.3 ミューオンによる構造探査**

宇宙線の一種であるミューオンが火山体を透過することを利用し，その強度を測定することにより，火山体内部の密度分布を推定する手法が開発された (Tanaka et al., 2007)．ミューオンが山体を通過できる最大距離が数 km であるので，この手法を適用できる火山は限られるが，これまで重力でしか推定できなかった密度分布を全く別の手法で知ることができるようになった.

▶ **4.4.4 電磁気学的手法による構造探査**

火山はマグマや熱水など火山性流体が存在しているという特徴があり，その検出は火山の構造探査の大きな目的である．火山性流体が存在すると比抵抗が下がる．火山体直下では比抵抗構造などの電磁気学的な構造が 2 次元的あるいは 3 次元的に推定されている (例えば橋本, 2005).

4.5 火山の変動と火山観測

静穏な火山では地下のマグマを検出することは簡単ではないが，変動する火山ではマグマを変動源として検出することができる．検出された変動源はマグマ溜まりの位置やマグマの動きを知る重要な手がかりとなる．

マグマ溜まりへのマグマの蓄積が進むとマグマ溜まりは膨張する．マグマが岩盤に亀裂を作って動き出すと周囲の岩盤は変形する．またマグマがマグマ溜まりから移動するとマグマ溜まりは収縮する．このような地下のマグマの蓄積・移動過程は，地表の変形を引き起こす．高温のマグマがマグマ溜まりに流入すると，周囲の岩石の磁化を弱め，地表の磁場が変化する．またマグマの移動はさまざまなタイプの地震活動を引き起こす．それらは地殻変動，重力，地磁気，地震などの地球物理学的観測により検出可能である.

▶ **4.5.1 マグマ溜まりの膨張と収縮および移動**

a. 地 殻 変 動

(i) 地殻変動観測　噴火と噴火の間のマグマの蓄積過程や噴火に伴うマグマの移動と考えられる地殻変動が，水準測量，GPS，傾斜変動，伸縮計，干渉 SAR など多くの手法で観測され，またその変動源の位置や大きさの推定が行われている．近年，GPS による火山体での多点観測により山体の面的な変動が捉えられる事例が増えている．図 4.20 は伊豆大島の膨張を捉えた観測例である.

(ii) 球状圧力源によるモデル化　Mogi (1958) は，1914 年の桜島噴火に伴う錦江湾周辺の同心円状の隆起・沈降に球状圧力源の解析解を適用し，変動源の深さや変動源における体積変化量を推定した.

地下深さ f にある半径 a の球状等方の圧力源が圧力

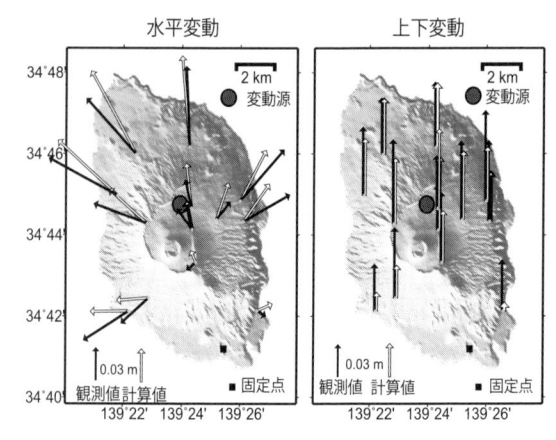

図 4.20 気象研究所による GPS 観測により捉えられた伊豆大島の膨張 (2001 年 3 月から 2010 年 1 月)
矢印は観測値と計算値．丸印は球状変動源を仮定して推定された変動源 (鬼澤, 2014 に加筆).

変動したとき，圧力源の真上から水平距離 d にある点の地表の変位 (地表面での動径方向を Δd, 上下変動を Δh とする) は，次のように表される．等方の圧力変化を ΔP, 周囲の岩盤の剛性率を μ, ポアソン比を ν とすれば，

$$\Delta d = \frac{(1-\nu)\Delta P a^3}{\mu} \frac{d}{(f^2+d^2)^{3/2}} \quad (4.15)$$

$$\Delta h = \frac{(1-\nu)\Delta P a^3}{\mu} \frac{f}{(f^2+d^2)^{3/2}} \quad (4.16)$$

この関係式を Mogi (1958) は 1914 年桜島噴火に伴う隆起沈降に適用し，錦江湾の中央部，地表から約 10 km の深さにマグマ溜まりがあることを示した．このため等方の球状圧力変動源を茂木モデルと呼ぶようになった．図 4.21 に Mogi (1958) で示された桜島の上下変動および推定された圧力源の位置を示す．火山地域では同心円的な隆起・沈降変動がしばしば見られ，Mogi (1958) により適用された球状圧力源の式が多くの研究者により用いられている．図 4.20 に示した伊豆大島の膨張源の推定は，球状圧力源モデルを適用した一例である．

なお圧力変化と体積変化 (ΔV) は, $\Delta V = \pi \Delta P a^3/\mu$ の関係にあることから，

$$\Delta d = \frac{(1-\nu)\Delta V}{\pi} \frac{d}{(f^2+d^2)^{3/2}} \quad (4.17)$$

$$\Delta h = \frac{(1-\nu)\Delta V}{\pi} \frac{f}{(f^2+d^2)^{3/2}} \quad (4.18)$$

を得る．

(iii) 開口割れ目によるモデル化 シルや岩脈に対しては開口断層 (断層面に垂直な方向に変位する割れ目を開口断層と呼ぶ) モデルが適用されている．Okada (1992) により定式化された矩形断層モデルは茂木による球状圧力変動源モデルと並んで世界的に数

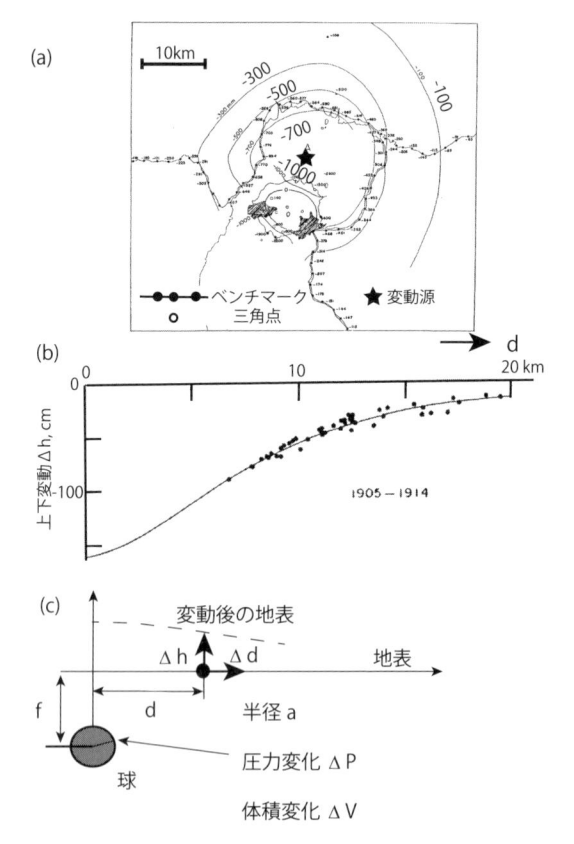

図 4.21 Mogi (1958) による 1914 年桜島噴火による収縮源の推定
(a) 上下変動と推定された変動源の位置, (b) 観測値と推定された変動源からの予測値 (Mogi (1958) を改変). (c) モデルで使用する記号.

多くの事例に適用されている．

火山で観測される隆起や沈降を引き起こした変動源の形状は，マグマの挙動の推定のために重要な情報である．垂直と水平の開口割れ目および球状圧力源による地表の水平変動と垂直変動を図 4.22 に比較した．垂直な開口割れ目 (岩脈) による地殻変動は球状変動源や水平な開口割れ目 (シル) と大きく異なるので区別できることが多い．しかし球状圧力源と正方形の水平開口断層 (シル) による変動パターンはよく似ていて，球状変動源かシルかを区別することは容易ではない．

Okada and Yamamoto (1991) は 1989 年 7 月に伊豆半島東部で発生した群発地震や海底噴火を伴う地殻変動に対して，開口断層による地表での変形の計算手法を適用し，岩脈の貫入の時間的な発展を示した．図 4.23 は伊豆半島で観測された傾斜変動とモデル化された開口断層 (岩脈をモデル化したもの) で，この成果は火山の近くに十分な地殻変動の連続観測点があれば，時々刻々と変化するマグマの動きを把握できることを示している．

4.5 火山の変動と火山観測

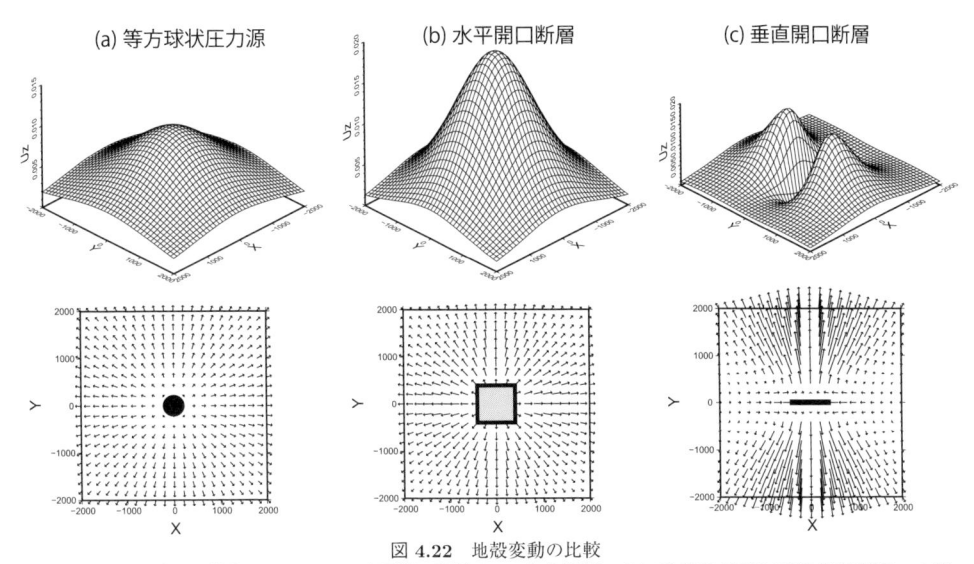

図 4.22 地殻変動の比較
(a) 等方球状圧力源 (茂木モデル), (b) 水平開口断層 (シル状変動源), (c) 垂直開口断層 (岩脈状変動源). 上段は上下変動図, 下段は水平変動図. 下段には変動源の位置も示した.

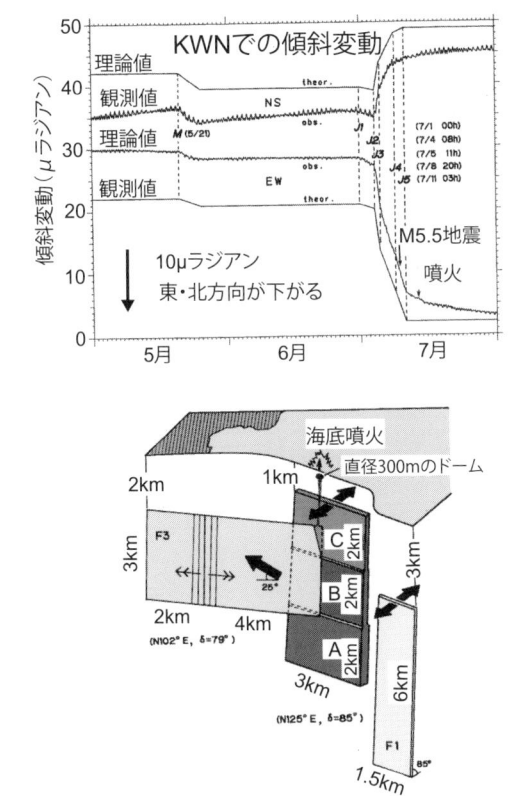

図 4.23 (上) 伊豆半島東部の観測点 KWN での傾斜変動と推定された岩脈モデル (下) から計算された傾斜変動の計算値 (Okada and Yamamoto(1991) による図に加筆)

b. 重力変化

(i) 重力観測 重力値は地下の密度分布によって決まる物理量である. このため地下で起こった物質の移動や体積変化による密度変化を重力値の変動として捉えることができる. 火山活動に起因する重力変化は変動に関わった物質の密度に関する情報を含んでおり, 変動がマグマによるものかあるいは水やガスによるものかを特定する重要な観測量である.

重力観測には, 重力の絶対値を観測する絶対重力観測と基準点の重力値との相対値を観測する相対重力観測がある. 火山ではこれまで主に相対重力観測が行われていたが, 近年, FG-5型絶対重力計による火山体での絶対重力測定も実施されている (大久保, 2005).

(ii) 重力変化から推定する変動源の密度 マグマや熱水などの火山性流体が地下に入り込んだときに生じる重力変化について考える. 以下では, 簡単のために火山性流体をマグマで代表させる. マグマが地下に入り込んで地表が隆起する場合に下記の5つの手順で重力変化を推定する.

① 高さが変化することによる重力値の変化
② もとの地表と新しい地表の間を充填する物質による重力
③ マグマが入り込むためにできた空隙による重力変化
④ ③の空隙ができたための周囲の媒質の体積変化による密度変化が引き起こす重力変化
⑤ ③の空隙に流入したマグマによる重力変化

もっとも簡単な場合として, 水平の無限平板状にマグマが入り込んだ場合を考える (mini column 9 参照). このときは観測される重力変化 (Δg) は, ②と③が相殺し, ④の体積変化はないと考えられるので, ①と⑤から

$$\Delta g = \beta \Delta h + 2\pi G \rho \Delta h \quad (4.19)$$

が得られる．ここに β はフリーエア勾配で通常 $-0.3086\,\mathrm{mgal/m}$ が用いられる (第7章, p.124 参照)．また G は万有引力定数，ρ は貫入したマグマの密度，またその他の記号は図 4.21 と同じである．式 (4.19) よりマグマの密度は

$$\rho = \frac{1}{2\pi G}\left(\frac{\Delta g}{\Delta h} - \beta\right) \quad (4.20)$$

として推定できる．すなわちマグマの貫入により観測された重力変化と上下変動の比とフリーエア勾配の差からマグマの密度が算出される．

次に球状のマグマ溜まりにマグマが流入する場合を考える．この場合，③と④による重力値の減少が②による重力値の増加に等しくなる．このため①と⑤を考えればよい．⑤による重力変化を Δg_B とすると

$$\Delta g_B = G\rho \Delta V \frac{f}{(f^2+d^2)^{3/2}} \quad (4.21)$$

一方，ポアソン物質 ($\nu = 0.25$) を仮定すると，茂木モデルでは式 (4.19) より，

$$\Delta h = \frac{3}{4\pi}\Delta V \frac{f}{(f^2+d^2)^{3/2}} \quad (4.22)$$

これより

$$\Delta g_B = \frac{4}{3}\pi G\rho \Delta h \quad (4.23)$$

観測される重力変化 (Δg) は

$$\Delta g = \beta \Delta h + \Delta g_B = \beta \Delta h + (4\pi/3)G\rho \Delta h \quad (4.24)$$

よって

$$\rho = \frac{3}{4\pi G}\left(\frac{\Delta g}{\Delta h} - \beta\right) \quad (4.25)$$

が得られる．

この場合も無限平板の場合と同様に観測された重力変化と上下変動の比とフリーエア勾配の差からマグマの密度が算出され，その際に変動源の位置に関する情報が必要ないという特徴がある．式 (4.20) と (4.25) を比較すると，同じ観測値 (重力変化と上下変動の比とフリーエア勾配の差) からマグマの密度を推定するとき，球状圧力源モデルは無限平板モデルの場合よりマグマの密度が 1.5 倍大きく推定される．マグマの密度の推定においてはマグマ溜まりの形状を正しく推定，あるいは仮定することが重要である．

上記の水平無限平板や茂木モデルは極めて特殊な場合であるが，観測された重力変化から関与した物質の密度の目安を得ることができるのでしばしば使われている．しかし岩脈貫入のような現象にはこのような簡単な推定は適用できない．矩形断層による重力変化の式も定式化されて，三宅島の 2000 年噴火活動 (mini column 4 参照) で観測された重力変化から貫入した岩脈の密度や火口直下に形成された空洞など密度に関わる変動を明らかにするなど成果を上げている (大久保，

2005)．

一方，1990 年代に実用化が進んだ絶対重力計により，数 $\mu\mathrm{gal}$ の重力変動が検出できるようになった．絶対重力計による定点での連続観測により 2004 年浅間山噴火に伴う重力変化を捉え，火道内のマグマの上昇過程が明らかにされた (大久保, 2005)．

c. 地磁気の変動

地磁気は火山活動によって影響を受ける．火山活動が地磁気に与える要因として，温度変化による熱消磁や再帯磁などの熱磁気効果，地殻応力の変化に伴うピエゾ磁気変化，地下水などの流体が電荷を運ぶことにより生じる界面動電現象がある (笹井, 2001)．観測は全磁力を測定するプロトン磁力計や 3 成分の磁場の変化を測定するフラックスゲート型磁力計などで行われている．

マグマの流入に伴う熱消磁やその後の再帯磁は，1986 年伊豆大島噴火や 2000 年三宅島火山活動など多くの観測事例がある (笹井, 2001)．ピエゾ磁気変化の観測例として，2000 年三宅島火山活動の初期に貫入した岩脈のほぼ真上で観測していたフラックスゲート型磁力計により 200 nT を超える磁場変化が観測されている．

d. 温度の変動

火山噴火はマグマによって熱が地表に運ばれる現象であり，温度は火山活動の重要な指標であり，岩石の熱伝導度は小さく，熱伝導で伝わる温度上昇は，地下の火山活動からはるかに遅れたものになる．温度が火山活動を反映するのは，火山ガスや熱水などマグマより移動速度の大きい火山性流体が地下の熱を運び，地表近くの温度を上昇させるためである．

火山体の温度観測では，通常，深さ 1 m の地中温度を測定することが多い．熱伝対などの温度計によって，連続的な観測も可能である．地中温度は，地上の気温の影響は受けないが，降水の影響は大きい．一方，衛星や航空機を用いたリモートセンシング技術による温度観測も実施されている (金子, 2005)．

4.6 火山と地震

▶ 4.6.1 火山で発生する地震現象

火山は脆性的な岩盤の中にマグマや熱水，火山ガスなどの火山性流体が存在する複合体である．この中ではさまざまな振動現象が発生する．多様な振動が発生する原因として，

① 通常の地震である岩盤のせん断破壊による振動に加え，マグマの貫入や噴火に伴う振動，マグマや熱水などの中で発泡や泡の消滅など振動源となる力源が多様なこと

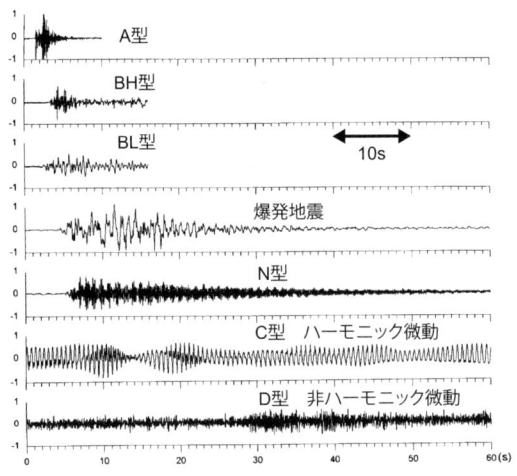

図 4.24 桜島で観測される多様な地震現象 (井口, 2005)

② 振動源の運動が長時間継続することにより連続的な振動が放射される場合があること
③ 岩盤と火山性流体のように地震波のインピーダンス比の大きい媒質の中で地震波が放射されるため共鳴が起こり, 周波数に特徴のある振動を放射すること

などがある. 図 4.24 は桜島で観測されたさまざまな地震現象の波形である.

火山の振動現象は, 発生メカニズムや波形の特徴的な周波数, 振動の連続性などに基づいて名づけられている. 例えば火山地域で発生する構造性地震は火山性構造性地震と呼ばれ, 周波数に注目した分類としては高周波地震, 低周波地震, 長周期地震などの名前が付けられている. さらに振動の継続時間から連続的な振動は火山性微動と呼ばれる. この他にも波形の特徴からさまざまな名称が付けられている.

火山で発生する地震現象の発生メカニズムはまだ一部がわかったにすぎないが, 地下の火山活動を知るための重要な信号である. 近年, モーメントテンソル解析 (第 2 章 p.23 参照) により震源に働いた力が定量的に推定されて, 火山地域に非ダブルカップル震源がしばしば発生していることがわかってきた. 推定された力源をもとにした地下の火山活動のモデル化が行われている.

▶ **4.6.2 火山性構造性地震 (火山性テクトニック地震)**

火山活動の活発化に伴い P 波や S 波が明瞭な普通の構造性地震が頻発することがある. 主要な発生原因として地下のマグマの移動やマグマ溜まりの膨張などの火山活動に伴う火山体の応力場の変化が考えられる. すなわちもともと岩盤に働いていた地殻応力に新たに

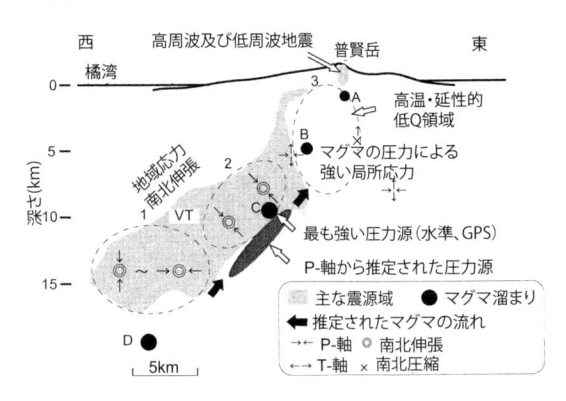

図 4.25 雲仙普賢岳の噴火に至る過程で観測された地震活動の変遷
Umakoshi et al.(2001) による図をもとに作成.

火山活動による応力が加わることによって, 力のバランスが崩れ, 差応力が岩盤の破壊強度を超えるために発生する断層運動 (すなわち構造性地震) である. このほかマグマや熱水などの火山性流体が岩盤内に浸入し, 岩盤の間隙流体圧を上昇させて, その結果, 岩盤の破壊強度が下がることも地震発生の原因の 1 つと考えられている.

火山活動に伴う構造性地震は, マグマ周辺の岩盤で発生することが多いので, 地震の震源分布から地下のマグマのおおよその位置を知ることができる. 雲仙普賢岳噴火では 1989 年後半に島原半島の西側, 深さ 15 km 付近で群発地震活動が始まり, 1990 年にかけて雲仙普賢岳に向かって震源が浅くなり, 1990 年 5 月の溶岩ドーム出現とともに地震はドーム周辺に限られていった. 図 4.25 に示す震源の広がりは, 約半年～1 年の間にマグマが島原半島西部にあるマグマ溜まりから東方へ上昇し, 雲仙普賢岳に達する過程を示していると考えられている (Umakoshi et al., 2001).

地殻内で岩脈が水平に貫入し移動する現象がしばしば発生するアイスランドやハワイでは, 岩脈の伸張とともに群発地震の震源の移動が観測されている. その移動速度は 1～2 km/h 程度で, 岩脈の先端の移動速度と考えられている (Einarsson and Brandsdottir, 1980). 図 4.25 に示した雲仙普賢岳のマグマは粘性が大きいデーサイト質であり, 一方, 図 4.26 に示したアイスランドの火山活動に関わったマグマは粘性の低い玄武岩質である. 震源の移動から推定されるマグマの移動速度は 2 桁以上違うが, この違いはマグマの粘性に起因している.

このような岩脈貫入に伴い発生する群発地震は構造性地震で, その発震機構解は横ずれ断層や正断層である. 岩脈貫入が群発地震を引き起こす原因は, 形成された開口割れ目による周辺の岩盤の応力変化と考えら

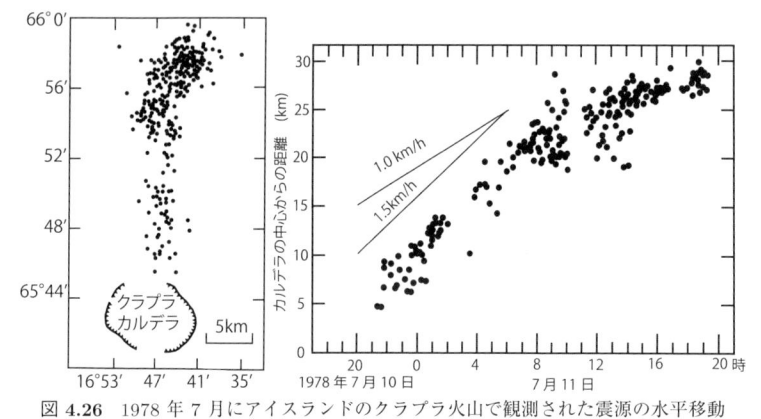

図 4.26 1978 年 7 月にアイスランドのクラブラ火山で観測された震源の水平移動
Einarsson and Brandsdóttir(1980) をもとに作成した図. ほぼ 1.5 km/h で震源が移動したことがわかる.

れる.

▶ 4.6.3 低周波地震

通常の地震のスケーリング則から外れて，地震の規模から予想されるより低周波振動が卓越する地震を低周波地震と呼ぶ．火山ではしばしば低周波地震が観測されるが，その多くはマグニチュード (M) が 3 より小さい微小地震である．この規模の通常の構造性地震では 10～20 Hz の地震波が卓越するのに対し，低周波地震では数 Hz 以下の地震波が卓越している．また低周波地震は深さ数 km より浅い場所で発生することが多く，特に火口周辺で発生する浅い地震は低周波が卓越する傾向が強い．

低周波が卓越する理由として，地震そのものが低周波波動を大きく励起している場合と地震波の伝播に起因する場合がある．前者の場合として，マグマ溜まりや火道の振動，滞水層とマグマの接触による水の反応，地表近くの岩盤のゆっくりした破壊など，さまざまな原因が提唱されている．桜島では火道中のマグマ内に生じた気泡がつぶれたときに低周波地震が発生している (井口, 2005). 後者としては，マグマのような液体を含む減衰の大きい媒質を伝播するための高周波振動の減衰や震源が極めて浅い地震では表面波の振幅が大きくなり低周波が卓越するなどの原因がある．

浅い低周波地震とは別に，深さ 10 km から 50 km の地殻中部からマントルの最上部でも低周波地震が発生することがあり，深部低周波地震と呼ばれている．一般的に活動度は低いが，フィリピンのピナツボ火山の噴火や岩手山の火山活動活発化など，火山活動の活発化の直前に深部低周波地震の発生頻度が増加した事例，アラスカのスパー火山の噴火後に深部低周波地震が活発化した事例など，深部でのマグマの動きと関連している可能性がある．日本の火山深部でも広く観測されている．その中でも富士山では深さ 10～20 km の深部低周波地震活動が活発で，特に 2000 年 10 月から 2001 年 5 月にかけて頻発し，地下の火山活動との関係が注目された．

▶ 4.6.4 火山性微動

火山では連続的な振動現象がしばしば見られる．その振動の継続時間は数分程度の場合から数時間以上にわたり継続する場合もある．振動の周波数は，さまざまな周波数の波が混在したものから，基本モードとその高次モードと考えられるスペクトルを有するもの，単色的な振動など，火山性微動毎に特徴が見られる．図 4.24 の C 型微動や D 型微動は火山性微動の例である．2011 年霧島山新燃岳噴火において観測されたハーモニックな火山性微動を図 4.27 に示す．この微動で

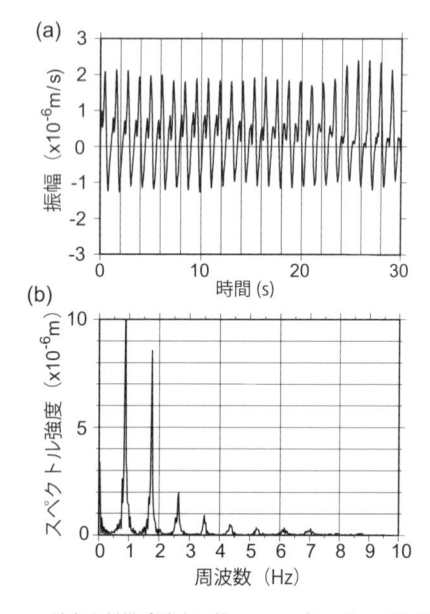

図 4.27 霧島山新燃岳噴火に伴い 2011 年 2 月 2 日に発生した火山性微動 (a) とそのスペクトル (b)
防災科学技術研究所 V-net の KRMV 観測点の記録を使用．

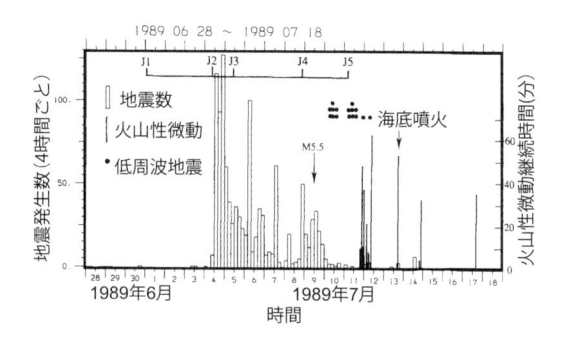

図4.28 伊豆半島東方沖で発生した海底噴火に伴う群発地震，低周波地震，連続微動と噴火の時間的関係 (Ukawa(1993) による)
図中の J1～J5 は図4.23の傾斜変動の期間に対応．

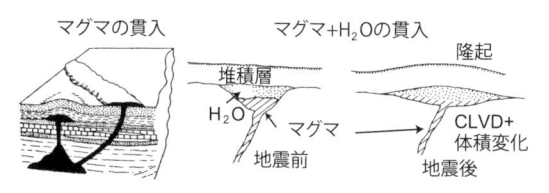

図4.29 鳥島近海の地震のモーメントテンソルから推定されたマグマの水平貫入 (Kanamori et al.(1993) の図に加筆)

は等間隔のスペクトルのピークが明瞭に認められた．

火山性微動の震源は火口直下の浅い領域である場合が多いが，ハワイ島キラウエア火山では深さ40 km に震源がある火山性微動が観測されている．

噴火直前や噴火に伴って発生する場合が多く，発生原因としては，噴火による振動，マグマ溜まりや火道の振動，マグマや熱水などの火山性流体の流れが引き起こす振動，火山性流体と周辺の岩盤との相互作用で発生する振動など，多くの発生メカニズムが考えられている．ハーモニックなスペクトルが観測される火山性微動では火道やマグマ溜まりの共鳴が振動源としてモデル化されることが多い．

1回の噴火において構造性地震，低周波地震，火山性微動が時間的に推移していく場合がある．図4.28は1989年に伊豆半島東岸で発生した海底噴火に伴う地震活動の推移の例である．群発地震活動から始まり，低周波地震が発生し，それに続く火山性微動の期間に噴火が発生した．図4.23に示した地殻変動から推定された岩脈の上昇過程と考え合わせると，地殻内の岩脈の開口による応力場の変化が構造性地震を引き起こし，マグマが海底近くに到達して低周波地震や火山性微動が発生したことがわかる．

▶ **4.6.5 火山活動と非ダブルカップル地震**

1980年代以降，M6程度より大きい地震については，広帯域地震計のデジタル地震波形から震源メカニズムを決めることができるようになった．その結果，火山地域で通常のダブルカップル型地震とは異なるメカニズムの地震が発生していることが明らかにされ，地震波励起メカニズムと火山現象が定量的に結びつけられている．また火山地域で実施された広帯域地震観測にで得られた規模の小さい地震の分析によっても地下で発生している火山現象が推定されている．すでに多くの事例があるが，非ダブルカップル地震の理論的な解説

や事例については，森田・大湊 (2005) や Kawakatsu and Yamamoto (2009)，Kumagai(2011) を参照されたい．以下に非ダブルカップルメカニズムから火山現象を明らかにした代表的な事例を紹介する．

a. 1984年鳥島近海の地震

1984年6月13日に鳥島近海で発生した $m_b 5.5$ の地震は，規模が小さいにも関わらず震源から150 km 離れた八丈島で130～150 cm (山から谷間での振幅) の津波が観測された．Kanamori et al.(1993) は，この地震はラブ波が励起されず，レイリー波の振幅が全方位でほぼ等しいことから，等方的な膨張とCLVD (Compensated Linear Vector Dipole，岩漿貫入型メカニズム) という力源モデルをもとにマグマと H_2O の混合物が海底浅部に水平に貫入したと推定した (図4.29)．その後，1996年9月5日にもほぼ同じ海域で同様の現象が起きたと考えられる M6.2 の地震が発生した．

b. 2000年三宅島噴火で観測された超長周期地震

2000年に火山活動が活発化した三宅島では，6月26日から27日にかけてマグマが一旦，山頂方向に上昇した後，噴火に至らず，マグマ溜まりから地下に流出した (mini column 4 参照)．7月8日に最初の山頂噴火が発生し，その後，1日に1回～2回程度，周期50秒の超長周期地震が発生し，山頂ではカルデラ形成が進行した．広帯域地震計の記録の分析から，この振動は火道を満たしている物質が，マグマの地下流出に伴いマグマ溜まりに間欠的に吸引されるために発生していることが明らかになった．

c. 阿蘇山で発生する長周期微動

阿蘇山では周期7.5秒の火山性微動が発生することが知られていた．1990年代以降，広帯域地震計による詳しい研究が行われ，震源は阿蘇第一火口下，深さ0.4～2.5 km までほぼ鉛直に伸びる厚さ25 m の割れ目状のガスと火山灰の混合物で満たされた火道の振動であることが明らかになった．

▶ **4.6.6 巨大地震と火山活動**

巨大地震の火山活動への影響については，例えば1707年の宝永地震の49日後に富士山で宝永噴火が発生し，

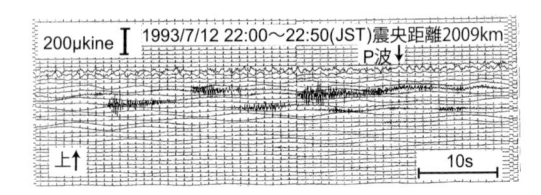

図 4.30 カルデラ火山である小笠原硫黄島で見られる遠地地震の表面波により誘発される微小地震
1993 年北海道南西沖地震 (M7.8, 震央距離約 2000 km) の例.

また，チリ海溝沈み込み帯では 1960 年チリ地震の 47 時間後に震央から約 300 km 離れたプジェウエ (Puyehue) 火山が噴火した事例がある．このように巨大地震直後に噴火が増加する傾向が統計的に有意であることなどから，巨大地震が噴火を誘発することは確かと考えられている．地震が火山噴火を引き起こした事例や地震により火山活動が静穏化した事例や原因の考え方が小山 (2002) にまとめられている.

地震が火山噴火を誘発する原因として，地震による静的な応力場の変化と地震動による動的なひずみ変化の 2 つが重要である．静的な応力場の変化が火山活動の活発化を促す仕組みとしては，圧縮ひずみの増加によるマグマ溜まりからのマグマの絞り出し，差応力の増加による岩脈貫入の誘発，膨張ひずみの増加によるマグマ溜まりの減圧による発泡促進などが考えられる．また動的なひずみ変化によっても発泡が促進されると考えられている．地震による火山活動の活発化は，火山の外力 (地震) に対する応答であり，マグマシステムを調べる手がかりの 1 つになる.

地震動による火山活動の活発化は，1992 年にカリフォルニアで発生したランダース地震 (M7.3) の直後からカリフォルニア西部にあるロング・バレー・カルデラ (Long Valley Caldera) など北アメリカ西部の火山地域で地震活動が活発化したことを機に注目されるようになった．その後，多くの火山地域でこのような遠地地震の地震動による地震活動の活発化が見出され，2004 年スマトラ地震では約 11000 km 離れたアラスカの火山で誘発地震が発生したことが報告されている．この遠地地震による誘発現象はダイナミック・トリガリング (Dynamic triggering) と名付けられている (レビュー論文として Hill and Prejean, 2009).

日本でも小笠原硫黄島カルデラで遠地地震による顕著な誘発地震現象が見られる．小笠原硫黄島では，遠地地震の表面波通過時から島内の地震活動が活発化するので，継続時間の長い大振幅の表面波による動的な応力変化が誘発原因と考えられている (図 4.30)．また 2011 年東北地方太平洋沖地震 (M_W9.0) では，九州から北海道まで約 20 火山で地震活動の活発化が見られた.

ダイナミック・トリガリングの具体的なメカニズムについては多くのモデルが提案されているが，まだ物理メカニズムは確立していない (Hill and Prejean, 2009).

4.7 火山噴火予知

火山観測の目的の 1 つは，火山噴火予知の実現である．火山噴火予知においては噴火の「時期」,「場所」,「規模」,「様式」,「推移」の 5 要素についての情報が求められている．火山観測により，地下のマグマの移動や蓄積について高い確度で推定された事例も増えつつあり，噴火の「時期」や「場所」についての直前予知は一部の火山では実現している.

しかし火山の地下に蓄積しているマグマの総量が不明であり，また噴火様式を決定づける火山ガスの地下での挙動についても観測することが難しい．このため噴火の「規模」を噴火前に予測することは困難である．「様式」や「推移」については火山ごとに過去の噴火の傾向から推定することはできるものの，観測をもとに予測することはまだできない．現在は噴火の状況を観測しながら，それをもとに噴火の推移を予測している段階である．またマグマ溜まりの大きさやマグマの蓄積状況，マグマの供給率を知ることが困難なため，「時期」や「場所」についても長期予知は困難である.

最近の噴火での予測事例を紹介する.

a. 2000 年有珠山噴火

有珠山では 2000 年 3 月 28 日 08 時頃から地震が増え始めた．29 日に入ると地震数の増加とともに M3 クラスの規模の地震の数も増え，また低周波地震も発生し始めた．有珠山では明治時代以降の過去の噴火 (1910 年，1943〜45 年，1977〜78 年) でも地震活動の活発化に伴い噴火していたので，気象庁は噴火が差し迫っていることを示す「緊急火山情報」(2007 年以降，噴火警戒レベルになった) を 3 月 29 日 11 時に発表した．有珠山山麓では，GPS 観測などにより大きな変位の地殻変動が進行していることがわかったが，3 月 31 日 13 時に有珠山西麓の西山から噴火が始まった．噴火地点は洞爺湖温泉街に近い地域にまで拡大したが，噴火に先行した住民避難により負傷者や犠牲者は皆無であった.

b. 2009 年浅間山噴火

2009 年 2 月 1 日に浅間山に設置されていた傾斜計が山体の膨張を示す変動を記録し始めた．また同時に山体の地震活動も活発化した．このような変動は 2004 年や 2008 年に発生した浅間山の噴火でも観測されており，気象庁は 2 月 1 日 14 時 30 分に噴火警戒レベル

を 3 に引き上げた．浅間山は翌日 13 時に噴火した．

c. 2011 年霧島山新燃岳噴火

2011 年 1 月 26 日に霧島山新燃岳でやや規模の大きい準プリニー式噴火が発生した．新燃岳では 2007 年 8 月から小規模な噴火が間欠的に発生していた．2011 年 1 月 19 日から始まった小規模な噴火は 1 月 26 日に突然，規模が大きくなり，噴煙柱が約 8 km まで上昇した．地震観測や GPS，傾斜観測に噴火の規模が大きくなる兆候は見られず，予測ができなかった噴火規模の拡大事例となった．噴火に伴い新燃岳の西方数 km，深さ約 10 km の地点が収縮変動を示し，噴火を引き起こしたマグマ溜まりの位置と考えられた．この場所は噴火の約 1 年前から GPS 観測により地殻の伸張が見つかっていた場所である．

演習問題

(1) 1.8×10^{12} kg のマグマ (富士山の宝永噴火 (表 4.3) で噴出したマグマと同量) の熱エネルギーに等しい地震波エネルギーを有する地震のマグニチュードを求めよ．ただしマグマと地表の温度差を 1000°C とし，地震波エネルギーとマグニチュードの関係はグーテンベルク–リヒターの式 ($\log E = 4.8 + 1.5M$) を用いよ．

(2) マントル中の半径 1 km のダイアピルが 1 年間に上昇する距離を求めよ．ダイアピルと周囲の密度差を 100 kg/m^3，マントルの粘性率は 10^{19} Pa s とする．

(3) 5 km 離れている 2 つのマグマ溜まりが，壁の間隔 1 m の平行な壁で形成された割れ目でつながっているとき，マグマが平均流速 1 m/s で流れるための圧力差を求めよ．なおマグマの粘性 η_m は玄武岩的な $\eta_m = 10^2$ Pa s とする．

(4) 円筒型の火道を浮力で上昇するマグマの火道中心での速度を求めよ．火道の半径を 50 m，マグマの粘性率 η を $\eta = 10^6$ Pa s，周囲との密度差を 600 kg/m^3 とする．

(5) 中心の深さが f にある等方球状圧力源によって地表が変形するとき，変動源の深さが 2 倍になると変動源の直上の上下変動はどれだけになるか．圧力源の半径や深さは変化しないものとする．

参 考 文 献

Hill, D.P. and Prejean, S.G., 2009, Dynamic triggering, Earthquake Seaimology (Editted by Kanamori, H.), Treatise on Geophysics Volume 4, Elsevier, 257–291.

井田喜明，谷口宏充編，2009，火山爆発に迫る，東京大学出版会，225p.

火山学会，2005，火山「火山学会 50 年間の発展と将来」，第 50 巻特別号．

小屋口剛博，2008，火山現象のモデリング，東京大学出版会，638p.

下鶴大輔，荒牧重雄，井田喜明編，2008，火山の事典 第 2 版，朝倉書店，575p.

Sigurdsson, H. (Editor in chief) 1999, Encyclopedia of Volcanoes, Academic Press, 1417p.

Turcotte, D.L. and Schubert, G., 2002, Geodynamics, 2nd ed., Cambridge University Press, 456p.

> mini column 4

● **2000 年三宅島噴火——地下のマグマ流出によるカルデラ火口形成——** ●

　三宅島は東京から約 180 km 南にある火山島で，20 世紀になってから 1940 年，1962 年，1983 年とほぼ 20 年間隔で割れ目噴火を繰り返してきた．2000 年 6 月 26 日 18 時 30 分頃から島内で地震が発生し始め，また島内に設置してあった傾斜計が岩盤の変形を示す変化を記録し始めたとき，火山噴火予知に関わっていた研究者たちは過去 3 回と同様に割れ目噴火が差し迫っていると確信した．島内の傾斜計は，図 4.31 に示すようにまず東側の坪田観測点で大きく変化し，その後，島の南西部にある阿古観測点での変動が大きくなった．しかし傾斜計の記録は 26 日深夜に大きく変動した後，次第に変化が小さくなっていった．傾斜計や GPS などの地殻変動観測から，まず地下数 km にあったマグマ溜まりからマグマが三宅島山頂を目指して上昇したものの地表に達する前に水平方向の移動に変化した (図 4.32) というマグマの動きが推定された．

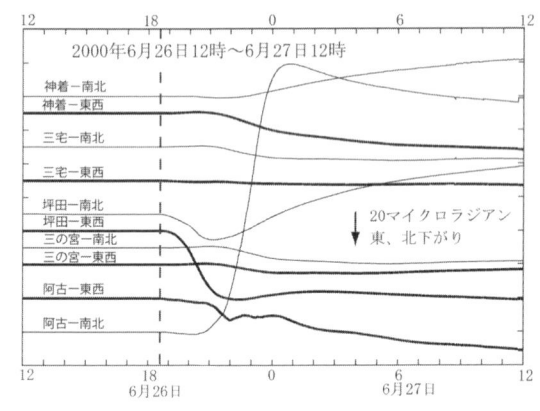

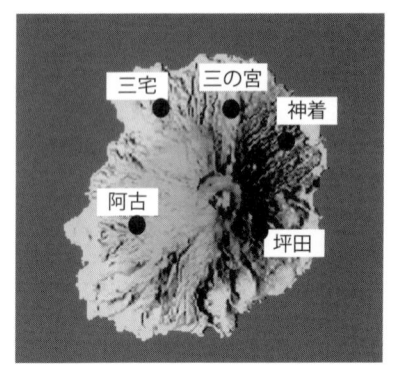

図 4.31　2000 年 6 月 26 日から 27 日に三宅島で観測された傾斜変動
三宅島島内にある 5 ヶ所の (独) 防災科学技術研究所の観測点記録．

　このような状況の中で 2000 年 7 月 8 日に三宅島の山頂で小規模な噴火が発生し，山頂部が陥没した．その後，1 日に 1 回から 2 回，周期が数十秒のゆっくりした振動と傾斜計にステップ状の変化が現れ，それとともに山頂火口の陥没が進行した．8 月中旬には山頂部に直径約 1600 m，深さ約 450 m のカルデラ火口が形成された．さらに 9 月に入ると山頂のカルデラ火口から二酸化硫黄ガスの放出が日量数万トンにのぼる高い放出率で始まった．2000 年に発生した一連の三宅島の火山活動により，初めて経験する現象を理解し，さらに推移を予測することの困難さを火山関係者は改めて認識した．

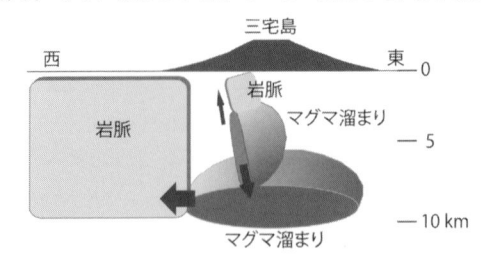

図 4.32　三宅島の地殻変動 (傾斜変動と GPS 観測) から推定された地下のマグマの動き

5

津 波

本章では，まず津波の発生と伝播の基礎を理解するため，その理論的表現を用いて地球物理学的意味をわかりやすく記述する．次に，最近発展してきた津波波形の観測手法についてまとめる．さらに，これらの観測津波波形を再現し実際の津波の挙動を理解するため，津波伝播の基礎方程式を実際の地形を考慮し数値計算により解く手法を解説する．最後に，津波数値計算手法を取り入れた現在の津波の予測技術についてまとめる．

◆　　◆　　◆　　◆　　◆　　◆

5.1 津波の発生

津波はほとんどの場合海底下で発生した大地震により発生する．稀に大地震による強震動により発生した沿岸や海底での地すべりや，火山活動により発生した地すべりや海底でのカルデラ形成などにより発生する場合もある．さらに非常に稀に巨大隕石の衝突によっても発生する．ここではもっとも一般的な，大地震により発生する津波を中心に記述する．

▶ 5.1.1 断層運動による津波の発生

地下浅部で大地震断が発生するとその断層運動により地表に広域地殻変動が生じる．それが海底で発生した場合，海底の地殻変動により，海面が広域に変形し津波が発生する．そこでまず，津波の発生源である断層運動による海底変位について説明する．

断層運動による地表での変位は食い違いの弾性論 (Steketee, 1958) によって計算することができる．無限等方均質弾性体において，ある平面 Σ 上で食い違い $\Delta u_j (\xi_1, \xi_2, \xi_3)$ が発生したときの任意の場所での変位 $u_i (x_1, x_2, x_3)$ はヴォルテラ (Volterra) の定理により式 (5.1) で表わせる．

$$u_i = \frac{1}{F} \int_\Sigma \Delta u_j \left[\lambda \delta_{jk} \frac{\partial u_i^n}{\partial \xi_n} + \mu \left(\frac{\partial u_i^j}{\partial \xi_k} + \frac{\partial u_i^k}{\partial \xi_j} \right) \right] \nu_k d\Sigma \quad (5.1)$$

ここで λ と μ は弾性体のラメ定数，δ_{jk} はクロネッカーのデルタ ($j = k$ の場合 1，その他は 0)，ν_k は面 $d\Sigma$ に対する単位法線ベクトルを示す．また u_i^j は点震源 (ξ_1, ξ_2, ξ_3) での力 F の j 成分に対する変位の i 方向の成分を示す．

ここで半無限媒質の地表での変位を計算するために，鏡像を使って表面で応力が打ち消し合うように設定する．有限の矩形断層に対する解析解は Manshiha and Smylie (1971) や岡田 (2003) などによって与えられる．その詳細は文献を参照することとし，ここでは解析解を得るための断層パラメータについて記述する (図 5.1)．

断層面の幾何学的形状は走向 ϕ と傾斜角 δ で表される．断層の走向 ϕ とは断層面と水平面 (地表面) の交線が北方向からなす角で，時計回りに 0〜360° の値をとる．図 5.1 に示すように，断層は起点から走向方向を向いて常に右側に傾き下がることとする．傾斜角 δ は断層面と水平面 (地表面) とのなす角で 0〜90° の値をとる．

断層の食い違い方向はすべり角 λ として表される．すべり角 λ は下盤側に対する上盤側の相対的なすべり (食い違い) の方向で表現し，断層面上で水平線から反時計回りに −180〜180° の値をとる．すべり角 λ の違いによって，断層運動はいくつかの典型的な型に分類される．$\lambda = 0°$ のときは左横ずれ断層型，$\lambda = 180°$ のときは右横ずれ断層型，$\lambda = 90°$ のときは縦ずれ逆断層型，$\lambda = -90°$ のときは縦ずれ正断層型と呼ばれる．

断層面上のすべり (食い違い) 量 u は横ずれ成分 $u_s = u \cos \lambda$ と縦ずれ成分 $u_d = u \sin \lambda$ に分解することができる．さらに矩形断層のサイズは長さ L と幅 W で表す．ここで断層の長さ L は走向方向の，幅 W は傾斜方向の長さで定義され，長さ L が幅 W より

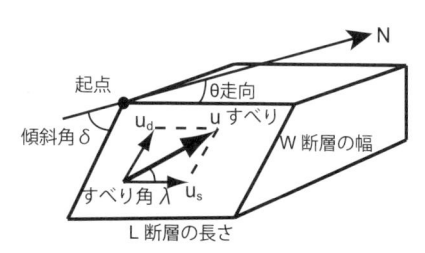

図 5.1　断層パラメータの定義

小さいこともありうる．断層面の地表面からの深さは断層面最浅端の起点 (図 5.1) の深さで定義する．

これらの断層パラメータから矩形断層に対する地表面での変位が計算できる．津波の励起に関連する地表変位は上下変位であるため，ここでは縦ずれ逆断層による断層モデルから計算される地表での上下変位分布と左横ずれ断層による断層モデルから計算される変位分布を議論する (図 5.2)．逆断層の場合 ($\delta = 30°$, $\lambda = 90°$)，津波の発生源である上下変位は大きく，断層面直上ではほぼ隆起し，その背後に沈降域が現れる．しかし，鉛直な断層面における横ずれ断層 ($\delta = 90°$, $\lambda = 0°$) の場合，地表では水平変位が卓越し，小さな上下変位が断層の両端付近にのみ現れる．横ずれ断層の場合，巨大地震であっても津波の励起が少ない理由である．

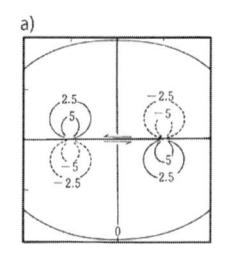

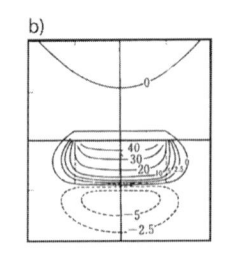

図 5.2 鉛直横ずれ断層 (a) と低角逆断層 (b) による地表の上下変位
図中の数字は，断層面上のすべりが 1 m のときの地表鉛直変位量 (cm)．実線は隆起，破線は沈降を示す (松浦・佐藤, 1975, 宇津, 2001, 首藤ほか, 2007)．

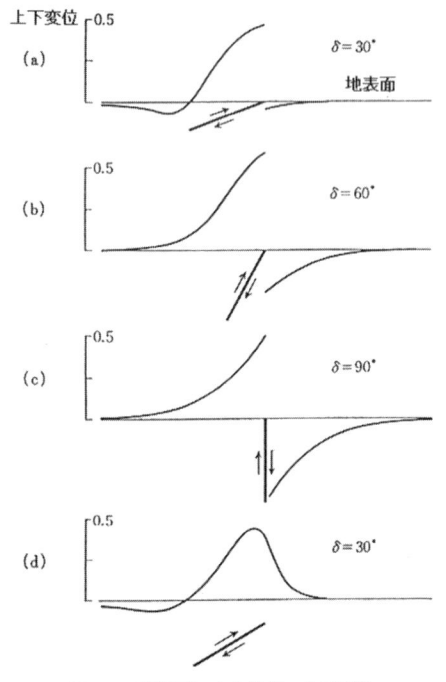

図 5.3 逆断層による地表の上下変位
断層面上のすべり量を 1 とした場合の変位量 (阿部, 1978)

ここで，津波を励起する海底上下変位の大きい逆断層による変位パターンを，断層の走向方向と直交する方向に切った断面で見てみよう (図 5.3)．逆断層の場合，断層の直上は隆起している．断層の傾斜角が小さいとき ($\delta = 30°$) 断層深部端の上部付近は沈降域となる．断層が地表まで達するとそこで変位は不連続となり，その前面はごく小さな沈降となる．傾斜角が 45° 程度より大きくなってくるとその断層深部端上部の沈降はなくなり隆起域の一部となる．一方，断層浅部端の前面の沈降域は大きくなる．傾斜角が大きくなるにつれて断層上の隆起量と断層浅部端の沈降量は近づく．当然，断層面が鉛直になると両者は等しくなる (図 5.3(c))．断層が地表まで達しない場合には，地表変位は連続的なものとなり，傾斜角が 30° の場合には，断層浅部端の小さな沈降はなくなり，連続した隆起域となる．断層運動によるこれらの海底の上下変位のパターンが津波を励起する．

▶ 5.1.2 海面変動 (津波初期波源)

被害を及ぼす津波を発生させる M8 クラスの巨大地震になるとその震源域は百 km × 百 km 程度の広さとなる．断層面上部の隆起域も同程度の広さとなり，隆起域の幅や長さは水深 (10 km 以下) に比べると十分に長くなる．その場合，海底の変動は海面の変動とほぼ等しくなる．つまり，断層運動による海底の上下変位分布をそのまま，海面の変動と考え，それを津波の初期波源とすることができる．

ただ，(図 5.3) で示したように断層が表面に達すると地表で上下変位に不連続ができる．さらに断層が表面近傍まで達すると短波長の上下変位が発生する (図 5.4)．このような場合は必ずしも海底変位と海面変形は同じにならない．つまり，海底の上下変位から海面変動を計算する必要がある．Kajiura (1963) は海底の変位に $1/\cosh(kd)$ のフィルターをかけることで海面変動を計算することができるとした．ここで k は波数，d は水深である．さらに，Kajiura (1963) は海底

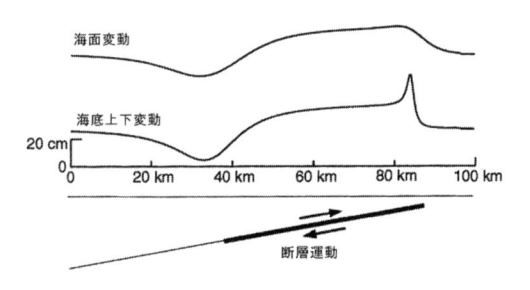

図 5.4 断層運動から海面上下変動を推定し，式 (5.2) を用いて海底上下変動から海面変動 (津波初期波源) を計算した結果の比較

変位 $H_B(x_0, y_0)$ から海面変動 $h(x,y)$ を直接計算する式 (5.2) を示した．

$$h(x,y) = \iint_s H_B(x_0, y_0) R dx_0 dy_0 \quad (5.2)$$

ここで

$$R = \left(\frac{1}{\pi}\right) \sum_{n=0}^{\infty} (-1)^n (2n+1)$$
$$\times \{(2n+1)^2 + (x-x_0)^2 + (y-y_0)^2\}^{-3/2}$$

式 (5.2) の変数はすべて水深 d で無次元化されている．つまり $x = x'/d, y = y'/d, h = h'/d, x_0 = x_0'/d, y_0 = y_0'/d$．ここでダッシュは次元付き変数を示す．

図 5.4 に断層モデルから計算された海底変位と式 (5.2) を用いて海面変動を計算した結果を比較する．海底変位に見られた断層最浅端上部の短波長の変位は海面変動には現れない．つまり長波近似が成り立たない短波長の海底変位が存在する場合は，海底変位から海面変動を計算する必要がある．この海面変動が津波の初期波源となる．

▶ **5.1.3 水平変動による津波励起**

ほとんどの場合，津波は海底の上下変位によってのみ励起される．ただ，震源域近傍の海底に急斜面が広い範囲にわたって存在する場合，その急斜面が地震により水平に移動することにより斜面上面の海水が上下に動くことで津波を発生させる場合がある (図 5.5)．Tanioka and Satake (1996) は地震時の水平変動による海底での津波の励起 (u_h) を式 (5.3) で表した．

$$u_h = u_x \frac{\partial H}{\partial x} + u_y \frac{\partial H}{\partial y} \quad (5.3)$$

ここで H は水深を，u_x と u_y は地震による x 方向と y 方向への水平変位を表す．ここで計算時に理解しやすいように，u_h は上方向が正，水深 H は下方向に正とする．この式は斜面の傾斜があまりにも急峻 (>1/3)

ア) 断層運動による変動

イ) 海底斜面の水平変動による上下変動

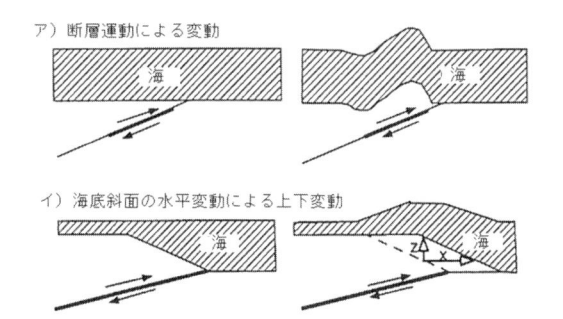

図 5.5 断層運動による海面上下変動 (ア) と海底の斜面が断層運動による水平変動で変位した場合に生じる海底上下変動 (イ)

右は地震前, 左は地震後の変動を示す (Tanioka and Satake, 1996).

になると成り立たなくなる．しかし海底でそのような場所が広範囲に存在することは非常に稀である．

よって，津波を励起する海底での上下変動は，断層運動による上下変位と，斜面の水平変動による津波の励起 (u_h) を加えたものになる．長波近似が成り立たない短波長の海底変位が存在する場合は，海底変位から海面変動を計算し，津波の初期波源とする必要がある．

▶ **5.1.4 地すべりなどによる津波の発生**

強震動により，海底や沿岸域で地すべりが発生すると，その地すべりが海面を上下させ，津波を発生させる場合がある．1998年パプアニューギニア地震により発生した津波や 1946 年アリューシャン地震によって発生した津波は地震による海底変位だけでなく，海底地すべりが原因だったといわれている．1958年リツヤ湾の津波 (最大 520 m) は沿岸急斜面で発生した巨大地すべりが湾内に流入したために発生した．

地すべりを運動様式により分類すると，剛体的地すべり，土石流，密度流 (乱泥流) の 3 段階がある．現在，海水と土石流を 2 層流として扱うモデルが提案されている段階であり，まだまだ発展途上の研究である．断層運動による津波と異なり，伝播方向へのエネルギーの指向性が高く，局所的に大きな津波波高を発生させることが知られている．

火山噴火に関連する津波の発生機構はさまざまで，分類すると，(ア) 海底噴火，(イ) 山体崩壊や火砕流，火山泥流などの海への流入，(ウ) カルデラの陥没，(エ) 衝撃波を含むベースサージ，(オ) 爆発による大気波がある．(イ) に関連した津波として 1741 年渡島大島火山津波や 1792 年島原眉山崩壊などがある．1883 年クラカトア火山大噴火による津波は (ウ) の大規模カルデラ陥没に海水が流入したためと考える説が有力だ．しかし火山噴火に伴う津波の発生はまだまだ未知の部分が多い．

隕石衝突による津波の発生頻度は非常に低いが，ほかの原因による津波規模をはるかに上回る可能性がある．6500 万年前の K/T 境界といわれる地層を形成したのが隕石衝突によるものだといわれ，巨大津波が発生したとの説がある．最近ではこのような津波の発生機構を解明する研究も実施されている．

[例題 5.1] 2011 年東北地方太平洋沖地震の大きなすべりは海溝まで達したといわれている．海溝近傍の津波の初期波形 (海面変動) はどのように計算するのが適切か？
[解答] 地震の断層運動による上下変動を計算し，さらに海溝近傍の海底地形と地震の断層運動による水平変動から斜面の水平変動による津波励起 (5.3) を計算し，それらを足し合わせたものを海底上下変動とし，式 (5.2) により津波の初期波形 (海面変動) を計算する．

5.2 津波の伝播

津波の伝播を示す理論方程式には，線形長波理論，線形分散波理論，非線形長波理論，非線形分散波理論などがあり，それぞれ沿岸や外洋など津波が伝播する場所によって違う理論方程式を使い分ける．いずれも，波長が水深に比べて大きいという近似 (長波近似) に基づく理論である．津波は水深数 km の海底での数十 km から数百 km の空間的広がりをもつ海底変位により発生するため，長波近似を用いた上記理論で記述できる．この節ではそれらの特徴を詳しく記述する．

▶ 5.2.1 線形長波理論

線形長波理論式の流体の挙動は，質量保存則 (連続の式) と運動量保存則 (オイラー (Euler) の運動の式) を基礎方程式に非圧縮・非回転の流体を仮定し，さらに長波近似 (波長 $\lambda \ll$ 水深 d)，線形近似 (波高 $h \ll$ 水深 d) を仮定することで導かれる．

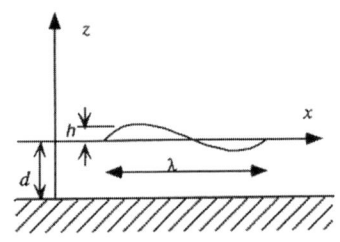

図 5.6 鉛直 2 次元の座標系
z 方向は静水面を 0 とする．

鉛直 2 次元 (x–z 平面) の場合 (図 5.6) の運動の式は式 (5.3) で表される．図 5.6 で示すように z 軸は上方向が正，h は海面での波高分布 (波形) を表す．

$$\frac{\partial \boldsymbol{V}}{\partial t} + \boldsymbol{V} \cdot \nabla \boldsymbol{V} = -g - \frac{1}{\rho}\nabla p \quad (5.4)$$

ここで $\boldsymbol{V}$ は流速ベクトル (x 方向の成分を u，z 方向の成分を w とする)，g は重力加速度，ρ は水の密度，p は圧力を示す．上記の式を x 方向 (5.5) と z 方向 (5.6) に分ける．

$$\frac{\partial u}{\partial t} + u\frac{\partial u}{\partial x} + w\frac{\partial u}{\partial z} = -\frac{1}{\rho}\frac{\partial p}{\partial x} \quad (5.5)$$

$$\frac{\partial w}{\partial t} + u\frac{\partial w}{\partial x} + w\frac{\partial w}{\partial z} = -g - \frac{1}{\rho}\frac{\partial p}{\partial z} \quad (5.6)$$

非圧縮性流体の連続の式はラプラスの式で

$$\nabla \boldsymbol{V} = 0 \quad (5.7)$$

となる．つまり

$$\frac{\partial u}{\partial x} + \frac{\partial w}{\partial z} = 0 \quad (5.8)$$

と書ける．

非回転の流体は $\nabla \times \boldsymbol{V} = 0$ であり，

$$\frac{\partial u}{\partial z} = \frac{\partial w}{\partial x} \quad (5.9)$$

と書ける．

境界条件としては下記の 3 つを考える．ただし，h は静水面からの水位を示す (図 5.6)．

(1) 水面 ($z = h$) で圧力は大気圧 (p_0) に等しい．
$$p = p_0, \quad z = h \quad (5.10)$$

(2) 水面 ($z = h$) の水粒子は水面上にとどまる．
$$w = \frac{\partial h}{\partial t} + \frac{\partial h}{\partial x}, \quad z = h$$
または，
$$w = \frac{\partial h}{\partial t}, \quad z = 0 \quad (5.11)$$

(3) 海底 ($z = -d$) では海底の水粒子は常に海底にとどまる．
$$w = -u\frac{\partial d}{\partial x} \approx 0, \quad z = -d \quad (5.12)$$

ここで，水粒子の運動が，重力加速度に比べて鉛直加速度が無視できるほど小さく (長波)，水深に比べ波の振幅が小さい (線形または弱非線形) と仮定すると，未知数の積で表現される項 (非線形項) は無視することができる．そこで運動の式 (5.5) と式 (5.6) は

$$\frac{\partial u}{\partial t} = -\frac{1}{\rho}\frac{\partial p}{\partial x} \quad (5.13)$$

$$\frac{\partial w}{\partial t} = -g - \frac{1}{\rho}\frac{\partial p}{\partial z} \quad (5.14)$$

となる．

また，線形 (微小振幅) の仮定から鉛直方向の流速 w を無視し，式 (5.14) は

$$\frac{\partial p}{\partial z} = -\rho g \quad (5.15)$$

となる．式 (5.13) を z 方向に積分し $p = -\rho g z + C$ となる．境界条件式 (5.10) から定数 $C = p_0 + \rho g h$ となり，

$$p = \rho g(h - z) + p_0 \quad (5.16)$$

を得る．さらに，式 (5.16) を式 (5.13) に代入すると

$$\frac{\partial u}{\partial t} = -g\frac{\partial h}{\partial x} \quad (5.17)$$

を得る．

次に連続の式 (5.8) に境界条件式 (5.11) と式 (5.12) を考慮すると，式 (5.18) が得られる．

$$\frac{\partial h}{\partial t} = -\frac{\partial (du)}{\partial x} \quad (5.18)$$

ここで式 (5.16) と式 (5.17) の 2 式が線形長波理論となる．水平床を仮定し $d = d_0$ とし，2 つの式から u を削除して 1 つの式とすると下記の 2 階の波動方程式となる．その位相速度 (波速) は $\sqrt{gd_0}$ となる．

$$\frac{\partial^2 h}{\partial t^2} = gd_0 \frac{\partial^2 h}{\partial x^2} \quad (5.19)$$

最後に 3 次元に拡張した線形長波理論式を下記に示す．ここで，数値計算で扱いやすいように，流速の代

わりに深さ方向に積分した線流量を用いる．これらの式が津波の伝播を数値計算する上でもっとも基本となる基礎方程式となる．

$$\frac{\partial Q_x}{\partial t} = -gd\frac{\partial h}{\partial x} \quad x\text{方向の運動の式} \quad (5.20)$$

$$\frac{\partial Q_y}{\partial t} = -gd\frac{\partial h}{\partial y} \quad y\text{方向の運動の式} \quad (5.21)$$

$$\frac{\partial h}{\partial t} = -\frac{\partial Q_x}{\partial x} - \frac{\partial Q_y}{\partial y} \quad \text{連続の式} \quad (5.22)$$

ここで Q_x, Q_y は x 方向，y 方向の線流量である．

▶ **5.2.2 津波の挙動の特徴**

さらに詳しく津波の挙動の特徴を見るために，連続の式 (5.8) に戻って考える．まず，x 方向に伝播する波の鉛直方向の流速を式 (5.23) とする．

$$w(x,z,t) = W(z)\sin(kx - \omega t) \quad (5.23)$$

ここで k は波数．これを式 (5.8) に代入し，

$$\frac{\partial u}{\partial x} = -\frac{\partial W}{\partial z}\sin(kx - wt) \quad (5.24)$$

となる．この式を積分し u を求める．積分定数は 0 とする．

$$u = \frac{1}{k}\frac{\partial W}{\partial z}\cos(kx - \omega t) \quad (5.25)$$

式 (5.23) と式 (5.25) を式 (5.9) に代入し

$$\frac{\partial^2 W}{\partial z^2} - k^2 W = 0 \quad (5.26)$$

となる．式 (5.26) の解析解は A と B を定数として式 (5.27) として記述できる．

$$W = Ae^{kz} + Be^{-kz} \quad (5.27)$$

境界条件式 (5.12) 定数 D を使って他の定数を再定義する．

$$Ae^{-kd} = Be^{kd} = \frac{D}{2}$$

$$A = \frac{D}{2}e^{kd}, \quad B = -\frac{D}{2}e^{-kd}$$

定数 D を使うと式 (5.27) は

$$W = D\left(\frac{e^{k(z+d)} - e^{-k(z+d)}}{2}\right) = D\sinh(k(z+d))$$

となり，式 (5.23) は

$$w = D\sinh(k(z+d))\sin(kx - \omega t) \quad (5.28)$$

ここで境界条件式 (5.11) を使って水面での波高 a から定数 D を決めるために，水面での波形 h を

$$h = a\cos(kx - wt) \quad (5.29)$$

とする．境界条件式 (5.11) から $z=0$ での w は $w = a\omega\sin(kx - \omega t)$ となる．この式を式 (5.28) と比較することで D は

$$D = \frac{a\omega}{\sinh kd}$$

となる．

最終的に鉛直流速 w は

$$w = a\omega\frac{\sinh(k(z+d))}{\sinh kd}\sin(kx - \omega t) \quad (5.30)$$

水平流速 u は式 (5.25) より

$$u = a\omega\frac{\cosh(k(z+d))}{\sinh kd}\cos(kx - \omega t) \quad (5.31)$$

となる．

圧力 p については弱非線形の運動の式 (5.14) に式 (5.17) を代入し，式を変形し積分することで式 (5.32) を得る．

$$p = -\rho gz + \frac{\rho a\omega^2}{\sinh kd}\cosh(k(z+d))\cos(kx - \omega t) + C(x,t) \quad (5.32)$$

この式 (5.29) と式 (5.28) を式 (5.13) に代入し，$\frac{\partial C}{\partial x} = 0$ を得る．C は時間のみの関数となる．ここで式 (5.32) に境界条件式 (5.10) と式 (5.29) を考慮して

$$p_0 - C = \rho ga\left[\frac{\omega^2}{gk}\frac{\cosh(k(z+d))}{\sinh kd} - 1\right]\cos(kx - \omega t)$$

を得る．ここで左辺は x の関数でないため，

$$C = p_0, \quad \omega^2 = gk\tanh kd$$

となる．

また，位相速度 c は式 (5.33) として表される．

$$c = \frac{\omega}{k} = \sqrt{\frac{g}{k}\tanh kd} = \sqrt{\frac{g\lambda}{2\pi}\tanh\frac{2\pi d}{\lambda}} \quad (5.33)$$

最終的に圧力 p は

$$p = p_0 - \rho gz + \rho ga\frac{\cosh(k(z+d))}{\cosh kd}\cos(kx - \omega t) \quad (5.34)$$

ここで第 3 項は波による圧力変化 p_w で

$$p_w = \rho gh\frac{\cosh(k(z+d))}{\cosh kd}$$

と表される．

ここまでまとめると，鉛直流速 w は式 (5.30)，水平流速 u は式 (5.31) で，圧力は式 (5.34) で，位相速度は式 (5.33) で表される．

ここからは，上記の式に長波近似 ($\lambda \gg d$) を実施し線形長波理論の流体の挙動を記述する．

下記の関数の長波近似は $\tanh\frac{2\pi d}{\lambda} \approx \frac{2\pi d}{\lambda}$，$\sinh\frac{2\pi d}{\lambda} \approx \frac{2\pi d}{\lambda}$，$\cosh k(z+d) \approx 1$ となり，これらを上記の式に適応すると下記が得られる．

$$c = \sqrt{gd} \quad (5.35)$$

$$p = p_0 - \rho gz + \rho gh \quad (5.36)$$

$$w = a\omega\left(1 + \frac{z}{d}\right)\sin(kx - \omega t) \quad (5.37)$$

$$u = \frac{a\omega}{kd}\cos(kx - \omega t) = \frac{h\omega}{kd} \quad (5.38)$$

ここで鉛直方向流速の水平方向流速に対する振幅比をとると下記になる．

$$\frac{|w|}{|u|} = kd = \frac{2\pi d}{\lambda} \quad (5.39)$$

長波近似 ($\lambda \gg d$) であるので上記の比は非常に小さ

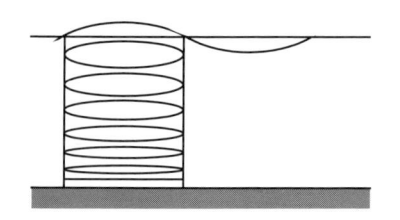

図 5.7 線形長波理論が成り立つときの水粒子の動きの模式図 実際は式 (5.39) に示すように，鉛直方向の動きは水平方向に比べて非常に小さい．

く，運動はほとんど水平運動であることを示す．さらに式 (5.38) から水平方向の流速 u は z の関数ではないため，鉛直方向に変化しないことがわかる．また式 (5.37) より鉛直方向の流速の振幅は $z = -d$ (海底) で 0，そこから $z = 0$ (静水面) まで線形に増加することもわかる．これらは線形長波理論式で表せる津波の特徴である (図 5.7)．

▶ 5.2.3 遠洋の津波 (線形分散波理論)

津波は基本的には長波 ($\lambda \gg d$) であるが，遠洋を長時間伝播する場合や，断層幅が異常に小さく通常より短波長の津波を発生させた場合には，位相速度が水深のみの関数 (5.33) ではなくなり，水深と波数の関数となり，線形分散波理論を用いることとなる．

まず，長波近似を行う前の位相速度 c は式 (5.33) で表される．長波近似では $\tanh\frac{2\pi d}{\lambda} \approx \frac{2\pi d}{\lambda}$ として扱ったが，ここでは $\tanh$ のテーラー展開第 2 項までを扱うこととする．その場合位相速度 c は式 (5.40) となる．

$$c = \sqrt{\frac{g}{k}\left(kd - \frac{(kd)^3}{3}\right)} = \sqrt{gd}\sqrt{\left(1 - \frac{1}{3}(kd)^2\right)}$$
$$\approx \sqrt{gd}\left\{1 - \frac{1}{6}(kd)^2\right\} \quad (5.40)$$

先にも述べたように位相速度は若干波数 k によるようになる．つまり，波数が大きいほど (波長が短いほど) 位相速度が若干遅くなり，位相がずれて波の分散が発生する．

これに対応する鉛直 2 次元の運動の式は

$$\frac{\partial u}{\partial t} = -g\frac{\partial h}{\partial x} + \frac{1}{3}d^2\frac{\partial^3 u}{\partial x^2 \partial t} \quad (5.41)$$

となり，分散項を含むこの運動の式は線形ブシネスク (Boussinesq) 式 (線形分散波理論式) と呼ばれる．連続の式は線形長波理論式の場合と同じく式 (5.18) で

$$\frac{\partial h}{\partial t} = -\frac{\partial (du)}{\partial x}$$

となる．

さらに，遠地津波のように長距離を伝播する長波長の津波の挙動には線形分散波理論式にコリオリ力 (Coriolis force) の影響を考慮する必要がある．コリオリ係数 f は下記の式 (5.42) で表される．

$$f = 2\omega\cos\theta \quad (5.42)$$

ここで ω は地球の自転の角速度で 7.29×10^{-5} rad/s の定数，θ は余緯度を表す．つまり，コリオリ係数は高緯度で大きく，北半球で正，南半球で負の値をとる．コリオリ力は津波の運動の式の中でコリオリ係数と流速との積で与えられる．このことから，コリオリ力は津波伝播において流速の方向に対して，北半球では右に南半球では左に押しやる効果がある．

最後に 3 次元に拡張し，コリオリ力を加え，球面座標に変換した線形分散波理論式を下記に示す．分散項は長時間津波が伝播する遠地津波に対して使用される基礎方程式であるため，球面座標 (ϕ は経度方向，θ は余緯度方向) に変換する必要がある．さらに 5.2.1 項と同様に流速の代わりに深さ方向に積分した線流量を用いる．

運動の式

$$\frac{\partial Q_\phi}{\partial t} = -\frac{gd}{R\sin\theta}\frac{\partial h}{\partial \phi} - fQ_\theta$$
$$+ \frac{1}{3R\sin\theta}\frac{\partial}{\partial \phi}\left[d^2\frac{1}{R\sin\theta}\left\{\frac{\partial^2 Q_\phi}{\partial t \partial \phi} + \frac{\partial^2}{\partial t \partial \theta}(Q_\theta\sin\theta)\right\}\right]$$
$$\frac{\partial Q_\theta}{\partial t} = -\frac{gd}{R}\frac{\partial h}{\partial \theta} + fQ_\phi$$
$$+ \frac{1}{3R}\frac{\partial}{\partial \theta}\left[d^2\frac{1}{R\sin\theta}\left\{\frac{\partial^2 Q_\phi}{\partial t \partial \phi} + \frac{\partial^2}{\partial t \partial \theta}(Q_\theta\sin\theta)\right\}\right]$$
$$(5.43)$$

連続の式

$$\frac{\partial h}{\partial t} = -\frac{1}{R\sin\theta}\left[\frac{\partial Q_\phi}{\partial \phi} + \frac{\partial}{\partial \theta}(Q_\theta\sin\theta)\right] \quad (5.44)$$

ここで R は地球の半径，f はコリオリ係数 (5.42)，Q_ϕ, Q_θ は ϕ 方向，θ 方向の線流量を表す．これらの式は外洋を伝播する遠地津波を計算する場合によく用いられる．

▶ 5.2.4 沿岸の津波 (浅水理論)

津波が沿岸に近づくと線形 (微小振幅) の仮定が成り立たなくなる．さらに海底との摩擦も無視できなくなる．一般には水深が 50 m 以浅になると浅水理論式と呼ばれる海底摩擦を考慮した非線形長波理論式を用いることとなる．

非線形長波理論の運動の式は線形長波の式 (5.17) に移流項が加わり

$$\frac{\partial u}{\partial t} + u\frac{\partial u}{\partial x} = -g\frac{\partial h}{\partial x} \quad (5.45)$$

となる．

連続の式は線形長波の式 (5.18) 内の d が $d + h$ となり，

$$\frac{\partial h}{\partial t} = -g\frac{\partial[(d+h)u]}{\partial x} \quad (5.46)$$

と書ける．ここで，非線形の効果を理解するために，水

深に波高が加わる効果だけを考えることとする．その位相速度 c は
$$c = \sqrt{g(d+h)}$$
となる．この結果，波高が高いほど波速 (位相速度) は速くなり，波高が低いほど波速が遅くなり，波の前面が徐々に急勾配になる．これを波の前傾化と呼び，津波が沿岸に近づくときの 1 つの重要な特徴となる．

さらに，式 (5.43) に海底摩擦を運動の式に加えると
$$\frac{\partial u}{\partial t} + u\frac{\partial u}{\partial x} = -g\frac{\partial h}{\partial x} - \frac{\tau_x}{\rho(d+h)} \quad (5.47)$$
となる．ここで τ_x が海底摩擦力となる．

ここで 3 次元に拡張した浅水理論式を示す．ここでも 5.2.1 項と同様に流速 (u,v) の代わりに深さ方向に積分した線流量 (Q_x, Q_x) を用いる．また波高を考慮した全水深 D $(D = d + h)$ を用いる．

運動の式
$$\frac{\partial Q_x}{\partial t} + \frac{Q_x}{D}\frac{\partial Q_x}{\partial x} + \frac{Q_y}{D}\frac{\partial Q_x}{\partial y} = -gD\frac{\partial h}{\partial x} + \frac{\tau_x}{\rho} \quad (5.48)$$
$$\frac{\partial Q_y}{\partial t} + \frac{Q_x}{D}\frac{\partial Q_y}{\partial x} + \frac{Q_y}{D}\frac{\partial Q_y}{\partial y} = -gD\frac{\partial h}{\partial y} + \frac{\tau_y}{\rho} \quad (5.49)$$
連続の式
$$\frac{\partial h}{\partial t} = -\frac{\partial Q_x}{\partial x} - \frac{\partial Q_y}{\partial y} \quad (5.50)$$
ここで τ_x, τ_y は x 方向，y 方向の海底摩擦力を示す．

海底摩擦項について議論する必要がある．田中ほか (1998) は波動境界層の摩擦に関して，周期が長く水深が浅い沿岸の津波の場合，海底摩擦係数は水深によって決まるとし，定常流に類似した性質を示すことを明らかにした．そのため，津波数値計算における海底摩擦項の表現としては，マンニング (Manning) 則をもとにした下記を用いるのが一般的である．
$$\frac{\tau_x}{\rho} = \frac{gn^2}{D^{7/3}} Q_x\sqrt{Q_x^2 + Q_y^2} \quad (5.51)$$
$$\frac{\tau_y}{\rho} = \frac{gn^2}{D^{7/3}} Q_y\sqrt{Q_x^2 + Q_y^2} \quad (5.52)$$
ここで n は粗度係数 (マンニング係数) で海域では 0.025 程度の値を用いることが多い．定質の等価粒径粗度 ks から粗度係数を決める式 (5.53) も提案されている (正村ほか，2000)．
$$n = \frac{0.15 ks^{1/6}}{\sqrt{g}} \quad (5.53)$$
この式で $ks = 2$ cm の場合，$n = 0.025$ となる．

陸域での粗度係数の与え方は，市街地の構造物による抵抗を適当な粗度係数で評価することとなる．または各構造物の占有率に応じた等価粗度係数で評価することもある．小谷ほか (1998) は土地利用ごとに数段階に粗度係数を与える方法を提案した．彼らがまとめた粗度係数の比較を表 5.1 に示す．

最後に，沿岸や遡上する津波を計算する場合は，適

表 5.1 マンニング粗度係数 (小谷ほか，1998)

土地利用区分	設定粗度係数 (n)
高密度居住区	0.080
中密度居住区	0.060
低密度居住区	0.040
森林域 (果樹園・防潮林を含む)	0.030
田畑域 (荒れ地を含む)	0.020
海域・河川域	0.025

切な粗度係数 n を式 (5.51) と式 (5.52) に代入し，それらを式 (5.48) および式 (5.49) に代入した浅水理論の運動の式と連続の式 (5.50) を基礎方程式として用いる．

▶ 5.2.5 砕波・波状段波・砕波段波

津波が沿岸の水深の非常に浅い地域に入ると，前項で示したように，非線形効果によって背後の津波の高い水位が波の前端に追いつくため，波形が前傾化する．その結果，砕波条件を満たすまで発達すると普通の波と同じように砕波する．一般的に，砕波条件は相対波高 (波高/水深) として表す．緩い勾配の海域では相対波高 0.83 程度が砕波条件となり，海底勾配が大きくなるにつれてその値も大きくなり，1.0 を超えるようになる．

砕波条件は流速波速比 (流速/波速 = フルード数) が用いられる場合もある．水平床や緩い勾配の沿岸を対象に，流速と波速 (伝播速度) を非線形浅水理論から計算し，相対波高として 0.83 を用いた場合，フルード数 0.34 が砕波条件となる．しかし，流速波速比で表現する砕波条件は適用する理論式によってさまざま (0.3〜1.5) だ．

さらに，非線形効果によって波形が前傾化すると，津波の場合普通の波に比べて波長が非常に長いため，波頭の前後で水位差を発生させる段波となる (図 5.8)．特に河川のように水深の浅い状態が長距離にわたって継続するような場合は段波を形成しやすい．段波には図 5.7 に示すように波状段波と砕波段波の 2 種類がある．松冨 (1989) は段波の波高と水深の比が 0.61〜0.64 以下の場合は波状段波となり，それ以上になると砕波段波になることを示した．

波状段波は波頭が複数の波に分裂 (ソリトン分裂) している段波で，波頭部で砕波せず，分裂した複数の波は比較的安定した状態を保ちながら伝播する．波状段

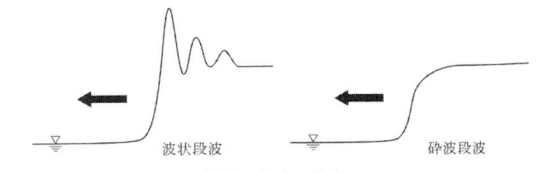

図 5.8 2 種類の段波 (首藤ほか，2007)

波の形成には，5.2.4項の非線形効果と5.2.3で記述した分散効果が重要な役割を果たす．非線形効果により津波波形の前傾化が起こると波頭で短周期成分が生成され，分散効果が徐々に大きくなる．この2つの効果の相互作用により，波頭付近で複数の短周期の波に分裂する．この波状段波を表現するには非線形分散波理論による基礎方程式を用いる必要がある．波状段波のような短周期の波が発生すると漁船など小型船舶を転覆させる可能性が高くなり，津波の危険性が増すと考えられている．

砕波段波は分散効果に比べて非常に非線形効果が強く作用し，波頭が切り立った壁のようになり，砕波している段波である．砕波部分では大きなエネルギーが失われているが，砕波は波頭部分のみで発生しているため，津波全体から見ればエネルギー損失は非常に小さく，砕波が発生しても通常の波のように水位は減衰せず，水位は高い状態が維持される．砕波段波は非線形長波理論による基礎方程式により表現することができる．

[例題 5.2] 2011年東北地方太平洋沖巨大地震による津波は太平洋の真ん中の海底圧力計で観測された．その観測津波波形の再現を試みるにはどの基礎方程式を用いるのが適切か？
[解答] 線形分散波理論式 (式 (5.43) と式 (5.44))．
[例題 5.3] 2011年東北地方太平洋沖巨大地震による津波は仙台平野を5km以上も遡上した．津波浸水域を再現するにはどの基礎方程式を用いるのが適切か？
[解答] 海底摩擦を考慮した非線形長波理論 (式 (5.48) と式 (5.50))．

5.3 津波の観測

津波を観測するシステムは最近20年で大きく進歩した．従来，津波は潮位を観測するために設置された検潮儀で観測されてきたが，最近では深海に設置された水圧計やGPS津波計など，津波を観測することを目的とした津波観測設備が整ってきている．これら多くの観測データは，津波の有無の確認から，津波の監視，津波の早期検知，津波発生メカニズムの解明等に広く用いられている．ここでは，多くの津波観測設備の特徴をまとめる．

▶ 5.3.1 フロート式検潮所

フロート式の検潮所は，潮汐を観測するために多くの港湾施設に設置されている．フロート式検潮儀を用いた検潮所の模式図を示す (図 5.9)．導水管を通じて海水が検潮井戸に入る構造で，井戸の海水面の上下変

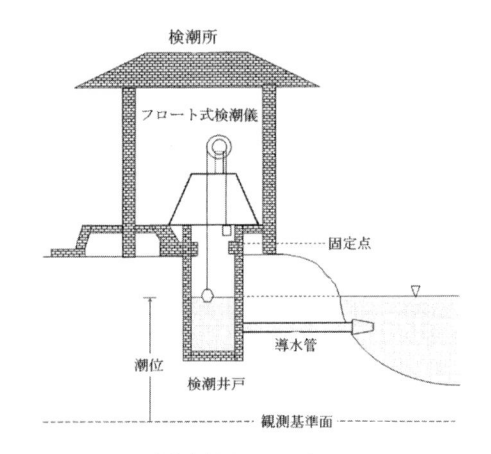

図 5.9 フロート式検潮儀を用いた検潮所の模式図 (首藤ほか，2007)

動がフロートを介して計測器に伝えられ，それを記録するシステムである．導水管の存在により，波浪による短周期の波の変動は除かれ，津波や潮汐のような長周期の波だけが記録される仕組みになっている．この計測手法は比較的簡便で，建屋で長期間安定した観測データをとることができることが特徴である．

現在では海上保安庁，気象庁，国土地理院等の行政機関はリアルタイムでWebにデータを公開している (http://www1.kaiho.mlit.go.jp/KANKYO/TIDE/real_time_tide/sel/1204.htm (海上保安庁のホームページ)，http://www.jma.go.jp/jp/choi/ (気象庁のホームページ)，http://tide.gsi.go.jp/furnish.html (国土地理院) など)．

しかし，検潮所の主な目的は潮汐を正確に記録することであり，それより短周期の津波波形を正確に記録しない場合が稀にある．例えば導水管への生物などの付着や砂などの堆積により，検潮記録の応答特性が長周期側に変化した場合には，短周期の津波波形を忠実に記録できないときがある．その場合には検潮井戸の応答特性を調査し，応答特性の補正を行う必要が生じる．

Namegaya et al. (2009) は式 (5.54) の線形応答特性係数 G と非線形応答特性係数 W を井戸の特性調査結果を用いて決定すれば，井戸内の水位 $h(t)$ から井戸の外の水位 $H(t)$ を計算することができるとした．

$$H(t)=h(t)+G\frac{dh(t)}{dt}+\frac{1}{2gW^2}\left[\frac{d(h(t)}{dt}\right]^2\mathrm{sgn}\left(\frac{dh(t)}{dt}\right) \quad (5.54)$$

実際，日本海側の検潮所では冬季の大きな波浪に備えて，導水管に詰め物をするなどして応答特性を意図的に長周期側に設定している場合もある．

▶ **5.3.2 空中発射による超音波式波高計と電波式波高計**

空中発射による超音波式波高計 (図 5.10) は，上部センサーから発射された超音波が海面で反射し，上部センサー受信部に戻ってくるまでの時間を計測することで，上部センサーから海面までの距離を計算する．超音波の代わりに電波を使う波高計が空中発射による電波式波高計で，気象庁が多く設置している．サンプル間隔は短く，周期 1～2 秒の風波から数時間の潮汐まで観測することができる．導水管の付いた検潮所とことなり，直接津波波形を観測することができる．欠点としては，浮遊物など障害物がセンサーと海面との間に入ると正確な計測ができないことが上げられる．この観測による気象庁のデータはフロート式検潮所のデータと一緒に上記気象庁のホームページに公開されている．

図 5.10 えりも町に設置された空中発射による超音波式波高計

▶ **5.3.3 海底設置の超音波式波高計・海象計**

港湾空港技術研究所は全国の港湾での波浪観測のために超音波式波高計，超音波式流速計，または海象計 (超音波のドップラー効果を利用して任意の水深の水粒子の運動を 3 次元的に測定することを可能にした計測器) を港湾近傍の沖合数 km 以内の海底に設置している．当然，波浪だけでなく津波観測データとしても有用である．少しでも沖合で津波を観測するシステムは津波監視の上でも重要である．

精度よく観測できるのは水深数 10 m 以浅で，観測データは海底ケーブルにより陸上までリアルタイムで伝送されている．観測データはナウファス (NOWPHAS: Nationwide Ocean Wave Information Network for Ports and Harbors, 全国港湾海洋波浪観測網) のホームページの中でリアルタイムに公開されている (http://www.mlit.go.jp/kowan/nowphas/index.html).

▶ **5.3.4 GPS 津波計**

GPS 津波計は GPS アンテナと搭載した係留ブイの位置の変化を測位することで津波を観測する．測位には RTK–GPS (real time kinematic GPS) の手法を用いており，陸上局を基準とするため，海岸から十数 km までの範囲で精度よい観測が可能となっている (加藤ほか，2005)．GPS 単独測位手法による研究開発も現在進行中で，将来はさらに沖合まで精度よく観測できる可能性は高い．GPS 津波計の設置は港湾空港技術研究所が実施しており，観測データは超音波式波高計・海象計のデータと同様にナウファスのホームページにてリアルタイムで公開されている．

▶ **5.3.5 海底ケーブル式水圧計**

わが国では気象庁が世界に先駆けて海底ケーブル式水圧計による津波観測を実施してきた．水深が 1000 m 以上の深海底に設置された水圧計で津波を観測し，津波の早期検知に役立てることが目的である．これら水圧計の精度は高く数 mm 程度の津波も観測することができる (Hino et al., 2001)．海底ケーブル式の場合，リアルタイムで観測データの伝送と電力供給ができるため，一度，設置すると維持が比較的容易である．1978 年に気象庁により東海沖に設置された海底ケーブル式津波計は現在も観測継続している．欠点は，近海でのケーブルの埋設が必要であるなど，製作・設置が他の観測装置に比べ高価になってしまうことにある．最近では設置費用も抑える工夫がされてきている．日本ではすでに，気象庁が房総沖，東海沖，東南海沖に，防災科学技術研究所が相模湾に，東京大学地震研究所が釜石沖に，海洋技術開発機構が釧路沖，室戸沖，紀伊半島沖 (地震津波観測監視システム (DONET) として約 20 点の水圧計網を設置) にと，多くの海底ケーブル式水圧計を設置している．さらに，2011 年東北地方太平洋沖巨大地震による津波大災害を受け，さらなる津波早期検知の重要性が高まる中で，北海道・東北地方・房総沖にかけた日本海溝沿いに 150 を超える海底水圧計の設置が整備されつつある．四国沖にも次の南海トラフ巨大地震に備えて海底水圧計による観測網 (DONET2) の設置が整備されつつある．将来，これらの観測網によって沖合の津波波形がリアルタイムでモニターされ，沿岸の津波の挙動が予測されると期待される．

▶ **5.3.6 ブイ式海底水圧計 (DART システム)**

ブイ式海底水圧計は米国海洋大気庁 (NOAA) が最

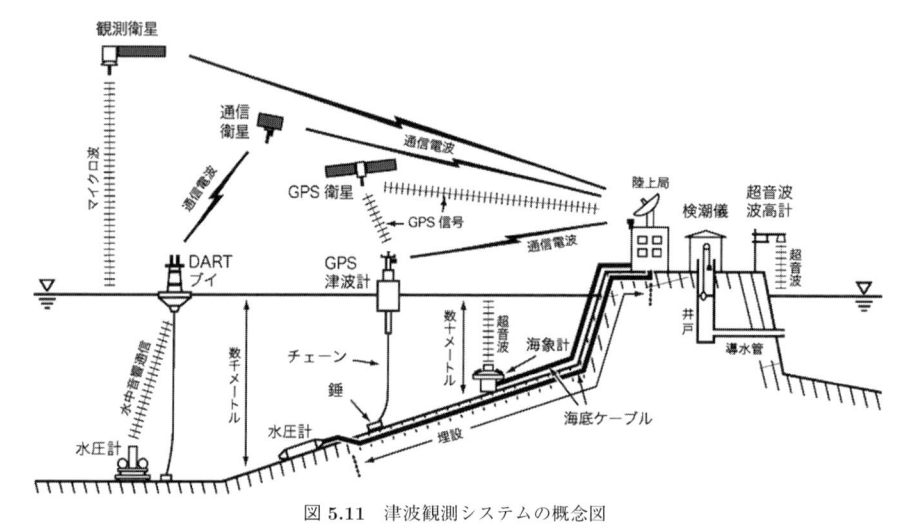

図 5.11 津波観測システムの概念図
水深の浅い方から，検潮所，超音波波高計，海象計，GPS 津波計，海底ケーブル式水圧計，DART システム，人口衛星となる（首藤ほか，2007）．

初に開発し，DART (Deep-ocean Assessment and Reporting of Tsunamis) システムとして太平洋全域に設置されている．このシステムは，深海底に設置された自己浮上式の水圧計で観測されたデータを，水中音響通信により直上に係留されたブイに送り，さらに衛星通信を経由して陸上にリアルタイムで伝送するシステムである (Bernard et al., 2005)．深海底に設置された水圧計はバッテリーによって駆動しているため，2 年に 1 回程度，水圧計を浮上させ船上に回収し，バッテリー交換を実施し，同時に機器をチェックする必要がある．また電力消費をできる限り少なくする工夫もなされ，津波検出モードでは 15 秒間隔のデータが伝送されるが，通常モードでは 15 分間隔のデータしか伝送されない仕組みになっている．すべての観測点のデータはリアルタイムで NOAA のホームページに公開されている (http://www.ndbc.noaa.gov/dart.shtml)．

この機器の開発によって，津波の早期検知が飛躍的に進み，太平洋を伝播するような遠地津波の津波予測の精度が大きく向上した．さらに観測された津波波形を用い，津波の発生から伝播まで津波の挙動を理解する研究が大きく進展した．

ブイ式水圧計は海底ケーブル式水圧計に比べると 2 年に一度程度のバッテリー交換に手間がかかるが，製作・設置のコストは比較的安価である．さらに，このシステムは陸上から遠く離れた深海底にも設置できるメリットもある．最近では，新しく DART2 システムが開発された．DART2 では水圧計を使い捨てとし回収しないことでシステムの簡素化を実現している．

▶ 5.3.7 人工衛星の海面高度計による津波観測

人口衛星に搭載されたマイクロ波海面高度計を利用すると，外洋を伝播する津波を計測することができる場合がある．2004 年スマトラ島沖巨大地震により発生した津波はインド洋を伝播し，インド洋上を周回していたいくつかの衛星の海面高度計で観測された (Hirata et al., 2006)．人工衛星の周回速度は 7 km/s 程度であり，津波の伝播速度に比べて非常に速いため，衛星軌道下の津波の高さ分布が測定できることとなる．しかし，観測精度は十 cm 程度で，海底に設置された水圧計などに比べると観測精度が大きく劣る．外洋でも波高が数十 cm 以上になる M9 クラスの巨大地震による津波でないと信頼できる波形データとして観測することは難しい．

▶ 5.3.8 津波観測機器のまとめ

上記のように，現在では陸上から外洋までさまざまな観測機器によって津波は観測されている (図 5.11)．海岸に設置されたフロート式検潮所や空中発射による超音波式波高計などで観測された津波波形は津波の有無の確認には重要である．水深数十 m の浅海部に設置された超音波式波高計・海象計は津波の監視に重要である．さらに沖合十数 km に設置された GPS 津波計は津波の早期検知に非常に重要になる．さらに沖合に設置された海底ケーブル式津波計や外洋に設置されたブイ式津波計は津波のリアルタイム予測に大きく役立つと期待されている．

また，これらさまざまな海域で観測された津波波形を利用することで詳細な津波の発生過程の研究が進むことが期待される．実際，2011 年東北地方太平洋沖地震で発生した津波はさまざまな機器で波形が観測され (図 5.12)，詳細な津波発生過程が明らかになってきた (例えば Gusman et al., 2012)．

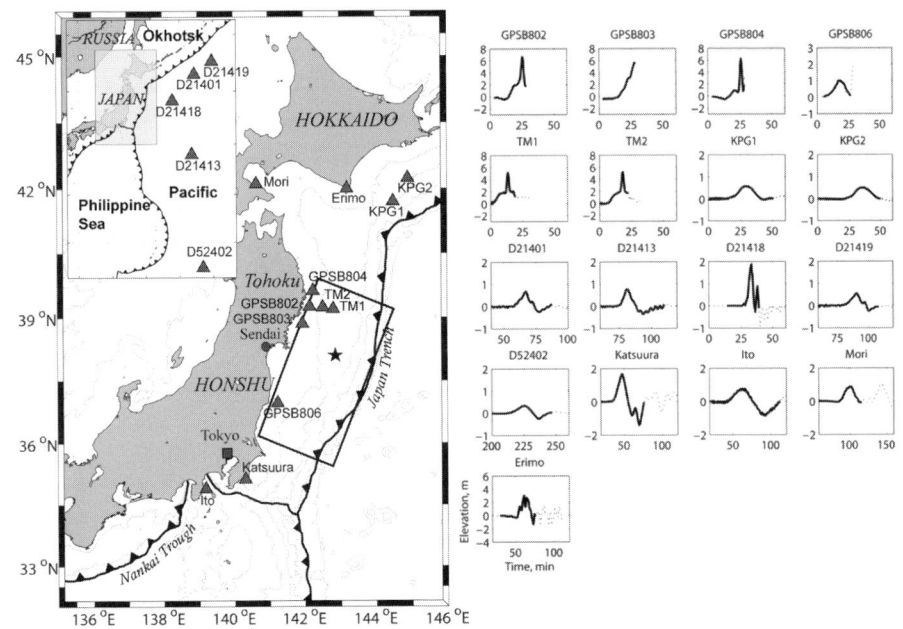

図 5.12 2011 年東北地方太平洋沖地震で発生した津波の観測結果
GPS 津波計 (GPSB02, GPSB03, GPSB04, GPSB06)，海底ケーブル式水圧計 (TM1, TM2, KPG1, KPG2)，DART システム (D21401, D21402, D21413, D21418, D21419) および検潮所で観測された．

[例題 5.4] 海底ケーブル式水圧計とブイ式海底水圧計の利点と欠点を述べよ．
[解答]
- 海底ケーブル式水圧計
  利点：維持が容易．設置位置の継続性が保たれる．
  欠点：設置費用が高価．
- ブイ式海底水圧計
  利点：設置費用が比較的安価．どこにでも設置可能．
  欠点：維持経費がかさむ．交換が必要で継続性が保たれない．

5.4 津波の数値計算

実際に観測された津波の挙動を理解するためには，津波の伝播の理論方程式を用いてに観測された津波を再現することが必要となる．そのとき，5.2 節で記述した理論方程式 (運動の式と連続の式) を数値計算手法を用いて解くこととなる．津波の数値計算手法には現在，差分法や有限要素法などさまざまな手法が存在するが，ここではもっとも一般的な差分法を用いた津波数値計算手法について記述する．

▶ 5.4.1 差分法の基礎

5.2 節で記述した線形長波理論式 (5.20, 5.21) と連続の式 (5.22) を平面または球面座標上に離散化した格子上で解くこととなる．

ここで，連続量である関数 $F(x)$ を，間隔 Δx で離散化することを考える．$F(x)$ のテーラー展開は下記となる．

$$F(x + \Delta x) = F(x) + \frac{\partial F}{\partial x}\Delta x + \frac{1}{2}\frac{\partial^2 F}{\partial x^2}(\Delta x)^2$$
$$+ \frac{1}{6}\frac{\partial^3 F}{\partial x^3}(\Delta x)^3 \cdots \quad (5.55)$$

式 (5.54) から $\frac{\partial F}{\partial x}$ は下記となる．

$$\frac{\partial F}{\partial x} = \frac{F(x + \Delta x) - F(x)}{\Delta x} - \frac{1}{2}\frac{\partial^2 F}{\partial x^2}(\Delta x)$$
$$- \frac{1}{6}\frac{\partial^3 F}{\partial x^3}(\Delta x)^2 \cdots$$

さらに下記と書ける．

$$\frac{\partial F}{\partial x} = \frac{F(x + \Delta x) - F(x)}{\Delta x} + O(\Delta x) \quad (5.56)$$

これは前進差分と呼ばれ，$O(\Delta x)$ が打ち切り誤差となる．間隔 Δx の代わりに $-\Delta x$ を用いてテーラー展開し，$\frac{\partial F}{\partial x}$ を求めると

$$\frac{\partial F}{\partial x} = \frac{F(x) - F(x - \Delta x)}{\Delta x} + \frac{1}{2}\frac{\partial^2 F}{\partial x^2}(\Delta x)$$
$$- \frac{1}{6}\frac{\partial^3 F}{\partial x^3}(\Delta x)^2 \cdots$$

$$\frac{\partial F}{\partial x} = \frac{F(x) - F(x - \Delta x)}{\Delta x} + O(\Delta x) \quad (5.57)$$

となり，後退差分と呼ばれ，やはり $O(\Delta x)$ が打ち切り誤差となる．さらに，間隔 Δx と $-\Delta x$ に対するテーラー展開を用いて下記の中央差分による式を得る．

$$\frac{\partial F}{\partial x} = \frac{F(x + \Delta x) - F(x - \Delta x)}{2\Delta x} - \frac{1}{6}\frac{\partial^3 F}{\partial x^3}(\Delta x)^2 \cdots$$

$$\frac{\partial F}{\partial x} = \frac{F(x + \Delta x) - F(x - \Delta x)}{\Delta x} + O(\Delta x^2) \quad (5.58)$$

となり，打ち切り誤差は $O(\Delta x^2)$ となる．一般的には打ち切り誤差の小さい中央差分による近似式を用いる．

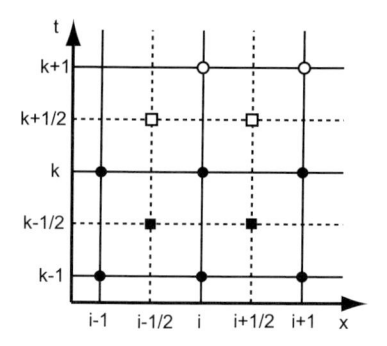

図 5.13 Staggered leap-frog 法の格子上で水位 h を計算する格子 (●, ○) と線流量 Q を計算する格子 (■, □)

時刻 k まではすでに計算されていて，$k < t$ の時刻は未知である．式 (5.61) を計算し，その後式 (5.63) を計算することを繰り返すことで数値計算を実施する．

▶ 5.4.2 線形長波理論式を解く差分法

まず，鉛直 2 次元の線形長波理論に基づく運動の式 (5.59) と連続の式 (5.60) を離散化し，差分法で解くことを考える．

$$\frac{\partial Q}{\partial t} = -gd\frac{\partial h}{\partial x} \quad (5.59)$$

$$\frac{\partial h}{\partial t} = -\frac{\partial Q}{\partial x} \quad (5.60)$$

ここで Q は x 方向の線流量，h は静水面からの水位，d は水深を表す．津波の数値計算では Staggered leap-frog と呼ばれる格子点の配置上で中央差分を使って安定的に数値計算を実施する．Staggered leap-frog では図 5.13 に示すように，線流量 Q を計算する格子と水位 h を計算する格子が違い，それぞれ半格子分ずれている．この格子上で運動の式 (5.59) を中央差分で表すと

$$\frac{Q^{k+\frac{1}{2}}_{i+\frac{1}{2}} - Q^{k-\frac{1}{2}}_{i+\frac{1}{2}}}{\Delta t} = -g\frac{d_{i+1} + d_i}{2}\frac{h^k_{i+1} - h^k_i}{\Delta x} \quad (5.61)$$

となる．ここで点 (x, t) における離散化量であることを，場所に関しては下付きの i を，時間に関しては上付きの k を用いて表す．Δx は数値計算の格子間隔，Δt は時間ステップを表す．式 (5.61) をさらに変形すると

$$Q^{k+\frac{1}{2}}_{i+\frac{1}{2}} = Q^{k-\frac{1}{2}}_{i+\frac{1}{2}} - g\frac{d_{i+1} + d_i}{2}\frac{\Delta t}{\Delta x}\left(h^k_{i+1} - h^k_i\right) \quad (5.62)$$

となり，左辺の時刻 $(k+\frac{1}{2})$ での未知数を右辺の既知数から計算できる式となる．

次にこの格子上で連続の式 (5.60) を中央差分で表すと

$$\frac{h^{k+1}_i - h^k_i}{\Delta t} = -\frac{Q^{k+\frac{1}{2}}_{i+\frac{1}{2}} - Q^{k+\frac{1}{2}}_{i-\frac{1}{2}}}{\Delta x} \quad (5.63)$$

となる．さらに変形すると

$$h^{k+1}_i = h^k_i - \frac{\Delta t}{\Delta x}\left(Q^{k+\frac{1}{2}}_{i+\frac{1}{2}} - Q^{k+\frac{1}{2}}_{i-\frac{1}{2}}\right) \quad (5.64)$$

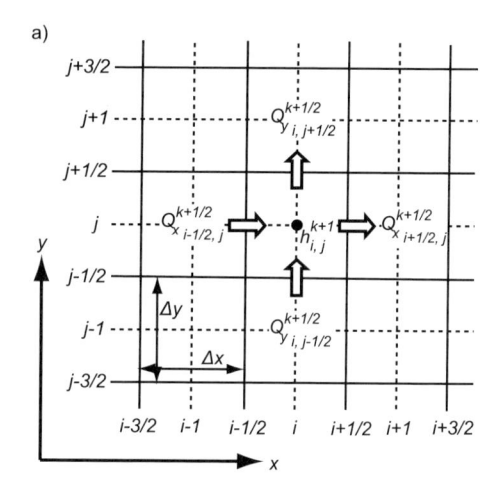

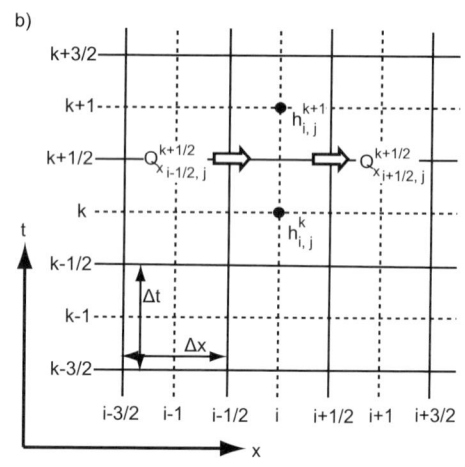

図 5.14 2 次元 Staggered leap-frog 法における計算格子点の配置
(a) x–y 平面, (b) x–t 平面．

となり，左辺の時刻 $(k+1)$ での未知数を右辺の既知数から計算できる式となる．半時間間隔 ($\frac{1}{2}\Delta t$) ごとに運動の式 (5.62) と連続の式 (5.64) を代わる代わるすべての格子点で繰り返し計算すれば，鉛直 2 次元の線形長波理論による津波の数値計算が実施できる．ここで津波の初期水位は時間 0 の水位として h^0_i に入る．

次に 3 次元の線形長波理論の運動の式 (5.20, 5.21) と連続の式 (5.22) を離散化し差分法で解くことを考える．今回も Staggered leap-frog の格子を用いる．図 5.14 には x–y 平面の格子点の配置と x–t 平面の格子の配置を示す．2 次元の場合と同様に x 方向の線流量 Q_x，y 方向の線流量 Q_y，静水面からの水位 h はすべて違った格子点で計算され，各々は半格子分ずれて配置されている．この格子上で運動の式 (5.20, 5.21) を中央差分で表すと

$$\frac{Q^{k+\frac{1}{2}}_{x_{i+\frac{1}{2},j}} - Q^{k-\frac{1}{2}}_{x_{i+\frac{1}{2},j}}}{\Delta t} = -g\frac{d_{i+1,j} + d_{i,j}}{2}\frac{h^k_{i+1,j} - h^k_{i,j}}{\Delta x} \quad (5.65)$$

$$\frac{Q_{y_{i,j+\frac{1}{2}}}^{k+\frac{1}{2}} - Q_{y_{i,j+\frac{1}{2}}}^{k-\frac{1}{2}}}{\Delta t} = -g\frac{d_{i,j+1}+d_{i,j}}{2}\frac{h_{i,j+1}^k - h_{i,j}^k}{\Delta y} \quad (5.66)$$

となる．ここで Q_x, Q_x は x 方向，y 方向の線流量，h は静水面からの水位，d は水深を表す．点 $(x, y; t)$ における離散化量であることを，場所に関しては下付きの (i, j) で，時間に関しては上付きの k を用いて表す．Δx, Δy は x 方向，y 方向の格子間隔，Δt は時間ステップを表す．

式 (5.65) と式 (5.66) を，時刻 $(k+\frac{1}{2})$ での未知数を既知数から計算する式に変形すると，

$$Q_{x_{i+\frac{1}{2},j}}^{k+\frac{1}{2}} = Q_{x_{i+\frac{1}{2},j}}^{k-\frac{1}{2}} - g\frac{d_{i+1,j}+d_{i,j}}{2}\frac{\Delta t}{\Delta x}(h_{i+1,j}^k - h_{i,j}^k) \quad (5.67)$$

$$Q_{y_{i,j+\frac{1}{2}}}^{k+\frac{1}{2}} = Q_{y_{i,j+\frac{1}{2}}}^{k-\frac{1}{2}} - g\frac{d_{i,j+1}+d_{i,j}}{2}\frac{\Delta t}{\Delta y}(h_{i,j+1}^k - h_{i,j}^k) \quad (5.68)$$

となる．次に連続の式 (5.22) を中央差分で表すと

$$\frac{h_{i,j}^{k+1} - h_{i,j}^k}{\Delta t} = -\frac{Q_{x_{i+\frac{1}{2},j}}^k - Q_{x_{i-\frac{1}{2},j}}^k}{\Delta x} - \frac{Q_{y_{i,j+\frac{1}{2}}}^k - Q_{y_{i,j-\frac{1}{2}}}^k}{\Delta y} \quad (5.69)$$

となる．さらに時刻 $(k+1)$ での未知数を既知数から計算する式に変形すると

$$h_{i,j}^{k+1} = h_{i,j}^k - \frac{\Delta t}{\Delta x}\left(Q_{x_{i+\frac{1}{2},j}}^{k+\frac{1}{2}} - Q_{x_{i-\frac{1}{2},j}}^{k+\frac{1}{2}}\right) - \frac{\Delta t}{\Delta x}\left(Q_{y_{i,j+\frac{1}{2}}}^{k+\frac{1}{2}} - Q_{y_{i,j-\frac{1}{2}}}^{k+\frac{1}{2}}\right) \quad (5.70)$$

となる．半時間間隔 ($\frac{1}{2}\Delta t$) ごとに運動の式 (5.67, 5.68) と連続の式 (5.70) を繰り返し計算すれば線形長波理論による津波の数値計算が実施できる．各格子点で実際の海底地形を水深 d として反映させれば，それぞれの場所での津波を計算することができる．

▶ **5.4.3 浅水理論式を解く差分法**

浅水理論の運動の式 (5.48, 5.49) を離散化して連続の式と合わせて差分法で解く．連続の式は線形長波理論と同様で式 (5.70) を数値計算に用いる．

式 (5.48) を左辺の第 1 項を離散化した中央差分で表し，未知数 (次の時間ステップ) を既知数から計算する形にすると

$$Q_{x_{i+\frac{1}{2},j}}^{k+\frac{1}{2}} = Q_{x_{i+\frac{1}{2},j}}^{k-\frac{1}{2}} - \Delta t\left[\frac{Q_x}{D_x}\frac{\partial Q_x}{\partial x} + \frac{Q_y}{D_x}\frac{\partial Q_x}{\partial y} + gD_x\frac{\partial h}{\partial x} + \frac{gn^2}{D_x^{7/3}}Q_x\sqrt{Q_x^2 + Q_y^2}\right] \quad (5.71)$$

となる．ここで，移流項は中央差分にできないため，数値計算が安定するように風上差分と呼ばれる差分法を用いる．流れの方向によって差分法を変える手法で，流れの方向が正 (順) である場合は後退差分を用い，流れの方向が負 (逆) である場合は前進差分を用いる．

式 (5.71) の移流項に対する差分表記は

$$\frac{Q_x}{D_x}\frac{\partial Q_x}{\partial x} =$$

$$\begin{cases} \dfrac{Q_{x_{i+\frac{1}{2},j}}^{k-\frac{1}{2}}}{D_{x_{i+\frac{1}{2},j}}}\dfrac{Q_{x_{i+\frac{1}{2},j}}^{k-\frac{1}{2}} - Q_{x_{i-\frac{1}{2},j}}^{k-\frac{1}{2}}}{\Delta x} & Q_{x_{i+\frac{1}{2},j}}^{k-\frac{1}{2}} > 0 \\ \dfrac{Q_{x_{i+\frac{1}{2},j}}^{k-\frac{1}{2}}}{D_{x_{i+\frac{1}{2},j}}}\dfrac{Q_{x_{i+\frac{3}{2},j}}^{k-\frac{1}{2}} - Q_{x_{i+\frac{1}{2},j}}^{k-\frac{1}{2}}}{\Delta x} & Q_{x_{i+\frac{1}{2},j}}^{k-\frac{1}{2}} < 0 \end{cases} \quad (5.72)$$

$$\frac{Q_y}{D_x}\frac{\partial Q_x}{\partial y} =$$

$$\begin{cases} \dfrac{\bar{Q}_y}{D_{x_{i+\frac{1}{2},j}}}\dfrac{Q_{x_{i+\frac{1}{2},j}}^{k-\frac{1}{2}} - Q_{x_{i+\frac{1}{2},j-1}}^{k-\frac{1}{2}}}{\Delta y} & \bar{Q}_y > 0 \\ \dfrac{\bar{Q}_y}{D_{x_{i+\frac{1}{2},j}}}\dfrac{Q_{x_{i+\frac{1}{2},j+1}}^{k-\frac{1}{2}} - Q_{x_{i+\frac{1}{2},j}}^{k-\frac{1}{2}}}{\Delta y} & \bar{Q}_y < 0 \end{cases}$$

ここで

$$\bar{Q}_y = \frac{Q_{y_{i-1,j+\frac{1}{2}}}^{k-\frac{1}{2}} + Q_{y_{i-1,j-\frac{1}{2}}}^{k-\frac{1}{2}} + Q_{y_{i,j+\frac{1}{2}}}^{k-\frac{1}{2}} + Q_{y_{i,j-\frac{1}{2}}}^{k-\frac{1}{2}}}{4} \quad (5.73)$$

となる．静水圧項は線形の場合と同じく

$$gD_x\frac{\partial h}{\partial x} = gD_{x_{i+\frac{1}{2},j}}\frac{(h_{i+1,j}^k - h_{i,j}^k)}{\Delta x} \quad (5.74)$$

となる．摩擦項を離散化した式にすると

$$\frac{gn^2}{D_x^{7/3}}Q_x\sqrt{Q_x^2 + Q_y^2} = \frac{gn^2}{D_{x_{i+\frac{1}{2},j}}^{7/3}}Q_{x_{i+\frac{1}{2},j}}^{k-\frac{1}{2}}\sqrt{\left(Q_{x_{i+\frac{1}{2},j}}^{k-\frac{1}{2}}\right)^2 + \bar{Q}_y^2}$$

ここで

$$\bar{Q}_y = \frac{Q_{y_{i-1,j+\frac{1}{2}}}^{k-\frac{1}{2}} + Q_{y_{i-1,j-\frac{1}{2}}}^{k-\frac{1}{2}} + Q_{y_{i,j+\frac{1}{2}}}^{k-\frac{1}{2}} + Q_{y_{i,j-\frac{1}{2}}}^{k-\frac{1}{2}}}{4} \quad (5.75)$$

となる．

さらに，海底から海面までの全水深 D_x も風上差分と同様に流れの方向で水位 h の選び方を変える必要がある．

$$D_{x_{i+\frac{1}{2},j}} = \begin{cases} d_{x_{i+\frac{1}{2}}} + h_{i,j}^{k-1} & \cdots Q_{x_{i+\frac{1}{2},j}}^{k-\frac{1}{2}} > 0 \\ d_{x_{i+\frac{1}{2}}} + h_{i+1,j}^{k-1} & \cdots Q_{x_{i+\frac{1}{2},j}}^{k-\frac{1}{2}} < 0 \end{cases} \quad (5.76)$$

とする．

次に y 方向の運動の式 (5.49) を左辺の第 1 項を離散化した中央差分で表し，未知数 (次の時間ステップ) を計算する形にすると

$$Q_{y_{i,j+\frac{1}{2}}}^{k+\frac{1}{2}} = Q_{y_{i,j+\frac{1}{2}}}^{k-\frac{1}{2}} - \Delta t\left[\frac{Q_x}{D_y}\frac{\partial Q_y}{\partial x} + \frac{Q_y}{D_y}\frac{\partial Q_y}{\partial y} + gD_y\frac{\partial h}{\partial y} + \frac{gn^2}{D_y^{7/3}}Q_y\sqrt{Q_x^2 + Q_y^2}\right] \quad (5.77)$$

となる．式 (5.76) の各項の離散化した差分は x 方向の運動の式の各項 (5.72, 5.73, 5.74, 5.75) の x と y がいれかわるだけである．ここでは省略する．

線形長波理論の場合と同じく半時間間隔 ($\frac{1}{2}\Delta t$) ごとに運動の式 (5.71, 5.76) と連続の式 (5.70) を繰り返し計算すれば浅水理論 (海底摩擦を考慮した非線形長波理論) による津波の数値計算が実施できる．

▶ 5.4.4 線形分散波理論式を解く差分法

外洋を伝播する津波の挙動を数値計算で再現するため，コリオリ項を加えた線形分散理論式を差分法で解く手法を紹介する．分散項を解くためには，上記で述べてきた，通常の差分法ではなく，陰的差分法を使う必要がある．ここでは，その手法の 1 つを示す．

5.2.3 項で球面座標系 (ϕ は経度方向，θ は余緯度方向) での運動の式 (5.43) と連続の式 (5.44) を示した．まず，式 (5.44) を経度方向と余緯度方向の 2 つの運動の式 (5.43) に代入し 2 つの式を変形すると下記となる．

$$\frac{\partial Q_\phi}{\partial t} = -\frac{gd}{R\sin\theta}\frac{\partial h}{\partial \phi} - fQ_\theta + \frac{1}{3R\sin\theta}\frac{\partial}{\partial \phi}\left[d^2\frac{\partial^2 h}{\partial t^2}\right] \quad (5.78)$$

$$\frac{\partial Q_\theta}{\partial t} = -\frac{gd}{R}\frac{\partial h}{\partial \theta} + fQ_\phi + \frac{1}{3R}\frac{\partial}{\partial \theta}\left[d^2\frac{\partial^2 h}{\partial t^2}\right] \quad (5.79)$$

ここで R は地球の半径，f はコリオリ係数 (5.42)，Q_ϕ，Q_θ は ϕ 方向，θ 方向の線流量を表す．

連続の式は 5.2.3 項の式 (5.43) で下記である．

$$\frac{\partial h}{\partial t} = -\frac{1}{R\sin\theta}\left[\frac{\partial Q_\phi}{\partial \phi} + \frac{\partial}{\partial \theta}(Q_\theta\sin\theta)\right]$$

これらの式を数値計算で解くため，Alternating Direction Implicit (ADI) 差分法 (Kabling and Sato, 1993, Tanioka, 2000) を用いて，Staggered leap-frog の格子上に離散化する．このとき，ϕ 方向，θ 方向の対称性を考慮して，離散化の方法が違う 2 つの解き方を交互に実施する手法を使う．

まず，第 1 ステップとして，離散化した運動の式は

$$\frac{Q_{\phi\,i+\frac{1}{2},j}^{k+\frac{1}{2}} - Q_{\phi\,i+\frac{1}{2},j}^{k}}{\Delta t/2} =$$

$$-\frac{g}{R\sin\theta_j}\frac{d_{i+1,j}+d_{i,j}}{2}\frac{h_{i+1,j}^{k+\frac{1}{2}}-h_{i,j}^{k+\frac{1}{2}}}{\Delta\phi}$$

$$-f\bar{Q}_\theta - \frac{1}{3R\sin\theta_j}\left[\frac{h_{i+1,j}^{k+\frac{1}{2}}-2h_{i+1,j}^{k}+h_{i+1,j}^{k-\frac{1}{2}}}{\Delta\phi(\Delta t/2)^2}d_{i,j}^2\right.$$

$$\left.-\frac{h_{i,j}^{k+\frac{1}{2}}-2h_{i,j}^{k}+h_{i,j}^{k-\frac{1}{2}}}{\Delta\phi(\Delta t/2)^2}d_{i-1,j}^2\right]$$

$$\bar{Q}_\theta = \frac{Q_{\theta\,i-1,j+\frac{1}{2}}^{k} + Q_{\theta\,i-1,j-\frac{1}{2}}^{k} + Q_{\theta\,i,j+\frac{1}{2}}^{k} + Q_{\theta\,i,j-\frac{1}{2}}^{k}}{4} \quad (5.80)$$

$$\frac{Q_{\theta\,i,j+\frac{1}{2}}^{k+\frac{1}{2}} - Q_{\theta\,i,j+\frac{1}{2}}^{k}}{\Delta t/2} =$$

$$-\frac{g}{R}\frac{d_{i,j+1}+d_{i,j}}{2}\frac{h_{i,j+1}^{k+\frac{1}{2}}-h_{i,j}^{k+\frac{1}{2}}}{\Delta\theta}$$

$$-f\bar{Q}_\phi - \frac{1}{3R}\left[\frac{h_{i,j+1}^{k+\frac{1}{2}}-2h_{i,j+1}^{k}+h_{i,j+1}^{k-\frac{1}{2}}}{\Delta\theta(\Delta t/2)^2}d_{i,j}^2\right.$$

$$\left.-\frac{h_{i,j}^{k+\frac{1}{2}}-2h_{i,j}^{k}+h_{i,j}^{k-\frac{1}{2}}}{\Delta\theta(\Delta t/2)^2}d_{i,j-1}^2\right]$$

$$\bar{Q}_\phi = \frac{Q_{\phi\,i+\frac{1}{2},j-1}^{k} + Q_{\phi\,i-\frac{1}{2},j-1}^{k} + Q_{\phi\,i+\frac{1}{2},j}^{k} + Q_{\phi\,i-\frac{1}{2},j}^{k}}{4} \quad (5.81)$$

となる．離散化した連続の式は

$$\frac{h_{i,j}^{k+\frac{1}{2}}-h_{i,j}^{k}}{\Delta t/2} = -\frac{1}{R\sin\theta_j}\frac{Q_{\phi\,i+\frac{1}{2},j}^{k+\frac{1}{2}}-Q_{\phi\,i-\frac{1}{2},j}^{k+\frac{1}{2}}}{\Delta\phi}$$

$$-\frac{1}{R\sin\theta_j}\frac{Q_{\theta\,i,j+\frac{1}{2}}^{k}-Q_{\theta\,i,j-\frac{1}{2}}^{k}}{\Delta\theta} \quad (5.82)$$

となる．極座標系での点 ($\phi, \theta; t$) における離散化量であることを，場所に関しては下付きの (i, j) で，時間に関しては上付きの k を用いて表す．$\Delta\phi$，$\Delta\theta$ は ϕ 方向，θ 方向の格子間隔，Δt は時間ステップを表す．式 (5.79), (5.80), (5.81) の時間ステップが $\Delta t/2$ になっているのは 2 つのステップで数値計算が実施される最初のステップのためである．

上記の式 (5.79), (5.80), (5.81) を未知数 (時間ステップ $k+1/2$) と定数 A_i, B_i, C_i, D_i を用いて表すと

$$A_1 h_{i+1,j}^{k+\frac{1}{2}} + B_1 Q_{\phi\,i+\frac{1}{2},j}^{k+\frac{1}{2}} + C_1 h_{i,j}^{k+\frac{1}{2}} = D_1 \quad (5.83)$$

$$A_2 h_{i,j+1}^{k+\frac{1}{2}} + B_2 Q_{\theta\,i,j+\frac{1}{2}}^{k+\frac{1}{2}} + C_2 h_{i,j}^{k+\frac{1}{2}} = D_3 \quad (5.84)$$

$$A_3 Q_{\phi\,i+\frac{1}{2},j}^{k+\frac{1}{2}} + B_3 h_{i,j}^{k+\frac{1}{2}} + C_3 Q_{\phi\,i-\frac{1}{2},j}^{k+\frac{1}{2}} = D_3 \quad (5.85)$$

ある j に対してすべての i に対する式 (5.82) と式 (5.84) を連立方程式として未知数 Q_ϕ と h を決める．この手法を陰的差分法と呼ぶ．決められた Q_ϕ と h を式 (5.83) に代入し，Q_θ を決定する．それをすべての j に対して実施すれば未知数がすべて決まる．

第 2 ステップは，第 1 ステップと違い未知数 Q_θ と h を陰的差分法でまず決めるため，離散化した連続の式は

$$\frac{h_{i,j}^{k+1} - h_{i,j}^{k+\frac{1}{2}}}{\Delta t/2} = -\frac{1}{R\sin\theta_j}\frac{Q_{\phi\,i+\frac{1}{2},j}^{k+\frac{1}{2}} - Q_{\phi\,i-\frac{1}{2},j}^{k+\frac{1}{2}}}{\Delta\phi}$$
$$-\frac{1}{R\sin\theta_j}\frac{Q_{\theta\,i,j+\frac{1}{2}}^{k+1} - Q_{\theta\,i,j-\frac{1}{2}}^{k+1}}{\Delta\theta}$$
(5.86)

となる．離散化した運動の式 (5.79, 5.80) は時間ステップが $\Delta t/2$ 進む違いだけである．これら 3 式を未知数 (時間ステップ $k+1$) と定数 A_i', B_i', C_i', D_i' を用いて表すと

$$A'_1 h_{i+1,j}^{k+1} + B'_1 Q_{\phi\,i+\frac{1}{2},j}^{k+1} + C'_1 h_{i,j}^{k+1} = D'_1 \quad (5.87)$$
$$A'_2 h_{i,j+1}^{k+1} + B'_2 Q_{\theta\,i,j+\frac{1}{2}}^{k+1} + C'_2 h_{i,j}^{k+1} = D'_3 \quad (5.88)$$
$$A'_3 Q_{\theta\,i,j+\frac{1}{2}}^{k+1} + B'_3 h_{i,j}^{k+1} + C'_3 Q_{\theta\,i,j+\frac{1}{2}}^{k+1} = D'_3 \quad (5.89)$$

となる．この場合，ある i に対してすべての j に対する式 (5.87) と式 (5.88) を連立方程式として未知数 Q_θ と h をすべて決める．その Q_θ と h を式 (5.86) に代入し，Q_ϕ を決定する．それをすべての i に対して実施する．

この 2 つのステップを繰り返し，コリオリ項を加えた線形分散波理論式の津波数値計算が実施できる．

▶ 5.4.5 数値分散を代用した物理分散の計算

前項の線形分散波理論式を陰的差分法により数値計算を実施するには計算コストがかかる．今村ほか (1990) は数値分散を利用し，線形長波理論式を基礎方程式としながら，線形分散波理論に近い計算結果を得る方法を開発した．

ここで 2 次元の線形分散波理論式 (線形ブシネスク式) は運動の式 (5.41) と連続の式 (5.18) から得られる下記の波動方程式 (5.90) で表すことができる．

$$\frac{\partial^2 h}{\partial t^2} = c_0^2 \frac{\partial^2 h}{\partial x^2} + \frac{1}{3}c_0^2 d^2 \frac{\partial^4 h}{\partial x^4} \quad (5.90)$$

ここで c_0 は位相速度で $c_0 = \sqrt{gd}$ となる．

次に，線形長波理論式の離散化した運動の式と連続の式は 5.4.2 項で式 (5.61) と式 (5.63) となることがすでに示されている．それらは

$$\frac{Q_{i+\frac{1}{2}}^{k+\frac{1}{2}} - Q_{i+\frac{1}{2}}^{k-\frac{1}{2}}}{\Delta t} = -g\frac{d_{i+1} + d_i}{2}\frac{h_{i+1}^k - h_i^k}{\Delta x}$$

$$\frac{h_i^{k+1} - h_i^k}{\Delta t} = -\frac{Q_{i+\frac{1}{2}}^{k+\frac{1}{2}} - Q_{i-\frac{1}{2}}^{k+\frac{1}{2}}}{\Delta x}$$

である．さらに，5.4.1 項では中央差分の場合，テーラー展開から $O(\Delta x^2)$ の打ち切り誤差があることが示されている．例えば上記運動の式の第 1 項は

$$\frac{Q_{i+\frac{1}{2}}^{k+\frac{1}{2}} - Q_{i+\frac{1}{2}}^{k-\frac{1}{2}}}{\Delta t} = -\frac{\partial Q}{\partial t} + \frac{1}{6}\left(\frac{\Delta t}{2}\right)^2\frac{\partial^3 Q}{\partial t^3}\cdots$$

となる．つまり，式 (5.61) や式 (5.63) は線形長波理論式を差分法で解いているとしていたが，テーラー展開の次の項まで考えると下記の式を解いているともいえる．

$$\frac{\partial Q}{\partial t} + \frac{1}{6}\left(\frac{\Delta t}{2}\right)^2\frac{\partial^3 Q}{\partial t^3} = -gd\frac{\partial h}{\partial x} - \frac{gd}{6}\left(\frac{\Delta x}{2}\right)^2\frac{\partial^3 h}{\partial x^3}$$
(5.91)

$$\frac{\partial h}{\partial t} + \frac{1}{6}\left(\frac{\Delta t}{2}\right)^2\frac{\partial^3 h}{\partial t^3} = -\frac{\partial Q}{\partial x} - \frac{1}{6}\left(\frac{\Delta x}{2}\right)^2\frac{\partial^3 Q}{\partial x^3}$$
(5.92)

ここで式 (5.91) と式 (5.92) を合わせて波動方程式を導き，線形長波理論式である下記の 2 式を使ってさらに変形すると

$$\frac{\partial h}{\partial t} = -\frac{\partial Q}{\partial x}, \quad \frac{\partial Q}{\partial t} = -gd\frac{\partial h}{\partial x}$$

$$\frac{\partial^2 h}{\partial t^2} = c_0^2\frac{\partial^2 h}{\partial x^2} + \frac{c_0^2}{12}\left[(\Delta x)^2 - c_0^2(\Delta t)^2\right]\frac{\partial^4 h}{\partial x^4}$$
(5.93)

となる．つまり，線形長波理論式を上記差分法で解くと式 (5.93) と解いていることとなる．また式 (5.93) の右辺最後の項は数値分散を表現する項で，Δx と Δt が十分小さければ無視できる．

ここで，線形分散波理論式 (5.90) と式 (5.93) を比較すると，非常によく似ていることがわかる．両式を同一にするには右辺最後の項を同一にすればよく，下記の式が成り立てばよい．

$$d^2 = \frac{1}{4}\left[(\Delta x)^2 - c_0^2(\Delta t)^2\right] \quad (5.94)$$

式 (5.93) をさらに変形すると

$$\frac{\Delta x}{2d}\sqrt{1 - c_0^2\left(\frac{\Delta t}{\Delta x}\right)^2} = 1 \quad (5.95)$$

となる．この式の左辺を今村数と呼び，1 になるよう Δx と Δt を選べば，線形理論式を上記差分法で解いたときの数値分散 (式 (5.93) の右辺最後の項) と線形分散波理論式の分散項 (式 (5.90) の右辺最後の項) が等しくなる．つまり，数値計算の簡単な線形長波理論式を差分法で解きながら，線形分散波理論式を解いているのと同等になる．しかし，実際の津波数値計算では水深 d は各地点で違うため，できる限り今村数が 1 に近くなる格子間隔 Δx を選ぶこととなる．

▶ 5.4.6 境界条件と安定条件

数値計算を実施する際に考慮しなければいけないのが計算領域の境界での処理である．外洋での境界は放射境界として，すべての波は計算領域から出ていくように設定する．

1 つの方法は境界での波はその傾きを維持しながら $c_0 = \sqrt{gd}$ で境界の外に出ていくとするもので，図 5.15 に示すように扱うと，境界 (I) での未知の津波の水位変化 h_I^{k+1} は既知数 (h_I^k, h_{I-1}^k) を使って下記のように

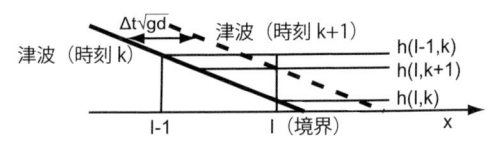

図 5.15 計算領域の境界での境界条件の扱い

表される.

$$h_I^{k+1} = h_I^k + \frac{\Delta t \sqrt{gd}}{\Delta x}\left(h_{I-1}^k - h_I^k\right) \quad (5.96)$$

ここで d は境界での水深, g は重力加速度である. こ
こで水位 h の下付きは場所を, 上付きは時間で k を
用いて表す. Δx は数値計算の格子間隔, Δt は時間ス
テップを表す. この他にも計算領域の境界条件の扱い
はさまざまな手法がある.

次は陸と海の境界条件を考える. 陸と海の境界は変
化しない (格子間隔を越えて津波は遡上しない) と仮定
する場合は, 全反射条件, $Q = 0$ とする. さらに, 浅
水理論式を使って津波の遡上を数値計算する場合には,
その先端条件 (遡上条件) を使って, 時間ステップごと
に浸水していない格子と浸水する格子を決める必要が
ある (図 5.16). これは移動境界条件ともいわれる. 浸
水していない格子に流れ込む線流量 Q を計算する方法
は岩崎・真野 (1979) や小谷ほか (1998) の手法が一般
的に用いられる. 上記先端条件を使用するとき, 1 波
長に 50 個以上の格子点が存在する必要がある.

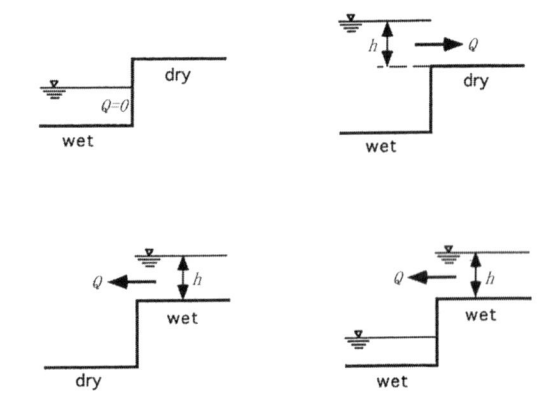

図 5.16 移動境界条件を使う格子点での水位 h と線流量 Q の関係

次に数値計算の安定条件について記述する. 離散化
した格子上で陽的差分法を用いて数値計算を実施する
場合, 時間ステップ Δt は実際の波動が隣り合う格子
に伝達するまでの時間よりも小さくなくてはならない.
そうでない場合には数値発散を生じてしまう. 鉛直 2
次元の計算の場合には

$$\Delta t \leq \frac{\Delta x}{\sqrt{gd}} \quad (5.97)$$

となる. さらに 3 次元の場合には

$$\Delta t \leq \frac{\Delta x}{\sqrt{2gd}} \quad (5.98)$$

となる. これらは CFL (Courant–Friedrichs–Lewy)
の安定条件と呼ばれる. 線形分散波理論式を解くとき
のように陰的差分法を用いる場合には CFL 安定条件
はない.

[例題 5.5] 中央差分の場合, 前進差分や後退差分に比べ
て打ち切り誤差が小さくなる理由を示せ.
[解答] テーラー展開を用いて中央差分の式を表すと式
(5.58) となり, $F\frac{\partial^2 F}{\partial x^2}(\Delta x)^2$ の項は $F(x+\Delta x) - F(x+\Delta x)$
により消去されるため.

5.5 津波の予測

津波の襲来を前もって予測し, 沿岸住民に知らせる
ことは, 津波災害軽減のために極めて重要である. 日
本では地震発生後, 3〜5 分程度で津波予報が気象庁か
ら発表される. 地震の規模, 震源の位置から津波を予
測している. 1999 年以後は数値計算結果のデータベー
スを利用した予測を実施している. ここでは, その津
波予測手法について記述する. さらに, 海外の津波予
報の現状ついても記す.

▶ 5.5.1 近地津波に対する津波予報

日本の沿岸の沖合では, 2011 年東北地方太平洋沖地
震 ($M_W 9.0$) のように甚大な津波を発生させる海溝型
巨大地震が発生してきた. 東方地方太平洋沖地震の際
には地震発生から約 30 前後で三陸沿岸に大津波が到
達している. さらに, 1993 年北海道南西沖地震の際に
は地震発生から 5 分程度で大津波が奥尻島沿岸を襲っ
た. このような津波を予測し, 住民に迅速な避難を呼
びかけるには, 迅速にできる限り正確な予報を発表す
る必要がある.

気象庁では観測環境のよい全国 180 点以上の地震観
測網 (津波地震早期検知網) からリアルタイムで送られ
てくるデータを自動処理および会話形式による修正処
理を実施し, 地震の震源およびマグニチュードを決定
している. さらに, 広帯域地震計の観測網の地震波形
データを利用して地震のメカニズムを決定している.

これらの震源情報を利用し, 地震の規模によるスケー
リング則から断層の長さ, 幅を仮定すれば, 5.1.1 項の
手法を用いて津波の初期波源が計算できる. さらに,
5.4 節で記述した津波数値計算手法を用いて津波の伝
播を計算することが可能となる. しかし, 実際は高性
能な計算機を用いても数値計算を実行するには時間が
かかるため, 地震発生後, 数分で上記のような方法で

は津波の予測結果を発表することはできない．

そこで，気象庁はあらかじめ想定される震源断層を用いて津波数値計算を実施し，その結果をデータベースとして計算機に保存している．地震発生後，迅速に決定される震源とマグニチュードにもっとも適合する結果を，データベースから抽出することで，地震発生から 3〜5 分程度で津波の予測 (予警報) を発表することを可能にしている．データベースには約 10 万通りの震源位置・深さ・マグニチュードに対応した想定断層モデルから津波数値計算により計算された結果が保存されている．

津波数値計算には海底摩擦を考慮した非線形長波理論 (浅水理論，5.2.4 項参照，正確には波高を考慮した全水深は考慮されていない) を基礎方程式に，津波数値計算 (5.4.3 項参照) を実施しているが，沿岸での格子間隔は十分小さくないため，津波の遡上 (先端条件，5.4.6 項参照) は考慮されていない．そのため，数値計算の結果は，沿岸での結果ではなく，水深 50 m 程度の格子点での結果がデータベースとして保存されている．その格子点から沿岸までは下記のグリーンの法則に従うものとして，水深 1 m の沿岸での津波波高を計算している．

一般にグリーンの法則とは，波向線に沿った 2 地点での水深 d，波高 h，波向線の間隔 (水路幅) b との関係を示す (式 5.99)．海底地形の 2 次元的な変化により，波向線の間隔は変化する．

$$\frac{h_0}{h_1} = \left(\frac{d_1}{d_0}\right)^{1/4} \left(\frac{b_1}{b_0}\right)^{1/2} \quad (5.99)$$

ここで，下付きの添字は波向線に沿った 2 地点を示す．さらに波向線間隔は変化しない (b 一定) と仮定し，式 (5.99) 変形すると

$$h_0 = \left(\frac{d_1}{d_0}\right)^{1/4} h_1 \quad (5.100)$$

となる．式 (5.100) を使えば，ある水深での波高がわかれば，水深 1 m の沿岸での波高を計算することができることとなる．

気象庁は全国の沿岸を 66 の予報区に分割し，データベース化された津波数値計算結果から，各予報区で予想される最大の津波の高さを推定し，津波予警報を出している．2011 年東北地方太平洋沖地震による甚大な津波災害の経験から気象庁は津波警報の発表方法・表現を再検討し，表 5.2 のように，大津波警報 (発表する津波は巨大津波)，津波警報 (発表する津波は高い津波)，津波注意報 (1 m 以下) として津波予報を発表することとした．また，津波予報に引き続き発表される津波情報には，予想到達時刻 (10 分単位)，代表的な地点での予想到達時刻と満潮予想時刻 (1 分単位)，大

表 5.2 津波予報の発表基準

警報・注意報の種類	津波の高さ予測の基準	発表する津波の高さ	
		数値表現	定性的表現
大津波警報	10 m < 予測値	10 m 超	巨大
	5 m < 予測値 < 10 m	10 m	
	3 m < 予測値 < 5 m	5 m	
津波警報	1 m < 予測値 < 3 m	3 m	高い
津波注意報	0.2 m < 予測値 < 1 m	1 m	表現しない

津波警報の場合は予報区ごとの津波の予想高さ (10 m 以上，10 m，5 m) が含まれる．最後に，津波の高さが 20 cm 未満の場合には，地震情報の中で「津波の心配なし」または「若干の海面変動があるかもしれないが被害の心配はない．」として発表される．

▶ **5.5.2 遠地津波に対する津波予報**

世界で発生する大地震については，世界中に設置された広帯域地震計により観測された地震波形のデータが IRIS (Incorporation Research Institutions for Seismology) によって準リアルタイムで公開されている．気象庁ではその波形データを使って世界中の大地震の震源やマグニチュードを決定し，その結果を津波予報に反映させている．さらに，近地津波と同様に津波数値計算結果をデータベースとして計算機に保存している．

遠地で発生しているにも関わらず日本に被害をもたらすような津波を発生させる巨大地震は，すべて太平洋沿岸の沈み込み帯で発生すると考え，太平洋沿岸のすべての沈み込み帯に約 1500 の想定断層モデルを配置して，津波の数値計算を実施し，データベース化している．この場合の津波数値計算は，5.4.5 項で示したように数値分散を線形分散波理論式の分散項に代用する手法を採用し，コリオリ力を考慮した線形長波理論式を用いている．ただし，浅海では海底摩擦の効果も考慮している．

しかし，遠地で発生した津波の場合，津波が日本に到達するまでに，時間的余裕があるため，広帯域地震計により観測された波形の解析により地震のメカニズムを決定し，その結果を用いて津波数値計算を実施しても十分余裕がある場合が多い．その場合，データベースに頼るのではなく，地震発生後の正確な地震情報を反映し津波数値計算を実施した結果を，実際の津波予報の発表に利用している．さらに，遠地津波の場合，津波が日本の沿岸に達する数時間前に，5.3.6 項で説明したブイ式水圧計網 (DART) や太平洋沿岸の検潮所などで津波が観測される場合が多い．その場合には，実際に観測された津波波形を考慮し，津波数値計算結果を補正して津波予報を発表する．予報区や津波予警報の発表方法は近地津波の場合と同様である．

▶ 5.5.3 外国の津波予測

アメリカの場合，米国海洋大気庁 (NOAA) の中の気象局 (NWS) の下に 2 ヶ所の地域津波予報センターを設置している．1 つはハワイ・オアフ島に設置された太平洋津波警報センター (PTWC) で，1946 年アリューシャン津波地震による津波でハワイ諸島の沿岸が大きな被害を受けたことから設立された．現在ではハワイ州の地域津波予報だけでなく，日本を含む北西太平洋沿岸域を除き，太平洋全域を担当する国際的津波警報センターとして活躍している．もう 1 つはアラスカ・アンカレジに設置された西海岸・アラスカ津波警報センター (WC/ATWC) で，1964 年アラスカ巨大地震による津波被害を受けて設立された．アラスカ州からカリフォルニア州まで北米西海岸 (カナダ・ブリティッシュコロンビア州を含む) を担当している．これら，米国津波警報センターでは，地震の震源とマグニチュードの情報から，4 種類の津波予報 (Warning (警報)，Watch (警戒)，Advisory (注意)，Information (情報)) を発表している．津波予報発表後は，検潮所やブイ式水圧計 (DART) の観測記録を見ながら予報を修正・解除していく．

北西太平洋沿岸諸国 (ロシア (カムチャッカ・千島列島)・中国・韓国・フィリピン・インドネシア・パプアニューギニアなど) へは，日本の気象庁が国際的役割の 1 つである北西太平洋津波情報センター (NWPTA) として，各国に津波の予測情報を提供している．さらに，過去に津波被害を多く受けていきたチリや仏領ポリネシアでは 1964 年以後，独自の津波予報システムを構築している．さらに，2004 年スマトラ巨大地震による甚大な津波災害以後はインド洋での津波早期警戒システムの構築が進んでいる．

[例題 5.6] 近地津波に対する津波予測ではデータベース方式を用いなければならない理由を示せ．
[解答] 近地津波では地震発生から数分で津波予測を実施する必要があり，地震後津波数値計算を実施する時間の余裕がないため．

演習問題

(1) 水深 4000 m の海を伝播する津波を線形長波理論式で表す場合の位相速度 (5.35) は実際の位相速度 (5.33) に比べると誤差を生じる．津波の波長が 100 km の場合と 20 km の場合，位相速度の誤差は何 % となるか求めよ．
(2) 外洋を伝播する津波を計算する場合，線形分散波理論式を基礎方程式として用いるが，線形長波理論式の数値分散を理論分散項に代用して用いる手法がある (5.4.5 項)．水深 4000 m の海を伝播する津波を再現する場合，格子間隔を何 km にすればよいか答えよ．ただし，時間ステップ Δt は 1 秒とする．
(3) 一様の傾斜をもった海底面が水深 250 m から 1 m の沿岸まで続いているとする．津波はグリーンの法則 (5.99) に従うとして，水深 250 m で波高 1 m の津波が水深 1 m の沿岸では波高何 m になるか求めよ．

参 考 文 献

Gusman, R.A., Tanioka, Y., Sakai, S. and Tsushima, H., 2012, Source model of the great 2011 Tohoku earthquake estimated from tsunami waveforms and crustal deformation data, *Earth Planet. Sci. Lett.*, 341–344, 234–242.

今村文彦，首藤伸夫，後藤智明，1990，遠地津波の数値計算に関する研究，その 2 太平洋を伝播する津波の挙動，地震第 2 輯，**43**，389–402.

Kajiura, K, 1963, The leading wave of a tsunami, *Bull. Earth. Res. Inst. Univ. Tokyo*, **41**, 535–571.

小谷美佐，今村文彦，首藤伸夫，1998，GIS を利用した津波遡上計算と被害推定法，海岸工学論文集，**45**，356–360.

Namegaya, Y., Tanioka, Y., Abe, K., Satake, K., Hirata, K., Okada, M. and Gusman, A.R., 2009, In situ measurements of tide gauge response and corrections of tsunami waveforms from the Niigataken Chuetsu-oki Earthquake in 2007, *Pure and Applied Geophysics*, **166**, 97–116.

首藤伸夫，今村文彦，越村俊一，佐竹健治，松冨英夫 (編)，2007，津波の事典，朝倉書店 350p.

Steketee, J. A., 1958, On Volterra's dislocation in a semi-infinite elastic medium, *Can. J. Phys.*, **36**, 192–205.

6

地球の磁場

太陽系惑星の多くには，惑星内部に成因をもつ磁場がある．地球もその1つである．本章では，まず宇宙空間における地球磁場を概観し，地球磁場の空間分布から双極子磁場という大きな特徴を把握する．次に，地球磁場を数学的に表現して定量的に把握し，双極子磁場が地球中心核で作用するダイナモにより生成・維持されていることを議論する．さらに，地球磁場が数百年から数万年という時間スケールで変動する永年変化，数十万年から数百万年で極性が反転する逆転現象を，観測結果や岩石磁化の記録から理解する．

◆　◆　◆　◆　◆　◆

6.1　宇宙空間の地球磁場

地球の磁場を見ることができたなら，高エネルギーの太陽風プラズマに吹かれて彗星のようになっているだろう．太陽風プラズマにより磁力線は太陽側で圧縮され，反対側では引き伸ばされている (図 6.1)．太陽風プラズマの軌道は，地球磁場によるローレンツ力により軌道を変えられる．特に，地球の太陽側面では太陽風プラズマが反射して衝撃波が生じている (衝撃波面)．太陽風が直接入らない地球周囲の空間を地球磁気圏，磁気圏の後方を磁気圏尾部という (図 6.2)．磁気圏界面と衝撃波面との間には乱流状態の太陽風プラズマがあり，磁気シースと呼ばれる．磁気圏は，銀河起源のより高いエネルギーの粒子 (銀河宇宙線) にもある程度作用し，いわば太陽風や銀河宇宙線に対するバリアとなっている．地磁気のバリアとしての効果は，地球大気，気候，生命などへの影響があるとされ，近年注目されている．

地球磁気圏の大きさは，地球磁場 (地磁気) の強さと太陽風の圧力とのつりあいで決まっている．地球半径を a (約 6380 km) とすると，観測結果から，太陽風側で約 $10a$ の距離のところに境界 (磁気圏界面あるいは磁気圏境界面) がある．一方，磁気圏の尾部は $100a$ 以上後方へ伸びている．

磁気圏のサイズと重力の作用する範囲のサイズを比較してみよう．月は地球の周りを公転しているので，地球の重力が作用する範囲内にある．地球・月間の距離は約 $60a$ (約 38 万 km) なので，満月の月は磁気圏尾部の中にあり，新月や半月は太陽風にさらされている．期間で考えると，約 4 週間の月公転周期のうち，月が磁気圏尾部にいる期間は 3 日間程度である．

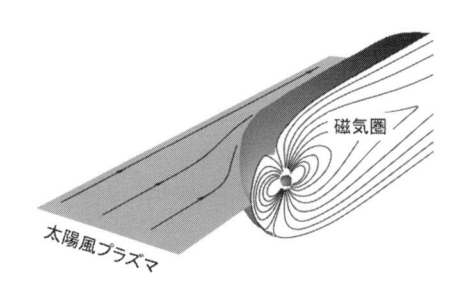

図 6.1　太陽風プラズマにより地球磁場は閉じ込められ磁気圏を形成する

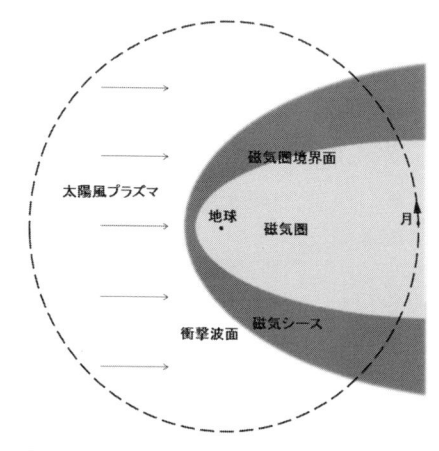

図 6.2　地球の北極側から見た磁気圏と月の軌道

地球史的な時間スケールで地磁気を考えると，後述するように，現在の地磁気は過去 500 万年間平均の 2 倍程度大きく，また約 80 万年前の地磁気は現在と反対の方向であった．さらに，太陽風プラズマの速度，密度は，フレアなどの太陽活動状況により時間的に変化する．このような時間変化をする地磁気，太陽風に伴って磁気圏のサイズも変化し，オーロラ発生など磁気圏ダイナミクスも変わる．

表 6.1 惑星の磁気双極子モーメント

地球	1
水星	0.0005
金星	< 0.0008
月	< 0.00002
火星	< 0.0003
木星	20000
イオ	0.005
ガニメデ	0.002
土星	500
天王星	50
海王星	30
太陽	20000000

惑星探査から，太陽系惑星の多くが内部起源の磁場，磁気圏をもつことがわかってきた．一般に，惑星磁場の構造 (磁力線の形態) は，惑星中心に磁気双極子を置いた磁場で近似される．したがって，内部起源磁場の強さを惑星間で比較するときは，磁気双極子モーメントの大きさで検討するのがよい．表 6.1 に示すように，木星の磁気双極子モーメントは地球の約 2 万倍である．木星付近の太陽風プラズマの数密度は地球近傍よりも小さいこともあり，木星磁気圏のサイズは地球磁気圏の約 1000 倍である．

現在の火星は地磁気のような磁場をもたないが，火星地殻起源の磁場の探査から，40 億年前以上の古い時代にはグローバルな磁場をもっていたことがわかった．

中心星である太陽も強い磁場をもち，特に黒点で強い．太陽の磁力線は太陽風に乗って広がり，地球近傍で地磁気の 1 万分の 1 程度の強さである．太陽風プラズマは主にプロトン (水素イオン) と電子からなっている．地球近傍では 1 cm^3 あたり数個のイオン密度であり，速さは 200〜500 km/s である．太陽風は約 100 AU (AU：天文単位, 1 AU=地球の平均公転半径 ≈ 1 億 5000 万 km) の距離まで到達している．太陽風の到達範囲を太陽圏という．太陽圏は銀河宇宙線のバリアになっている．

磁気圏の大きさを定量的に検討しよう．衝撃波面における太陽風プラズマの圧力 (動圧) はプラズマイオン粒子の反射による力積を考えればよい．太陽風プラズマの数密度を n, 平均質量を m, 速さを v, 動圧を p とすると，粒子 1 個の運動量は mv である．反射したプラズマ粒子の運動量は $-mv$ になるので，反射面に $2mv$ の力積が加わる．単位面積，単位時間あたりに nv 個のプラズマ粒子が反射するから，動圧 p は，

$$p = 2mv \times nv = 2nmv^2 \tag{6.1}$$

次に，太陽風動圧と惑星磁場とのつりあいを検討しよう．プラズマを流体と考えると，ローレンツ力を圧力として表示することができる (磁気圧)．平行な磁力線の場合，磁束密度を B とすると磁気圧 p_m は，$p_m = B^2/2\mu_0$ である (後述の例題 6.1 の解答)．

衝撃波面の近傍では磁場が圧縮されるので (f 倍，通常は $f = 2$)，補正すると，

$$p_m = \frac{f^2 B^2}{2\mu_0} \tag{6.2}$$

したがって，太陽側の磁気圏境界は，$p = p_m$ の場所に対応する．

半径 a の惑星表面の赤道における磁束密度を B_e とすると，双極子磁場であれば (6.2 節参照)，惑星中心から距離 r の地点における磁束密度は，

$$B = \left(\frac{a}{r}\right)^3 B_e \tag{6.3}$$

よって，衝撃波面では，

$$2nmv^2 = \frac{f^2 B_e^2}{2\mu_0}\left(\frac{a}{r}\right)^6 \tag{6.4}$$

$$\frac{r}{a} = \left(\frac{f^2}{4\mu_0 nmv^2}\right)^{1/6} B_e^{1/3} \tag{6.5}$$

上式から，磁気圏の大きさは惑星赤道上における磁場強度の 1/3 乗に比例する．惑星磁場の強さが半分になった場合，磁気圏の大きさは 0.8 倍程度に小さくなる．磁気圏が半分のサイズになる惑星磁場の強さは，もとの 1/8 となる．

[例題 6.1] 地球磁気圏のサイズを代表的値に基づき推定しよう．
[解答] $B_e = 30000$ nT $= 3 \times 10^{-5}$ T, $f = 2$, $n \approx 5 \times 10^6$ 個/m^3, $v \approx 3 \times 10^5$ m/s, $m = 1.67 \times 10^{-27}$ kg, $\mu_0 = 4\pi \times 10^{-7}$ H/m とすると，$r/a \approx 10$ となる．

プラズマを電磁流体と考え，磁気圧の式を導出しよう．電磁流体の密度を ρ, 速度を $\boldsymbol{v}$, 体積力を $\boldsymbol{K}$, 圧力を p, 電流を $\boldsymbol{J}$, 磁場を $\boldsymbol{B}$ とすると，運動方程式は，

$$\rho\left\{\frac{\partial \boldsymbol{v}}{\partial t} + (\boldsymbol{v}\cdot\nabla)\boldsymbol{v}\right\} = \rho\boldsymbol{K} - \nabla p + \boldsymbol{J}\times\boldsymbol{B} \tag{6.6}$$

右辺第 3 項がローレンツ力である．変位電流はないと仮定すると，

$$\boldsymbol{J} = \frac{1}{\mu_0}\nabla\times\boldsymbol{B} \tag{6.7}$$

よって，

$$\boldsymbol{J}\times\boldsymbol{B} = \left(\frac{1}{\mu_0}\nabla\times\boldsymbol{B}\right)\times\boldsymbol{B}$$
$$= -\nabla\left(\frac{B^2}{2\mu_0}\right) + \frac{1}{\mu_0}(\boldsymbol{B}\cdot\nabla)\boldsymbol{B} \tag{6.8}$$

したがって，

$$\rho\left\{\frac{\partial \boldsymbol{v}}{\partial t} + (\boldsymbol{v}\cdot\nabla)\boldsymbol{v}\right\} =$$
$$\rho\boldsymbol{K} - \nabla\left\{p + \frac{B^2}{2\mu_0}\right\} + \frac{1}{\mu_0}(\boldsymbol{B}\cdot\nabla)\boldsymbol{B} \tag{6.9}$$

したがって，$p_m = B^2/2\mu_0$ は圧力 p と同等に扱え，磁力線と垂直な方向に作用する圧力という意味合いをもつ．一方，平行な磁力線を仮定すると，$\boldsymbol{B}$ 方向への $\boldsymbol{B}$ の微分はゼロなので，右辺第 3 項はゼロになる．第 3 項は，磁力線が曲がっているときに作用するので磁気張力と呼ばれる．

6.2 地球の双極子磁場

天体内部に起源をもつ磁場は，一般に，天体中心に置いた磁気双極子の作る双極子磁場で近似できる．この節では，双極子磁場の基本的事項について述べる．

▶ 6.2.1 磁気双極子

磁気双極子の具体的イメージは，小さな円環電流，あるいは小さな棒磁石を考えればよい．半径 a の円環の電流を I[A]，円環の面積を S[m^2]，法線ベクトルを $\bm{n}$ とすると，磁気モーメントを $\bm{m}$[A m^2] は，次式で表される．

$$\bm{m} = IS\bm{n} \tag{6.10}$$

磁気モーメントの大きさ $|\bm{m}|$ を保ったまま $a \to 0$ としたときの極限が，磁気双極子となる．あるいは，円環の半径と比較して，距離 $r \gg a$ の点における磁場は双極子磁場と考えてよい．

小さな棒磁石で磁気双極子を表す場合は，単位が異なるので注意を要する．棒磁石の両端の磁荷を $\pm q$[Wb]，$-q$ の磁荷 (S 極) から $+q$ の磁荷 (N 極) に向かうベクトル $\bm{l}$[m] (長さ l[m]) とすると，磁気モーメント $\bm{m}_q$[Wb m] は，次式で表される．

$$\bm{m}_q = q\bm{l} \tag{6.11}$$

式 (6.10) の $\bm{m}$ と同じ双極子磁場の場合，真空の透磁率 $\mu_0 (= 4\pi \times 10^{-7}$ H/m$)$ を使うと，

$$\bm{m} = \frac{\bm{m}_q}{\mu_0} \tag{6.12}$$

本章では，磁気双極子の磁気モーメントを $\bm{m}$[A m^2] で表すこととする．

座標系の原点に置いた磁気双極子 $\bm{m}$ の作る磁場 $\bm{H}$[A/m] は，位置ベクトル $\bm{r}$，磁気ポテンシャル $\phi(\bm{r})$ により次式で表される．

$$\phi(\bm{r}) = \frac{\bm{m} \cdot \bm{r}}{4\pi r^3} \tag{6.13}$$

$$\begin{aligned}\bm{H}(\bm{r}) &= -\nabla \phi(\bm{r}) \\ &= \left(-\frac{\partial \phi(\bm{r})}{\partial x}, -\frac{\partial \phi(\bm{r})}{\partial y}, -\frac{\partial \phi(\bm{r})}{\partial z}\right)\end{aligned} \tag{6.14}$$

ここで ∇ はベクトル演算子であり，x–y–z 座標系では次の通り定義される．

$$\nabla = \left(\frac{\partial}{\partial x}, \frac{\partial}{\partial y}, \frac{\partial}{\partial z}\right) \tag{6.15}$$

磁性体の中を除き，磁束密度 $\bm{B}$ は次式で表される．

$$\bm{B} = \mu_0 \bm{H} = \frac{\mu_0}{4\pi}\left(-\frac{\bm{m}}{r^3} + \frac{3(\bm{m}\cdot\bm{r})}{r^5}\bm{r}\right) \tag{6.16}$$

このことから，地球電磁気学では磁束密度 $\bm{B}$ を磁場 $\bm{H}$ と同じ意味合いで使うことが多い．本章でも，地磁気を基本的に $\bm{B}$ (単位，T:テスラ) で表すことにする．

[例題 6.2] z 軸と平行な磁気双極子を考え，磁場ベクトルの 3 成分を，球座標系の点 $\bm{r}(r, \theta, \varphi)$ について求めてみよう．

[解答] $\bm{m}$ と $\bm{r}$ のなす角は θ，$\bm{m} \cdot \bm{r} = mr\cos\theta$ だから，

$$\phi(\bm{r}) = \frac{m\cos\theta}{4\pi r^2} \tag{6.17}$$

球座標系で，∇ は次の通り定義される．

$$\nabla = \left(\frac{\partial}{\partial r}, \frac{\partial}{r\partial \theta}, \frac{\partial}{r\sin\theta \partial \varphi}\right) \tag{6.18}$$

したがって，

$$B_r(\bm{r}) = \frac{\mu_0 m \cos\theta}{2\pi r^3} \tag{6.19}$$

$$B_\theta(\bm{r}) = \frac{\mu_0 m \sin\theta}{4\pi r^3} \tag{6.20}$$

$$B_\varphi(\bm{r}) = 0 \tag{6.21}$$

z 軸と平行な磁気双極子の磁場は z 軸の周りに対称であり，磁場の強さは距離の 3 乗に逆比例して急激に小さくなる．

▶ 6.2.2 地磁気双極子

地球の双極子磁場に対応する仮想的な磁気双極子を地磁気双極子という．地磁気双極子は地球中心にあり，自転軸から傾いていてもよい．観測から，現在の地磁気双極子は自転軸から約 10° 傾いていることがわかっている．したがって，太陽風が一定であっても，磁気圏の磁場構造は自転により 1 日周期で変化している．

地球表面のある地点から磁場の方向をたどると宇宙空間に 1 本の曲線を作る．この磁力線の形状を考察しよう．地磁気双極子を $\bm{m}$ とし，z 軸が $\bm{m}$ と平行な球座標系をとると，前節の例題により磁場は座標 φ に依存しない．したがって，磁力線の式は $r = r(\theta)$ と表せる．

ある点 $P(\bm{r})$ における磁場の方位は磁力線の接線方向となるから，

$$\frac{B_r}{B_\theta} = \frac{dr}{rd\theta} \tag{6.22}$$

ここで左辺は磁場の方位，右辺は磁力線の接線の傾きである．前節の例題に基づいて B_r, B_θ を代入すると，

$$\frac{dr}{rd\theta} = \frac{2}{\tan\theta} \tag{6.23}$$

この微分方程式を解けば，磁力線の形状を表す関係式を求められる．

$$\int \frac{1}{r}dr = \int \frac{2}{\tan\theta}d\theta \tag{6.24}$$

$$\ln r = 2\ln(\sin\theta) + const. \tag{6.25}$$

定数 r_0 と緯度に相当する座標 $\lambda = \pi/2 - \theta$ を使うと，

$$r = r_0 \sin^2\theta = r_0 \cos^2\lambda \tag{6.26}$$

上式は，$\theta = \pi/2$，つまり $\lambda = 0$ の面で距離 r_0 の地点を通過する磁力線を表す．$\lambda = 0$ の面は地磁気としての赤道面となる (地磁気赤道)．$r = a$ (a：地球半径) で $\lambda = \pm \Lambda$，また $L = r_0/a$ とすると，

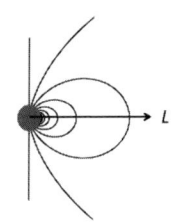

図 6.3 地磁気双極子の作る磁場の磁力線構造
L は地磁気赤道面上の距離 (r_0) を地球半径 (a) を単位として表す ($L = r_0/a$).

$$L = \frac{1}{\cos^2 \Lambda} \quad (6.27)$$

$$\Lambda = \arccos\left(\frac{1}{\sqrt{L}}\right) \quad (6.28)$$

地球表面で $\lambda = \pm\Lambda$ の地点を通る磁力線は，地磁気赤道面上で地球半径の L 倍の距離にある地点を通過し，つながっていることになる．また，$r(\theta)$ の式は $\boldsymbol{m}$ に依存せず，地磁気双極子の大小に関わらず周囲の磁力線の形状は変わらないことがわかる．

[例題 6.3] 地球表面の $\Lambda = \pm\pi/6, \pm\pi/4, \pm\pi/3$ の各地点を通る磁力線を考えよう．
[解答] 各磁力線の通過する地磁気赤道面上の地点の距離 L を求めると，$L = 1.3, 2, 4$ となる．計算結果に基づき，地磁気双極子の磁力線の概略を描いてみよう (図 6.3 を参照).

6.3 現在の地磁気

現在の地磁気は，グローバルな観測データに基づいて解析されている．本節では，観測による実際の地球磁場を概観しよう．

▶ 6.3.1 地磁気の観測データ

地磁気はベクトル3成分で表される．よく使われる直交3成分として，北方向成分 X, 東方向成分 Y, 鉛直下方向成分 Z がある．イメージしやすい3成分としては，地磁気方位を示す2成分と地磁気強度を合わせたものがある．地磁気方位を示す2成分は，水平面からの角度である伏角 I (下向きを正)，水平面上で地理的北からの角度である偏角 D (時計回りを正) である．大航海時代から磁針でよく測定されている方位は偏角である．地磁気強度は全磁力 F で表され，地磁気ベクトルの長さにあたる．

これらの3成分には次の関係がある．

$$F = \sqrt{X^2 + Y^2 + Z^2} \quad (6.29)$$

$$\tan I = \frac{Z}{\sqrt{(X^2 + Y^2)}} \quad (6.30)$$

$$\tan D = \frac{Y}{X} \quad (6.31)$$

地上の地磁気観測所，人工衛星による地磁気観測データを解析し，5年ごとに標準的な地磁気がとり決められている．これを国際標準地球磁場 (International Geomagnetic Reference Field, IGRF) という．

現在の地磁気を代表するものとして，2010年の国際

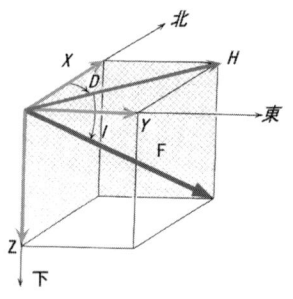

図 6.4 地磁気3成分

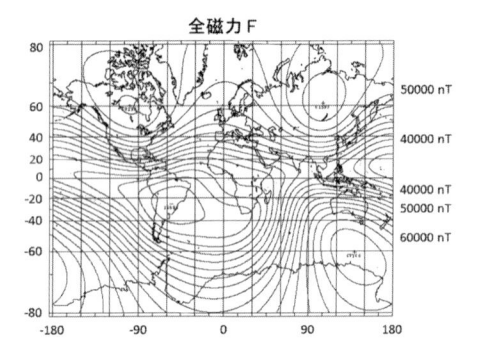

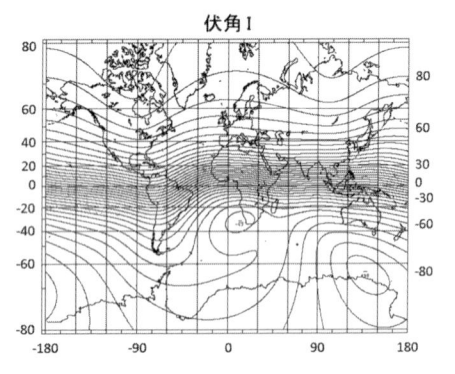

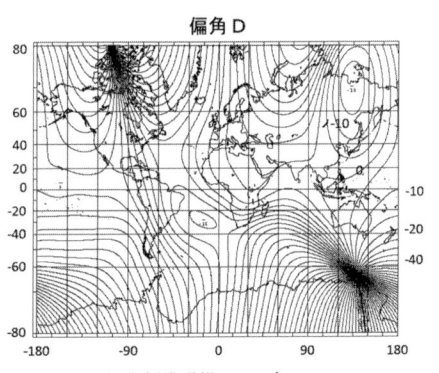

図 6.5 国際標準磁場 2010 年 (IGRF2010)

標準地球磁場 (IGRF2010) の等高線図を見てみよう．

全磁力 F の分布図を見ると，赤道付近で約 30000 nT ($1\,\mathrm{nT}=10^{-9}\,\mathrm{T}$), 極地域では約 60000 nT と 2 倍程度まで大きくなる．日本では $F=40000 \sim 50000$ nT である．また, 目玉のような形状の等高線分布がいくつか見られる．

伏角 I の分布図では，赤道付近で $I \approx 0$ となり地磁気はほぼ水平方向である．北半球の大部分で $I>0$ と下向きであり，南半球の大部分では $I<0$ と上向きである．

偏角は低緯度地域，中緯度地域で $D \approx 0$ であるが，高緯度地域では絶対値が大きくなり等高線が集中する点が 2 ヶ所存在する．この集中する点の伏角を見ると $\pm 90°$ であり，北極側で真下，南極側で真上を向いていることがわかる．$I=90°$ の地点を磁北極，$I=-90°$ の地点を磁南極，$I=0°$ の線を磁気赤道という．磁北極，磁南極，磁気赤道の位置は，観測結果に基づいて決められる．

▶ **6.3.2　地軸双極子と国際標準地球磁場**

地磁気双極子は自転軸に対して約 10° 傾いていることを述べた．このことは，地磁気観測の結果から導き出されている．本節では，自転軸方向に地磁気双極子が向いていると近似し，国際標準地球磁場の特徴を定量的に理解しよう．

自転軸と平行な地磁気双極子を地軸双極子という．地軸双極子の磁気モーメントを m (北極方向を正), 地球半径を a とすると，磁場 3 成分は次式で表される (6.2.1 項の例題を参照)．

磁場強度 F は,
$$F = \sqrt{B_r{}^2 + B_\theta{}^2 + B_\varphi{}^2} = \frac{\mu_0 m}{4\pi a^3}\sqrt{1+3\cos^2\theta}$$
$$= \frac{\mu_0 m}{4\pi a^3}\sqrt{1+3\sin^2\lambda} \quad (6.32)$$

$F_0 = \mu_0 m / 4\pi a^3$ とすると,
$$\frac{F}{F_0} = \sqrt{1+3\sin^2\lambda} \quad (6.33)$$

伏角 I は,
$$\tan I = \frac{-B_r}{|B_\theta|} = \begin{cases} -2\cot\theta = -2\tan\lambda & (m \geq 0) \\ 2\cot\theta = 2\tan\lambda & (m < 0) \end{cases}$$
$$(6.34)$$
$$I = \begin{cases} -\arctan(2\tan\lambda) & (m \geq 0) \\ \arctan(2\tan\lambda) & (m < 0) \end{cases} \quad (6.35)$$

偏角 D は,
$$\tan D = \frac{B_\varphi}{B_\theta} = 0 \quad (6.36)$$
$$D = \begin{cases} \pi & (m \geq 0) \\ 0 & (m < 0) \end{cases} \quad (6.37)$$

地軸双極子の場合，θ は地理的余緯度, λ は地理的緯度に等しい．

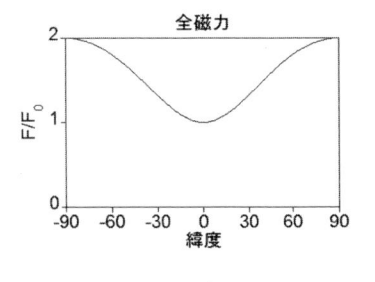

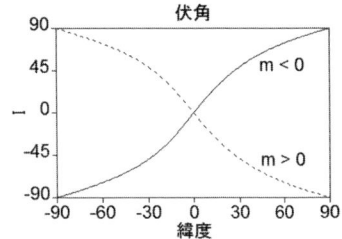

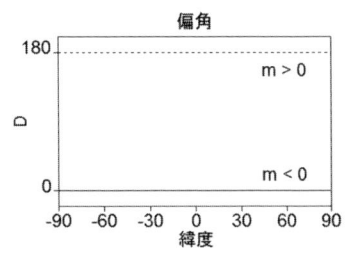

図 6.6　地軸双極子磁場の 3 成分

上式に基づき，磁場 3 成分 F, I, D の緯度による変化をグラフにしてみよう．地軸双極子の向き (m の正負) に関わらず，磁場強度は両極で赤道の 2 倍になる．伏角は，北半球と南半球で向きが逆になり，地軸双極子の向きに応じて反対の分布になる．偏角は，地軸双極子の向きに応じて，$0°$ (北方向) あるいは $180°$ (南方向) になる．

これらの結果と国際標準磁場を比較すると，現在の地磁気の特徴は $m<0$ の地軸双極子に対応していることがわかる．棒磁石で表せば，北極側に S 極，南極側に N 極であり，磁力線は南極側から出て北極側に向かう．このように，現在の地磁気は南向きの地軸双極子の作る磁場で近似できる．

もし $m>0$ ならば，北極側に N 極，南極側に S 極となり，磁力線は北極側から出て南極側に向かうので，地表で観測される磁力線の向きは現在と反対になる．後述するように，地磁気方位は頻繁に反対方向にあったことがわかっており，地球の地軸双極子の向きが逆転していたことになる．これが地磁気逆転であり，現在と同じ向きの期間を正磁極期, 反対の向きの期間を逆磁極期という．

[例題 6.4] 赤道 ($\lambda = 0$) で, $F = 30000\,\mathrm{nT}$ と仮定し, 地球の磁気双極子モーメントの大きさを推定しよう.
[解答] 赤道では,
$$F = F_0 = \frac{\mu_0 m}{4\pi a^3} \quad (6.38)$$
$a = 6.4 \times 10^6$ m, $\mu_0 = 4\pi \times 10^{-7}$ H/m とすると, $m = 8 \times 10^{22}\,\mathrm{A\,m^2}$ となる. 電流 I が地球中心核 (主に鉄でできている) の表面を流れて地軸双極子を作っていると仮定すると, 核半径 r_c は約 3500 km だから,
$$I = \frac{m}{\pi r_c^2} \approx 10^9\,[\mathrm{A}] \quad (6.39)$$
10 億 A 程度の電流が流れていることになる.

6.4 地磁気ガウス係数

国際標準地球磁場の主な特徴は, 地軸双極子で表される. しかし, 南北の磁極は地理的極からずれており, 地磁気は約 10° 傾いた磁気双極子 (地磁気双極子) でよりよい近似となる. また, 地磁気強度分布には目玉のような等高線分布が見られる. これらのことは, 地磁気は地軸双極子以外の成分が有意に存在していることを示している. 本節では多重極子展開という手法を使い, より厳密に地磁気を表す.

▶ 6.4.1 地磁気ポテンシャル

地表で観測される地磁気には, 内部起源の磁場だけでなく外部のプラズマや電離層を流れる電流に起因する外部起源の磁場も含まれる. 一般に, 内部起源磁場は外部起源磁場と比べて大きいこと, 両者を分離する地上観測データ解析法 (磁場の内外分離) が確立されていることから, ここでは内部起源磁場のみを考えることとする.

地球中心核の電流系など磁場を生み出すソースが地球内部にある場合, 地球中心にある多重極子を仮定し地磁気を表すことができる. 数学的に独立した成分としての多重極子は, 双極子, 四重極子, 八重極子など 2^n 重極子 ($n = 1, 2, 3, \ldots$) となる. 多重極子は, 磁荷を用いるとイメージしやすい. 同じ次数 n について, 磁荷の配置により複数の多重極子が存在しうる.

地磁気は磁気ポテンシャル W を使って表すことができる.
$$B(\boldsymbol{r}) = -\mu_0 \nabla W(\boldsymbol{r}) \quad (6.40)$$

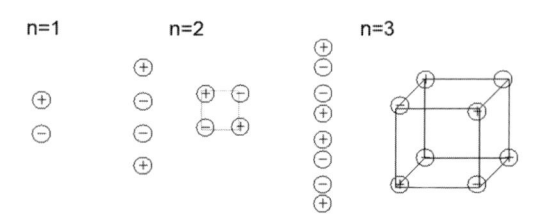

図 6.7 磁荷を用いて表した多重極子の例

ここで, 磁気ポテンシャル W はラプラス方程式を満足する.
$$\nabla^2 W = 0 \quad (6.41)$$
位置ベクトル $\boldsymbol{r}$ を球座標 (r, θ, φ) で表し, r を地球中心からの距離, θ を地理的余緯度, φ を経度とする. このとき,
$$\nabla^2 W = \frac{1}{r^2}\frac{\partial}{\partial r}\left(r^2 \frac{\partial W}{\partial r}\right) + \frac{1}{r^2 \sin\theta}\frac{\partial}{\partial \theta}\left(\sin\theta \frac{\partial W}{\partial \theta}\right)$$
$$+ \frac{1}{r^2 \sin^2\theta}\frac{\partial^2 W}{\partial \varphi^2} \quad (6.42)$$
ラプラス方程式の解として地磁気ポテンシャルは, 係数 g_n^m, h_n^m を使って一意に表される.
$$W(r,\theta,\varphi) = \frac{a}{\mu_0}\sum_{n=1}^{\infty}\sum_{m=0}^{n}\left(\frac{a}{r}\right)^{n+1}(g_n^m \cos m\varphi$$
$$+ h_n^m \sin m\varphi)P_n^m(\cos\theta) \quad (6.43)$$
a は地球半径, $P_n^m(\cos\theta)$ はシュミットの規格化を施したルジャンドル陪関数である. ルジャンドル陪関数を $P_{n,m}$ とすると,
$$P_n^m = P_{n,m} \quad (m=0) \quad (6.44)$$
$$P_n^m = \sqrt{\frac{2(n-m)!}{(n+m)!}} P_{n,m} \quad (m>0) \quad (6.45)$$
式 (6.43) は複雑に見えるが, 観測地点で決まる項, $(a/r)^{n+1} P_n^m(\cos\theta)\cos m\varphi$ と $(a/r)^{n+1} P_n^m(\cos\theta)\sin m\varphi$ の単純和である. 各項の係数は g_n^m, h_n^m ($n = 1, 2, \ldots; m = 0, \ldots, n$) であり, 地磁気ガウス係数という. ある次数 n について, $(2n+1)$ 個のガウス係数がある. 次数 n の地磁気ガウス係数は, 磁荷配置の異なる $(2n+1)$ 個の 2^n 重極子に対応する. 多重極子展開は, 数学的な球関数展開と同等である.

観測データは磁場なので, 地磁気ポテンシャルから地表における地磁気 3 成分を求めよう.
$$X(a,\theta,\varphi) = -B_{\theta(a,\theta,\varphi)} = -\left[-\mu_0 \frac{\partial W}{r \partial \theta}\right]_{r=a}$$
$$= \sum_{n=1}^{\infty}\sum_{m=0}^{n}(g_n^m \cos m\varphi + h_n^m \sin m\varphi)\frac{dP_n^m(\cos\theta)}{d\theta}$$
$$(6.46)$$
$$Y(a,\theta,\varphi) = B_{\varphi(a,\theta,\varphi)} = \left[-\mu_0 \frac{\partial W}{r\sin\theta \partial\varphi}\right]_{r=a}$$
$$= \sum_{n=1}^{\infty}\sum_{m=0}^{n}(g_n^m \sin m\varphi - h_n^m \cos m\varphi)\frac{mP_n^m(\cos\theta)}{\sin\theta}$$
$$(6.47)$$
$$Z(a,\theta,\varphi) = -B_{r(a,\theta,\varphi)} = -\left[-\mu_0 \frac{\partial W}{\partial r}\right]_{r=a}$$
$$= \sum_{n=1}^{\infty}\sum_{m=0}^{n}\{-(n+1)(g_n^m \cos m\varphi + h_n^m \sin m\varphi)$$
$$\cdot P_n^m(\cos\theta)\} \quad (6.48)$$

地磁気ガウス係数がわかっていれば，式 (6.46)〜(6.48) に基づいて任意の地点の地磁気 3 成分を計算できる．逆に，地磁気観測データがあれば地磁気ガウス係数を求めることができる．

国際標準地球磁場は，観測データから地磁気ガウス係数を計算し決定している．上式からわかるように，地磁気ガウス係数は磁場の単位をもつ．例えば，2010 年の国際標準地球磁場において，$g_1^0 = -29497$ nT である．

▶ **6.4.2 地磁気ガウス係数と地磁気双極子**

次数 n の地磁気ガウス係数は 2^n 重極子に対応することを，$n=1$ の場合について検証しよう．

$n=1$ の地磁気ポテンシャルを $W_1(r,\theta,\varphi)$ とすると，

$$W_1(r,\theta,\varphi) = \frac{a^3}{\mu_0 r^2} g_1^0 P_1^0(\cos\theta) + \frac{a^3}{\mu_0 r^2} g_1^1 P_1^1(\cos\theta)\cos\varphi + \frac{a^3}{\mu_0 r^2} h_1^1 P_1^1(\cos\theta)\sin\varphi \quad (6.49)$$

シュミットの規格化を施したルジャンドル陪関数は，三角関数で次の通り書き下せる．

$$P_1^0(\cos\theta) = \cos\theta \quad (6.50)$$
$$P_1^1(\cos\theta) = \sin\theta \quad (6.51)$$

したがって，

$$W_1(r,\theta,\varphi) = \frac{a^3 g_1^0}{\mu_0}\frac{\cos\theta}{r^2} + \frac{a^3 g_1^1}{\mu_0}\frac{\sin\theta\cos\varphi}{r^2} + \frac{a^3 h_1^1}{\mu_0}\frac{\sin\theta\sin\varphi}{r^2} \quad (6.52)$$

次に，地球中心にある磁気双極子を考えよう．ここでは自転軸から傾いていてもよく，磁気モーメントを x-y-z 座標系において $\boldsymbol{m} = (m_x, m_y, m_z)$ とする．位置ベクトル $\boldsymbol{r}(x,y,z)$ における磁気ポテンシャル $\phi(\boldsymbol{r})$ は，$x = r\sin\theta\cos\varphi, y = r\sin\theta\cos\varphi, z = r\cos\theta$ だから，式 (6.13) より

$$\phi(\boldsymbol{r}) = \frac{\boldsymbol{m}\cdot\boldsymbol{r}}{4\pi r^3} = \frac{1}{4\pi r^3}(m_x x + m_y y + m_z z)$$
$$= \frac{m_x}{4\pi}\frac{\sin\theta\cos\varphi}{r^2} + \frac{m_y}{4\pi}\frac{\sin\theta\sin\varphi}{r^2} + \frac{m_z}{4\pi}\frac{\cos\theta}{r^2} \quad (6.53)$$

r,θ に関する部分を比較すると，

$$\frac{a^3 g_1^0}{\mu_0} = \frac{m_z}{4\pi} \quad (6.54)$$
$$\frac{a^3 g_1^1}{\mu_0} = \frac{m_x}{4\pi} \quad (6.55)$$
$$\frac{a^3 h_1^1}{\mu_0} = \frac{m_y}{4\pi} \quad (6.56)$$

したがって，

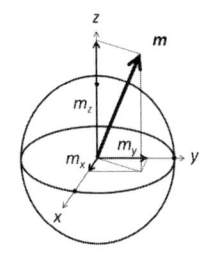

図 6.8 地磁気双極子の 3 成分

$$m_x = \frac{4\pi a^3 g_1^1}{\mu_0} \quad (6.57)$$
$$m_y = \frac{4\pi a^3 h_1^1}{\mu_0} \quad (6.58)$$
$$m_z = \frac{4\pi a^3 g_1^0}{\mu_0} \quad (6.59)$$

このように，$n=1$ の地磁気ガウス係数は，直交する 3 方向の磁気双極子に対応する．$\boldsymbol{m}$ を地磁気双極子とすると，m_z は地磁気双極子の自転軸方向成分 (地軸双極子成分)，m_x, m_y は赤道面内の直交する地磁気双極子成分となる．

地磁気双極子の磁気モーメント (地磁気双極子モーメント) の大きさ m と傾き θ_0 は，

$$m = \sqrt{m_x{}^2 + m_y{}^2 + m_z{}^2}$$
$$= \frac{4\pi a^3}{\mu_0}\sqrt{(g_1^0)^2 + (g_1^1)^2 + (h_1^1)^2} \quad (6.60)$$
$$\cos\theta_0 = \frac{m_z}{m} = \frac{g_1^0}{\sqrt{(g_1^0)^2 + (g_1^1)^2 + (h_1^1)^2}} \quad (6.61)$$

慣例として，地磁気双極子の傾きは，地磁気双極子の軸と自転軸とのなす角をとる ($\theta_0 \leq \pi/2$)．地磁気双極子の軸方向と地球表面の交点を地磁気極という．

[**例題 6.5**] ガウス係数から，地磁気双極子モーメントの大きさと傾きを求めよう．

[**解答**] 2010 年国際標準地球磁場によれば，$g_1^0 = -29497$ nT, $g_1^1 = -1586$ nT, $h_1^1 = 4945$ nT である．$a = 6378$ km として，$m = 7.77 \times 10^{22}$ A m^2 となる．$\theta_0 = 170.0°$ となり，地磁気双極子の自転軸からの傾きは $10.0°$ である．

6.5 地磁気の成因

地球を初めとする惑星のグローバル磁場は，どのようなメカニズムで生じ，維持されているのだろうか．地球では，鉄流体の中心核において発電を行うダイナモ作用があり，電流が流れて双極子磁場としての地磁気を生み出している．本節では，ダイナモ作用について概観する．

▶ 6.5.1 ダイナモ作用の基本概念

電気伝導度が大きく電流の流れやすい流体を考えよう．流体が磁場の中で運動すると，流体中に誘導電流が流れて磁場を変形する．また，磁場によるローレンツ力は流体運動を変えうる．この相互作用の結果，もとの磁場を成長，維持，あるいは減衰させる．流体運動が磁場変形という仕事をすることで，運動エネルギーを磁場エネルギーへ変換している．地球中心核では，このような作用による地球ダイナモが存在する．

良電気伝導度の流体の運動による磁場変形の典型的ケースは，流体物質が完全導体の場合である．完全導体の中の磁場は保持されるため，磁力線は運動とともに動き，結果として流体運動によって磁場が変形する．磁場が流体に凍結されて動くようになるので，この現象を磁場凍結という．

一例として，完全導体のコイルを考えよう．このコイルに磁場が印加されると，印加された磁場を打ち消すように，コイル内に起電力が生じ電流が流れる．完全導体の電気抵抗はゼロ（電気伝導度が無限大）なので，誘導された電流は減衰せず流れ続け，結果としてコイル内の磁場は打ち消されゼロのままである．

完全導体でない場合，誘導電流は時間とともに減衰する．地球外核のように電気伝導度の大きい導体では減衰に要する時間が長いため，近似的に磁場凍結が成り立つ．

動く導体における磁場凍結のイメージを，具体例で見てみよう．内部磁場のない導体棒が磁場の中に入っていく場合，導体中の磁場はゼロのままであり，外部磁場は導体の中に入らない．結果として，磁力線は導体棒により押しのけられ，導体棒の周囲で引き伸ばされたり圧縮されたりする（図 6.9）．

次に，もともと内部に磁場が存在する導体があり，導体内部のある面でずれが生じたとしよう．ずれた導体の両側の部分では，それぞれ磁場が保持される．結果として，境界面で磁力線は引き伸ばされる（図 6.10）．

外核内の磁場は外核流体の運動に乗って変形し，新たな磁場が生成される．典型的な磁力線の変形は，(1) 引き伸ばし，(2) ひねり，(3) 重ね，(4) 再結合の 4 種類である（図 6.11）．

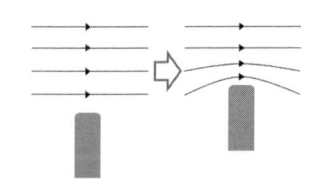

図 6.9 導体棒による磁力線の変形

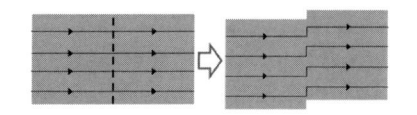

図 6.10 導体が上下にずれた場合，導体中の磁力線は境界面で引き伸ばされる

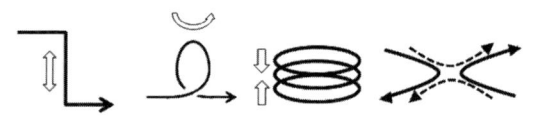

図 6.11 典型的な磁力線の変形

▶ 6.5.2 外核流体の運動による磁場の変形

地球外核における流体運動を決める主な力は，外核流体の温度・組成の不均質による浮力，自転に起因するコリオリ力，さらに圧力勾配，粘性力，ローレンツ力，慣性力と考えられる．外核流体の温度・組成の不均質を作る原因は，コア-マントル境界における外核の冷却や，軽元素を含む外核物質が固化して内核を成長させるときの潜熱発生と軽元素放出と考えられている．これらに起因する浮力により上昇流が生まれ，対流運動にコリオリ力が作用して渦を生み出す．このような流体運動による磁場変形・生成について，典型的な 2 つのメカニズムを見てみよう．

外核に水平方向の磁力線があり，それと交わる方向に上昇流が生じたとしよう．磁場凍結により，磁力線は上方に引き伸ばされる．上昇流はコリオリ力により渦となり，磁力線にひねりが生じる．ひねられた磁力線が交わると再結合が起き，ループ上の磁場が生じる．結果として，もとの磁場にはなかった上下方向の成分をもつ磁場が生成される．この一連の磁場変形・生成を α 効果という（図 6.12）．複数の磁力線ループが合わさり，より大きなループ状の磁力線が形成されることもある．α 効果により，水平方向の磁場から半径方向の磁場が生成され，外核から外に磁力線が出ていき，地表，地球周囲でも磁場が存在するようになる．

次に，外核を貫き自転軸と平行成分をもつ磁力線があり，外核に自転軸周りの流体運動が生じたとしよう．磁場凍結により外核内の磁力線は回転し，自転軸周りに引き伸ばされる．自転軸の周りに 1 周すると磁力線は再結合し，中心核内で閉じたループ状の磁力線が生

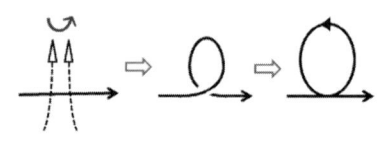

図 6.12 α 効果

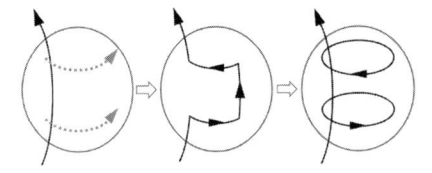

図 6.13 ω 効果

じる．これを ω 効果という (図 6.13)．

α 効果と ω 効果を合わせてみよう．双極子磁場があると，ω 効果により自転軸周りの磁場が生じうる．この磁場は水平方向にあり外核内で閉じていて，そのままではもとの双極子磁場を補強することはできない．閉じた磁場ループに対する α 効果を考えると，半径方向の磁場が生じて，外核から外に磁力線が出ていくような磁場を生じうる．結果として，双極子磁場を補強する可能性がある．

回転球殻としての地球外核における流体運動の特徴を考えると，自転速度は大きいので，理論的には自転軸方向に一様な流体運動になりやすい．このことを回転する 2 次元球殻流体で検討しよう．

実際の外核では地球中心方向に圧力が高くなるが，ここでは回転軸方向に圧力勾配があると仮定しよう．流体運動があると，速度に応じてコリオリ力が作用する．定常状態を仮定すると，圧力勾配による力とコリオリ力がつりあう (地衡流)．回転ベクトルを $\boldsymbol{\Omega}$ (一定)，圧力を P，流体の速度を $\boldsymbol{v}$，流体の密度を ρ (一定) とし，回転軸方向に z 軸をとると，

$$-\frac{1}{\rho}\nabla P = 2\boldsymbol{\Omega} \times \boldsymbol{v} \tag{6.62}$$

上式の左辺は単位質量あたりの流体に作用する圧力勾配による力，右辺はコリオリ力である．両辺にベクトル演算としての回転 ($\nabla\times$) をとると，

$$-\frac{1}{\rho}\nabla \times (\nabla P) = 2\nabla \times (\boldsymbol{\Omega} \times \boldsymbol{v}) \tag{6.63}$$

ベクトル解析の公式，$\nabla\times(\nabla\phi)=0, \nabla\times(\boldsymbol{a}\times\boldsymbol{b}) = (\boldsymbol{b}\cdot\nabla)\boldsymbol{a}-(\boldsymbol{a}\cdot\nabla)\boldsymbol{b}$ を適用すると，

$$\frac{\partial \boldsymbol{v}}{\partial z} = 0 \tag{6.64}$$

したがって，定常流の速度分布は z 軸方向に一様になり，回転軸方向に伸びる柱状の速度構造をもつ．

コンピュータシミュレーションや回転装置による室内実験から，地球外核では自転軸方向に伸びた渦があると推測されている．その渦は上昇流，下降流を伴うらせん状セルであり，大気運動と同じようにそれぞれ低気圧セル，高気圧セルと呼ばれる．ただし，大気運動の地表に対応する面はコア–マントル境界であり，上空は地球中心方向にあたる．

低気圧セルでは流れがコア–マントル境界から赤道面へ向かい，高気圧セルでは赤道面からコア–マントル境

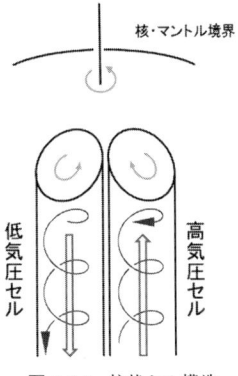

図 6.14 柱状セル構造

界へ向かう．低気圧型セルと高気圧型セルは，固体の内核の周囲に交互に並び，磁力線は低気圧型セルと高気圧型セルとの間で自転軸方向に引き伸ばされる．この効果により自転軸方向の磁場が外核で生成され，地球の双極子磁場が生み出されると考えられている (地球電磁気・地球惑星圏学会学校教育ワーキング・グループ，2010 を参照)．

▶ **6.5.3 誘導方程式**

ダイナモ作用の磁場生成に関する関係式を電磁気学の基本から導出し，ダイナモ存在の可能性を定量的に検討しよう．基礎方程式は，広い意味でのマクスウェル方程式，オームの法則である．

$$\nabla \times \boldsymbol{H} = \boldsymbol{i} \tag{6.65}$$

$$\nabla \times \boldsymbol{E} = -\frac{\partial \boldsymbol{B}}{\partial t} \tag{6.66}$$

$$\nabla \cdot \boldsymbol{B} = 0 \tag{6.67}$$

$$\boldsymbol{B} = \mu \boldsymbol{H} \tag{6.68}$$

$$\boldsymbol{i} = \sigma(\boldsymbol{E} + \boldsymbol{v} \times \boldsymbol{B}) \tag{6.69}$$

ここで，$\boldsymbol{i}$ は真の電流 (変位電流は考えなくてよい)，μ, σ はそれぞれ物質の透磁率，電気伝導率，$\boldsymbol{v}$ は物質の運動速度である．μ, σ は物質の性質を表す量であり，ダイナモ作用が起きている場所では一様，かつ，時間的に変化しないと仮定しよう．式 (6.69) の右辺第 2 項 $\boldsymbol{v} \times \boldsymbol{B}$ は，物質が磁場中を動くときに生じる起電力であり，ダイナモ作用における重要な項である．

式 (6.65) に $\mu\nabla\times$ を作用させると，

$$\mu\nabla \times (\nabla \times \boldsymbol{H}) = \mu\nabla \times \boldsymbol{i} \tag{6.70}$$

式 (6.69) を代入して，

$$\nabla \times (\nabla \times \boldsymbol{B}) = \mu\sigma\nabla \times (\boldsymbol{E} + \boldsymbol{v} \times \boldsymbol{B}) \tag{6.71}$$

ベクトル公式 $\nabla\times(\nabla\times\boldsymbol{a}) = \nabla(\nabla\cdot\boldsymbol{a})-\nabla^2\boldsymbol{a}$ を左辺に適用すると，

$$\nabla(\nabla \cdot \boldsymbol{B}) - \nabla^2 \boldsymbol{B} = \mu\sigma\{\nabla \times \boldsymbol{E} + \nabla \times (\boldsymbol{v} \times \boldsymbol{B})\} \tag{6.72}$$

式 (6.66), (6.67) を代入して,
$$-\nabla^2 \boldsymbol{B} = \mu\sigma\left\{-\frac{\partial \boldsymbol{B}}{\partial t} + \nabla \times (\boldsymbol{v} \times \boldsymbol{B})\right\} \quad (6.73)$$
整理すると,
$$\frac{\partial \boldsymbol{B}}{\partial t} = \frac{1}{\mu\sigma}\nabla^2 \boldsymbol{B} + \nabla \times (\boldsymbol{v} \times \boldsymbol{B}) \quad (6.74)$$

上式の左辺は磁場の時間変動を意味し, 右辺第1項は磁場の拡散・減衰 (拡散項), 右辺第2項は物質の運動による磁場の誘導 (誘導項) に対応する. 式 (6.74) を誘導方程式という.

誘導方程式の物理的意味を確認するために, 磁場の減衰を考えてみよう. 磁場の中にある導体物質が突然に運動を停止したとしよう. 式 (6.74) で $\boldsymbol{v} = 0$ とすると,
$$\frac{\partial \boldsymbol{B}}{\partial t} = \frac{1}{\mu\sigma}\nabla^2 \boldsymbol{B} \quad (6.75)$$

上式は, 運動停止のため起電力がなくなって磁場が減衰 (自由減衰) することを示している. イメージとしては, 磁力線がお互いに離れて拡散することになる. 磁場減衰の時間スケールを τ_m, 磁場分布の空間スケールを L, 磁場の代表的強さを B とすると, 次元解析により,
$$\frac{B}{\tau_m} \approx \frac{B}{\mu\sigma L^2} \quad (6.76)$$
$$\tau_m \approx \mu\sigma L^2 \quad (6.77)$$

式 (6.77) から, 物質の電気伝導度が大きいほど, また大規模スケールの磁場ほど, 磁場は減衰しにくいことがわかる.

[例題 6.6] 地球の外核中の流れがゼロになったと仮定したとき, 地磁気の減衰に要する時間を見積もってみよう.
[解答] 外核において, $\mu = \mu_0 (= 4\pi \times 10^{-7}$ H/m), $L \approx 3500$ km であり, 電気伝導度は $\sigma \approx 10^5$ S/m と推定されている. これらの値を使うと, $\tau_m \approx 10^4$ 年となる.

▶ **6.5.4 ダイナモ作用を特徴づけるパラメータ**

これまでの研究から, 地磁気は少なくとも過去数億年間は確実に存在していたことがわかっている. 地磁気の存在時間は自由減衰に要する時間スケールよりはるかに長く, 磁場は生成・維持されていなくてはならない. したがって, 誘導の寄与が必要であり, (拡散項の大きさ) < (誘導項の大きさ) という条件を満たさなくてはならない. 誘導された磁場のすべてがもとの磁場を維持するとは限らないので, この条件は必要条件である.

この必要条件を, 流体運動の代表的速さを v として定式化すると,
$$1 < \frac{|誘導項|}{|拡散項|} = \frac{vB/L}{B/\mu\sigma L^2} = \mu\sigma vL \equiv R_m \quad (6.78)$$
R_m は磁気レイノルズ数と呼ばれる無次元数であり,

$R_m > 1$ がダイナモを維持するための必要条件である. 磁気レイノルズ数から, サイズの大きな良電気伝導度の流体が速く運動するほど磁気レイノルズ数は大きくなり, ダイナモ作用が成立しやすくなることがわかる. また, 時間スケールを使って書き直すと,
$$R_m = \frac{\mu\sigma L^2}{L/v} = \frac{\tau_m}{\tau_v} \quad (6.79)$$

ここで, $\tau_m = \mu\sigma L^2$ は磁場拡散の時間スケール, $\tau_v = L/v$ は流体運動の時間スケールあるいは磁場生成の時間スケールになる. 時間スケールで考えると, $R_m > 1$ ならば, 磁場拡散よりも速く流体が動くので, 磁場凍結が近似的に成り立ち, 効果的に磁場が変形される. つまり, 磁場は拡散するよりも速く生成されうる. 効率を考えると, ダイナモ維持のためには $R_m > 10$ と考えられている.

誘導方程式以外に, 流体運動を記述するナビエ–ストークス方程式や熱・組成の拡散方程式が, ダイナモ作用の主な基礎方程式である. 流体に作用する力は, 圧力勾配による力, 粘性力, 密度差による浮力, コリオリ力, ローレンツ力, 慣性力である. 誘導方程式の磁気レイノルズ数のように, 各基礎方程式の物理的意味を特徴づける無次元パラメータがある. 以下に, 代表的なものを列挙する.

- レーリー数 Ra:浮力/粘性力
- エクマン数 E:粘性力/コリオリ力
- 磁気レイノルズ数 R_m:磁場拡散時間スケール/流体運動の時間スケール
- エルザッサ数 Λ:ローレンツ力/コリオリ力
- プラントル数 Pr:熱拡散の時間スケール/粘性効果の時間スケール
- 磁気プラントル数 P_m:磁場拡散の時間スケール/粘性効果の時間スケール

地球の外核では, $Ra \approx 10^{18}$, $E \approx 10^{-9}$ と推定され, 粘性の影響は浮力, コリオリ力と比較してかなり小さい. いわば, 外核はさらさらの流体と考えられている.

[例題 6.7] 観測で伏角 $I = 90°$ となる磁北極は年々移動しており, その位置は 1900 年に (70.5N, 96.2W), 2000 年に (81.0N, 109.7W) であった. この移動が, 外核表面における $I = 90°$ の地点の移動を表すとしよう. 磁場凍結が成り立っているとして, 磁気レイノルズ数を計算してみよう.
[解答] 外核半径は約 3500 km なので, 外核表面における $I = 90°$ の地点の 100 年間の平均移動速度は, 3×10^{-4} m/s. $\mu = \mu_0 (= 4\pi \times 10^{-7}$ H/m), $L = 3500$ km, $\sigma = 10^5$ S/m, $v = 3 \times 10^{-4}$ m/s として, $R_m = 145$. したがって, 地球ダイナモは成立すると考えられる.

▶ 6.5.5 円板ダイナモ

球殻流体におけるダイナモ作用のアナロジーとして，円板状導体によるダイナモ作用がある．円板ダイナモモデルは，ダイナモ作用における磁場・速度場の相互作用を理解することに役立つ．

摩擦など力学的抵抗のない円板ダイナモは，微小な回転力でも回転し，微小磁場があれば成長してダイナモ作用が働き，磁場が時間変動する．また，同じ回転運動に対して磁場の方向は正負どちらでもダイナモが成立し，地磁気逆転がありうることもわかる．

円板ダイナモモデルでは，剛体としての導体円板および回転軸，磁場を発生する円形コイル，円形コイルと導体円板をつないで閉じた回路を作るブラシから成り立つ．コイルとブラシは固定されていて動かない（図 6.15）．

上向きの磁場の中を導体円板が回転すると，円板内に半径方向の起電力が生じ，円板中心から外縁へ電流が流れる．その電流はブラシを通り円形コイルに流れ，1 周して回転軸に流れ込み，円板中心へ向かう．コイル電流の磁場はもとと同じ方向の磁場を生じ，円板を通過する．ブラシとコイルは電流を変形する機能をもち，いわば磁場の強制的な変形にあたる．

円板に流れる放射状の電流には，コイルで発生した磁場によるローレンツ力が作用する．この結果，円板を止めようとする回転力が働く．

コイルに流れる電流 I によって生じた磁場のうち円板を通過する磁束 Φ は互いの位置関係，形状などによって決まる．電流が大きくなるほど発生する磁場は比例して大きくなり，Φ は I と比例する．その比例定数を相互インダクタンスという．コイルと円板の間の相互インダクタンスを M とすると，

$$\Phi = MI \tag{6.80}$$

一方，円板における磁場 (磁束密度) を $\boldsymbol{B}$ とすると，円板全体について $\boldsymbol{B}$ を面積分したものが Φ にあたる．ここでは簡単化のために，$\boldsymbol{B}$ は円板と垂直，かつ，一様としよう．円板の半径を a，$|\boldsymbol{B}| = B$ とすると，

$$\Phi = \pi a^2 B \tag{6.81}$$

円板は薄く，磁場は厚さ方向にも一様としよう．円板の角速度を Ω，半径 r と $r + dr$ の部分での半径方向の起電力を dV とすると，その部分の速さは $r\Omega$ だから，

$$dV = r\Omega B dr \tag{6.82}$$

したがって，円板の中心と外縁との間の起電力は，

$$V = \int_{r=0}^{r=a} r\Omega B dr = \Omega B \int_{r=0}^{r=a} r dr = \frac{\Omega a^2 B}{2}$$
$$= \frac{\Omega}{2\pi}\Phi = \frac{\Omega M}{2\pi} I \tag{6.83}$$

回路全体の抵抗を R，自己インダクタンスを L とすると，

$$L\frac{dI}{dt} + RI = \frac{\Omega M}{2\pi} I \tag{6.84}$$

左辺第 1 項は自己誘導によって生じる起電力である．また，I と B は比例するので，式 (6.84) は B の式と考えてよい．

次に，円板の回転運動を考えよう．半径方向に流れる電流にはローレンツ力が作用する．単位長の電流 $\boldsymbol{I}$ に作用するローレンツ力 $\boldsymbol{F}$ は，$\boldsymbol{F} = \boldsymbol{I} \times \boldsymbol{B}$ から回転方向と反対方向になる．半径 r と $r + dr$ の部分を考えると，その部分に作用するローレンツ力は Fdr である．したがって，ローレンツ力に起因し円板全体に作用する力のモーメントは，

$$\int_{r=0}^{r=a} rF dr = \int_{r=0}^{r=a} rIB dr = \frac{M}{\pi a^2}I^2 \int_{r=0}^{r=a} r dr$$
$$= \frac{M}{2\pi} I^2 \tag{6.85}$$

円板に外から加わる回転力を G，円板の慣性モーメントを K とすると，円板の運動方程式は，

$$K\frac{d\Omega}{dt} = G - \frac{M}{2\pi} I^2 \tag{6.86}$$

式 (6.84), (6.86) は，電流 I (磁場 B) と円板の角速度 Ω に関する連立 1 階微分方程式である．この方程式は，$I, dI/dt, \Omega, d\Omega/dt$ の初期値のうち 2 つが与えられれば，I, Ω の時間変化を計算できる．

初めに，電流がなく回転力 G が一定の場合を考えてみよう．回転の微分方程式で $I = 0$ とし，Ω の初期値を Ω_{init} とすると，

$$\Omega = \frac{G}{K}t + \Omega_{init} \tag{6.87}$$

ディスクは，回転力 G に応じて正あるいは負の回転方向に加速され続ける．

電流が流れるときは ($I > 0$ とする)，時間微分がゼロ ($dI/dt = d\Omega/dt = 0$) となる定常解 (I_0, Ω_0) がある．電流の方程式 (6.84) から，

$$\Omega = \frac{2\pi L}{M}\left(\frac{1}{I}\frac{dI}{dt} + \frac{R}{L}\right) \tag{6.88}$$

両辺の時間微分をとると，

$$\frac{d\Omega}{dt} = \frac{2\pi L}{M}\frac{d}{dt}\left(\frac{1}{I}\frac{dI}{dt} + \frac{R}{L}\right) = \frac{2\pi L}{M}\frac{d^2 \ln I}{dt^2} \tag{6.89}$$

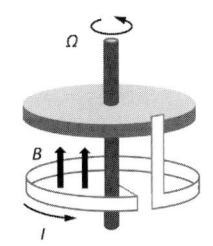

図 6.15　円板ダイナモ

上式を回転運動の方程式 (6.86) に代入すると,
$$\frac{d^2 \ln I}{dt^2} = \frac{M}{2\pi LK}\left(G - \frac{M}{2\pi}I^2\right) \quad (6.90)$$

式 (6.88), (6.90) において $dI/dt = 0, d^2 \ln I/dt^2 = 0$ とすると, $I_0 = \pm(2\pi G/M)^{1/2}, \Omega_0 = 2\pi R/M$ となる. この定常解 (I_0, Ω_0) の安定性を検討しよう. 角速度は Ω_0 のままにして, 電流値を I_0 から少しずらしてみる $(I \neq I_0)$. $\Omega = \Omega_0$ より $dI/dt = 0$ となるので, 電流 I は極大値あるいは極小値に相当する. $I < I_0$ ならば極小値 $(d^2 \ln I/dt^2 > 0)$ となり電流は増大し, $I > I_0$ ならば極大値 $(d^2 \ln I/dt^2 < 0)$ となり減少して, 電流は I_0 に近づく. したがって, 定常解 (I_0, Ω_0) は安定である.

連立1階微分方程式 (6.84), (6.86) は, コンピュータで数値的に解くことができる. 計算結果から, 電流と円板の回転が相互作用を行い, 定常解の周りに周期的に変化することがわかる (図 6.16). 振幅, 周期はパラメータによって異なる.

微小な磁場, 回転速度から開始したとしよう. 図 6.16 の下図において, 原点近くに初期値をとったことになる. 回転力 G により, また磁場が小さいためローレンツ力も小さく, 円板は急速に回転速度を増す. 回転が速くなると起電力が大きくなり, 電流が増加し始める. 電流が大きくなるとローレンツ力によって回転が抑えられるようになる. 回転がさらに遅くなると起電力が小さくなり, 電流も小さくなる. 結局, 微小な磁場でも成長し, 周期的な変動を繰り返す.

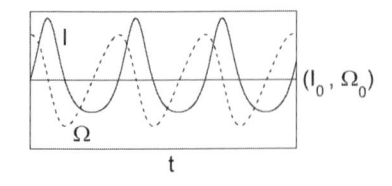

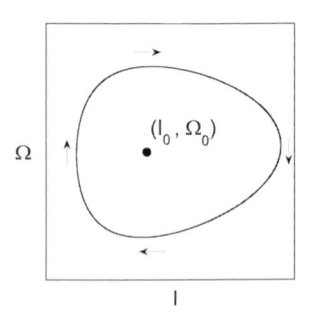

図 **6.16** 円板ダイナモにおける電流 I, 回転速度 Ω の時間変化の例
上図において, (横軸 = 時間, 縦軸 = 電流, 角速度). 下図では, 電流と回転速度の関係を時間をパラメータにして表している (横軸 = 電流, 縦軸 = 角速度). I_0, Ω_0 は定常解である.

6.6 地磁気の時間変化

▶ 6.6.1 地磁気強度の時間変化

国際標準地球磁場は, 1900 年以降 5 年間ごとに地磁気ガウス係数として決められている. 地磁気強度は地球上の位置によって異なるが, 地磁気双極子モーメントの大きさとして考えると時間変化をとらえやすい. 図 6.17 に, 地磁気双極子モーメントの大きさについて時間変化を示す. 過去 100 年あまりの期間では, 単調に減少してきたことがわかる. 直線近似をすると約 $-20 \, \text{nT}/$年である.

過去 110 年間の単調現象は一時的なものかどうかについて, さらに時間軸を伸ばして検討しよう. 後述するように (6.7 節), 過去の地磁気は岩石の磁化を利用して推定することができ, データベース化されている (例, Pint00). 過去 1 万年間の地磁気双極子モーメントの大きさを現在と比較すると, 2000〜4000 年前は現

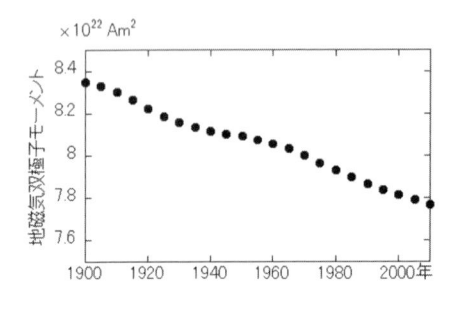

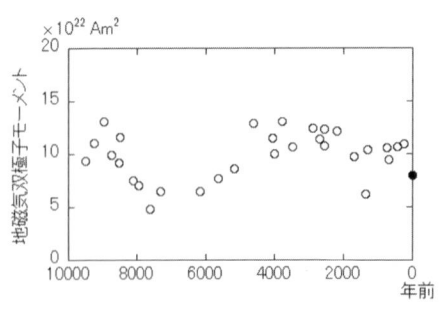

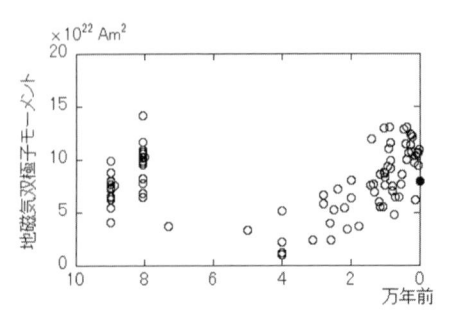

図 **6.17** 地磁気双極子モーメントの時間変動
上図:地磁気ガウス係数に基づく値. 中図および下図:火山岩などの測定結果に基づく値 (黒丸は現在値).

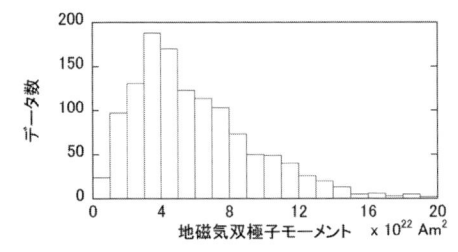

図 6.18 地磁気双極子モーメントの大きさの頻度分布

在の約 1.5 倍, 6000〜8000 年前は約半分, 9000 年前は約 1.5 倍であったことがわかる. さらに過去 10 万年間の地磁気双極子モーメントの大きさを見ると, 過去 1 万年間は相対的に大きく, 約 4 万年前には現在の半分以下の大きさであった.

このように地磁気強度は $10^4 \sim 10^5$ 年の時間スケールで変動していると考えられ, 地球ダイナモにおける双極子磁場生成のメカニズムを特徴づける時間スケールである.

時間変動する地磁気強度の平均的な値と変動幅はどの程度であったろうか. 過去 35 億年間分の地磁気双極子モーメントの大きさについて, 頻度分布を見てみよう (図 6.18).

もっとも頻度の高い値を地磁気双極子モーメントの平均的な大きさとすると, 約 4×10^{22} A m^2 となる. この平均的な大きさを基準にすると, 現在の地磁気は約 2 倍強いことになる.

▶ **6.6.2 地磁気方位の時間変化**

地磁気方位は, 地球上の位置により異なるだけでなく, 時間的にも変化している. この時間変化を地磁気方位の永年変化という (単に地磁気永年変化ともいう). 地磁気方位の永年変化をグローバルに把握するために, 次数 $n=1$ の地磁気ガウス係数 (g_1^0, g_1^1, h_1^1) から地磁気北極の位置, つまり地磁気双極子の向きを計算してみよう. 過去 110 年間では, 地磁気北極は北アメリカ大陸北方に位置し, その移動は角度に換算して高々 2 度である (図 6.19). この間, 地磁気双極子の傾きは 10〜11° であった.

次に, 観測磁場の方位が鉛直下方 ($I = 90°$) となる磁北極の位置を見てみよう (図 6.19). 観測磁場には地磁気双極子以外の磁場も含まれているため, 磁北極の位置は地磁気北極とは異なる. 図からわかるように, 磁北極は 1900 年に北緯 70° 付近にあったが, 2010 年には北緯 85° まで移動している. このことは, 次数 $n \geq 2$ の多重極子磁場が地磁気双極子磁場より短い時間スケールで変化していることを意味する.

偏角の観測は古記録にあるので, 日本とロンドンについて時間変化を追ってみよう (図 6.20). 日本の偏角

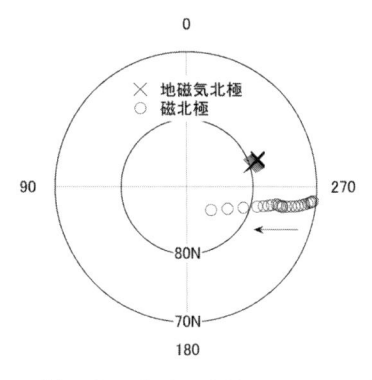

図 6.19 地磁気北極と磁北極の位置 (1900〜2010 年, 5 年間隔)
矢印は時間変化の方向を表す.

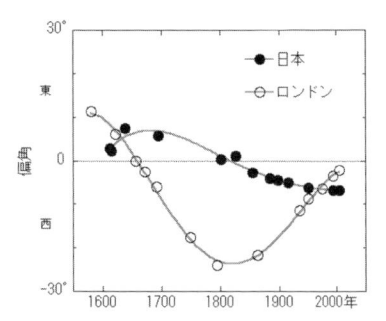

図 6.20 日本とロンドンにおける偏角の時間変化

は江戸時代の大部分は東向きであったが, 徐々に西向きへ変化し, 伊能忠敬が日本地図を作成した 1800 年代初頭はほぼ北向きであった. 現在は, 東京で西向きに約 7° である. 過去約 400 年間における日本の偏角は地理的北方位 ($D = 0$) の周りに変化し, その振幅は 10° 程度である.

ロンドンにおける偏角も地理的北方位の周りに変化しているが, 振幅は 20° 以上である. 日本と異なって 1800 年頃にもっとも西よりになり, その後偏角は小さくなっている.

このように, 地磁気方位の永年変化における振幅・位相は地域によって異なる. 岩石から得られた長期間の地磁気データも合わせると, 地磁気方位は $10^2 \sim 10^3$ 年の時間スケールで変化していることがわかる. これもまた, 地球ダイナモ作用を特徴づける時間スケールである.

▶ **6.6.3 地磁気の逆転**

現在の地磁気はほぼ北向きであるが, 岩石による過去の地磁気データに基づいて地球史スケールで見ると, 方位は頻繁に反対になったことがわかる. 地磁気双極子, 特に地軸双極子の向きが反対になったためであり, これを地磁気逆転という. 地磁気ガウス係数で考えると, g_1^0 の符号の変化が地磁気逆転にあたる. もっとも

均的な地磁気はどのようになっているだろうか．過去110年間の観測データのように，地球史的時間スケールでも地磁気ガウス係数が決められれば理想的である．しかし，岩石から得られる地磁気データは地理的分布の稠密さ，測定データの精度，年代の精度を考えると，地磁気ガウス係数の正確な決定は難しい．そこで各地の測定データに一種の座標変換を施し，地磁気のグローバルな特徴を記述できるようにする．

岩石から得られる過去の地磁気3成分の記録は，一般に地磁気方位2成分と地磁気強度である．これら3成分は岩石採取地点の位置に依存するが，仮に地磁気双極子磁場だけで地磁気が構成されるとすると，1つの地点における3成分データだけでも地磁気双極子の方向と大きさを計算できる．

測定地点 (あるいは岩石採取地点) の緯度・経度を (λ_0, φ_0)，地磁気方位を (I, D)，地磁気強度を F，仮想的な地磁気北極の緯度・経度を (λ_p, φ_p)，仮想的な地磁気双極子モーメントの大きさを M とする．仮想的な地磁気北極と測定地点とのなす角 (余緯度) を θ とすると，球面三角法から次の関係式が導き出される．

$$\tan I = 2\cot\theta \tag{6.91}$$

$$M = \frac{4\pi a^3}{\mu_0} \frac{F}{\sqrt{1+3\cos^{2\theta}}} \tag{6.92}$$

$$\sin\lambda_p = \sin\lambda_0 \cos\theta + \cos\lambda_0 \sin\theta \cos D \tag{6.93}$$

$$\cos\theta = \sin\lambda_0 \sin\lambda_p + \cos\lambda_0 \cos\lambda_p \cos(\varphi_p - \varphi_0) \tag{6.94}$$

$$0 \leq D \leq \pi \quad \to \quad 0 \leq \varphi_p - \varphi_0 \leq \pi \tag{6.95}$$

$$\pi \leq D \leq 2\pi \quad \to \quad \pi \leq \varphi_p - \varphi_0 \leq 2\pi \tag{6.96}$$

この場合の地磁気北極を仮想地磁気極 (Virtual Geomagnetic Pole, VGP)，地磁気双極子モーメントの大きさを仮想地磁気双極子モーメント (Virtual Dipole Moment, VDM) という．これらは，地磁気データの座標変換と考えてもよい．もし実際に双極子磁場だけならば，異なる測定地点の地磁気測定データから同一の VGP と等しい VDM が得られる．

一例として，南太平洋にあるソサエティ諸島の火山岩を測定して得られた過去500万年間の VGP を示す

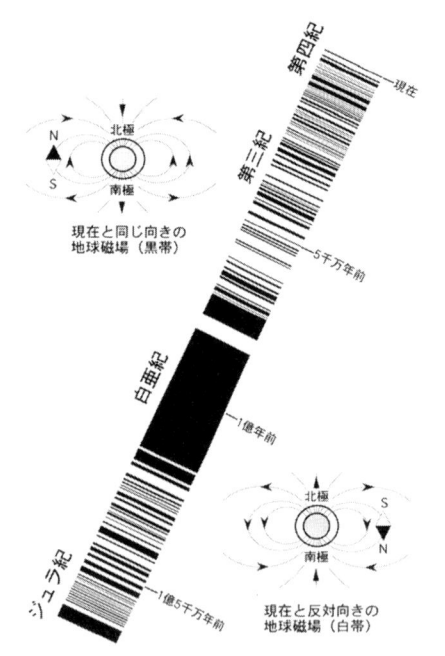

図 **6.21** 過去1億7000万年間の地磁気逆転史

近い年代の地磁気逆転は約80万年前であり，現在の北向き磁場はそれ以降続いている．

現在と同じ向きの地磁気の期間を正磁極期，反対向きの期間を逆磁極期という．地磁気ガウス係数でいうと，正磁極期では $g_1^0 < 0$，逆磁極期では $g_1^0 > 0$ である．地磁気逆転は過去1億7000万年間に約300回起きており，平均すると約55万年に1回となる (図6.21)．コンピュータシミュレーションの結果から，地磁気逆転は地球ダイナモ作用そのものに原因をもつ自発的現象であることがわかる．

一方，約1億年前には約4000万年間にわたり逆転が起きず，正磁極期が続いた．この磁極期を白亜紀スーパークロンという．同様の現象が約2億5000万年前にも起き，逆磁極期が約5000万年間続いた (二畳紀スーパークロン)．スーパークロンの原因の有力説として，コア–マントル境界における熱的条件の変化が地球ダイナモの状態を変えたという考えがある．コア–マントル境界から大規模なプルームが上昇し，コア–マントル境界における熱輸送が大きくなってダイナモを駆動したという説である．この説の妥当性はまだ明らかでないが，コンピュータシミュレーションの結果からはコア–マントル境界における熱的条件はダイナモ作用に大きな影響を与えることがわかっている．逆に，過去の地磁気データから，地球深部のダイナミクス・進化を探る直接的な情報が得られる．

▶ **6.6.4 時間平均としての地磁気**

地磁気強度，地磁気方位とも時間的に変動するが，平

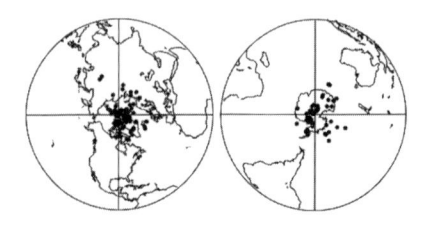

図 **6.22** 仮想地磁気極の分布例 (左図：正磁極期，右図逆磁極期)

過去約500万年間のソサエティ諸島火山岩の測定値に基づく．

(図6.22). 正磁極期, 逆磁極期に分けると, それぞれの期間のVGPが地理的北極, 南極の周りに分布している. このことは, 地軸双極子磁場が継続的に卓越していたことを意味する.

これまでに得られたいろいろな地点のVGPに基づき, 十分な時間について平均をとった地磁気は地軸双極子磁場 (g_1^0に対応する磁場) になると考えられている. つまり, VGPの平均位置は地理的極に一致する. これを地磁気双極子仮説という.

[例題 6.8] 地磁気双極子のみからなる磁場を仮定し, ある地点のX, Y, Zおよび伏角, 偏角, 全磁力を求め, さらにそれらの値からVGPとVDMを計算してみよう.
[解答] 2010年国際標準地球磁場によれば, $g_1^0 = -29497\,\mathrm{nT}, g_1^1 = -1586\,\mathrm{nT}, h_1^1 = 4945\,\mathrm{nT}$である. これらのガウス係数から直接求めた地磁気北極の位置, 地磁気双極子モーメントの大きさと一致することがわかる (6.4.2項の例題を参照).

▶ 6.6.5 地磁気の時間変動と地磁気ガウス係数

地磁気強度, 方位はそれぞれ$10^{4\sim 5}$年, $10^{2\sim 3}$年の時間スケールで時間変動をしている. この変化を地磁気ガウス係数との関係において検討しよう.

地磁気3成分のF, I, Dをg_1^0で規格化したガウス係数 $(g_n^m/g_1^0, h_n^m/g_1^0)$ で表すと,

$$F \approx F_{GAD}\left[1 + \sum_{(n,m)\neq(1,0)}\left\{a_{F_n^m}\left(\frac{g_n^m}{g_1^0}\right)^2 + b_{F_n^m}\left(\frac{h_n^m}{g_1^0}\right)^2\right\}\right] \quad (6.97)$$

$$I \approx I_{GAD}\left[1 + \sum_{(n,m)\neq(1,0)}\left\{a_{I_n^m}\left(\frac{g_n^m}{g_1^0}\right) + b_{I_n^m}\left(\frac{h_n^m}{g_1^0}\right)\right\}\right] \quad (6.98)$$

$$D \approx D_{GAD} + \sum_{(n,m)\neq(1,0)}\left\{a_{D_n^m}\left(\frac{g_n^m}{g_1^0}\right) + b_{D_n^m}\left(\frac{h_n^m}{g_1^0}\right)\right\} \quad (6.99)$$

ここで, $F_{GAD}, I_{GAD}, D_{GAD}$は測定地点における地軸双極子磁場の強度, 伏角, 偏角 ($D_{GAD} = 0, 180°$) であり, a, bは測定地点の緯度・経度で決まる定数である.

上式から, $g_1^0 \gg g_n^m, h_n^m (n,m) \neq (1,0)$ のときFの展開式における$n \geq 2$の項は無視できて$F \approx F_{GAD}$となり, 地磁気強度Fは地軸双極子成分の大きさで決まると考えてよい. したがって, 地磁気双極子モーメントの強度変化の時間スケール ($10^4\sim 10^5$年) は, g_1^0変化の時間スケールに対応する. 過去の地磁気データに基づくと, $|g_1^0|$の平均値は現在の半分程度であることから, $\pm 1500\,\mathrm{nT}$程度の値を中心に$10^4\sim 10^5$年で変化していると考えられる.

地磁気方位の伏角, 偏角は, 第1次近似として地軸双極子磁場で決まる. 地軸双極子磁場の方位は地軸双極子モーメントの大きさが変化しても一定である. したがって, 地磁気方位変化の時間スケール ($10^2\sim 10^3$年) は, $g_n^m/g_1^0, h_n^m/g_1^0$の変化の時間スケールに対応する. g_1^0変化の時間スケールは$10^4\sim 10^5$年であることから, g_1^0以外のガウス係数は$10^2\sim 10^3$年の時間スケールで変化していることになる. 地磁気双極子仮説に基づくと, 時間平均としての伏角はI_{GAD}, 偏角はD_{GAD}になる. このことから, g_1^0以外のガウス係数の時間平均はゼロであり, 正負の値をとる時間変化になる.

地球ダイナモの観点から見ると, 中心核における磁力線の自転軸方向への引き伸ばしは$10^4\sim 10^5$年の時間スケールで変化していることになる. 地軸双極子以外の多重極子磁場の成因は, 自転軸方向への引き伸ばしの分布が自転軸周りに非対称である場合に生じる磁場や, 自転軸方向以外の磁場変形が作り出している磁場に対応すると考えてもよいだろう. それらの変化は$10^2\sim 10^3$年の時間スケールで起きていることになる.

6.7 岩石の地磁気記録

岩石は小さな磁石である磁性鉱物を含んでおり, 一般に岩石生成時の地磁気方向に磁化する. 磁性鉱物は, 例えば砂鉄をイメージすればよい. 過去の地磁気記録として利用するためには, 磁化を獲得した後, その磁化を長期間保持しなくてはならない. このため, 実際にはミクロンサイズ以下の小さな磁性鉱物の磁化が重要である.

▶ 6.7.1 磁性鉱物

岩石の主な磁性鉱物は, 鉄酸化物または鉄金属である. その磁化は, 鉄原子の電子スピンによって生じるスピン磁気モーメントに由来する. 電子のスピン磁気モーメントの古典物理学的解釈は, 電荷をもつ電子がスピン (回転) するといわば電流が流れることになり, その結果生じる磁場である (スピン磁気モーメント). 鉄以外の大部分の元素では, 電子のスピン磁気モーメントの磁場がキャンセルし, 原子サイズで見たときに磁場は生じない. 鉄原子の電子軌道には特徴があり, 磁性をもつ. 鉄以外では, ニッケル, クロムも磁性を示す.

鉄を含むすべての鉱物, 金属が強い磁性をもつとは限らない. 鉱物に含まれる鉄原子あるいは鉄イオンのスピン磁気モーメントがばらばらであったり, 打ち消しあったりすると, 鉱物としては磁化を示さない. 鉱物として磁化の有無は, 結晶構造に応じて生じる鉄原子 (以降, 鉄イオンも含める) の配置と相互作用に依存

する.

鉄金属や磁鉄鉱 (Fe_3O_4) では鉄原子の間に強い相互作用がはたらき (鉄金属, 交換相互作用; 磁鉄鉱, 超交換相互作用), 鉄原子のスピン磁気モーメントが規則的に配列する. この結果, 外部磁場がなくても金属あるいは鉱物として自発的に磁化をもつ. これを自発磁化という. 自発磁化の大きさは金属, 鉱物により異なる. 常温における単位体積あたりの自発磁化は, 鉄金属で $1715\,kA/m$, 磁鉄鉱で $480\,kA/m$ である.

自発磁化は鉄原子間の相互作用によって維持されている. 温度が高くなると, 熱擾乱によって相互作用が乱れ, ある温度以上ではスピン磁気モーメントがばらばらになって自発磁化をもたなくなる. この温度をキュリー点という. 鉄金属のキュリー点は $756°C$, 岩石によく含まれる磁鉄鉱では $580°C$ である.

地球の溶岩は, 磁鉄鉱の鉄原子の一部がチタン原子に置き換わったチタン磁鉄鉱 ($Fe_{3-x}Ti_xO_4$, $x=0\sim 1$) を多く含んでいる. チタンの含有量が多いほど, 自発磁化は小さくなり, キュリー点は低くなる. 磁鉄鉱は, チタンを含まないチタン磁鉄鉱 ($x=0$) にあたる.

流動する溶岩の温度はキュリー点よりもはるかに高く, 流れ出ると冷却して固化する. 固化が始まっても, 溶岩に含まれるチタン磁鉄鉱は自発磁化をもたない. さらに冷却し, 温度がキュリー点以下になると自発磁化をもつようになる.

[例題 6.9] 地球中心核は主に鉄でできているが, 温度は約 $3000\sim 6000°C$ と推定され, 鉄のキュリー点以上なので自発磁化をもたない. したがって, 地磁気の成因として, 地球深部の永久磁石球を考えることはできない. 仮に, 地球が完全に冷却して常温まで下がり, 一様に磁化した球状磁石になったとし, この磁気モーメントの大きさを見積もろう.
[解答] 単位体積あたりの自発磁化の大きさに半径 $3500\,km$ の球の体積を乗じた磁気モーメントは, $1715\,A/m \times (4\pi/3) \times (3.5\times 10^6\,m)^3 = 3.1 \times 10^{23}\,A\,m^2$ となる. 現在の地磁気双極子モーメントの約 4 倍という強大な磁石である.

▶ **6.7.2 磁性鉱物の磁化の安定性**

磁性粒子のサイズが小さい場合は鉱物全体が一様に磁化した自発磁化をもつが, 大きくなると自発磁化の向きがいくつかに区分される. 区分された磁化の領域を磁区, 磁区と磁区の境界を磁壁という. 実際の鉱物の磁壁は幅をもっており, 磁壁内部でスピン磁気モーメントが徐々に変わって, 磁区同士をつないでいる. 厳密ではないが多磁区構造のアナロジーとして, 2 本の棒磁石を並べて合わせるとき, N–S 極を反対にすると一体にしやすいことをイメージするとわかりやすいだろう.

1 つの磁区で成り立っている場合を単磁区構造, 複

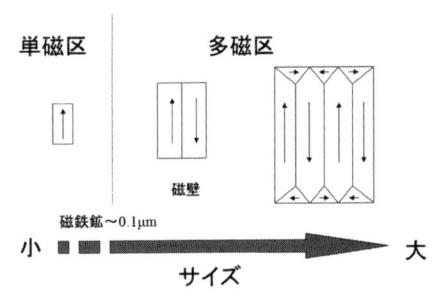

図 6.23 磁性粒子の磁区構造

数の磁区の場合を多磁区構造という (図 6.23). 単磁区構造から多磁区構造に変わるサイズは鉱物によって異なる. 磁鉄鉱では, 常温で約 $0.1\,\mu m$ である. したがって, 単磁区構造の磁鉄鉱を通常の光学顕微鏡で観察することは困難である.

磁性粒子の形は完全に等方的, つまり球状であるとは限らない. 縦横比が 1 でない単磁区磁性粒子の場合, 自発磁化の向きは細長い形状方向になる. このことは磁性粒子表面の磁荷を考えるとよい. 磁化ベクトル M は負の磁荷から正の磁荷へ向かう. 一方, 磁性粒子内部には正の磁荷から負の磁荷へ向かう磁場ベクトル H (反磁場) が生じる. このように, 大きさをもつ磁性体の場合には, 1 点に正負の磁荷が存在する磁気双極子と異なり, 形状に起因する反磁場を考えなくてはならない.

磁性粒子では, 反磁場にさからって表面に磁荷を分布させておくので, 反磁場の小さい方向ほど磁化しやすい. 細長い方向 (長軸) では正負の表面磁荷間の距離が大きく, 反磁場は小さい. 一方, 長軸と直交する方向では表面磁荷間の距離が小さく, 反磁場が大きい. したがって, 外部磁場がない場合, 自発磁化の向きは長軸方向になる (図 6.24).

磁束密度 B を使って表すと (ここでは B と H を区別する), 磁性粒子内部では,

$$B = \mu_0(M + H) \tag{6.100}$$

反磁場は表面磁荷の量に比例するので, 比例係数 N (反磁場係数) を使って次式で表される.

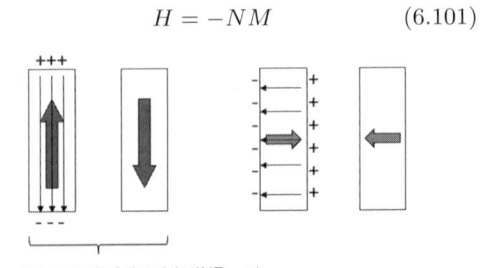

$$H = -NM \tag{6.101}$$

図 6.24 細長い単磁区磁性粒子の磁化 (太い矢印) と反磁場 (細い矢印)

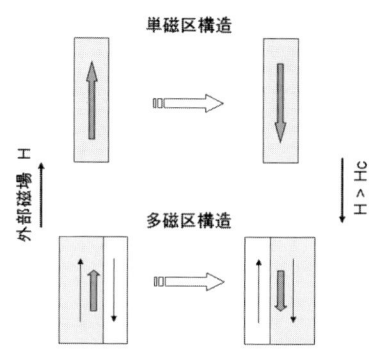

図 6.25 磁性粒子の磁化の反転 (太い矢印)

反磁場係数は，表面磁荷の配置，つまり磁性粒子の形状で決まる．縦横比が大きくなるほど，細長い方向の反磁場係数はゼロに近くなる．3 次元の形状を考える場合，B と H は 3 次元ベクトルとなり，反磁場係数は 3 行 3 列の行列で表される．

単純な例として，直方体 ($a = b < c$) の磁性粒子の場合を図示する (図 6.24)．外部磁場がゼロの場合，細長い方向のどちらに磁化が向いてもよい．

外部磁場がゼロでなければ，外部磁場と平行に自発磁化が向く方がエネルギーが小さくなる．磁性粒子の自発磁化と逆向きの外部磁場を加えても，ある大きさ以上でなければ自発磁化の方向は反転しない．この外部磁場の大きさ (H_c) を保磁力といい，磁性粒子の外部磁場に対する安定性を表す．

単磁区磁性粒子の保磁力は，自発磁化の回転を考えるとわかりやすい．自発磁化が回転して反対向きになるとき，短軸方向を通過しなくてはならない (図 6.24 の右図)．短軸方向の磁化はエネルギーが高く，そのエネルギーの壁を乗り越えて反転するためには，より大きな外部磁場が必要となる．このエネルギーの壁が保磁力の原因である．

同じ磁性鉱物でも形状が細長いほど，また同じ形状でも自発磁化が大きいほどエネルギーの壁が高くなり，保磁力も大きくなる．単磁区構造の磁鉄鉱粒子の場合，常温における最大保磁力は約 300 mT であり，地磁気が逆転しても十分に安定である．

多磁区構造の場合，外部磁場がゼロならば磁区同士の磁場はキャンセルする．外部磁場がゼロでない場合，磁壁が移動して外部磁場と平行な磁区の割合が増加する．結果として，多磁区構造の磁性粒子全体として磁化をもつようになる．

一旦磁壁が動くとさまざまな要因によりもとに戻りづらくなるため，外部磁場がある程度大きくならないと磁壁は動かない．磁壁を移動させうる外部磁場の大きさが，多磁区構造磁性粒子の保磁力である．通常，多磁区磁性粒子の保磁力は単磁区磁性粒子よりも小さい

ため，磁化は不安定である．また，一般にサイズが大きいほど保磁力は小さくなる．多磁区構造の磁鉄鉱粒子の場合，常温における保磁力は高々 20 mT である．

▶ **6.7.3 熱残留磁化**

火成岩は多数の磁性粒子を含む．岩石としての磁化は磁性粒子の集合として考える必要がある．火成岩が冷却するとき，温度がキュリー点以上の間は自発磁化をもたない．キュリー点以下にまで冷却すると，磁性粒子は自発磁化をもつようになる．外部磁場がゼロならば，各磁性粒子の自発磁化の方向はばらばらである．外部磁場がゼロでないならば，自発磁化は外部磁場と平行である方がエネルギーが低いため，平行になる確率が高くなる．多数の磁性粒子をもつ火成岩は，結果として外部磁場と平行な磁化をもち，外部磁場を記録する．この磁化を熱残留磁化という．

熱残留磁化の獲得プロセスを，単磁区磁性粒子についてより詳しく検討しよう．一般に温度が高いときの自発磁化は常温よりも小さく，キュリー点ではゼロである．単磁区磁性粒子の保磁力は自発磁化に比例することがわかっている．したがって，保磁力もキュリー点付近で小さく，磁性粒子の自発磁化は外部磁場方向に向きやすい．仮に外部磁場が変化したとすると，自発磁化は追随する．火成岩がさらに冷却すると，保磁力が大きくなり自発磁化の方向は動けなくなり固定する．この温度をブロッキング温度という．常温まで下がると保磁力が大きくなり，自発磁化の方向はいっそう安定する．ブロッキング温度の高い磁性粒子は，火成岩生成後の地質学的イベント (再加熱など) の影響を受けにくく，安定した磁化をもつ．

ここで熱残留磁化と地磁気の関係を，ある程度定式化してみよう．同じ方向に並ぶ細長い単磁区磁性粒子の集団 (自発磁化 J，体積 v) があり，長軸方向に外部磁場 H (図で右方向を正) をかけたとする (図 6.26)．自発磁化が正になる確率を p_+，負の確率を p_- とすると，$H \gtreqless 0$ ならば，$p_+ \gtreqless p_-$ であり，火成岩が単位体積あたり N 個の磁性粒子を含むとすると，全体の磁化は $M = NvJ(p_+ - p_-)$ となる．統計物理学から，$(p_+ - p_-)$ は外部磁場に近似的に比例することがわかる (小玉, 1999 を参照)．比例係数を α とすると，

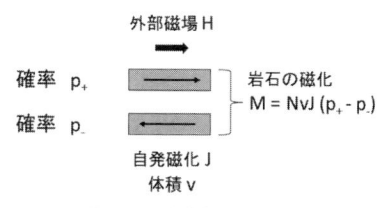

図 6.26 熱残留磁化の獲得

$(p_+ - p_-) = \alpha H$ となり，
$$M = \alpha N v J H \qquad (6.102)$$

したがって，熱残留磁化の方向が外部磁場に平行になるだけでなく，熱残留磁化の大きさは外部磁場の強さに比例する．比例係数 α は，磁性粒子の鉱物種，サイズ，形状によって異なる．このことを磁化ベクトル M として定式化すると，

$$M = \sum_{i=1}^{N} \alpha_i v_i J_i \boldsymbol{H} = \left(\sum_{i=1}^{N} \alpha_i v_i J_i\right) \boldsymbol{H} \qquad (6.103)$$

このように，火成岩はブロッキング温度まで冷却したときの地磁気方位，地磁気強度を記録している．火成岩の生成年代がわかれば，過去の地磁気を復元することができる．例えば，噴出年代記録のある歴史溶岩を採取すれば，採取地点における噴出年代当時の地磁気方位，強度を推定できる．

[例題 6.10] 溶岩の試料を採取し，その磁化を測定したところ，M_{NRM} であった．この磁化を自然残留磁化という．通常，溶岩の自然残留磁化は熱残留磁化と考えてよい．同じ試料を室内の実験装置でキュリー点以上に加熱し，常温まで冷却した．この加熱・冷却の間，外部磁場を制御して一定の磁場 $B_{Lab} = \mu_0 H_{Lab}$ かけた．冷却後，試料が獲得した熱残留磁化 M_{Lab} を測定した．このとき，溶岩の流れ出たときの地磁気の方位，強度を推定しよう．

[解答] 地磁気を $B = \mu_0 H$ とすると，

$$M_{NRM} = \left(\sum_{i=1}^{N} \alpha_i v_i J_i\right) \boldsymbol{H} \qquad (6.104)$$

よって，M_{NRM} の方位から地磁気方位がわかる．室内加熱・冷却過程で磁性鉱物に変化がなければ，

$$M_{Lab} = \left(\sum_{i=1}^{N} \alpha_i v_i J_i\right) \boldsymbol{H}_{Lab} \qquad (6.105)$$

したがって，地磁気強度 $|B|$ は，次の式で計算できる．

$$\frac{|M_{NRM}|}{|M_{Lab}|} = \frac{|H|}{|H_{Lab}|} \qquad (6.106)$$

$$\therefore |B| = \frac{|M_{NRM}|}{|M_{Lab}|} |B_{Lab}| \qquad (6.107)$$

▶ 6.7.4 堆積残留磁化

海底や湖底に堆積する物質を考えよう．磁性粒子あるいは磁性粒子を含む粒子が水中で落下するとき，磁化方向が地磁気方位に向かうように水中で回転する．粒子はブラウン運動などの擾乱や，底に落ちたときに転がることもあり，すべての粒子が地磁気方位に向くことはない．

堆積した後も粒子間に間隙があればしばらくは回転できるので，磁化はまだ固定されない．あるいは，底に生息する生物にかき乱されてリセットされることもある．堆積が続くと粒子は圧密されて動けなくなり，また生物の擾乱も受けなくなり，徐々に磁化が固定する．このようにして，堆積物は堆積したときの地磁気

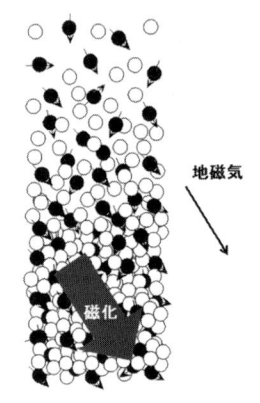

図 6.27 堆積残留磁化の獲得メカニズム（模式図）

を記録する．この磁化を堆積残留磁化という．堆積残留磁化が固定される深さは数 cm から数十 cm と考えられている．

堆積残留磁化の最大の特長は，連続的な地磁気記録になることである．長期間の地磁気逆転史も記録している堆積物，堆積岩もある．一般に，堆積残留磁化は熱残留磁化よりも小さいため，精密測定には超伝導磁力計など高精度の装置を使用することが多い．自然界の堆積を再現する室内実験が困難なため，地磁気強度の絶対値を得ることは難しいが，堆積残留磁化強度から地磁気強度の相対値を推定できる．

[例題 6.11] 半径 a の球状磁性粒子が海面から深さ d の海底へ落ちるまでの時間を推定してみよう．

[解答] 落下開始後，重力，浮力，海水による粘性力がつりあい，磁性粒子の落下速度は早い段階で一定になる（終端速度）．磁性粒子の密度を ρ，終端速度を v，海水の密度，粘性率を ρ_w, η，重力加速度を g とすると，

$$\frac{4\pi a^3}{3}(\rho - \rho_w)g = 6\pi\eta a v \qquad (6.108)$$

上式の左辺は重力と浮力の差であり，右辺は海水の粘性力である（ストークスの抵抗法則）．したがって，終端速度と落下に要する時間 T は，

$$v = \frac{2a^2}{9\eta}(\rho - \rho_w)g \qquad (6.109)$$

$$T = \frac{d}{v} = \frac{9\eta d}{2a^2(\rho - \rho_w)g} \qquad (6.110)$$

例として，$a = 1\,\mu\mathrm{m}$，$\rho = 5.20 \times 10^3\,\mathrm{kg/m}$（磁鉄鉱），$\rho_w = 1.03 \times 10^3\,\mathrm{kg/m}$，$\eta = 10^{-3}\,\mathrm{kg/m\,s}$，$g = 9.8\,\mathrm{m/s^2}$，$d = 1000\,\mathrm{m}$ とすると，$T \approx 3$ 年となる．

▶ 6.7.5 岩石の自然残留磁化

実際の岩石には異なる鉱物種，サイズ，形状の磁性粒子が含まれている．多数の磁性粒子を顕微鏡ですべて観察することは困難であること，磁性粒子の自発磁化の確率的分布が地磁気を記録していることから，岩石試料全体の磁化を測定して地磁気記録を得る方法が一般的である．

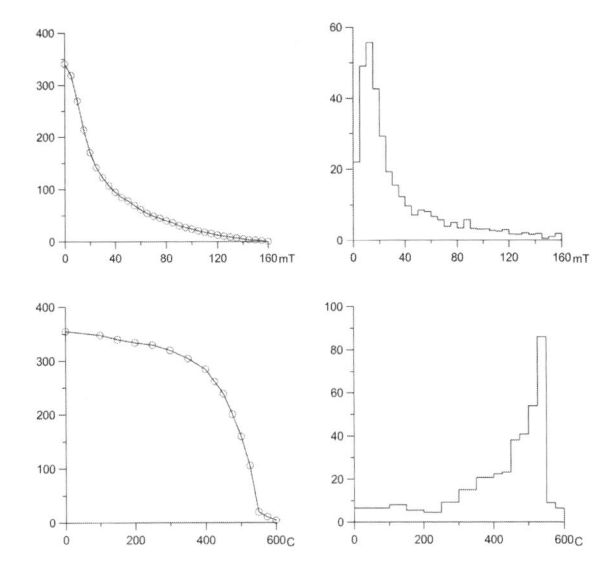

図 6.28 交流消磁と熱消磁の例 (ハワイ 1970 年溶岩)
上左：交流消磁による自然残留磁化の減少 (交流消磁曲線)，上右：各保磁力区間の磁性粒子による自然残留磁化 (保磁力分布)，下左：熱消磁による自然残留磁化の減少 (熱消磁曲線)，下右：各ブロッキング温度区間の磁性粒子による自然残留磁化 (ブロッキング温度分布)．縦軸の単位は $A\,m^2/kg$．

保磁力の大きい磁性粒子，あるいはブロッキング温度の高い磁性粒子の磁化は安定であり，過去の地磁気を記録している．岩石試料の測定では，外部磁場を印加する実験や加熱する実験を施して異なる保磁力，ブロッキング温度の磁性粒子を区別し，より安定な磁化を抽出する．代表的な実験は，交流消磁，熱消磁である．

交流消磁では，正負に振幅する交流磁場 ($\pm H_{AF}$) を岩石試料にかけて保磁力 (H_C) を判別する．交流磁場により，$H_{AF} \geq H_C$ の磁性粒子の自発磁化は方向を反転し，ばらばらな方向になる ($p_+ = p_-$)．一方，$H_{AF} < H_C$ の磁性粒子の自発磁化は交流磁場の影響を受けない．したがって，$H_{AF} \geq H_C$ の磁性粒子群の担う磁化は消え (消磁)，$H_{AF} < H_C$ の磁性粒子群の磁化が残る．交流磁場の振幅を段階的に大きくして磁化を測定すれば，岩石試料に含まれる磁性粒子の保磁力分布がわかる．

熱消磁では，岩石試料を無磁場中で温度 T_{TH} まで加熱し岩石試料にかけてブロッキング温度 (T_b) を判別する．加熱により，$T_{TH} \geq T_b$ の磁性粒子の自発磁化は方向をばらばらになる ($p_+ = p_-$)．一方，$T_{TH} < T_b$ の磁性粒子の自発磁化は影響を受けない．したがって，$T_{TH} \geq T_b$ の磁性粒子群の担う磁化は消磁され，$T_{TH} < T_b$ の磁性粒子群の磁化が残る．加熱温度を段階的に大きくして磁化を測定すれば，岩石試料に含まれる磁性粒子のブロッキング温度分布がわかる．

例として，1970 年噴火のハワイ溶岩の交流消磁，熱消磁の結果と，保磁力分布，ブロッキング温度分布を示す (図 6.28)．この試料には，約 550°C のキュリー点，15 mT 程度の保磁力，500°C 程度のブロッキング温度の磁性粒子が多いことがわかる．

▶ 6.7.6 海洋磁気異常

海洋プレートは海嶺で生成され，プレート運動に従って水平に移動する．玄武岩を主とする海洋地殻も海嶺で生成され，地殻岩石は周囲の地磁気と平行な磁化方位の熱残留磁化を獲得する．

海上で磁場を観測すると，ダイナモ起源の磁場と海洋地殻起源の磁場との重ね合わせになる．観測した磁場からダイナモ起源の磁場を差し引けば，海洋地殻起源の磁場がわかり (海洋磁気異常)，地殻磁化の極性を推定することができる．地殻磁化の極性と地磁気逆転史に基づいて，海洋地殻の生成年代 t，海嶺からの距離 l と合わせ，プレート拡大の速さ $v = l/t$ が求められる (図 6.29)．

海上観測では，取り扱いやすさからプロトン磁力計という装置を使った全磁力測定が多用される．海底に磁化した地殻がある場合，観測される全磁力を単純な地殻モデルで検討しよう (図 6.30)．

海嶺と直交する水平方向に x 軸，上空に向かう方向に y 軸 (鉛直上方を正) をとる．地磁気は $+y$ に向かい，海洋地殻は $y = 0$ の面にある薄い層と仮定し，海嶺と平行方向には単位長とする．また，地磁気逆転に応じて，$-L < x < L$，$x < -2L$，$2L < x$ で磁化は上向き (正磁極期に対応)，$-2L < x < -L$ および $L < x < 2L$ で磁化は下向き (逆磁極期に対応) とする．

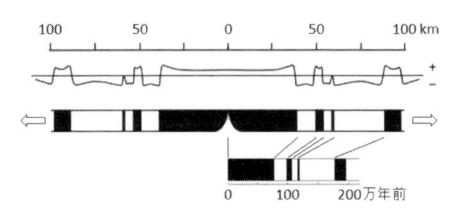

図 6.29 海洋磁気異常の観測結果の例
0 km の位置に海嶺があり，海について対称な全磁力磁気異常が見られる (+, − で表示した曲線)．黒帯は正磁極期，白帯は逆磁極期を表す．

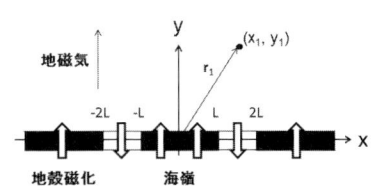

図 6.30 海洋地殻モデル (簡単な例)
白抜き矢印は，磁化方位を表す．このモデルでは，現在の地磁気が上向きにあると仮定している．

x 方向の単位長あたり磁化を磁気双極子モーメント $\boldsymbol{m}=(0,m)$ で表す．位置ベクトル $\boldsymbol{r}_s=(x_s,0)$ の地点にある微小地殻 dx_s が観測点 $\boldsymbol{r}_1=(x_1,y_1)$ に作る磁場を考える．$\boldsymbol{r}_{1s}=\boldsymbol{r}_1-\boldsymbol{r}_s$，$x$ 方向の単位長あたり磁化を磁気双極子モーメント $\boldsymbol{m}(x_s)=(0,m(x_s))$ とすると，観測点 $\boldsymbol{r}_1$ における磁気ポテンシャル $d\phi$ は，

$$d\phi = \frac{\boldsymbol{m}\cdot\boldsymbol{r}_{1s}}{4\pi r_{1s}{}^3}dx_s = \frac{my_1}{4\pi r_{1s}{}^3}dx_s \quad (6.111)$$

したがって，海洋地殻全体による磁気ポテンシャル ϕ は，

$$\phi = \int_{x_s=-\infty}^{x_s=+\infty} \frac{my_1}{4\pi r_{1s}{}^3}dx_s \quad (6.112)$$

$\tan\theta = (x_1-x_s)/y_1$ とおいて，両辺を x_s で微分すると，$\sec^2\theta(\partial\theta/\partial x_s) = -1/y_1$，$\sec\theta = r_{1s}/y_1$ だから，

$$\int \frac{y_1}{r_{1s}{}^3}dx_s = -\int \frac{\cos\theta}{y_1}d\theta = -\frac{\sin\theta}{y_1} \quad (6.113)$$

よって，

$$\phi = \frac{|m|}{4\pi y_1}[(-\sin\theta)|_{\pi/2}^{\theta_{-2L}} - (-\sin\theta)|_{\theta_{-2L}}^{\theta_{-L}} + (-\sin\theta)|_{\theta_{-L}}^{\theta_L}$$
$$- (-\sin\theta)|_{\theta_L}^{\theta_{2L}} + (-\sin\theta)|_{\theta_{2L}}^{-\pi/2}]$$
$$= \frac{|m|}{2\pi}\frac{1}{y_1}(\sin\theta_{2L} - \sin\theta_L + \sin\theta_{-L} - \sin\theta_{-2L} + 1)$$
$$(6.114)$$

ここで，$\theta_{2L},\theta_L,\theta_{-L},\theta_{-2L}$ は，それぞれ $x_s = 2L, L, -L, -2L$ に対応する θ である．

$$B_x = -\mu_0\frac{\partial\phi}{\partial x_1} = -\frac{\mu_0|m|}{2\pi}\frac{\partial}{\partial x_1}\left[\frac{1}{y_1}(\sin\theta_{2L} - \sin\theta_L + \sin\theta_{-L} - \sin\theta_{-2L} + 1)\right]$$
$$(6.115)$$

$$B_y = -\mu_0\frac{\partial\phi}{\partial y_1} = -\frac{\mu_0|m|}{2\pi}\frac{\partial}{\partial y_1}\left[\frac{1}{y_1}(\sin\theta_{2L} - \sin\theta_L + \sin\theta_{-L} - \sin\theta_{-2L} + 1)\right]$$
$$(6.116)$$

$$\frac{\partial}{\partial x_1}\left(\frac{\sin\theta}{y_1}\right) = \frac{\cos\theta}{y_1}\frac{\partial\theta}{\partial x_1} = \frac{\cos^3\theta}{y_1{}^2} = \frac{y_1}{r_{1s}{}^3} \quad (6.117)$$

$$\frac{\partial}{\partial y_1}\left(\frac{\sin\theta}{y_1}\right) = -\frac{\sin\theta}{y_1{}^2} + \frac{\cos\theta}{y_1}\frac{\partial\theta}{\partial y_1}$$
$$= -\frac{x_1-x_s}{r_{1s}{}^3}\left(1+\frac{r_{1s}{}^2}{y_1{}^2}\right) \quad (6.118)$$

したがって，

$$B_x = \frac{\mu_0|m|}{2\pi}y_1\left(\frac{1}{r_{1,2L}{}^3} - \frac{1}{r_{1,L}{}^3} + \frac{1}{r_{1,-L}{}^3} - \frac{1}{r_{1,-2L}{}^3}\right)$$
$$(6.119)$$

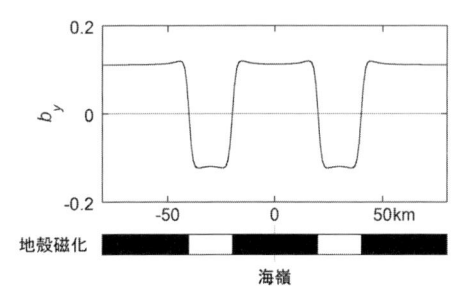

図 **6.31** 海洋磁気異常の計算結果

$$B_y = \frac{\mu_0|m|}{2\pi}\left[\frac{x_1-x_{2L}}{r_{1,2L}{}^3}\left(1+\frac{r_{1,2L}{}^2}{y_1{}^2}\right) - \frac{x_1-x_L}{r_{1,L}{}^3}\right.$$
$$\times\left(1+\frac{r_{1,L}{}^2}{y_1{}^2}\right) + \frac{x_1-x_{-L}}{r_{1,-L}{}^3}\left(1+\frac{r_{1,-L}{}^2}{y_1{}^2}\right)$$
$$\left. - \frac{x_1-x_{-2L}}{r_{1,-2L}{}^3}\left(1+\frac{r_{1,-2L}{}^2}{y_1{}^2}\right) + \frac{1}{y_1{}^2}\right]$$
$$(6.120)$$

上式の添字の $2L, L, -L, -2L$ は，それぞれ $x_s = 2L, L, -L, -2L$ に対応する．

ダイナモ起源の磁場を $\boldsymbol{B}=(0,B)$ とすると，観測される全磁力 F は，

$$F = \{B_x{}^2 + (B+B_y)^2\}^{1/2}$$
$$= B\left[\left(\frac{B_x}{B}\right)^2 + \left\{1 + \frac{2B_y}{B} + \left(\frac{B_y}{B}\right)^2\right\}\right]^{1/2}$$
$$(6.121)$$

$B \gg B_x, B_y$ とすると，

$$F \cong B + B_y \quad (6.122)$$

仮定した地殻磁化モデルの磁気異常としては，B_y が観測される．

[例題 **6.12**] 海上で海洋磁気異常を観測したとしよう．上記の地殻モデルにおいて，深さ一定 ($y_1=3\,\mathrm{km}$) の地殻磁化構造 ($L=20\,\mathrm{km}$) と仮定し，$b_y = B_y/(\mu_0|m|/2\pi)$ を計算してみよう．

[解答] 図 6.31 に計算結果を示す．正・逆磁極期に対応して正・負の海洋磁気異常がある．また，磁化のゾーンでの両端で強く，中心で弱くなるパターンが見える．

6.8 地球内部の電気伝導度構造

地球の中心核は鉄を主成分とした金属である．その電気伝導度は $10^5\,\mathrm{S/m}$ と推定され，ダイナモ作用によって電流が流れている．一方，地殻，マントルを構成する岩石はケイ素が主成分とする半導体であり，10^{-4}〜$1\,\mathrm{S/m}$ と推定されている．地殻，マントルにも，磁場の時間変化があれば誘導起電力が生じ，小さいながらも電流が流れる．この誘導電流により地表で磁場変

化が観測され，その観測データを使って地球内部の電気伝導度を推定することができる．

▶ 6.8.1 表皮効果

均質な物質 (電気伝導度 σ，透磁率 μ，誘電率 ε) を流れる誘導電流が時間的に変化する場合を考えよう．外部磁場が角振動数 ω で変化するとき，起電力 $\boldsymbol{E}$，誘導電流 $\boldsymbol{j} = \sigma \boldsymbol{E}$ も角振動数 ω で変化する．時間変化を複素数により $e^{i\omega t}$ とおくと，マクスウェルの方程式から，

$$\nabla \times \boldsymbol{H} = \boldsymbol{j} + \varepsilon \frac{\partial \boldsymbol{E}}{\partial t} = i\omega\varepsilon\left(1 - i\frac{\sigma}{\omega\varepsilon}\right)\boldsymbol{E} \quad (6.123)$$

また，

$$\nabla \times \boldsymbol{E} = -\frac{\partial \boldsymbol{B}}{\partial t} \quad (6.124)$$

両辺に $\nabla\times$ を作用させて，

$$\nabla \times (\nabla \times \boldsymbol{E}) = -\frac{\partial}{\partial t}(\nabla \times \boldsymbol{B}) \quad (6.125)$$

$$\nabla^2 \boldsymbol{E} = \omega^2 \varepsilon \mu \left(1 - i\frac{\sigma}{\omega\varepsilon}\right)\boldsymbol{E} \quad (6.126)$$

深さ方向 z の 1 次元問題と仮定すると，この解を $E = E_0 e^{\boldsymbol{k}\cdot\boldsymbol{z}}$ ($\boldsymbol{k}$ は波数ベクトル，$\boldsymbol{r}$ は位置ベクトル) とおける．$\sigma \gg \omega\varepsilon$ の場合を考えて，

$$k = \pm\sqrt{\omega^2\varepsilon\mu\left(1 - i\frac{\sigma}{\omega\varepsilon}\right)} \approx \sqrt{-i\omega\sigma\mu} \quad (6.127)$$

$\sqrt{-i} = (1-i)/\sqrt{2}$ であり，

$$\delta = \sqrt{\frac{2}{\omega\sigma\mu}} \quad (6.128)$$

とおくと，

$$k = \frac{1-i}{\delta} \quad (6.129)$$

$$E = E_0 e^{\pm z/\delta} e^{\mp iz/\delta} \quad (6.130)$$

このうち，$e^{z/\delta}$ の場合は $z \to \infty$ で発散するので解として不適当である．よって，振幅は深さとともに減少する．

$$|E| = |E_0| e^{-z/\delta} \quad (6.131)$$

$j_0 = \sigma E_0$ とおくと，電流も同様に，

$$|j| = |j_0| e^{-z/\delta} \quad (6.132)$$

電流も深さ δ で $1/e$ に減衰し，結果として表面付近に集中する．これを表皮効果といい，δ を表皮の深さという．表皮の深さは，周期が短いほど，また電気伝導度が大きいほど小さくなる．

[例題 6.13] 銅線 ($\sigma \approx 10^8$ S/m) に 50 Hz の交流電流が流れているとき，表皮の深さを求めてみよう．

$$\delta = \sqrt{\frac{2}{(2\pi \times 50) \times 10^8 \times (4\pi \times 10^{-7})}}$$

$$\approx 7 \times 10^{-3} \text{ m} = 7 \text{ mm} \quad (6.133)$$

地球内部の岩石の場合，電気伝導度を 1 S/m とすると，1 日周期の磁場変化によって生じる誘導電流の表皮の深さは，

$$\delta = \sqrt{\frac{2}{2\pi/(8.64 \times 10^4) \times 1 \times (4\pi \times 10^{-7})}}$$

$$\approx 1.5 \times 10^5 \text{ m} = 150 \text{ km} \quad (6.134)$$

▶ 6.8.2 均質球の電磁誘導

一様な外部磁場 $\boldsymbol{B}$ の中に電気伝導度 σ，透磁率 μ，半径 a の均質な球がある場合を考えよう．外部磁場がステップ状に増加したとする．球内部には外部磁場の変化に応じた起電力が発生し，電流は電気伝導度と表皮効果に応じて流れる．誘導電流によって生じる球内部の磁場は外部磁場と反対向きであり，内部の磁場変化を減じる．球が天体の場合，観測できるのは球外部の磁場であり，外部磁場と内部起源の磁場の重ね合わせになる．

起電力はステップ状に変化したときに生じ，その後誘導された電流と磁場は減衰し，観測磁場は徐々に外部磁場に近づく．式 (6.77) で求めた減衰時間を適用すると，$\tau_m \approx \mu\sigma a^2$ である．したがって，観測磁場の変化を調べれば天体内部の電気伝導度を推定できる．球の場合について方程式を解くと，もっとも長い減衰時間は下式で与えられる．

$$\tau_m = \frac{\mu\sigma a^2}{\pi^2} \quad (6.135)$$

層構造の内部構造やステップ状でない外部磁場変化の場合は，誘導される電流と磁場はより複雑になる．表皮効果を考えると，いろいろな周期の外部磁場変化に対する応答を観測すれば，深さ方向の電気伝導度を推定できる．また，地球上では，磁場と同時に電場も

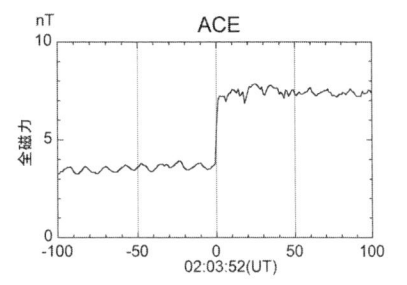

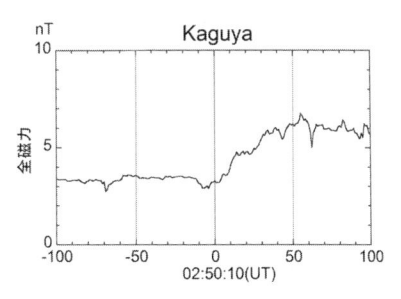

図 6.32 ステップ状変化の太陽風磁場 (上図：ACE 衛星の観測) と対応する月周囲磁場 (下図：かぐや衛星の観測) ACE 衛星についてはコラムを参照のこと．

測定して，地球内部の電気伝導度構造推定が行われている．

[例題 6.14] 太陽風の磁場はしばしばステップ状に変化する．これは太陽表面からフレアなどによりプラズマの塊が放出された場合に生じる．月は地球と異なりダイナモ磁場も大気もないので，ステップ状の磁場変化に直接さらされる (2007 年 12 月 17 日の観測例を参照．図 6.32)．太陽風磁場は秒速数百 km で進む進行波である．ここでは，月周囲の磁場が瞬間的に変化し，かつ，太陽風プラズマ中の電流の影響がないと仮定し，均質球とした場合の月内部電気伝導度を推定してみよう．

[解答] 観測結果の図より，$\tau_m \approx 40$ 秒である．$\mu = \mu_0 (= 4\pi \times 10^{-7}$ H/m$)$，$a = 1738$ km とすると，$\sigma \approx 1 \times 10^{-4}$ S/m となる．

演習問題

(1) 荷電粒子が一様磁場に垂直に突入すると，円運動を行う．速さ 400 km/s のプロトン (太陽風プラズマと仮定) が 40 nT の一様磁場 (地磁気と仮定) に垂直に突入したときの円運動の半径を求めよ．このプロトンは地球に到達するか．

(2) 惑星中心に置いた自転軸と平行な磁気双極子磁場で，惑星磁場を近似する．木星赤道上における磁場強度は地球赤道上における磁場強度の何倍か．

(3) 地磁気として地軸双極子を仮定したとき，磁気圏前面の磁気圏境界面 (距離 $10a$, a：地球半径) に到達しうる磁力線は，地球表面のどの地点を通過するか．ただし，地磁気の変形はないものとする．

(4) 地磁気を地軸双極子の磁場のみと仮定したとき，日本 (35N, 140E) における全磁力，伏角，偏角を計算し，図 6.5 と比較せよ．国際標準地球磁場 2010 年のガウス係数を使うこと．

(5) 惑星ダイナモが存在する定性的な必要条件は，① 電気伝導度の大きな部分があること，② その部分が流体であること，③ 流体運動を起こしうる十分なエネルギー源があることである．①〜③ の条件を磁気レイノルズ数の観点から検討せよ．

(6) 円板の回転力 G が同じでも，磁場の上下両方について円板ダイナモが成り立つことを，図上の電流系および方程式の両方から示せ．

(7) 過去 10 万年間の地磁気双極子モーメントの測定値から，地球磁気圏前面の距離の時間変化を概算せよ．その計算結果と静止軌道衛星の位置とを比較してみよう．

(8) (40N, 140E) の地層から過去 1 億 2000 万年間の岩石を連続的に採取し，磁化方位から各年代の平均的な仮想地磁気極を求められたとしよう．次の場合について，仮想地磁気極はどのような分布 (極移動曲線) になるかを簡略図で示せ．

 (i) 1 億 2000 万年前から現在の位置にあり，回転運動もなかった．

 (ii) 1 億 2000 万年前から現在の位置にあった．ただし，1500 万年前から 1000 万年前の期間に，その場で反時計回りに 50° だけ等速回転し，現在の向きになった．

 (iii) 1 億 2000 万年前に北緯 10° の地点にあり，等速で真北に移動し，1500 万年前から現在の位置にあった．ただし，この間にその場での回転はなかった．

 (iv) 1 億 2000 万年前に北緯 10° の地点にあり，等速で真北に移動した．その後，1500 万年前から 1000 万年前の期間に，その場で反時計回りに 50° だけ等速回転し，現在の向きになった．

(9) ある玄武岩の磁化が同一方向に向いた球形単磁区マグネタイト (半径 $0.1\ \mu$m) で担われているとしよう．単位体積あたりの磁化が 10 A/m のとき，玄武岩 1 cm^3 あたり何個あるか．また，単磁区マグネタイトが均等に分布していたとすると，粒子間の距離はどの程度か．なお，マグネタイトの飽和磁化は，4.8×10^5 A/m である．

参考文献

ここでは和文の著書，論文を中心に紹介する．

地球電磁気・地球惑星圏学会学校教育ワーキング・グループ編, 2010, 太陽地球系科学, 京都大学学術出版会.

松井孝典, 松浦充宏, 林 祥介, 寺沢敏夫, 谷本俊郎, 唐戸俊一郎, 1996, 地球連続体力学, 岩波講座地球惑星科学 6, 岩波書店.

Merrill, R.T., McElhinny, M.W. and McFadden, P.L., 1996, The Magnetic Field of The Earth, Academic Press.

河野 長, Stevenson, D.J., 2003, ダイナモ作用と地球・惑星磁場, 地震第 2 輯, **56**, 311–325.

小玉一人, 1999, 古地磁気学, 東京大学出版会.

河野 長, 1982, 岩石磁気学入門, 東京大学出版会.

Dunlop, D.J. and Özdemir, Ö., 1997, Rock Magnetism, Cambridge University Press.

綱川秀夫, 2002, 地磁気逆転 X 年, 岩波ジュニア新書, 岩波書店.

京都大学地磁気世界資料解析センターホームページ
 http://wdc.kugi.kyoto-u.ac.jp/igrf/index-j.html

mini column 5

● 「かぐや」による月磁場観測 ●

　日本初の月周回衛星かぐやにより，月周辺および月地殻起源の磁場が 2007 年 11 月から 2009 年 6 月まで観測された．月磁場の観測は 1970 年頃のアポロ計画，1998～1999 年のルナプロスペクタ衛星に続き，3 回目であった．

　かぐやのサイズは約 6 m 長，総重量は約 1.3 トン，HIIA ロケットにより 2007 年 9 月 14 日に打ち上げられた．月周回の楕円軌道に投入され 2 つの子衛星「おきな」「おうな」を切り離し，約 100 km 高度の円軌道へ調整された．かぐやは両極付近を通る極軌道 (1 周，約 2 時間) をとり，地形観測，元素・鉱物組成観測，磁場・プラズマ観測などを実施した．

　観測機器の中でもっとも早く観測を実施したのが，磁力計である．特殊なプラスチック素材で作った超軽量マストを 45 分間かけてゆっくりと伸展し，12 m 先に取り付けた直交 3 成分を測定する磁力計を作動した．かぐやは 3 kW の太陽電池，各種電子機器，電磁バルブなどを使用しているため，少なからず人為的磁場を発生してしまう．人為的磁場の影響を避けるため，船体からできるだけ離れて磁場センサーを置く必要があった．地上での試験を繰り返し，12 m 先での影響を 0.01 nT 以下に抑えた．

図 6.33 月周回衛星「かぐや」と磁力計センサー，マストのイメージ図 (上図)
衛星本体に取り付けたカメラで撮影したマストと月を下図に示す．広角レンズのため，マストは曲がって見える．

　月は太陽風領域，磁気シース，地球磁気圏を公転する．太陽風領域では，惑星間磁場と呼ばれる太陽起源磁場が観測される．例として，2008 年 3 月 8 日のかぐやと，地球から太陽側へ 150 万 km に位置する NASA 定点観測衛星 ACE(Advanced Composition Explorer) の観測結果を示す (図 6.34)．両者の観測値はよく似ているものの，かぐやの方が約 1 時間遅れている．これは太陽風プラズマに乗って磁力線が移動しているためである．また，月周回軌道では，太陽側 (昼側) と反対側 (夜側) では磁場・プラズマの状況が異なるため，約 2 時間周期の変動も見られる．これは，月が太陽風プラズマをさえぎるためである．

　次に，2008 年 4 月 19～22 日のかぐや観測を示す (図 6.35)．磁気シース内では磁場が大きく変動し，地球磁気圏に入るとほぼ一定になる．特徴的なことは，磁気圏内の磁場が地球と太陽を結ぶ方向 (x 成分，太陽方向に正) を主とすることである．これは，地磁気磁力線が太陽風に流され，後方に伸びているためである．観測例の磁場は，地球の南側から出て後方に伸びた磁力線となっている．

　図では見えにくいが，月地殻起源の磁場も観測され，100 km 高度では最大で 2 nT 程度の大きさとなる．

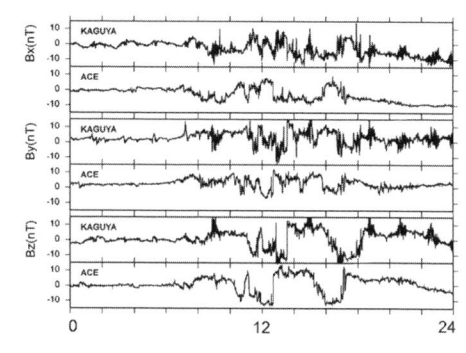

図 6.34 「かぐや」衛星と ACE 衛星により観測した太陽風中の磁場 (2008 年 3 月 8 日 0 ～24 時)
地球を原点とし，太陽方向を $+x$，北極星方向を $+z$，右手系に $+y$ とする．

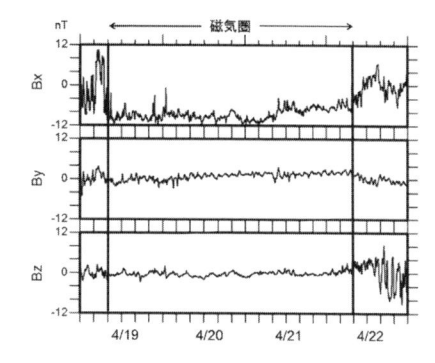

図 6.35 「かぐや」衛星により観測した地球磁気圏 (縦線の内側) と磁気シースの磁場

7 重力

地球上で観測される重力は，地球の大きさや形を決める重要な要素である．また，詳細な重力場を知ることにより，地球内部の密度構造の推定が可能となり，地下の構造解析や防災・減災に資するものとなっている．重力の観測機器である重力計の作成が現実となった1960年代から今日に至るまで，相対重力計，絶対重力計，超電導重力計など，さまざまな種類の重力計が世に出された．宇宙技術が進んだ今日では，衛星による重力場の観測が現実のものとなり，衛星重力場の観測による重力変化を捉えることが可能となった．一方で，地球科学は「理論」「観測」「検証」がうまく機能し，それらが相互に結びつくことによって学問体系が成り立っている．観測や検証が伴わない理論は説得力をもたないだろうし，理論的な裏づけのない観測は体系だった説明を必要とするだろう．以上のような背景を考慮し，本章では，重力および重力解析の基礎知識を概観し，構造解析を行うための基礎理論や技術を紹介するとともに，実際のデータを例にとって行った解析と検証を紹介することにも重点をおいて述べてみたい．

◆　◆　◆　◆　◆　◆

7.1 万有引力・遠心力・重力

地表にある物体には重力が働く．私たちは普段，地球の「重力」を意識して暮らすことはほとんどない．しかしエレベータに乗れば多少の重力の変化を感ずるし，車に乗って右折や左折をすれば遠心力を感ずる．地球物理学や測地学を学ぶ上で，重力は重要な概念である．ここでは，重力やポテンシャルの意味，万有引力・遠心力との関係などを学び，重力異常，構造解析を中心として，現代地球重力論を概観する．

▶ 7.1.1 万有引力とポテンシャル

図 7.1 に示すように，球と仮定した自転する天体の重力 (gravity) g はその天体の中心に向かう引力 (attraction) f と，自転軸から垂直に遠ざかろうとする遠心力 (centrifugal force) h の合力と考えることができる．重力は「力」であるが，通常，重力加速度として取り扱われることが多い．引力 f (すなわち万有引力，universal gravitation) はニュートンが発見した力である．距離 r だけ離れて位置する質量 M，質量 m の物体間には式 (7.1) で記述される万有引力 f が働く．

$$f = G\frac{Mm}{r^2} \tag{7.1}$$

ただし，G は万有引力定数 (gravitational constant) であり，

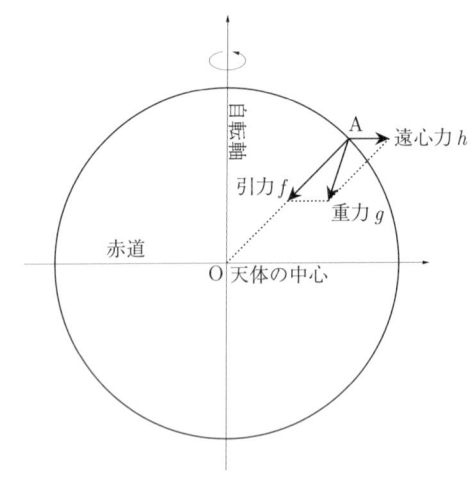

図 7.1 自転する天体の引力，遠心力，重力

$$G = 6.67259 \times 10^{-11} \quad [\text{m}^3/\text{s}^2\,\text{kg}] \tag{7.2}$$

という値をもつ．ところで引力 f，遠心力 h，重力 g はベクトル量である．これらの合力を求めるためにはベクトル和を求める必要がある．重力が働く方向は鉛直方向，それに垂直な面は水平面である．通常，我々が重力と呼んでいるものは重力加速度のことである．図 7.2 に示すように，極において遠心力をゼロと考えると，重力 g は

$$\begin{aligned}g &= m\left\{G\frac{M}{r^2}\right\} \\ &= mg'\end{aligned} \tag{7.3}$$

7.1 万有引力・遠心力・重力

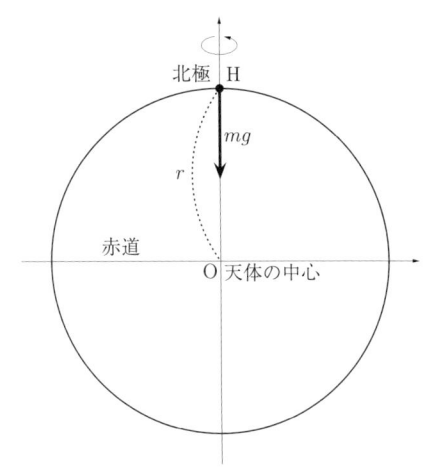

図7.2 自転する天体の北極に質点がある場合の万有引力

のように表される。ここで，g' は重力加速度である。g' を単位質量あたりの重力と考えれば，g' と g を区別する必要はないので，本書では両者を区別せずに重力として取り扱う。式 (7.1) は「万有引力は距離の2乗に反比例して小さくなる」ことを意味している。万有引力は地球だけでなく，惑星や人工衛星の運動を考える上で，非常に重要な役割を果たす。

さて，物理学でいう「保存力」は物体の移動経路によらず仕事が一定になるような力のことである。重力，弾性力，静電気力などはその例である。摩擦力などは物体の移動経路によって仕事の大きさが変わってしまうので「保存力」ではない。保存力が支配する空間では位置だけで決まるエネルギー (位置エネルギー) があると考えることができる。このエネルギーはポテンシャルと呼ばれる。したがってポテンシャルはスカラー量であることに注意しよう。質点に働く力が常にその質点と別の一定点を結ぶ直線の方向に働き，その大きさと向きが質点と一定点の間の距離だけで決まるとき，この力を「中心力」と呼ぶ。もちろん中心力はベクトル量である。万有引力は中心力である。さらに，中心力は保存力であるので，万有引力にはポテンシャルが存在する。同様に遠心力，重力にもポテンシャルが存在する。いま万有引力 f がする仕事を考えてみよう。例えば，位置 r_1 から位置 r_2 まで，万有引力に逆らう力 $-f$ によってなされる仕事は次式で定義できる。

$$V(r) = -\int_{r_1}^{r_2} -f dr \qquad (7.4)$$

これを引力ポテンシャル (attracting potential) という。引力ポテンシャルは位置 r_1 から位置 r_2 までの2点間になす仕事であり，経路によって大きさは変化せず，2つの点の位置だけが問題となる。したがって基準点はどこに決めてもよい。万有引力の場合には，ゼロを原点として積分すると無限大になってしまうので，これを避けるため始点 r_1 として無限遠 (∞) を考えるとよい。したがって，$r_2 = r$ とおけば，式 (7.4) は

$$V(r) = -\int_{\infty}^{r_2} -G\frac{Mm}{r^2} dr$$
$$= -\frac{GMm}{r} \qquad (7.5)$$

となる。式 (7.5) のように，無限遠では引力ポテンシャルはゼロである。ここで $m = 1$ とおけば，これは質量 M をもつ質点が作る重力ポテンシャルであり，距離 r だけ離れた位置においた質点の単位質量あたりの位置エネルギーと考えることができる。V が一定の面，つまり，引力の等ポテンシャル面では r が一定であり，他に質量の擾乱がなければ，等ポテンシャル面は球面を形成し，力の向きとは直交することを意味する。

万有引力 f から引力ポテンシャルを導くことはできるが，引力ポテンシャルから万有引力を導くにはいささか問題がある。万有引力はベクトル量だが，ポテンシャルはスカラーである。したがって，式 (7.5) のスカラー量 V からベクトル量 f を求める必要がある。いま基準点 O から離れた2点 P, Q のポテンシャル差を求めてみよう。P, Q の座標を P(x, y, z), Q$(x + \Delta x, y, z)$ とし，距離が Δx だけ異なるとする。このとき P, Q 間のポテンシャル差 ΔV は

$$\Delta V = V(x + \Delta x, y, z) - V(x, y, z) \qquad (7.6)$$

で表すことができる。この場合，式 (7.4) より

$$\Delta V = -\int_O^Q -f dr - \left\{\int_O^P -f dr\right\}$$
$$= -\int_P^Q f dr = -\int_x^{x+\Delta x} f_x(x, y, z) dr$$
$$= -f_x(x, y, z) \Delta x \qquad (7.7)$$

と書くことができる。ここで f は x 方向に変化する成分 f_x のみをもつことに注意しよう。Δx をゼロに近づけて極限をとれば

$$f_x(x, y, z) = -\frac{\partial V(r)}{\partial x}$$
$$= -\frac{\partial V(x, y, z)}{\partial x} \qquad (7.8)$$

を得る。式 (7.8) の右辺はポテンシャル V を x について偏微分することを意味する。すなわち，式 (7.8) より，万有引力 f は引力ポテンシャルの勾配 (grad) をとることにより式 (7.9) のように表すことができる。

$$f = -\text{grad}\, V \qquad (7.9)$$

つまり上式は，スカラーを示す物理量の空間的な変化率が，空間の偏微分係数を成分にもつベクトルで与えられることを示している。後述するように，万有引力ポテンシャル V と同様に遠心力ポテンシャル (centrifugal potential) U を定義できるので，重力ポテンシャル (gravity potential) W は次式のように表

すことができる.

$$\text{grad } W = \text{grad } V + \text{grad } U \tag{7.10}$$

また万有引力 f と同様, 重力 g は式 (7.10) より次式で表される.

$$\begin{aligned} g &= -\text{grad } W \\ &= -\text{grad } (V+U) \end{aligned} \tag{7.11}$$

重力ポテンシャルが一定の面は無数に存在するが, その中で平均海水面に一致するものはジオイドと呼ばれる. 地形の「標高」はこのジオイドをもとにした高さのことである. 後に述べるようにジオイドは重力異常を定義するための重要な概念である.

▶ **7.1.2 遠 心 力**

図 7.3 のように自転する天体を考える. 遠心力 h は, 円 (自転) 運動している物体の質量 m, 円の半径 r, 運動の角速度 ω [rad/s] とすると,

$$h = mr\omega^2 \tag{7.12}$$

となる. 回転周期 T を用いると ω は次式で定義される.

$$\omega = \frac{2\pi}{T} \tag{7.13}$$

遠心力は外向きに働き, また遠心力は天体の中心でゼロであることを考慮すれば, 万有引力ポテンシャル V と同様に赤道面上の遠心力ポテンシャル U を次式のように表すことができる.

$$\begin{aligned} U(r) &= -\int_{r_1}^{r_2} -h dr = -\int_0^R -mr\omega^2 dr \\ &= \frac{1}{2}mR^2\omega^2 \end{aligned} \tag{7.14}$$

ここで, R は天体の半径である. この式が示すように, 天体の自転による遠心力は自転軸からの距離に比例する. 緯度 ϕ での遠心力のポテンシャルは, 遠心力 ($h = mr\omega^2 \cos\phi$) に半径方向の成分, すなわち, $\cos\phi \cdot dr$ をかけて積分すれば,

$$\begin{aligned} U(r) &= -\int_0^R -mr\omega^2 \cos^2\phi dr \\ &= \frac{1}{2}mR^2\omega^2 \cos^2\phi \end{aligned} \tag{7.15}$$

を得る. ポテンシャルはスカラー量であり, そのまま和をとることが可能である. 式 (7.5) および式 (7.15) により, 重力ポテンシャルは次式のように求められる.

$$\begin{aligned} W &= V + U \\ &= -\frac{GMm}{r} + \frac{1}{2}mR^2\omega^2 cos^2\phi \end{aligned} \tag{7.16}$$

図 7.1 は誇張して示してあるが, 天体の重力の方向は天体の中心を向いているわけではない. 天体の赤道半径や極半径の違い, あるいは, 式 (7.12) で表される遠心力が働くためである. 天体上での引力は, その天体の全質量が天体の中心に集まったと考えてよい. このように考えると天体の質量も万有引力の法則から求めることができる. 図 7.1, 図 7.2 に示すように, 両極と赤道では, 重力の向き, すなわち, 鉛直線の向きは天体の中心に向くと考えてよい. 天体の中心に向かう引力の大きさは, 中心からの距離によって決まる. もう少し厳密にいえば, 天体の中心からの距離の 2 乗に反比例する. 地球の場合, その形は球ではなく, 回転楕円体である. このため, 地球表面上での地球の中心からの距離は赤道で一番大きく, 北極・南極で一番小さい. したがって, 引力は赤道で一番小さく, 両極で一番大きい. 一方, 地球上では自転の速さ (角速度) は一定なので, 遠心力は自転軸からの距離に比例する. つまり, 遠心力は赤道で一番大きく, 両極ではゼロである. またその向きは常に引力を小さくする方向に働く. よって, 地球上の重力は, 赤道で一番小さく, 両極に向かうほど (緯度が高いほど) 大きくなる.

いま, 球と仮定した天体において遠心力を考えなくともよい北極に質量 m の物体をおくと, 天体の引力により mg という力を受ける. ここで, g は天体の重力加速度である. この引力は, 天体内部のさまざまな部分からなるすべての物質による万有引力を積分したものである. 一方, 天体の質量を M とすると, 万有引力はお互いの質量の積に比例し, その間の距離の 2 乗に反比例する力であり, GMm/r^2 である. ここで G は万有引力定数である. これら 2 つの力は等しいと考えることができる. したがって両辺の比較により m が消去されるため, g (重力加速度), G (万有引力定数), M (天体の質量) という 3 個の量に関する関係式が導かれる. 万有引力定数は不変なので, 重力加速度, 天体の質量のいずれかが決まれば, 残った量が計算でき

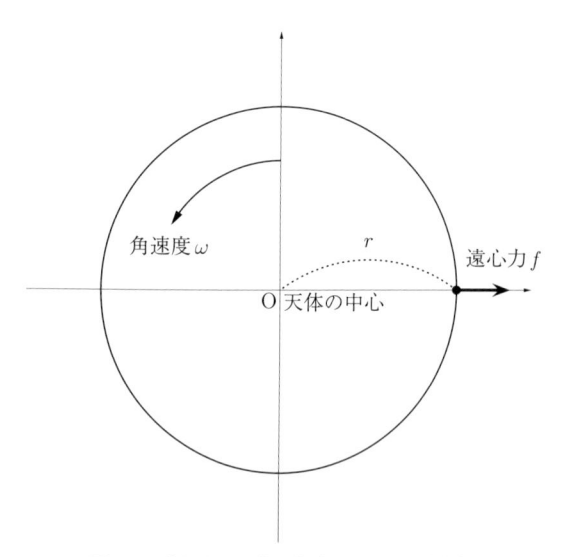

図 **7.3** 自転する天体の赤道面における遠心力

さて，地球の場合，両極と赤道の重力を比較してみよう．極半径 $R_p = 6.356 \times 10^6$ m (6356 km)，赤道半径 $R_e = 6.378 \times 10^6$ m (6378 km) を使って，地表に置いた質量 m の物体に働く極と赤道での重力の大きさの比を計算してみよう．万有引力定数は式 (7.2) の値をもち，地球の質量は $M_e = 5.974 \times 10^{24}$ kg である．式 (7.13) で表される自転の角速度 ω は，地球の場合，

$$\frac{2\pi}{60 \times 60 \times 24} = 7.272 \times 10^{-5} [\text{rad/s}] \quad (7.17)$$

という一定値をもち，赤道では，$mR_e\omega^2$ の遠心力も働いている．赤道における引力 f_e と重力 g_e は，それぞれ，

$$f_e = G\frac{M_e m}{(6.378 \times 10^6)^2} \quad (7.18)$$

$$g_e = G\frac{M_e m}{(6.378 \times 10^6)^2} - m(6.378 \times 10^6)(7.272 \times 10^{-5})^2 \quad (7.19)$$

と書くことができる．また，極における重力 $g_p(=$引力 $f_p)$ は

$$f_p = g_p = G\frac{M_e m}{(6.356 \times 10^6)^2} \quad (7.20)$$

のように書くことができる．ここで，遠心力を考慮しなくてもよい極では，式 (7.20)，式 (7.18) の比をとることにより，その値は 0.9931 となる．また，遠心力を考慮する必要がある赤道の場合は式 (7.19) を式 (7.20) で除算することにより，比の値は 0.9897 となる．赤道における重力の大きさは極における重力に比べて 1% ほど小さくなっていることがわかる．一方，赤道における万有引力と遠心力の比は

$$G\frac{(5.974 \times 10^{24})m/(6.378 \times 10^6)^2}{m(6.378 \times 10^6)(7.272 \times 10^{-5})^2} \approx 290 \quad (7.21)$$

である．ここで重力の単位について説明しよう．重力の単位は，c.g.s. 単位系 (長さ：cm (センチ)，重さ：g (グラム)，時間：s (秒)) でいえば cm/s^2，m.k.s. 単位系 (長さ：m (メートル)，重さ：kg (キログラム)，時間：s (秒)) でいえば m/s^2 である．このうち，cm/s^2 の単位は，ガリレオ・ガリレイ (Galileo Galilei) の名にちなんで gal (ガル) と呼ばれている．例えば 980 cm/s^2 は 980 gal である．地球科学の中でも，地球の内部の構造を論ずる場合には，gal という単位ではしばしば大きすぎることがあるため，mgal (10^{-3} gal) や，場合によってはさらに小さい μgal (10^{-6} gal)，ngal (10^{-9} gal) が用いられることがある．

▶ **7.1.3 回転楕円体における引力**

上で議論した内容は球対称の天体における引力，遠心力，重力を考えたが，地球のような回転楕円体の場合は，回転に伴う質量移動があり，引力にはその擾乱成分の補正が必要となる．これはいわば，回転楕円体の自転による球対称からのずれに対する補正と考えることができる．回転楕円体の経度方向に変化がない場合には，この擾乱成分は緯度に依存する．したがってこの引力の緯度依存性を補正する必要がある．いま，球面内の座標 (x,y,z) に，微小体積 dv，密度 ρ の物体があるとき，3 軸の周りの慣性モーメント A, B, C は次の式で定義される．ただし，自転軸を z 軸とする．

$$\begin{pmatrix} A \\ B \\ C \end{pmatrix} = \iiint_v \rho \begin{pmatrix} x^2 + y^2 \\ y^2 + z^2 \\ z^2 + x^2 \end{pmatrix} dv \quad (7.22)$$

このとき，回転の対称性を考えて $A = B$ とおくので，慣性モーメントの軸ごとの違いを表す力学的扁平率は次の式のようになる．

$$f = \frac{C - A}{A} \quad (7.23)$$

A, C は上で述べたように，それぞれ，赤道軸の周りの慣性モーメント，自転軸の周りの慣性モーメントを示す．これらの値は地球の回転運動の観測から直接決めることができる．一方，地球の引力ポテンシャルを球面調和関数で展開したときの係数として現れる J_2 は次のように表すことができる．

$$J_2 = \frac{1}{MR_e^2} \iiint_v \rho \left(\frac{x^2 + y^2}{2} - z^2\right) dv \quad (7.24)$$

式 (7.22) の定義と，式 (7.23) および式 (7.24) の関係式から力学的な扁平度合いを表す J_2 は

$$C - A = J_2 MR_e^2 \qquad (C > A) \quad (7.25)$$

と書くことができる．地球の場合には赤道方向に膨らんだ扁平な形をしているため，C は A より大きいことに注意しよう．これらの式を利用して緯度方向の補正項を加えた引力は次の式で与えられる．

$$f = G\frac{Mm}{r^2} - \frac{3G(C-A)m}{2r^4}(3\sin^2\phi - 1) \quad (7.26)$$

上式の第 2 項が補正項である．ここで，r は地心からの距離，ϕ は緯度である．この式はマカラー (MacCullagh) の式と呼ばれている．式 (7.25) の J_2 を使えば，式 (7.26) は次のようになる．

$$f = G\frac{Mm}{r^2} - \frac{3GMmR_e^2 J_2}{2r^4}(3\sin^2\phi - 1) \quad (7.27)$$

J_2 は扁平率に密接に関連しており，後述のように，数多くの人工衛星の軌道要素の時間的なずれの解析からその値を求めることができる．実際には J_2 は地球の形のうち，扁平の度合い，すなわち，扁平率を決定する重要な要素である．引力ポテンシャルの展開係数として現れるものには，J_2 以外にも，例えば西洋梨形に関連する J_3 など，地球の形を議論する上で重要な係数がある．式 (7.27) と同様，式 (7.16) の引力ポテン

シャル V は次式のように求められる.
$$V = -\frac{GMm}{r} + \frac{GMmR_e^2 J_2}{2r^3}(3\sin^2\phi - 1) \quad (7.28)$$
ここで導いた回転楕円体の補正を考慮すると，先に挙げた地球上の重力 g，および，重力ポテンシャル W は次のように表すことができる.
$$g = G\frac{Mm}{r^2} - \frac{3GMmR_e^2 J_2}{2r^4}(3\sin^2\phi - 1)$$
$$- mr\omega^2\cos^2\phi$$
$$W = -\frac{GMm}{r} + \frac{GMmR_e^2 J_2}{2r^3}(3\sin^2\phi - 1)$$
$$+ \frac{1}{2}mr^2\omega^2\cos^2\phi \quad (7.29)$$
ここで議論してきた式の導出や変形は 萩原 (1978)，Turcotte and Schubert (2002)，ホフマン–ウェレンホフ・モーリッツ (2006) などに詳しいので参照されたい.

[例題 7.1] 地球を球と仮定し，M_e, m をそれぞれ地球の質量，地上の物体の質量，R_a を地球の平均半径，g_a を地球の平均重力，G を万有引力定数とすると，極においては，
$$mg_a = G\frac{M_e m}{R_a^2}$$
が成り立つ．このとき，$g_a = 9.8\,\mathrm{m/s^2}, R_a = 6400\,\mathrm{km}$ として，地球の質量 M_e を kg 単位で求めよ.
[解答] 上式より以下のように変形できる.
$$M_e = \frac{g_a R_a^2}{G}$$
したがって，解は以下の通りである.
$$M_e = \frac{9.8 \times \{6.4 \times 10^6\}^2}{6.67259 \times 10^{-11}}$$
$$= 6.02 \times 10^{24}\,[\mathrm{kg}]$$

---

mini column 6

● 数式から見た保存力 ●

万有引力は万有引力ポテンシャルの勾配として表現でき，互いの質点に向かって働く．球の場合は半径方向を向く．言い換えれば力のベクトルは中心を向くわけである．したがってこのようなベクトルには回転成分は存在しない．このことは，数式でいえば，
$$\mathrm{rot}\{\mathrm{grad}\,V(r)\} = \nabla \times (\nabla V(r)) = 0$$
と等価である．任意のスカラー関数の勾配 (grad) の回転 (rot) をとると恒等的にゼロになるからである．つまり，ポテンシャルの勾配 (grad) で表される力の回転 (rot) 成分がゼロであることはその力が保存力であることを示している．逆にいえば，ある力が保存力であることを示すには回転成分がゼロであることを示せばよい.

7.2 地球内部〜外部の重力とポテンシャル

地球内部における重力や重力ポテンシャルの分布はどうなっているだろうか．ここでは球体を使って理論的なふるまいを詳しく調べてそれらの分布を説明する．また実際の地球内部での分布についても学んでみよう.

▶ 7.2.1 地球内部〜外部の重力分布

ここでは，まず，球殻内部での重力がどうなるかを立体角の考えで説明し，次に数式を使ってそれらを導出しよう．微小な厚さをもつ球殻内部の任意の場所に単位質量をもつ質点 X から半直線 a を引き，その半直線を軸とするように，ある立体角をもって錐体面 A を描くようにする．そしてその錐体面が球殻を切りとる面積を S_a とし，点 X と半直線 a が球殻と交わる点の距離を d_a とする．同様に，点 X から a とは逆向きの半直線 b を引き，同じ立体角で錐体面 B を描き，S_b, d_b を定義する．S_a, S_b の比は
$$\frac{S_a}{S_b} = \frac{d_a^2}{d_b^2} \quad (7.30)$$
となり，それぞれの錐体面の軸の長さ (距離) の 2 乗に比例する．次に，錐体面 A が質点 X に及ぼす引力は万有引力の法則より，$G\epsilon S_a/d_a^2$ である．ここで ϵ は球殻の単位面積あたりの質量である．錐体面 B が質点 X に及ぼす引力も同様に定義できる．したがって，これらの引力の比 C は
$$C = \frac{G\epsilon S_a}{d_a^2} \div \frac{G\epsilon S_b}{d_b^2}$$
$$= \frac{S_a}{S_b}\frac{d_b^2}{d_a^2} = \frac{d_a^2}{d_b^2}\frac{d_b^2}{d_a^2} = 1 \quad (7.31)$$
と表すことができる．すなわち，球殻内部の任意の点 X で，同じ立体角をもち，かつ，反対の向きに形成された 2 つの錐体面が点 X に及ぼす引力は大きさが同じで，向きが反対となる．つまり，両者は打ち消し合うため引力はゼロとなる．同様に，任意の 2 つの錐体面の組み合わせは自由に定義でき，かつ球殻の内部全体を覆いつくすことができる．したがって，球殻の内部にある任意の 1 点に対して，球殻が及ぼす引力はゼロとなる.

このことを数式で証明してみよう．球体に非常に近い地球のダイナミクスを扱うときは極座標を使うと便利である．極座標 (r, θ, ϕ) と直角座標 (x, y, z) との変換関係は次の式で与えられる.
$$x = r\sin\theta\cos\phi$$
$$y = r\sin\theta\sin\phi$$
$$z = r\cos\theta \quad (7.32)$$
直角座標における 3 つの座標軸方向の微小な長さの要素は dx, dy, dz である．一方，極座標における 3 つの座標軸方向の微小な長さの要素は以下のように表すことができる.

7.2 地球内部〜外部の重力とポテンシャル

r 方向 : dr

θ 方向 : $rd\theta$

ϕ 方向 : $r\sin\theta d\phi$ (7.33)

dr は, θ と ϕ が一定な直線上の微小な長さ, $rd\theta$ は, r と ϕ が一定な曲線 (原点を中心とする円) 上の微小な長さ, $r\sin\theta d\phi$ は, r と θ が一定な曲線 (z に垂直な平面上にあり z 軸上に中心をもつ円) 上の微小な長さ, である. これらの関係を使うと極座標における微小な質量は

$$\rho \cdot dr \cdot rd\theta \cdot r\sin\theta d\phi \quad (7.34)$$

となる. ここで ρ は微小質量の密度である. いま図 7.4 のように, 微小な厚さ ΔR をもつ半径 R の球殻を考える. この球殻が外部の質点 B (質量 m) に及ぼすポテンシャル V を求めてみよう. OB に直交し, A を通る面が球殻と交わる素片は, 1 周の長さが $2\pi R\sin\theta$, 幅が $Rd\theta$, 厚さが ΔR となる. 球殻の単位体積あたりの密度を σ とすれば, この素片の質量 D は

$$D = \sigma \cdot 2\pi R\sin\theta \cdot Rd\theta \cdot \Delta R$$
$$= 2\pi\sigma R^2 \Delta R \sin\theta d\theta \quad (7.35)$$

となる. よってこの素片が及ぼすポテンシャルは式 (7.5) より,

$$V = \int_0^\pi -Gm\frac{D}{S}$$
$$= -\int_0^\pi Gm\frac{2\pi\sigma R^2 \Delta R \sin\theta}{S}d\theta \quad (7.36)$$

となる. $S^2 = R^2 + r^2 - 2Rr\cos\theta$ の両辺を θ で微分することにより, $Rr\sin\theta d\theta = SdS$ となるので, 式 (7.36) は下記のように変形できる.

$$V = -\int_0^\pi Gm\frac{2\pi\sigma R^2 \Delta R \sin\theta}{S}\left\{\frac{SdS}{Rr\sin\theta}\right\}$$
$$= -\int_a^b Gm\frac{2\pi\sigma R\Delta R}{r}dS$$
$$= -Gm\frac{2\pi\sigma R\Delta R}{r}\int_a^b dS \quad (7.37)$$

ここで, 図 7.4 のように質点が外部にある場合, $a = r-R, b = r+R$ であるため, 球殻の全質量を M とすれば式 (7.37) は以下の結果に帰着する.

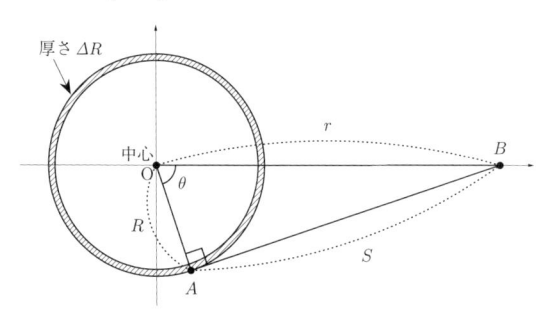

図 **7.4** 球殻が外部の質点におよぼす引力

$$V = -Gm\frac{2\pi\sigma R\Delta R}{r}(2R)$$
$$= -Gm\frac{4\pi\sigma R^2 \Delta R}{r}$$
$$= -\frac{GmM}{r} \quad (7.38)$$

したがって, r 方向の引力は (7.9) 式より, 以下のようになる.

$$F_r = -\text{grad}\,V = -\frac{\partial V}{\partial r} = \frac{GmM}{r^2} \quad (7.39)$$

式 (7.39) によれば, 球殻の外部にある質点 B が受ける引力は, 球殻の全質量が球殻の中心に存在する場合の引力と等価である.

一方, 質点 B が球殻の内部に存在する場合は, $a = R-r, b = r+R$ であるため, 球殻の全質量を M とすれば式 (7.37) は以下の結果に帰着する.

$$V = -Gm\frac{2\pi\sigma R\Delta R}{r}(2r)$$
$$= -Gm4\pi\sigma R\Delta R \quad (7.40)$$

この場合, V には変数 r は含まれないので, r 方向に関する偏微分はゼロ, すなわち,

$$F_r = -\text{grad}\,V = -\frac{\partial V}{\partial r} = 0 \quad (7.41)$$

となる. つまり, 式 (7.41) は, 球殻の内部にある質点 B が球殻から受ける引力はゼロであることを示している.

地球をほぼ球体と考えて, ここで述べたことを地球に適用してみよう. 式 (7.41) で証明したように, 微小な厚さをもつ球殻の内部にある質点は球殻からは引力を受けない. 地球の半径を R_a とし, 地球の中心から距離 r ($r < R_a$) にある地球内部の任意の場所に質点 B があるとする. このとき, 質点 B は半径 r の内部にある地球の質量のみによる引力を受ける. なぜなら, 質量分布が球対象な球体の引力は球殻の重ね合わせとして表現できるので, 結局, 式 (7.41) で証明したように, 質点 B は半径が r より大きい部分からは引力を受けないからである. したがって, M_r, ρ_r をそれぞれ地球中心から半径 r までの質量, および平均密度とすれば, 地球内部にある質点 B は地球から次式のような引力を受ける.

$$F_i(r) = Gm\frac{M_r}{r^2} \quad (r < R_a)$$
$$= Gm\frac{4\pi r^3 \rho_r/3}{r^2} = \frac{4}{3}\pi\rho_r Gm \cdot r \quad (7.42)$$

一方, 質点 B が, 地球の中心から半径 r ($r > R_a$) の任意の場所にあるときは, 式 (7.39) で示したように,

$$F_o(r) = Gm\frac{M_e}{r^2} \quad (r > R_a)$$
$$= Gm\frac{4\pi R_a^3 \rho_e/3}{r^2} = \frac{4}{3}\pi\rho_e GmR_a^3 \cdot \frac{1}{r^2} \quad (7.43)$$

ただし, M_e は地球全体の質量である. 球体内に密度

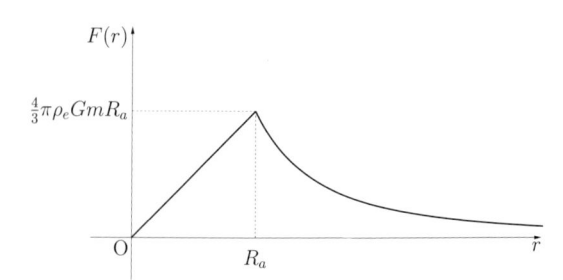

図 7.5 地球の中心から距離 r だけ離れた点にある質量 m の物体に働く引力 $F(r)$ の分布
O は地球の中心，$r = R_a$ は地球の表面，ρ_e は地球の平均密度を示す．地球の中心でゼロ，地球の表面で最大値をとることがわかる．

の不均質はないとすれば ρ_r は地球の平均密度 ρ_e に等しい．図 7.5 は，式 (7.42)，式 (7.43) を図示したものである．この図からわかるように，地球を密度が一定の球と仮定したときの理論的な重力値は地球の内部では直線的に増加する．一方，地球の外部にある場所では，理論的な重力値は地球の中心からの距離の 2 乗に反比例して減衰することがわかる．

実際の地球の場合，地球外部での重力（重力加速度）は図 7.5 における理論的な曲線に近い値を示すが，地球内部での重力分布は図 7.5 とは大きく異なる．なぜなら地球内部は密度一定ではなく，大きな密度不均質が存在するからである．図 7.6 に示したように，地球内部の物性モデルの 1 つである PREM (Preliminary Reference Earth Model) モデル (Dziewonski and Anderson, 1981) によれば，地球内部のマントルの密度は $4.5 \sim 5.5 \,\mathrm{g/cm^3}$ であるが，コアの平均密度は $10 \sim 12 \,\mathrm{g/cm^3}$ である．PREM モデルで与えられたこれらの値を使って，実際に地球内部の重力を計算し

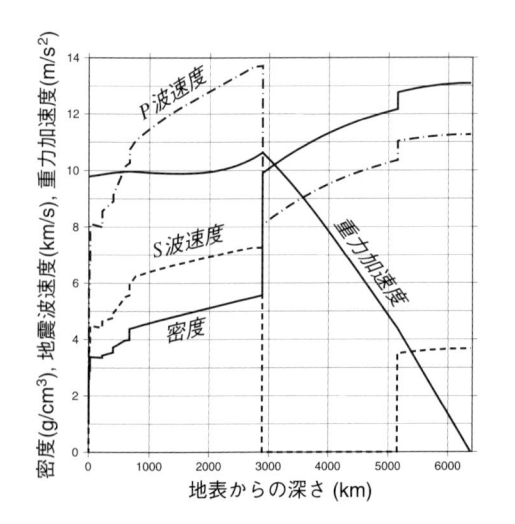

図 7.6 PREM モデル (Dziewonski and Anderson, 1981) による地球内部の密度，地震波速度，重力加速度の分布

た結果を図 7.6 中の重力加速度として示した．この図に示されるように，コアの表面における重力値は地球表面での重力値とそれほど変わらないことがわかる．なお，PREM などの地球モデルで与えられる地球深部の密度モデルは，直接観測される値ではなく，地震波速度構造からウィリアムソン–アダムス (Williamson–Adams) の式などを用いて間接的に求められるものである (p.155 参照)．

▶ **7.2.2 地球内部 ～ 外部のポテンシャル分布**

次に，地球の内部と外部の重力ポテンシャルについて考えてみよう．まず地球の外部にある質点での重力ポテンシャルは式 (7.38) のように表される．一方，地球内部における質点でのポテンシャルは少々複雑である．地球内部における質点が受ける引力は式 (7.42) で表されるので，地球の質量を表す関係式 $M_e = \frac{4}{3}\pi\rho_e R_e^3$ を代入し，次のように変形する．

$$F_i(r) = \frac{4}{3}\pi\rho_r Gm \cdot r \tag{7.44}$$

$$= \frac{GM_e m}{R_e^3} \cdot r \tag{7.45}$$

ただし，ここでは $\rho_r = \rho_e$ とする．さて，引力のポテンシャルは式 (7.9) で表されるので，地球内部の引力のポテンシャルは次の式で表すことができる．

$$V_i(r) = -\int -f dr$$
$$= -\int -\frac{GM_e m}{R_e^3} \cdot r dr$$
$$= \frac{GM_e m}{2R_e^3} \cdot r^2 + C \tag{7.46}$$

ただし C は積分定数である．一方，式 (7.38) より

$$V(R_e) = -\frac{GM_e m}{R_e} \tag{7.47}$$

である．式 (7.46)，式 (7.47) より，$V_i(R_e) = V(R_e)$ とおくことができるので，次式が得られる．

$$-\frac{GM_e m}{R_e} = \frac{GM_e m}{2R_e^3} \cdot R_e^2 + C \tag{7.48}$$

この関係式より，積分定数を次のように決めることができる．

$$C = -\frac{3GM_e m}{2R_e} \tag{7.49}$$

以上より，地球内部の引力のポテンシャル $V_i(r)$ は次の式で表すことができる．

$$V_i(r) = \frac{GM_e m}{2R_e^3}(r^2 - 3R_e^2) \quad (r < R_e) \tag{7.50}$$

一方，式 (7.38) のように，地球の外部の質点がもつ引力のポテンシャル $V_o(r)$ は次の式で表すことができる．

$$V_o(r) = -\frac{GM_e m}{r} \quad (r > R_e) \tag{7.51}$$

図 7.7 は式 (7.50)，式 (7.51) で表される地球の内部

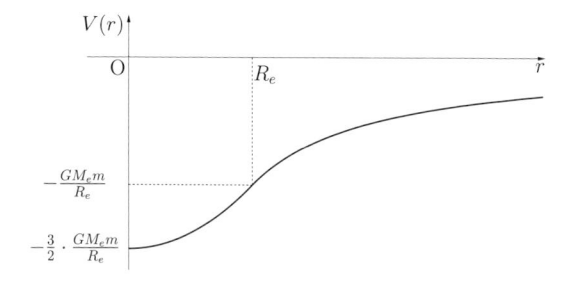

図 7.7 地球の中心から距離 r だけ離れた点にある質量 m の物体がもつ引力ポテンシャル (位置エネルギー)$V(r)$ の分布
O は地球の中心，$r = R_e$ は地球の表面を示す．

および外部におけるポテンシャルの分布を示したものである．地球の中心で $-\frac{3}{2} \cdot \frac{GM_e m}{R_e}$，地球の表面 ($r = R_e$) で $-\frac{GM_e m}{R_e}$ をとることがわかる．

[例題 7.2] 地球の赤道と極において単位質量 (1 kg) の物体がもつ重力ポテンシャル (位置エネルギー) のそれぞれの大きさと両者の差をジュール [J] の単位で求めよ．

[解答] すべての計算を m.k.s. 単位系で行う．地球表面での引力ポテンシャルは $-\frac{GM_e m}{R}$ で表される．一方，地球表面での重力ポテンシャルには式 (7.16) のように遠心力による効果が含まれている．地球の半径として赤道半径 R_e を使用して計算すると，極における重力ポテンシャルは単位質量の場合，次のようになる．

$$-\frac{GM_e}{R_e} = -\frac{(6.67259 \times 10^{-11})(5.97258 \times 10^{24})}{6.378 \times 10^6}$$
$$= -6.248 \times 10^7 \quad [\text{J}]$$

一方，赤道における重力ポテンシャルは次のようになる．

$$W = -\frac{GM_e}{R_e} + \frac{1}{2} R_e^2 \omega^2 \cos^2 \phi$$
$$= -6.248 \times 10^7$$
$$\quad + \frac{1}{2}(6.378 \times 10^6)^2 (7.272 \times 10^{-5})^2$$
$$= -6.248 \times 10^7 + 107559.0$$
$$= -6.238 \times 10^7 \quad [\text{J}]$$

両者の差はおよそ 1.076×10^5 J である．

7.3 ジオイド

地球の形をどう決めるかは大変重要な問題である．もっとも簡単な考え方は地表面を採用することである．しかし地形には山谷があるだけでなく複雑な形状をしており，高山と海溝では 20 km に及ぶ高低差が存在するため適切ではない．もっと高低差 (凹凸，あるいは，地形の起伏) の少ないものを採用する方が好ましい．一方，極端にいえば，理想的には地球を完全に数式で表現すればよい．この考え方は次節で述べるように地球楕円体という概念である．これらの中間的な考え方としては，海水面を利用するのが便利である．地球上の海面は，雨風のような局所的あるいは一時的な影響を除けば，流体として重力の影響を受けて引っぱられて移動し，つりあいのとれた状態になっていると考えられる．この状態では重力だけの影響を受けているといってもよい．このとき海水面が作る形状は，重力ポテンシャルが一定になる 1 つの面を形成する．そしてこの等ポテンシャル面は，陸地の中に存在する無数の等ポテンシャル面のうちのただ 1 つに一致するはずであり，自然に陸地にも延長することができ，地球全体について定義することが可能である．測地学的にはこれを「ジオイド」(geoid) という．もう少し厳密にいうならば，無数に存在する地球の重力等ポテンシャル面の中で，地球楕円体 (正規楕円体) が作る重力等ポテンシャル面に一致するものとして定義できる．地球楕円体 (earth ellipsoid) とは，地球にもっともよく似た形を数式で表現した仮想地球である．したがってジオイドは，地球楕円体が決まれば自然に決まる量ということができる．

ジオイドは，重力の方向 (鉛直線方向) とは垂直な面である．よって，地下に密度の大きな物質があれば，その上では重力は大きくなり，ジオイドも高くなるはずである．逆の場合は当然凹むという性質がある．つまり，ジオイドの形は重力の分布で決まるものであり，地球の形を決めるための重要な概念である．このように，実際には地球表面の凹凸や地球内部の密度不均質のため，ジオイドは地球楕円体と完全に一致することはない．つまり，実際のジオイドには凹凸が存在する．このとき，ジオイドと地球楕円体との間には隙間ができることになる．この隙間のことを「ジオイド高」(geoidal height) と呼ぶ．地形の凹凸は 20 km であることは先に述べたが，ジオイドの凹凸は $-100 \sim +100$ m 程度と，地形の凹凸に比べてずっと小さいので，「高さ」を測る基準として適切であり，ジオイドを基準面としてそこから測った高さを「標高」と定義するのは合理的な考え方である．日本では，東京湾平均海面をジオイドと定めており，一部の地域を除けば，これが「標高」の基準として使われている．富士山剣ヶ峰の二等三角点の標高は 3775.63 m であるが，それはこのジオイドから測った高さということになる．「標高」はこのように定義されて使用されるので別の意味で使用するべきではない．ただし，実際の測量の基準としては「日本水準原点」が使われている．「日本水準原点」自体の標高は，2011 年の東北地方太平洋沖地震により変化したため，24.4140 m から 24.3900 m に修正された．

一方，広く使われている GPS (Global Positioning System，汎地球測位システム) では，緯度，経度，と「高さ」を求めることができる．ここで「標高」ではなく，あ

えて「高さ」と記載するのには理由がある．GPS では，「標高」を求めることはできないのである．GPS が知ることができるのは「楕円体高」(ellipsoidal height)，つまり，地球楕円体からの「高さ」なのである．したがって，「標高」の値に直すには，ジオイドと地球楕円体との間の隙間である「ジオイド高」の情報が必要となる．一般的にはジオイド高は重力異常を利用して決定されるが，宇宙測地技術が発達した現在では，宇宙からジオイド高の直接観測が可能である．代表的な世界のジオイドモデルとしては EGM96 (Earth Gravity Model 1996, 地球重力モデル 1996) や EGM2008 (Earth Gravity Model 2008, 地球重力モデル 2008) を挙げることができる．どちらも全地球規模において球面調和関数で展開した係数モデルである．いずれも，インターネット上で係数データのダウンロードが可能である．球面調和関数で展開した場合，EGM96，EGM2008 はそれぞれ，その次数が 360 次，2159 次までの球関数展開項より構成される．一方，日本列島の直近に限ったジオイドとしては「日本のジオイド 2011+2000 (GSIGEO 2011+2000)」が広く用いられている．図 7.8 に，日本を中心とした周辺地域のジオイド高分布図を示す．この図は，EGM2008 で与えられた 360 次までの係数，および，GRS80 楕円体と各パラメータを使用して計算したものである．日本列島では，概ね，ジオイドの高さが 30 ～ 40 m の値で分布していることがわかる．一方，千島海溝～日本海溝～伊豆・小笠原海溝，また，駿河・相模・南海トラフから琉球海溝の海溝軸に沿うように，ジオイド高が急激に小さくなっていることが明瞭にわかる．このように，全体的に見ると，ジオイドの起伏は海・陸の地形の凹凸によく対応してお

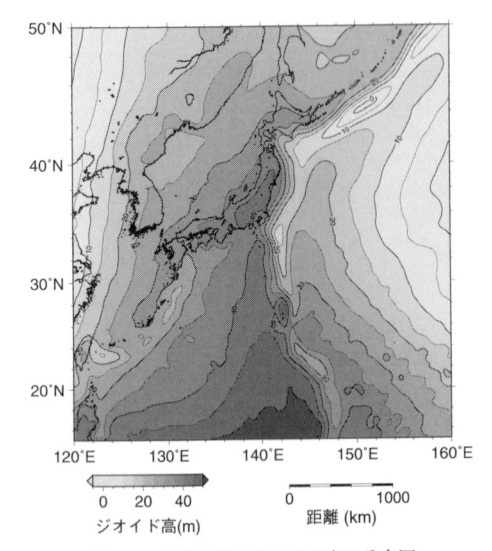

図 7.8 日本周辺のジオイド高の分布図
等高線の間隔は 5 m．

---

mini column 7

● スペースシャトル内は無重力? ●

スペースシャトル計画は 2011 年に終了したが，そのスペースシャトルは通常，地上 300～400 km を飛行するそうである．しかも地球からつかず離れずという状態で飛行する．スペースシャトル内の宇宙飛行士の映像を見ると，重力が働く地表とは明らかに様子が違うことに気づく．無重力の世界である．テーマパークにあるフリーフォールなどの乗り物にのれば，我々もほんのわずかの間ではあるが，無重力に近い体験をすることができる．上で述べたように，地球から遠く離れたところは無重力になるという話をよく聞くが，実際には我々の周囲に無重力のところはないと思ってよい．宇宙空間も同様である．万有引力の法則によれば，離れた 2 つの物体間で重力の効果がなくなるのはその距離が無限大になる場合だけである．スペースシャトル内で無重力状態のように見えるのは，実際には重力が働いているのだが非常に早い速度で飛んでいるので，そのことによる遠心力が重力とつりあっているにすぎない．このことはちょっと計算してみるとすぐにわかる．半径 R_a の地球の表面にある物体に働く重力 g_a と地表から h の距離だけ上空に位置する物体に働く重力 g_h の大きさを比べてみると，

$$\frac{g_h}{g_a} = \frac{GM_e m/(R_a + h)^2}{GM_e m/R_a^2}$$
$$= \frac{R_a^2}{(R_a + h)^2}$$

となる．ここで G は万有引力定数，M_e は地球の質量，m は例えばスペースシャトルの質量である．実際に，上式に $h = 300$ km, $R_a = 6400$ km を代入してみると，上式の値はおよそ 0.91 となる．つまり，上空 300 km にあるスペースシャトルにかかる重力は地表に比べてわずか 9% ほど小さいだけなのである．この乗り物が無重力状態になっているのは，地球中心から見て半径 6700 km ほどの円周上の接線方向にとんでもない速度で動いているからである．その速度はおよそ 7.7 km/s である．このスピードを下回ってしまうと重力が打ち勝って地表に落ちてくるはずである．

り，山岳地域などで上に膨らみ，海溝地域で凹んでいる様子がよくわかる．

7.4 測地基準系と正規重力

地球表面は非常に複雑な起伏をもっている．これには風雨による侵食作用など自然が地球に及ぼす効果も含まれる．したがって，地球物理学や測地学では，地球の形を物理的に論ずるときには海水面を利用する．海水面は重力の等ポテンシャル面を形成するからである．ここではこうした物理的な地球の形としての回転楕円体を扱う．

▶ 7.4.1 回転楕円体と地球の形

地球の形は重力の影響を受けた回転楕円体 (ellipsoid of revolution) として近似できる．回転楕円体への近似が実際の地球を反映するためには，それ自身がジオイドを近似する等ポテンシャル面であること，実際の地球と等しい質量や平均密度をもち，同じ速度で自転するなど，実際の地球に準拠する物理過程に従うこと，といった条件が必要となる．このようなモデルは正規地球モデルと呼ばれることがある．こうしたいわゆる測地学的なモデル地球を構築する際には，地表における重力測定，人工衛星の軌道追跡，などの地球から宇宙にまたがる宇宙測地観測をグローバルに行う必要がある．宇宙測地技術を利用したこのような観測によりモデル地球の構築が可能となる．このように構築されたモデル地球の基準系を測地基準系 (Geodetic Reference System, GRS) と呼ぶ．また測地基準系が作る理論的な重力場は正規重力 (normal gravity) と呼ばれている．正規重力もまた正規重力ポテンシャルを構成する．最初に国際的な地球楕円体が決められたのは 1924 年のことである．続いて 1930 年になって国際重力式 1930 が決められた．これは地球楕円体上の緯度を与えれば重力値が計算できる理論式である．当時の地球楕円体はヨーロッパにおける三角測量網の統一がもとになっており，広く使用されていた．その後，20 世紀後半以降，人工衛星の軌道解析によって，地球の形状が正確に決められるようになり，また世界的な三角網の結合が行われたため，1967 年になって初めて測地基準系が制定された．これは測地基準系 1967 (GRS1967) と呼ばれている．GRS1967 は，当時の人工衛星の軌道解析から力学的に決められたものであり，地球の形をもっともよく代表する回転楕円体の幾何学的および物理学的な量を統一的に決めるものであった．その後の宇宙技術の進歩が加わったことにより，より誤差の少ない測地基準系を求める動きが活発化し，1979 年の国際測地学地球物理学連合総会において「測地基準系 1980 (GRS80)」が採択された．GRS80 は地球の形状，重力定数，角速度など，地球の物理学的な定数，計算式から構成されるもので，現在，もっとも広く使われている地球楕円体である．GRS80 は地球の形や大きさに関する定数などを定義するものであり，この楕円体をもとにして定義された地心直交座標系の代表的なものが「ITRF 座標系 (International Terrestrial Reference Frame : 国際地球基準座標系)」(p.40 参照) である．現在，ITRF2008 が最新のものであり，世界共通の測地基準系である「世界測地系」(World Geodetic System) はこの ITRF2008 を採用している．世界測地系のうち，日本が構築した部分は「日本測地系 2011」(Japan Geodetic Datum 2011) と呼ばれ，(旧) 日本測地系 (Tokyo Datum) に代わって，現在の日本の測地基準系として広く使われている．

さて，測地基準系を一意に定めるためには，4 個の基本定数を与えなければならない．GRS80 においてはそれら 4 個の定数は，赤道半径 a，地心引力定数 (万有引力定数 × 地球全質量) GM，自転角速度 ω，力学的形状要素 J_2 であり，ストークス定数 (Stokes' constants) あるいは定義定数 (defining constants) と呼ばれている．逆に，これら 4 個の定義定数が決まれば，楕円体に関する幾何学的および物理学的定数が定まり，測地基準系を一意に決めることができるので，これら 4 個の定義定数の決定は測地基準系の決定のための必要十分条件ということができる．J_2 は地球の重力ポテンシャルを球面調和関数で展開したときの第 2 項の係数であり，地球の扁平率を決めるものである．これら定義定数は次のような数値をもつ．

$$\begin{cases} a & = 6{,}378{,}137 \text{ m} \\ GM & = 3{,}986{,}005 \times 10^8 \text{ m}^3/\text{s}^2 \\ J_2 & = 108{,}263 \times 10^{-8} \\ \omega & = 7{,}292{,}115 \times 10^{-11} \text{ rad/s}^1 \end{cases} \quad (7.52)$$

これら 4 個の定義定数を決めることができれば，回転楕円体の重力値 (正規重力値)，楕円体面での正規重力によるポテンシャル，扁平率などを一意に決めることができる．上記から求められる他の定数については友田ほか (1985) を参照されたい．正規重力値はいわば理論的な地球の上で観測される重力値という意味合いをもつ．当然ながら回転楕円体は回転対称になっているので形の上では経度方向には変化をもたない．したがって地球楕円体 (GRS80) における測地的な意味の緯度 ϕ を与えれば理論的な重力値である正規重力値を決めることができる．このとき正規重力値 γ_ϕ は次の式で与えられる．

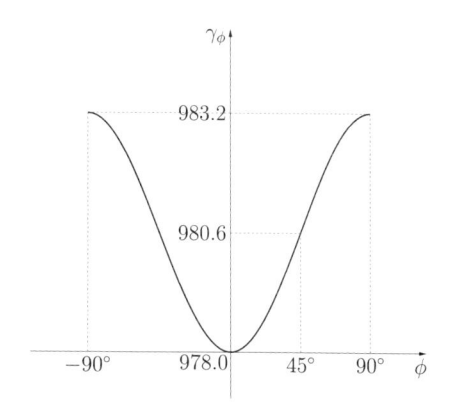

図 7.9 地球楕円体上での緯度 (ϕ) に対する正規重力値 γ_ϕ の変化 (単位は gal)

$$\begin{cases} \gamma_\phi = \frac{a\gamma_e \cos^2\phi + b\gamma_p \sin^2\phi}{\sqrt{a^2\cos^2\phi + b^2\sin^2\phi}} \\ \quad = \gamma_e \frac{1+k\sin^2\phi}{\sqrt{1-e^2\sin^2\phi}} \\ k = \frac{b\gamma_p}{a\gamma_e} - 1 \\ e^2 = \frac{a^2-b^2}{a^2} \end{cases} \quad (7.53)$$

この式はソミリアナ (Somigliana) の公式,あるいは,重力式 1980,と呼ばれている.上式のパラメータの意味は次の通りである.γ_e, γ_p はそれぞれ赤道,極での正規重力値,a は赤道半径 (R_e),b は極半径 (R_p),e は第一離心率である.それぞれの定数値を下記に示す.

$$\begin{cases} \gamma_e = 978.03267715 \text{ gal} \\ \gamma_p = 983.21863685 \text{ gal} \\ b = 6,356,752.3141 \text{ m} \\ e^2 = 0.00669438002290 \\ k = 0.001931851353 \\ 1/f = 298.257222101 \end{cases} \quad (7.54)$$

このうち,f は扁平率 (fattening あるいは ellipticity) で $f = \frac{a-b}{a}$ として定義される.図 7.9 は式 (7.53) で与えられる重力式 1980 を図化したものである.この図からもわかるように,赤道と極での正規重力値の差はおよそ 5 gal (= 5000 mgal) に及ぶ.

式 (7.53) で与えられる重力式 1980 の精度は 10^{-4} mgal であり,実用上,十分な精度である.一方,重力式 1980 が導入されるまでは,次の式で与えられる重力式 1967 が広く使われていた.

$$\gamma_\phi^{1967} = 978.0318(1 + 0.0053024\sin^2\phi - 0.0000059\sin^2 2\phi) \quad (7.55)$$

式 (7.55) で与えられる重力式 1967 の精度は 0.01 mgal であり,あまり実用的とはいえないようである.式 (7.53) の重力式 1980 を重力式 1967 と同じ形式で表せば次式のようになる.

$$\gamma_\phi^{1980} = 978.0327(1 + 0.0053024\sin^2\phi - 0.0000058\sin^2 2\phi) \quad (7.56)$$

これら国際重力式の違いによる重力差 (mgal) は以下の通りである.

$$\gamma_\phi^{1980} - \gamma_\phi^{1967} = 0.8316 + 0.0782\sin^2\phi - 0.0007\sin^4\phi \quad (7.57)$$

この差が最大になるのは両極でありそのときの値は 0.9091 mgal となる.日本付近ではこの差はおよそ 0.86 mgal 前後である.

[例題 **7.3**] 地球を赤道半径が 30 cm (= a) の地球楕円体と仮定し,地球の扁平率を $\frac{1}{300}$ とするとき,極半径 b は赤道半径 a に比べてどれぐらい短いか.
[解答] 扁平率 f は

$$f = \frac{1}{300} = \frac{300-b}{300}$$

---

mini column 8

● 地球の平均密度と万有引力定数 ●

1797 から 1798 年頃にかけて,イギリスの物理学者 Cavendish は,2 個の大小の金属球の間に働く引力を精密な実験装置で測定することに成功した.この実験により,彼は地球の密度が水の密度の 5.448 ± 0.033 倍であることを示した.彼が地球の平均密度の測定のために用いた方法の重要な部分は,既知の質量をもつ大金属球が小金属球に及ぼす力を測定し,一方で,地球が小金属球に及ぼす力と比較した点である.これにより万有引力定数を直接求めずに,地球の質量と大金属球のそれぞれの質量の比を求めたのである.彼の実験は地球の平均密度の測定が目的であり,万有引力定数の測定を目的としたものではなかったそうだが,後に,この実験で得られた測定値に基づいて万有引力定数が高い精度で決定されたことは彼の功績といってよいだろう.Cavendish の実験の後,多くの追実験が行われたが,Cavendish による実験の測定精度の記録はその後,約 100 年の間,破られることはなかったそうである.それほど Cavendish の実験の精度が高かったのである.ちなみに,ここで述べた彼の実験は,『世界でもっとも美しい 10 の科学実験』(Robert P. Crease) にも数えられている.

なので,$b = 299$ mm,すなわち,極半径 b は赤道半径 a に比べて 1 mm 短い.

7.5 重力異常と重力補正

地表で計測される重力は,地下の密度構造の違いにより場所によってわずかに異なる.さらに潮汐現象により時間によっても異なる.例えば,空洞のように周囲の地盤より密度の小さい物質が地下に存在すれば,その地点で重力はわずかに小さくなり,逆に金属鉱床のように密度の大きい物質が存在すれば,重力はわずかに大きくなる.これを実際の地球に適用するには,地表における重力観測 (重力探査) が必要である.

▶ 7.5.1 重力観測

重力探査は,上に述べたような「場所による」重力値の差あるいは「時間による」重力値の差を導き出すために実施するものであり,主に,(1) 広域重力探査,(2) 精密 (高精度) 重力探査,(3) 重力経年変化探査の 3 種類に分類される.(1) 広域重力探査は,石油・金属資源調査,海洋資源調査などを初めとして,広域の地下構造を抽出するために行われることが多く,特に日本では,1960 年代以降,企業体による石油探査関連で広く行われてきた.このため,これらの企業体による重力データの蓄積は膨大な量にのぼっている.この目的のためによく用いられるのはラコステ重力計 (LaCoste

& Romberg) (G 型) やシントレックス (Scintrex) 重力計などの野外観測用相対重力計である．日本の重力観測については河野・古瀬 (1988) などにまとめられている．近年になって，地質調査総合センター (2004)，Yamamoto et al. (2011) など，大学や研究機関からあいついで重力データベースが公表されており，大量のデータが自由に使える環境が整ってきた．一方，(2) 精密 (高精度) 重力探査では，土木分野の浅部精密構造調査，陥没災害の探査，また，最近では少なくなってきたが，地震予知に向けた測地目的の精密重力観測なども広く行われている．近年，GPS の観測・解析が進んできたため，地震予知のための測地目的の重力観測としては，最近はあまり用いられることがなくなってきた．また，測地目的の精密重力観測と同様に，重力の経時変化を調べる目的で，(3) 重力経年変化探査もよく用いられる手法である．火山防災関連，地熱開発関連，地下水位の変化などに伴う重力の経年変化を調べる目的で用いられることが多い．(2),(3) の目的ではラコステ重力計 (D 型) やシントレックス重力計などの相対重力計だけでなく，絶対重力計，超電導重力計測なども観測の主役となることが多い．相対重力計は超精密なばね秤であり，少しのショックにも影響が出る．この影響は，内部のばねの伸び縮みにより測定値が不規則にずれてしまうという現象となる．この現象をテア (tare) と呼ぶ．したがって，相対重力計の取り扱いには細心の注意を必要とする．

さて，本節では話を (1) 広域重力探査にしぼり，実際の解析に利用する理論について述べてみよう．スペースの関係で観測装置 (重力計) に関する詳細は省略するので，関連する文献 (例えば志知 (1985) や山本・志知 (2004) など) を参照していただきたい．

▶ 7.5.2 重力異常

重力の実測値と理論モデル (地球楕円体) 上における正規重力値との差として定義される量を広い意味で重力異常 (gravity anomaly) と呼ぶ．この量に対して，さらに，測定点に対する地形や高度による影響を補正したものを狭い意味の重力異常と呼ぶ．補正の仕方により，さまざまな重力異常が存在する．

一般に重力異常のうち，フリーエア異常 (free-air anomaly) F，ブーゲー異常 (Bouguer anomaly) B は下記の式で定義される．

$$F = g - \gamma + \beta h \qquad (7.58)$$
$$B = g - \gamma + \beta h - 2\pi G \rho h + \rho T - AC \qquad (7.59)$$

ここで，g は観測重力値，γ は正規重力値，β はフリーエア勾配，h は観測点の標高，G は万有引力定数，ρ はブーゲー補正密度，T は単位密度あたりの地形補正，AC は大気補正，である．いずれの量も通常は正であることに注意が必要である．したがってマイナスの符号が付いたものは減ずることを意味する．式 (7.59) を簡略化すれば，

$$B = g - \gamma + FC - BC + TC - AC \qquad (7.60)$$

と書くことができる．ここで，FC はフリーエア補正 (free-air correction)，BC はブーゲー補正 (Bouguer correction)，TC は地形補正 (terrain correction) である．FC では一般に 0.3086 mgal/km という勾配値が用いられる．BC については，式 (7.59) のように無限平板による引力の式 ($2\pi G \rho h$, p.128 の mini column 9 参照) が用いられることが多いが，近年では，精度向上のため球面効果を厳密に考慮することがあり，球殻による引力式 (式 (7.68) 参照) が使われることが多い．TC で示される地形補正は簡便な解析解などで計算することはできず，一般に数値積分を行うことによって実現される．重力の絶対値や各補正についてもう少し詳しく見てみよう．

▶ 7.5.3 絶対重力値

ラコステ重力計 (G 型) やシントレックス重力計などの相対重力計で得られた相対重力値の場合，ブーゲー異常を求めるためには絶対重力値に直す必要がある．相対重力計はばね秤であるため内部のばねは時間とともに伸び縮みする．これはドリフト (drift) と呼ばれている．同じ地点で観測を行っても時間が異なればドリフトを生じるのでその補正 (ドリフト補正) が必要となる．ドリフトの量は一般に用いる重力計によって異なり，また同じ重力計でも，経年的にドリフトの傾向が異なる場合が多い．このためドリフト補正を行うためには重力計固有の癖を知る必要がある．機械にもよるがドリフトの量は一般に 1 日あたり 0.01～1 mgal 程度である．また，地球は月と太陽の引力による潮汐力 (tidal force) を受けるため，1 日周期や半日周期で海の干満があることはよく知られている．潮汐力は重力にも影響を及ぼすため，同様の周期で重力の大きさも変化する．これを重力潮汐 (gravity tide) といい，その振幅はおよそ 0.3 mgal ほどである．このため，絶対重力値を決定する際には必ずその補正 (潮汐補正) が必要となる．このためには野外での観測の場合，観測時刻や観測地点に関する情報の保存が必要となる．以上の補正を重力計による観測値に施すことにより絶対重力値を得ることができる．

▶ 7.5.4 重力補正

本章ではもっぱら地下の密度分布に関する情報を得るために重力異常としてブーゲー異常を用いることに

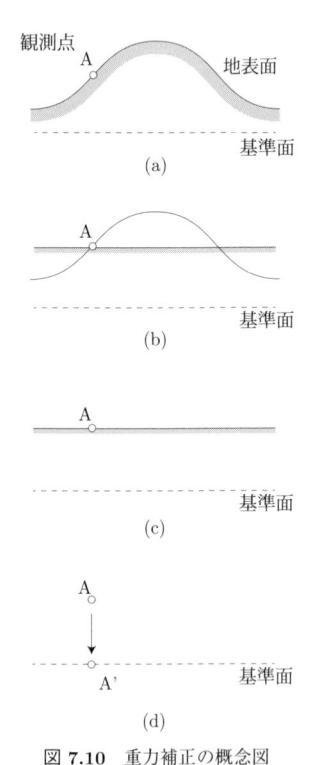

図 7.10 重力補正の概念図
(a) 実際の地球表面上での観測 (A は観測点). (b) 地盤を平らにするため地形の効果を補正する (地形補正). (c) 平らにした地盤に対して, 平板によるブーゲー補正を加え, 基準面より上部の物質の影響を除く (ブーゲー補正). (d) 観測点から基準面に引きおろして基準面での重力値を求める (フリーエア補正).

する. ブーゲー異常を求めるためには, 上で述べた重力補正, すなわち, フリーエア補正 FC, ブーゲー補正 BC, 地形補正 TC が必要となる. これらの諸補正の概念図を図 7.10 に示す. 図中に示された各補正は次の内容を意味する. (a) は実際の地球表面上での観測を示している (A は観測点). (b) は地形補正であり, 地表の凹凸による効果を取り除いて地盤を平らにするため補正である. (c) はブーゲー補正であり, 平らにした地盤に対して, 平板 (場合によっては球殻) を仮定して基準面より上部の物質の影響を除くための補正である. (d) 観測点から基準面にひきおろして基準面での重力値を求める (フリーエア補正).

a. フリーエア補正

標高が高くなると重力値が小さくなる. どれぐらいの割合で小さくなるのだろう. 万有引力定数を G, 地球の半径を R_a, 地球の質量を M_e とすれば, 式 (7.3) より重力加速度 g は以下のように与えられる.

$$g = \frac{GM_e}{R_a^2} \quad (7.61)$$

したがって, g の半径方向の変化率は, 次の式で表される.

$$\frac{dg}{dR_a} = -2\frac{GM_e}{R_a^3} \quad (7.62)$$

上の式に万有引力定数, 地球の質量, 平均的な地球の半径を代入すれば, 重力加速度の変化率はおよそ -0.3086 mgal/m となる. この値をフリーエア勾配 (free-air gravity gradient) と呼ぶ. 高さ h [m] の場所で重力観測を行う場合, 通常はこの勾配値を使用して $0.3086 \times h$ [mgal] だけの補正を行う. このため絶対値をとって 0.3086 mgal/m をフリーエア勾配と呼ぶこともある. 通常, この補正をフリーエア補正と呼ぶ. 図 7.10(d) に示したようにフリーエア補正は基準面 (ジオイド) に引きおろすための補正である. 補正量としてはプラス, すなわち, 加えるべき量となる. したがって, 求めるブーゲー異常の精度により, 観測位置の高度を精密に決定する必要がある. 近年では GPS 支援下での重力観測が行われることが一般的であるため, 標高の決定精度はセンチのオーダーになることが多い.

b. ブーゲー補正

重力観測を行う場所は一般に基準面 (ジオイド) よりも高い位置にある. このため, 観測場所とジオイドの間に存在する岩石により, 鉛直下向きに引力を受けることになる. この引力は, 一般に観測場所とジオイドの間の標高差が大きいほど大きくなる. したがって, 基準面 (ジオイド) に引きおろす際には, この引力の補正が必要である. これをブーゲー補正と呼ぶ. ブーゲー補正を行う場合, 式 (7.59) に示したように, 次の式が使われることが多い.

$$BC_i = 2\pi G \rho h \quad (7.63)$$

この式は厚さ h で密度 ρ をもつ無限に伸びた平板 (図 7.10(c) 参照) が, その平板上にある任意の点に及ぼす引力を求める公式である. ここでは無限平板 (infinite slab) の頭文字 i をとって BC_i と呼ぼう. $h = 1$ km, $\rho = 2.67$ g/cm^3 のときは, $BC_i = 111.94$ mgal である. この数値は構造解析などでしばしば使用されるものである (mini column 9 参照). 同様に, 密度を 2.67 g/cm^3, また標高を h [m] とすれば, 式 (7.63) は

$$BC_i = \beta' h$$
$$= 0.11194h \quad (7.64)$$

となる. このときの β' (単位は mgal/m) は, 無限平板によるブーゲー補正の勾配である. 式 (7.64) の値と上述したフリーエア勾配 ($\beta = 0.3086$ mgal/m) とは符号が異なるため, 両者の和は次の式で表される.

$$\beta'' h = (\beta - \beta')h = 0.19666h \quad (7.65)$$

このときの勾配 β'' はしばしばブーゲー勾配 (Bouguer gravity gradient) と呼ばれている. この場合, フリー

エア勾配と同様，鉛直下向きを正にとればブーゲー勾配は $-0.19666h$ mgal/m となる．したがって，地形補正や大気補正を施さず，無限の平板によるブーゲー補正を実施したブーゲー異常は次の式で求められる．

$$B = g - \gamma + 0.19666h \tag{7.66}$$

この式は式 (7.59) に対して，簡単な計算で済むので，簡略化したブーゲー異常，あるいは，単純ブーゲー異常と呼ばれることがある．特に，平野部などの比高が小さな地域では地形補正量も小さいため，式 (7.66) によるブーゲー異常値にはそれほど大きな誤差は含まれないと考えられる．

一方，有限の補正範囲を指定するために有限平板によるブーゲー補正が用いられることがある．弧長 ϕ_0 を半径とする厚さ h の有限平板によるブーゲー補正 BC_f は次の式で定義される．

$$BC_f = 2\pi G\rho(a + h - \sqrt{a^2 + h^2}) \tag{7.67}$$

ここで，a は補正範囲を示し，$a = 2R\sin(\phi_0/2)$ である．ここでは BC_i と同様に，有限平板 (finite slab) の頭文字 f をとって BC_f と呼ぶことにする．実際には，地球はほぼ球形と考えてよいので，無限平板によらず，有限の球殻による引力式が使われることが多い．これは後に述べるように，地形補正を有限の範囲で実施するときに，ブーゲー補正も同じ有限範囲で実施すべきであるという考えに基づいている．いま，弧長 ϕ_0 を半径とする厚さ h，密度 ρ の球殻を考え，球殻の外側の中心点に観測地点 Q を置いたものと考えると，Q がこの球殻から受ける引力は次の式で与えられる．

$$BC_s = \frac{2\pi G\rho(R+h)}{3} \times \tag{7.68}$$

$$\left\{ 1 - t^3 - \sqrt{2(1-\mu)}(1 - \mu - 3\mu^2) \right.$$
$$+ (2 - 3\mu^2 - \mu t - t^2)\sqrt{1 - 2\mu t + t^2}$$
$$\left. -3\mu(1 - \mu^2) \log \frac{1 - \mu + \sqrt{2(1-\mu)}}{t - \mu + \sqrt{1 - 2\mu t + t^2}} \right\}$$

ここで，μ は $\cos(\phi_0)$，t は $\frac{R}{R+h}$，R は地球の半径である．ここでも，BC_i と同様に，有限球殻 (finite spherical shell) の頭文字 s をとって BC_s と呼ぶ．

ところで，BC_s，BC_f，BC_i の間にはどの程度の相違があるだろうか．図 7.11 は有限球殻によるブーゲー補正 BC_s と無限平板によるブーゲー補正 BC_i の比を示したものである．まず，すぐに気づくことは，およそ半径 (角距離) が 110 km ($\phi_0 \sim 1.0°$) を超えると球殻 (平板) の厚さによらず，両者の比の値はほぼ同じで，しかも，$\phi_0 \sim 180.0°$ では，両者の比の値は 2 になることがわかる．これは全球に及ぶ球殻による効果に相当し，このとき $BC_s = 4\pi G\rho h$ となる．

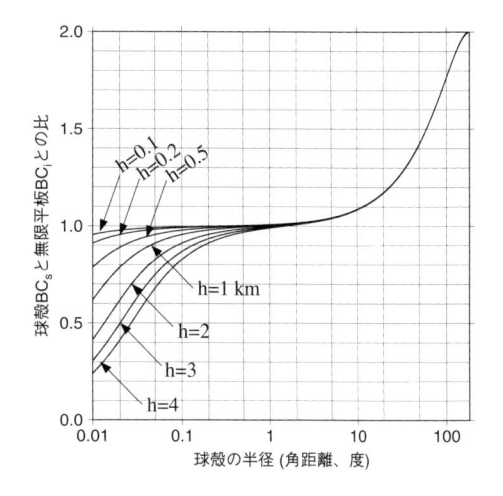

図 7.11 厚さ h [km] の有限球殻によるブーゲー補正 BC_s と無限平板によるブーゲー補正 BC_i の比

これは無限平板による式 (7.63) の 2 倍にあたる．また，図 7.11 からも明らかなように，$\phi_0 = 1°$ の近傍では，比の値が 1 に近くなり，BC_s と BC_i はほぼ等しくなることがわかる．逆に，$\phi_0 = 0.01°$ の近傍になると，比の値は 1 以下になり，BC_s よりも BC_i が大きくなる．1 例を挙げてみよう．$h = 3$ km，半径 50 km ($\phi_0 \sim 0.45°$) での補正を行う場合，BC_s と BC_i の比の値はおよそ 0.9737 である．したがって，密度 2.67 g/cm^3 とした場合，無限平板によるブーゲー補正値はおよそ 111.94×3 mgal であるから，結局，BC_s と BC_i の間には $(1 - 0.9737) \times 335.82 = 8.8$ mgal だけの差が生ずることになる．同じことを $h = 1$ m で行ってみるとその差は 3 μgal 程度となる．ある程度，標高が高い地点での観測を実施する場合には，これらの差は無視できないと考えられる．次に，BC_s，BC_f の間の補正の違いを見てみよう．図 7.12 は有限球殻

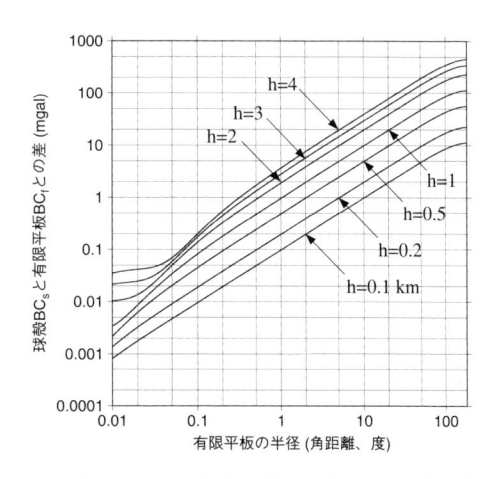

図 7.12 厚さ h [km] の有限球殻によるブーゲー補正 BC_s と有限平板によるブーゲー補正 BC_f との差 (単位は mgal)

によるブーゲー補正 BC_s と有限平板によるブーゲー補正 BC_f の差を mgal で示したものである．球殻 (平板) の厚さが厚くなるほど，両者の差は大きくなり，球殻 (平板) の厚さが一桁大きくなるとその差も 1 桁大きくなる傾向がある．この図からも明らかなように，半径 110 km ($\phi_0 \sim 1.0°$) 程度では，$h = 3$ km では約 3 mgal, $h = 100$ m では約 0.1 mgal の差が生じ，これらの差同士では結局，数 mgal の違いが生ずることになる．方式が異なるこのような補正による相違はブーゲー異常値に反映されることになるため，標高が高い地点での観測を実施する場合には重力補正について十分な注意が必要となる．

c. 大気補正

正規重力値の決定には人工衛星の軌道解析が行われており，地球の外部に存在する大気の影響も含まれている．つまり大気の質量も含まれた形で正規重力値は決定されている．地表での重力観測の場合，観測地点の標高より低い部分の大気は引力として働き，高い部分の大気の影響はゼロである．高い部分の大気の影響がゼロとなる理由は，本章前半で述べたように，観測点より高い部分が作る球殻の内部にある質点 (観測点) が球殻から受ける引力はゼロであることによる．したがって，観測地点の標高より低い部分の大気の影響を取り除く必要がある．この影響 (効果) はすでに正規重力値に含まれるものであるので，本来，正規重力値から減じなければならない．この補正が大気補正 AC である．通常，観測点の標高を h [m] とすると，AC として次の式が使われる．

$$AC = 0.87 - 0.0965 \times 10^{-3} h \quad [\text{mgal}] \quad (7.69)$$

式 (7.69) からもわかるように，異なる観測地点の標高差が 1000 m ある場合でも，そのときの大気補正の違いは 0.1 mgal 程度にすぎないため，大気補正は省略されることもある．

d. 地形補正

ブーゲー補正は，通常，有限もしくは無限の球殻 (もしくは平板) により行われる．しかし，図 7.10(b) に示すように，観測地点を含む標高面からの地形の凹凸は補正されないまま残るのでこれを補正する必要がある．これがいわゆる地形補正である．この補正は実際の地形をコンピュータの中に仮想的に作り上げてそれをもとにして計算を行う．その際，実際の地形の効果を正しく見積もるためには，国土地理院 (2001) のような数値標高モデル (Digital Elevation Model, DEM) を使用するのが一般的である．このようなアプローチは 1960 年代に汎用コンピュータが利用できるようになったため広く普及するようになった．実際の計算は数値積分によるが，計算時間 (CPU タイム) を多く消費するため，さまざまな手法が提案されてきた．その主なものは，地形を DEM で近似する際の近似方法や計算範囲の決定などである．いずれも計算精度を確保するという条件を満たしながら，できるだけ省力化するアルゴリズムをコンピュータ上に構築するわけである．近傍の地形に関しては，可能な限り実際の地形を表すモデルによる数値積分が望ましい．また，引力効果は距離の 2 乗に比例して小さくなるので，遠方の地形については厳密な理論的近似は必要ない場合が多い．このとき，例えば，角柱近似ではなく線質量に近似するというように，近似 (計算) 方法をより簡略化することがよく行われる．しかしながら一方では，前述のように，他の諸補正との兼ね合いを考えながら，計算精度をいかに高く保つかが重要な鍵となる．このため，精度を落とさずに，いかに計算を単純化できるかというアルゴリズムの創出とコンピュータ上での実装が大きなテーマであった．実際には地形の近似として，大きく 2 種類に分けられるようである．1 つは地形を扇形柱に近似し，いま 1 つは角柱に近似するものである．この近似方法の違いは Kane (1962) に述べられている．ここで，扇形や角柱など，代表的な近似方法を調べてみよう．いま，扇形柱の高さを h，扇形柱の内径を R_1，扇形柱の外径を R_2，扇形柱の頂角を $2\pi/N$ とすると，地形を扇形柱で近似するときは次の計算式 TC_o となる．

$$TC_o = \frac{2\pi G \rho}{N} \left\{ R_2 - R_1 - \sqrt{R_2^2 + h^2} + \sqrt{R_1^2 + h^2} \right\} \quad (7.70)$$

この式では，初等関数のうち平方根を求める関数だけが使われているため，計算時間は短くなるという特長がある．次に角柱近似を考えてみよう．いま xy 座標において，$x = x_1, x = x_2 \ (x_2 > x_1), y = y_1, y = y_2 \ (y_2 > y_1)$. そして，$z = 0, z = h \ (h > 0)$ の範囲に密度 ρ の角柱が存在しているとする．このとき，この角柱による引力は次の計算式 TC_r で表される．

$$TC_r = G\rho \{ F_r(x_2, y_2, h) - F_r(x_1, y_2, h) \\ - F_r(x_2, y_1, h) + F_r(x_1, y_1, h) \} \quad (7.71)$$

ただし，関数 $F_r(x, y, h)$ は次式で定義される．

$$F_r(x, y, h) = x \ln \left(\frac{y + \sqrt{x^2 + y^2}}{y + \sqrt{x^2 + y^2 + h^2}} \right) \\ + y \ln \left(\frac{x + \sqrt{x^2 + y^2}}{x + \sqrt{x^2 + y^2 + h^2}} \right) \\ + h \arctan \left(\frac{xy}{h \sqrt{x^2 + y^2 + h^2}} \right) \quad (7.72)$$

式 (7.72) からわかるように，角柱近似では，平方根，三角関数，対数が使われるため，扇形柱近似に比べると

計算時間はより多くかかることに注意しなければならない．最近では両者を組み合わせた実装方法も広く使われている．特に，極近傍の地形を切断された円錐で近似する場合には，角柱を円柱によって切りとる方法が実装しやすい．このためには，式 (7.71)，式 (7.72) に代わって以下の式が便利である．

まず，式 (7.71) と同様，x–y 座標において，$x = x_1$, $x = x_2$ $(x_2 > x_1)$, $y = y_1$, $y = y_2$ $(y_2 > y_1)$, そして，$z = 0$, $z = h$ $(h > 0)$ の範囲に密度 ρ の角柱が存在し，半径 R $(R > 0)$ の範囲が切断されているものとすれば，この円柱によって切断された角柱による引力は次の計算式 TC_t で表される．

$$TC_t = G\rho\{H_t(x_2,y_2,h,R) - H_t(x_1,y_2,h,R) \\ - H_t(x_2,y_1,h,R) + H_t(x_1,y_1,h,R)\} \quad (7.73)$$

ただし，関数 $H_t(x,y,h,R)$ は次式で定義される．

$$\begin{aligned}
H_t(x,y,h,R) =& \\
& x\ln\left(\frac{R+\sqrt{R^2-x^2}}{\sqrt{R^2+h^2}+\sqrt{R^2-x^2}}\right) \\
& +y\ln\left(\frac{R+\sqrt{R^2-y^2}}{\sqrt{R^2+h^2}+\sqrt{R^2-y^2}}\right) \\
& +(\sqrt{R^2+h^2}-R)\arctan\left(\frac{\sqrt{(R^2-x^2)(R^2-y^2)}-xy}{x\sqrt{R^2-y^2}+y\sqrt{R^2-x^2}}\right) \\
& +h\arctan\left(\frac{h\sqrt{R^2+h^2}(x\sqrt{R^2-y^2}+y\sqrt{R^2-x^2})}{h^2\sqrt{(R^2-x^2)(R^2-y^2)}-xy(R^2+h^2)}\right)
\end{aligned} \quad (7.74)$$

ここで，$R^2 = x^2+y^2$ とすれば，式 (7.73) は式 (7.71) に一致する．

一般に地形補正の計算範囲は広く設定する必要があり，通常は，各観測点から半径 50〜100 km 程度の範囲内で数値積分を実施する．したがって膨大な計算が必要となるため実装方式に細心の注意が必要である．しかし，近年のコンピュータの進歩により，個人レベルで所有する PC でも十分に地形補正計算が可能なほどのリソースがあるため，計算は速いがわかりにくい実装よりも，多少遅くともわかりやすい実装の方が好ましいと考えられる．いずれにせよ，地形補正を計算するためにはこれらソフトウェアやハードウェアなどの条件が満たされた環境が必要である．これに対して，膨大な計算を必要とする地形補正を省略したものを単純ブーゲー異常と呼ぶ．平野部のような，地形に標高差が少ない地域では，一般に地形補正量は小さくなるので，ブーゲー異常の代わりに，地形補正を省略した単純ブーゲー異常を採用してもそれほど問題にはならない場合がある．また，図 7.13，図 7.14 に示すように，計算に使用する DEM の選択は重要である．日本では，

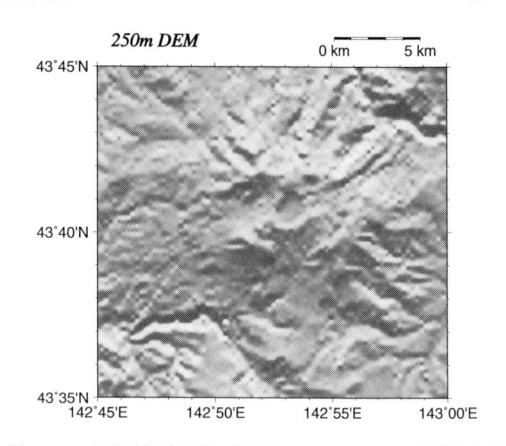

図 **7.13** 北海道旭岳周辺の地形を 250 m DEM で近似した例

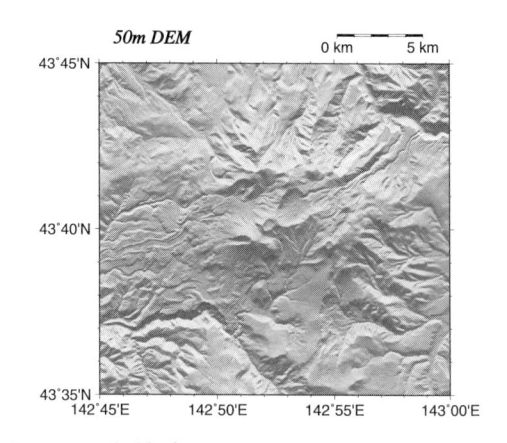

図 **7.14** 北海道旭岳周辺の地形を 50 m DEM で近似した例

メッシュの大きさが，500 m, 250 m, 50 m, 10 m といった DEM が多く使われてきた．最近では，地域にもよるか，1 m メッシュ DEM も存在する．ここでは，例として，北海道旭岳周辺の地形を 250 m メッシュ DEM (図 7.13) と 50 m メッシュ DEM (図 7.14) の双方で作成した地形陰影図を示す．これらの陰影図を比較すれば明らかなように，当然ながらメッシュサイズが大きいほど地形の近似は誤差が大きくなり，かつ，短波長成分が見えなくなり，全体に輪郭があいまいになっている．これらの特徴は地形補正の計算でそのまま誤差となって現れてくる点に注意が必要である．またここで述べた DEM の多くはそれぞれが独自の書式で記載されているため，地形補正計算の実装には DEM の特性を十分理解した上でソフトウェアを作成する必要がある．なお，角柱や円柱など，いろいろな形状の物体が及ぼす理論的な引力公式は Talwani (1973) や Telford et al. (1990) が詳しいので必要な場合は参照してほしい．

mini column 9

● 無限に広がる平板の引力 ●

重力の解析を扱う文献にはいわゆる『無限平板による引力』という用語とともに $2\pi G\rho h$ なる引力公式が頻繁に登場する．この式は文字通り，有限の厚さをもつ無限平板上の質点に対して，無限平板が及ぼす引力を求める公式である．この式を円筒座標系 (r, ϕ, z) (z 軸は下向きに正とする) を利用して導いてみよう．いま半径 R，厚さ h，密度 ρ の円柱があり，z 軸と円柱の中心軸が一致するように分布しているものとし，円柱上面の中心点 P (中心軸と円柱上面との交点) の座標を $P(0, 0, Z)$ とする ($Z > 0$)．また厚さ h の円柱は z 軸において $z = Z \sim Z + h$ の範囲に分布するものとする．さて，点 P から z 方向に距離 Z だけ離れた原点 $O(0, 0, 0)$ に位置する単位質量をもつ物体がこの円柱から受ける引力を求めよう．円筒座標における 3 つの座標軸方向の微小な長さの要素はそれぞれ，$dr, rd\phi, dz$ のように表すことができる．よって微小要素の質量は $\rho \cdot dr \cdot rd\phi \cdot dz$ となる．この微小要素が点 $Q(r, \phi, Z)$ にあるとき，OQ の距離は $\sqrt{r^2 + Z^2}$ となる．したがって万有引力の法則より，この円柱が単位質量をもつ原点 O の物体に及ぼす引力 F_o は次の式で表すことができる．

$$F_o = \int_{z=Z}^{z=Z+h} \int_{\phi=0}^{\phi=2\pi} \int_{r=0}^{r=R} \frac{G\rho \cdot dr \cdot rd\phi \cdot dz}{(\sqrt{r^2 + Z^2})^2}$$

ただし G は万有引力定数である．ここでは引力 F_o の鉛直下向きの成分 F_z を求めなければならないことに注意しよう．上式を変形して次のように F_z を得ることができる．

$$F_z = \int_Z^{Z+h} \int_0^{2\pi} \int_0^R \frac{Z}{\sqrt{r^2 + Z^2}} \cdot \frac{G\rho \cdot dr \cdot rd\phi \cdot dz}{r^2 + Z^2}$$

$$= \int_Z^{Z+h} \int_0^{2\pi} \int_0^R \frac{G\rho \cdot rdr \cdot d\phi \cdot Zdz}{(r^2 + Z^2)^{\frac{3}{2}}}$$

$$= 2\pi G\rho \int_Z^{Z+h} \int_0^R \frac{rZ}{(r^2 + Z^2)^{\frac{3}{2}}} drdz$$

$$= 2\pi G\rho \int_Z^{Z+h} \left[-\frac{Z}{(r^2 + Z^2)^{\frac{1}{2}}}\right]_0^R dz$$

$$= 2\pi G\rho \int_Z^{Z+h} \left[-\frac{Z}{(R^2 + Z^2)^{\frac{1}{2}}} + 1\right] dz$$

$$= 2\pi G\rho \int_Z^{Z+h} [-\sin\theta + 1] dz$$

$$= 2\pi G\rho h (1 - \sin\theta)$$

ここで，θ は $\angle OQP$ である．上式は，無限平板が，距離 Z だけ離れた原点 O での質点に及ぼす引力を示す式である．このとき，無限平板が平板上の質点 P での質点に及ぼす引力 F_Z を求めるには，上式で $R \to \infty$ ($\theta \to 0$) とすればよい．したがって，上式から次式が得られる．

$$F_z = 2\pi G\rho h$$

これにより，無限平板が，平板上の質点に及ぼす引力を求める公式が得られた．上式に Z が含まれないことからもわかるように，無限平板からの距離 Z が $Z \ll R$ を満たすときには，無限平板による引力は平板からの距離には依存しないことに注意しよう．ちなみに，$\rho = 2.67 \, \text{g/cm}^3$，$h = 1 \, \text{km}$ を用いると，$F_z = 111.94 \, \text{mgal}$ となる．

▶ 7.5.5 フリーエア異常とブーゲー異常の考え方

フリーエア異常は，測定点での高度のみを基準点に引きおろしたときの重力値と考えることができる．この場合，地下の質量異常は地殻の上昇や沈み込みの際に余分な力が作用して形成されるという考え方である．アイソスタシーが成立していれば，フリーエア異常は本来ゼロとなる．地殻でいえば，モホ面の起伏によって表面の地形の質量の効果が打ち消されてしまうためにフリーエア異常はゼロに近くなる．この考え方はアイソスタシーが成立しているかどうかの材料になり，フリーエア異常はアイソスタシーからのずれとして物理的な意味をもつ．例えばフリーエア異常が正であれば，地殻は浮きすぎであると判断でき，逆に負であれば沈みすぎであるといえる．これに対して，ブーゲー異常は地下の質量異常を直接示す量である．地下に相対的に重いものがあれば正の異常となり，逆に軽いものがあれば負のブーゲー異常を示す．したがって地下の密度構造に関する情報を読み取ることが可能である．地下の質量異常があるかどうかの材料になるので，例えば，ブーゲー異常が正であれば，地下には重い物質が分布しているし，逆にブーゲー異常が負であれば，地下には軽い物質が分布していることを意味する．このことを利用して地下の密度構造の解析が盛んに行わ

れている．ブーゲー異常の値はアイソスタシーに近い状態の山岳地域では小さな値となる．日本では，中部山岳地域で -80 mgal 程度の最小値をとる．一方最大値は根室半島付近に存在し，その値は 220 mgal 程度である．世界に目を移すと，アンデス山脈では，およそ -400 mgal 程度のブーゲー異常値を示す．

7.6 重力補正密度

式 (7.59) で示したように，ブーゲー異常を計算するには，重力補正のための密度をあらかじめ決めておく必要がある．これを重力補正密度 (reduction density) と呼ぶ．一般には 2.67 g/cm^3 という値が用いられることが多いが，堆積盆地や比較的小さな密度をもつ火山岩分布地域などでは，2.67 g/cm^3 で補正した場合，地形との相関が強く出てしまうといった影響が現れることがある．このため，ブーゲー異常を計算する際の重力補正密度を先験的に求める方法がいくつか提案されている．よく行われているものとしては，ブーゲー異常分布と地形分布を比較検討する方法 (地形相関法)，標高に対する重力値の変化の傾きから推定する方法 (G–H 相関法)，実際の岩石試料の密度測定結果を利用する方法，などがある．中でも，もっとも簡単なもので古くから行われている方法は最初に挙げた地形との相関を見る地形相関法である．仮定密度が大きくなるにつれてブーゲー異常値が全体的に小さくなり，一般に地形と相関が正から負へと変化する．つまり，適切な補正密度を使用しないと地形との相関が強くなるため，この方法ではいくつかの補正密度を使用してブーゲー異常分布を作成し，その中で密度地形との相関がもっとも小さくなるような密度を最適な補正密度とする．これに対して，実際の岩石試料の密度測定結果を利用する方法は，計算にはよらないものであるが，矛盾のない推定値を得るためには，広範囲における相当数の密度の測定が必要である．最近ではコンピュータが自由に使用できるため，標高や密度値そのものをパラメータとした最小 2 乗法の数値計算によって補正密度を決める手法が主流である．ここでは最適な補正密度を推定する方法のうち，数値計算を利用する代表的なものを紹介する．

▶ 7.6.1 G–H 相関法

先に述べた式 (7.59) を変形すれば下記の式を得る．これは重力に関する項 (G) と標高に関する項 (H) に分解し，標高 h をパラメータとして考えるものである．

$$B = (g - \gamma + \rho T) + (\beta - 2\pi G \rho)h$$
$$= Q + \alpha h \qquad (7.75)$$

上式について，各観測値に対して，領域全体の平均値からのずれを最小にするように密度を決定することができる．すなわち，次式のような手順により，最適な補正密度を推定することができる．

$$S_{GH} = \sum_{i=1}^{N}\{Q_i + \alpha h_i - \overline{B}\}^2 \implies 最小 \quad (7.76)$$

ここで，N は観測点数であり，$\overline{B}$ は次式で与えられる平均値である．

$$\overline{B} = \frac{\sum_{i=1}^{N} B_i}{N} \qquad (7.77)$$

式 (7.76) の解は次の偏微分方程式を解くことにより得られる．

$$\frac{\partial S_{GH}}{\partial \overline{B}} = \frac{\partial S_{GH}}{\partial \alpha} = 0 \implies 解 \quad (7.78)$$

すなわち，

$$\rho_{GH} = \frac{\sum_{i=1}^{N}(h_i - \overline{h})(F_i - \overline{F})}{\sum_{i=1}^{N}(h_i - \overline{h})(H_i - \overline{H})} \qquad (7.79)$$

が求める最適な補正密度である．ここで，N を観測点数とすると，

$$\begin{cases} F_i &= g_i - \gamma_i + \beta h_i \\ H_i &= 2\pi G h_i - T_i \\ \overline{F} &= \dfrac{\sum_{i=1}^{N} F_i}{N} \\ \overline{H} &= \dfrac{\sum_{i=1}^{N} H_i}{N} \\ \overline{h} &= \dfrac{\sum_{i=1}^{N} h_i}{N} \end{cases} \qquad (7.80)$$

である．通常，G–H 相関法は観測されたデータから直接，式 (7.75) の内容をグラフ化し，プロットされたデータの勾配から最適密度を求めることが多いが，式 (7.79) のように，理論的な解を数式で求めることも可能である．

▶ 7.6.2 F–H 相関法

F–H 相関法のアプローチは G–H 相関法とはやや異なる．まず，重力異常の定義式を次のように変形する．

$$B = (g - \gamma + \beta h) - (2\pi G h - T)\rho$$
$$= F - H\rho \qquad (7.81)$$

ここで，F はフリーエア異常，H は地形による効果を表す項である．G–H 相関法における式 (7.76) と同様の変形をたどれば，最小 2 乗法による次の定式化が可能である．

$$S_{FH} = \sum_{i=1}^{N}\{F_i - H_i\rho - \overline{B}\}^2 \implies 最小 \quad (7.82)$$

この場合も，N は観測点数であり，式 (7.78) と同様に，

$$\frac{\partial S_{FH}}{\partial \overline{B}} = \frac{\partial S_{FH}}{\partial \rho} = 0 \implies 解 \quad (7.83)$$

を解くことにより，次式で表される最適な補正密度を

$$\rho_{FH} = \frac{\sum_{i=1}^{N}(H_i - \overline{H})(F_i - \overline{F})}{\sum_{i=1}^{N}(H_i - \overline{H})^2} \quad (7.84)$$

式 (7.84) は F–H 相関法による最適なブーゲー補正補正密度を表す式である．一般に，対象とする領域が大きくなるにつれて H_i と F_i との相関が小さくなり，理論的にはゼロになると考えられる．一方，対象領域が小さくなるにつれて各メッシュ内のデータが少なくなるため，推定値に不安定性が増してくると考えられる．上記の理由により，実際のデータに対して F–H 法を適用する際は，ある程度大きな領域では非常に小さな最適密度が得られることに注意する必要がある．

▶ 7.6.3 拡張 F–H 相関法

F–H 相関法を拡張してメッシュをさらに 2 次メッシュで細分化すれば，より推定精度が高くなると予想される．このために提唱されたのが拡張 F–H 相関法 (Fukao et al., 1981) である．この方法では，まず，対象領域をメッシュで細分化し，下記のように重力異常を定義する．

$$\begin{aligned} B_{ij} &= g_{ij} - \gamma_{ij} + \beta h_{ij} - 2\pi G \rho h_{ij} + \rho T_{ij} \\ &= (g_{ij} - \gamma_{ij} + \beta h_{ij}) - (2\pi G h_{ij} - T_{ij})\rho \\ &= F_{ij} - H_{ij}\rho \end{aligned} \quad (7.85)$$

これは拡張 F–H 相関法のサブメッシュ細分化の概念であり，簡単にいえば細分化したすべてのメッシュに対して F–H 相関法の考え方を適用するものである．この考え方を利用すれば，ある程度大きな対象領域でも一般的に合理的な最適密度を得ることができ，F–H 相関法がもつ欠点の克服が可能である．式 (7.85) から，

$$S_{EF} = \sum_{j=1}^{M}\sum_{i=1}^{N_j}\left\{F_{ij} - H_{ij}\rho - \overline{B_j}\right\}^2 \implies 最小 \quad (7.86)$$

を実行することにより拡張 F–H 相関法による最適密度を求めることができる．ここで，

$$\overline{B_j} = \frac{\sum_{k=1}^{N_j} B_{jk}}{N_j} \quad (7.87)$$

である．ただし，N_j は j 番めのメッシュ内でのデータの数，M は細分化された 2 次メッシュの数，$\overline{B_j}$ は j 番めのメッシュ内での平均値である．実際には，

$$\frac{\partial S_{EF}}{\partial \overline{B_j}} = \frac{\partial S_{EF}}{\partial \rho} = 0 \implies 解 \quad (7.88)$$

を解くことにより，下記の解が得られる．

$$\rho_{EF} = \frac{\sum_{j=1}^{M}\sum_{i=1}^{N_j}(H_{ij} - \overline{H_j})(F_{ij} - \overline{F_j})}{\sum_{j=1}^{M}\sum_{i=1}^{N_j}(H_{ij} - \overline{H_j})^2} \quad (7.89)$$

式 (7.89) が拡張 F–H 相関法による最適な推定密度である．

▶ 7.6.4 ABIC 最小化推定法 (ABIC 法)

いま，式 (7.82) の概念を少し拡張し，次の式で定義する量を考えよう．

$$\begin{aligned} &\sum_{i=1}^{N}\Big\{F_i - \rho H_i - f(x_i, y_i \mid \boldsymbol{s})\Big\}^2 \\ &+ \sum_{k=1}^{2}\omega_k \int_V\!\!\int_V \|\nabla^k f\|^2 dxdy \implies 最小 \end{aligned} \quad (7.90)$$

ここで，N は観測点の数，f は観測されたブーゲー異常 $(F_i - \rho H_i)$ にフィットされた 3 次 B スプライン関数，$\boldsymbol{s}$ はスプラインパラメータのベクトル，$\nabla^k f$ は関数 f の k 番めの微分係数，f と ω_k はトレードオフパラメータである．式 (7.90) の第 1 項は式 (7.82) と同様，観測量と平均値との誤差を最小 2 乗法的に最小にすることを意味しているが，第 2 項は空間的な連続性や滑らかさを表現している．一般に，誤差を小さくすれば滑らかさは失われるが，逆に滑らかさを強調すれば誤差は大きくなる．つまり，式 (7.90) の 2 つの項目は互いに矛盾する概念から成り立っているということができる．これらの概念を両立させるために導入されたのが f と ω_k というトレードオフパラメータである．このパラメータの決定には先験的な情報を利用するといったさまざまなアプローチが考案されているが，一般的に多く利用されるのが赤池ベイズ型情報量規準 (Akaike's Bayesian Information Criterion: ABIC) である．式 (7.90) の考え方から求められた最適な補正密度は，拡張 F–H 相関法などの他の方法によるものと比べ，より合理的な密度が得られることが知られている (村田，1990).

▶ 7.6.5 可変密度重力異常と地殻表層密度

ここで述べてきた重力補正密度のさまざまな推定法は，一般的に広域で行う重力異常に対して摘要するための単一の補正密度を求めるものである．しかし，非常に狭い地域においても，十分な数の観測データさえあれば，これらの推定法を摘要することは可能である．例えば，広域の研究領域をメッシュ状に細分化し，各メッシュ内の領域に十分な数の観測データがあるとき，そのメッシュ領域で上記の密度推定法を摘要すれば，そのときに得られる補正密度はそのまま各メッシュ内の領域の最適な地殻表層密度と考えることができる．つまり，上記の重力補正密度の推定は地殻表層密度の推定に他ならない．

この考え方は 2 つの重要な考え方へと発展する．1 つめは重力インバージョンであり，いま 1 つは可変密度重力異常を求めることである．対象領域をメッシュ状に細分化した各領域に対して，それぞれの補正密度

(地殻表層密度) を求めることができれば，重力データから理論的な地殻表層密度分布が得られる．これはいわば理論的な地質分布とでもいうべきものであり，当然ながら，既知の地質情報や岩石密度情報と比較検討することが可能である．これは 1 つめとして挙げた重力インバージョンの考え方である．いうまでもなく，これが実現するかどうかは対象領域に潤沢かつ一様に分布する重力データが存在するか否かが鍵となる．現在の日本列島では膨大な陸上重力データの蓄積があり，しかもそれらは特別な地域を除けばほぼ一様にまんべんなく分布しているので，ここで述べた表層密度分布の推定は可能であり，実際にいくつかの地域ではその分布が求められている．例として，次節では重力インバージョンの例として九州地方における地殻表層密度の推定を試みた例を紹介するので参照してほしい．

次に，2 つめの可変密度重力異常について説明しよう．細分化した各領域において表層密度の推定が可能になれば，ブーゲー異常を計算する際に単一の密度値を用いることなく，各メッシュ領域に応じた最適な補正密度を用いることが可能である．このような処理を施すことにより，地殻の横方向の不均質性を取り除いたブーゲー異常分布を得ることができる．これはしばしば可変密度重力異常と呼ばれている．メッシュサイズにもよるが，単一密度を用いて計算するブーゲー異常に比べ，メッシュ状に細分化した領域で計算した可変密度重力異常では，ジオイドより上の密度の不均質性が取り除かれるため，それより深い構造の解析などには好都合である．また地形との相関も可能な限り排除されているため，より詳しく地下の密度分布状態を把握できるというメリットがある．可変密度重力異常を求めるためにはメッシュ状に細分化した領域での表層密度値が既知である必要があるため，一般的にはそれほど普及していないのが現状である．

ここでは可変密度重力異常の例として，中部日本地域の北東部に位置する八ヶ岳〜浅間山〜草津・白根地域などの山間部を中心とした地域をとり上げてみよう．図 7.15 はこの地域の地形図である．実線は活断層である．この地域の重力異常図を図 7.16 および図 7.17 に

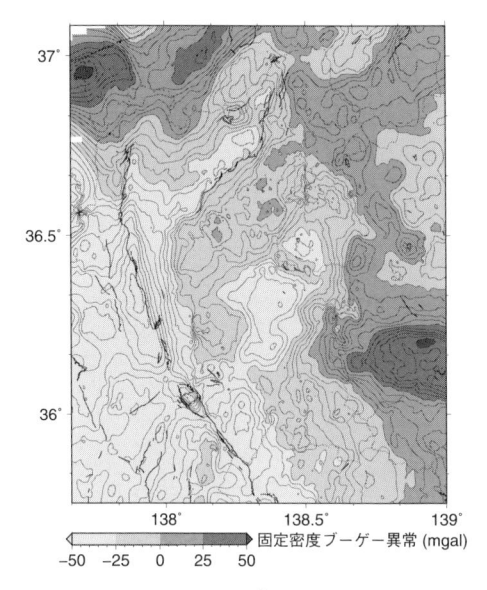

図 **7.16** 固定密度 ($2.67\,\mathrm{g/cm^3}$) で補正した中部日本北東部地域のブーゲー異常分布 (実線は活断層分布)

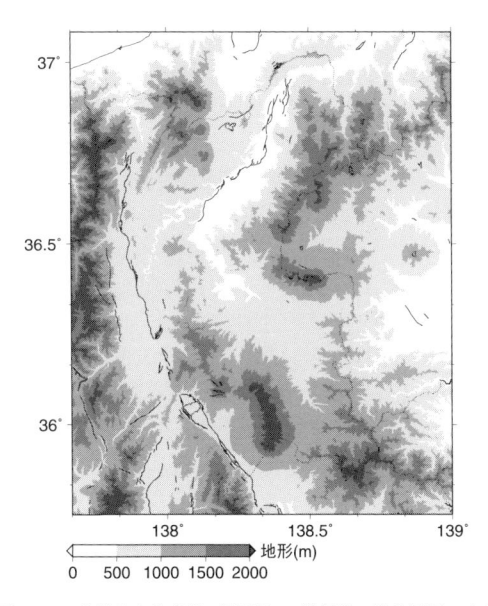

図 **7.15** 中部日本北東部 (長野県〜群馬県の県境周辺の山岳部) における地形分布 (実線は活断層分布)

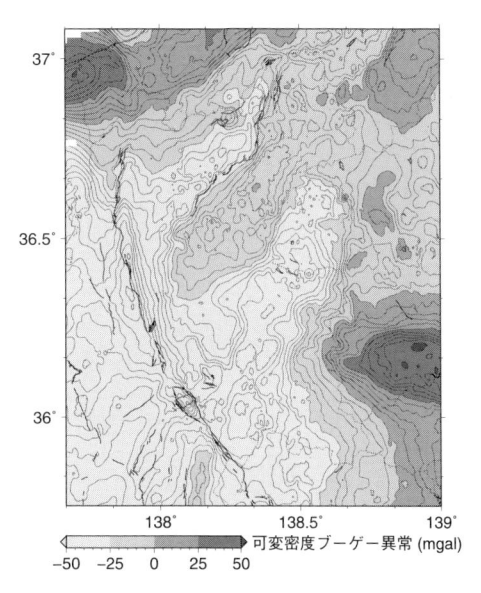

図 **7.17** 可変密度で補正した中部日本北東部地域のブーゲー異常分布 (実線は活断層分布)

示す．ただし，図 7.16 は通常の補正密度 $2.67\,\mathrm{g/cm^3}$ で補正したものであり，図 7.17 は可変密度で補正したものである．図 7.16 を見ると，八ヶ岳，浅間山，草津・白根地域などの地域において，ブーゲー異常が地形とよく一致するように分布しているのがわかる．このあたりはやや低密度の火山岩が分布する地域であり，通常の補正密度 $2.67\,\mathrm{g/cm^3}$ によるブーゲー異常は大きすぎると思われる．これに対して，可変密度補正を施した図 7.17 では，このような地形依存性が少なくなっており，横方向の密度不均質が可変密度補正によって弱められていることがわかる．つまりジオイドより上の部分の補正がより正しく行われていることがわかる．通常使われる $2.67\,\mathrm{g/cm^3}$ という密度とは大きく異なる密度分布をもつ地域ではこのような傾向はより強くなると考えられる．一方，図中の右下に位置する関東山地西部地域はもともとある程度大きな密度値をもつ岩体が分布するため，図 7.16 および図 7.17 のいずれを見ても，ブーゲー異常分布にそれほど顕著な差はない．

以上のように，通常使われる $2.67\,\mathrm{g/cm^3}$ という密度値から大きくかけ離れた密度分布をもつ地域では，可変密度補正を実施することによって，より合理的な重力異常分布が得られる可能性がある．もちろん，通常の補正密度に近い値をもつ地域でも，可変密度補正を行うことに問題はない．

7.7 地下構造解析の理論

前節で述べたように，重力異常を知ることができれば，さまざまな手法を用いることにより地下の密度構造の違いを求めることができる．ここでは，このような地下構造解析についていくつかの方法と結果を紹介する．

▶ 7.7.1 構造解析

重力異常を利用した地下構造解析の理論は多岐に及ぶが，大きく分ければ，フォワード手法とインバース手法にわけることができる．フォワード手法はタルワニ (Talwani) 法に代表されるように，密度構造を先に決定してから重力異常を求める手法である．一方，インバース手法は重力異常に対して理論的な仮定や束縛条件を考慮した後，重力異常から逆に密度構造を求めるものである．フォワード手法としては Talwani (1959) によるタルワニ法が代表的なものであり現在でも広く用いられている．

a. フォワード手法

いま図 7.18 のように無限に伸びる水平な物体 (多角

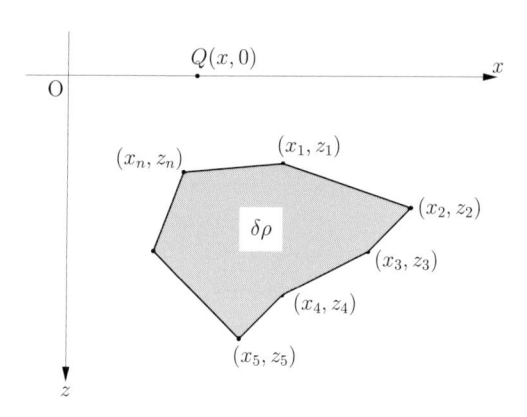

図 7.18 タルワニ法による引力計算に用いる水平多角形柱モデル

形柱) の断面を考える．ここで，x 軸は水平方向，z は鉛直下向きとする．また y 方向，すなわち，紙面に直交する方向には物体の形状や物性パラメータは変化しないものとする．この多角形柱の角の数を無限にするとき，多角形の任意の頂点と原点を結んだ線分が x 軸となす角を θ とすれば，この物体による原点における引力は次式で表される．

$$2G\delta\rho \oint z d\theta \tag{7.91}$$

ここで，G は万有引力定数，$\delta\rho$ は外部の物質に対するこの物体の相対密度，z は物体表面上の任意の頂点までの深さである．

この線分をもとにして Talwani (1959) は断面形状が多角形 (n 角形) で表される 2 次元物体による引力の解析解を導いた．この論文が書かれた 1960 年前後はいわゆるデジタルコンピュータによる数値計算が比較的容易になり始めた頃であり，地下構造の解析を数値的に実行できる解析解を導いた彼の功績はいまでも高く評価されている．図 7.18 において紙面に垂直方向に無限に伸びる多角形柱において，Talwani (1959) が導き出した解析的な数式，すなわち，地表の任意の点 $Q(x,0)$ において，この多角形柱 (n 角形) が及ぼす引力 δg は下記の式で与えられる．

$$\delta g = 2G\delta\rho \sum_{i=1}^{n} A_i B_i \tag{7.92}$$

ここで，A_i, B_i はそれぞれ下記の式で表される．

$$A_i = \frac{(x_{i+1}-x_i)\{z_i(x-x_{i+1})-z_{i+1}(x-x_i)\}}{(x_{i+1}-x_i)^2+(z_{i+1}-z_i)^2} \tag{7.93}$$

$$B_i = \tan^{-1}\frac{z_i}{x_i-x} - \tan^{-1}\frac{z_{i+1}}{x_{i+1}-x}$$
$$+ \frac{1}{2}\frac{z_{i+1}-z_i}{x_{i+1}-x_i}\log\frac{(x_{i+1}-x)^2+z_{i+1}^2}{(x_i-x)^2+z_i^2} \tag{7.94}$$

上記の式を使用して任意の断面をもつ物体が及ぼす引力を計算することができる．もちろん，多角形柱の1辺が垂直あるいは水平になっている場合は上式は非常に簡単な式に帰着する．実際の解析では図 7.18 のような任意の断面の多角形を複数個組み合わせ，それぞれに対して適切な密度差を仮定した上で，全体の引力の数値計算を行う．その結果が，実際に観測された重力異常に近くなるまで計算を繰り返すわけである．

b. インバース手法：ABIC 法

インバース法，すなわち，重力のインバージョンの目的は，観測値をもっともよく説明する地下モデルを求めることである．重力インバージョンでは2次元あるいは3次元的な密度の違いや構造の違いとして地下モデルを求める．Blakely (1996)，Menke (2012) などが指摘しているように，重力インバージョンには解の非一意性，あるいは，解の曖昧さが常に付いてまわる．これは重力に限らず磁気も同様で，いわゆるポテンシャル場の多義性としてよく知られた問題である．しかし，密度構造に対する制約を課すことができるという意味で，重力データがもたらす情報は有益であり，密度構造を求めるための重力インバージョンには大きな意義がある．重力インバージョンにおける非一意性をできるだけ回避するためには，先験的な情報を盛り込んでいモデルのもつ自由度を減らしたり，地球物理の異種データを利用することが一般的である．後者の例では，地震学的データと重力データなど，地球物理間の異種データを結びつけた協調インバージョンがよく行われている．重力インバージョンにはさまざまな理論があり，その実装方法も多岐に及ぶ．ここでは，ABIC インバージョン (Murata, 1993)，SVD インバージョン (Bear et al., 1995) の2種類のインバース法を紹介しよう．ABIC インバージョンの考え方は重力異常を求める際の仮定密度の推定方法 (ABIC 最小化推定法) に帰着する．すなわち，重力の観測量と平均値との誤差を最小2乗法的に最小にするとともに，できるだけ空間的な連続性や滑らかさをもたせるように密度を決める方法である．誤差の大きさと滑らかさの強弱は相反する概念であるため，両者を結びつけるトレードオフパラメータが導入され，その決定に際して使われるのが，情報科学で多用される赤池ベイズ型情報量規準 ABIC である．ABIC 最小化推定法の詳細については，前節で述べたのでそちらを参照してほしい．ABIC 最小化推定法の考え方をメッシュ状に細分化された領域に適用するのが ABIC インバージョンの原理である．その際，(a) 各メッシュ領域に対して独立に ABIC 最小化推定法を適用し，全部の密度分布を求める，(b) 各メッシュ領域に対する密度値を変数と考え，線形代数的な

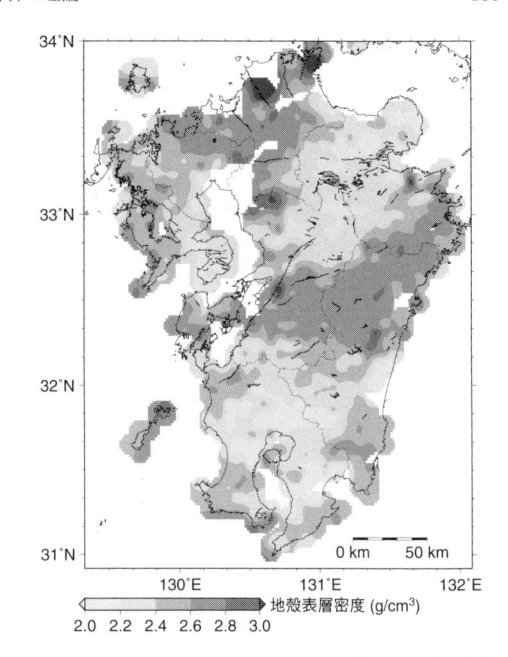

図 7.19　ABIC 法により得られた九州地方の地殻表層密度分布 (実線は活断層分布)

手法により一括してすべてのメッシュの密度分布を求める (Nawa et al., 1997)，という2通りの計算方法が考えられる．前者は各メッシュの周囲にあるデータの情報を一切参照せずに最適化を行うため，横方向の連続性は保証されない．一方，後者は周囲のデータの情報を使用し，横方向の連続性を保証するように表層密度を推定する．このため後者の方がより合理的な結果を与える場合が多い．

ここでは一例として，九州地方において ABIC インバージョン法により得られた地殻表層密度分布を図 7.19 に示す．この地域の地質的特徴のうち，(1) 第四紀の火山帯である阿蘇火山帯や霧島火山帯に伴う後期更新世〜完新世の火山性岩石が広く分布する地域，(2) 北九州に分布する白亜紀の花崗岩帯地域，(3) 東海地方から，近畿，四国，九州南部に広がる三波川変成帯や秩父帯，四万十帯が広く分布する地域，の3点に注目してみよう．図 7.19 によれば，阿蘇火山帯や霧島火山帯に伴う火山性岩石が広く分布する (1) の地域では，推定された地殻表層密度値が $2.4\,\mathrm{g/cm^3}$ 以下となっており，推定値と実際の地質構造がよく一致していることがわかる．一方，花崗岩帯地域や秩父帯，四万十帯等，(2) や (3) の地域では，地殻表層密度が $2.6\,\mathrm{g/cm^3}$ 以上の値を示す高密度帯とよく一致することがわかる．前節で述べた重力補正密度の推定は，単に1つの補正用密度を求める手段としてだけでなく，メッシュ状に細分化した領域に摘要すれば，重力インバージョンとして地殻の表層密度推定に結びつき，理論的な表層密

c. インバース手法：SVD 法

SVD インバージョン法は Bear et al. (1995) によって開発された解析法である．ジオイドより上の部分の表層密度を推定する ABIC 法とは異なり，SVD インバージョン法はジオイドより下に直方体ブロックの集合体を仮定し，観測されたブーゲー異常をもっともよく説明するように各ブロックの密度差を求めるものである．周囲の密度に対する各ブロックの密度差を求めるため，密度の相対値を決定する手法である．数学的にいえば，3 次元密度分布に対する重力データの線形インバージョンということができる．SVD インバージョン法は，ABIC インバージョン法と同様，解析領域をメッシュ状に分割し，かつ，多層構造を仮定して，領域全体を 3 次元的なブロック構造で近似し，周囲の物質（密度ゼロ）に対する各ブロックの相対密度を求める．つまり，3 次元的なブロックで規程された領域の外にある情報は一切使用せず，ブロック構造のみにより観測ブーゲー異常を説明するモデルを推定する．したがって，仮定する計算モデルの合理性が計算結果を大きく左右する場合があるので注意が必要である．

実際の数値計算の手順を説明しよう．メッシュのサイズは浅い層ほど細かいメッシュサイズとし，深層のメッシュサイズは多少大きくとってもさしつかえない．各メッシュ内にはおよそ 10 点以上の重力データが存在するように，メッシュサイズを調整するが，最終的には後述のチェッカーボードテストで決定する．各層の層厚は解析対象の内容により異なるが，一般に浅い層の層厚を 100 m あるいは km 単位で指定し，深い層の層厚は数～数十 km 単位で指定する．SVD インバージョンの実施には多くの計算機リソースを必要とする．層数およびメッシュサイズの決定は，一般に計算を実施する PC の能力に依存する．通常の PC で計算を行う場合には層数およびメッシュサイズは，全ブロック数の上限が数万～数十万個程度になるようにすればよい．通常の PC で解析する場合，前項で示した制限のため，解析対象が (a) 浅い場合と (b) 深い場合では，それぞれ，浅部のみのブロック，浅部～深部までのブロックを仮定する．しかし，使用する重力データは浅部～深部の影響が含まれているため，(a) が対象の場合には，長波長成分を除いた重力データを使用する必要があると考えられる．メッシュサイズ，層数，層厚を暫定的に決定したら，チェッカーボード分解能テストを行う．これは各ブロックに対して既知の密度値を割り当てて理論的な引力（ブーゲー異常）値をもつ仮想的重力データを作成する．この際，既知の密度値として 2 種類の値を交互のブロックに割り当てる．この仮想的重力データを使用して SVD インバージョンを実施し，その結果得られた各層，各ブロックの密度値が，入力として使用した 2 種類の密度値として正しく求められているかどうか，すなわち，チェッカーボードパターンを示すかどうかを検証する．チェッカーボード分解能テストをメッシュサイズ，層数，層厚を変更して繰り返し，解析領域全体の全ブロックで既知の密度値がほぼ正確に求められる最小のメッシュサイズ，層数，層厚を採用し，実際のデータに対して SVD インバージョンを実施する．

7.8 地下構造解析の応用

本節では，地下構造解析の理論を実際のデータに対して適用し，どのようなことがわかるのか，また何がわからないのか，を中心にして説明する．前節で述べたように，構造解析の理論は多岐に及ぶが，大きく分ければ，フォワード手法とインバース手法にわけることができる．フォワード手法はタルワニ法に代表されるように，密度構造を先に決定してから重力異常を求める手法である．一方，インバース手法は重力異常に対して理論的な仮定や束縛条件を考慮した後，逆に密度構造を求めるものである．ここでは，後者のインバース手法による構造解析について四国地方を例にとって説明する．

▶ 7.8.1 四国地方の重力異常

図 7.20 に，約 1 万点に及ぶ重力データを使用して得られた四国地方の重力異常図を示す．補正密度は $2.67\,\mathrm{g/cm^3}$ である．四国地方の重力異常分布の特徴は，図 7.20 から明らかなように，重力異常の等値線の多くが地質帯と同様に東西方向に走向をもつことにある．中央構造線に沿う領域はシャープな重力異常の急変を示し，その北側では負の重力異常，南側では正の重力異常を示す．この急変域は，図 7.20 からも明らかなように，特に四国西部の西条～松山平野，そして，佐田岬半島北部にかけての地域で顕著に見ることができる．

▶ 7.8.2 重力異常から見た四国地方の地下構造

四国地方において約 $300\,\mathrm{km} \times 300\,\mathrm{km}$ の範囲を解析対象とし，深さ 30 km までを 5 層に分けた解析モデルを使って SVD インバージョンにより解析した．水平方向のメッシュのサイズは $5\,\mathrm{km} \times 5\,\mathrm{km}$ である．SVD インバージョンから求められた地下深部の密度構造のうち，深度 1～3 km に対応する解析結果のみを図 7.21 に示す．この図を見てすぐに気づくことは，中央構造

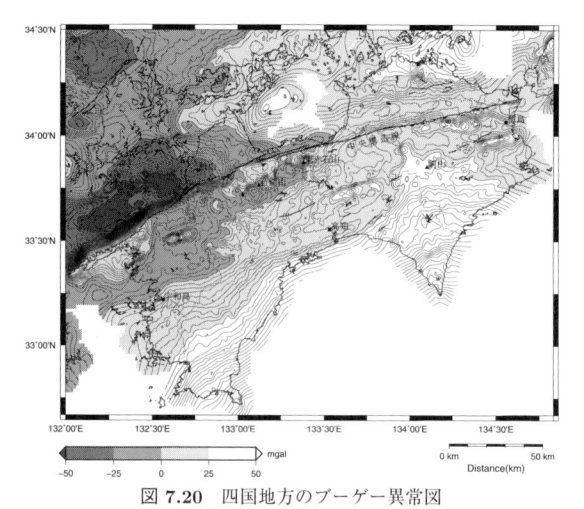

図 7.20 四国地方のブーゲー異常図

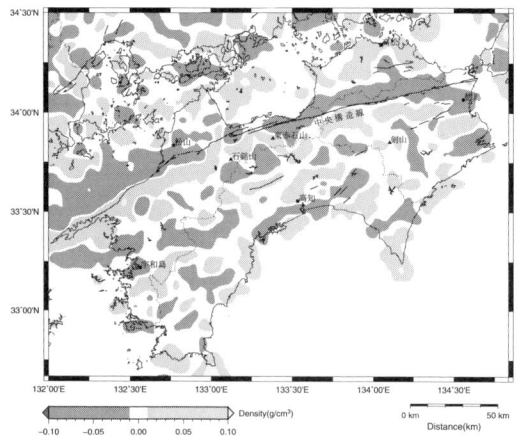

図 7.21 SVD 法による地下密度分布 (深さ 1～3 km)

線に沿って北側に低密度構造が，南側に高密度構造が線状に分布している点である．それぞれ $-0.1\,\mathrm{g/cm^3}$ (北側) から $+0.1\,\mathrm{g/cm^3}$ (南側) の範囲の密度であり，密度差でいえば $0.2\,\mathrm{g/cm^3}$ である．特に四国地方西部および東部ではこの傾向が著しく，西部では松山近傍の海岸部から佐田岬の先端まで，相対的に正と負の密度構造を示す領域が対をなすように中央構造線を挟んで東北東～西南西方向に分布していることがわかる．ここで見てきたように，SVD インバージョンに代表されるインバージョン解析は，ユニークな解は得られないものの，地下の密度不均質を見るのには非常に適しているといえるだろう．特に，地表で見られる密度の不均質構造がそのまま地下に延長するような場合はこの方法は有効であろう．

▶ **7.8.3 何がわかったか**

本節では，主に四国地方の重力インバージョンを通して，具体的に地下構造との関連を述べてきた．深さ 30 km までは深さ数～十数 km までの浅部では短波長の重力異常が密度構造とうまく対応する，深さ十数～30 km までの深部では長波長の大規模密度構造により，観測された重力異常をうまく説明できる，という密度構造が得られた．このような結果は，重力データ以外の情報を使用していないため，地震，地磁気などの他の地球物理学的探査データから得られた地下構造と整合しない部分があると思われる．矛盾のない地下構造を求めるには，さまざまな地球物理学的探査および解析を統合する必要があるだろう．

7.9 おわりに

重力は地球科学の中でも極めて基本的な物理量である．近年の衛星測地技術の進歩により，人工衛星から重力場を推定することが可能となってきたが，ローカルな重力場やローカルなジオイドの決定には，地表での重力観測が不可欠であろう．数多くの研究者の努力により，現在，日本列島の陸上部における重力観測データはおよそ 50 万点にのぼると推定される．海洋部のデータも合わせれば 100 万点のオーダーにのぼると思われる．現在，これらのデータベースの大部分は自由にアクセスできるようになっている．これらの貴重なデータを今後，100 年の間，利用できるようにするためには，精度向上や統一処理などの膨大な作業が必要であり，オールジャパン体制での整備活動が必要となろう．地球物理学や測地学にとって観測によるデータ取得と各種理論による解析は車の両輪である．本章では理論や解析方法だけでなく，実際の解析の概要やその解釈にもふみこんで記載した．重力の解析はポテンシャル量であることの制限により，ユニークな解析結果を得ることはできない．このような弱点があるものの，単独で解析しても相当詳細な密度情報を手に入れることができる．地震学的なデータ等と協調すればより精度の高い解析結果を得られることにつながる．今後，さらなるデータの蓄積と解析技術の発展が望まれる．

演習問題

(1) 式 (7.1)，式 (7.5) で示したように，万有引力はポテンシャルの「勾配」から説明可能である．例えば図 7.7 の $r > R_e$ の部分を使って，このことを説明せよ．

(2) 地球の質量 M_e，赤道半径 R_e に適切な値を代入し，自転周期を 24 時間とするとき，赤道上の単位質量の万有引力，遠心力，重力をそれぞれ求めよ．ただし，地球内部の質量分布は球対称であると仮定する．

(3) 図 7.5, 図 7.7 はそれぞれ地球の中心から距離 r だけ離れた点にある質量 m の物体に働く引力 $F(r)$，および，その物体がもつ引力ポテンシャル (位置エネルギー) $V(r)$ の分布を示している．このとき，地球の内

部には平均密度 ρ_e の物質がつまっていると仮定している．では，地球が，中身が空の非常に薄い球殻からなっていると仮定すると，図 7.5，図 7.7 のグラフはそれぞれどのような形を示すか．ただし，球殻の半径・質量は地球の半径・質量と同じ R_e, M_e であり，球殻の厚みは十分に薄いものとする．解答は数式で与えるとともに，図化して示せ．

(4) 地球の半径を R_e とし，球対称の構造をもつとする．遠心力を無視して地球の引力だけを考え，これを重力と仮定する．このとき重力は地球の中心からの距離の 2 乗に反比例するように減衰する．地表から上空 h の高さの地点においた質点に働く重力を g_h，地表での重力を g_s とすると，次の式が成り立つ．

$$g_h = g_s \cdot \frac{R_e^2}{(R_e + h)^2} \quad (7.95)$$

この式を $g_h = g_s + \beta \cdot h$ の形に変形し，β がどのような式になるかを示せ．このとき β は何を示すと考えられるか．また β の単位は何か．実際の R_e, g_s の値を β に代入して β の数値を求めよ．

(5) 地球を密度一定の球と仮定したとき，地球内部での重力の大きさは中心 (原点) からの距離に比例し，地表から外は距離の 2 乗に反比例する．しかし，実際の地球ではそのようなことはない．その理由は何か．また，どのように異なるのかを述べよ．

(6) 地球を球と仮定し，マントルとコアだけからなるものとする．いまの地球の半径とマントルの密度それぞれ R_e, ρ_m，コアの半径と密度を $R_c = \frac{1}{2}R_e, \rho_c = 2\rho_m$ とする．このとき，地表とコア表面における重力の大きさの比の値を求めよ．また $\rho_c = \rho_m$ とした場合の結果と比較せよ．

(7) 日本付近 (緯度 35°) において，それぞれ式 (7.53) のソミリアナの公式，式 (7.56) の近似式を使って正規重力の値を求めよ．またそれらの差がどれぐらいになるかも計算せよ．

(8) 日本付近 (緯度 35°) において，単位質量 (1 kg) の物体がもつ引力ポテンシャル，および，遠心力ポテンシャルのそれぞれの大きさをジュール [J] の単位で求めよ．また両者の比の絶対値を求めよ．

(9) PREM モデルで与えられた地球内部の深さ (半径) と密度の値 (巻末の表 B.1 を参照) を使って，地球内部の各深さごとの重力加速度の値を求めよ．なお，解答をグラフ化したものは図 7.6 中の重力加速度として図示されている．

参考文献

Blakely, R.J., 1996, Potentoal Theory in Gravity and Magnetic Applications, Cambridge University Press, 441p.

Fukao, Y., Yamamoto, A., Nozaki, K., 1981, A method of density determination for gravity correction, J. Phys. Earth, **29**, 163–166.

萩原幸男，1978，地球重力論，共立出版，242p．

ホフマン–ウェレンホフ，モーリッツ著，西修二郎訳，2006，物理測地学，シュプリンガージャパン，368p．

河野芳輝，古瀬慶博，1988，日本列島の重力異常～日本での重力測定 100 年～，科学，**58**，414–422．

Menke, W., 2012, Geophysical Data Analysis: Discrete Inverse Theory, 3rd ed.: MATLAB ed., Academic Press, 330p.

Murata, Y., 1993, Estimation of optimum average surficial density from gravity data: An objective Bayesian approach, J. Geophys. Res., **98**, 12097–12109.

Talwani, M., 1959, Rapid gravity computations for two-dimensional bodies with application to the Mendosino subroutine fracture zone, J. Geophys. Res., **64**, 49–59.

友田好文，鈴木弘道，土屋淳編，1985，地球観測ハンドブック，東京大学出版会，830p．

山本明彦，志知龍一編著，2004，日本列島重力アトラス –西南日本および中央日本–，東京大学出版会，144p，CD–ROM (1 枚) 添付．

8

温 度・熱

地球はそれ自体が巨大な熱機関としてふるまい,地球磁場・マントル対流・プレートテクトニクスを駆動し,地形やその変形を規定し,地震や火山活動などを起こしている.熱機関としての地球のあり方を捉えるためには,地球の熱源とその放出機構や地球内部の温度分布などを明らかにする必要がある.この章では,熱機関地球のさまざまな過程によるエネルギー収支について最初にまとめ,地球内部熱構造を規定するほぼ唯一の観測量である地殻熱流量について説明する.さらに,熱伝導方程式を導出し,地球内部構造の中でもっともよくわかっていない温度分布や,他の地質現象との関わりなどについて記述する.

◆ ◆ ◆ ◆ ◆ ◆

8.1 はじめに

地球のダイナミクスや進化を理解するためには,その内部構造や構成物質を知る必要がある.そのために,地球内部の熱構造や熱的性質などは基礎的な情報である.これらを規定する直接的かつほぼ唯一の観測量が地殻熱流量である.

熱的な観測は地球活動の原動力を知るためにも重要である.また,直接観測することのできない地球内部の温度分布を推定する手がかりにもなる.さらに,地球を構成している岩石の物性値は温度に依存しているので,地下で起きる現象の多くが温度構造と密接に関係している.例えば,地震の発生域,地震波速度やその減衰,電気伝導度分布,マグマの発生,鉱物の変成などは,その場の温度によっても支配されている.

地球内部の熱は,温度が高い地球内部より外側に,最後は地表より地球外に放出される.その過程で,さまざまな現象を引き起こす.我々が目にすることができるのは,地表付近で生じているごく一部の現象にすぎない.

地球内部の熱輸送には,伝導・対流・放射の3種類がある.伝導は熱振動が隣接する物質に伝播,対流は媒質自体が移動,放射は電磁波に変換することにより熱の輸送が行われる.地球内浅部の熱のやりとりには伝導が,地表では放射が,マントルやコアでは対流が主たる役割を果たしている.この章では,主に伝導に関わる部分について,説明する.なお,マントルにおいて主要な役割を果たしている対流については,10章を参照されたい.

8.2 地球の熱収支

地球は太陽より膨大なエネルギーを受けとる一方,その内部からもエネルギーを放出している.これらの結果,地球はその進化とともに冷却している.

▶ 8.2.1 地球表面温度

地球の表面温度は何によって決められているのだろうか.地球はその形成直後を除き,液体の水が存在していたことがわかっており,その表面温度はおよそ15°Cと一定であった.

地表面では,太陽および大気からの放射と地表からの放射が卓越しており,これらのバランスにより温度場は決まる.ほぼ一定の光度であったと考えられている太陽から受ける太陽全放射量(太陽–地球間の平均距離における,太陽方向に法線ベクトルをもつ面の単位断面積が単位時間に受ける太陽からの放射エネルギーの現在の総量.人工衛星によって得られた測定値は約 $1.37\,\mathrm{kW/m^2}$)のうち,約30%は大気や地表面における散乱や反射により宇宙空間へと戻る.この地球全体の反射率をアルベド (albedo) という.一方地球表面は,その平均温度に対応した赤外線が放出(赤外放射という)されている.これらの,太陽から受ける日射と反射や放射で逃げる熱がつりあっているために,地球の表層はほぼ定常状態に保たれている.

平衡状態での地表面の温度は,地球表面に入ってくる太陽エネルギーと,出ていく地球放射,つまり赤外放射のつりあいで決まっている.放射平衡温度は,

$$\left[\frac{S_0(1-\alpha)}{4\varepsilon\sigma}\right]^{\frac{1}{4}}$$

として求めることができる．ここで，S_0 は太陽全放射量，ε は惑星表面からの赤外放射に対する射出率 (emissivity)，α はアルベド，σ はシュテファン–ボルツマン (Stefan–Boltzmann) 定数 ($= 5.67 \times 10^{-8}$ W/m^{2}K^4) である．惑星表層を黒体と仮定すれば，$\varepsilon = 1$ である．この式を用いて求めた放射平衡温度を，表 8.1 に示す．

[例題 8.1] 表 8.1 で示されるように，表面温度は平衡温度より高い．その理由を考察せよ．
[解答] 金星と地球は，大気をもつので，温室効果により固体表面温度が平衡温度よりも高くなる．つまり温室効果のある大気を含めた固体表面温度は，黒体 ($\varepsilon = 1$) ではなく，灰色体 ($\varepsilon < 1$) と仮定すべきである．

▶ **8.2.2 地球内部を暖める要因**

地球形成初期に重要である集積のエネルギーと分化エネルギーや，放射性元素壊変に伴うエネルギーの他に，重力的収縮に伴い発生するエネルギーやコア物質の相変化・化学反応に関するエネルギーが，地球の熱源と考えられている．

a. 集積エネルギー

地球形成初期に，太陽の周りに分布する微惑星が，重力により衝突し合体し，均質な組成の惑星へ変化する際に，その集積過程において，重力ポテンシャルエネルギーが熱に変わる．地球内部の密度が一様であると仮定すると，その集積エネルギーは，

$$-G \int_0^R \frac{m(r)}{r} dm = -\frac{3}{5} G \frac{M^2}{R}$$

と表すことができる．ここで m は半径 r の球の質量で，G は重力定数 ($= 6.67 \times 10^{-11}$ m^3/kg s^2)，R と M は現在の地球の半径と質量である．この式により，地球の集積形成時には約 2.2×10^{32} J のエネルギーが解放されたと推定することができる．しかし，多くは地表面からの放射により失われ，加熱に用いられたのは 数 ～ 数十 % 程度と推定されている．

b. 分化エネルギー

地球内部は密度成層構造をなしている．これを考慮して上の積分を行うと，重力ポテンシャルエネルギーは，約 2.5×10^{32} J となる．したがって，この差，約 2.6×10^{31} J は，地球内部の層構造 (主に核) が形成された際の重力エネルギーの開放に相当する．このエネルギーは地球内部で発生するため，効率よく加熱に使用される．

c. 放射性元素の崩壊による発熱量

地球を構成する岩石中には，放射性同位体が含まれている．これらが自然崩壊するときに熱を発生する．

半減期が数千万年程度未満の単寿命放射性核種 (例えば，^{26}Al や ^{244}Pu (半減期は，それぞれ 70, 8000 万年)) の壊変エネルギーは，地球形成初期には重要であったが，現在の地球において発熱に重要な核種は，^{238}U, ^{235}U, ^{232}Th, ^{40}K である．

これらの含有量やその比などはモデルによってかなり異なるが，ここでは Turcotte and Schubert (2002) に基づき，表 8.2 の値を用いて，放射性元素の壊変による発熱量を見積もってみよう．なおこれらの推定値は不確定な要素を含んでおり，数十% の誤差を伴うと考えるべきであろう．

それぞれの放射性元素の相対的な存在比は，現在の放射性元素の存在度を C_0 とすると，$\frac{C_0^{Th}}{C_0^U} = 4$, $\frac{C_0^K}{C_0^U} = 10^4$ とほぼ一定の値をもつ (表 8.3 を参照せよ)．表 8.2 より，^{238}U は U の 99.28% を占めているので，$C_0^{238U} = C_0^U$ と考えてよい．^{232}Th については，$C_0^{232Th} = C_0^{Th}$，^{40}K については，$C_0^{40K} = 1.19 \times 10^{-4} C_0^K$ である．よって，放射性元素の発熱量は，

$$H_0 = C_0^U \left(H^U + \frac{C_0^{Th}}{C_0^U} H^{Th} + \frac{C_0^K}{C_0^U} H^K \right)$$
$$= C_0^U (H^U + 4 H^{Th} + 1.19 H^K) \quad (8.1)$$

と表すことができる．

Turcotte and Schubert (2002) では，4.0×10^{24} kg のマントルから出る熱 (表 8.4 より 36.9 TW の値を用いた) のうち，20% は経年的な冷却によるものだとして，放射性元素の崩壊による発熱量は 29.52 TW と仮定している．この値に合うように 表 8.2 の発熱量の値を用いて，C_0^U の値を求める．得られた $C_0^U = 3.1 \times 10^{-8}$ kg/kg をもとに単位質量中の放射性元素の含有量を求めた値を表 8.2 の存在度の項に示す．また岩石中に含まれる放射性元素の濃度を表 8.3 にまとめた．

放射性元素の存在量は時間とともに指数関数的に減少していく．t 時間過去の存在度 C は，

$$C = C_0 e^{(t \ln 2 / \tau_{1/2})}$$

と表すことができる．ここで，$\tau_{1/2}$ は半減期である．表 8.2 の値を用いて，主要な放射性核種/元素による発熱量の時間変化を示す (図 8.1)．このモデルを用いて

表 8.1 惑星の表面温度

	太陽定数 [W/m^2]	アルベド	放射平衡温度 (計算値) [K]	放射平衡温度 (観測値) [K]	平均表面温度 [K]
金星	2632	0.77	227	230	760
地球	1367	0.30	255	250	288
火星	589	0.24	211	220	230

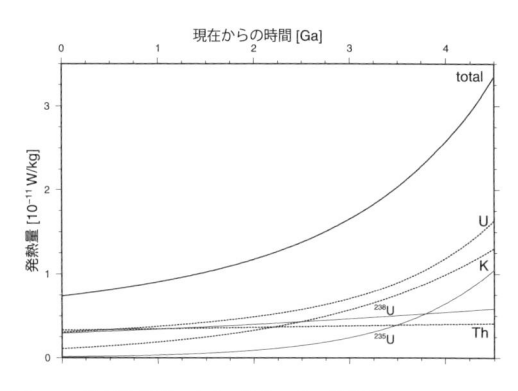

図 8.1 放射性核種/元素の壊変による発熱量 (データやモデルは Turcotte and Schubert (2002) による)

計算される発熱量は，現在においては約 3×10^{13} W，45 億年前においては約 10^{14} W となる．図 8.1 からも明らかなように，現在では，^{238}U や ^{232}Th が，地球の形成初期においては，半減期の短い ^{40}K や ^{235}U が発熱量のうちの大きな割合を占める．放射性元素壊変に伴う発熱の 45 億年間分の総量は，7.6×10^{30} J (Stacey and Davis, 2008) と見積もられている．

[例題 8.2] 表 8.3 の発熱量の値を確認せよ．
[解答] 表 8.3 中の各濃度の値と表 8.2 中の各発熱量の値を用いて計算することができる．例えば，平均的な海洋地殻の発熱量の場合は，

$0.9 \times 9.81 + 2.7 \times 2.64 + 4000 \times 3.48 \times 10^{-4} [\times 10^{-11} \text{W/kg}]$
$\approx 170 \times 10^{-12}$ [W/kg]

となる．他の場合も，同様に求めることができる．

▶ 8.2.3 地球内部を冷やす要因

地殻熱流量には，火山・地震・潮汐などによる寄与が含まれている可能性が高い．しかし，いずれにせよ，地球内部のエネルギーをもっとも多量に運んでいるのは，地殻熱流量である．

a. 地殻熱流量

地球内部より流出する熱は，地殻熱流量 (heat flow) として観測される．8.3 節において，その測定方法や分布などについて説明されるが，ここでは地球全体のエネルギー収支に関連することのみを考える．

8.3.3 項において示されるように，地球全体の地殻熱流量の平均値は 87 mW/m^2 である．これに表面積をかけることにより地球全体の地殻熱流量による放出量約 4.4×10^{13} W を得ることができる．ただしこの見積もりは，表 8.4 にあるように $4.1 \sim 4.9 \times 10^{13}$ W 程度の範囲をもつ．

b. 火山・地震・潮汐などによる発熱

火山の噴火あるいは温泉は，地球上の熱現象でもっとも目を引く．しかしこれらの寄与は大きくはなく約 10^{12} W と見積もられている (水谷・渡部，1978)．同

表 8.2 地球内部の主な放射性核種/元素と発熱量 (データやモデルは Turcotte and Schubert (2002) による)

放射性核種/元素	存在比 [%]	発熱量 [10^{-5} W/kg]	半減期 [10^{9} year]	存在度 [10^{-9} kg/kg]
^{238}U	99.28	9.46	4.47	30.8
^{235}U	0.71	56.9	0.704	0.22
U		9.81		31.0
^{232}Th	100	2.64	14.0	124
^{40}K	0.0119	2.92	1.25	36.9
K		3.48×10^{-4}		31.0

表 8.3 放射性元素濃度と発熱量 (データは，Turcotte and Schubert (2002), Stacey and Davis (2008), Jaupart and Mareschal (2010) などによる)．

		濃度 [ppm]			発熱量 [10^{-12} W/kg]
		U	Th	K	
火成岩	花崗岩	$4 \sim 4.7$	$15 \sim 20$	$33000 \sim 42000$	$930 \sim 1100$
	アルカリ玄武岩	$0.75 \sim 0.8$	2.5	12000	$180 \sim 190$
	ソレイアイト質玄武岩	$0.07 \sim 0.11$	$0.19 \sim 0.4$	$880 \sim 2000$	$15 \sim 30$
	エクロジャイト	0.035	0.15	500	9.2
	かんらん岩・ダナイト	0.006	$0.02 \sim 0.04$	100	$1.5 \sim 2$
堆積岩	頁岩	3.7	12	27000	770
隕石	炭素質コンドライト	0.020	0.070	400	5.2
	普通コンドライト	0.015	0.046	900	5.8
	鉄隕石	nil	nil	nil	$< 3 \times 10^{-4}$
月	Apollo サンプル	0.23	0.85	590	47
地球平均	平均的な大陸上部地殻	2.8	10.7	34000	700
	平均的な大陸地殻	$1.1 \sim 1.42$	$4.2 \sim 5.6$	$13000 \sim 15500$	$270 \sim 352$
	平均的な海洋地殻	0.9	2.7	4000	170
	マントル	$0.013 \sim 0.025$	$0.040 \sim 0.087$	$70 \sim 160$	$2.8 \sim 5.1$
	枯渇していないマントル	$0.02 \sim 0.031$	$0.10 \sim 0.124$	$310 \sim 400$	$5.7 \sim 6.6$
	枯渇したマントル	$0.001 \sim 0.0032$	$0.004 \sim 0.0079$	$25 \sim 30$	$0.23 \sim 0.59$
	核	nil	nil	29	0.1
	BSE (Bulk Silicate Earth)	$0.013 \sim 0.022$	$0.0414 \sim 0.083$	$118 \sim 385$	$3.6 \sim 5.1$

表 8.4 地球内部の熱収支 (単位は 10^{12} W)

	Stacey (1992)	Davies (1999)	Turcotte and Schubert (2002)	Lay et al. (2008)	Stacey and Davies (2008)	Jaupart and Mareschal (2010)
発熱量の総和	32.0				32.7	
地殻内の放射性発熱	8.2	5			8.2	7
マントル内の放射性発熱	19.9	$12\sim28^*$			20.0	13
コア内の放射性発熱					0.2	
コア形成による発熱および潜熱	1.2	3.5			1.0	
マントル分化に伴う発熱	0.6	9.3			0.1	0.3
熱収縮による発熱	2.1				3.1	
潮汐エネルギーの散逸による発熱					0.1	0.1
流出量の総和	42.0	41	44.3	$43\sim49$	44.2	46
コアから失われるエネルギー	3.0		0.0	$5\sim15$	3.5	$8\sim10$
マントルから失われるエネルギー	30.8		36.9	$20\sim42$	32.5	$16\sim18$
地殻から失われるエネルギー	8.2		7.4	$6\sim8$	8.2	
正味の流出熱	10.0				11.5	

*: 上部・下部マントルによる 1.3, $11\sim27$ を足したもの

様に, 陸上の温泉・地熱によるエネルギー量は, 約 6×10^{10} W (水谷・渡部, 1978), ホットスポットにより持ち出される熱流量は約 2.3×10^{12} W (Davies and Richards, 1992) と見積もられている.

地震による熱エネルギーの放出に対する寄与も大きくはなく, 約 $1\sim2\times10^{10}$ W と見積もられている.

潮汐エネルギーの散逸とは, 衛星の軌道が円からずれている場合に, 母惑星が及ぼす潮汐力が時間により変化するために加熱される作用である. 地球では無視できるほど小さい (しかし, 木星の衛星であるイオの場合は, その内部に十分な熱を与え, 内部のほとんどすべてが融点まで加熱され, その結果活発な火山活動が生じている).

▶ 8.2.4 地球内部の熱収支

地球を暖める要因の主たるものは, 集積のエネルギー, 分化エネルギー, 放射性元素壊変に伴う発熱である. この一部が地球内部に蓄えられ, それを放出することにより地球は冷却してきた. 地球形成初期に重要である集積のエネルギーと分化エネルギーは, 放射性元素壊変に伴う発熱の 45 億年間分の総量とほぼ同程度であることがわかる.

---

mini column 10

● 地球が冷えていることを実験で検証 ●

神岡液体シンチレータ反ニュートリノ検出器 (Kamioka Liquid scintillator Anti-Neutrino Detector, KamLAND) を用い, ウラン, トリウム, カリウムなどの崩壊過程で発生すると考えられる地球内部に起因するニュートリノ (地球ニュートリノという) の観測により, 地球内部における放射壊変による発熱が $21\pm9\times10^{12}$ W であることが直接測定された (The KamLAND Collaboration, 2011). これまでの見積もり (表 8.4) がほぼ正しく, 地球がその生成以来, 冷え続けていることが初めて直接的な実験で検証された.

現在の地球内部のエネルギー収支を 表 8.4 にまとめる. 唯一の観測量である流出量の総和はほぼ同じであるが, それぞれの項目の値は, 仮定やモデルによって異なる.

8.3 地殻熱流量

一般に, 地下の温度は深さとともに増加することが知られている. 地球内部から流出する熱は, 地表付近では地殻熱流量として観測される.

地殻熱流量とは, 単位面積を単位時間に移動する熱エネルギーと定義され, 単位時間・単位体積に吸収される熱量と熱流速密度の発散に負の符号を付けたものが等しい. つまり,

$$q = -k\nabla T \tag{8.2}$$

である. ただし, q は熱流量, k は媒質の熱伝導率, T は温度である. これをフーリエの法則 (Fourier's law) という.

ただし, 地表付近で観測される地殻熱流量は 1 次元で考えることが多く, その場合, 熱流量 q は,

$$q = -k\frac{\partial T}{\partial z} \tag{8.3}$$

と表すことができる. 図 8.2 に示すように, z が深さ方向である. 熱伝導による地殻熱流量 q は, 温度勾配

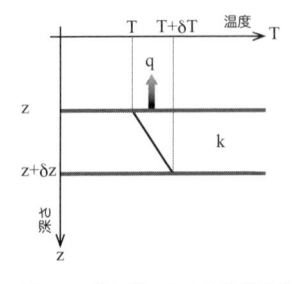

図 8.2 熱伝導による地殻熱流量

(地温勾配) に比例する.

地球熱学におけるほとんど唯一の直接的な測定量である地殻熱流量は，温度勾配と熱伝導率より求めることができる.

▶ **8.3.1 温度勾配の測定**
  a. 陸域

陸域では，主として掘削坑内で温度勾配が測定される．ただし，地表に近い部分では，地下水の流動，浸食・堆積，気温の季節変化やより長期の地表面温度変動の影響など，さまざまな擾乱を受けている．温度勾配を得るためには，これらの擾乱を避けるために数百 m 程度の坑井が必要とされる (ただし，地熱地帯など大きな放熱量がある場合には，1 m 深の地温探査が浅部の地温分布や地下水流動把握のために行われることがある).

近年地熱・温泉開発などに伴い，日本付近において数多く深部ボーリングが行われ，資源探査・防災などの調査・研究を目的にしたボーリングだけではなく，地下の温度情報が蓄積されている．これらを基に，日本列島の地殻表層の温度構造を示すデータの1つとして，300 m 以深の坑井の温度データによる地温勾配値のコンパイル (図 8.3) がなされている (田中ほか，2004)．地殻熱流量は，地表近くを熱伝導によって放出される熱量である．一方，地温勾配値は，各坑井データの坑底温度もしくは最高温度と「地表の基準温度」の差を掘削深度もしくは最高温度を記録した深度で割ったものである．つまり，熱伝導のみではなく熱対流をも含んだ地中の温度の増加率である.

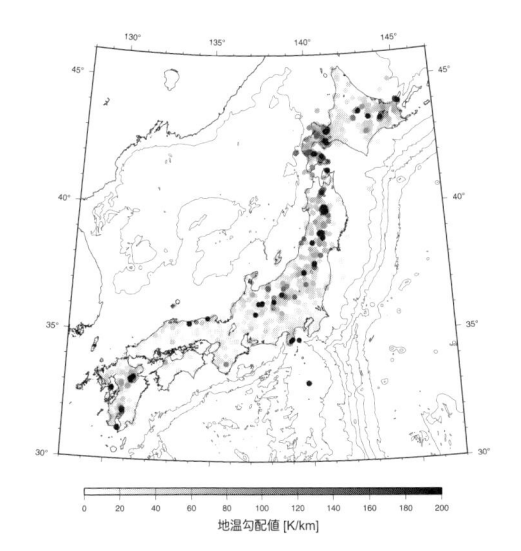

図 8.3 日本列島およびその周辺域の地温勾配値分布図 (田中ほか (2004) を改変)
実線は，8000 m までの 2000 m ごとの等深線を示す.

  b. 海域

海底においては温度環境が安定しているので，海底面から数 m 以内の深さで温度勾配を求めることができる．他の目的で掘削された坑井を利用する陸域の温度勾配測定より，海域における測定の方がある意味においては容易な部分もあり，実際に日本列島周辺においても海域のデータが圧倒的に多い.

水深 2000 m 程度以深では，温度勾配は，海上の船から吊り下げた長さ数 m のプローブ (「槍」とも称される) に複数の温度センサーを取り付けたものにより観測される．「槍」を海底の堆積物に突き刺す際に，摩擦によって生じる発熱の減衰を，数分から数十分程度のモニタリングを通して観測し，平衡温度を求める．これは，1954 年に Sir Bullard が同様の方式を用いて測定して以来一般的な方法である．この方法は，「槍」が突き刺さる堆積物さえあれば比較的容易に温度構造が求まる．しかしながら一方では，測定点付近の堆積物の厚さや地形の効果や間隙流体の移動による時間変動などの温度擾乱の影響は免れない．水深 2000 m 程度以浅では，海底水温が大きく変動するために表層堆積物中の温度が乱され，このような方法では温度勾配を正しく測定することが困難となり，長期間計測を行い擾乱の補正を施すなどの工夫が必要となる.

他の方法として，反射法地震探査により得られる海底擬似反射面 (Bottom Simulating Reflector, BSR) が，ハイドレードが安定な温度・圧力領域の下限にあたることを利用して，その深さより温度勾配を見積もるという方法がとられることもある.

▶ **8.3.2 熱伝導率の測定**

地殻熱流量を得るためには，式 (8.3) より明らかなように，温度勾配値の他に熱伝導率の値が必要である．熱伝導率は厚さ 1 m の板の両面に 1 K の温度差があるとき，その板の面積 $1 m^2$ の面を通して 1 s の間に流れる熱量で表される．岩石などの熱伝導率を表 8.5 にまとめた．熱伝導率は岩石により大きく変化する．また温度・圧力にも依存し，地殻内の温度範囲では，温度が上昇すると減少する.

測定の方法は，定常法と非定常法に大別される．定常法は，試料に 1 次元軸方向または径方向の定常熱流を与え，試料の温度勾配を取得することにより熱伝導率を求める方法である．この方法には，岩石試料を熱伝導率が既知である金属柱 (分割棒) で挟み，試料に接さない分割棒端の温度差を一定に保ち，熱流が定常状態になった際に，分割棒中および試料中の温度勾配を求め，これらの比より試料の熱伝導率を求める「分割棒法」などがある.

表 8.5 岩石などの熱伝導率 (データは, Clark (1966), Turcotte and Schubert (2002), 国立天文台 編 (2013) による)

		範囲 [W/m K]
堆積岩	頁岩	1.2 〜 3
	砂岩	1.5 〜 4.2
	石灰岩	2 〜 3.4
	ドロマイト	3.2 〜 5
変成岩	片麻岩	2.1 〜 4.2
	角閃石	2.1 〜 3.8
	大理石	2.5 〜 3
	珪岩	5.9 〜 7.3
火成岩	玄武岩	1.3 〜 2.9
	花崗岩	2.4 〜 3.8
	輝緑岩	2 〜 4
	はんれい岩	1.9 〜 4.0
	閃緑岩	2.8 〜 3.6
	輝石岩	4.1 〜 5
	斜長岩	1.7 〜 2.1
	花崗閃緑岩	2.0 〜 3.5
マントル	かんらん岩	3 〜 4.5
	ダナイト	3.7 〜 4.6
	深海底泥	0.7 〜 1.4
	砂 (重量含水率 0.2%)	0.27
	砂 (重量含水率 30%)	1.6
	土壌 (乾燥, 20°C)	0.14
	氷	1.6 〜 2.2
	雪	0.11
	水 (0°C)	0.561
	水 (80°C)	0.673
	空気 (−100°C)	0.0158
	空気 (0°C)	0.0241
	空気 (100°C)	0.0317
	空気 (1000°C)	0.076
	紙	0.06
	木材 (乾燥, 18 〜 25°C)	0.14 〜 0.18
	石英ガラス (0°C)	1.4
	岩塩	5.5 〜 6.5
	ケイ素 (0°C)	168
	銀 (0°C)	428

非定常法は,熱エネルギーを加え,その温度応答を測定し,理論的に導かれた温度の応答式に回帰して熱伝導率を求める方法である.未固結堆積物の場合には,ヒーターと温度センサーを内蔵するニードルを用い,電流がヒーターを通過する際の温度をモニタリングすることにより熱伝導率を求める.ニードル法が用いられる.また,無限円筒と見なせる形状で均質な試料の中心にある細い直線状のヒーター線に連続加熱を行うボックスプローブ法が使用されることも多い.線熱源の加熱時間を極めて短いパルス加熱光源にレーザーが多く用いられることからレーザーフラッシュ法と呼ばれる手法は,断熱真空中に置かれた平板状試料の表面を均一にパルス加熱したときに,表面から裏面への1次元の熱拡散現象を観測することにより,熱伝導率や熱拡散率を求めることができる.

陸上の場合は,採取された試料をもとに測定することが多い.海域では,「槍」を突き刺し温度勾配を測定した付近で得られた試料を用いて後に測定するか,あるいは温度センサーに組み込んだヒーター線を加熱し,その場で同時に直接測定する.その場での熱伝導率測定は,試料の採取が必要なく,実際の温度・圧力などの状態で測定が可能であるなどの利点がある.

▶ 8.3.3 地殻熱流量の分布

地殻熱流量は,図 8.4 からも明らかなように地理的に偏った場所において,20000 点程度が公開されているにすぎない.これらのデータは,国際測地学および地球物理学連合 (International Union of Geodesy and Geophysics, IUGG) を構成する国際地震学及び地球内部物理学協会 (International Association of Seismology and Physics of the Earth's Interior, IASPEI) の下に設置されている,国際熱流量小委員会 (International Heat Flow Commission, IHFC) などにより公開されている.

大陸,海洋,それらを足しあせた合計のいずれも,最頻値は,$50 \sim 55 \, \mathrm{mW/m^2}$ であり,データ全体の中央値は $65 \, \mathrm{mW/m^2}$ である (図 8.5).また,第 1 四分位,第 2 四分位 (中央値, median),第 3 四分位はそれぞれ,46.0, 62.3, 83.2 mW/m^2, 50.6, 79.0, 189.0 mW/m^2, 48.0, 65.1, 97.6 mW/m^2 である.大陸の地殻熱流量は $150 \, \mathrm{mW/m^2}$ 以上のデータ数が少なく,海洋のデータより鋭いピークを示す.

大陸と海洋の地殻熱流量の平均値は,それぞれ 80, 70 mW/m^2 (Pollack et al., 1993) である.しかし,この値にはバイアスがかかっている.それは,例えば,海洋においては堆積物が分布している場所で,大陸では概して地殻熱流量が高い地域で,地殻熱流量の測定が多くなされていることにも起因する.また,海洋における値は,熱水循環やそれに伴う移流の熱輸送の効果を考慮する必要がある.これらの測定点の偏りや補正を考慮すれば,大陸,海洋,地球全体の平均地殻熱流量はそれぞれ 65, 101, 87 mW/m^2 (Pollack et al., 1993; Stein, 1995) となる.

この分布の地域的な違いは,地球表面下でのさまざまな地球物理的・地質的なプロセスと密接な関係がある.大陸では,新生代の造構造帯において地殻熱流量が高く,盾状地では地殻熱流量が低い.地質時代の若い地域ほど地殻熱流量が高い傾向が見られる (図 8.12. 8.4.2 項を参照).これらは,放射性元素の含有量に依存しているようにも見られる.

海洋においては,海嶺軸付近において,地殻熱流量は非常に高い値から低い値までのばらつきが大きい.海嶺より離れるにしたがい減少し,海溝付近では低い値をとる.これらについては,8.4.1 項において詳し

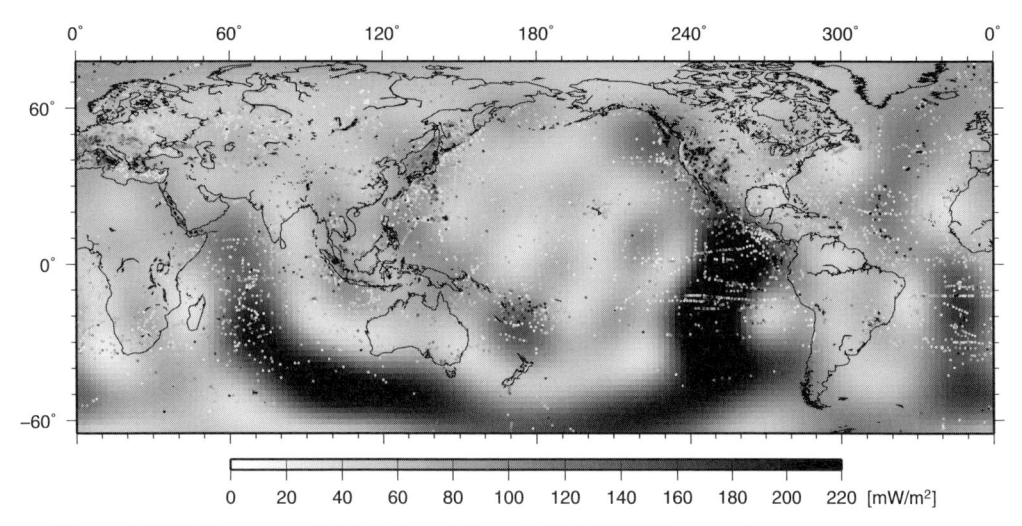

図 8.4 地殻熱流量のデータの分布および 12 次までの球面調和関数展開 (データは Pollack et al. (1993) による)

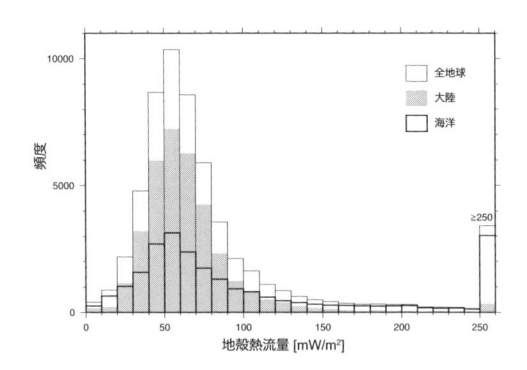

図 8.5 地殻熱流量の頻度分布図 (データは http://www.heatflow.und.edu/data.html (最終更新日：2011/01/12, アクセス日：2012/12/12) による) 灰色，太い実線はそれぞれ大陸と海洋のデータを示す．実線はそれらを足したもの．

く考える．

[例題 8.3] 深海底の地殻熱流量値の測定には，プローブに取り付けられている複数の温度センサー相互間の精度がどの程度必要とされるか推定せよ．
[解答] 表 8.5 と図 8.5 より海底における温度勾配は，0.05°C/m 程度であると考えられる．温度センサー間の距離が数十 cm 程度だとすれば，センサー間の温度差に 0.01°C 程度より高精度な測定が必要となる．

a. 日本列島付近の特徴

日本列島およびその周辺はもっとも地殻熱流量の測定点が豊富にある地域である．その分布をもう少し詳しく見てみよう (図 8.6)．

日本において，最初に熱流量測定が行われたのは，陸上では 1957 年，海域では 1961 年 のことである．1964 年には，初期の測定結果をまとめ，海陸合わせて 58 点のデータが報告されている (Uyeda and Horai, 1964). その後も精力的に測定が行われ，吉井 (1979) は，日本列島周辺の 25 ～ 48°N, 125 ～ 150°E の範囲の地域について，各種の地球物理データのコンパイルを行い，地殻熱流量については 537 点のデータを収めた．これをもととして，0 ～ 60°N, 120 ～ 160°E の範囲の「地殻熱流量データセット」が，東京大学地震研究所の共同利用 (データ) として収集・更新されている (山野ほか, 1997)．これらのデータは，田中ほか (2004) などにおいても公開されており，その誤差は一般には 10 ～ 20% であると考えられている．特に水深が浅い海域におけるデータは，水温変動の影響を受けている可能性がある．

日本列島付近では，プレートの沈み込みや火山・地熱活動などにより，地温勾配・地殻熱流量の値は場所によって大きく変化する．図 8.6 より，火山フロント付近を境界とし，海溝側の平均値の方が背弧側の平均値よりも小さい傾向を示すこと，瀬戸内海周辺は低い値をもつことがわかる．また，南海トラフにおいては 20 Ma 程度の若いプレートの沈み込みのために，地殻熱流量は高い．

地殻熱流量 (図 8.6) と地温勾配値 (図 8.3) を比べると，広域的な分布のパターンはよく一致している．陸上では，地温勾配値は地殻熱流量に比べて数多く分布し，空間分解能が高い．しかし地温勾配値は隣接したデータの間で大きな違いがあることもあり，ばらつきの大きな図になる．特に，火山・地熱地帯などでは，熱水対流などの影響を受け熱輸送のプロセスが複雑であると考えられるため，空間的に隣接していても値は大きくばらつく．しかし，地温勾配値は，比較的簡便に測定されることもあり，特に陸上においてはデータ

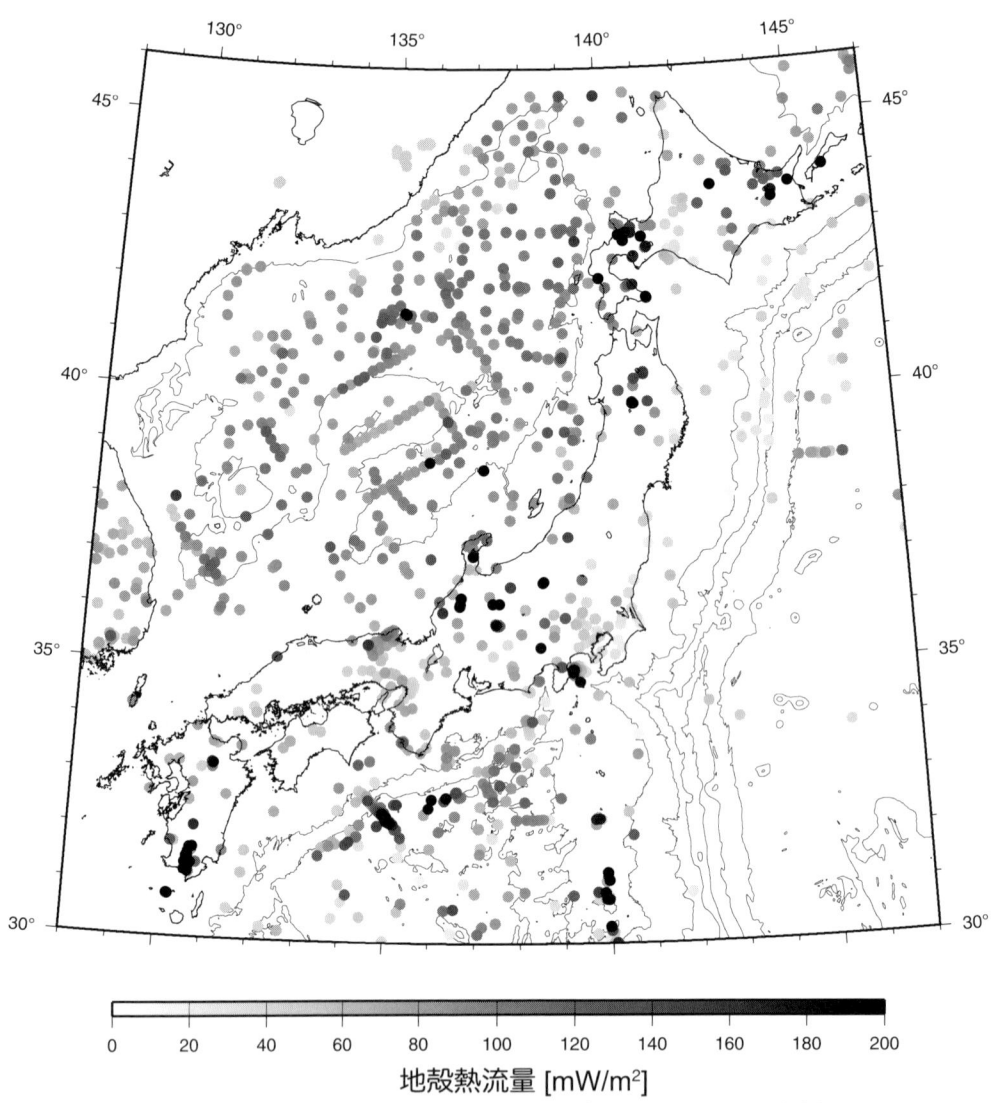

図 8.6　日本列島およびその周辺域の地殻熱流量分布図 (田中ほか (2004) を改変)
実線は，8000 m までの 2000 m ごとの等深線を示す．

数が地殻熱流量に比べて多い．よって，地温勾配値は，地殻熱流量のデータが存在しないあるいは乏しい地域において，それを補足するように地中の温度構造を示唆する値として用いることができる可能性もあるとも考えられる．

しかし，いずれのデータも，1 点におけるデータのみから地下温度構造を推定することは困難であり，周辺地域での測定値との整合性を確かめることが必要である．

図 8.7 には，131°E ～ 144°E の範囲を 40°N 緯度線に沿った，地形，地殻熱流量，地温勾配，磁性体の下面深度 (8.7.2 項にて説明) の値を示す．日本海から八幡平付近で奥羽脊梁山脈・北上山地を横切り，日本海溝へと至る東北地方の断面である．このような活動的な島弧では，冷たい海洋プレートの沈み込みによる構造を反映し，火山フロント付近を境界とし，海溝側と背弧側において熱構造が大きく変わっている．この断面図からも，海域では地殻熱流量，陸域では地温勾配値の測定が多くなされていることが明らかである．また陸上では，測定点は火山・地熱地帯に集中しており，一般的に高い値を示すが，値のばらつきも大きいことがわかる．これは，地表に向かって運ばれる熱が，熱伝導のみではなく，マグマの上昇や地下水の循環など，ローカルな現象の影響も受けているためだと考えられている．

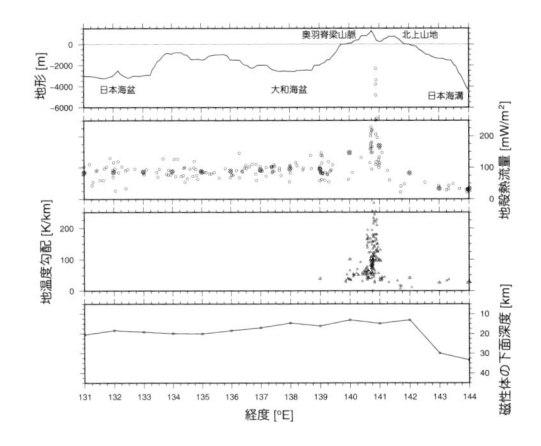

図 **8.7** 40°N 緯度線に沿った温度に関するデータのプロファイル (Tanaka et al. (1999) を改変)
灰色のシンボルは移動平均の値を示す.

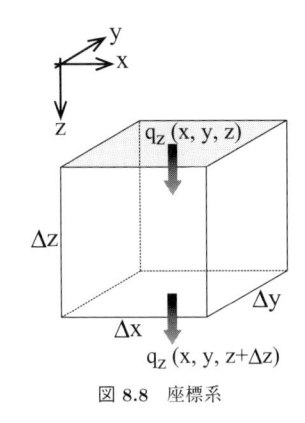

図 **8.8** 座標系

8.4 熱伝導方程式

熱境界層としてリソスフェアの温度構造を規定する方程式を考える．熱伝導による熱の流れによる温度分布は，いわゆる熱伝導方程式で与えられる．この式を導いてみよう．

図 8.8 のような媒質内の微小な直方体の領域を考える．それぞれの辺の長さは，$\Delta x, \Delta y, \Delta z$, 体積は ΔV とし，この直方体への熱の出入りを考える．

それらは，
- 面を熱伝導によって出入りする熱量
- 物質の移動によって出入りする移流項による熱輸送
- 内部熱源による発熱量

である．これらの合計が微小直方体の温度変化をもたらす．

図 8.8 の灰色で示した x–y 平面の単位時間に単位面積を通る熱伝導による熱流量は，$q_z(x, y, z)$ である．$z + \Delta z$ における単位時間・単位面積を通る熱伝導による熱流量は，$-q_z(x, y, z+\Delta z)$ (直方体から外に出る量を負と定義) と表すことができる．よって，これらの差だけの熱量が，単位時間に x–y 平面を通して熱伝導により ΔV に蓄積される熱量となる．この面の面積は $\Delta x \Delta y$ であり，テーラー展開を用いると，

$$\{-q_z(x,y,z+\Delta z) + q_z(x,y,z)\}\Delta x \Delta y$$
$$\approx \{-q_z(x,y,z) - \frac{\partial q_z}{\partial z}\Delta z + \cdots + q_z(x,y,z)\}\Delta x \Delta y$$
$$\approx -\frac{\partial q_z}{\partial z}\Delta x \Delta y \Delta z = -\frac{\partial q_z}{\partial z}\Delta V$$

となる．同様に，y–z 面と z–x 面に関しても，

$$\{-q_x(x+\Delta x,y,z) + q_x(x,y,z)\}\Delta y \Delta z \approx -\frac{\partial q_x}{\partial x}\Delta V$$
$$\{-q_y(x,y+\Delta y,z) + q_y(x,y,z)\}\Delta z \Delta x \approx -\frac{\partial q_y}{\partial y}\Delta V$$

となる．これら 3 つを合計すると，微小体積の面を通る熱伝導による熱の収支が求まる．つまり，

$$-\left\{\frac{\partial q_x}{\partial x} + \frac{\partial q_y}{\partial y} + \frac{\partial q_z}{\partial z}\right\}\Delta V = -\nabla \cdot \boldsymbol{q}\Delta V \quad (8.4)$$

となる．

物質の移動による熱輸送量は，物質の速度ベクトルを $\boldsymbol{u}$ とすると，x–y 平面の単位時間に単位面積を通過する量 $u_z(x,y,z+\Delta z)\Delta x\Delta y$ である．物質の単位体積あたりの熱容量は，ρc_p (ρ, c_p は密度と定圧比熱) なので，x–y 平面を通して物質の移動による熱の出入りは，

$$\{-\rho c_p T u_z(x,y,z+\Delta z) + \rho c_p T u_z(x,y,z)\}\Delta x \Delta y$$
$$\approx -\rho c_p \frac{\partial(Tu_z)}{\partial z}\Delta z \Delta x \Delta y = -\rho c_p \frac{\partial(Tu_z)}{\partial z}\Delta V$$

となる．同様に，y–z 面と z–x 面に関する熱の流入出量を得ることができ，これらを合計すると，移流項のよる熱輸送量が求められる．つまり，

$$-\rho c_p \left\{\frac{\partial(Tu_x)}{\partial x} + \frac{\partial(Tu_y)}{\partial y} + \frac{\partial(Tu_z)}{\partial z}\right\}\Delta V$$
$$= -\rho c_p \nabla \cdot (T\boldsymbol{u})\Delta V \quad (8.5)$$

となる．

内部熱源による発熱量は，単位質量あたりの発熱量を A とすると，

$$\rho A \Delta V \quad (8.6)$$

である．

直方体の質量，比熱，単位時間あたりの温度変化の積が，直方体に出入りする熱の総量 (式 (8.4)～式 (8.6) の和) に等しいということより，

$$\rho \Delta V c_p \frac{\partial T}{\partial t} = -\nabla \cdot \boldsymbol{q} \Delta V - \rho c_p \nabla \cdot (T\boldsymbol{u})\Delta V + \rho A \Delta V$$

が得られ，

$$\rho c_p \left(\frac{\partial T}{\partial t} + \nabla \cdot (T\boldsymbol{u})\right) = -\nabla \cdot \boldsymbol{q} + \rho A$$

となる．ここで，式 (8.2) を用いると，

$$\rho c_p \left(\frac{\partial T}{\partial t} + \nabla \cdot (T\boldsymbol{u})\right) = \nabla \cdot (k\nabla T) + \rho A$$

となる．

ρ と k は一定と見なせば,
$$\frac{\partial T}{\partial t} + \boldsymbol{u}\cdot\nabla T = \frac{k}{\rho c_p}\nabla^2 T + \frac{A}{c_p} \quad (8.7)$$
となる. 直交座標系では,
$$\frac{\partial T}{\partial t} + u_x\frac{\partial T}{\partial x} + u_y\frac{\partial T}{\partial y} + u_z\frac{\partial T}{\partial z}$$
$$= \frac{k}{\rho c_p}\left(\frac{\partial^2 T}{\partial x^2} + \frac{\partial^2 T}{\partial y^2} + \frac{\partial^2 T}{\partial z^2}\right) + \frac{A}{c_p} \quad (8.8)$$
である.

この章においては, 移流項を考慮する機会は少ない. その場合, 式 (8.7) と式 (8.8) とは,
$$\frac{\partial T}{\partial t} = \frac{k}{\rho c_p}\nabla^2 T + \frac{A}{c_p} \quad (8.9)$$
$$\frac{\partial T}{\partial t} = \frac{k}{\rho c_p}\left(\frac{\partial^2 T}{\partial x^2} + \frac{\partial^2 T}{\partial y^2} + \frac{\partial^2 T}{\partial z^2}\right) + \frac{A}{c_p} \quad (8.10)$$
となる.

式 (8.9) は, 定常状態では,
$$\nabla^2 T = -\frac{\rho A}{k} \quad (8.11)$$
内部発熱を考慮しない場合には,
$$\frac{\partial T}{\partial t} = \frac{k}{\rho c_p}\nabla^2 T$$
$$= \kappa\nabla^2 T \quad (8.12)$$
となる. 式 (8.12) は拡散方程式 (diffusion equation) とも呼ばれる. ここで,
$$\kappa = \frac{k}{\rho c_p}$$
は, 熱拡散率 (thermal diffusivity) と呼ばれ, 地球内部物質ではおよそ 10^{-6} m^2/s 程度の値をとる.

▶ **8.4.1 海洋リソスフェアの温度構造**

海洋リソスフェアの場合には, プレート運動に直交する方向, つまり海嶺軸の走向方向の変化は無視することができる. プレート運動と鉛直下向きを x, z 軸にとり, 内部発熱の効果を無視した場合 式 (8.8) は,
$$\frac{\partial T}{\partial t} + u_x\frac{\partial T}{\partial x} = \kappa\left(\frac{\partial^2 T}{\partial x^2} + \frac{\partial^2 T}{\partial z^2}\right) \quad (8.13)$$
となる.

定常状態を仮定すると
$$u_x\frac{\partial T}{\partial x} = \kappa\left(\frac{\partial^2 T}{\partial x^2} + \frac{\partial^2 T}{\partial z^2}\right) \quad (8.14)$$
となる. この左辺は移流, 右辺は熱拡散による熱の増減である.

a. 半無限冷却モデル

プレートの温度構造モデルの単純なものは, 一定温度 T_1 (ポテンシャル温度が一定) をもつアセノスフェアが, 中央海嶺においてある時刻 ($t=0$) に地表 ($z=0$) に上昇し, 冷却する半無限冷却モデル (half space cooling model) である.

内部熱源がなく, 水平方向への熱の拡散は考えない場合には, 式 (8.13) は,
$$\frac{\partial T}{\partial t} = \kappa\frac{\partial^2 T}{\partial z^2} \quad (8.15)$$
となる. これを, 境界条件,
$$T = T_1 \text{ at } t = 0, z > 0$$
$$T = T_0 \text{ at } z = 0, t > 0$$
$$T \to T_1 \text{ as } z \to \infty, t > 0$$
を用いて解くことを考えればよい.

この解は,
$$T(z,t) = T_0 + (T_1 - T_0)\text{erf}\frac{z}{2\sqrt{\kappa t}} \quad (8.16)$$
である (Turcotte and Schubert, 2002). ここで
$$\text{erf}(\eta) \equiv \frac{2}{\sqrt{\pi}}\int_0^{\eta} e^{-\eta'^2}d\eta'$$
は誤差関数 (巻末の物理数学の基礎の式 (A.172) を参照のこと) である. 式 (8.16) が式 (8.15) の解であることを, Turcotte and Schubert (2002) を参照しながら示しておくこと. $\frac{z}{2\sqrt{\kappa t}} \ll 1$ の場合には,
$$\text{erf}\left(\frac{z}{2\sqrt{\kappa t}}\right) \approx \frac{z}{\sqrt{\pi\kappa t}}$$
となり, $z=0$ 付近で温度は深度とともにほぼ線形に増加する.

$\frac{z}{2\sqrt{\kappa t}}$ は, 熱拡散の問題では, 相似変数 (similarity variable) と呼ばれ, この値が同じであれば, 等しい温度 T を与える. 深海底の温度は 0°C と仮定することができるので, $T_0 = 0$°C とし, プレートの厚さ a を, 温度が T_1 の 90% に到達する深さ, つまり $T = 0.9 T_1$ であるとする. すると, erf(η) = 0.9 となる η を, 巻末の物理数学の基礎の図 A.1 などより 1.16 と得ることができる. この値より,
$$a = 2.32\sqrt{\kappa t}$$
が得られる. つまり, プレートの厚さはプレートが形成されてからの時間 t の平方根に比例する (図 8.9).

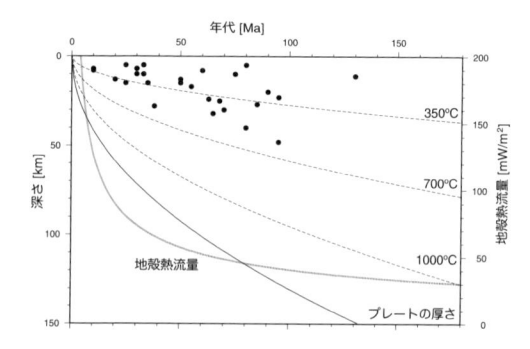

図 8.9 半無限冷却モデルによるプレートが形成されてからの時間の関数としての, 等温線 (点線), プレートの厚さ (実線) および地殻熱流量 (灰色の線). 黒丸は Wiens and Stein (1983) による海洋プレート内の地震の深度.

mini column 11

● 地球の熱史 ●

地球の熱史は，式 (8.7) を適切な初期条件と境界条件の下で解く必要がある．最初の定量的な研究は，19 世紀の半ば Lord Kelvin によってなされた．彼は，初期地球は溶融状態であったとし，熱伝導により現在の状態まで冷却したと考えた．半無限体の熱伝導で近似した式 8.17 を用いて，地球の年齢 t_0 が

$$t_0 = \frac{(T_0 - T_1)^2}{\pi\kappa((\partial T/\partial z)|_{z=0})^2}$$

で表されるとした．当時知られていた値 $(T_0 - T_1) = 2000$ K, $\kappa = 10^{-6}$ m^2/s, $\frac{\partial T}{\partial z}|_{z=0} = 25$ K/km を用いて，地球の年齢を約 65 Ma と見積もった．この考えは，海洋プレートの半無限冷却モデルと等価であるので，海洋底の年代と同程度となる．この見積もり値は，地球の年齢はもっと古いとする地質学者からは受け入れられなかった．

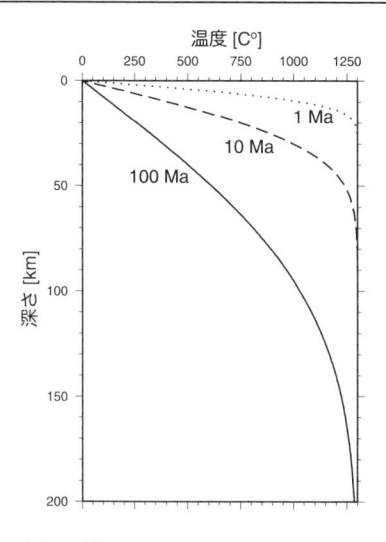

図 8.10 半無限冷却モデルにより計算された温度プロファイル

$z = 0$ における熱流量 q_0 は，式 (8.16) より，

$$q_0 = -k\left(\frac{\partial T}{\partial z}\right)\Bigg|_{z=0} = \frac{k(T_0 - T_1)}{\sqrt{\pi\kappa t}} \qquad (8.17)$$

となり，熱流量はプレートが形成されてからの時間 t の平方根に逆比例することがわかる (図 8.9)．

[例題 8.4] 半無限冷却モデルを用い，$T_0 = 0°$C, $T_1 = 1300°$C, $\kappa = 10^{-6}$ m^2/s として，時間が 1, 10, 100 Ma 経過したときの温度分布を図示せよ．

[解答] 式 (8.16) により，図 8.10 を得ることができる．

b. プレート冷却モデル

地球科学においては，時空間的に大きなスケールにおける複雑な現象を，観測データをもとに解析する必要がある．そして，その現象を規定している過程を推測し，モデルを構築する．そのモデルのパラメータを推定し，モデルより得られる予測値と観測値の比較を通じ，モデルの検証を行うことができる．

地殻熱流量や水深などの観測値とモデルから導出される推定値を比較することで，モデルの良否を検討するしかない．a 項で示されたように，半無限冷却モデルでは，海洋プレートが熱を放出して冷却していく過程を表現しているが，実際には，無限に冷却が続くことはない．そこで，プレート冷却モデル (plate cooling model, McKenzie (1967) model) といわれるモデルが提出された．このモデルでは，プレートが一定の厚さ a に収束する，という条件のもとに式 (8.13) を解く．境界条件は，

$$T = T_1 \text{ at } x = 0$$
$$T = T_0 \text{ at } z = 0$$
$$T = T_1 \text{ as } z = a$$

となる．

この解は，

$$\frac{T - T_0}{T_1 - T_0} = \frac{z}{a} + \frac{2}{\pi}\sum_{n=1}^{\infty}\frac{1}{n}e^{(-\kappa n^2\pi^2 t/a^2)}\sin\left(\frac{n\pi z}{a}\right) \qquad (8.18)$$

である (Carslaw and Jaeger, 1986; Turcotte and Schubert, 2002)．式 (8.18) は n の増加とともに各項は急速に小さくなるので，最初の数項の和で十分である．$t \gg \frac{a^2}{\kappa}$ の場合には，

$$T = T_0 + T_1 - T_0\frac{z}{a}$$

となり，温度プロファイルは深さに対して線形の分布となる．

また地殻熱流量は，

$$q_0 = \frac{k(T_1 - T_0)}{a}\left(1 + 2\sum_{n=1}^{\infty}e^{(-\kappa n^2\pi^2 t/a^2)}\right)$$

となる (Turcotte and Schubert, 2002)．地殻熱流量は，海嶺から遠ざかるにつれて急速に減少し，$t \gg \frac{a^2}{\kappa}$ の場合には，一定値，

$$q_0|_{t \gg \frac{a^2}{\kappa}} = \frac{k(T_1 - T_0)}{a}$$

に達することを示す．

この考えに基づくモデルには，PSM model (Parsons and Sclater, 1977) や，GDH1 model (global model without hydrothermal cooling (Stein and Stein, 1992)) があり，それらによる予測値を，図 8.11 に示す．

海嶺軸 ($t = 0$) 付近では海水の熱水循環により，観測される地殻熱流量は，予測値よりも小さくなる．しかし，どのモデルが有意であるかについて，地域差や熱的擾乱の異なるデータが混ざっているばらつきの大きなデータから判断するのは困難である．

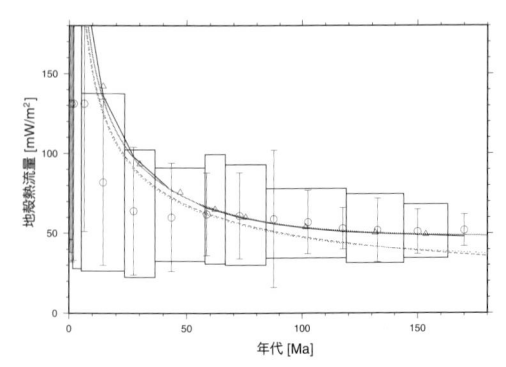

図 8.11 海底の地殻熱流量の年代に対するプロット
データは Stein and Stein (1992), Pollack et al. (1993) による. ○ は観測値, △ はモデルによる (Stein and Stein (1992). 灰色で示される破線, 点線, 実線は半無限冷却モデル ($q = 480\, t^{-1/2}$), PSM モデル (Parsons and Sclater, 1977), GDH1 モデル (Stein and Stein, 1992) による.

▶ **8.4.2 大陸リソスフェアの温度構造**

プレート境界の熱的擾乱を受けていない大陸リソスフェアを考える. 式 (8.12) より, 温度構造は水平方向には変化せず深さ方向のみに依存し, 内部発熱を考慮せず, 定常状態であるとすれば,

$$\frac{d^2 T}{dz^2} = 0$$

となる. 地表 ($z = 0$) における 2 つの境界条件: $T|_{z=0} = 0$, $q|_{z=0} = k\frac{dT}{dz}$ を与えると,

$$T = \frac{q|_{z=0}}{k} z \quad (8.19)$$

が得られる.

実際には, 大陸では地殻内に含まれる放射性元素の発熱は無視することはできない. 一定の内部発熱がある場合の, 1 次元定常の熱収支の式は, 式 (8.11) より,

$$k\frac{d^2 T}{dz^2} + H = 0$$

である. ここで H は単位体積あたりの発熱量である. 境界条件,

$$q = q_0 \text{ at } z = 0$$
$$T = T_0 \text{ at } z = 0$$

の下では,

$$T = T_0 + \frac{q_0}{k} z - \frac{H}{2k} z^2 \quad (8.20)$$

となる.

[例題 8.5] 大陸リソスフェアが 1350°C の等温線で規定されているとした場合, その厚さを求めよ. ただし, $T_0 = 15°C$, $q_0 = 46\,\mathrm{mW/m^2}$, $k = 3.5\,\mathrm{W/m\,K}$, $H = 10^{-5}\,\mathrm{mW/m^3}$ とする.
[解答] 式 (8.20) より,

$$z = \frac{-\frac{q_0}{k} \pm \sqrt{\left(\frac{q_0}{k}\right)^2 - 4\frac{-H}{2k}(T_0 - T)}}{-2\frac{H}{k}}$$

$$= \frac{q_0 \pm \sqrt{q_0^2 + 2Hk(T_0 - T)}}{H}$$

となる. この式に与えられた値を代入すると,

$$z = 46 \pm \sqrt{46 \times 46 - 2 \times 3.5 \times 13.35}\,[10^5\mathrm{m}]$$

地球の半径を考慮すると,

$$z \approx 100\,[\mathrm{km}]$$

となる.

放射性元素による発熱量の鉛直分布は, 主に大陸で推定されてきた. 地表における地殻熱流量と発熱量の分布より, 発熱量が地表から深さ z により指数関数的に減少するモデルがもっともらしいと考えられている (Lachenbruch, 1970). その場合, 定常的な 1 次元熱伝導式を用いると温度 T は,

$$T = T_0 + \frac{q_0 - Hz_1}{k} z + \frac{Hz_1^2}{k}\left(1 - e^{-\frac{z}{z_1}}\right) \quad (8.21)$$

と表すことができる (Turcotte and Schubert, 2002). ここで, z_1 は発熱量が深さによって減少するときの長さのスケールである. 式 (8.21) を, Turcotte and Schubert (2002) を参照の上, 導くこと.

さて, ここで, 大陸における地殻熱流量データについて見てみよう. 図 8.12 に示されるように, 大陸においても地殻熱流量の年代依存性はあるようにも見える. ただし海洋に比べて地殻熱流量の減少する時定数はほぼ 1 桁大きく, かつばらつきも大きい.

大陸における地殻熱流量については, 限られた地域ごとに, 平均的な地殻熱流量と発熱量の間に関係があるようにも見える (図 8.13). これは,

$$q = q_r + z_1 A \quad (8.22)$$

と関係づけられている. z_1 は場所によらず 10 km 程度の値をもつことが多く (Turcotte and Schubert, 2002), 放射性熱源に富む地殻表層部の厚さに相当すると考えられている. そうすると, q_r は, より深部よりの熱流量と考えることができる. これは, 還元熱流量 (reduced heat flow) といわれるが, 実質にはマン

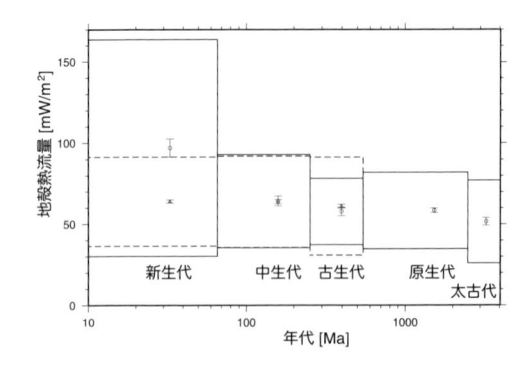

図 8.12 大陸の地殻熱流量の年代に対するプロット (データは Pollack et al. (1993) による)
誤差棒と実線・点線はそれぞれ地殻熱流量の標準誤差と標準偏差を示す. 同年代に 2 つプロットされている場合, △ は堆積岩・変成岩, ○ は火成岩の値である.

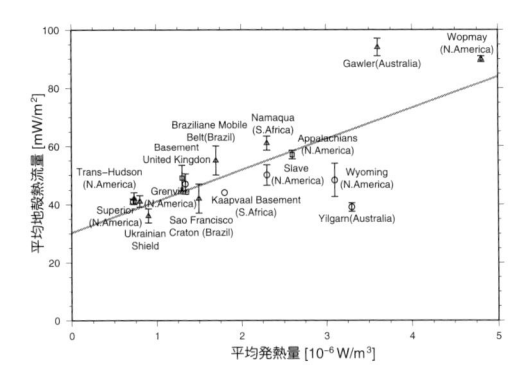

図 8.13 地殻熱流量と発熱量の関係 (データは Jaupart and Mareschal (2010) による)
誤差棒は標準偏差を示す.

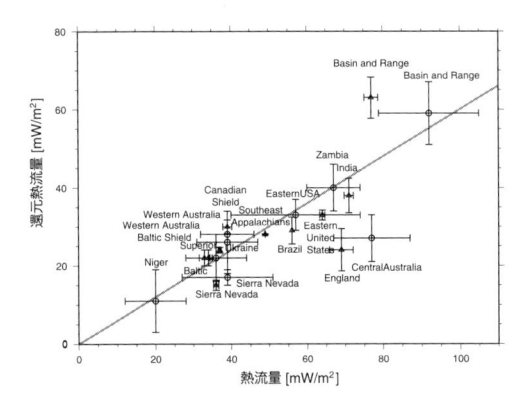

図 8.14 地殻熱流量と還元熱流量の関係 (データは Pollack and Chapman (1977), Pujol et al. (1985) による)
誤差棒は標準偏差を示す.

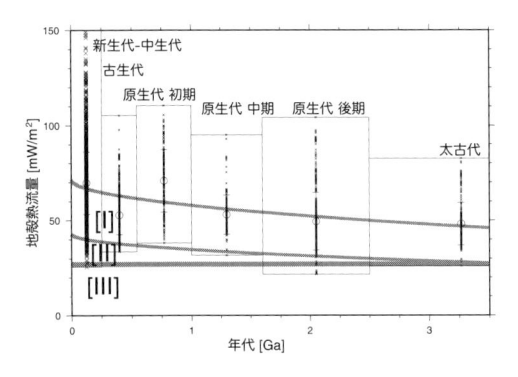

図 8.15 地殻熱流量とテクトニックな年代の関係を表す概念図 (元図は Vitorello and Pollack (1980), データは Goutorbe et al. (2011) による)
誤差棒は標準偏差を示す.

トルからの熱流量と考えられている.

一方, 地殻熱流量と還元熱流量の間には, 図 8.14 で示されるような,

$$q_r = 0.6q$$

という経験則が成り立つ (Pollack and Chapman, 1977).

これらをもとに, Vitorello and Pollack (1980) は, 大陸地域の地殻熱流量は,

[I] 地殻起源の熱 (約 $0.4q$),

[II] 熱およびテクトニックな過程においてマントルから供給される熱,

[III] マントル起源の熱

の 3 つの成分からなるとしたモデルも提出されている (図 8.15). しかしながら, 海洋地域に比べて活動史がより複雑である大陸地域における地殻熱流量の解釈は困難である.

8.5 地球内部温度分布

8.4 節では地球の比較的表面に近い部分の温度について考察した. より深度にわたり地球内部の温度はどのような分布をしているのだろうか.

地球内部の温度分布を推定するためには, 熱伝導方程式 (8.7) を初期値問題として解く必要がある. そのためには, その温度分布の時間変化を捉える地球の熱史の問題と切り離して考えることはできない. しかし, これらを解くためには, 物質移動や構成物質の熱定数などが既知であり, かつ, 熱源の分布, 熱伝導率, 熱拡散率, 温度・圧力分布などの初期値を与える必要がある.

しかし, 直接観測できる期間は, 地球内部の活動の時間スケールに対して極めて短い. さらに, 地球内部の活動は, その形成以来, 非平衡かつ非可逆に起こっているために, 時間発展を考える必要もある. また, 直接入手できる地球内部の試料の深さは 10 km 程度であり, 地表に運ばれた捕獲岩の深さも約 200 km 程度に限られていると考えられている. そこで, 現地測定を行うことのできない地球内部の構造を知るためには, ほとんどが物理データをもとにした "地球物理学的" な "リモートセンシング" の手法に頼るしかない. 地震波, 重力, 電磁気などの利用により, 多様なアプローチがあるが, 特に地震波トモグラフィーによる地球深部構造の推定は空間分解能がよい. これらに比して, もっともよくわかっていないのが地球内部温度構造である. 温度構造は極めて限られた間接的な情報に基づき推定されているにすぎない.

地球内部の表層付近では, 熱輸送の手段は主に熱伝導による. リソスフェア下ではマントル対流のために主に移流により熱は運ばれる. その結果, マントルでは断熱温度勾配値をとる. このような熱輸送の形態より, 地球内部の温度勾配についてある程度の推測をすることができる.

さらに, 地震波速度の不連続面が, 鉱物の相転移に

表 8.6 地球内部の温度の制約 (Schubert et al., 2001, Jaupart and Mareschal, 2010 などによる)

	深さ [km]	温度 [K]
地表	0	273
中央海嶺玄武岩の生成	50	1590〜1750
リソスフェア–アセノスフェアの境界	100	1600±100
410 km の地震波不連続面 (オリビン–ウォズレアイト相転移)	410	1760±45, 1800±200
660 km の地震波不連続面 (リングウッダイトの分解相転移)	660	1875±50, 2000±250
コア–マントル境界	2900	4080±130, 3900±600
レーマン不連続面 (内核–外核境界)	2900	4900±900
地球の中心	6317	5000±1000

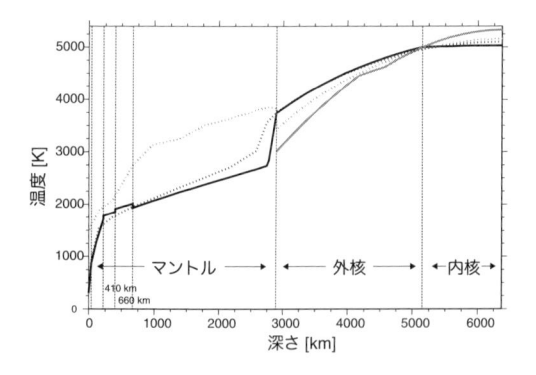

図 8.16 地球内部の温度分布 (データは，灰色の線は Stacey (1992)，黒色の線は Stacey and Davis (2008) による．点線は融点の分布)

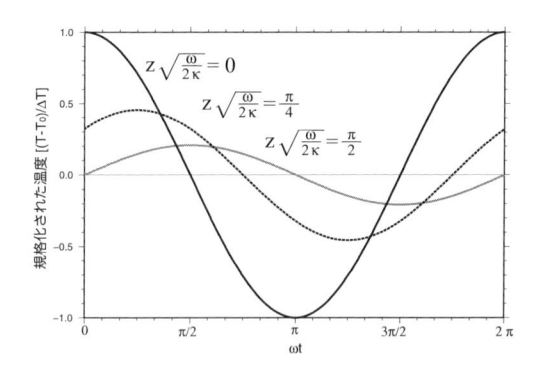

図 8.17 地表面温度の周期的な時間変動に伴う振幅の減衰と位相遅れ
実線，破線，灰色の線は，$z\sqrt{\frac{\omega}{2\kappa}} = 0, \pi/4, \pi/2$ の場合を示す．

よるとすれば，その深さの温度を推定することができる．これら地球内部の温度を拘束する観測を表 8.6 にまとめ，推定されている地球内部の温度分布 (図 8.16) を示す．

8.6 地下温度分布が語るもの

地表面の温度変動は，地下の温度プロファイルに影響を与える．地殻熱流量を求める際には，地表面の温度変動は温度プロファイルへノイズを与えることになる．逆にこのノイズを，地表面の温度変動の情報をもつシグナルと考えることもできる．

この考えに基づき，主に北米やヨーロッパを中心に掘削坑内の温度プロファイルを解析することにより，地表面の温度の変動履歴の復元に関する研究 (例えば，Pollack and Huang, 2000) が行われ，地球温暖化に関してもさまざまな成果を上げている．

▶ 8.6.1 有効浸透深さ

式 (8.15) において，地表 ($z = 0$) における温度の時間変化が，
$$T_s = T_0 + \Delta T \cos \omega t$$
であるとした場合，その温度は，
$$T(z, t) = T_0 + \Delta T e^{(-z\sqrt{\frac{\omega}{2\kappa}})} \cos\left(\omega t - z\sqrt{\frac{\omega}{2\kappa}}\right) \quad (8.23)$$

と表すことができる (Turcotte and Schubert, 2002). ここで ω は角周波数である．この式より，深さとともに変動の振幅が指数関数的に減衰し，位相の遅れは深さに比例して生じることが示される．

$z\sqrt{\frac{\omega}{2\kappa}}$ の値を一定とした場合の，振幅の減衰と位相遅れを 図 8.17 に示す．それぞれの値 ($\frac{\pi}{4}/\frac{\pi}{2}$) は，地表の気温変化の周期が，1 日，1 年，$10^4$ 年の場合，深さ，0.13/0.26 m, 2.5/5.0 m, 250/500 m に相当する．逆に，深さ 1, 10 m の場合，周期 0.23/0.92 日，23/92 日に相当する．

[例題 8.6] 地表の気温は周期的に変化しているとする．振幅が地表に対して $1/e$ となる深さ (有効浸透深さ (表皮) 深さ (effective penetration (skin) depth)) を求めよ．また，位相が 180° ずれる深さを求めよ．$\kappa = 10^{-6}$ m^2/s とし，周期が，1 日，1 年，10^4 年である場合に対して求めよ．
[解答] 式 (8.23) および $\omega = 2\pi/t$ (t は周期) より，有効浸透深さ (表皮) 深さは，
$$ds = \sqrt{\frac{2\kappa}{\omega}} = \sqrt{\frac{\kappa t}{\pi}}$$
である．周期が 1 日の場合は，
$$ds = \sqrt{\frac{10^{-6}[\text{m}^2/\text{s}]86400[\text{s}]}{\pi}} \approx 0.17[\text{m}]$$
が得られる．周期が，1 年，10^4 年の場合も同様に，3.2, 320 m と計算することができる．

位相が 180° ずれる深さ da は
$$\pi = da\sqrt{\frac{\omega}{2\kappa}} = da\sqrt{\frac{\pi}{\kappa t}}$$
よって，

$$da = \sqrt{\pi \kappa t}$$

となる．周期が1日の場合は，
$$da = \sqrt{\pi 10^{-10} [\mathrm{m^2/s}] 86400 [\mathrm{s}]} \approx 0.52 [\mathrm{m}]$$
が得られる．周期が，1年，10^4 年の場合も同様に，10，1000 m と計算することができる．

▶ 8.6.2 過去の地表面温度変動の復元

8.6.1 項で見たように，日・年変化のような短周期の温度変動による擾乱は浅い部分にしか影響を与えない．有効浸透深さは，温度変化の周期の平方根に比例する．

地下温度プロファイルへの地表面の温度変動の影響を考える際には，より長期にわたる変動が重要である．ここで，地表面の温度変化がステップ状であった場合の，温度プロファイルへの擾乱について考える．Δt の間，地表温度が ΔT 上昇した場合，
$$T(z,t) = T_0 + \frac{dT}{dz}z + \Delta T \operatorname{erfc}\left(\frac{z}{2\sqrt{\kappa \Delta t}}\right) \quad (8.24)$$
と表すことができる (Carslaw and Jaeger, 1986)．ここで
$$\operatorname{erfc}(\eta) \equiv \frac{2}{\sqrt{\pi}} \int_\eta^\infty e^{-\eta'^2} d\eta' = 1 - \operatorname{erf}(\eta)$$
は相補誤差関数 (巻末の物理数学の基礎の式 (A.173) を参照のこと) である．$\Delta t = 10, 20, 50, 100$ 年の間，$\Delta T = 2$ K の地表温度上昇があった場合の温度プロファイルを図 8.18 に示す．$z_s = 2\sqrt{\kappa \Delta t}$ の場合，深さ z_s における温度変化は $0.16 \Delta T$ である (巻末の図 A.1 より $\operatorname{erfc}(1) = 0.16$ を得た)．この深さは，温度変化の生じた期間の平方根に比例し，$\kappa = 10^{-6}\,\mathrm{m^2/s}$ の場合，Δt が 100 年であれば，約 112 m となる．

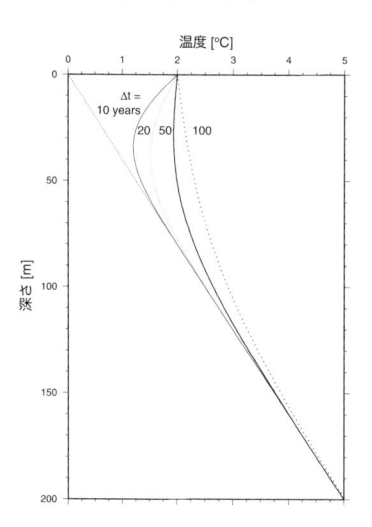

図 8.18 数字で表される年数の間 2 K の温度上昇があった場合の温度プロファイル
点線は初期温度を示し，$\kappa = 10^{-6}\,\mathrm{m^2/s}$，$T_0 = 0°\mathrm{C}$，$\frac{dT}{dz} = 25\,\mathrm{K/km}$ とした．

[例題 8.7] 深度 1000 m の坑井の温度プロファイルは，どの程度の期間にわたる地表の温度変動の影響を受けているか．ただし $\kappa = 10^{-6}\,\mathrm{m^2/s}$ とせよ．

[解答] 温度変化の 16% を与える深さ z_s を考える．$z_s = 2\sqrt{\kappa \Delta t}$ より，$\Delta t = \frac{z_s^2}{4\kappa}$．これに与えられた値を代入することにより，
$$\Delta t = \frac{10^6}{4 \times 10^{-6}}[\mathrm{s}] \approx 8000 [年]$$
を得ることができる．

実際の地表面の温度変動は，これらの周期的やステップ状の温度変動を重ね合わすことにより表すことができる．掘削孔の温度プロファイルのインバージョン解析により，過去の地表面温度変化の披瀝の推定がなされている．個々の掘削孔の温度プロファイルはさまざまな擾乱を受けており，定量的な解釈を行うのは困難である．しかし多数の温度プロファイルの系統的な変化は，地域ごとの表面温度の変化を反映していると考えられる．

8.7 他の地球物理学的データよりの類推

地球内部構造を規定する観測量より温度を規定する方法も考慮されるべきである．例えば，地震波による地球内部速度構造・減衰構造より，温度構造を推定することができる．Sato and Sacks (1989) などは，地震波減衰構造と岩石の物性データより温度構造を推定する方法を示した．一方，地震波速度より空間分解能・精度やデータの質・量では劣るが，電気伝導度は，流体・溶融体・温度などに敏感な物理量である (例えば，栗田, 1991)．これらの情報を，相補的に用いることにより，新たな知見を得ることが可能となろう．ここでは，地球内部の温度分布示唆・類推する可能性のある他の観測量や，地殻熱流量と関連付けることのできる温度にまつわる情報について簡単に紹介する．

▶ 8.7.1 泉 温

地表付近の温度を示唆するものとして，日本の泉温の分布を，図 8.19 に示す．泉温とは，地表に湧出，自噴あるいは動力揚湯された温泉水の温度であり，温度情報のみで深度や起源についての情報が欠落しているが，測定点が非常に多いことが特色である．しかし，極浅層部ではあるが何らかの温度情報を含んでいると考えられる．

▶ 8.7.2 磁性体の下面深度

地球浅部の温度構造推定に用いられている地殻熱流量あるいは地温勾配値は，データの分布が空間的に限られているなどの問題点があり，広域的な分布を得る

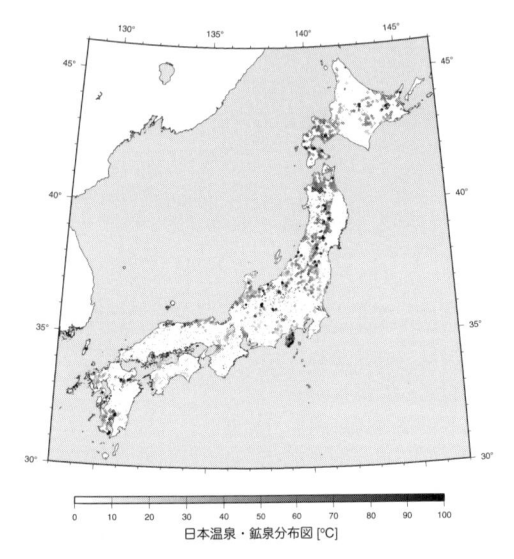

図 8.19 日本の泉温分布図 (データは 金原 (2005) による) △, □, ○, ●は, それぞれ, 深さの情報がないもの, 10 m 以浅, 10 m より深く 100 m 以浅, 100 m より深いデータを示す.

ためには十分でないことも多い.

熱構造の大要を捉える方法として, 磁気異常データのスペクトル解析をもとに行うキュリー点深度解析法 (例えば, Spector and Grant, 1970) がある. これは, 空間領域の磁気異常を周波数領域に展開することにより, 磁性体の深度を求めるものであり, 磁性岩体がキュリー点に達するとその磁性を失うという性質を利用して, 磁性体の下面深度 (これがキュリー点深度に相当する.) を求める方法である. この解析法は磁気異常を地下の熱的異常のみに結びつけて説明するものであり, キュリー点は何度であるか, どのような状態を反映しているかについて不明な点もあり, かつスペクトル解析をもとに行うキュリー点深度解析法は精度や分解能などの点で問題をもつ. しかし, この方法は比較的広範囲の平均的な温度構造を反映すると考えられ, さまざまな地域の地下の熱構造を捉えるために用いられている (例えば 図 8.7, Tanaka et al. (1999), Ross et al. (2006)). 熱構造の大局を捉える 1 つの指標となりうる可能性は秘めているのではないだろうか.

▶ 8.7.3 地震の下限深度と地殻熱流量

地震が起こる場と温度構造の関係は数十年間にわたり調べられてきた. 海洋においては, 地震の下限はその年代に比例し, 700〜800°C の等温線で規定されている (図 8.9). 一方, 大陸においては, 350°C の等温線で規定されているが, そう単純ではないと考えられてきた. しかし最近, McKenzie et al. (2005) などにより, 海洋プレート, 大陸下, あるいはスラブ内に関わらず, 地震はポテンシャル温度が 600°C の場で生じていることが示唆されている.

ここでは, 陸域浅部の地震発生層について焦点をあてる. 地震観測網が整備され震源の決定精度が向上した結果, プレート境界ではない陸域の地殻内で起こる浅発地震は, 30 km 程度に限られることが明らかになった. 地殻内で起こる地震の下限は低温で脆性破壊や断層の不安定すべりが生じうる深さと考えられ, これは主に温度によって支配されている (例えば, Sibson, 1984, Scholz, 1988). 地殻内の温度構造は, 地殻熱流量のデータをもとに推定することができるが, データの空間的な分布やその誤差, またその場の地殻を構成している岩石の種類などにも依存する. そこで温度の代わりに地殻熱流量と, 地殻内で発生する地震の下限の間の関係についてさまざまな場所で調べられてきた.

これまでに得られている地殻熱流量と地震の下限深度 (最深深度のかわりに D_{90} (90% の地震がその上部で起こっている深さ) などを代用) の関係をコンパイルした結果を図 8.20 に示す. 深度 5〜30 km 程度にわたり, 地殻熱流量との間には逆相関が成り立つこと

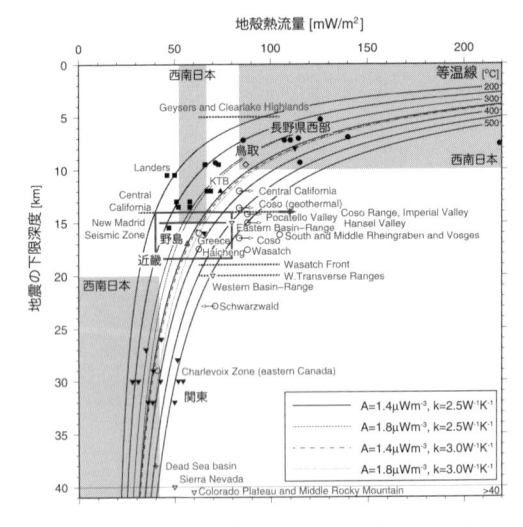

図 8.20 地殻熱流量と地震の下限深度 (田中 (2009) を改変)

---

mini column 12

● 地殻熱流量パラドックス (heat flow paradox) ●
——断層は強いのか? 弱いのか?——

San Andreas 断層における地殻熱流量の測定により, 深さ 7 km における断層面上の摩擦応力は 10 MPa 以下であることが期待される (Lachenbruch and Sass, 1980). 一方, 岩石摩擦の室内実験によれば, バイヤリー (Byerlee) の法則により, その深さにおいては, 数十〜百 MPa 程度となる. 間隙水圧や摩擦力の速度依存性などを用いて相互の矛盾の解決が図られているが, 定説は確立されてはいない.

は明らかであり，地震の下限深度を決める主要なパラメータは温度であろうことが示唆される．

これらのデータの蓄積が進み，物性値を考慮してより定量的な解釈が進めば，地震の下限深度をもとに，その場の温度が規定される可能性もひらけよう．

▶ 8.7.4 地殻熱流量から推定されるプレートの厚さや有効弾性厚

a. 大陸プレートの厚さ分布

大陸では地震学的にリソスフェアが精度よく決まらないことが多い．そこで，地殻熱流量の分布に基づき，8.4.2 項で述べた方法を用いて，地域的な温度構造を推定し，大陸プレートの厚さ分布を推定する試みがなされている．図 8.21 に，プレート底部の温度 $T_1 = 1300°C$ とした場合を示す．

b. 有効弾性厚

惑星の地殻熱流量により，その惑星内部の熱生成，放射性元素の分布，熱輸送のメカニズムを類推し，それらを通じてその起源や進化を知る手がかりにもなりうる．その一例は，地殻熱流量より，

$$Te \approx \frac{k(\frac{T_1}{2} - Ts)}{q}$$

を用いて推定される，有効弾性厚 (Te, effective elastic thickness) である．表 8.7 には，$k = 3.3$ mW/K m，$T_1 = 2200$ K を用いて推定された Te を示す．

これらのデータをもとに，例えばリソスフェアの熱輸送のメカニズムに関する考察 (図 8.22) も行われている．地球では，プレートテクトニクスが支配的である．一方，4 個のガリレオ衛星のうち一番内側を回る衛星であるイオは，太陽系でもっとも火山活動の盛んな天体である (赤外観測の結果，イオの地殻熱流量は全

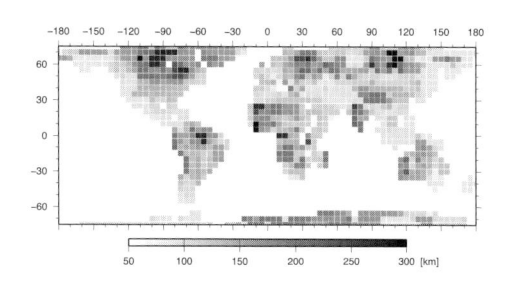

図 8.21 地殻熱流量より推定されたプレートの厚さ分布 (データは Artemieva (2006) による)

表 8.7 地殻熱流量から推定される有効弾性厚 (データは Melosh (2011) による)

	地殻熱流量 [mW/m²]	地表温度 Ts [K]	有効弾性厚 Te [km]
金星	56	730	22
地球	81	273	34
火星	23	213	127

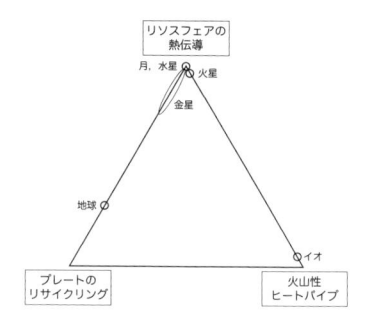

図 8.22 リソスフェアの熱輸送のメカニズム (Solomon and Head (1991) を改変)

球平均で ≥ 2.5 W/m² と推定されている．表 8.7 や図 8.22 より考えられる各惑星のテクトニクスについて検討・考察し，観測事実と照らし合わせてみよう)．

地球以外の惑星・衛星で，地殻熱流量の測定がなされた例はこれまで月においてのみだった．Apollo 15 および 17 号計画において，おおよそ 21 および 14 mW/m² と地球の平均値に比べて 1/4 程度と見積もられている (Langseth et al., 1976)．しかし，地球と月の大きさの比も約 1/4 であることを考えると，決して小さいわけではない (月面の地殻熱流量の値のもつ意味について，さらに考察を進めてみよう)．

2012 年 8 月に，NASA (National Aeronautics and Space Administration，アメリカ航空宇宙局) は，火星に着陸して地下を調べる新たな探査計画 "InSight (Interior Exploration using Seismic Investigations, Geodesy and Heat Transport)" を採択した．2016 年に火星に着陸して，地下約 5 m まで掘り進める計画で，地殻熱流量値などが得られることが期待される．これにより，火星の内部活動度の理解が進むことが期待され，観測点が現在も活動的な領域の場合には，その活動状態を推定することができる可能性も秘めている．

演習問題

(1) 乾燥したサンプルの方が熱伝導率が低い理由を述べよ．
(2) 大陸地殻と海洋地殻では，その発熱量には大きな違いがある．それにも関わらず，地殻熱流量の値はほぼ同じである．この原因について考察せよ．
(3) mini column 11 における地球の年齢の見積もり値は，現在知られている値とは大きく異なる．その原因を述べよ．

参考文献

Carslaw, H.S. and Jaeger, J.C., 1986, Conduction of Heat in Solids, 2nd ed., Oxford University Press, 510p.

Jaupart, C. and Mareschal, J.-C., 2010, Heat Generation and Transport in the Earth, Cambridge University Press, 477p.

水谷 仁，渡部暉彦，1978，地球熱学，岩波講座地球科学 1 地球 (上田誠也，水谷 仁編)，岩波書店，167-224．

瀬野徹三, 2001, 続プレート・テクトニクスの基礎, 朝倉書店, 162p.
Stacey, F.D., 1992, Physics of the Earth, 3rd ed., Brookfield Press, 513p.
Stacey, F.D. and Davis, P.M., 2008, Physics of the Earth, 4th ed., Cambridge University Press, 532p.
Turcotte, D.L. and Schubert, G., 2002, Geodynamics, 2nd ed., Cambridge University Press, 426p.
上田誠也, 1989, プレートテクトニクス, 岩波書店, 268p.

9

地球内部の物質科学

地球内部の様子は主に地震学的観測により明らかにされてきている．しかしながら観測ではその観測量に付随する地球内部物質の物性値の情報が観測されているにすぎない．その観測量からどのような「物質（鉱物）」が地球内部に存在するか知るためには，実験室内での「高温高圧実験」が必要不可欠である．本章では，物質科学的な側面からの地球内部像を解説する．9.1 節では，地震学的観測から得られている物性値や不連続面について理解し，物質との関係について概観する．9.2 節では地球の組成について，宇宙の元素存在度や表層でのマントルかんらん岩の組成から平均的なマントル組成はどのように推定されうるかを解説する．9.3 節では，地球内部について物質科学的に明らかにするために重要となる高圧実験の基礎について述べる．9.4 節では重要なマントル鉱物の高圧相平衡図と出現する高圧相の特徴について解説し，9.5 節では高圧相転移の熱力学についての基礎を解説する．9.6 節では地球内部における水の重要性について解説する．最後の 9.7 節で，高圧実験から得られたデータをもとに，地球内部への応用の例として地球の温度やスラブの挙動についてどのように考えることができるか解説する．

◆ ◆ ◆ ◆ ◆ ◆

9.1 固体地球の内部構造

▶ 9.1.1 地震学的情報と地球内部物質の物性値との関係

地震波速度の中の P 波および S 波速度分布は，地球内部構造を知る上でもっとも精度よく決定されている観測量の 1 つである．この P 波速度 (V_p), S 波速度 (V_s) は体積弾性率（非圧縮率）K, 剛性率（ずれ弾性率）μ, 密度 ρ を用いて以下の式で表される．

$$Vp = \sqrt{\frac{K + 4/3\mu}{\rho}} \quad (9.1)$$

$$Vs = \sqrt{\frac{\mu}{\rho}} \quad (9.2)$$

式 (9.1), (9.2) より剛性率 μ を消去すると，

$$\frac{K}{\rho} = Vp^2 - \frac{4}{3}Vs^2 = \Phi(r) \quad (9.3)$$

この Φ は地震学的パラメータと称し，この平方根は体積弾性率 (bulk modulus) のみで表された地震波速度であることからバルク音速 (bulk sound velocity) と呼ばれる．

一方，体積弾性率の定義式から，

$$dP = -K\frac{dV}{V} = K\frac{d\rho}{\rho} \quad (9.4)$$

この式から，体積弾性率 K は，圧力 dP 上昇したとき体積 V の物体が dV 縮む場合の比例定数であることがわかる．縮む方向であることから式にはマイナスが付くが，密度で表記した場合には密度が増加するのでマイナスは付かない．

次に地球内部の圧力上昇 dP は，その地点の半径 r での密度 $\rho(r)$，重力加速度 $g(r)$，地球の半径変化 dr を用いて次のように書ける．

$$dP = -\rho(r)g(r)dr \quad (9.5)$$

この式では地球の半径方向 r を正にとっているのでマイナスの符号が付く．深さ方向 h を正にとればマイナスの符号は付かず，

$$dP = \rho(r)g(r)dh \quad (9.6)$$

と書ける．圧力 P は単位面積 S あたりに加わる力 F であり，$P = F/S$ で定義される．また SI 単位系では $1\,\mathrm{m}^2$ に $1\,\mathrm{N}$ の力が加われば $1\,\mathrm{Pa}$ となる．

さらに万有引力の法則から，

$$g(r) = \frac{Gm(r)}{r^2} \quad (9.7)$$

ここで，$g(r)$ は重力加速度，G は万有引力定数，r は r 地点での地球の半径，$m(r)$ は半径 r の地点までの質量である．質量 $m(r)$ は密度 $\rho(r)$ を用いて，

$$m(r) = 4\pi \int_0^r \rho(r)r^2 dr \quad (9.8)$$

微分すると，

$$\frac{dm}{dr} = 4\pi\rho(r)r^2 \quad (9.9)$$

さらに，式 (9.3), (9.4) より K を消去すると，

$$dP = \Phi(r)d\rho \tag{9.10}$$

式 (9.5) を代入すると

$$-\rho(r)g(r)dr = \Phi(r)d\rho \tag{9.11}$$

よって,

$$\frac{d\rho}{dr} = -\frac{\rho(r)g(r)}{\Phi(r)} \tag{9.12}$$

上式 (9.9), (9.12) は $m(r)$ と $\rho(r)$ の関係を表した式であり,ウィリアムソン–アダムスの式と呼ばれる.この式を解くことによって,地球内部での密度分布,重力分布,圧力分布,体積弾性率分布,剛性率分布を明らかにすることができる.

図 9.1 に地震波速度の標準モデルとしてよく用いられている PREM (Preliminary Reference Earth Model) による地震波速度分布を,図 9.2 にこれらの地震学的データから導かれた地球内部での圧力,密度,および剛性率の分布を示す.不連続面,すなわち地球内部の層構造についても地震学的観測から明らかにされているが,それについては次の項で説明しよう.

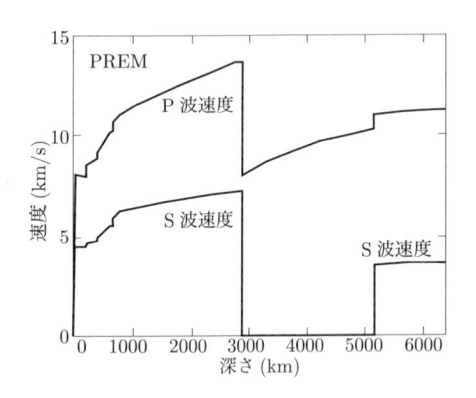

図 9.1 PREM による地震波速度分布 (Dziewonski and Anderson, 1981 による)

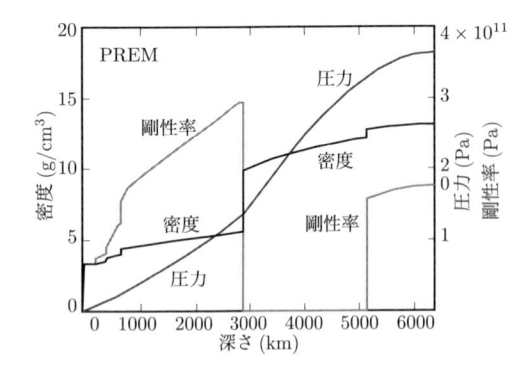

図 9.2 PREM から導かれた地球内部の物性値の例 (Dziewonski and Anderson, 1981 による)

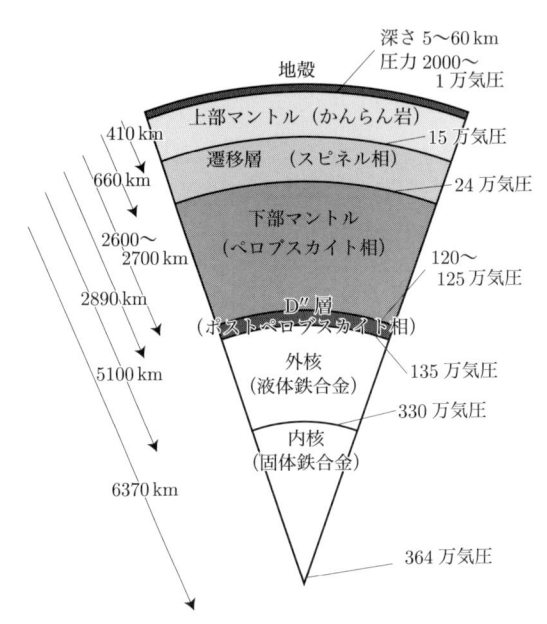

図 9.3 固体地球の内部構造の概観

▶ 9.1.2 地震学的不連続面

図 9.3 に大局的な固体地球の内部構造を示す.地球内部の構造は地表から,地殻,マントル,外核,内核と大きく分けられる.

地殻はさらに大陸地殻と海洋地殻に分類され,大陸地殻は花崗岩から玄武岩質,海洋地殻は玄武岩質な化学組成で構成されている.大陸地殻はコンラッド面と称される不連続面で花崗岩的な上部地殻とはんれい岩的 (玄武岩質) な下部地殻に分類されることが多いが,この不連続面は地域によっては必ずしも明瞭ではない.

地殻とマントルの境界はモホロビチッチ不連続面 (略してモホ不連続面,またはモホ) と称され,大陸下では平均深さ 30〜40 km 程度,海洋下では深さ 5〜6 km に位置する第 1 級の不連続面である.この不連続面はクロアチアの地震学者である Andrija Mohorovičić によって 1909 年に初めて発見された.この境界は上部に位置する地殻を構成する玄武岩質岩石 (SiO_2 = 50〜70 wt%) と下部に位置するマントルを構成するかんらん岩質岩石 ($SiO_2 \leq 45$ wt%) の化学的な不連続面といえる.

マントルはさらに上部マントル,マントル遷移層,下部マントルと分類される.上部マントルとマントル遷移層の境界は 410 km 不連続面,マントル遷移層と下部マントルの境界は 660 km 不連続面と称される.いずれもこの地点で地震波速度の急増が見られる.上記の不連続面ほど明瞭ではないが,マントル遷移層内には 520 km 付近に地震波速度の急増が見られる場合があり,この面を 520 km 不連続面と称する場合もある.

これらの不連続面はカンラン石の高圧相転移現象で説明できる．すなわち，カンラン石からウォズレアイト，リングウッダイト，そしてケイ酸塩ペロブスカイトとフェロペリクレースへの高圧相転移に対応している．

マントル最下部の 2700～2900 km 付近にかけて，D″ (D double prime) 層と称される地震波速度が遅い領域が存在する．この名称は，Keith Bullen が地球の層構造を A～G 層で称した名残である．2004 年に下部マントルの主要構成鉱物であるケイ酸塩ペロブスカイトがこの深さ付近の圧力で相転移することが明らかにされ (ポストペロブスカイト)，D″ 層の原因はこの相転移に起因すると考えられるようになった．

マントルと外核との境界は深さ約 2900 km に存在し，コア–マントル境界 (core–mantle boundary, CMB)，もしくはグーテンベルク不連続面と呼ばれる．Beno Gutenberg はアメリカの地震学者で，1926 年に地球内部で地震波の P 波速度が遅くなり，また S 波が伝わらない部分があることを発見し，外核が液体状であることを明らかにした．この不連続面はケイ酸塩からできたマントルと溶融鉄ニッケル合金からできた外核との境界であり，地球内部の第 1 級化学的境界面であるといえる．

外核と内核の境界は深さ約 5100 km に相当し，レーマン面とも呼ばれる．Inge Lehmann はデンマークの地震学者であり，従来地震波が全く届かないと思われてきた地震波の影 (シャドーゾーン, shadow zone) にも弱い地震が観測されることに気づき，核の内部にも不連続面があることを明らかにした．外核は溶融鉄ニッケル合金から構成され，内核は固体鉄ニッケル合金から構成されている．なお，外核の密度は純粋な鉄ニッケル合金より想定される密度よりも低密度であり，10 wt％程度の軽元素が溶け込んでいると考えられている．

[例題 9.1] 地球内部 300 km 付近の圧力はどの程度か？単純化するため，その上部に位置するマントル物質の密度は 3.3 g/cm³ で一定．さらに重力加速度も 10 m/s² で一定として計算せよ．

[解答] 地球内部での圧力 P は式 (9.6) で計算できる．地球内部での重力加速度 $g(r)$ は (9.7) より計算できるが，中心に密度の大きい核が存在するためマントル中での重力加速度は面白いことにほとんど大きな変化は見られずほぼ 10 m/s² で一定である．さらに密度は圧力上昇とともに増加するが，マントル鉱物の場合その変化はそれほど大きくなく，上部マントルの圧力付近ではほぼ一定と近似してもそれほど大きな間違いではない．このように，重力加速度，および密度が一定となると，圧力は深さの 1 次式となる．よって圧力があまり大きくない上部マントル付近では，

$$P[\text{Pa}] = 3.3 \times 10^3 [\text{kg/m}^3] \times 10 [\text{m/s}^2] \times h[\text{m}]$$
$$= 3.3 \times 10^4 \times h[\text{m}]$$

と近似できる．

300 km 付近での圧力なので，$h = 300 \times 10^3$ m を代入すると，

$$P = 9.9 \times 10^9 \text{ Pa} = 9.9 \text{ GPa} \approx 10 \text{ GPa}$$

よって約 10 GPa 程度の圧力となる．

このように上部マントルでの圧力–深さの関係は，1 GPa = 約 30 km と覚えておけば便利である．

なお，下部マントル程度の高圧力下では鉱物の圧縮による密度上昇が無視できなくなってくる．図 9.2 で圧力勾配が急になっていくのはこのためである．

9.2 地球の構成元素・構成物質

▶ 9.2.1 宇宙の元素存在度

宇宙の年齢は約 137 億年と考えられている．宇宙はビッグバンにより始まり，その直後には水素 (H) やヘリウム (He) の軽い元素は生じたが，それより重い元素は生じなかった．重い元素の合成は恒星の内部での核融合反応によって生じた．しかしながら，通常の恒星内部での核融合反応では，その進化のプロセスで鉄 (Fe) までの元素しか生じえない．よって Fe 以上の重元素は，ある限度以上の質量をもつ恒星の進化の最終段階である「超新星爆発」によって生じたことになる．図 9.4 に「宇宙の元素存在度」を示すが，このパターンは原子核の安定性とその元素の合成過程によって決まったものである．ちなみに，この「宇宙の元素存在度」は太陽表層部の分光学的観測によって得られており，基本的に「太陽系の元素存在度」である．

元素存在度においては原子番号が偶数の元素は両隣

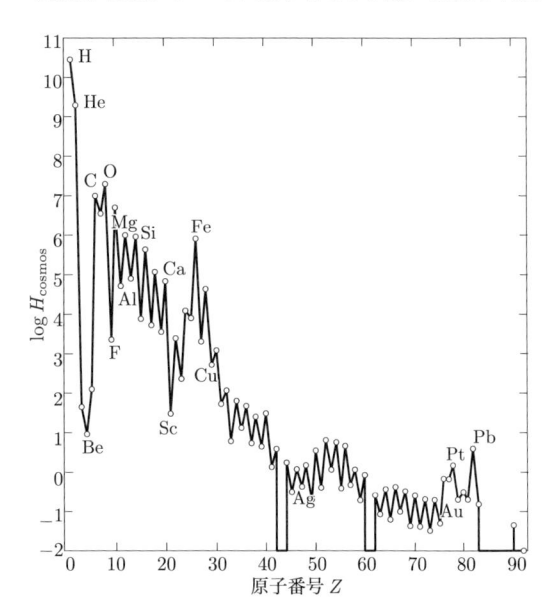

図 9.4 元素の宇宙存在度と原子番号との関係 (Si 原子数を 10^6 で規格化)(松井, 1979, Anders and Grevesse, 1989 による)

の奇数の元素より多く存在する (H, Be は例外).これは原子番号が偶数の原子核の方が安定だからである.もっとも安定な原子核は,原子番号 26 質量数 56 の ^{56}Fe である.よって Fe のところに存在度の 1 つのピークがある.それ以上の原子番号の元素の存在度が少ないのは,今まで述べてきたように元素の合成過程の反映である.太陽系に重い元素が存在しているということは,太陽系のもととなる物質は少なくとも 1 回は超新星爆発を経験したということを意味している.

太陽は太陽系全体の質量の約 99.9%をも占めており,太陽の組成が太陽系全体の組成を表していると考えられる.一方,太陽系の各惑星は,約 45.5 億年前にガス・塵や隕石・微惑星の集積により形成された.その中で始源的な隕石である C1 コンドライト (炭素質コンドライトの中で一番始源的な隕石) が典型的な太陽系存在度を保持していると考えられる.なぜなら,このコンドライトは原始太陽系星雲の凝縮時の状態から,変成を受けずに元素組成があまり変化していないと考えられるからである.

図 9.5 にこの C1 コンドライトと太陽大気との元素存在度の関係を示す.この図には水素,炭素,窒素,希ガス元素などの著しく揮発性の高い元素は載せていないが,それらを除くと,両者は極めてよく一致する.

地球はこのような C1 コンドライトを含む隕石や微惑星から形成された.地球形成時,地球の約半分程度の半径に達すると,その自己重力により,隕石や微惑星から放出される揮発性成分ガスも大気中にトラップされうるようになり,そのため熱の散逸が妨げられ (温室効果),地球にはマグマの海が形成された.マグマオーシャンの形成である.この段階で,融点が低く密度が大きい鉄は地球中心部に沈降し,核が形成されたと考えられる.この核を取り去った部分が岩石圏としてのマントルである.

▶ 9.2.2 マントルの組成・構成鉱物

マントルの組成は,コンドライトの組成から推定可能であり,このようにして見積もったマントル組成を「コンドリティックマントル」と呼ぶ.一方,マントルの組成は,地球深部からの捕獲岩 (ゼノリス) や中央海嶺玄武岩の生成から推定することが可能であり,主にこのようにして推定されたマントル組成を「パイロライトマントル」と呼ぶ.このように「パイロライト」とは仮想的な岩石名である.これらの始源マントル組成は,オーストラリアの著名な地球科学者リングウッドによって最初に提唱されたものである (Ringwood, 1975).これらの値を表 9.1 に示す.

パイロライトマントルはマントル捕獲岩と中央海嶺玄武岩の生成からの岩石学的制約条件と宇宙化学的情報に基づいて見積もったもので,上部マントルかんらん岩の組成を表していると考えられる.かんらん岩の分類ではスピネルレールゾライトの領域に分類される.上部マントルの 60〜70 km 以深ではそれより浅部で安定なスピネル ($MgAl_2O_4$) と斜長石に代わりザクロ石が安定になり,カンラン石,斜方輝石,単斜輝石,ザクロ石が主要構成鉱物となる.パイロライトは,その構成鉱物から計算される弾性波速度と実際に観測される値とがよい一致を示すことから,上部マントルの平均的モデルと考えられている.

一方,「コンドリティックマントル」では「パイロライトマントル」より Si に富み Mg に枯渇しているため,上部マントル以外では Si に富んだ組成を想定する必要があり,下部マントルはケイ酸塩ペロブスカイト ($MgSiO_3$) のみから形成されていると考える研究者もいる.この場合,マントルは 660 km 不連続面を境に化学的境界を形成していることになる.さらにマントル遷移層 (410〜660 km) の領域は深さとともに地震波速度の漸増が見られ,このふるまいがパイロライトマントルでの相転移現象のみでは説明できないため,ザクロ石成分に富んだピクロジャイト (Anderson and Bass, 1986) という仮想的な岩石を想定する研究者もいる.このようにマントル深部の化学組成はまだ完全には明らかになっておらず,これらの鉱物の高温高圧下での精度のよい弾性波速度測定実験が待たれる.

▶ 9.2.3 コアの組成

核組成の推定は,隕石などの宇宙化学的情報とマントルとの分化の過程を考慮して推定されうる.核の主要構成成分は鉄ニッケル合金であることは間違いない.一方,核は 5100 km を境に液体の外核と固体の内核に

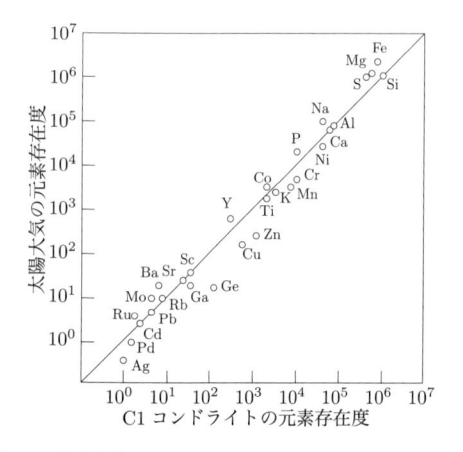

図 9.5 太陽大気と C1 コンドライトの元素存在度の関係 (Mason, 1971 による)

表 9.1 地殻とマントルの化学組成 (wt%)

	花崗岩[1] (大陸上部地殻)	玄武岩[2] (海洋地殻)	パイロライト[3] (マントル)	ピクロジャイト[4]	コンドリティック[5] マントル
SiO_2	66.0	50.4	44.5	47.0	48.2
TiO_2	0.5	0.6	0.2		0.2
Al_2O_3	15.2	16.1	4.3	8.6	3.5
Cr_2O_3			0.4		0.7
FeO	4.5	77.7	8.6	10.8	8.1
MgO	2.2	10.5	38.0	24.0	34.0
CaO	4.2	13.1	3.5	8.0	3.3
Na_2O	3.9	1.9	0.4		1.6
K_2O	3.4	0.1	0.1		0.2
計	99.9	100.4	100.0	98.4	99.8

1) Taylor and MacLennan (1995). 2) Green et al. (1978). 3) Sun (1982)
4) Anderson and Bass (1986). 5) Ringwood (1979)

分けられ, 特に液体の外核の密度は純粋な鉄ニッケル合金より想定される密度よりも 10 wt% 程度低密度であり, 軽元素が溶け込んでいると考えられている. 高圧実験からその軽元素の候補が調べられてきているが, 高圧下ではほとんどの軽元素が液体鉄に溶け込めるようになり, その制約は難しい. 候補として硫黄, 酸素, ケイ素, 水素, 炭素などが考えられるが, さらなる研究成果が待たれる.

[例題 9.2] パイロライトマントルとコンドリティックマントルの (Mg+Fe)/Si のモル比を表 9.1 の値を用いて計算せよ. 原子量としては以下の値を用いること. Mg=24, Fe=56, Si=28, O=16. またその計算結果から, カンラン石成分 $(Mg,Fe)_2SiO_4$ と輝石成分 $(Mg,Fe)SiO_3$ のモル比はそれぞれでどの程度になるか? 簡略化のため, Al や Ca などの他の元素は考慮しなくてよい.

[解答] パイロライトの (Mg+Fe)/Si は
$$\frac{38.0/(24+16)+8.6/(56+16)}{44.5/(28+16\times 2)}=1.44$$
$$\therefore \text{カンラン石：輝石}=44\%:56\%$$
コンドリティックマントルの (Mg+Fe)/Si は
$$\frac{34.0/(24+16)+8.1/(56+16)}{48.2/(28+16\times 2)}=1.20$$
$$\therefore \text{カンラン石：輝石}=20\%:80\%$$

この計算は Al や Ca などを考慮していない単純な計算ではあるが, パイロライトマントルでは約半分がカンラン石成分であるのに対し, コンドリティックマントルではカンラン石成分は約 2 割で輝石成分に富んでいることがわかる. このことが, 下部マントルは輝石成分, すなわちケイ酸塩ペロブスカイトに富んでいるかもしれないと考える 1 つの根拠になっているが, この妥当性については未解決の問題である.

9.3 高圧実験

▶ 9.3.1 高圧発生装置

機械的圧縮に基づく静的圧縮装置の 1 つとして, 比較的低圧条件下 (3〜4 GPa 以下) ではピストンシリンダー型高圧発生装置 (piston-cylinder high pressure apparatus) が実験岩石学の分野で広く用いられてきており, 最上部マントル付近での相転移や融解現象が明らかにされてきた. 原理は単純で, シリンダーを高圧ラムによって上下から締め付け, シリンダーを同軸のラムで押しこむことによって圧力を発生させる. このような単純な機構であるがゆえに, 圧力の発生限界は高圧発生資材の圧縮強度程度となる. 一般的に高圧発生資材としては焼結タングステンカーバイド (WC) が用いられ, その圧縮強度は 5〜6 GPa 程度であるため, 必然的にピストンシリンダーの最高発生圧力 (上限) もその程度となる. 一般的な常用実験条件としては, 3〜4 GPa 付近までとなる.

さらに高圧下での実験を行う場合, 地球科学の分野ではマルチアンビル型高圧発生装置 (multi-anvil high pressure apparatus) がよく用いられる. この装置は複数の WC 製アンビルから構成され, 正多面体の圧力媒体を等方的に圧縮することによって, 比較的大容量の試料部に約 30 GPa 程度までの圧力を発生させることが可能である (図 9.6, 9.7). 加熱は圧力媒体内に内熱ヒーターを組み込み, その中心に実験試料を配置することにより, 極めて温度制御と温度分布に優れた実験が可能である. 試料サイズは実験圧力領域によるが, 約 30 GPa 程度の領域でも mm サイズの試料の回収が可能である.

マルチアンビル型高圧発生装置に分類されるものの中で, DIA 型高圧発生装置と川井型 (6-8 式) と呼ばれている加圧システムが圧力発生の効率の面で優れており, よく用いられる. 最近では焼結ダイヤモンド素材を用いることによって, さらに高圧下での 100 GPa にも及ぶ圧力発生が実現されてきている. なお, DIA 型高圧発生装置はアンビルの幾何学的配置の単純さ (上下左右方向にアンビルの隙間ができる) から後述の放射光 X 線その場観察実験によく用いられる装置である.

マルチアンビル型高圧発生装置の圧力発生効率が他の装置より優れている点は, ① アンビル底面より先端を小さくとっていること (マッシブサポート, massive

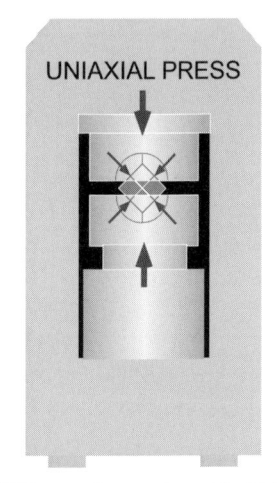

図 9.6 川井型 (6-8 式) マルチアンビル型高圧発生装置

(a)

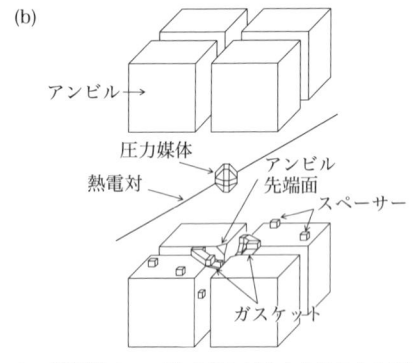

(b)

図 9.7 川井型 (6-8 式) のアンビルとセルアセンブリー
(a) 写真 (提供：愛媛大学柿澤翔氏), (b) 模式図

support), ② ガスケットによりアンビルの側方支持がなされること (lateral support), および ③ 2 段式にすることにより, 逐次加圧 (successive compression) されていることによる効果が大きいことである.

さらに高圧下での静的圧縮実験を実現するためには, 世の中で一番固い物質を用いたダイヤモンドアンビル型セル (diamond anvil cell, DAC) が用いられる (図 9.8). 試料容積はマルチアンビル型高圧発生装置には及ばないが, 現在 400 GPa もの圧力発生に成功している. この圧力は地球の中心の圧力を凌駕し, この装置で地球中心までの実験が可能ということになる. そ

図 9.8 ダイヤモンドアンビルセル (DAC)
(提供：愛媛大学境毅氏)

の場合のアンビル先端サイズは約 0.05〜0.03 mm 程度になる. 加熱は一般的にレーザーでダイヤモンドを通して試料のみを加熱する方式が一般的に採用されている. レーザー以外の加熱法としては, ダイヤモンドの周囲にヒーターを置いた外熱加熱方式の DAC もあり, ダイヤモンドの透明といった光学特性を生かした実験が行われている. この場合, ダイヤモンド自体も加熱されるためグラファイト化が起こり, 約 900°C が上限となる.

▶ **9.3.2 急冷回収実験・放射光 X 線その場観察実験・中性子実験**

一般的にマルチアンビル型装置による実験室ベースでの実験の場合, 試料を目的の圧力まで加圧し, その後昇温して一定の時間保持した後, その試料を急冷回収する (急冷回収法, quenching method). そして急冷回収した試料は, さまざまな分析装置を用いて分析される. よく用いられる分析方法は, ① X 線回折法による結晶構造の同定, ② 光学顕微鏡観察および電子顕微鏡による組織観察, ③ エネルギーもしくは波長分散型電子線プローブマイクロアナライザー (EPMA) による化学組成分析である. さらに ④ 顕微赤外分光法, ⑤ 顕微ラマン分光法, ⑥ 透過型電子顕微鏡 (TEM) による分析や観察も最近盛んに行われてきている.

この方法の場合, 圧力は直接測定できないため, あらかじめ相転移圧力が明らかにされている標準物質の相転移現象を用いる. 検出としては電気抵抗測定が楽なため, 金属もしくは半導体の抵抗変化の大きい相転移現象を有する物質を利用するのが便利である. このようなことからいくつかの圧力標準物質とその圧力定点が定められている. そして, 実験から求めた相転移荷重とその圧力から圧力較正曲線を作成する. このことを圧力キャリブレーション (pressure calibration) と呼ぶ. この較正曲線は高圧セルごとに異なるため,

9.3 高圧実験

表 9.2 室温下での圧力定点に用いる標準物質

圧力定点の物質と相転移	転移圧力 [GPa]
Bi I–II	2.55
Ba I–II	5.5
Bi III–V	7.7
Ba II–III	12.3
ZnS 半導体–金属	15.5
GaAs 半導体–金属	18.3
GaP 半導体–金属	23
Zr ω–β	33

あらかじめ実験を行うセルでこの関係を明らかにしておく.

以上の圧力較正曲線は室温でのものであり,高温条件下では圧力媒体の流動,あるいは熱膨張により室温下での発生圧力と異なる.したがって急冷回収実験によりできるだけ正確な圧力を知りたい場合,高温下での圧力キャリブレーションを行う必要がある.この圧力較正物質としては,高温高圧下での相境界が正確に求まっている物質を利用する必要があり,放射光X線その場観察で精度よく温度圧力相境界が求められた相平衡図を利用する.その中で高温下での圧力較正に用いる物質とその相境界の例を表9.3に示す.

なお,温度はセル内部に仕込んだ熱電対 (Thermocouple) で測定されるため,圧力程の不確定性はない.

表 9.3 高温下での圧力較正に用いる物質とその相転移境界

物質と相転移	相境界線 P [GPa], T [°C]
SiO_2 quartz–coesite	$P = 2.38 + 0.0006T$
Fe_2SiO_4 α–γ	$P = 2.75 + 0.0025T$
$CaGeO_3$ garnet–perovskite	$P = 6.9 - 0.0008T$
TiO_2 rutile–αPbO_2	$P = 3.5 + 0.0038T$
SiO_2 coesite–stishovite	$P = 6.1 + 0.0026T$
Mg_2SiO_4 α–β	$P = 9.3 + 0.0036T$
Mg_2SiO_4 β–γ	$P = 10.3 + 0.0069T$
$MgSiO_3$ akimotoite–perovskite	$P = 27.6 - 0.0029T$

次に,圧力キャリブレーションの説明の際も出てきたが,急冷回収実験と相補的である放射光X線その場観察実験 (Synchrotron in-$situ$ X-ray observation) について述べておこう.この方法は高圧試料容器 (圧力媒体) を通して,高温高圧状態で試料の状態を見るため,この圧力媒体を透過する強力なX線が必要となる.この実験は筑波高エネルギー加速器研究機構のPF, PF–AR が稼働し出して可能となってきた.現在ではこの施設以外に理化学研究所のSPring–8 が建設され,多くの実験が行われてきている.図9.9にその施設の例として,SPring–8 の写真を示す.

この実験の利点は何といっても,高温高圧状態の「その場」で試料の直接観察ができることである. (主にX線回折による結晶構造の同定,X線イメージングによる像観察行うことができる).それにより,任意の温度

図 9.9 大型放射光施設 (SPring–8)
写真提供:理化学研究所

圧力で相の状態の観察が可能である.

温度は前述の通り熱電対で測定される.一方圧力は標準物質をセル内に封入し,その物質の状態方程式 (Equation of State, EoS) から決定される.方法は,標準物質の格子体積を計算し,その圧縮率や熱膨張率をもとにした計算により,目的の温度における圧力を計算する.よって,圧力精度がいいといっても,圧縮率や熱膨張率が精度よく求められていることが条件である.また標準物質としては構造的に単純な方が有利であり,多くの標準物質は立方晶のものが多い.加えて,広い温度圧力範囲で相転移や融解をしない安定な物質が有利である.このような条件を満たすものとして,NaCl, Au, MgO, Pt などがよく用いられる.

このように圧力の決定精度の有利性に加えて,急冷回収できない (unquenchable) 物質の研究に威力を発揮する.例えば,下部マントルで安定に存在すると考えられている Ca-perovskite は急冷回収できない相の一例であり,このような相の存在を確かめることや結晶構造を明らかにするためには,現在ではその場観察実験は必要不可欠なものとなっている.

さらに最近,東海村のJ–PARCの大型パルス中性子施設に,超高圧発生装置を有した高圧中性子ビームライン "PLANET" が建設された.X線の散乱過程は電子によるポテンシャル散乱が主であるため,その散乱断面積が散乱原子の原子番号に依存するが,中性子の散乱過程はX線の場合のようなポテンシャル散乱だけでなく原子核反応による共鳴散乱の両方がある.このため,中性子に対する散乱断面積は原子番号に依存せず,通常,原子番号が隣り合う原子や同位体間でも大きく違う.このような特徴から,中性子はX線に比べ,「軽元素を見る」ことに優れている.特にX線では見ることができない「水素」を見ることができる.また,散乱強度にQ依存性がない,つまり高角に至るまで散乱強度が減衰することがないため,非晶質,メルトなどのランダム系物質の構造解析に優れている.X線回折とは相補的な手法であり,今後が楽しみである.

▶ 9.3.3 高温高圧下での密度測定

高温高圧下での鉱物の密度は放射光X線その場観察実験により明らかにできる．方法は既知の鉱物に対して，高温高圧下でX線回折パターンを収集し，その条件での格子定数を正確に求める．それにより，格子体積 V が得られる．

すべての温度圧力条件下で直接密度の値を実測することは非効率であるため，得られたいくつかのデータを用いて状態方程式が導かれる．よく用いられる状態方程式としては以下の3次のバーチ–マーナガン状態方程式 (Birch–Murnaghan EoS) がある．

$$P = (3/2)K_T\{(\rho/\rho_0)^{7/3} - (\rho/\rho_0)^{5/3}\} \times [1 + (3/4)(K_T' - 4)\{(\rho/\rho_0)^{2/3} - 1\}] \quad (9.13)$$

ρ_0 は1気圧，温度 T での密度，ρ は圧力 P, 温度 T での密度である．比例定数としては，温度 T における体積弾性率 K_T，その圧力微分 $K_T'(= dK_T/dP)$ であり，最小2乗フィッティングによってこれらの物性定数を求めれば，任意の温度圧力下で密度を推定することが可能となる．なお，さらに高次数の項を含む方程式も考えられるが，実験により K_T の圧力2階微分 (K_T'') 以上を導出することは困難であるため，一般的には上式が使われることが多い．

なお，体積弾性率は温度依存性の物性量であり，その関係はほぼ線形であるため，下記のように書き表すことができる．

$$K_T = K_{T_0} + \frac{dK_T}{dT}(T - T_0) \quad (9.14)$$

ここで K_{T_0} は温度 T_0 における体積弾性率，dK_T/dT は体積弾性率の温度微分である．この式もさらに高次数の項を含む式が考えられるが，実験により K_T の温度2階微分 (d^2K_T/dT^2) 以上を導出することは困難であるため，一般的には上式が使われることが多い．

また温度による密度変化は熱膨張係数 $\alpha(T)$ を用いて次式で計算できる．

$$\rho_0(T) = \rho_0(T_0) \exp \int_{T_0}^{T} \alpha(T)dT \quad (9.15)$$

なお，同一の状態方程式では結晶構造の変化しない条件で適用されるべきであり，相転移が起これば，改めてその鉱物で状態方程式を求める必要がある．また，実験によっては差応力の影響が潜在する静水圧条件でないデータが存在し，特に古い文献ではそのようなデータが多く，データの選択には注意を要する．

地球科学的にはマグマの密度は極めて重要な物性値である．しかしながら，非晶質であるため上記の方法で密度を決めることができない．したがって密度マーカーとなる固相を試料に入れ，高温高圧下でその密度マーカーがマグマ中を浮くか沈むか調べることにより，高温高圧下でのマグマの密度が推定されてきている (浮沈法)．この方法は，選択できる密度マーカーが限られ，うまく浮沈状態を再現することが難しいことが難点である．一方，放射光X線を利用したX線吸収法による高温高圧下でのマグマの密度の推定も行われている．この方法では原理的に任意の温度圧力下での密度の測定が可能である．しかしながら，高温高圧下では試料の形状が多少なりとも変化するためその形状 (X線透過試料サイズ) を精密に測定する必要があり，そのためX線トモグラフィー法が援用されている．また，試料の大きな変形を防ぐために，ダイヤモンドカプセルに試料を封入した実験も試みられてきている．

このようにして求められたマグマの密度を用いて，任意の温度圧力における状態方程式を構築したいところではあるが，マグマ (非晶質) といえども構造をもっており (例えば SiO_4 4面体ネットワークなど)，その構造が温度圧力下でゆるやかな変化を起こすことが明らかにされてきているためにかなり難しいテーマである．すなわち，マグマの構造変化を明らかにしなければ，そのマグマの状態方程式の構築も難しいわけである．今後の研究の発展が期待される．

最後に，普通地表付近ではマグマ (液体) の方が固相 (鉱物) よりも密度が小さいため，マグマは地表付近へと上昇する．しかしながら，マグマの体積弾性率は，結晶 (固体) よりも小さいため，圧力により圧縮されやすく，高圧下では固液密度の逆転が推測される．46億年前の地球形成期にはマグマオーシャンが存在し，その後の冷却に伴って地球内部の層状構造が形成されたと考えられているが，その際，マントルカンラン石とマグマとの密度逆転が地球内部で生じたという説が存在する．また下部マントルで存在するケイ酸塩ペロブスカイトは密度が大きいため卓越的に分化し下部マントルを作ったと考える研究者もいる．いずれにせよ，地球は重力場で支配されている惑星であり，密度差による重力分離は地球の層構造形成の一番重要な原因であるため，高温高圧下でのマグマの密度解明は今後の極めて重要な課題である．

[例題 9.3] ある鉱物の分子量 M, 格子体積 V [Å^3], 単位格子中に含まれる化学式成分の数を Z とするとき，密度 [g/cm^3] をこれらの文字で表せ．また，カンラン石 Mg_2SiO_4 の格子定数 $a = 4.756$ Å, $b = 10.207$ Å, $c = 5.980$ Å (斜方晶系), $Z = 4$ のときの密度を求めよ．原子量としては，Mg = 24, Si = 28, O = 16 とする．

[解答] ある鉱物の化学式成分の分子量 M は 1 mol の重さ (g) である．また，化学式成分1つが寄与する体積は，V/Z [Å^3] になる．1 mol には化学式成分がアボガドロ数 (6.02×10^{23}) 個含まれていることから密度は，

$$\frac{M[\text{g}]}{(V/Z) \times 6.02 \times 10^{23} \,[\text{Å}^3]}$$
$$= \frac{M}{(V/Z) \times 6.02 \times 10^{23}} \times 10^{24} [\text{g/cm}^3]$$
$$= \frac{1.66MZ}{V} [\text{g/cm}^3]$$

斜方晶系のとき $V = abc$ なので上式にカンラン石 Mg_2SiO_4 の値を代入すると，$3.20\,\text{g/cm}^3$ と密度が得られる．

9.4 鉱物の高圧相転移

▶ 9.4.1 カンラン石の高圧相転移

カンラン石 (olivine, オリビン) は上部マントルの主要構成鉱物であり，その存在度は約 60% を占めると考えられている．また，そのマントルカンラン石の組成は $(Mg_{0.9}Fe_{0.1})_2SiO_4$ で近似されうる．このカンラン石は 13.5 GPa 付近で wadsleyite (ウォズレアイト)，18 GPa 付近で ringwoodite (リングウッダイト) に相転移，さらに 23.5 GPa 付近で silicate perovskite (ケイ酸塩ペロブスカイト) と ferro-periclase (フェロペリクレース) (magnesiowüstite (マグネシオウスタイト) と呼ぶこともある) に分解相転移し，これらはマントル遷移層に相当する 410 km, 520 km および 660 km 地震波速度不連続面に対応すると考えられている．図 9.10 に Mg_2SiO_4–Fe_2SiO_4 系の高圧相平衡図を示す．

Mg_2SiO_4 では変型スピネル型–スピネル型–ペロブスカイト型 ($MgSiO_3$) + 岩塩型 (MgO) へと相転移するが，Fe_2SiO_4 では，変型スピネル型およびペロブスカイト型は存在せずにスピネル型–岩塩型 (FeO: wüstite (ウスタイト)) + ルチル型 (SiO_2: stishovite (スティショバイト)) へと転移する．よって，図 9.10 のような蟹の爪のような相平衡図となる．なお，便宜上，オリビンを α 相，ウォズレアイトを β 相，リングウッダイトを γ 相と呼ぶことがあり，この相転移を α–β–γ 相転移と呼ぶことがある．また，結晶構造の観点からウォズレアイトを変型スピネル相 (modified spinel)，リングウッダイトをスピネル相 (spinel) と呼ぶことがあり，この相転移をオリビン–変型スピネル–スピネル相転移と呼ぶこともある．これらの呼び方は高圧実験で合成された当初はウォズレアイト，リングウッダイトとも鉱物名をもっていなかったことに由来する．それぞれ隕石中に見出され，晴れて鉱物名が命名されたのである．ちなみに，ウォズレアイトは鉱物学者の Arthur D. Wadsley (1918–1961) に，リングウッダイトは地球科学者の Alfred E. Ringwood (1930–1993) にちなんで名づけられた．

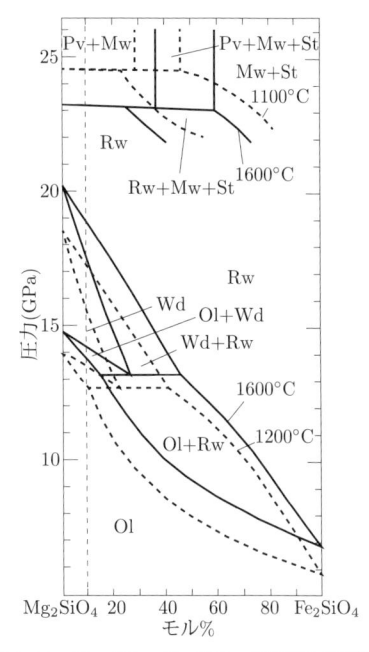

図 9.10 Mg_2SiO_4–Fe_2SiO_4 系の高圧相平衡図
Ol: olivine, Wd: wadsleyite, Rw: ringwoodite, Pv: perovskite, Mw: magneiowüstite, St: stishovite. 点線はマントルカンラン石の組成 (Katsura and Ito, 1989; Ito and Takahashi, 1989 による)．

オリビンは斜方晶系で SiO_4 四面体と MO_6 八面体から構成されている．M サイトには Mg^{2+} や Fe^{2+} のイオンが入り，2 つの異なる M サイトが存在する．

ウォズレアイトも斜方晶系の結晶構造を持ち SiO_4 四面体と MO_6 八面体から構成されている．3 つの異なる M サイトが存在する．また酸素の異なるサイトは 4 つあり，そのうちの O1 サイトは Si との結合をもたないため，その M サイトの陽イオンが H^+ と置換されやすく，O1 サイトが水酸基 (OH^-) になっている鉱物が見られる (含水ウォズレアイト)．O1 サイトは酸素の全サイトの 1/8 より，その全部が水酸基に置換した場合，含水ウォズレアイトは Mg 端成分で書くと $Mg_{1.75}SiO_4H_{0.5}$ という化学式で表される．この場合，含水量は 3.3 wt% となる．実際，この化学組成に近い鉱物が合成されている．

一方，リングウッダイトは立方晶系の結晶構造をもち SiO_4 四面体と MO_6 八面体から構成されている．スピネル (ケイ酸塩スピネル) とよく呼ばれるのは，結晶構造が $MgAl_2O_4$ スピネルと同じことに由来する．一方，ウォズレアイトが変型スピネルと呼ばれるのは，このスピネル型構造の変型した構造であることに由来する．

23 GPa 付近では，SiO_4 四面体ではもはや安定ではなくなり，SiO_6 八面体からなるケイ酸塩ペロブスカイトと岩塩構造のフェロペリクレースに相転移する．

なお，鉱物名ペロブスカイトは $CaTiO_3$ 組成のものであり，$MgSiO_3$ 組成のペロブスカイト構造のものはまだ鉱物名が付けられておらず，ペロブスカイトとは $CaTiO_3$ ペロブスカイトと結晶構造が類似しているための俗称である．最近，隕石中に見出されており，晴れて鉱物名が付けられることも遠くないと思われる．

ペロブスカイトは最近，120 GPa 付近でポストペロブスカイトに相転移することが明らかにされ，この相転移は D″ 層の原因と考えられている．ポストペロブスカイトは合成固体化合物の $CaIrO_3$ と同じ結晶構造をもち結晶系は斜方晶系であり，結晶構造は SiO_6 八面体の層が b 軸方向に積み重なったものである．

▶ 9.4.2 輝石–ザクロ石の高圧相転移

輝石 (pyroxene, パイロキシン) およびザクロ石 (garnet, ガーネット) は上部マントルの主要構成鉱物であり，その存在度は約40%を占めると考えられている．輝石の端成分 $MgSiO_3$ enstatite (エンスタタイト) は図 9.11, 9.12 のような高圧相転移を示す．

1気圧下では温度上昇に伴って，clinoenstatite (単斜エンスタタイト：単斜晶系) から orthoenstatite (斜方エンスタタイト：斜方晶系), protoenstatite (プロトエンスタタイト：斜方晶系) へと相転移する．また 7〜8 GPa の高圧下では高圧単斜エンスタタイト (単斜晶系) へと相転移する．なお，この相は急冷回収できない (unquenchable) 相である．これらの相まではすべて Si は 4 配位である．

この高圧単斜エンスタタイトは 16 GPa 付近において，2000 K 以下ではウォズレイト＋スティショバイトに分解相転移，2000 K 以上では majorite garnet (メジャライトガーネット) に相転移する．特に $MgSiO_3$ 端成分のガーネットは正方晶 (tetragonal) の対称性をもち，tetragonal garnet (正方晶ガーネット) とともに呼ばれる．この対称性は大部分のガーネットは立方晶の対称性をもつため特異である．Mg は 8 配位と 6 配位，Si は 6 配位と 4 配位をとる．さらに高圧になるに従って，低温下では，ウォズレイト＋スティショバイト → リングウッダイト＋スティショバイト → アキモトアイト → ペロブスカイトへと相転移するのに対し，高温下ではメジャライトガーネット → ペロブスカイトへと相転移する．なお，アキモトアイトは地球物理学者，秋本俊一にちなんで付けられた名前であり，結晶構造は ilmenite (イルメナイト：$FeTiO_3$) と同じであることからしばしば $MgSiO_3$ (ケイ酸塩) イルメナイトと呼ばれる．Mg, Si とも 6 配位をとる．$MgSiO_3$ (ケイ酸塩) ペロブスカイトはまだ鉱物名が名づけられておらず，$CaTiO_3$ ペロブスカイトと類似の結晶構造をもつことから便宜上 $MgSiO_3$ (ケイ酸塩) ペロブスカイトと呼ばれている．斜方晶で，Si は 6 配位，Mg は 12 配位をとる．さらにメジャライトはオーストラリアの Major にちなんで名づけられた鉱物名である．

ザクロ石の中でもマントル中で重要な相は pyrope garnet (パイロープガーネット：$Mg_3Al_2Si_3O_{12}$) である．輝石とザクロ石とは高圧下では固溶体を形成するようになる．その様子を図 9.13 に示す．約 6 GPa 以下ではザクロ石中に輝石成分は固溶しない．一方，輝石中にザクロ石成分は固溶する．しかし 6 GPa 以上ではザクロ石中に輝石成分が固溶してくる．反対に輝石中にザクロ石成分は固溶しなくなってくる．平均的マントルかんらん岩 (パイロライト) の Al 量は輝石成分:ザクロ石成分=6:4 程度と考えられるので，マントル遷移層付近の約 15 GPa で輝石がなくなり，ザクロ石のみが存在すると考えられる．また，この圧力軸に対して起こるゆるやかな相転移が，マントル遷移層における地震波速度の漸次増加の原因の1つと考えることができる．

マントル遷移層付近でのザクロ石がさらに高圧下に

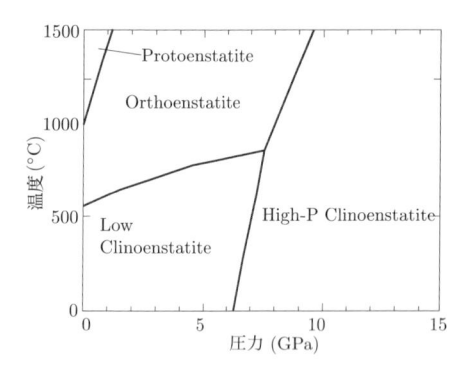

図 9.11 $MgSiO_3$ 輝石の高圧相平衡図 (Shinmei et al., 1999 による)

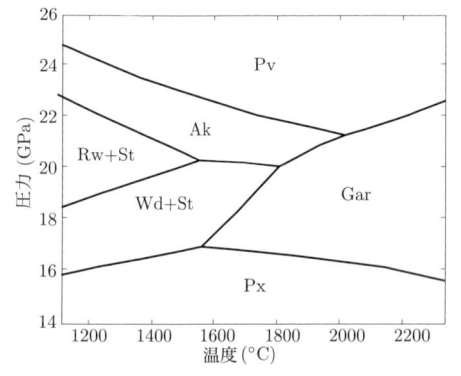

図 9.12 $MgSiO_3$ 輝石の高圧相平衡図
PX: pyroxene, Wd: wadsleyite, Rw: ringwoodite, St: stishovite, Gar: garnet, Ak: akimotoite, Pv: perovskite (Yusa et al, 1993 による).

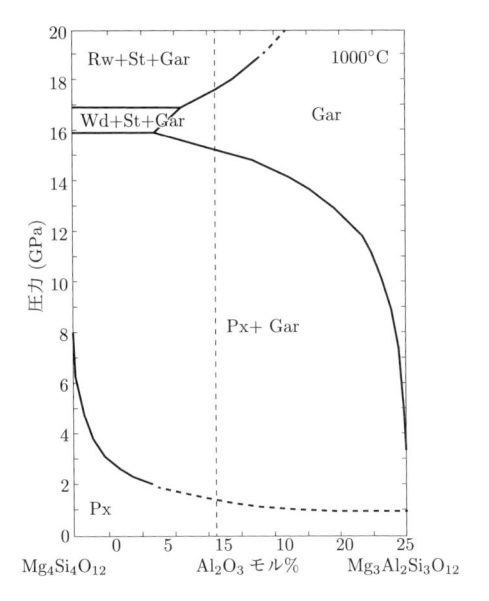

図 9.13 MgSiO$_3$–Mg$_3$Al$_2$Si$_3$O$_{12}$ 系の高圧相平衡図 ($T = 1000°C$)
Px: pyroxene, Gar: garnet, Wd: wadsleyite, Rw: ringwoodite, St: stishovite. 点線はマントル中の輝石–ザクロ石系の化学組成 (Akaogi et al., 1987 による).

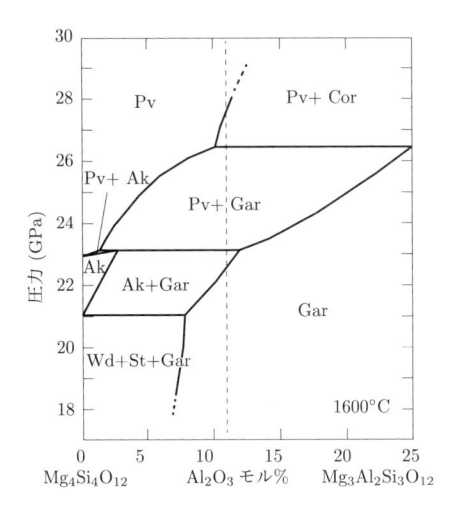

図 9.14 MgSiO$_3$–Mg$_3$Al$_2$Si$_3$O$_{12}$ 系の高圧相平衡図 ($T = 1600°C$)
Gar: garnet, Rw: ringwoodite, St: stishovite, Ak: akimotoite, Pv: perovskite, Cor: corundum. 点線はマントル中の輝石–ザクロ石系の化学組成 (Akaogi et al., 2002 による).

さらされれば，アキモトアイトやペロブスカイトに相転移する．その様子を図 9.14 に示す．出現相は温度によって異なりはするが，いずれの場合もザクロ石のペロブスカイト転移は大きな圧力幅をもって漸次的に起こっている．これはカンラン石の場合 (ポストスピネル相転移) はシャープな相転移になることと大きく異なる．

[**例題 9.4**] ケイ酸塩は 4 配位の SiO$_4$ 四面体で構成されるが，圧力上昇に伴って 6 配位の SiO$_6$ 八面体から構成されるようになる．その理由を説明せよ．また，4 配位，6 配位になる陽イオン/陰イオン半径比を計算せよ．

[**解答**] 配位数は陽イオンと陰イオンの半径比に依存する．圧力上昇に伴って陽イオン陰イオン半径比は増加する．理由は，イオン半径の大きい陰イオンは陽イオンよりも相対的に縮みやすいためである．

4 配位になる陽イオンと陰イオンの半径比は，正四面体の頂点を酸素原子が埋めるパッキングの隙間に Si 原子が埋まるときのことを考える．このとき，幾何学的に陽イオン陰イオン半径比は $\sqrt{3/2} - 1 = 0.225$ をとる．また，6 配位になるときは同様に正八面体で考え，その半径比は $\sqrt{2} - 1 = 0.414$ をとる．これらの値はその配位数をとる臨界値であり，実際，半径比 0.225〜0.414 のときに 4 配位をとり，0.414 を超えると 6 配位に配位数変化が起きる．

9.5 相転移の熱力学

高温高圧下での相の安定性は相転移の熱力学解析によって明らかにできる．ここでは 1 次の相転移を考える．1 次の相転移とは自由エネルギーの 1 次微分量 (エンタルピー変化，エントロピー変化，体積変化) が不連続に変化する相転移のことである．ちなみに，2 次の相転移も存在し，これは自由エネルギーの 2 次微分量 (熱容量，熱膨張率，圧縮率) が不連続に変化する相転移である．

同一組成で異なる構造の α 相と β 相が平衡に共存するとき，両相のギブス自由エネルギー G_α と G_β は等しくなる．

$$G_\alpha = G_\beta \tag{9.16}$$

圧力 P，温度 T でのギブスの自由エネルギーは，

$$G = H - TS + PV \tag{9.17}$$

で表すことができる．ここで，H はエンタルピー，S はエントロピー，V は体積である．

α 相から β 相への相転移におけるギブス自由エネルギー，エンタルピー，エントロピー，体積変化をそれぞれ次のように表すと，

$$\begin{aligned} \Delta G &= G_\beta - G_\alpha \\ \Delta H &= H_\beta - H_\alpha \\ \Delta S &= S_\beta - S_\alpha \\ \Delta V &= V_\beta - V_\alpha \end{aligned} \tag{9.18}$$

相転移境界線上では $\Delta G = 0$ より，

$$\Delta G = \Delta H - T\Delta S + \int_{P_0}^{P} \Delta V dp = 0 \tag{9.19}$$

近似的に P_0 から P の圧力範囲で ΔV が一定と仮定すると，

$$\Delta G = \Delta H - T\Delta S + (P - P_0)\Delta V = 0 \tag{9.20}$$

と書ける．ここで，ΔG, ΔH, ΔS は 1 気圧，温度 T での値であることから，右上に添字 0 を付けて，ΔG^0, ΔH^0, ΔS^0 と書き表す習慣があるが，ここではこの添字は省略してある．

温度 T では，エンタルピー，エントロピーは熱容量 $C_p(T)$ を使ってそれぞれ次のように補正することができる．

$$\Delta H = \Delta H(T_0) + \int_{T_0}^{T} \Delta C_p(T) dT \quad (9.21)$$

$$\Delta S = \Delta S(T_0) + \int_{T_0}^{T} \frac{\Delta C_p(T)}{T} dT \quad (9.22)$$

また，温度 T, 圧力 P での体積は，既述の熱膨張の方程式 (9.15)，および圧縮を表すバーチ–マーナガン状態方程式 (9.13) で補正することができる．

よってこれらの熱力学パラメータが明らかにされていれば上記の式を解くことによって，任意の温度圧力で相転移境界が計算できる．

また，相転移境界の勾配 dP/dT は式 (9.20) を使って計算することができる．微小温度 dT, 微小圧力 dP 変化させたとき，その条件でもまた相境界線に載っている場合を考えよう．この微小変化では ΔH, ΔS, ΔV は変化しないので，

$$\Delta G = \Delta H - (T+dT)\Delta S + (P-P_0+dP)\Delta V = 0 \quad (9.23)$$

式 (9.20)〜式 (9.23) より

$$dT\Delta S - dP\Delta V = 0$$

したがって

$$\frac{dP}{dT} = \frac{\Delta S}{\Delta V} \quad (9.24)$$

この式は極めて重要な式でありクラペイロン–クラウジウス (Clapeyron–Clausius) の式と呼ばれる．このように 1 次の相転移の圧力温度勾配 (クラペイロン勾配と呼ぶ) は相転移のエントロピー変化と体積変化で説明できることがわかる．

例えば，高圧相転移の場合，$\Delta V < 0$ になるので $\Delta S < 0$ の場合は正の温度圧力勾配をもつことになる．カンラン石のオリビン–ウォズレアイト相転移，ウォズレアイト–リングウッダイト相転移などがこれにあたる．一方，ポストスピネル相転移の場合は $\Delta S > 0$ であるので，負の温度圧力勾配をもつことになる．一例として，カンラン石の高圧相転移におけるエンタルピー，エントロピー，体積変化の値を表 9.4 に示す．クラペイロン勾配はマントルダイナミクスに多大な影響を及ぼすが，その詳細については後述する．

[例題 9.5] 表 9.4 のカンラン石の高圧相転移におけるエンタルピー，エントロピー，体積変化の値を用いて，それぞれの 1700 K での相転移圧力を計算せよ．ただし，こ

表 9.4 Mg_2SiO_4 カンラン石の高圧相転移におけるエンタルピー，エントロピー，体積変化 (Akaogi et al., 2007, Akaogi and Ito, 1993 による)

	ΔH [kJ/mol]	ΔS [J/mol.K]	ΔV [cm^3/mol]
$\alpha \to \beta$	24.7	-7.7	-3.16
$\beta \to \gamma$	12.6	-3.7	-1.02
$\gamma \to$ Pv+Pc	86.1	1.2	-3.79

の計算では単純化のため，エンタルピー，エントロピー変化の温度依存性および体積変化の温度圧力依存性はないと仮定して計算すること．

[解答] 式 (9.20) の $\Delta G = \Delta H - T\Delta S + (P-P_0)\Delta V = 0$ に値を代入すればよい．ここで，PV の単位は，[Pa][m^3] = [N/m^2][m^3] = [Nm] = [J] となることに注意する．

$\alpha \to \beta$ 相転移では，

$$P - P_0 = \frac{T\Delta S - \Delta H}{\Delta V}$$

$$= \frac{1700 \times (-7.7) - 24.7 \times 10^3}{-3.16 \times 10^{-6}}$$

$$= 1.20 \times 10^{10} \text{ Pa} = 12 \text{ GPa}$$

$P_0 = 1$ atm (気圧) $= 10^5$ Pa より，$P \geq P_0$ となるので $P = 12$ GPa．

同様に，$\beta \to \gamma$ 相転移では，18.5 GPa．

$\gamma \to$ Pv (ペロブスカイト) +Pc (ペリクレース) 相転移では，22.2 GPa．

この近似計算ではエンタルピー，エントロピーの温度効果，体積の温度圧力効果の補正を施していないが，それぞれの相転移は 410 km, 520 km, 660 km 地震学的不連続面の圧力に近い．

9.6 地球深部物質における水の影響

水は地球の重要な揮発性成分の 1 つであり，鉱物中への水の存在は地球深部のダイナミクスに多大な影響を及ぼす．現在ではスラブの沈み込みにより，常に水が地球内部に運搬されていると考えられている．

▶ 9.6.1 地球深部で安定な高圧含水相

地球深部は高温の世界であるが，沈み込むスラブなどの周囲より比較的低温の領域も存在する．鉱物の中には結晶構造中に水酸基 (OH^-) や結晶水を含む鉱物が存在し，それらの鉱物のことを含水鉱物 (hydrous mineral) という．一般的に含水鉱物の温度・圧力安定領域は低温側になり，高温下では脱水分解反応 (dehydration reaction) を起こし流体の水を放出する．放出される水に富んだ流体は，ケイ酸塩鉱物の融点を下げるため，マグマ発生の原因につながると考えられる．また，その安定領域が高温下まで広がっていれば，その含水鉱物によって地球深部へ水を運搬できることになる．このように，含水鉱物の安定領域を明らかにすることは重要であり，今まで多くの研究者によって各

9.6 地球深部物質における水の影響

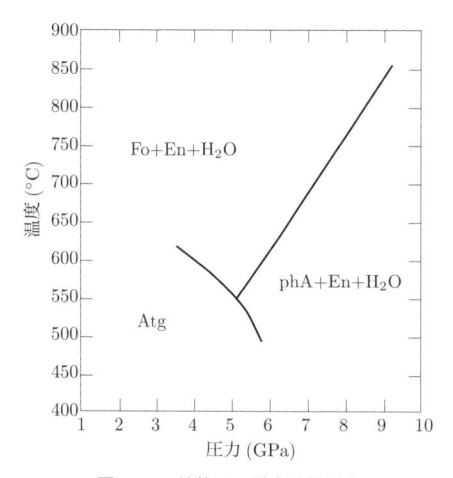

図 9.15 蛇紋石の脱水分解反応
Atg: antigorite, Fo: forsterite, En: enstatite, phA: phase A (Komabayashi et al., 2005 による).

表 9.5 堆積岩,含水 MORB,含水かんらん岩中に出現する高圧含水相 (井上, 2000 による)

含水相	化学式	H_2O [wt%]
堆積岩		
phengite	$K_2Al_4Si_6(MgSi)O_{20}(OH)_4$	4.5
topaz–OH	$Al_2SiO_4(OH)_2$	10.0
phase egg	$AlSiO_3(OH)$	7.5
δ–AlOOH	$AlOOH$	15.0
含水 MORB		
amphibole	$Ca_2Mg_3Al_2Si_6Al_2O_{22}(OH)_2$	2.2
lawsonite	$CaAl_2Si_2O_7(OH)_2H_2O$	11.5
含水かんらん岩		
talc	$Mg_3Si_4O_{10}(OH)_2$	4.7
serpentine	$Mg_6Si_4O_{10}(OH)_8$	13.0
10Å	$Mg_3Si_4H_6O_{14}$	13.0
phase A	$Mg_7Si_2O_6O_{14}$	11.8
phase B	$Mg_{12}Si_4H_2O_{21}$	2.4
superhydrous B	$Mg_{10}Si_3H_4O_{18}$	5.8
phase D	$MgSi_2H_2O_6$	10.1
phase E	$Mg_{2.1}Si_{1.1}H_{3.4}O_6$	16.9
hydrous β	$Mg_{1.75}SiH_{0.5}O_4$	3.3
hydrous γ	$Mg_{1.84}Si_{0.98}H_{0.42}O_4$	2.8
phlogopite	$K_2Mg_6Al_2Si_6O_{20}(OH)_4$	4.3
K-amphibole	$K_2CaMg_5Si_8O_{22}(OH)_2$	2.1
K-rich phase	$K_4Mg_8Si_8O_{25}(OH)_2$	1.8

種の含水鉱物の高温高圧下での安定領域が調べられてきた.

含水鉱物の中で重要なものの中の 1 つに,蛇紋石 (serpentine) が挙げられる.蛇紋石の端成分の理想的な化学組成は $Mg_6Si_4O_{10}(OH)_8$ であり,含水量は 13 wt% に及ぶ.化学組成からわかるように,蛇紋石はカンラン石 (Mg_2SiO_4) と輝石 ($MgSiO_3$) が 1:1 のモル比に H_2O が付加した化学組成を有しており,マントルかんらん岩と極めて近い Mg/Si 比をもっている.なお,蛇紋石は 3 つの多形 (polymorph) をもっており,それぞれ antigorite (アンチゴライト), lizardite (リザルダイト), crysotile (クリソタイル) というが,その中でアンチゴライトが一番高温高圧下で安定な多形であり,地球深部での安定性や脱水分解反応を考える上で重要な相となる (図 9.15).

約 5 GPa まではこの蛇紋石の脱水分解反応境界は負の dT/dP 勾配をもち,カンラン石と輝石に脱水分解して 13 wt% の水を放出する.

$Mg_6Si_4O_{10}(OH)_8 \rightarrow 2Mg_2SiO_4 + 2MgSiO_3 + 4H_2O$
アンチゴライト　　カンラン石　輝石　流体相

一方,約 5 GPa 以上では高圧含水相 phase A (A相: $Mg_7Si_2O_8(OH)_6$) が生成する以下の脱水分解反応が起こる.

$5Mg_6Si_4O_{10}(OH)_8$
アンチゴライト
$\rightarrow 2Mg_7Si_2O_8(OH)_6 + 16MgSiO_3 + 18H_2O$
　　A 相　　　　　輝石　　流体相

A 相は 11.8 wt% の H_2O 成分を含むことができ,5 GPa で 550°C を下回る沈み込むスラブの場合,この相でさらに地球深部へ水を運搬できる.

このようにこの相図を見ると,蛇紋石による水の運搬においては 5 GPa, 550°C が重要な点であることが解り,この点は "choke point" と呼ばれている.

さらに高圧下で各種の高圧含水相が出現することが明らかにされている.これらの相は,dense hydrous magnesium silicate phase (高圧含水マグネシウムケイ酸塩相,DHMS 相) と呼ばれている.表 9.5 に沈み込むスラブを構成していると考えられている堆積岩,含水 MORB,含水かんらん岩中において出現する高圧含水相を示す.

まず,含水かんらん岩から考えていこう.蛇紋石組成で近似した含水かんらん岩中での含水鉱物の安定領域を図 9.16 に示す.前述したように,スラブの温度が 5 GPa で 550°C より低ければ A 相が安定に存在し,その後約 13 GPa 付近で E 相,約 15 GPa 付近でスーパー B 相,約 26 GPa 付近で D 相へと相転移により安定な含水相が変化するが,全体として保持できる含水量は変わらない.またこれら含水相が安定な温度の上限は約 1200°C 程度であり,一般的なマントルジオサーム (平均的なマントルの温度) では安定に存在できないことがわかる.一方,約 30 GPa 付近で完全に脱水分解反応が起こり,これ以上の圧力下では,含水かんらん岩組成で安定な含水相が存在しないことがわかる.なお,スラブの温度は一番よくわかっていないパラメータであり,その温度圧力履歴が変われば当然脱水する圧力も変わってくる.個々のスラブによってその温度圧力履歴は変わってくるため,各々のスラブによってその脱水の様子は変わってくることに注意する必要がある.

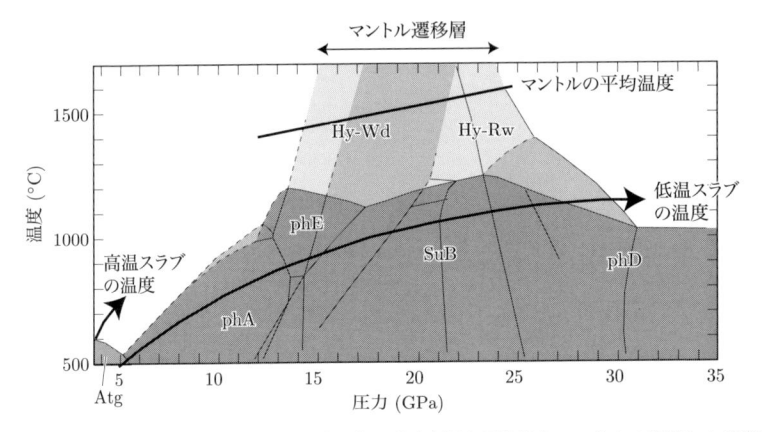

図 9.16 含水かんらん岩組成（蛇紋石組成）の含水鉱物の安定領域と平均的なマントルの温度および高温・低温スラブで想定される温度圧力パスとの関係
Atg: antigorite, phA: phase A, phE: phase E, SuB: superhydrous B, phD: phase D, Hy-Wd: hydrous wadsleyite, Hy-Rw: hydrous ringwoodite (Komabayashi and Ohmori, 2006 による).

平均的なマントルの温度でもマントル遷移層では，含水ウォズレアイト，含水リングウッダイト中に水を保持することができる．この事実は，マントル遷移層は地球深部の水の貯蔵庫となりうることを示している (Inoue et al., 1995).

次に含水 MORB 中での含水鉱物の安定領域を図 9.17 に示す．この系で重要な含水相は角閃石 (amphibole) とローソン石 (lawsonite) である．角閃石は約 1.5 GPa で約 1000°C の安定領域をもち，約 2 GPa 付近で急激な負の温度圧力勾配の脱水分解反応境界をもつため，高温のスラブが沈み込めば，この境界を横切り，脱水分解反応を起こし，マントルウェッジに水を供給すると考えられる．一方，ローソン石は約 2 GPa 以上で安定に存在し，その安定な温度範囲は約 8 GPa で約 800°C にまで及ぶ．それ以上の圧力下では約 10 GPa 付近で脱水分解反応を起こし，これ以上の圧力下では，MORB 組成では安定な含水相は存在しない．すなわち低温のスラブが沈み込んだ場合，約 2 GPa から約 10 GPa までの間，ローソン石中に水が保持されることになる．

最後に堆積岩について見ていこう．堆積岩組成で出現する含水相の安定領域を図 9.18 に示す．phengite (フェンジャイト) は約 6 GPa で約 1300°C まで安定であり，負の温度圧力脱水分解境界をもって Topaz-OH (トパーズ OH) に分解相転移する．トパーズ OH も水を含むが大部分の水は流体として放出される．その後 phase egg (egg 相) が含水相として出現する．さらに，egg 相は δ-AlOOH 相 (Suzuki et al., 2000) に転移する．またその安定領域は核–マントル境界にまで達する (Sano et al., 2008). スラブ中の堆積岩層はそれほど多くなく，またフェンジャイトの分解で多くの水を

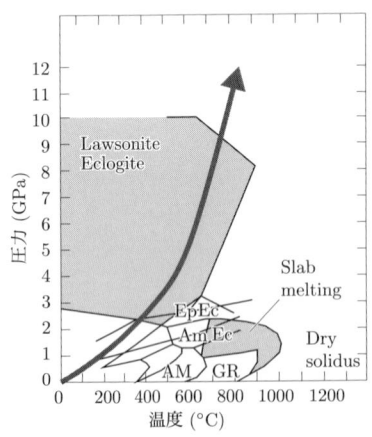

図 9.17 含水 MORB 組成の含水鉱物の安定領域
AM: amphibolite facies, GR: granulite facies, Am Ec: amphibole eclogite facies, Ep Ec: epidote eclogite facies. 矢印は低温スラブの温度圧力パス (Okamoto and Maruyama, 1999 による).

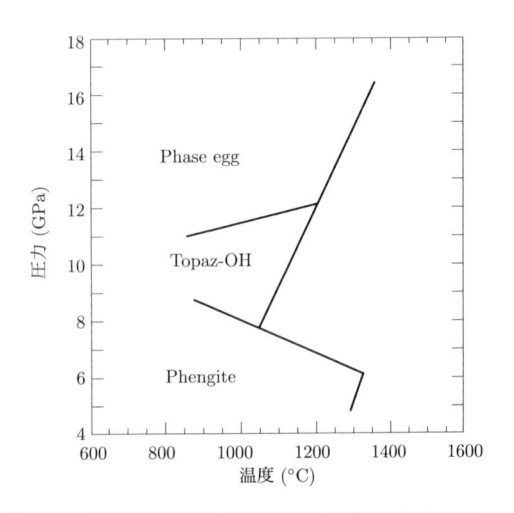

図 9.18 含水堆積岩組成で出現する含水相の安定領域 (Ono, 1998 による).

放出するので，その後出現するトパーズOH，egg相，およびδ–AlOOH相はそれほど大量には存在しないと考えられるが，その安定領域の温度の高さから重要な相かもしれない．

前述したように，カンラン石の高圧相，ウォズレアイト（β）およびリングウッダイト（γ）には大量の水（約3 wt%）を結晶構造中に含むことができる（含水ウォズレアイト，含水リングウッダイト）．また，その安定温度は平均的なジオサームの条件下にも及ぶ．すなわち，これらの事実はマントル遷移層は含水化している可能性を示している．では，含水化している場合，どのような影響が見られるであろうか？ 次項では，その影響について見ていこう．

▶ **9.6.2 地球深部鉱物への水の影響**

カンラン石の高圧相に水が含まれる場合，含水ウォズレアイト，含水リングウッダイトの熱力学的パラメータは無水のものとは異なるはずである．したがって相転移境界にも影響を及ぼす．図9.19にカンラン石の高圧相転移境界に及ぼす水の影響を示す．

水の影響によって，オリビン–ウォズレアイト（α–β）相転移境界は低圧側に，ウォズレアイト–リングウッダイト（β–γ）相転移境界は高圧側に移動する．すなわち水の影響により410 km不連続面は浅く，520 km不連続面は深くなる．この現象はウォズレアイトにもっとも水が含まれやすいためにその安定領域が拡張することと対応している．加えて，ポストスピネル相転移境界に及ぼす水の影響も明らかにされており（図9.20），リングウッダイトの方に水が含まれやすいために高圧側に移動している．すなわち，水の影響により660 km不連続面は深くなる．

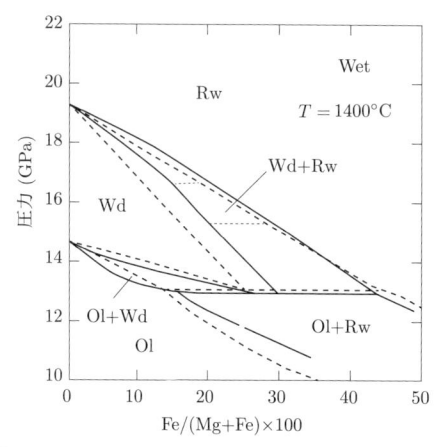

図9.19 カンラン石の高圧相転移境界に及ぼす水の影響
Ol: olivine, Wd: wadsleyite, Rw: ringwoodite. 実線が含水，点線が無水の相境界（Inoue et al., 2010 による）．

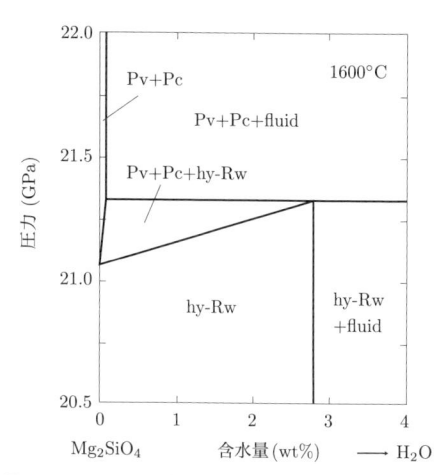

図9.20 ポストスピネル相転移境界に及ぼす水の影響
hy-Rw: hydrous ringwoodite, Pv: perovskite, Pc: periclase (Higo et al., 2001 による)．

表9.6 無水および含水リングウッダイト（γ）の物性値の比較（Inoue et al., 1998）

	ρ [g/cm^3]	V_p [km/s]	V_s [km/s]	K [GPa]	G [GPa]
hy-γ	3.469	9.27	5.56	155	107
γ	3.563	9.79	5.77	184	119

続いて，弾性波速度に及ぼす水の影響を示す．一般に含水鉱物の密度や弾性定数は無水のものより小さい値を示す．含水リングウッダイト（含水量約2.2 wt%）についてもその傾向に違わず，無水のものに比べ密度は2.6%，体積弾性率は15.8%，剛性率は10.1%小さい．結果として，P波速度は5.3%，S波速度は3.6%遅くなっている（表9.6．Inoue et al., 1998）．含水ウォズレアイトについても同様で，無水のものに比べ密度は2.6%，体積弾性率は10.9%小さい（Yusa and Inoue, 1997）．これらの結果の中で，特に660 km不連続面における水の影響のデータを利用し，実際の地震的観測データと比較し連立方程式を解いて，含水量および温度の同時推定を行った例を図9.21に示す．推定誤差は大きいが，西南日本南部に位置するフィリピン海プレートの直下660 km付近の温度異常は500°C程度低く，含水量異常は0.2 wt%程度高いことがわかる．この付近には太平洋プレートが横たわっており，周りのマントルより温度が低く含水量が高いことはもっともらしい．なお，この含水量の推定は平均的な値からの偏差であって絶対含水量ではないことには注意すべきである．

では，含水量の絶対値はどのようにすれば制約できるか？ この推定のために，電気伝導度における水の影響のデータが利用されている（Huang et al., 2005）．含水ウォズレアイト，含水リングウッダイトの電気伝導度の測定が高温高圧下で行われ，観測から推定され

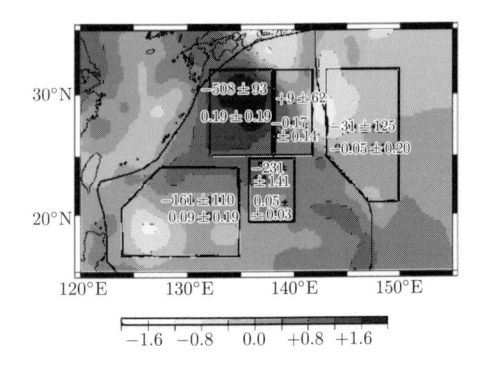

図 9.21 フィリピン海プレート直下 660 km 付近の温度 (K, 上段数字) および含水量 (wt%, 下段数字) 異常 (平均的な値からの偏差) (Suetsugu et al., 2010 による)

るマントル遷移層の電気伝導度分布と比較されている．電気伝導度の観測から導かれる地球深部での電気伝導度分布は，その性質上，地震波速度分布に比べ極めて誤差が大きくなるが，水の影響による値の変化が極めて大きいため，マントルの含水量推定としては重要な制約を与える．結果，約 0.1～0.2 wt% の H_2O がマントル遷移層に存在しうるという結果を導き出している．一方岡山大学のグループも同様な実験を行い，マントル遷移層は無水に近いという結果を出して論争をしてきているが，比較している電気伝導度プロファイルの違いもあり，少量の水を考慮したマントル遷移層像がもっともらしいように思われる．

▶ 9.6.3 マグマの生成

マントルかんらん岩は，SiO_2 と MgO，FeO で約 90% を占める．特に Mg と Fe はイオン半径が近く，お互いに固溶体を形成するため，MgO–SiO_2 系が特に重要な系となる．すなわち，カンラン石 (Mg_2SiO_4) と輝石 ($MgSiO_3$) の高圧下での溶融関係を明らかにすることが特に重要になる．図 9.22 に輝石の溶融関係を示す．

輝石は 0.13 GPa まで，カンラン石と $MgSiO_3$ 組成より SiO_2 に富んだメルトに非調和融解 (不一致融解，分解融解ともいう．incongruent melting) する．これが中央海嶺で，かんらん岩から SiO_2 に富んだ玄武岩を生成する 1 つの理由である．一方，それ以上の圧力下では orthoenstatite (斜方輝石[*1])，High-P clinoenstatite (高圧単斜輝石[*1])，majorite (メジャライト)，silicate perovskite (ケイ酸塩ペロブスカイト) へと相転移するがすべてで調和融解 (一致融解ともいう．congruent melting) する．すなわち，マントル深

[*1) 厳密にはエンスタタイトという訳になるが，ここではカンラン石と対応する物質の訳として「輝石」と記す．

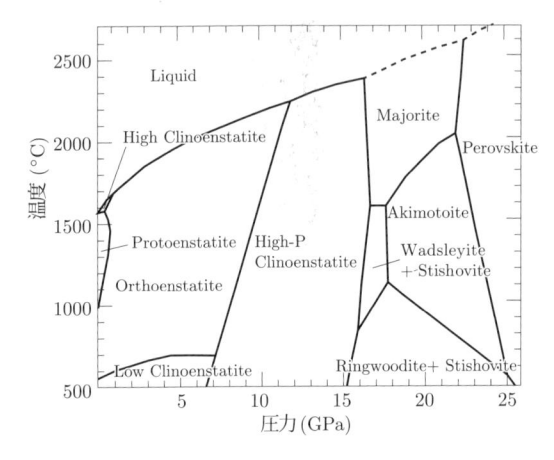

図 9.22 輝石 ($MgSiO_3$) の溶融関係 (Presnall and Gasparik, 1990, Ito and Katsura, 1992 による)

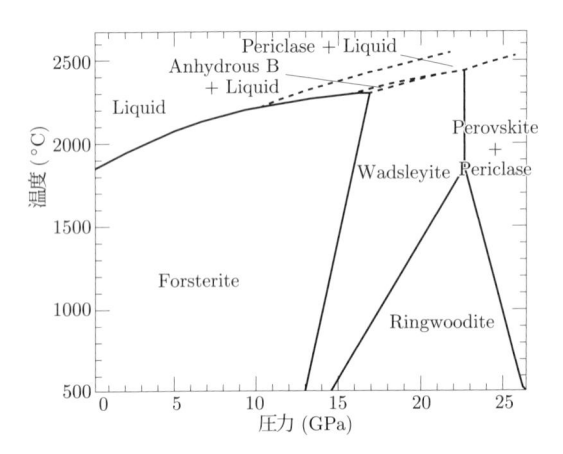

図 9.23 カンラン石 (Mg_2SiO_4) の溶融関係 (Presnall and Walter, 1993 による)

部では，マントルがかんらん岩的でかつ無水であるなら，$MgSiO_3$ 成分より SiO_2 に富んだマグマは生じえないことになる．

図 9.23 にカンラン石の溶融を示す．

カンラン石 (forsterite: Mg_2SiO_4) は約 10 GPa 付近まで調和融解するが，それ以上の圧力下で非調和融解に転じ，「ペリクレース (MgO) + Mg_2SiO_4 よりも SiO_2 に富んだメルト」に非調和融解する．さらに 15～20 GPa では，カンラン石および相転移した高圧相ウォズレアイトは「anhydrous phase B (無水 B 相: $Mg_{14}Si_5O_{24}$) と Mg_2SiO_4 よりも SiO_2 に富んだメルト」に非調和融解し，温度上昇に伴いさらに「ペリクレース (MgO) + Mg_2SiO_4 よりも SiO_2 に富んだメルト」に非調和融解する．

無水条件下ではマントルかんらん岩の融解で地球深部に生成するマグマは $MgSiO_3$ と Mg_2SiO_4 の中間組成となり，特にマントルかんらん岩と極めて近い組成のマグマが生成される．しかしながら融解温度は現在

9.6 地球深部物質における水の影響

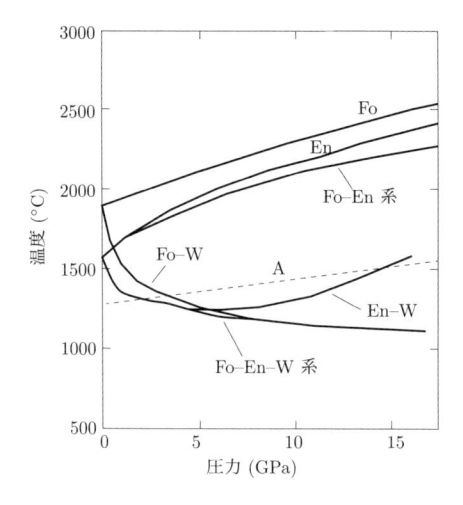

図 9.24 カンラン石 (Fo: Mg_2SiO_4), 輝石 (En: $MgSiO_3$) およびその共融系の溶融温度の無水, 含水の比較. A はマントル地温勾配 (Inoue, 1994 による).

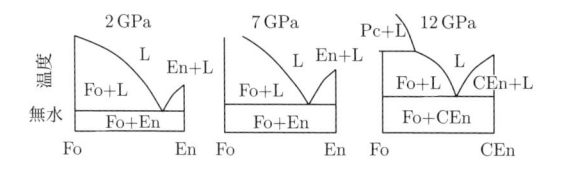

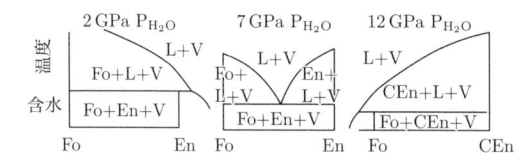

図 9.25 カンラン石 (Fo: Mg_2SiO_4)–輝石 (En: $MgSiO_3$) 系で生じる初生メルト (共融点, 反応点) の圧力変化. L: liquid (液相), V: vapor (気相), Fo: forsterite, En: enstatite, CEn: clinoenstatite (Inoue, 1994 による).

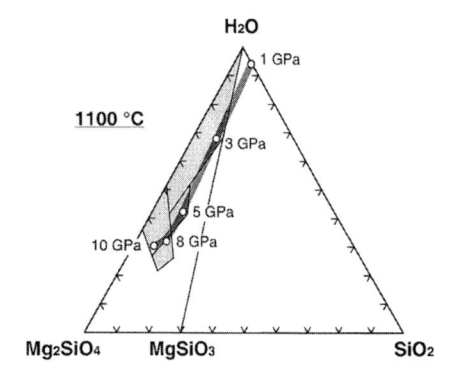

図 9.26 Mg_2SiO_4–$MgSiO_3$–H_2O 系で生成される流体相の組成の圧力依存性. 温度は $1100°C$ (Mibe et al., 2002 による)

のジオサームに比べて極めて高く, 容易にはマグマが生成されえないことがわかる.

一方, 地球内部には多少なりとも H_2O や CO_2 などの揮発性成分が含まれており, 初期地球でのマグマオーシャンの冷却に伴うトラップや, 現在の沈み込むスラブによる地球深部への運搬がその要因と考えられる. 特に H_2O は鉱物の融点を著しく下げる (図 9.24). 上部マントルに水が存在すれば, その水の存在量に応じてマグマが生成されることとなる.

水はこの融点降下に加えて, 生成するマグマの組成にも影響を及ぼしている (図 9.25). 含水系の 2 GPa では, 輝石は非調和融解しカンラン石と "SiO_2 成分に富んだ" マグマを生成する. 一方, カンラン石は調和融解のままである. この関係は約 5 GPa 程度まで続く. このことは約 5 GPa 以下での含水条件下では, カンラン石–輝石系において, 輝石よりも SiO_2 成分に富んだマグマが生成されることを意味している. すなわち, 含水条件下では無水条件下より SiO_2 に富んだマグマが生成されることになる. 一方, 約 5~8 GPa の間では, カンラン石, 輝石とも調和融解し, その 2 成分系では共融組成のマグマが生成される. さらに約 8 GPa 以上ではカンラン石は非調和融解に転じ, 輝石と "MgO 成分に富んだ" マグマを生成する. すなわち地球深部での含水条件下では, カンラン石よりも MgO 成分に富んだ極めて超塩基性のマグマが生成されることとなる. これらは地球の歴史において生成された「コマチアイト」マグマや,「キンバーライト」マグマと関係していそうである.

さらに水は, 地球深部で生成される「液相 (マグマ)」以外に,「流体相 (フルイド)」にも影響を及ぼす. 図 9.26 に Mg_2SiO_4–$MgSiO_3$ 系の $1100°C$ で生成される流体相の組成の圧力依存性を示す. 圧力上昇に伴って, 流体相の組成もメルト (マグマ) の組成変化と似たように MgO 成分に富んだ方向に変化していることがわかる.

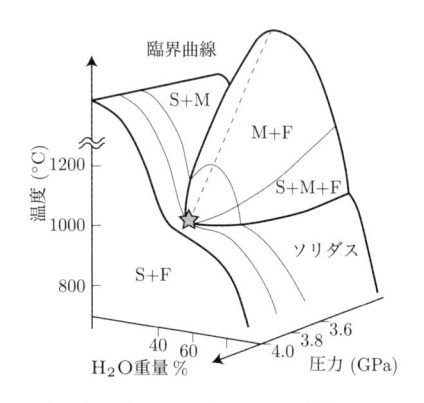

図 9.27 かんらん岩–H_2O 系のメルト (液相: M) とフルイド (流体相: F) の混和不混和現象と温度圧力上昇による第 2 臨界点の消失の様子. S は固相 (Mibe et al., 2007 による)

図9.27にカンラン石–H₂O系の相図を示す.低圧条件下では水に富んだマグマ(M)とケイ酸塩成分が溶け込んだ水(F)との液相不混和領域(液相2相共存領域)が存在する.よってある温度で,固相と共存するマグマの含水量が不連続的に変化し,一定の含水量条件下ではその温度を超えると急にマグマの量が増加することになる.含水ソリダスはこのような温度の存在をもって定義されうる.しかしながら,図9.27の3.8 GPa以上ではもはや液相2相共存領域は消失し(第2臨界点の消失),含水ソリダスは定義できない.温度上昇に従い,一定の含水量条件下では連続的にマグマの量が増加するのみである.このカンラン石–H₂O系の第2臨界点の圧力については,研究者によって3.8〜12 GPaもの隔たりがあり,今後の制約が期待される.

9.7 地球深部ダイナミクスへの応用

▶ 9.7.1 高圧相転移現象を利用した地球深部の温度の推定

地球内部の圧力に比べて,温度の推定は困難である.この困難な温度の推定法についての1例を述べる.それはカンラン石の相転移境界の利用である.

前述のように,マントル内には410 km,520 km,660 km地震波速度不連続面が存在する.これらに相当する圧力は,式(9.5)から求められ,それぞれ13.5 GPa,18.0 GPa,23.5 GPaである.これらの不連続面の原因はカンラン石の高圧相転移が原因と考えられており,この相転移境界が正確に制約されていれば,この圧力値に相当する温度から地球内部の温度が制約されることとなる.図9.28にこのようにして推定された地球内部の温度プロファイルを示す.これによると,410 kmで約1700 K,520 kmで約1800 K,660 kmで約1900 K程度と推定されている.

また,外核と内核の境界では核を形成する物質である鉄ニッケル(FeNi)合金の溶融曲線とジオサームが交わり,液体の外核と固体の内核に分かれていると考えられる.よって,この圧力領域での正確な融点の決定ができれば,この5100 km領域での温度の推定が可能となる.現在ではまだ誤差も多く,今後の研究の進展が期待される.

▶ 9.7.2 沈み込むスラブの挙動

マントルダイナミクスを議論する上で相転移のクラペイロン勾配(温度圧力勾配)は重要である.カンラン石–ウォズレアイト–リングウッダイト(α–β–γ)相転移は正の勾配をもつが,ポストスピネル転移は負の勾配をもつことが明らかにされてきている.沈み込むスラブは周囲の温度より低温であるため平衡状態での相転移を考えると,カンラン石–ウォズレアイト–リングウッダイト(α–β–γ)相転移は周囲のマントルより低圧で起き,ポストスピネル相転移は高圧で起きると考えられる.そのため,これらの相転移に対応する410 km,520 kmではスラブに負の浮力が働き,スラブの沈み込みの際の推進力として働くが,660 kmでは逆に正の浮力が働き,スラブの沈み込みの際の抵抗力として働くと考えられる.このような理由でスラブがスタグナントすると考えられる(図9.29.メガリスの形成).

実際,660 km付近で滞留している沈み込むスラブの様子が地震波トモグラフィーにより観測されており,この相転移現象からの解釈と一致している.加えて,

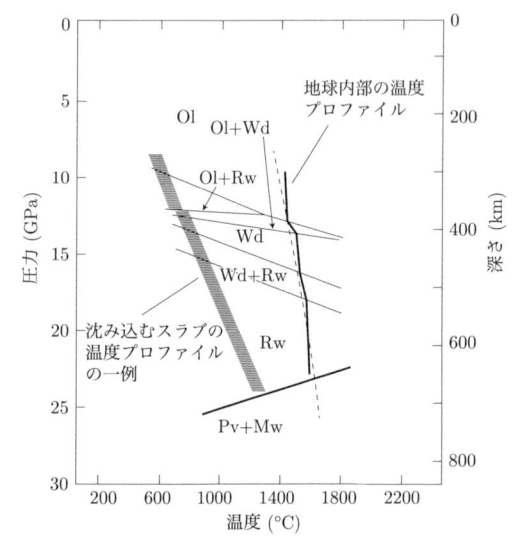

図9.28 カンラン石の高圧相転移から推定された地球内部の温度プロファイル
比較として,沈み込むスラブの温度プロファイルの一例も示されている(Akaogi et al., 1989による).

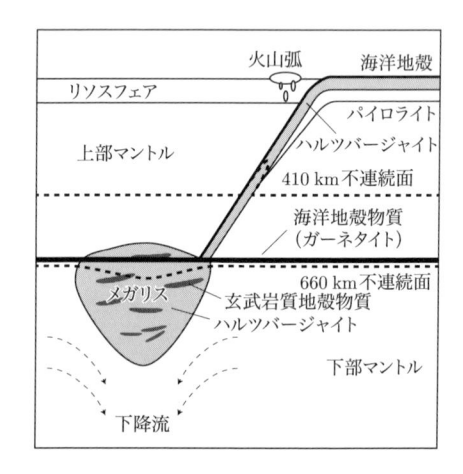

図9.29 メガリスの形成モデル(Ringwood and Irifune, 1988による)

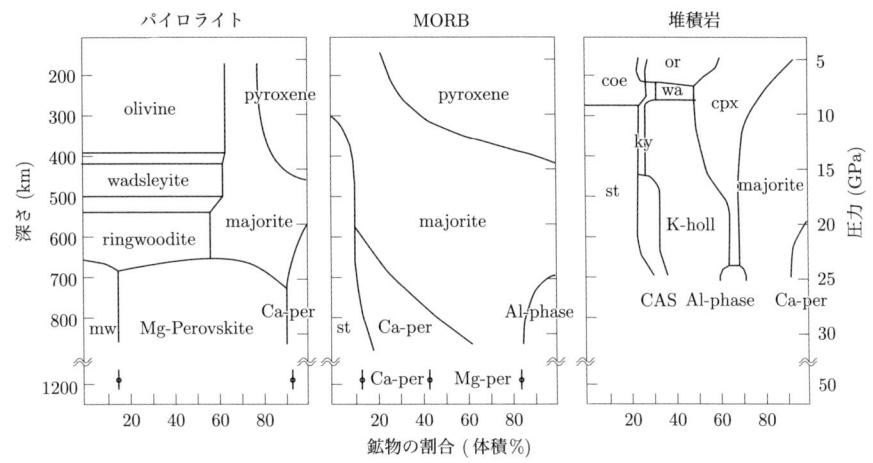

図 9.30 パイロライト，MORB，堆積岩の圧力に伴う鉱物組み合わせ変化
mw: magnesiowüstite, Ca-per: Ca-perovskite, st: stishovite, Mg-per: Mg-perovskite, Al-phase: aluminous phase, coe: coesite, or: orthoclase, wa: wadeite, cpx: clinopyroxene, ky: kayanite, K-holl: K-hollandite, CAS: calcium aluminosilicate phase (Poli and Schmidt, 2002 による).

マントル対流のパターンを理解する上でも，このクラペイロン勾配は重要である．負の勾配の程度が大きければ，マントル対流による混合を妨げ，660 km を境に混合が起こらず，その場合は 2 層対流の可能性も考えられるからである．このような重要性からポストスピネル相転移のクラペイロン勾配が実験的に制約されてきているが，報告により −3 MPa/K 程度の負の勾配から 0 MPa/K までのばらつきがあり，まだきちんと制約されているとは言い難い．しかしながら，マントル対流が 660 km を境に 2 層対流になるような大きな負の勾配をもつことはないようであり，適度に混合されている状況がもっともらしい．今後の研究の進行が期待される．

加えて，沈み込むスラブの MORB 相の挙動も重要な役割を果たしている．ザクロ石は沈み込むスラブの特に MORB (玄武岩) 層の重要な主要構成鉱物であり，この相転移現象により，周りのマントルと MORB 層の密度が 660 km 付近を境に逆転することが想定される．それにより，660 km 付近までザクロ石の存在により重かった海洋プレートは軽くなり，プレートを 660 km 付近に滞留させる原因となると考えられる．このような密度変化は実験から得られた鉱物組み合わせから計算できる．その鉱物組み合わせを図 9.30 に示す．また，それにより計算された密度変化を図 9.31 に示す．

このように，これら 2 つの原因により，沈み込むスラブは 660 km 不連続面を境にスタグナントしやすくなると考えられる．

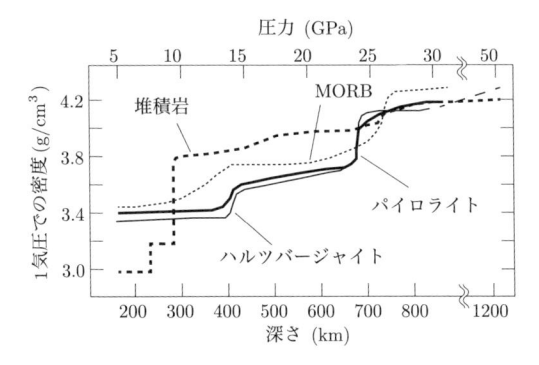

図 9.31 深さに伴うパイロライト，ハルツバージャイト，MORB，堆積岩の密度変化 (Poli and Schmidt, 2002 による)

演習問題

(1) PREM モデルによる地球内部の地震波速度分布を用いて，地球のマントル (24.4〜2891 km) での密度分布を計算してみよ．ただし，計算を簡略化するため，マントルでの重力加速度は約 10 m/s² で一定と仮定する．また PREM モデルにおいて深さ 220, 400, 670, 2891 km に存在する不連続面での密度ジャンプは，PREM モデルの密度ジャンプの値を用いて計算すること (PREM モデルの P 波速度，S 波速度，密度ジャンプの値は解答欄の表 B.1 のデータを参照のこと).

(2) Mg_2SiO_4 ウォズレアイトの格子定数 $a = 5.6983$ Å，$b = 11.4380$ Å, $c = 8.2566$ Å (斜方晶系)，$Z = 8$ のときの密度を求めよ．また Mg_2SiO_4 リングウッダイトの格子定数 $a = 8.0709$ Å (立方晶系)，$Z = 8$ のときの密度を求めよ．さらに $MgSiO_3$ ケイ酸塩ペロブスカイト ($a = 4.7754$ Å, $b = 4.9292$ Å, $c = 6.8969$ Å (斜方晶系)，$Z = 4$) と MgO ペリクレース ($a = 4.211$ Å (立方晶系)，$Z = 4$) との密度を求めよ．そして，これらの結果から，相転移における密度ジャンプについて議論せよ．原子量としては，$Mg = 24$, $Si = 28$, $O = 16$ とする．

(3) 表 9.4 のカンラン石の高圧相転移におけるエンタルピー，エントロピー，体積変化の値を用いて，それぞ

れの相転移境界を 1000〜2000 K の範囲で 100 K ごとに計算せよ．また温度圧力勾配を比較せよ．ただし，この計算では単純化のため，エンタルピー，エントロピー変化の温度依存性および体積変化の温度圧力依存性はないと仮定して計算すること．

(4) 蛇紋石の中の多形アンチゴライト $Mg_6Si_4O_{10}(OH)_8$ は約 5 GPa 以上では以下の脱水分解反応が起こり，高圧含水相 A 相 $(Mg_7Si_2O_8(OH)_6)$ が生成する．
$5Mg_6Si_4O_{10}(OH)_8$ (アンチゴライト)
$\quad \to 2Mg_7Si_2O_8(OH)_6 + 16MgSiO_3 + 18H_2O$
$\qquad$ A 相 $\qquad\qquad$ 輝石 $\qquad$ 流体相

このときに放出される流体の H_2O と A 相に入り地球深部へ運搬される H_2O 成分の割合を計算せよ．ただし流体は純粋な H_2O と仮定して計算すること．原子量としては，Mg = 24, Si = 28, O = 16 とする．

参 考 文 献

Anderson, D.L., 1989, Theory of the Earth, Blackwell Scientific Publications, 366p.

赤荻正樹, 1996, 第 4 章：地球構成物質の高圧相転移と熱力学, 岩波講座地球惑星科学 5 地球惑星物質科学, 岩波書店, p.123–176.

秋本俊一, 1978, 第 3 章：超高圧高温実験と地球深部物質, 岩波講座地球科学 2 地球の物質科学 I —高温高圧の世界— (秋本俊一, 水谷 仁編), 岩波書店, p.157–243.

井田喜明, 水谷 仁, 1978, 第 1 章：地球を構成する物質の物性, 岩波講座地球科学 2 地球の物質科学 I —高温高圧の世界— (秋本俊一, 水谷 仁編), 岩波書店, p.1–100.

入舩徹男, 2003, 第 1 章：固体地球の内部構造と構成物質, 地球化学講座 3 マントル・地殻の地球化学 (野津憲治, 清水 洋編), 培風館, p.1–22.

大野一郎, 1996, 第 2 章：地球と惑星を構成する鉱物の物性, 岩波講座地球惑星科学 5 地球惑星物質科学, 岩波書店, p.41–90.

松井義人, 1979, 第 8 章：元素の存在度, 岩波地球科学選書「岩石・鉱物の地球化学」, (松井義人, 坂野昇平編), 岩波書店, p.265–281.

村松郁栄, 1977, 第 2 章：地球内部の物理的性質, 新地学教育講座 5 地球内部の物理・化学 (牛来正夫監修, 地学団体研究会編), 東海大学出版会, p.23–44.

10
地球内部のダイナミクス

地球のマントルや外核の内部では，熱対流に象徴されるダイナミックな運動が起こっている．これらの運動は大陸移動やプレート運動，あるいは地球の磁場の生成やその逆転といった，地球表面で我々が観測できるさまざまな地学現象の原動力となっている．さらに地震波トモグラフィー法などの観測手法の近年の進歩により，地球内部で起こっている運動の描像が（間接的ではあるものの）容易にイメージできるようにもなってきた．とはいえ，現象そのものがもつ時空間スケールの特異さのため，地球内部での流れを直接観測することは依然として困難である．そのため，地球内部のダイナミクスを調べる上では，現象を支配する物理法則を理解し，それに基づいて内部の流れの様子や物理的状態を予測することが決定的に重要である．本章では，地球内部のマントルや外核のダイナミクスを概観するとともに，これらを記述する基礎的理論を紹介する．

◆　◆　◆　◆　◆　◆

10.1　序：地球内部のダイナミクスと地表面現象との関わり

地球の内部は大きく分けて，地殻 (crust)，マントル (mantle)，核 (core) の 3 つの層から構成されている．このうち，地殻は岩石質で地表面から深さ約 30 km までの領域を指し，マントルは同じく岩石質で深さ約 2900 km までの領域を指す．核はそれより内側を占める，地球中心から半径約 3500 km の部分であり，鉄を多く含んだ合金からなる．地震波の S 波の伝わり方の違いから核は 2 つに区別されており，外側の約 2300 km を占める流体の部分を外核 (outer core)，内側の約 1200 km の固体の部分を内核 (inner core) と呼んでいる．特に地球内部のダイナミクスの研究では，マントル中や外核中での運動の様子を調べることが主要なターゲットになっている．

地球内部のマントル内に大規模な運動が存在することを強く示唆したのは，おそらくイギリスの Arthur Holmes (1890–1965) による 1931 年の研究が最初であろう．Holmes はマントル内部に含まれる放射性元素の崩壊による熱源の存在を考慮し，マントルの中で熱対流が起こりうること，およびマントルの熱対流が大陸移動の原動力になりうると主張した．この「大陸移動説」はこれより前の 1912 年にドイツの Alfred Lothar Wegener (1880–1930) が，地質・古生物・古気候などの資料をもとにして提案したものであった．Wegener はさらに 1915 年には，かつて存在したパンゲア超大陸が，約 2 億年前から分裂・漂流を開始し，現在の位置・形状に至ったとする説を公表したものの，当初はほとんど受け入れられなかった．その大きな原因は，大陸を動かす力が説明できなかったことであったが，マントル対流という原動力が示唆されたことによって，その妥当性が認められるようになった．その後，大陸移動説はマントル対流理論を媒介として海洋底拡大説と融合し，1970 年代に至ってプレートテクトニクス理論へと昇華する．さらに現代では，GPS などの宇宙測地技術を用いることにより，プレートの動きを直接測ることができるようになった．図 10.1 に，NNR–NUVEL–1 と呼ばれるプレート運動モデルに基づく，地表面のプレート運動の速度分布の実測値 (Argus and Gordon, 1991) を示す．図より，プレートは各々がまさに「一枚岩」のごとく，剛体的にふるまっていることが見てとれる．またこの図からは，プレートの運動速度は典型的には年間数 cm 程度，最大でも年間十数 cm 程度であることもわかる．プレート運動の速度とマントル対流の速度がほぼ同じと考えれば，マントルの流れも典型的には年間 10 cm 程度の速度と見積もることができる．

加えて近年は，地震波トモグラフィーと呼ばれる手法によって，マントルの内部が対流している様子をより明解に示すイメージが得られるようになってきた．地震波トモグラフィー法によって得られた地球内部の断面を図 10.2 に示す．この図は地球のマントル内部のいくつかの深さにおける，地震波の P 波 (縦波) の伝播速度の分布 (Obayashi et al., 2006) を示したもので，実線および破線の等値線で囲まれた領域はそれ

それ，P 波速度がその深さでの平均値と比べて有意に低い領域と高い領域を表している．こうした地震波伝播速度の異常は，第一義的には温度の違いに起因すると考えられ，低速度異常は高温の上昇域，高速度異常は低温の下降域と解釈される．図 10.2 で示された地下深部の地震波速度分布は，地表面から我々が推察する内部のイメージを実によく説明できている．例えば，ハワイやタヒチ島といった，プレート境界から遠く離れたプレートの内部に発生する火山は「ホットスポット」(hotspot) と呼ばれる熱源に由来し，その熱源の位置はマントル中でほぼ固定されていると考えられている．実際に図 10.2 によれば，地下 600 km の深さにまで筒状の上昇流の存在を示唆する低速度異常が観察されている．さらにアフリカと南太平洋の 2 つの地域では，マントルのより深部に起源をもつ上昇流の存在を思わせるキノコ状の塊が，地下 2500 km の深さでも認められている．これらは直径 3000 km にも及び，スーパープルーム (superplume) などと呼ばれている．同様に，アジア東北部の地下 600 km の深さには，日本列島の下に北西方向に沈み込んだ太平洋プレートの残骸を思わせる面状の高速度異常が観察される．ただしこの高速度異常は，深さ 1200 km になるとほとんど観察されなくなる．このことは，マントル内に沈み込んだプレート (スラブとも呼ばれる) が，この範囲の深さで複雑な動きを呈していることを意味している．なおこの地域では，日本列島の下に沈み込んだ太平洋プレートが，マントル遷移層の下面付近の位置でほぼ水平に横たわっている様子が観察されている．このようなスラブは「停滞スラブ」あるいは「スタグナントスラブ」(stagnant slab) などと呼ばれている．

一方，外核のダイナミクスを研究する上での大きな目標の 1 つは，地球の磁場の成因である．方位磁針の N 極が北を指すことなどからわかるように，地球は固有の磁場をもつ．地球の磁場は大局的には「双極子」(dipole) 型と呼ばれる形をしている．双極子型の磁場とは，1 本の棒磁石が作る磁場のことである．地球の磁場は，南北方向を向いた 1 本の棒磁石が，地球の中にあると仮定した場合に生じるものとほぼ同じである．

ただし地球が固有の磁場をもつ原因は，地球の内部に「永久磁石」があることではない．なぜならどんな物質でも，ある温度より高い温度では磁石としての性質を保つことはできないからである．この温度は「キュリー (Curie) 温度」または「キュリー点」と呼ばれている．キュリー温度は物質によって違った値をもつが，鉄では約 770°C の温度である．よってこれより高い温度では鉄は磁石としての性質を失ってしまうので，地球内部に相当する高い温度のもとで永久磁石の性質を保ち続けることはできない．

地球の内部に永久磁石が維持できない以上は，地球の固有の磁場は電磁石によって維持されていなければならない．地球の内部の物質を考えると，このような

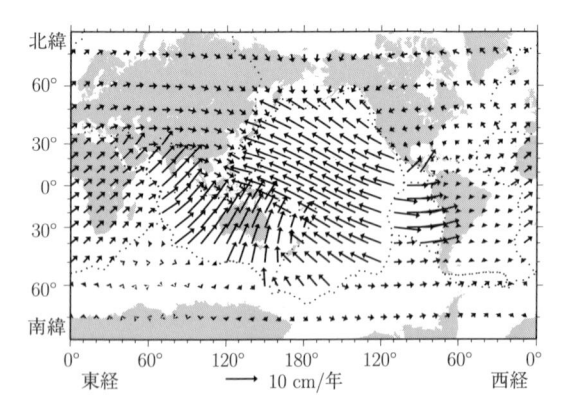

図 10.1　NNR–NUVEL–1 による，プレート運動の観測値 (矢印) とプレート境界の位置 (点線)

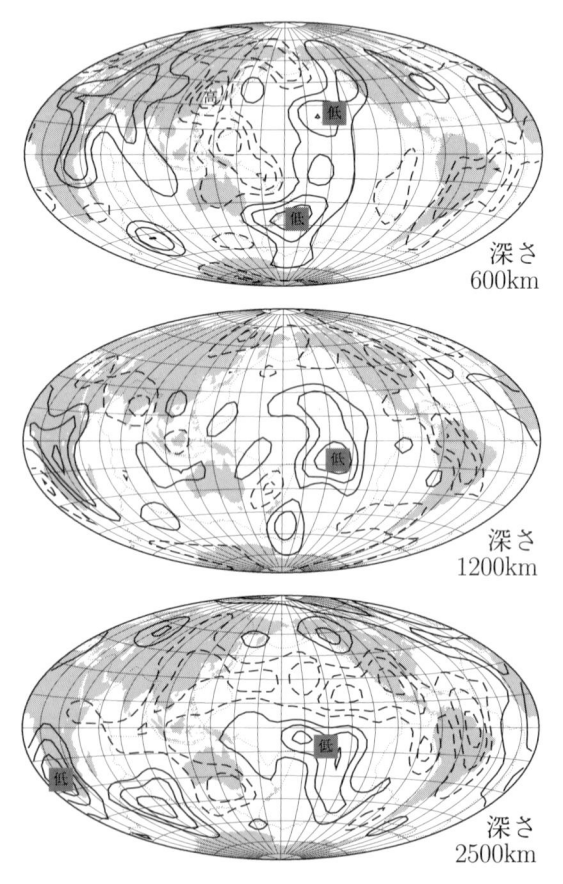

図 10.2　地震波トモグラフィーによってイメージングされたマントル内部の様子
ここでは，地震波の P 波 (縦波) の伝播する速度が，その深さの平均値と比べて有意に遅い領域と速い領域の平面分布を示しており，実線は低速度異常，破線は高速度異常を示す．

電流が流れている場所としては，電気を流す物体 (導体) の金属からできている核がふさわしい．電磁気学の「右ねじの法則」に従い，直線状の電流を流すと，右ねじの回転する方向に誘導磁場が生じる．これを応用すると，円を描くように流れる電流によって，双極子型の磁場を作ることができる．地球の内部に「西まわり」の電流が流れていると考えれば，地球の磁場の形を作ることができる．

地球の固有の磁場を電磁石によって維持しようとするならば，何らかの仕組みによって，核の中に電流を流し続けなければならない．金属鉄からなる核にも (小さいとはいえ) 電気抵抗があるからには，それに打ち勝って電流を流し続けるためには，起電力をかけ続けることが必要となる．この起電力の起源は，外核中の流体金属の運動による電磁誘導である．「レンツ (Lenz) の法則」によれば，コイルを貫く磁場が変化すると，その変化を打ち消そうとする向きに誘導起電力が生じる．これと同様に，導体である核の中の鉄が磁場の中を動くことにより，起電力が生じている．

この考えをさらに進めたものが，「ダイナモ (dynamo) 機構」と呼ばれるものである．磁場の中で外核中の流体鉄が流れることにより，誘導起電力が発生する．この起電力によって電流が流れると，誘導磁場が作られる．もし外核の中の流体鉄の流れがうまく調整されていれば，もとの磁場と同じ形の磁場が発生することができるであろうし，その繰り返しによって磁場がどんどん強められるようになるであろう．ここで「ダイナモ」とは発電機のことであるが，外核中のダイナモ機構とは，外核中の流体鉄が対流する運動エネルギーを，地球の磁場のエネルギーにうまく変換するための過程である．現在では，外核内の流体鉄の運動に起因するダイナモ作用が地球磁場の成因であるとの理解がほぼ確立されている．

上に述べた例からもわかるように，地球内部で生じているダイナミックな運動は，我々が地球表面で観察しているさまざまな地学現象の原動力になっている．ただし，こうした内部の運動の様子を直接観測することは極めて困難である．その理由の1つはもちろん，地表から深い穴を掘ったところで地球の奥深くまで届きはしないことである．しかしより本質的な困難は，現象そのものがもつ時空間スケールの特異さにある．例えばマントルの流れの速度が (プレートと同じく) 年間 10 cm 程度であったとしても，厚さ 2900 km のマントルの層全域を動くのに 2900 万年もの時間を要すると見積もられる．言い換えれば，我々がどれほど長い時間をかけて観測を続けたところで，地球内部の流れを見渡すのに十分とはいえない．それゆえ，地球内部のダイナミクスを調べる上では，現象を支配する物理法則を理解し，それに基づいて内部の流れの様子や物理的状態を予測することが決定的に重要になる．そこでこれ以降の部分では，地球内部のダイナミクスを記述する上で必要な基礎的理論を紹介する．

10.2　地球深部での物質の変形の仕方

図 10.3 に，PREM (Preliminary Reference Earth Model) と呼ばれる地球内部の 1 次元構造モデル (Dziewonski and Anderson, 1982) に基づく，P 波 (縦波．押し引きを伝える) や S 波 (横波．ねじれを伝える) の伝わる速度，および密度の分布を示す．このうち特に S 波の伝わり方に注目してみると，S 波はマントルや内核の中は伝わるものの，外核の中は伝わらない．これに基づいて，マントルや内核は固体であり，外核は流体であると結論づけられているのであった．

しかし，「固体」であるマントルが「流れる」こと

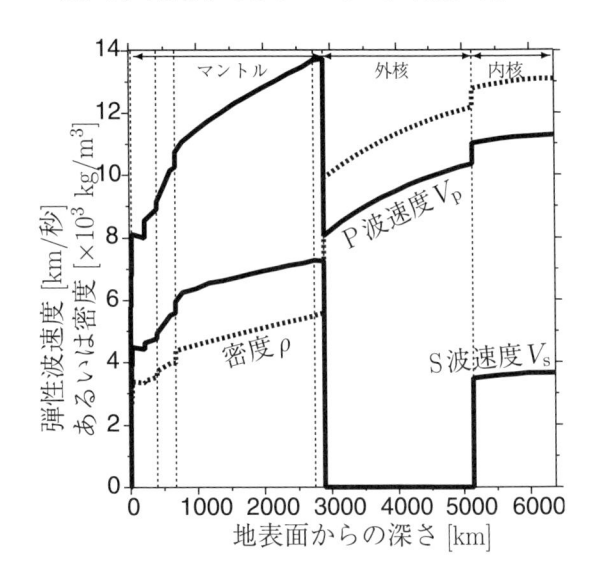

図 10.3　Dziewonski and Anderson (1982) の PREM による地球内部の地震波速度・密度の分布

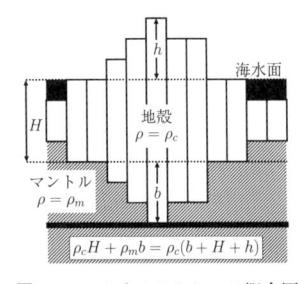

図 10.4　アイソスタシーの概念図
図に示すのは厳密にはエアリー (Airy) のアイソスタシーモデルと呼ばれるもので，図の太線より上部にある物質の質量の総和が場所によらず一定になるとするモデルである．

によって生じている現象がいくつもある．マントル対流はもちろんのこと，アイソスタシー (isostasy) や後氷期回復 (postglacial rebound) といった現象もその例である．アイソスタシーとは「地殻均衡説」とも呼ばれ，軽い (密度の小さい) 地殻が重い (密度の大きい) マントルの上に「浮いている」現象である．図 10.4 にその概念図を示す．この考え方により，標高の高いところ (例えばヒマラヤ山脈) では地殻が厚く，逆に標高の低いところでは地殻が薄くなっている現象が説明できる．また後氷期回復とは，氷河期に地表面を覆っていた氷河が溶けた後に地表面がはね上がる現象である．氷河期には最大で約 2000～3000 m もの厚さに達する氷河が発達し，その重みが地表面を押し下げていたが，氷河がなくなった後氷期にも新たにアイソスタシーを回復させようとして，地表面の隆起が起こっている．後氷期回復は例えばグリーンランドやスカンジナビア半島で顕著に観測されており，現在でも年間 1 cm 程度の速度で地表面の隆起が続いている．なお地表面の隆起が今なお続いているのはマントルの粘性 (粘り気) が大きいためであり，地殻が完全に浮き上がるまでに数千年もの時間が必要だからである．

では，「固体」であるはずのマントルが「流れる」という性質を示すのには，どのような条件が必要なのだろうか．その仕組みを理解するために，物質が変形する仕組みやその特性について学ぶことにしよう．

▶ **10.2.1 物質の変形する仕組み：弾性・粘性・塑性**

地球惑星を構成する物質の変形する仕組みには，大きく分けて弾性 (elasticity)，粘性 (viscosity)，塑性 (plasticity) の 3 種類がある．これらの仕組みによって生じる変形の様子は，力学模型を使って図 10.5 に概念的に示すことができる．

このうち弾性とは，簡単にいえば「ばね」の性質のことである．ばねには，力を加えると即座に変形し，かつその力を取り去ると即座にもとの形に戻る，という性質がある．さらに，加える力 F とばねの伸び x の間には，

$$F = \bar{k}x \quad (10.1)$$

という比例関係がある．なおこれはフック (Hooke) の法則と呼ばれるものである．また式 (10.1) 中に登場する「ばね定数」$\bar{k}$ は，ばねが「固い」ほど大きい．

これに対して粘性とは，流体がもっている，動きに抵抗する性質である．力学模型では「ダッシュポット」によく例えられる．ダッシュポットとは，図 10.5(b) に示すような，ピストンとシリンダーからなる振動減衰器のことであり，例えば車やバイクでは，アクセルを急に放したとしても急激な振動が伝わらないようにするのに役立っている．ダッシュポットは，力が加えられている間はどこまでも変形しようとし，その力を取り去ってももとの形には戻らない．また加える力 F と，ダッシュポットの伸びる速度 $\dfrac{dx}{dt}$ の間には

$$F = \bar{\mu}\frac{dx}{dt} \quad (10.2)$$

という比例関係がある．式 (10.2) 中に登場する比例定数 $\bar{\mu}$ は流体の粘性率に対応するもので，流体が「ねばねば」であるほどは $\bar{\mu}$ は大きい．

塑性による変形は，例えていえば摩擦のある床の上にある物体を引きずるような状況に相当する．具体的には，かかっている力が小さいときには変形しないものの，ある程度大きな力が働くと変形が起こる．さらにその力を取り除いても，変形する前の状態には戻らない．塑性による変形は地表面付近の浅い部分で起こる変形 (断層のすべり，地震など) では重要になってくる．ただし本章で扱う地球深部のダイナミクスを理解する上では，弾性と粘性の 2 つの性質を考えれば十分である．

▶ **10.2.2 粘弾性とは**

現実の物質は，弾性と粘性の両方の性質を合わせもっているのが普通である．このような性質を粘弾性 (viscoelasticity) といい，粘弾性的な性質をもっている物体を「粘弾性体」という．当然ながら，地球内部を構成する物質にも粘弾性の性質がある．例えばアイソスタシーや後氷期回復による地表面の変形は，固体状態にある地球のマントル物質にも粘性の性質があることの証拠である．

粘弾性体の性質は，ばねとダッシュポットを組み合わせることによって表現される．何個のばねやダッシュポットを含むか，かつこれらをどのように組み合わせるかによって，さまざまな粘弾性の性質が表現される．その例を図 10.6 に示した．このうちもっとも代表的なものはマクスウェル (Maxwell) 粘弾性 (図 10.6(a))

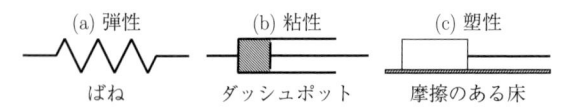

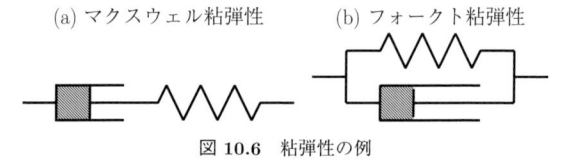

(a) 弾性　　　　(b) 粘性　　　　(c) 塑性
ばね　　　　ダッシュポット　　摩擦のある床

図 10.5　地球惑星を構成する物質の変形する仕組みの 3 つの代表例

(a) マクスウェル粘弾性　　(b) フォークト粘弾性

図 10.6　粘弾性の例

であろう．マクスウェル粘弾性とは，ばねとダッシュポットが直列につながっている状態に相当するもので，長時間にわたって「固体が流れる」という性質をうまく表現することができる．マクスウェル粘弾性では，ばねとダッシュポットの両方に同じ大きさの力が働き，両者の伸びの和がマクスウェル粘弾性体全体の伸びとして表される．これに対し，ばねとダッシュポットが並列につながった状態に相当する性質はフォークト (Voigt) 粘弾性と呼ばれる (図 10.6(b))．フォークト粘弾性では，ばねとダッシュポットの両方が同じだけ伸びようとし，各々を伸ばすのに必要な力の和がフォークト物体全体にかかる力となる．マクスウェル粘弾性とは異なり，フォークト粘弾性は比較的短い時間で起こる非弾性的な変形 (例えば地震波が減衰する現象) を記述するのに適している．

マクスウェル粘弾性体のふるまいの特徴は，どれくらいの長さの時間をかけて観察するかによって異なって見えることである．これを理解するために，マクスウェル粘弾性体に一定の力をかけ続けて引き伸ばすことを考えよう．時刻 $t = 0$ で一定の力 F をかけ始めるとし，その後のマクスウェル粘弾性体の伸び x がどう時間変化するかを調べてみる．図 10.7 は，このときのマクスウェル粘弾性体の伸び x の時間変化を示したものである．図の縦軸である伸び x には $F/\bar{k}$ の間隔で，横軸である時刻 t には $\bar{\mu}/\bar{k}$ の間隔で目盛りが打ってあることに注目してほしい．

図 10.7 に示されるように，マクスウェル粘弾性体の伸び x は時刻 $t = 0$ で瞬間的に大きくなり，その後も一定の傾きで伸び続ける．このうち，$t = 0$ での瞬間的な変化はばねの伸びに起因するものである．式 (10.1) より，ばねは力 F を受けたことによって $F/\bar{k}$ (図 10.7 の縦軸の目盛り 1 つ分) だけ，力を受けた瞬間に伸び

る．またその後も一定の力がかかっているため，ばねの伸びは全く変化しない．これに対し，$t > 0$ の時間に起こっている変化はダッシュポットの伸びに起因する．一定の力を受けている間は，ダッシュポットは一定の速度で伸び続ける．式 (10.2) より，ダッシュポットが伸びる速度は $F/\bar{\mu}$ である．

図 10.7 でもう 1 つ注目すべきことは，横軸の目盛り 1 つ分に相当する時間の長さの意味である．ここで登場した $\bar{\mu}/\bar{k} \equiv \tau_{ve}$ はマクスウェル時間 (Maxwell time) あるいは粘弾性緩和時間 (viscoelastic relaxation time) と呼ばれ，マクスウェル粘弾性体の性質によって決まる量である．時刻 $t = \tau_{ve}$ でダッシュポットの伸びとばねの伸びが同じになり，さらに時間が経過した $t > \tau_{ve}$ の場合にはダッシュポットの伸びがばねの伸びを上回るようになる．すなわち，マクスウェル粘弾性体ではマクスウェル時間 τ_{ve} と比べて短い時間スケールでは弾性的なふるまいが目立つのに対し，τ_{ve} と比べて長い時間スケールでは，粘性的なふるまいが目立つことがわかる．

▶ 10.2.3　地球内部物質の弾性・粘性・粘弾性

ここでは，地球物理学的データから見積もられる地球内部物質の弾性・粘性に基づき，マクスウェル粘弾性から考えられる性質を調べる．特に，固体のマントルが示す，弾性的なふるまいと粘性的なふるまいの時間スケールの違いの原因を考えてみる．

物質の弾性定数は，圧力の単位 [Pa] で測られる．図 10.8 は地震波の伝わり方から見積もった地球内部の弾

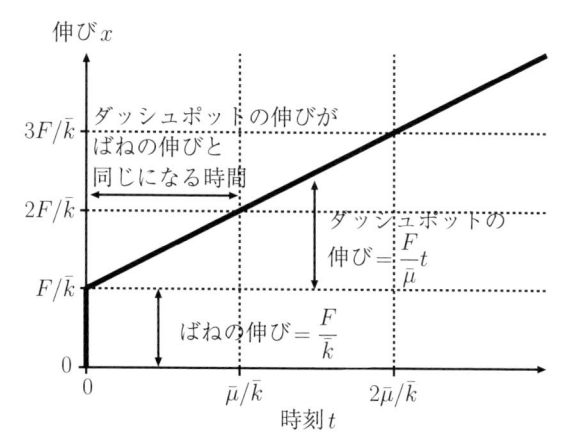

図 10.7　マクスウェル粘弾性体の応答の例
ここでは時刻 $t \geq 0$ から一定の力 F をかけ続けた場合のマクスウェル粘弾性体の伸び x の時間変化をグラフにしている．

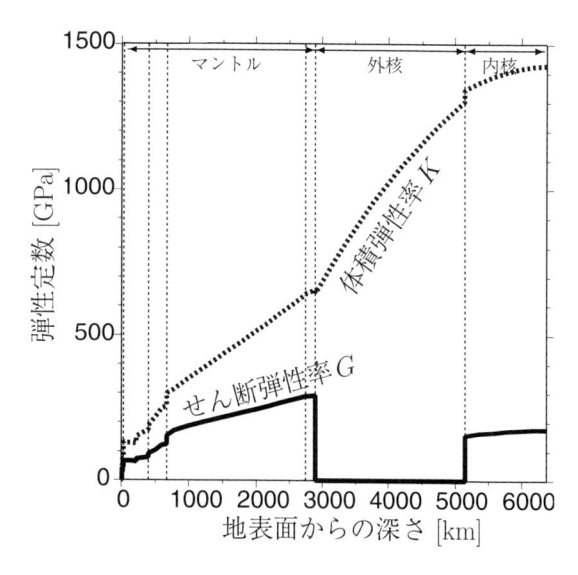

図 10.8　Dziewonski and Anderson (1982) の PREM (Preliminary Reference Earth Model) による地球内部の弾性定数の分布

性定数の分布を示す．これによると，弾性定数の1つである体積弾性率 (bulk modulus) K は，地球マントルでは $K \simeq 10^{11}$ Pa 程度 (最上部で約 100 GPa，最下部で約 600 GPa) である．またもう1つの弾性定数であるせん断弾性率 (shear modulus) G は，地球マントルでは $G \simeq 10^{11}$ Pa 程度 (最上部で数十 GPa，最下部で約 300 GPa) になる．なおせん断弾性率は剛性率 (rigidity) と呼ばれることもある．

物質の粘性は，圧力×時間の単位 [Pa s] で測られる．図 10.9 は上部マントル最上部 (圧力がほぼ 0) に相当する条件におけるマントル物質の粘性率の値の見積もりを示す．図にも示されるように，マントル物質の粘性率の値は温度などの条件によってさまざまに変化するのだが，例えば後氷期回復による地表面の隆起速度を使った見積もりによれば，上部マントルで典型的にはおよそ $10^{20} \sim 10^{21}$ Pa s 程度，下部マントルではその数十倍程度と考えられている．表 10.1 に示した他の一般的な流体の粘性率と比較すると，マントルの粘性率は極めて大きく，とても「ねばねば」している．

以上のデータをもとに，マントル物質のマクスウェル時間 τ_{ve} を見積もってみると，およそ数十〜数百年程度の値が得られる．この τ_{ve} の値をこれまでに出てきた現象の時間スケールと比べてみると，マントルが弾性と粘性の両方の性質を示すことを説明できる．例えば，地震波が地球内部を伝わる現象は弾性が支配的なものの例であるが，この時間スケールは高々数秒から数時間であり，マントル物質のマクスウェル時間 τ_{ve} と比べて有意に短い．また，粘性が支配的な現象である後氷期回復は数千年程度の時間スケールをもって起こる現象であり，この時間スケールは τ_{ve} と比べて有意に長い．また，さらに長い時間 (例えば数百万年以上) をかけて固体地球内部で起こる現象には，物質の粘性的なふるまいが非常に重要である．

[例題 10.1] 地球の上部マントルを構成する岩石の粘性率が 10^{21} Pa s，弾性率が 10^{11} Pa として，マクスウェル時間 τ_{ve} を計算により求めよ．ただし，1 年が 3.1536×10^7 秒であることを用いよ．

[解答] 以下のように計算できる．
$$\tau_{ve} = \frac{粘性率}{弾性率} = \frac{10^{21}[\text{Pa s}]}{10^{11}[\text{Pa}]} = 10^{10}[秒]$$
$$= \frac{10^{10}}{3.1536 \times 10^7}[年] \simeq 3.17 \times 10^2[年]$$

10.3 地球内部の流動現象を記述する基礎理論

地球内部のダイナミックな運動を記述するために使われるのは，流体力学あるいは連続体力学と呼ばれる物理の分野の原理である．その背後にある考え方を図 10.10 に概念的に示している．固体や流体の運動・変形を考える手段として，物体を仮想的な「粒子」(つぶ) の集まりだと見なす．そしてこれらの仮想的な「粒子」の運動や，「粒子」同士の力のつりあいを考える．例えばコップの中に入っている水の運動を調べたいときには，多数の流体「粒子」がコップの中を隙間なく埋めており，ある流体「粒子」の周りには別の多数の流体「粒子」が必ずあるものと仮定している．このような仮定のもとで，1つ1つの流体「粒子」の運動の様子を考えていく．具体的には，流体力学で学習する「ナビエ–ストークス方程式」(Navier–Stokes equation) と呼ばれる方程式を出発点として，これに地球内部を構成する物質の特徴を組み込むことにより，個々の地球内部ダイナミクス問題に特化した方程式系が導かれる．

これらの方程式系はナビエ–ストークス方程式と同

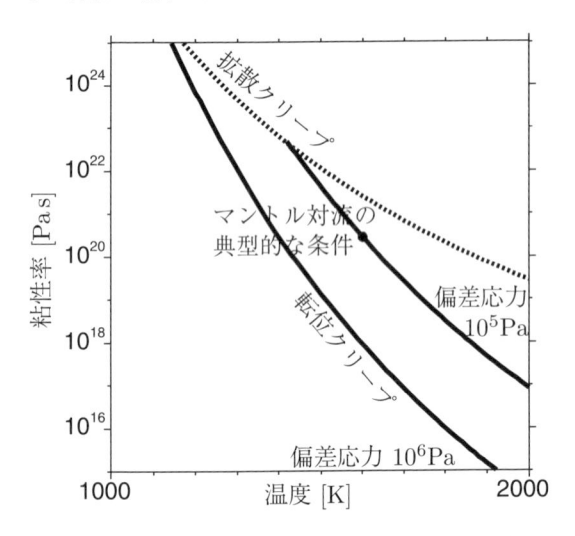

図 10.9 Schubert et al. (2001) による，上部マントル最上部 (圧力が 0) の条件下でのマントル物質の粘性率．なお図中の「マントル対流の典型的な条件」とは，温度 1600 K で，ひずみ速度 10^{-15} s^{-1} の場合を指している．

表 10.1 身近な物質と地球内部物質の粘性率の比較

物質	粘性率 [Pa s]	
空気	10^{-6}	$(-70 \sim 60°\text{C})$
水	10^{-3}	$(0 \sim 100°\text{C})$
上部マントル	$10^{20} \sim 10^{21}$	(固体の岩石)
外核	10^{-2}	(流体の鉄合金)

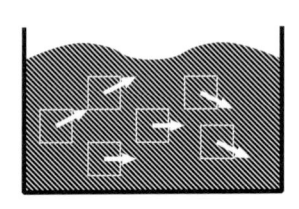

図 10.10 流体力学や連続体力学で考える流体「粒子」の概念図

様，あるいは時にはそれ以上に取り扱いの難しいものになるのだが，その根本にある考え方は実は「ニュートンの運動の法則」(慣性の法則，運動方程式，作用・反作用の法則) に他ならないのである．極端な言い方をすれば，地球内部で起こっている運動の仕組みを理解するだけならば，高校の物理でも登場した「ニュートンの運動方程式」($ma = F$) があれば十分である．ただし本当に問題となるのは，上記の運動方程式の右辺に現れている「力」F として，さまざまな力の寄与をまとめて考えなければならないことである．そこで以下では，地球内部にある物体に働いている力を知ることからスタートする．

▶ **10.3.1 物体が受ける力**

まず最初に，物体に働く力を「体積力」(body force) と「面積力」(surface force) の2種類に区別しておこう．このうち体積力とは，物体の体積や質量に比例して働く力のことであり，例えば重力・電磁気力 (ローレンツ力)・慣性力 (コリオリ力・遠心力など) などがこれにあたる．一方の面積力とは，物体を囲んでいる面の大きさに比例して働く力のことであり，圧力，応力などがこれにあたる．例えば図 10.11 に示した角柱を例に考えると，角柱に働く重力は $\rho gy\delta A$ [N] であり，角柱の底の面に働く圧力は $\frac{\rho gy\delta A}{\delta A} = \rho gy$ [N/m^2 = Pa] と書ける．このように，物体に働く力をそれぞれ調べ上げ，これらの力の合計 (合力) をとることで，物体の運動やそこに働く力のつりあいを考えていくことになる．

a. 物体が受ける体積力

物体に働く体積力のうち，もっとも基本的なものは重力である．どんな物体でも質量 (=体積×密度) に比例した重力を受けている．ただし物体の内部で働く重力は，主に浮力 (buoyancy) という形で登場してくる．例えば図 10.12 に示される通り，周囲と比べて密度の小さい物体の塊に働く力を考えよう．この低密度の塊は質量が小さく，周囲と比べて少ない重力しか受けていない．浮力とは，この物体が受けている重力と周囲の物体が受けている重力の差に由来するものであ

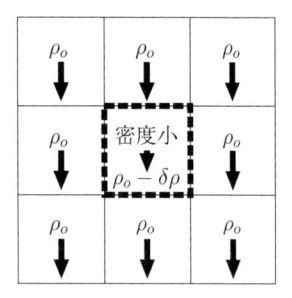

図 10.12 浮力の働く例
物体中にある密度の低い塊には，浮力が働く．

り，その結果はアルキメデス (Archimedes) の原理の通り「液体中の物体は，その物体が押しのけた液体の重量だけ軽くなる」ことになる．

では，物体の密度の違いはどうやって生じるのであろうか．その1つは物質の種類や組成の違いである．当然ながら，岩石や鉱物の種類が違えば密度は異なる．例えば図 10.4 の地殻均衡説や後氷期回復を考える際でも，地殻が受ける「浮力」が大事な役割をしているが，この浮力は地殻を構成する岩石がマントルの岩石よりも密度が小さいことに起因している．また岩石の種類は同じでも，構成する鉱物の組み合わせが異なれば密度も異なる．同様の密度変化は例えば海水であっても起こり，海水の場合には塩分濃度の違いが密度の違いを生む大事な要素となっている．

これ以外の大事な密度変化の要因の1つは，温度によって生じる密度の違いである．一般に，温度が高いと物体は膨らむ．この性質を熱膨張 (thermal expansion) という．物体が熱膨張する度合いは「熱膨張率」(coefficient of thermal expansion) という量で測られ，一般に α_v という記号で表される．図 10.13 のように，温度 $T = T_o$ で体積 V_o かつ密度 ρ_o であった物体の温度を $T = T_o + \delta T$ まで上げたとき，体積が $V_o + \delta V$ に増加し，密度が $\rho_o - \delta\rho$ に減少したとしよう．この場合の熱膨張率 α_v は以下のように定義される．

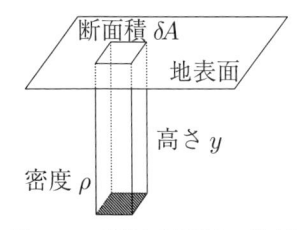

図 10.11 体積力と面積力の働く例
図の角柱にも，体積力と面積力の両方が働いている．

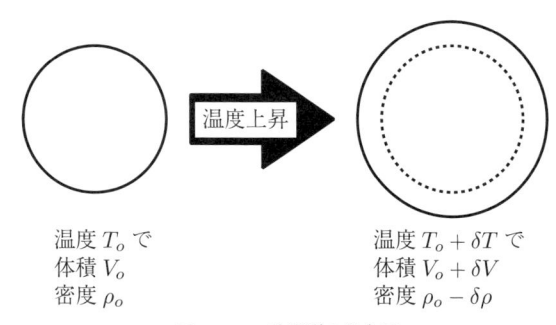

図 10.13 熱膨張の概念図
温度が上昇すると物体の体積が大きくなり，密度が小さくなる．

$$\alpha_v \equiv \frac{\delta V/V_o}{\delta T} = \frac{\delta \rho/\rho_o}{\delta T} \quad (10.3)$$

なお上式で，分母は温度の変化量 δT そのものであるが，分子は体積や密度の変化率 $\delta V/V_o$ あるいは $\delta \rho/\rho_o$ であることに注意すること．熱膨張率は $[K^{-1}]$ の単位をもち，地球内部を構成する物質ではおおよそ $\alpha_v \approx 10^{-5}$ K^{-1} 程度の値である．言い換えれば，密度を1%減らすのに数百Kの温度上昇を要することになる．なお式 (10.3) では簡単のために変化の「割合」を用いて α_v を表現しているが，正統的な熱力学に従うと微分を用いて以下のように定義される．

$$\alpha_v \equiv \frac{1}{V}\left(\frac{\partial V}{\partial T}\right)_p = -\frac{1}{\rho}\left(\frac{\partial \rho}{\partial T}\right)_p \quad (10.4)$$

上式で下付き添字の p は，圧力 p を一定に保った状態で偏微分することを示している．

地球内部のダイナミクスを考える上でもう1つ大事な密度変化の要因は，物質の相状態の違いである．氷と水，水と水蒸気などの例から明らかなように，化学組成が同じでも，相状態が違うと密度が異なる．固体の鉱物でも同様に，相状態（結晶構造）の違いにより密度が変化する．特にマントルの内部で重要なものの1つは，カンラン石 $(Mg,Fe)_2SiO_4$ の一連の相転移であり，特にマントル遷移層の上面・下面に相当すると考えられているものは，マントルのダイナミクスだけでなく，マントル内の温度・圧力条件を制約する上でも重要である．

マントル内のダイナミクスを考える上では，体積力として重力，およびそれに起因する浮力のみを考えれば十分であった．しかし外核内の流体鉄合金のダイナミクスを考える上では，さらにあと2つの体積力を含める必要がある．その1つは慣性力であり，地球の自転に伴う「コリオリ力」(Coriolis force) が外核内の流れに大きく影響している．固体のマントル中では流れが非常に遅い（数cm/年程度）ためにコリオリ力の影響はほとんど無視できるのに対し，流体鉄合金の外核の中の流れには（大気や海洋の流れと同様）コリオリ力の影響が強く現れる．もう1つの体積力は電磁気力であり，導体である流体鉄合金が磁場の中を動くことによって生じる力である．磁場の中にある導体が運動すると，ファラデー (Faraday) の「電磁誘導の法則」により電流が生じる．磁場の中を流れる電流は，フレミング (Fleming) の「左手の法則」に従って，磁場から力を受ける．この力は「ローレンツ力」(Lorentz force) と呼ばれている．これより，外核のダイナミクスは磁場と流体運動，さらに地球の自転の影響とが複雑にからみあう「回転系の電磁流体力学」という枠組みで考えなければならない．

b. 物体が受ける面積力

面積力の代表的な例は，粘性や弾性に起因する力である．これらの力は，面を通して周囲の物体の間で相互に働きあっている．

面積力について注意すべき点の1つは，面に対する力の向きの違いによって，2種類の面積力がありえることである．その例を図10.14に示す．まず1つは，面に対して垂直に働く力であり，これを法線応力 (normal stress) と呼ぶ．圧力も法線応力の例である．もう1つは，面に対して平行に働く力であり，これをせん断応力 (shear stress) または接線応力 (tangential stress) と呼ぶ．ただし，面積力に対してより厳密な議論をする際には，どの面に対する面積力を考えるのかも指定してやらなければならない．言い換えれば，面積力を一意に指定するには，面の向き（法線ベクトル）と力の向きという2つのベクトルを指定する必要がある．このような性質をもつ量は2階のテンソル (tensor) と呼ばれており，応力も2階のテンソルの1つの例である．応力テンソルは $3 \times 3 = 9$ 個の成分で指定される．その成分は σ_{xx} や σ_{yz} のように2つの添字を付けて書き表され，この例ではそれぞれ「x 軸に垂直な面に働く x 方向の応力」（法線応力），「y 軸に垂直な面に働く z 方向の応力」（せん断応力）を指している．

面積力についてもう1つ注意すべき点は，作用・反作用の法則により，接触面を通して物体が互いに力を及ぼしあっていることである．すなわち，どの流体粒子も，周囲の流体粒子から受ける力と同じ大きさで反対向きの力を，その流体粒子に及ぼしている．

弾性による面積力のうち，面に対して垂直に働く力（法線応力）がP波（縦波）に関係し，平行に働く力（せん断応力）がS波（横波）に関係する．P波を生む変形は面の押し引きであり，S波を生む変形は面を横にずらすことによるねじりである．その力の大きさは，「ひずみ」(strain) に比例する．ひずみとは，ある面を

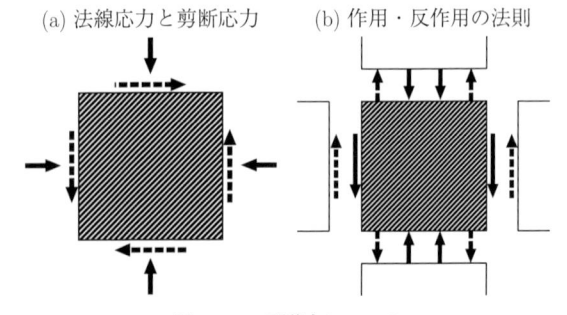

図 10.14 面積力について
(a) 面積力とは，その面に垂直に働く力（法線応力．図の実線）と，平行に働く力（せん断応力．図の破線）の2種類に分類される．(b) 作用・反作用の法則により，周囲から受ける力と同じ大きさで，反対向きの力を周囲に及ぼしている．

挟む2点の間での位置の変化量の差を一般化した概念にあたる．ひずみも2階のテンソルであり，これを一意に指定するには，その面の向き（法線ベクトル）に加えて位置の変化（「変位」displacement）の向きという2つのベクトルを指定する必要がある．なおこれらの力のうち，面を横にずらす弾性の力は固体には発生するものの，流体には発生しない．これが流体中をS波が伝わることができない理由である．

粘性による面積力は，面を押し引きする方向だけでなく，面を横にずらす方向にも力が働く．粘性による面積力の大きさは「ひずみ速度」(strain rate) に比例する．ひずみ速度とは，ある面を挟む2点の間での流れの速度の差を一般化した概念にあたる．ひずみと同様にひずみ速度も2階のテンソルであり，これを一意に指定するには，その面の向き（法線ベクトル）と流れの向きという2つのベクトルを指定する必要がある．また粘性の力により，すべての流体粒子は自分の周囲にある流体粒子となるべく同じ速さで動こうとする傾向をもつ．

例えば図10.15のように，下面境界から発生しようとしている高温の上昇流の塊に働く力を考えてみよう．このとき，浮力により低密度の部分が上向きに動こうとするが，粘性によってその周辺部分も引きずられて上向きに動こうとする．その動きがさらにその周辺も引きずって動かそうとし，さらにまたその動きがその周辺も引きずろうとする．この繰り返しにより，水平方向に広がりをもった塊状のプルームを形成して上昇する．このように，粘性があることによって，運動方向と垂直な方向にも力（応力）を及ぼすことができる．この場合は，上向きの動きによる力が横方向にも伝えられている．また粘性率 μ が大きいほど，対流を妨げる効果が強くなる．

▶ 10.3.2 地球内部での物体の運動方程式

ではいよいよ，個々の流体「粒子」の運動方程式を立ててみよう．図10.16(a)に，流体「粒子」に働く力を模式的に示す．図で b_x や b_y は体積力の x 方向および y 方向の成分であり，浮力やその他のすべての体積力の合力をとったものである．各方向に働く面積力と体積力のすべての合力をとって運動方程式を立てると，流体力学の基礎方程式の1つであるナビエ–ストークス方程式が得られる．

$$\rho\left[\frac{\partial u}{\partial t} + (\boldsymbol{U}\cdot\nabla)u\right] = b_x + \frac{\partial \sigma_{xx}}{\partial x} + \frac{\partial \sigma_{yx}}{\partial y} + \frac{\partial \sigma_{zx}}{\partial z}$$

$$\rho\left[\frac{\partial v}{\partial t} + (\boldsymbol{U}\cdot\nabla)v\right] = b_y + \frac{\partial \sigma_{xy}}{\partial x} + \frac{\partial \sigma_{yy}}{\partial y} + \frac{\partial \sigma_{zy}}{\partial z}$$

$$\rho\left[\frac{\partial w}{\partial t} + (\boldsymbol{U}\cdot\nabla)w\right] = b_z + \frac{\partial \sigma_{xz}}{\partial x} + \frac{\partial \sigma_{yz}}{\partial y} + \frac{\partial \sigma_{zz}}{\partial z}$$
(10.5)

ここで，$\boldsymbol{U}=(u,v,w)$ は速度であり，左辺の[ ]内の項は各方向への加速度を示す．外核内の流体鉄合金の流れを考える際にはこの式を用いるのだが，マントル内の流動を考える場合には式(10.5)はさらに簡単化できる．なぜなら，固体の岩石の流れは極めてゆっくりと起こっているため，加速度はないものと見なしてよいからである．それゆえ，マントル内での固体の岩石の流れを考える際には，式(10.5)の左辺は0と近似され，結果的には右辺に含まれる力のつりあいの条件を求めることになる．

ただし流れを完全に求めるには，式(10.5)に加えてもう1つの基礎方程式が必要である．この方程式は質量保存則 (equation of conservation of mass) あるいは連続の式 (equation of continuity) と呼ばれるもので，どの時刻をとっても流体の総量が不変であることを要請する．例えば図10.16(b)に示す領域の中に含まれる流体の総量が一定に保たれるためには，その瞬間に領域に入ってくる流体の質量と，領域から出ていく流体の質量が等しくなければならない．この条件は以下のように書ける．

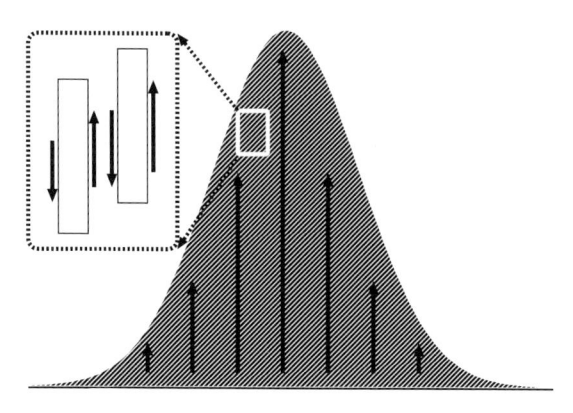

図 10.15　温度差による浮力で上昇しようとする流体粒子に働く力

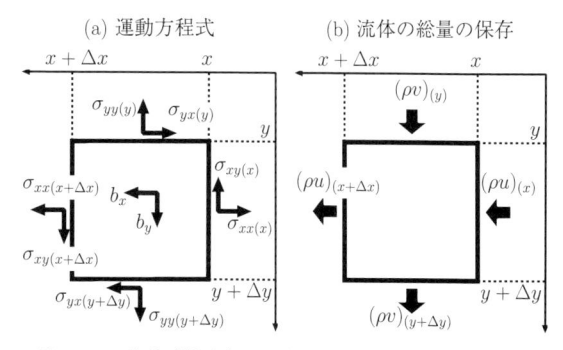

図 10.16　流体「粒子」の運動を求める基礎方程式の概念図 (a) 運動方程式を立てるために，流体「粒子」に働く力の合力を求める．(b) 流体の総量の保存を要請することで，連続の式を導く．

$$\frac{\partial(\rho u)}{\partial x} + \frac{\partial(\rho v)}{\partial y} + \frac{\partial(\rho w)}{\partial z} = 0 \quad (10.6)$$

なおこの式は，一般的な流体力学の教科書に載っている連続の式と異なり，密度 ρ の時間変化項 $\frac{\partial \rho}{\partial t}$ が含まれていないことに注意されたい．密度の時間変化を含めない理由は，弾性波（音波）を除去したいからである．地球内部を伝わる弾性波とは地震波のことであるが，図 10.3 にも示されるように，これは数 km/秒～十数 km/秒で伝播する現象であり，地球内部ダイナミクスで対象とするような時間スケール（数百年～数万年以上）では当然除去しておく必要があるからである．このような取り扱いは「非弾性流体近似」(anelastic liquid approximation) と呼ばれている．

実際の地球内部ダイナミクス研究，特に数値シミュレーションを用いた研究では，非弾性流体近似からさらに近似の度合いを進めることも多い．その代表的なものは「ブシネスク近似」(Boussinesq approximation) と呼ばれるものである．この近似では密度 ρ の変化は浮力の源としてのみ考慮され，それ以外の場面では ρ を一定と見なすことになる．よってブシネスク近似を用いる場合には，式 (10.6) は

$$\frac{\partial u}{\partial x} + \frac{\partial v}{\partial y} + \frac{\partial w}{\partial z} = 0 \quad (10.7)$$

と簡単化される．このような性質をもつ流体は「非圧縮性流体」(incompressible fluid) と呼ばれている．ただし図 10.3 にも示されているように，実際の地球惑星内部では，マントルや核を構成する物質の密度 ρ は深さによって大きく変化している．ブシネスク近似はこうした密度変化を無視してしまうことになるので，現実の地球惑星内部ダイナミクスと比べて大胆な簡略化が施されていることに注意しておこう．

[例題 10.2] 熱膨張率が $\alpha_v = 3 \times 10^{-5}$ K^{-1} の岩石の温度を 1000 K 上昇させた場合，体積は何%大きくなるか．また密度は何%小さくなるか．
[解答] 式 (10.3) より，
$$\frac{\delta V}{V_o} = \frac{\delta \rho}{\rho_o} = \alpha_v \times \delta T$$
$$= 3 \times 10^{-5} [\text{K}^{-1}] \times 10^3 [\text{K}] = 3 \times 10^{-2}$$
すなわち体積は 3% 大きくなり，密度は 3% 小さくなる．

10.4 地球内部での温度状態を決めるもの

よく知られているように，地下の温度は地表からの深さとともに増加する．この傾きを「地温勾配」(geothermal gradient) という．地表面付近での地温勾配の値は，場所によってばらつきはあるものの，典型的にはおよそ 30 K/km 程度の値を示す．この地温勾配により，深部からやってきた熱が地球の表面から放出されている．地表面で測った熱流量を「地殻熱流量」(surface heat flow) という．世界の多くの地域で測定された地殻熱流量の値はおよそ（大陸棚も含んだ）陸域で平均約 65 mW/m^2，海域で平均約 101 mW/m^2，地球全体で平均するとおよそ 87 mW/m^2 である．このことから，地球表面全体から放出されている熱の総量はおよそ 4.4×10^{13} W (44 TW) と見積もられることになる．では，この大量の熱は地球内部のどこから来たものだろうか．また地球内部は高温の状態になっているであろうが，内部での温度分布はどのような仕組みで決まっているのだろうか．

地球内部の温度分布を推定する 1 つの鍵は，地球内部を構成する物質の高温・高圧力下での融解や相転移の条件を利用することであった．例えば核とマントルの境界の温度は，外核を構成する鉄合金の融点より高く，かつマントルを構成する岩石の融点より低い，という条件から見積もることができる．しかしこの方法では，地球内部のごく限られた深度での温度を推定できるものの，マントルや核の全域にわたる温度構造を推定するには不十分である．

一般的には，熱輸送は伝導，対流（あるいは移流），放射という 3 つの仕組みで起こっている．このうち放射とは光や電磁波のエネルギーとして熱が伝わる現象のことで，太陽からの熱が地球に伝わるのはこの仕組みによる．ただし地球内部での熱輸送は，放射を除いた 2 つの仕組みが重要である．以下では伝導と対流（移流）による熱輸送の性質について述べる．

▶ 10.4.1 伝導による熱輸送

伝導による熱輸送の概念図を図 10.17(a) に示す．温度の異なる物体がふれあっているとき，両者がふれあっている面を通して，高温側から低温側へと熱が流れる現象を熱の「伝導」(conduction) という．熱伝導では，物体の間で物質は移動しておらず，温度差に応じて熱だけが移動したことになっている．

図 10.18 のような状況下で，x 方向に伝導によって伝わる熱流量を考える．伝導による熱輸送では，単位時間あたりに単位面積を流れる熱エネルギー q（熱流量）

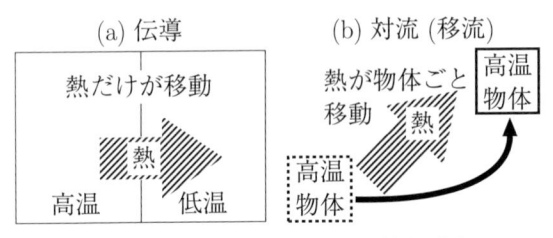

図 10.17 地球内部で主要な 2 つの熱輸送の仕組み

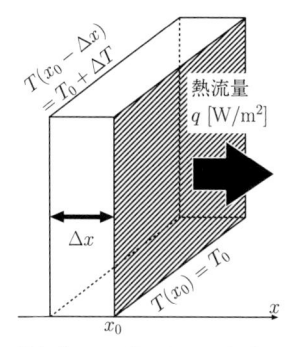

図 10.18 熱伝導による熱流量 q の定義を表す概念図

は，その場所におけるその方向の温度勾配に比例し，

$$q = -k\frac{T(x=x_0) - T(x=x_0-\Delta x)}{\Delta x}$$
$$= k\frac{\Delta T}{\Delta x} \quad (10.8)$$

のように書ける．これを熱伝導におけるフーリエ (Fourier) の法則という．微分を用いて式 (10.8) をより一般的な形で書くと

$$\boldsymbol{q} = -k\nabla T \quad (10.9)$$

となる．熱流量 q は $[\text{J/m}^2\text{s}] = [\text{W/m}^2]$ という単位をもつ．式 (10.9) の右辺に現れる比例定数 k は「熱伝導率」(thermal conductivity) と呼ばれ，$[\text{W/m K}]$ という単位をもつ．熱伝導率 k の典型的な値は，地表付近の岩石では約 $2\sim 3\,\text{W/m K}$，マントル岩石では約 $4\,\text{W/m K}$，流体の鉄では約 $36\,\text{W/m K}$ である．

では，伝導のみで熱が伝わる場合を例にとって，物体内部の温度分布やその時間変化がどのような方程式で記述できるかを考えよう．図 10.19 のような場合において，時間 δt の間に，$x_0 \leq x \leq x_0 + \Delta x$ に位置する箱の中を占める物体の温度変化を考えよう．物体の密度を $\rho\,[\text{kg/m}^3]$，比熱を $c_p\,[\text{J/kg K}]$ としよう．この箱の中の物体の温度が $\delta T\,[\text{K}]$ だけ変化したとすると，この物体中の熱エネルギーの変化量は $\rho A \Delta x c_p \delta T\,[\text{J}]$ と書ける．この熱エネルギーの変化は，$x=x_0$ の左断面から流入した熱量と，$x=x_0+\Delta x$ の右断面から流出する熱量との差に等しいはずだから，

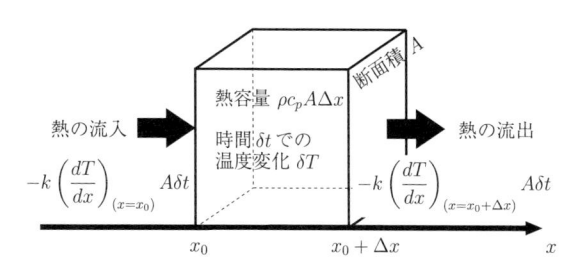

図 10.19 熱伝導による温度分布の時間変化を記述する方程式の導出法の概念図

$$\rho A \Delta x c_p \delta T = q_{(x_0)} A \delta t - q_{(x_0+\Delta x)} A \delta t$$
$$= -k\left(\frac{dT}{dx}\right)_{(x=x_0)} A\delta t + k\left(\frac{dT}{dx}\right)_{(x=x_0+\Delta x)} A\delta t \quad (10.10)$$

これを整理すると，

$$\frac{\delta T}{\delta t} = \frac{k}{\rho c_p}\frac{1}{\Delta x}\left[\left(\frac{dT}{dx}\right)_{(x=x_0+\Delta x)} - \left(\frac{dT}{dx}\right)_{(x=x_0)}\right]$$
$$\approx \kappa \frac{d^2 T}{dx^2} \quad (10.11)$$

を得る．ここで式 (10.11) の右辺第 1 項から第 2 項への書き換えには，テーラー展開の公式を用いた．さらに式 (10.11) で，$\kappa \equiv k/\rho c_p$ とおいていることにも注意してほしい．この κ は熱拡散率 (thermal diffusivity) と呼ばれるもので，熱伝導による温度分布の時間変化を実質的に規定する量である．熱拡散率 κ は $[\text{m}^2/\text{s}]$ という単位をもち，地球内部物質ではおよそ $\kappa \approx 10^{-6}\,\text{m}^2/\text{s}$ 程度の値になる．またこの式からは，伝導によって熱がある距離 L だけ伝わるのに必要な時間や速度はそれぞれ L^2/κ，κ/L と見積もられる．なお，式 (10.11) をより一般的な形で書くと，

$$\frac{\partial T}{\partial t} = \kappa \nabla^2 T \quad (10.12)$$

という偏微分方程式を得る．この形の偏微分方程式は拡散方程式と呼ばれている．

伝導による熱輸送は，地表面付近や核とマントルの境界付近では主要な役割を果たしていると考えられるが，地球内部のそれ以外の場所ではあまり重要ではない．もし地表面から地球深部まで熱伝導で熱が輸送されていると仮定すると，地球深部のどこまでも一定の地温勾配 (約 30 K/km) で温度が上がっているはずである．この仮定によれば，例えば深さ 1000 km で約 30000 K という，マントル岩石の融点をはるかに超える高い温度が必要となってしまい，マントルの大部分が固体である (地震波の S 波が伝わる!) ことに矛盾する．すなわち，地球の深部における地温勾配は，地表面付近の地温勾配よりもゆるやかでなければならない．言い換えれば，マントルの内部で熱伝導が主要な熱輸送の仕組みではありえないことになる．

▶ **10.4.2 地球内部の放射性熱源**

地球の内部は，放射性元素の崩壊による加熱を受けている．その仕組みは原子炉と同じであり，代表的な放射性元素としてウラン (U)，トリウム (Th)，カリウム (K) の 3 つが挙げられる．ただしこれらの元素のすべてが重要なのではなく，いくつかの同位体が重要である．ウランのうちでは ^{238}U (天然ウランの 99.28%) と ^{235}U (0.71%)，トリウムのうちでは ^{232}Th (天然

表 10.2　種々の岩石中に含まれる放射性元素の量と発熱量
(データは Turcotte and Schubert (2002) より)

岩石	含有量			発熱量
	U [ppm]	Th [ppm]	K [%]	[W/kg]
花崗岩	4	13	4	9.5×10^{-10}
玄武岩	0.5	2	1.5	1.6×10^{-10}
橄欖岩	0.02	0.06	0.02	3.2×10^{-12}
コンドライト隕石	0.008	0.029	0.056	3.5×10^{-12}

トリウムのすべて), カリウムのうち ^{40}K (天然カリウムの 0.0119%) が地球内部の熱源として重要なものである. また放射性元素の量は崩壊によって減少するが, その量が半分になるまでの時間を「半減期」という. 上の 3 つの放射性元素はいずれも 10 億年程度の半減期をもっているため, 地球内部で長時間にわたって発熱することができる.

表 10.2 に, いくつかの岩石に含まれる放射性元素とそれによる発熱量を示している. この表によれば, 岩石のもつ発熱量は最大で 10^{-10} W/kg 程度であり, 個々の岩石で見ればさほど大きな量ではない. しかし地球の全質量 (約 6×10^{24} kg)・歴史 (約 46 億年) の間で合計すると, 十分大きな発熱量になる. 例えば, 太陽系の平均的な化学組成を表していると考えられているコンドライト隕石では現在 3.5×10^{-12} W/kg の熱が発生していると見積もられている. 地球の平均組成がコンドライト隕石と同じであると仮定すると, 現在の地球内部で発生している熱はおよそ 2.1×10^{13} W (21 TW) と見積もられる.

また表 10.2 によれば, 地殻を構成する岩石 (花崗岩, 玄武岩) には, マントルを構成する岩石 (かんらん岩) と比べて多量の放射性元素が濃集し, マントルの岩石と比べて数十〜数百倍の熱が発生している. この事実だけを見れば, 現在の地殻熱流量 87 mW/m^2 のうちの相当量は, 地殻の内部で放射性元素の崩壊により発生した熱が占めていると考えてしまうかもしれない. しかし実際には, 地球全体に占める地殻の割合が極めて小さいため, 地殻を構成する岩石に含まれる放射性元素からの発熱量の効果は大きくない. 言い換えると, 現在の地殻熱流量のほとんどは地殻より深いマントルからやってきたことになる. しかしすでに 10.4.1 項で議論したように, このような大量の熱が伝導によって運ばれたと考えるのは不自然である. このことからも, 地球深部では熱伝導よりも効率的な仕組み, 具体的には次に述べる対流によって熱が運ばれていると結論づけられる.

▶ **10.4.3　対流による熱輸送**

図 10.17(b) に示すように, 物質が移動することに

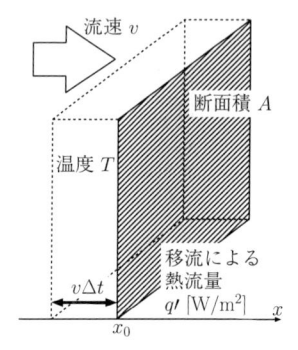

図 10.20　移流による熱流量 $q\prime$ の定義を表す概念図

よって熱が伝わる仕組みを「対流」(convection) あるいは「移流」(advection) という. 伝導との大きな違いは, 対流による熱輸送では物体の移動を伴うことである. 物体が移動することによって, 物体のもっている熱エネルギーも一緒に運ばれる. これにより, 伝導よりも効率的に熱を運ぶことができる.

流体が動くことによる熱エネルギーの輸送量がどのように表されるかを考えてみよう. 図 10.20 のような場合において, 時間 Δt の間に, 斜線を付けた面を対流によって伝わる熱エネルギーの量を考える. 時間 Δt の間に面を通過する流体の体積は $Av\Delta t$ と書ける. 流体の比熱を c_p [J/kg K] とすると, 単位体積あたりの流体がもっている熱エネルギーは $\rho c_p T$ と書ける. これより, 時間 Δt の間にこの面を通過する熱エネルギーは, 両者の積をとって $Av\Delta t \rho c_p T$ で与えられる. これをさらに書き直してやると, 単位時間あたりに単位面積を通過する熱流量 $q\prime$ は

$$q\prime = \frac{Av\Delta t \rho c_p T}{A \Delta t} = \rho c_p T v \quad (10.13)$$

のように書ける. 式 (10.13) をより一般的な形で書くと

$$\boldsymbol{q\prime} = \rho c_p T \boldsymbol{U} \quad (10.14)$$

となる. ここで $\boldsymbol{U} = (u, v, w)$ は流体の速度である.

▶ **10.4.4　熱輸送方程式の一般形**

ではいよいよ, 物体内部の温度分布とその時間変化を求める式を立ててみよう. 基本的な考え方は, 図 10.19 で扱った 1 次元熱伝導状態の拡張である. 具体的には, 伝導だけでなく対流によっても熱が運ばれること, 熱の出入りが 3 方向すべてに起こること, および放射性元素などからの発熱があること, の 3 点を考慮してやればよい. この条件を書き下すと,

$$\rho c_p \frac{\partial T}{\partial t} = -\nabla \cdot (\boldsymbol{q} + \boldsymbol{q\prime}) + H \quad (10.15)$$

である. ここで, $\boldsymbol{q}$ と $\boldsymbol{q\prime}$ はそれぞれ伝導および対流による熱流量, H は物体の単位体積あたりの発熱量 (あるいは吸熱量) である. これに式 (10.9) と (10.14) の表式を代入すると,

$$\rho c_p \frac{\partial T}{\partial t} = -\nabla \cdot (-k\nabla T + \rho c_p T \boldsymbol{U}) + H$$
$$= \nabla \cdot (k\nabla T - \rho c_p T \boldsymbol{U}) + H \quad (10.16)$$

となる．特に連続の式 (10.6) が成り立ち，かつ比熱 c_p と熱伝導率 k が一定の場合には，式 (10.16) は以下のように書き直せる．

$$\rho c_p \left[\frac{\partial T}{\partial t} + (\boldsymbol{U} \cdot \nabla)T \right] = k\nabla^2 T + H \quad (10.17)$$

なおこの形の偏微分方程式は，移流–拡散方程式などと呼ばれている．

ここまでの議論では簡単のため，内部発熱項 H として放射性元素の崩壊による発熱の効果のみを考えてきた．しかし実際の地球内部ダイナミクスの場面では，これ以外のさまざまな仕組みによる寄与，特に物体の流れや電流によって引き起こされる熱の出入りの効果を H に含めることになる．例えば (1) 粘性のある流体が流れる際に摩擦熱が発生する効果（「粘性散逸」viscous dissipation），(2) 相転移が発生する際に潜熱 (latent heat) が出入りする効果，(3) 流体塊が断熱的に膨張・圧縮することによって生じる温度変化の効果，がよく登場するものである．これらの効果はブシネスク近似の場合では無視してよいものだが，密度の変化を伴う「圧縮性流体」(compressible fluid) として取り扱う場合には考慮に入れなければならない．これらに加えて，外核内の温度分布には，（わずかながらも）電気抵抗のある流体鉄合金の内部に電流が流れることによってジュール熱が発生する「オーム散逸」(Ohmic dissipation) の効果も含める必要がある．

▶ **10.4.5　断熱温度勾配**

以下では，物体の流れによって引き起こされる熱の出入りの効果の1つである，流体塊が断熱的に膨張・圧縮することによって生じる温度変化の寄与を見積もってみることにしよう．地球惑星内部のように，重力が働いている流体の内部では，深くなるほど圧力が高くなる．この中で流体塊が上（重力と反対の向き）に動くと，周囲から受ける圧力が低下するために膨らむ．その反対に流体塊が下（重力と同じ向き）に動くと縮む．こうした体積変化が断熱的に起こった場合に生じる温度変化がどのように表されるかを調べよう．

単位質量あたりのエントロピーを s と書く．エントロピーの変化量 ds を，温度の変化量 dT と圧力の変化量 dp で表すと

$$ds = \left(\frac{\partial s}{\partial T}\right)_p dT + \left(\frac{\partial s}{\partial p}\right)_T dp \quad (10.18)$$

と書ける．ここで，下付き添字の p や T はそれぞれ圧力 p や温度 T を一定に保った状況でとった偏微分であることを意味する．式 (10.18) の右辺を書き直すにあたって，まずは定圧比熱 c_p の定義から

$$c_p \equiv T \left(\frac{\partial s}{\partial T}\right)_p \quad (10.19)$$

である．一方で熱力学で出てくる「マクスウェルの関係式」を使うと，単位質量あたりの体積を V として

$$\left(\frac{\partial s}{\partial p}\right)_T = -\left(\frac{\partial V}{\partial T}\right)_p \quad (10.20)$$

となり，さらに熱膨張率 α_v の定義式 (10.4) と合わせると，

$$\left(\frac{\partial s}{\partial p}\right)_T = -\frac{\alpha_v}{\rho} \quad (10.21)$$

となる．これらを合わせると結局

$$ds = \frac{c_p}{T} dT - \frac{\alpha_v}{\rho} dp \quad (10.22)$$

を得る．これより，変化が断熱的 ($ds = 0$) である場合では，温度の変化量 dT と圧力の変化量 dp の間には

$$\frac{dT}{dp} = \frac{\alpha_v T}{\rho c_p} \quad (10.23)$$

という関係がある．

対流に伴って鉛直方向に流れがある領域での温度分布は式 (10.23) に従う．ところで，地球内部では静水圧平衡が成り立っているので，圧力 p と深度 y の間には

$$\frac{dp}{dy} = \rho g \quad (10.24)$$

という関係がある．式 (10.23) と (10.24) より，

$$\frac{dT}{dy} = \frac{dT}{dp} \frac{dp}{dy} = \frac{\alpha_v g}{c_p} T \quad (10.25)$$

と書ける．これで表される温度勾配を「断熱温度勾配」(adiabatic geothermal gradient) という．

また式 (10.25) から，厚さが b の流体層における圧縮性の効果の強さは

$$Di \equiv \frac{\alpha_v g b}{c_p} \quad (10.26)$$

という量で見積もることができる．この Di は散逸数 (dissipation number) という．なお先に述べたブシネスク近似とは $Di = 0$ の極限に相当する．

[例題 **10.3**]　伝導によって熱がマントルの厚さ 2900 km の距離を伝わる速度，およびそれに要する時間はどれくらいか．マントル中の熱拡散率を $\kappa = 10^{-6}$ m/s^2 として計算せよ．

[解答]　それぞれ以下のように計算できる．
$$\frac{\kappa}{L} = \frac{10^{-6}[\text{m/s}^2]}{2.9 \times 10^6 [\text{m}]} \simeq 3.4 \times 10^{-13} [\text{m/s}]$$
$$\approx 1.09 \times 10^{-3} [\text{cm/年}]$$
$$\frac{L^2}{\kappa} = \frac{(2.9 \times 10^6 [\text{m}])^2}{10^{-6} [\text{m}/^2]} = 8.41 \times 10^{18} [\text{s}]$$
$$\approx 2.7 \times 10^{11} [\text{年}]$$

[例題 **10.4**]　熱膨張率 $\alpha_v = 3 \times 10^{-5}$ K^{-1}，温度 $T = 1600$ K，定圧比熱 $c_p = 1 \times 10^3$ J/kg K，重力加速度 $g = 10$ m/s^2 として，断熱温度勾配の値を求めよ．ま

たこれと地表面付近での地温勾配の値では，どちらが大きいか．

[解答] 式 (10.25) に代入すると，断熱温度勾配は
$$\frac{dT}{dy} = \frac{\alpha_v g}{c_p} T = 4.8 \times 10^{-4} [\text{K/m}] = 0.48 [\text{K/km}]$$
と計算できる．この値は，地表面付近での地温勾配の値 (約 30 K/km) と比べて非常に小さい．

---

mini column 13

● 「スーパー地球」のマントル対流? ●

「井の中の蛙，大海を知らず」ではあるまいが，つい最近まではこの地球こそが我々の知る最大の「地球型惑星」であった．だから地球型惑星の研究では，地球サイズやそれ以下のものだけを考えれば十分だった．しかし太陽系以外の惑星系の存在が数多く知られるようになってくると，そこには地球より大きな地球型惑星がいくつか含まれているらしいこともわかってきた．これらは最大で地球の 10 倍程度の質量をもっており，「スーパー地球」(super Earth) などと呼ばれている．

「スーパー地球」の発見により，地球より大きな地球型惑星の研究が新たなテーマの 1 つになってきた．筆者の研究室でも最近，「スーパー地球」をターゲットにしたマントル対流の研究を行っている．その詳細はここでは述べないが，どうやら「スーパー地球」のマントル対流は (あったとしても) 地球のそれと比べてごく弱いものに留まりそうなのである．もしこれが正しいとすると，「スーパー地球」の表面にはプレートテクトニクスらしきものもなく，豊かな生命を育むこの地球の表面とは大きく異なった環境にあることが想像される．「スーパー地球」という夢のある話が，「スーパー地球人は存在しない」などという夢のない結論に終わってしまうのも実に残念なことではあるのだが…

10.5　熱対流：地球内部のダイナミクスの基本的描像

▶ 10.5.1　熱対流とは

そもそも対流 (convection) とは，流体中で起こる (微視的でない) 流動現象のことを指す．このうち，特に温度差によってひき起こされる対流を熱対流 (thermal convection) という．その好例の 1 つは，風呂の中のお湯の対流であろう．その仕組みを図 10.21 に模式的に示した．お風呂の中では (1) 表面で冷えたお湯が重くなって沈み，(2) 底の熱いお湯が軽くなって浮かび，さらに (3) 水面に到達したお湯は横方向に流れながら冷やされていく，という一連の現象が起こっている．またこのお湯の動きにより，風呂の底から表面へと熱が伝わっていく．

「熱対流」は，地球内部の運動を考える基本原理である．例えばマントルの内部で起こっている運動も，基本的には熱対流で理解できる．具体的には，マントル深部から高温の岩石が軽くなって浮き上がってきたも

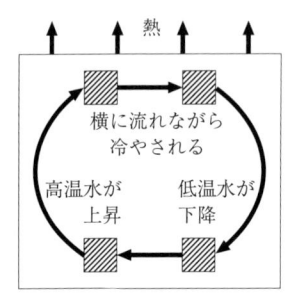

図 10.21　風呂の中で起こっている熱対流の概念図

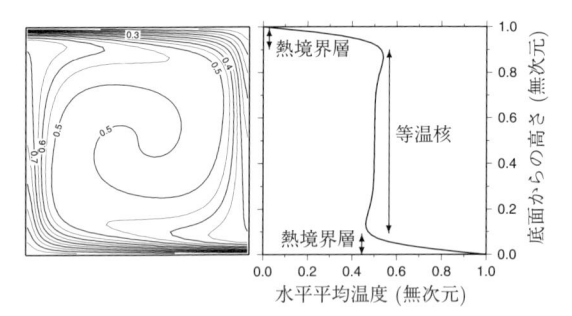

図 10.22　熱対流をしている流体の内部の構造の典型的な例　左図は対流層内部の温度分布，右図はこの温度分布の水平平均をとったものを示す．この図では，上面の温度が 0，下面の温度が 1 となるように，温度の単位を取り直して表示している．

のが上昇プルームであり，地球表面から低温の岩石が重くなって沈んでいくものが下降プルームやプレート沈み込みである．また，地表面に到達した上昇プルームが横方向に流れていくことがプレート運動に相当する．このように，地球内部の運動とは，「地球の内部から外部に熱を伝える過程の一部」ともいえる．

ここで図 10.22 を参照しながら，熱対流をしている流体の内部の構造に関する用語を紹介しておこう．対流胞 (対流セル) とは，上昇流と下降流で区切られた「小部屋」のような構造を指す．対流胞の中心付近にある，温度がほとんど一定の部分を等温核 (isothermal core) と呼ぶ．また対流胞の上下の境界に沿って薄い層状にできる，温度の変化が大きい部分を熱境界層 (thermal boundary layer) と呼ぶ．同様に図 10.22 中で，上昇流や下降流に伴って温度が大きく変化している部分がプルーム (plume) に相当するものであるが，より一般的にはプルームという用語は円筒形の上昇流や下降流を指すものとして使われている．

▶ 10.5.2　地球内部で熱対流は起こるか？

この項では，地球惑星内部にある流体層の内部で本当に熱対流が起こるのかどうかを，以下の 2 つの方法で調べてみよう．1 つは熱力学的な考察であり，流体の層の中で深さ方向に発達した温度や密度分布の安定

性を議論する．もう1つは流体力学的な考察であり，流体のもつ粘性や流体中の熱伝導の効果も取り入れた上で，熱対流のきっかけとなる温度分布のばらつきの時空間変化を追跡していくものである．

a. 熱力学的考察：ブラント–バイサラ振動数

温度や密度といった熱力学的量が主に鉛直方向（重力の方向）に変化する流体には，「安定」な状態と「不安定」な状態の2通りが考えられる．安定な状態とは，例えば低温の水の層の上に高温の水が乗っている状態であり，多少ゆらしてもそのままの状態を保ち続けることができる．逆に不安定な状態とは，高温の水の層の上に低温の水が乗っている状態に相当し，ほんの少し動かしただけでも流体層全体がひっくり返ってしまう．ここでは流体の熱力学的な性質に注目し，流体層が安定状態にあるかどうかを決める条件を調べてみる．

密度，温度，エントロピーなどの熱力学量の分布が，鉛直座標 y（下向きを正にとる）のみの関数 $\rho(y)$, $T(y)$, $s(y)$ になっている流体があるとする．深さ $y = y_0$ にあり，温度が $T(y = y_0) = T_0$ であるこの流体の小さな塊をごくわずかな距離 δy だけ押し下げてみよう．この際，この鉛直方向の変位は断熱的に起こるものとし，また流体塊の圧力は移動した深さでの周辺の流体の圧力に瞬時に等しくなるものとする．このような方法は「パーセル法」(parcel method) と呼ばれている．むろん本来は，流体塊を動かすと周辺の流体の圧力などの量も変化してしまうはずなのであるが，パーセル法ではその影響を小さいものとして無視したことになっている．また同様に，周囲の流体の粘性が流体塊の運動を妨げる効果や，流体塊と周囲との間での熱伝導の効果は無視することにする．

流体塊の鉛直方向への変位が断熱的に起こるという仮定により，変位後の流体塊の温度 T_percel は

$$T_\text{percel} \simeq T_0 + \left(\frac{dT}{dy}\right)_s \delta y \qquad (10.27)$$

となるはずである．ここで $\left(\frac{dT}{dy}\right)_s$ は式 (10.25) で与えられる断熱温度勾配である．一方，変位後の流体塊の周囲の流体の温度は

$$T(y = y_0 + \delta y) \approx T_0 + \left(\frac{dT}{dy}\right) \delta y \qquad (10.28)$$

と書ける．ここで，$\frac{dT}{dy}$ は流体塊の周囲の流体がもっている温度勾配である．これらより，変位後の流体塊と周囲の流体との密度差 $\delta \rho$ は，流体塊と周囲の流体との温度差 $T_\text{percel} - T(y = y_0 + \delta y)$ に比例して，

$$\delta \rho = \left(\frac{\partial \rho}{\partial T}\right)_p [T_\text{percel} - T(y = y_0 + \delta y)]$$

$$\approx -\rho \alpha_v \left[\left(\frac{dT}{dy}\right)_s - \left(\frac{dT}{dy}\right)\right] \delta y \qquad (10.29)$$

と与えられるはずである．ただし右辺第1式から第2式の変形には，熱膨張率 α_v の定義式 (10.4) を用いている．それゆえ，周囲の流体から受ける粘性の力を無視すると，体積 V の流体塊の鉛直方向の運動方程式は

$$\rho V \frac{d^2 \delta y}{dt^2} = -\rho V g \alpha_v \left[\left(\frac{dT}{dy}\right)_s - \left(\frac{dT}{dy}\right)\right] \delta y \qquad (10.30)$$

と書ける．ここで

$$N^2 \equiv \alpha_v g \left[\left(\frac{dT}{dy}\right)_s - \left(\frac{dT}{dy}\right)\right] \qquad (10.31)$$

と定義し，さらに両辺を ρV で割ると

$$\frac{d^2 \delta y}{dt^2} = -N^2 \delta y \qquad (10.32)$$

と書き直せる．なお式 (10.31) で定義される N は，気象学の分野などでは「ブラント–バイサラ振動数」(Brunt–Väisälä frequency) という名前で登場するものである．

ここで，図 10.23 を参考にしながら，式 (10.31) や (10.32) の意味を考えてみよう．まず図 10.23(a) のように，断熱温度勾配が周辺の温度勾配よりも急である場合 ($(dT/dy)_s > dT/dy$) には，押し下げられた流体塊の温度が周囲の流体の温度より高くなり，その結果流体塊の密度が周囲の流体の密度より小さくなる．押し下げられて周囲より流体より密度が小さくなった流体塊は，浮力を受けて上向きに動かされる．しかしもとの位置より上に移動してしまうと，今度は逆に周囲の流体より密度が大きくなって再び下降する．すなわち，流体塊は少し持ち上げられれば下降し，逆に少し押し下げられれば上昇して，もとの位置に戻ろうとする．このような状態は静力学的に安定 (statically stable) であるという．実際このような場合には $N^2 > 0$ であり，式 (10.32) の解は N を振動数とする単振動とな

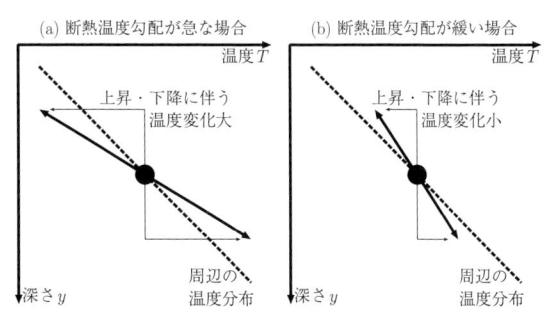

図 10.23 深さ方向に断熱的に動かされた流体塊（パーセル）の温度変化と，周囲の流体の温度分布との関係
断熱温度勾配と周辺の温度分布の勾配との大小関係によって，移動後の流体塊が受ける浮力の向きが異なる．

る．この反対に，断熱温度勾配が周辺の温度勾配よりも緩い場合 (図 10.23(b)) には，流体塊を少し押し下げると，その流体塊の密度は周りの流体よりも密度が大きくなり，ますます下降を続けることになる．このような状態にある流体を静力学的に不安定 (statically unstable) であるという．

上の議論からわかるように，対流運動が起こるには静力学的に不安定な状態にあることが必要である．例えば地球のマントルや外核は，静力学的に不安定な状態にあると考えてよい．実際，マントル上下での平均温度勾配と比べると，断熱温度勾配は有意に小さいことが確認できる．

b. 流体力学的考察：臨界レイリー数

この項では，流体力学の考え方に則って，熱対流のきっかけとなる温度分布のばらつきの時空間変化を考えていく．その際，前節の熱力学的な考察では簡単のために無視していた2つの効果，具体的には流体のもつ粘性率や流体中の熱伝導の効果がどのように影響しているかに注目する．表 10.1 に示した通り，外核を構成する流体鉄合金の粘性は水とさほど変わらないが，マントルの粘性は身近な物質の粘性率と比べて桁違いに大きい．外核の流体鉄合金中では対流が起こっているのも当然であろうが，こんな「ねばねば」したマントルの中で本当に対流が起こっているのだろうか．また流体中で起こる熱伝導にも，対流を抑制する効果がある．なぜなら，もし伝導によって熱が十分効率よく伝えられるならば，流体それ自体が動いてまで熱を運ぶ必要がなくなるからである．このような2つの仕組みによる抑制の効果に打ち勝って，熱対流が起こる条件を調べるのが本項の目的である．

図 10.24 に示されるように，厚さ b の流体層の上下に ΔT の温度差がある状況において，この温度差が駆動する浮力で上昇流や下降流が発生する条件を考える．ただし重力加速度を g，流体の密度を ρ，粘性率を μ，熱膨張率を α_v，熱拡散率を κ とする．また簡単のため，断熱温度勾配の効果は無視することにする．この場合，上昇流あるいは下降流の中の単位体積あたりの流体塊に働く浮力は

$$\rho \alpha_v \Delta T g \quad (10.33)$$

と見積もられる．また流れの代表的な速度を U と書くと，流体中のひずみ速度は U/b と見積もられるであろうし，また粘性による応力は $\mu U/b$ と見積もられるであろう．そこで，この流体塊に働く粘性抵抗 (面積力) と浮力 (体積力) とがつりあっていると考えると，式 (10.5) を参考にすれば

$$\frac{1}{b}\left[\mu \frac{U}{b}\right] \approx \rho \alpha_v \Delta T g \quad (10.34)$$

が成り立つであろう．これより流れの速度 U は

$$U \approx \frac{\rho \alpha_v \Delta T g b^2}{\mu} \quad (10.35)$$

と見積もられる．一方，熱伝導 (拡散) による熱輸送の速さは κ/b と見積もられるのであった．流れの速度 U が熱伝導による熱輸送の速さと比べて十分大きければ対流が成長すると考えてよいであろう．そのためには，ある正の数 Ra_{cr} に対して

$$U > Ra_{cr} \times \frac{\kappa}{b} \quad (10.36)$$

が成り立てばよい．これを少々変形すると，

$$Ra_{cr} < \frac{Ub}{\kappa} = \frac{\rho \alpha_v \Delta T g b^3}{\mu \kappa} \equiv Ra \quad (10.37)$$

を得る．ここで右辺に登場する Ra はレイリー数 (Rayleigh number) と呼ばれる．Ra は対流による流れの速度と熱伝導による冷却の速度との比に相当する量で，Ra が大きいほど対流による流れが速いことを示す．

また (10.37) 式の左辺に現れている Ra_{cr} は臨界レイリー数 (critical Rayleigh number) と呼ばれている．臨界レイリー数 Ra_{cr} は，対流が起こる場合と起こらない場合とを分けるレイリー数 Ra の値である．臨界レイリー数 Ra_{cr} の値は条件によって異なる．図 10.25 に，線形安定性解析と呼ばれる手法によって求めた Ra_{cr} の値の例を示す．ここでは，一様な性質を

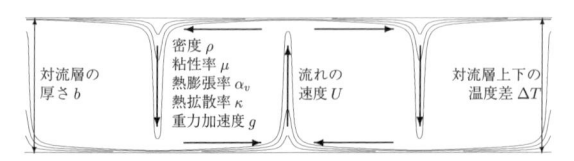

図 10.24 流体力学的に対流の起こり始めを考える設定の模式図
この図に示されている量を用いると，式 (10.37) よりレイリー数 Ra が定義される．

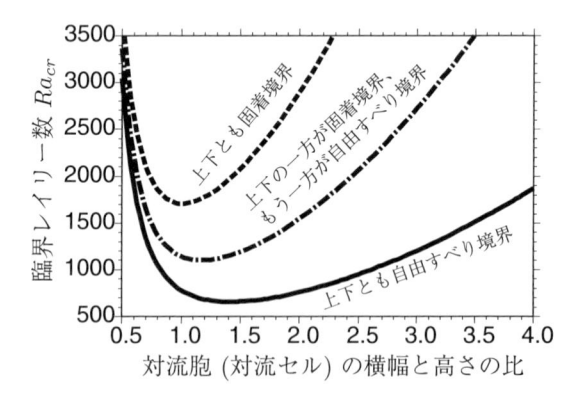

図 10.25 対流の起こり始めを規定する臨界レイリー数 Ra_{cr} の値の例
図では，対流胞 (対流セル) の横幅と高さの比，および対流層の上下境界面の性質を変えた場合での Ra_{cr} の値の変化を示している．

表 10.3 地球のマントルと外核の「流体」的な物性の比較
(値は鳥海ほか (2011) より)

記号	意味 [単位]		値	
			マントル	外核
α_v	熱膨張率	[K^{-1}]	\multicolumn{2}{c	}{10^{-5}}
κ	熱拡散率	[m^2/s]	\multicolumn{2}{c	}{10^{-6}}
c_p	定圧比熱	[J/kg K]	\multicolumn{2}{c	}{10^3}
ρ	密度	[$\times 10^3$kg/m^3]	$3.3 \sim 5.6$	$9.9 \sim 12.23$
K	体積弾性率	[$\times 10^9$Pa]	$100 \sim 600$	$600 \sim 1300$
μ	粘性率	[Pa s]	$10^{20} \sim 10^{24}$	10^{-2}
U	典型的流速	[m/s]	3×10^{-9}	4×10^{-4}
b	典型的長さ	[m]	2.9×10^6	2.3×10^6
ΔT	典型的温度差	[K]	\multicolumn{2}{c	}{10^3}

もつ流体の層において，対流胞 (対流セル) の横幅と高さの比と，上下境界面の性質を変えた場合の Ra_{cr} の変化を求めたものである．図より，どのような条件でも臨界レイリー数はおおよそ $Ra_{cr} \approx 10^3$ 程度であることがわかる．これに対し，表 10.3 に示された値を式 (10.37) に代入してやると，地球のマントルや外核内でのレイリー数 Ra は，Ra_{cr} と比べて十分大きな値と見積もられる．この理由の 1 つは，マントルや外核の厚みが十分大きいからである．例えば地球のマントルでは，厚みが約 2900 km と大きいために，熱伝導では効率的に熱を外部へ伝えることができない．それゆえ，かくも大きな粘性をもっているマントルであっても，その内部で熱対流が起こっていることになる．さらに，マントルと比べて非常に粘性の小さな流体鉄からなる外核のレイリー数は格段に大きく，その内部では，かなり激しい熱対流が起こっていると予想される．

▶ **10.5.3 高レイリー数の熱対流**

前項の議論から，レイリー数 Ra が大きくなるほど対流は活発になると予想される．では対流の活発さは，対流している流体の内部での温度分布にどう現れるだろうか．また対流が活発であるほど，流体の速度は大きくなり，また運ばれる熱量も大きくなると予想されるが，それらは Ra の増加とともにどう変化するのだろうか．

図 10.26 に，レイリー数 Ra を 3 通りに変えた熱対流での，流体内部の温度分布の比較を示す．ただしここでは簡単のため，ブシネスク近似が成り立ち，内部からの熱源はなく，かつ粘性率 μ などの流体の物性値はすべて一定と仮定している．図 10.26 左の温度分布を見ると，Ra が大きくなるほど，高温の上昇プルームや低温の下降プルームが細くなっている．同様に，Ra が大きくなるほど，上面や下面に沿った熱境界層も薄くなり，また熱境界層内部での温度変化が急になっていくことが見てとれる．また図 10.26 右のグラフからは，上面や下面の熱境界層に相当する深さ方向の温度

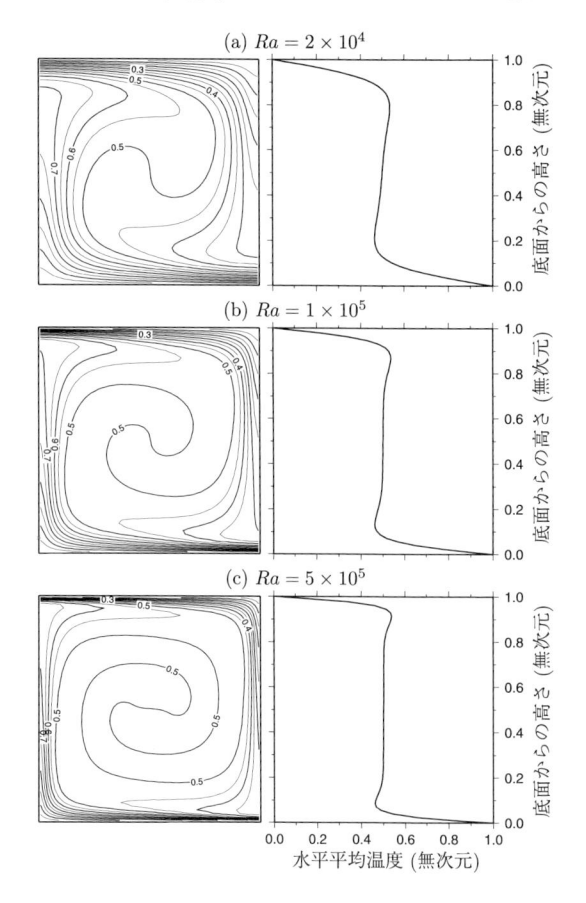

図 10.26 いくつかのレイリー数 Ra に対応する熱対流での，流体内部の温度分布
図の見方は図 10.22 と同様．

の勾配が，Ra が大きくなるほど急になっていくことがわかる．このことは，レイリー数 Ra が大きくなるほど，対流によって運ばれる熱量が大きくなっていることを意味している．なお上に述べた簡単化のための仮定により，この図に示される場合では，等温核の無次元温度が Ra の値によらず 0.5 (上面温度と下面温度の平均) になっている．

次に，Ra の変化によって対流の活発さがどう変化するかを，いくつかの指標に基づいて調べてみよう．まず対流によって運ばれる熱量をはかるため，「ヌッセルト数」(Nusselt number) という指標を導入しよう．ここでヌッセルト数 Nu とは以下のように定義される．

$$Nu = \frac{\text{対流による熱流量}}{\text{伝導による熱流量}} \quad (10.38)$$

この定義から明らかなように，対流していないときは $Nu = 1$，対流しているときは $Nu > 1$ で，Nu が大きいほど対流によって大量の熱が運ばれていることを意味している．さらにまた，対流層上面での流れの平均速度 U_{top} を用いて，対流による流れの速さをはかる

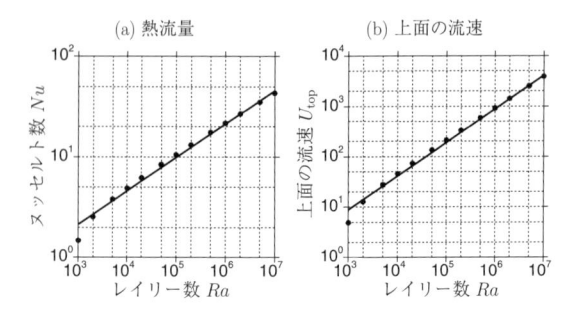

図 10.27 レイリー数 Ra の変化に対する，(a) ヌッセルト数 Nu および (b) 対流層上面での流れの速さ U_{top} の変化

いずれのグラフも，縦軸・横軸とも対数になっていることに注意．

ことにしよう．ただしここでは U_{top} は，実際の流れの速度と熱伝導（拡散）による熱輸送の速さ（κ/b）との比を表しているものとする．図 10.27 に Ra を変えたときの Nu や U_{top} の変化の例を示す．図 10.27 より，Ra が大きくなると Nu も U_{top} も大きくなっていることがわかる．このうち，Ra が大きくなるほど Nu が大きくなることは，上面や下面に沿った熱境界層の中の深さ方向の温度勾配が大きくなったことに対応している．さらに，Ra の増加に伴う Nu や U_{top} の増加は，Ra のべき乗に比例していることが見てとれる．この結果は，境界層理論（boundary layer theory）と呼ばれる理論によって予測されるものとよく一致する．境界層理論によれば，レイリー数 Ra とヌッセルト数 Nu および上面の流速 U_{top} の間には

$$Nu \propto Ra^{1/3}, \quad U_{top} \propto Ra^{2/3} \tag{10.39}$$

という関係のあることが予測されている．実際，図 10.27 からは，Ra が 10 倍大きくなると Nu はおよそ 2.1 ($= \sqrt[3]{10}$) 倍に，U_{top} はおよそ 4.6 ($= \sqrt[3]{100}$) 倍になっていることが示されており，境界層理論から予測される関係とよく一致している．また，地球マントルに想定されるレイリー数の値をこの関係式に代入し，マントル内の熱対流の流れの速さや運ばれる熱流量を見積もってみると，地球表面での観測量に近い値が得られる．このことは，熱対流が地球惑星内部のダイナミクスを理解する基本原理であることの証拠である．

［例題 10.5］ 表 10.3 に示された物性の値を用いて，マントル内および外核内の熱対流のレイリー数 Ra を計算し，その値が臨界レイリー数 Ra_{cr} と比べて十分大きいことを確認せよ．

［解答］ 物性の値を式 (10.37) に代入して計算すればよい．以下では計算を簡単にするため，マントル・外核のいずれについても重力加速度 $g = 10[\mathrm{m/s^2}]$，熱膨張率 $\alpha_v = 10^{-5}[\mathrm{K^{-1}}]$，対流層上下の温度差 $\Delta T = 10^3[\mathrm{K}]$，熱拡散率 $\kappa = 10^{-6}[\mathrm{m^2/s}]$ を用いることにする．

- マントルについては，表 10.3 に基づいて例えば厚さ $b = 2.9 \times 10^6[\mathrm{m}]$，密度 $\rho = 4 \times 10^3[\mathrm{kg/m^3}]$，粘性率 $\mu = 10^{21}[\mathrm{Pa\,s}]$ とすると $Ra \approx 9.8 \times 10^6$ と見積られる．
- 同様に外核についても例えば $b = 2.3 \times 10^6[\mathrm{m}]$，$\rho = 1 \times 10^4[\mathrm{kg/m^3}]$，$\mu = 10^{-2}[\mathrm{Pa\,s}]$ とすると $Ra \approx 1.21 \times 10^{30}$ と見積られる[*1]．

熱対流の臨界レイリー数 Ra_{cr} が 10^3 程度であることを考えると，これらのレイリー数はいずれも Ra_{cr} と比べて十分大きい．

10.6 熱対流の先へ：リアルな地球内部のダイナミクス像に向けて

ここまでの議論では，簡単な設定のもとでの熱対流の性質を紹介してきた．具体的には，(1) 2 次元の箱型の容器の中で起こる，(2) 粘性率などの物性が一定，(3) 化学組成が一定，(4) 時間変化のない定常状態，に限定していた．これに対し，実際の地球内部で起こっている対流現象は (1') 3 次元の球殻の中で起こる，(2') 粘性率の温度依存性や物質の圧縮性などにより，物性

[*1] なお，ここで求めた外核内での熱対流のレイリー数が 6.5.4 項で示された値と大きく異なっているのは，粘性率 μ の見積もりの不確定さが主な原因である．

---

mini column 14

● 地球惑星科学とコンピュータとの関わり ●

科学の分野では一般に「理論」「観測」「実験」の 3 つが伝統的な研究手段とされているが，最近では，コンピュータを駆使した「数値シミュレーション」が 4 番目の研究手段として活用されるようになってきた．国語辞典風にいえばシミュレーション (simulation) とは，「実験不可能な物事について，現実に起こりうるのとそっくりの状況を設定して試行を重ねること」であり，観測や実験の一部を肩代わりする「模擬実験」という意味合いをもともと備えている．しかしこの模擬実験をコンピュータ内で行うには，大量の未知数を含んだ複雑な数式を解く手間が付きまとう．そのため計算機ハードウェアの性能向上などによる計算のスピードアップがシミュレーション研究，ひいては地球惑星科学の進展にも大きく貢献している．

これを示す古い逸話の 1 つを紹介しよう．イギリスの気象研究者のリチャードソン (1881～1953) は，現在の天気予報の原型ともいえる数値予報システムを提案した．第 1 次世界大戦中の 1920 年頃になされたこの試みでは，計算をすべて手で行ったため，わずか 6 時間の予報に 2 ヶ月かかる，という未熟なものだった．しかし 1922 年に発表した著書の中で彼は，「64,000 人の計算者を巨大なホールに集め，指揮者のもとで整然と計算を行えば，実際の天候の変化と同じくらいの速さで予報が行える」と見積もった．数値シミュレーションによる天気予報の将来を信じた「リチャードソンの夢」は，アメリカで開発された ENIAC (Electronic Numerical Integrator and Computer) と呼ばれる電子計算機を使って 1950 年に遂に現実となった．

が変化する，(3') 相状態や化学組成が変化する，(4') 時間変化のある非定常状態，といった違いがある．そのため，地球内部ダイナミクスのリアルな描像を得るためには，これらが対流現象にもたらす影響を調べていく必要がある．ただしこれらの複雑な仕組みの影響は現在でも精力的に研究が行われているところであり，いまだ確固たる結論が得られていないものも存在する．本節では上記の複雑さのいくつかについて，これまでの研究で得られている知見を，特にマントル内のダイナミクスを中心に紹介する．

▶ 10.6.1 外核内の対流の電磁流体力学シミュレーション

外核を構成する流体鉄合金の流れ場は，地球の自転による慣性力 (コリオリ力) の影響を強く受ける．そのため，地球のダイナモ作用の成因や特徴を理解するには，地球の自転の影響を十分に取り入れた上で，電磁流体力学の手法を用いることが極めて重要である．先駆的な数値シミュレーションが 1990 年代中頃に初めて報告されて以降，これらを取り入れたシミュレーション研究がこれまでに数多く行われている．しかしながら，現実の地球の外核を想定した数値シミュレーションには非現実的なほど膨大な手間が求められるため，こうした数値シミュレーション研究では現実の地球の外核とはかけ離れた設定が用いられている．にも関わらず，これらの数値シミュレーション研究は，双極子型の磁場が卓越することや，その極性が不規則に反転することなど，地球の磁場とよく似た特徴を再現することに成功している．これらによると外核内の対流の基本構造は，南北方向に伸びた円柱状の「うず巻き」によって特徴づけられる．また円筒状に揃った流れがダイナモ機構を起こすことにより，南北方向を向いた双極子磁場が自然に生成・維持され，かつ双極子磁場の向きの反転も自発的に生じることがわかっている．これらの成果については第 6 章，あるいは例えば Kono and Roberts (2002) や Wicht and Tilgner (2010) などを参照のこと．

上に述べたように，現在では外核内対流の基本的な描像や，双極子磁場ができる仕組みに関する理解はかなり進んでいる．しかしながら，双極子型磁場の向きが反転する仕組みやそのきっかけが何であるかは，まだよく解明されていない．その上，現実の地球外核とは大きくかけ離れた設定で行われたシミュレーションで求まった磁場が，実際の地球の磁場とよく似ている理由も，十分理解されているとは言い難い．そこで，液体金属の対流実験や数値シミュレーション手法の改造などのさまざまな工夫により，外核の対流の現実の姿に少しずつ近づくための努力が続けられている．

▶ 10.6.2 粘性率が温度に依存するマントルの熱対流

マントル対流のリアルな描像を理解する上では，マントル物質のもつ特異な性質が流れにもたらす影響を調べることが極めて重要である．その特異さの 1 つは，マントル物質のもつ特異な流動特性である．マントル物質は単に非常に大きな粘性率をもつだけでなく，条件によって粘性率が大きく異なる．岩石・鉱物の種類・組成によって粘性率が違うのはもちろんのこと，図 10.9 にも示されるようにマントル物質の粘性率は温度・圧力・働いている応力の大きさなどによって大きく変化する．特に温度の影響に注目してみれば，温度が 100 度上がると粘性率はおよそ 10 倍低下する．その結果マントルの流れは，粘性率の高い (「固い」) 部分と低い (「軟らかい」) 部分が共存しながら起こっていることになる．すなわち粘性率の温度依存性は，地球型惑星に特徴的なリソスフェアとアセノスフェアの違いを生む重要な要素である．

粘性率の温度依存性の強さが熱対流の様式に与える影響は，熱対流の数値シミュレーションを主な手段として調べられている．その一例を図 10.28 に示す．ここでは，対流層下面での粘性率で定義したレイリー数を一定値 ($Ra = 6 \times 10^6$) に保った上で，粘性率の温度依存性の強さを変化させ，上面付近の低温の流体の粘性率を変化させている．

図 10.28 からは，粘性率の温度依存性の強さの違いによって，熱対流の様式に 2 通りの変化が起こっていることが見てとれる．まず第 1 に，粘性率の温度依存性を強くすると，熱対流の水平スケールが変化している．具体的には，(a) 粘性率の温度依存性が弱いときには横幅の小さい対流セルが卓越する (図 10.28 の $\mu_{\text{top}}/\mu_{\text{bot}} \leq 10^1$) が，粘性率の温度依存性を強くしていくと，(b) 横幅の大きい対流セルが維持される (図 10.28 の $10^2 \leq \mu_{\text{top}}/\mu_{\text{bot}} \leq 10^5$) 状態を経て，(c) 再び横幅の小さい対流セルのみが卓越する状態 (図 10.28 の $\mu_{\text{top}}/\mu_{\text{bot}} \geq 10^6$) へと変化する．

粘性率の温度依存性の違いによって生じるもう 1 つの変化は，低温の熱境界層の「かたさ」の変化であり，これは低温の熱境界層が下降流によって受ける変形の度合いの違いに反映されている．まず (i) 粘性率の温度依存性が弱い条件では，低温熱境界層全体が下降流によって変形を受けている．図 10.28 の $\mu_{\text{top}}/\mu_{\text{bot}} \leq 10^2$ の場合で，細矢印で示した下降流に注目してみると，これらの下降流は周囲と大きな温度差をもっており，上面付近の低温かつ高粘性の流体までもが下降流に引きず

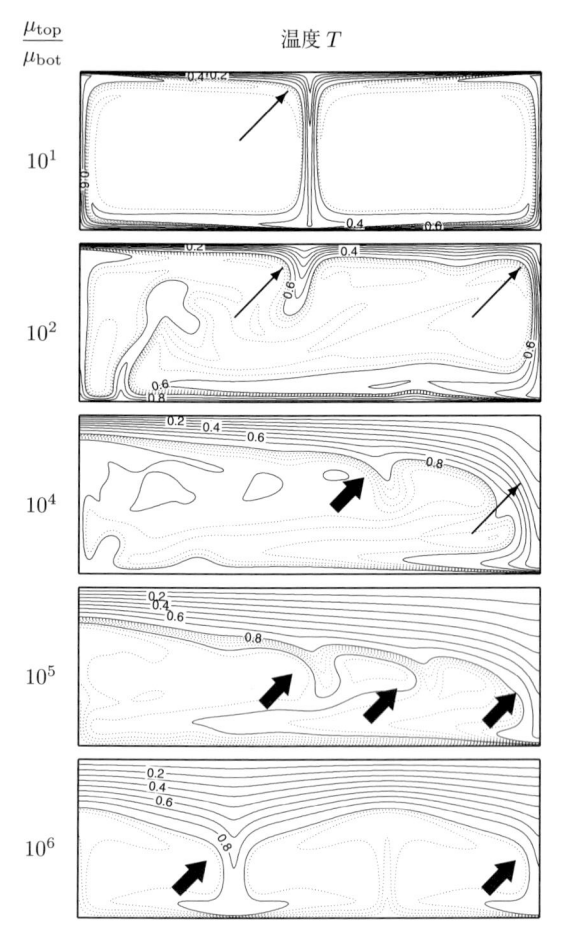

図 10.28 2 次元の横長の箱の中の熱対流モデルで得られた，粘性率の温度依存性の強さの違いによって生じる熱対流様式の変化

図は温度の分布．左の数字は上面の粘性率 μ_{top} と下面の粘性率 μ_{bot} の比であり，粘性率の温度依存性の強さの指標である．図は Kameyama and Ogawa (2000), Ogawa (2008) より改変．

られて沈んでいく．これに対し，(ii) 粘性率の温度依存性が強い条件では，低温熱境界層の下面付近は下降流によって変形を受けているものの，最上部は「固いふた」のようにふるまっている．図 10.28 の $\mu_{\text{top}}/\mu_{\text{bot}} \geq 10^5$ の場合で，太矢印で示した下降流に注目してみると，これらの下降流は周囲との温度差も小さく，かつその上部にある低温熱境界層をほとんど変形させていない．また (iii) 両者の中間的な条件では，これらの両方の特徴が同時に出現している．図 10.28 の $\mu_{\text{top}}/\mu_{\text{bot}} = 10^4$ の場合では，周囲と大きな温度差をもつ下降流 (細矢印) だけでなく，小さな温度差をもつ下降流 (太矢印) も観察されている．なおこの対流様式が出現する上では，対流セルの横幅が十分大きいことも重要な条件の 1 つである．

図 10.28 の $\mu_{\text{top}}/\mu_{\text{bot}} = 10^4$ の場合で見られる対流様式は，マントルの対流から地表面でのプレート運動が発生する条件を考える上で非常に重要なものである．この場合の低温の熱境界層は，境界付近で大きな力を受けた場合には熱境界層全体が大きく変形している．その一方で，境界から遠く離れたところでは「固いふた」としてふるまい，境界層の下面付近から発生する下降流による変形をほとんど受けていない．この低温熱境界層の特徴は，地表面のプレート (リソスフェア) の性質と非常によく似ている．

上で述べたように，粘性率の温度依存性は，地表面のプレートの「固い」性質を再現するための大きな鍵である．しかしながら，粘性率の温度依存性の効果だけでは地表面のプレートの性質を完全に再現することはできない．なぜならこの場合の低温熱境界層は確かに「固い」ものの，その速度はプレート運動の速度と比べて格段に遅いからである．「固くて動く」プレートの効果を適切に取り入れたマントル対流のモデル化は，今後解決すべき最重要課題の 1 つである．この問題を解決する上で，プレートの境界部周辺のみでプレートを「軟らかく」する仕組みを理解することが重要であり，例えばプレート境界で起こるであろう破壊の効果を適切にモデル化する試みが続けられている．

▶ **10.6.3 相転移を伴うマントル対流**

マントルを構成すると考えられている鉱物は，高温・高圧下でさまざまな相状態 (結晶構造) をとる．その代表的な例はマントルにもっとも多く存在する鉱物であるカンラン石 $(\text{Mg},\text{Fe})_2\text{SiO}_4$ の一連の相転移である．カンラン石は地球表面から深さ約 410 km の温度・圧力条件でウォズレアイト (wadsleyite) に変化し，ウォズレアイトはまた深さ約 520 km の条件でリングウッダイト (ringwoodite) に変化する．さらにリングウッダイトは深さ約 660 km の条件でペロブスカイト (perovskite) 相とペリクレース (periclase) に分解する．これらの変化は地震波速度の不連続変化を引き起こすことから，マントル内部の地震学的不連続面の成因に重要な意味をもっている．特にカンラン石からウォズレアイトへの相転移，およびリングウッダイトからペロブスカイト相への分解は，それぞれマントル遷移層の上面と下面に相当するものと考えられている．詳しくは第 9 章を参照のこと．

こうした相転移は，地震学的な地球内部構造との関係があるだけでなく，マントル対流の流れの様式にも影響を与える．その理由の 1 つは，10.3.1 項でも述べた通り，相転移によって密度が変化するからである．ル・シャトリエ (Le Chatelier) の原理にある通り，低い圧力状態で安定な相は密度が低く，高い圧力状態で安定

な相は密度が高い．これに加え，相転移の起こる深さが温度によって変化する場合には，相転移の深さを通過しようとする上昇流や下降流にも影響を及ぼすことが知られている．図 10.29 は，相転移が上昇流や下降流に影響する仕組みを模式的に示したものである．図は低圧相と高圧相の相転移が起こる温度・圧力条件を，横軸に圧力 p（地表面からの深さに対応），縦軸に温度 T をとったグラフ上に示したものである．この図で表される相転移境界の勾配（の逆数）は「クラペイロン勾配」(Clapeyron slope) と呼ばれるもので，[Pa/K] という単位で表現される．クラペイロン勾配が 0 でない場合には，相転移の起こる深さが温度によって異なることに注意しよう．前述のカンラン石の一連の相転移のうち，カンラン石からウォズレアイトへの相転移は正のクラペイロン勾配を，リングウッダイトからペロブスカイト相への分解は負のクラペイロン勾配をもつ．

まず，クラペイロン勾配が正の相転移（図 10.29(a)）が対流の上昇流や下降流に与える影響を考えよう．例えば対流の上昇流の温度は，周囲の流体の平均温度（図 10.29(a) の破線）と比べて高いであろう．そのため上昇流の内部では，周囲の流体と比べて深い場所で，(密度の高い) 高圧相から (密度の低い) 低圧相への相転移が起こる．この相転移によって高温の上昇流はさらに上向きの浮力を獲得し，上昇が促進される．同じ仕組みにより，低温の下降流もこの相転移によって促進される．すなわち，正のクラペイロン勾配をもつ相変化は，対流を促進する方向に働く．これに対し，負のクラペイロン勾配をもつ相転移 (図 10.29(b)) は，全く逆の議論により，対流を阻害するように作用する．またこの議論から，相転移が対流を促進したり阻害したりする効果の強さは，クラペイロン勾配と相転移による密度変化の積で見積もられることも理解できよう．

上の議論では，温度差によって相転移の起こる深さが異なる効果にのみ注目してきた．しかし厳密にいえば，相変化に伴って出入りする潜熱が引き起こす温度変化の効果も考慮する必要がある．例えば低圧相から高圧相への変化が起こる際，クラペイロン勾配が正の相転移では潜熱が解放されるが，負の相転移では潜熱が吸収される．この潜熱の出入りの効果は上とは全く逆向きに働き，正のクラペイロン勾配をもつ相転移は対流を阻害し，負のクラペイロン勾配をもつ相転移は対流を促進する傾向をもつ．ただしその効果はさほど大きくないので，第一近似的には相変化面の位置の変化の議論のみを考えれば十分である．

図 10.30 に，相転移がマントル内の流れ場に与える影響を調べる数値シミュレーションの結果の一例を示す．ここでは，沈み込むプレートを模した低温の下降流が沈み込みを開始してからの各時刻における，マントル内部の流れ場と温度分布を示したものである．ここでは，カンラン石の一連の相転移が流れ場に与える影響を調べるため，地表面から深さ約 410 km と約 660 km の位置に，クラペイロン勾配がそれぞれ正と負の相転移を設けている．ただし図 10.30(a) と (b) では，深さ約 660 km の位置で起こる負のクラペイロン勾配の相転移の効果の強さが異なっている．図 10.30(b) はカンラン石の相転移をそのまま模した条件を用いているが，図 10.30(a) ではその効果を 2 倍に強調している．図 10.30(a) と図 10.30(b) の比較から明らかなように，負のクラペイロン勾配の相転移のもつ効果が十分強いときには，地表面から沈み込む下降流の運動が，その相転移によって阻害されるようになる．特に図 10.30(a) では，沈み込んだ下降流は深さ 660 km 付近で横たわるように停滞する傾向が見られる．また低温の下降流の内部では図 10.30(a) と (b) のどちらの場合でも，深さ約 410 km での相転移の位置は浅くなり，逆に深さ約 660 km での相転移の位置は深くなっている．さらにこれらの相転移に伴う潜熱の出入りにより，深さ約 410 km の相転移を越えると低温の領域は細くなり，逆に深さ約 660 km の相転移を越えると低温の領域は太くなっている．

上で述べたように，負のクラペイロン勾配をもつ相転移の効果が十分強い場合には，この相転移の位置を通過しようとする上昇流や下降流が妨げられる．このことは，地表面から深さ約 660 km にあたるマントル遷移層下面付近で，沈み込んだプレートの停滞が起こる場合があることをうまく説明できるように思われる．ただしその一方で図 10.30(b) によれば，実際のカンラン石の相転移の性質を考えた数値シミュレーションによれば，この相転移の効果だけではスラブの停滞を引

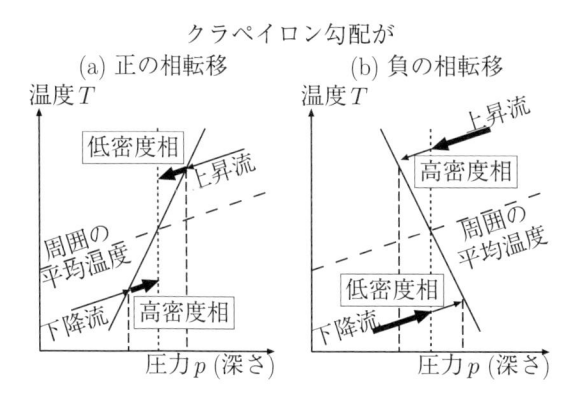

図 10.29 相転移が高温の上昇流や低温の下降流に及ぼす影響を示す概念図
(a) はクラペイロン勾配が正の相転移, (b) は負の相転移を示す．

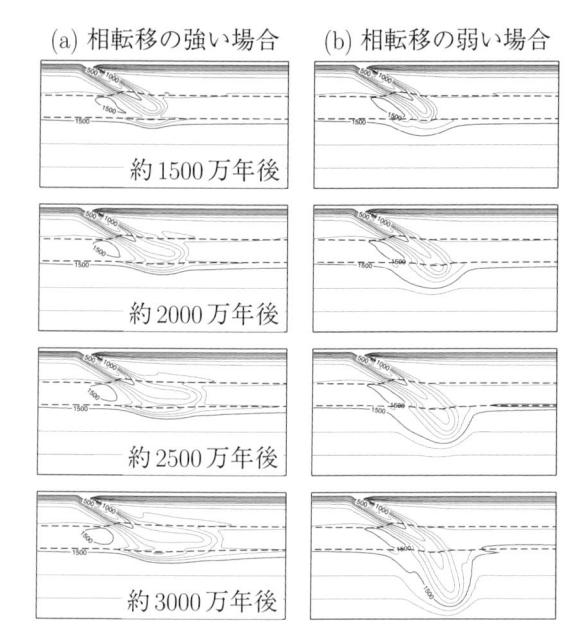

(a) 相転移の強い場合　(b) 相転移の弱い場合

約1500万年後

約2000万年後

約2500万年後

約3000万年後

図 10.30 マントル物質の固体相転移の効果を取り入れた対流シミュレーションの一例
低温の下降流が沈み込みを開始してからの各時刻における流れ場の様子を示している．実線は温度の等値線，破線は相転移境界の位置を示す．ここでは，深さ約 410 km と約 660 km の位置で起こる 2 つの相転移を含めており，それぞれ正と負のクラペイロン勾配をもつ．右図は深さ約 660 km で起こる相転移の効果として，カンラン石の相転移の性質をそのまま模したものを用いているが，左図ではその効果を 2 倍に強調している．図は Kameyama and Nishioka (2012) より改変．

き起こすには十分ではないことも結論づけられる．言い換えれば，図 10.2 で見られるような沈み込んだプレートの停滞を引き起こすには，カンラン石の相転移の効果だけでなく，他のさまざまな効果，例えば上部マントルと下部マントルの粘性率の違いや，(沈み込まない) 上盤側のプレートの運動の効果などを考え合わせることが重要であると考えられる．

演習問題

(1) 半径 6370 km の地球の表層の 6 km が玄武岩の層から形成されていると仮定すると，この層の内部で放射性元素の崩壊によって発生する熱量はどれだけになるか．ただし玄武岩の密度を 3.0×10^3 kg/m^3 とし，表 10.2 の値を用いて計算せよ．

(2) マントル対流が運んでいる熱量が，現在の地表面での熱流量 87 mW/m^2 に等しいと仮定すると，マントル対流のヌッセルト数 Nu はいくらになると見積もられるか．マントルの熱伝導率を $k = 4$ W/m K，マントル内の温度差 $\Delta T = 10^3$ K として計算せよ．

(3) マントル対流の上面の速度が 10 cm/年と仮定すると，この速度はマントルの厚さ 2900 km を熱が伝導で伝わる速度の何倍になっているか．マントルの熱拡散率を $\kappa = 10^{-6}$ m^2/s として計算せよ．また図 10.27(b) で示された対流層上面での流れの速さ U_{top} とレイリー数 Ra の関係が

$$U_{\text{top}} = 0.078 \times Ra^{2/3}$$

と表されているとして，上で求めたマントル対流の上面の速度から，マントル対流のレイリー数の大きさを見積もってみよ．

参考文献

Turcotte, D. L. and Schubert, G., 2002, Geodynamics, 2nd ed., Cambridge University Press, 456p.

Schubert, G., Turcotte, D. L. and Olson, P., 2001, Mantle Convection in the Earth and Planets, Cambridge University Press, 940p.

Davies, G. F., 2011, Mantle Convection for Geologists, Cambridge University Press, 232p.

瀬野徹三, 2001, 続 プレートテクトニクスの基礎, 朝倉書店, 162p.

松井孝典, 松浦充宏, 林 祥介, 寺沢敏夫, 谷本俊郎, 唐戸俊一郎, 2010, 新装版 地球惑星科学 6 地球連続体力学, 岩波書店, 332p.

鳥海光弘, 玉木賢策, 谷本俊郎, 本多 了, 高橋栄一, 巽 好幸, 本蔵義守, 2011, 新装版 地球惑星科学 10 地球内部ダイナミクス, 岩波書店, 278p.

日野幹雄, 1992, 流体力学, 朝倉書店, 469p.

今井 功, 1993, 物理テキストシリーズ 9 流体力学, 岩波書店, 254p.

A

物理数学の基礎

本書では，数理物理学的な基礎知識は説明なしに使用されている．そのような基礎知識は本書の理解には必ずしも必要ではないが，あらかじめそうした知識を身に付けておく方がよいことはいうまでもない．ここでは，本書を読み解くための数学的な準備として，基礎的な数学の予備知識を述べる．本書を読み始める前に，ここで述べた基礎知識を頭に入れておくと本書の理解がいっそう進むと思う．特に，本書の中に登場する物理数学の数式や公式に関する基本的な知識については，この章でやや詳しく述べたので参考にしてほしい．この章の性格上，数々の数式や公式の記載に重点をおくこととし，特に必要な場合を除いて，それらの導出についての詳細な記述は避けた．数式や公式の導出に興味を覚えた場合には，より専門的な物理数学の関連図書を参照していただきたい．

◆ ◆ ◆ ◆ ◆ ◆

A.1 数学的準備

ベクトルは大きさと方向をもつ物理量である．これに対して大きさしかもたない量はスカラーと呼ばれる．例えば速度，加速度はベクトルであり，質量，温度などはスカラーである．以下の説明では，a, b, c を定数，ϕ, u, v をスカラー，$\boldsymbol{A}, \boldsymbol{B}, \boldsymbol{C}, \boldsymbol{D}, \boldsymbol{U}, \boldsymbol{V}, \boldsymbol{W}$ をベクトルとし，ベクトル $\boldsymbol{e} = (\boldsymbol{e}_x, \boldsymbol{e}_y, \boldsymbol{e}_z) = (\boldsymbol{e}_1, \boldsymbol{e}_2, \boldsymbol{e}_3) = (\boldsymbol{i}, \boldsymbol{j}, \boldsymbol{k})$ を直交座標系における x, y, z 方向のそれぞれの単位ベクトルとする．ただし，一部では i を虚数単位として使用しているので注意されたい．また，記号「・」および記号「×」はそれぞれベクトルの内積，外積を表す．

A.2 数理物理学的な表記とベクトル解析の公式

ここでは，ベクトル解析など，数理解析の分野で多く使われるいくつかの規約や表記，および，ベクトル解析における恒等式 (公式) について述べる．

▶ A.2.1 理工学分野で多く使われる表記

a. クロネッカーのデルタ

クロネッカー (Kronecker) のデルタは次のように定義される．

$$\delta_{ij} = \begin{cases} 0 & (i, j \text{ が異なる値をもつとき}) \\ 1 & (i, j \text{ が同じ値をもつとき}) \end{cases} \quad (A.1)$$

クロネッカーのデルタは次のように定義することもできる．

$$\delta_{ij} = \boldsymbol{e}_i \cdot \boldsymbol{e}_j \quad (A.2)$$

クロネッカーのデルタは自然科学や理工学分野において数式を扱う際には頻繁に現れる．

b. アインシュタインの規約

1 つの項の中に同一のアルファベットの添字が 2 回用いられている場合，その添字について，1 から 3 まで (3 次元の場合) の総和をとる操作をアインシュタイン (Einstein) の規約と呼ぶ．例えば，

$$S = a_{i1}b_{1k} + a_{i2}b_{2k} + a_{i3}b_{3k} \quad (A.3)$$

$$= \sum_{j=1}^{3} a_{ij}b_{jk} \quad (A.4)$$

$$= a_{ij}b_{jk} \quad (A.5)$$

では，$a_{ij}b_{jk}$ の中で，j が 2 回現れるため，j についての総和をとることを意味する．次の例では，一般のベクトル $\boldsymbol{A}$ と単位ベクトルが用いられているが，(A_x, A_y, A_z) や $(\boldsymbol{i}, \boldsymbol{j}, \boldsymbol{k})$ ではなく，(A_1, A_2, A_3) と $(\boldsymbol{e}_1, \boldsymbol{e}_2, \boldsymbol{e}_3)$ を用いると，アインシュタインの規約による表記が可能である．

$$\boldsymbol{A} = \boldsymbol{i}A_x + \boldsymbol{j}A_y + \boldsymbol{k}A_z \quad (A.6)$$

$$= \sum_{i=1}^{3} A_i \boldsymbol{e}_i \quad (A.7)$$

$$= A_i \boldsymbol{e}_i \quad (A.8)$$

上記の式 (A.5)，式 (A.8) に示したように，アインシュタインの規約では総和記号を省略する表記が使われる．これは単に和の規約とも呼ばれている．この表記は，例えば，弾性論において応力とひずみの関係式などを記述する際に現れる．

c. レヴィ–チヴィタの規約

レヴィ–チヴィタ (Levi–Civita) の規約は次のように定義される.

$$\epsilon_{ijk} = \begin{cases} 1 & (i,j,k) = (1,2,3), (2,3,1), (3,1,2) \text{ のとき} \\ -1 & (i,j,k) = (3,2,1), (2,1,3), (1,3,2) \text{ のとき} \\ 0 & \text{上記以外のとき} \end{cases} \quad (A.9)$$

すなわち, 添字 ijk が $(1,2,3)$ の偶置換である場合は 1, 奇置換である場合は -1, それ以外のとき, 例えば文字が重複する場合などは 0 とする規約である. これは, エディントン (Eddington) のイプシロンとも呼ばれている. 偶置換と奇置換は, 例えば, あみだくじにおける横棒の数が偶数と奇数の場合の置換に相当する.

A.3 代表的な座標系におけるスカラー場とベクトル場の記述

▶ A.3.1 直交座標系におけるスカラー場・ベクトル場

ベクトル $\vec{A} = \boldsymbol{A} = (A_x, A_y, A_z)$ は

$$\boldsymbol{A} = \boldsymbol{i}A_x + \boldsymbol{j}A_y + \boldsymbol{k}A_z \quad (A.10)$$

のように書くことができる. このとき, ハミルトンの演算子 ∇ (ナブラ, nabla) を

$$\nabla = \boldsymbol{i}\frac{\partial}{\partial x} + \boldsymbol{j}\frac{\partial}{\partial y} + \boldsymbol{k}\frac{\partial}{\partial z} \quad (A.11)$$

で定義すれば, 勾配 (grad), 発散 (div), 回転 (curl), ∇^2 (ラプラス演算子, ラプラシアン, Laplacian) は次の式で表すことができる. なお, curl は rot とも表記されるがここでは curl として表記する.

$$\text{grad}\, \phi = \nabla \phi = \left(\boldsymbol{i}\frac{\partial}{\partial x} + \boldsymbol{j}\frac{\partial}{\partial y} + \boldsymbol{k}\frac{\partial}{\partial z}\right)\phi$$
$$= \boldsymbol{i}\frac{\partial \phi}{\partial x} + \boldsymbol{j}\frac{\partial \phi}{\partial y} + \boldsymbol{k}\frac{\partial \phi}{\partial z} \quad (A.12)$$

$$\text{div}\, \boldsymbol{A} = \nabla \cdot \boldsymbol{A} = \left(\boldsymbol{i}\frac{\partial}{\partial x} + \boldsymbol{j}\frac{\partial}{\partial y} + \boldsymbol{k}\frac{\partial}{\partial z}\right)$$
$$\cdot (\boldsymbol{i}A_x + \boldsymbol{j}A_y + \boldsymbol{k}A_z)$$
$$= \frac{\partial A_x}{\partial x} + \frac{A_y}{\partial y} + \frac{\partial A_z}{\partial z} \quad (A.13)$$

$$\text{curl}\, \boldsymbol{A} = \nabla \times \boldsymbol{A} = \left(\boldsymbol{i}\frac{\partial}{\partial x} + \boldsymbol{j}\frac{\partial}{\partial y} + \boldsymbol{k}\frac{\partial}{\partial z}\right)$$
$$\times (\boldsymbol{i}A_x + \boldsymbol{j}A_y + \boldsymbol{k}A_z)$$
$$= \boldsymbol{i}\left(\frac{\partial A_z}{\partial y} - \frac{\partial A_y}{\partial z}\right) + \boldsymbol{j}\left(\frac{\partial A_x}{\partial z} - \frac{\partial A_z}{\partial x}\right)$$
$$+ \boldsymbol{k}\left(\frac{\partial A_y}{\partial x} - \frac{\partial A_x}{\partial y}\right) \quad (A.14)$$

$$\nabla^2 = \nabla \cdot \nabla = \frac{\partial^2}{\partial x^2} + \frac{\partial^2}{\partial y^2} + \frac{\partial^2}{\partial z^2} \quad (A.15)$$

▶ A.3.2 円柱座標系におけるスカラー場・ベクトル場

直交座標系 (x, y, z) と円柱座標系 (r, θ, z) の関係は,

$$\begin{cases} x = r\cos(\theta) \\ y = r\sin(\theta) \end{cases} \quad (A.16)$$

である. このとき, ヤコビアン (Jacobian, ヤコビ行列, 変換行列) J_s は次の式で表される.

$$J_s = \begin{pmatrix} \frac{\partial x}{\partial r} & \frac{\partial x}{\partial \theta} & \frac{\partial x}{\partial z} \\ \frac{\partial y}{\partial r} & \frac{\partial y}{\partial \theta} & \frac{\partial y}{\partial z} \\ \frac{\partial z}{\partial r} & \frac{\partial z}{\partial \theta} & \frac{\partial z}{\partial z} \end{pmatrix} = \begin{pmatrix} \cos\theta & -r\sin\theta & 0 \\ \sin\theta & r\cos\theta & 0 \\ 0 & 0 & 1 \end{pmatrix} \quad (A.17)$$

このとき, ヤコビアンの値は次のようになる.

$$\det(J_s) = \begin{vmatrix} \cos\theta & -r\sin\theta & 0 \\ \sin\theta & r\cos\theta & 0 \\ 0 & 0 & 1 \end{vmatrix} = r \quad (A.18)$$

一方, 直交座標系 (x, y, z) の各方向の全微分を考えると,

$$dx = \frac{\partial x}{\partial r}dr + \frac{\partial x}{\partial \theta}d\theta + \frac{\partial x}{\partial z}dz = \cos\theta dr - r\sin\theta d\theta \quad (A.19)$$

$$dy = \frac{\partial y}{\partial r}dr + \frac{\partial y}{\partial \theta}d\theta + \frac{\partial y}{\partial z}dz = \sin\theta dr + r\cos\theta d\theta \quad (A.20)$$

$$dz = \frac{\partial z}{\partial r}dr + \frac{\partial z}{\partial \theta}d\theta + \frac{\partial z}{\partial z}dz = dz \quad (A.21)$$

となる. したがって, 円柱座標系の体積要素 dV, 線分要素 ds は次の式で与えられる.

$$dV = \det(J_s)drd\theta dz = rdrd\theta dz \quad (A.22)$$

$$ds^2 = dx^2 + dy^2 + dz^2 = dr^2 + r^2 d\theta^2 + dz^2 \quad (A.23)$$

また, ラプラシアン (∇^2), 勾配 (grad), 発散 (div), 回転 (curl) は次の式で表される.

$$\nabla^2 u = \left(\frac{\partial^2}{\partial r^2} + \frac{1}{r}\frac{\partial}{\partial r} + \frac{1}{r^2}\frac{\partial^2}{\partial \theta^2} + \frac{\partial^2}{\partial z^2}\right)u \quad (A.24)$$

$$\text{grad}\, u = \nabla u = \left(\boldsymbol{i}\frac{\partial}{\partial r} + \boldsymbol{j}\frac{1}{r}\frac{\partial}{\partial \theta} + \boldsymbol{k}\frac{\partial}{\partial z}\right)u$$
$$= \boldsymbol{i}\frac{\partial u}{\partial r} + \boldsymbol{j}\frac{1}{r}\frac{\partial u}{\partial \theta} + \boldsymbol{k}\frac{\partial u}{\partial z} \quad (A.25)$$

$$\text{div}\, \boldsymbol{A} = \frac{\partial A_r}{\partial r} + \frac{A_r}{r} + \frac{1}{r}\frac{\partial A_\theta}{\partial \theta} + \frac{\partial A_z}{\partial z} \quad (A.26)$$

$$\text{curl}\, \boldsymbol{A} = \left(\frac{1}{r}\frac{\partial A_z}{\partial \theta} - \frac{\partial A_\theta}{\partial z}, \frac{\partial A_r}{\partial z} - \frac{\partial A_z}{\partial r}, \frac{\partial A_\theta}{\partial r} + \frac{A_\theta}{r} - \frac{1}{r}\frac{\partial A_r}{\partial \theta}\right)$$
$$= \boldsymbol{i}\left(\frac{1}{r}\frac{\partial A_z}{\partial \theta} - \frac{\partial A_\theta}{\partial z}\right) + \boldsymbol{j}\left(\frac{\partial A_r}{\partial z} - \frac{\partial A_z}{\partial r}\right)$$
$$+ \boldsymbol{k}\left(\frac{\partial A_\theta}{\partial r} + \frac{A_\theta}{r} - \frac{1}{r}\frac{\partial A_r}{\partial \theta}\right) \quad (A.27)$$

▶ A.3.3 極座標系におけるスカラー場・ベクトル場

直交座標系 (x, y, z) と極座標 (r, θ, ϕ) の関係は,

$$\begin{cases} x = r\sin(\theta)\cos(\phi) \\ y = r\sin(\theta)\sin(\phi) \\ z = r\cos(\theta) \end{cases} \quad (A.28)$$

なので,ヤコビアン (ヤコビ行列,変換行列) J_s は次の式で表される.

$$\begin{aligned} J_s &= \begin{pmatrix} \frac{\partial x}{\partial r} & \frac{\partial x}{\partial \theta} & \frac{\partial x}{\partial \phi} \\ \frac{\partial y}{\partial r} & \frac{\partial y}{\partial \theta} & \frac{\partial y}{\partial \phi} \\ \frac{\partial z}{\partial r} & \frac{\partial z}{\partial \theta} & \frac{\partial z}{\partial \phi} \end{pmatrix} \\ &= \begin{pmatrix} \sin\theta\cos\phi & r\cos\theta\cos\phi & -r\sin\theta\sin\phi \\ \sin\theta\sin\phi & r\cos\theta\sin\phi & r\sin\theta\cos\phi \\ \cos\theta & -r\sin\theta & 0 \end{pmatrix} \end{aligned}$$
(A.29)

このとき,ヤコビアンの値は次のようになる.

$$\begin{aligned} \det(J_s) &= \begin{vmatrix} \sin\theta\cos\phi & r\cos\theta\cos\phi & -r\sin\theta\sin\phi \\ \sin\theta\sin\phi & r\cos\theta\sin\phi & r\sin\theta\cos\phi \\ \cos\theta & -r\sin\theta & 0 \end{vmatrix} \\ &= r^2 \sin\theta \end{aligned} \quad (A.30)$$

一方,直交座標系 (x, y, z) の各方向の全微分を考えると,

$$\begin{aligned} dx &= \frac{\partial x}{\partial r}dr + \frac{\partial x}{\partial \theta}d\theta + \frac{\partial x}{\partial \phi}d\phi \\ &= (\sin\theta\cos\phi)dr + (r\cos\theta\cos\phi)d\theta \\ &\quad + (-r\sin\theta\sin\phi)d\phi \end{aligned} \quad (A.31)$$

$$\begin{aligned} dy &= \frac{\partial y}{\partial r}dr + \frac{\partial y}{\partial \theta}d\theta + \frac{\partial y}{\partial \phi}d\phi \\ &= (\sin\theta\sin\phi)dr + (r\cos\theta\sin\phi)d\theta \\ &\quad + (r\sin\theta\cos\phi)d\phi \end{aligned} \quad (A.32)$$

$$\begin{aligned} dz &= \frac{\partial z}{\partial r}dr + \frac{\partial z}{\partial \theta}d\theta + \frac{\partial z}{\partial \phi}d\phi \\ &= (\cos\theta)dr + (-r\sin\theta)d\theta \end{aligned} \quad (A.33)$$

となる.したがって,極座標系の体積要素 dV,線分要素 ds は次の式で与えられる.

$$dV = \det(J_s)drd\theta d\phi = r^2\sin\theta drd\theta d\phi \quad (A.34)$$

$$ds^2 = dx^2 + dy^2 + dz^2 = dr^2 + r^2 d\theta^2 + r^2\sin^2\theta d\phi^2 \quad (A.35)$$

また,ラプラシアン (∇^2),勾配 (grad),発散 (div),回転 (curl) は次の式で表される.

$$\nabla^2 u = \left\{ \frac{1}{r^2}\frac{\partial}{\partial r}\left(r^2\frac{\partial}{\partial r}\right) + \frac{1}{r^2\sin\theta}\frac{\partial}{\partial \theta}\left(\sin\theta\frac{\partial}{\partial \theta}\right) \right. \\ \left. + \frac{1}{r^2\sin^2\theta}\frac{\partial^2}{\partial \phi^2} \right\} u \quad (A.36)$$

$$\begin{aligned} \operatorname{grad} u = \nabla u &= \left\{ \boldsymbol{i}\frac{\partial}{\partial r} + \boldsymbol{j}\frac{1}{r}\frac{\partial}{\partial \theta} + \boldsymbol{k}\frac{1}{r\sin\theta}\frac{\partial}{\partial \phi} \right\} u \\ &= \boldsymbol{i}\frac{\partial u}{\partial r} + \boldsymbol{j}\frac{1}{r}\frac{\partial u}{\partial \theta} + \boldsymbol{k}\frac{1}{r\sin\theta}\frac{\partial u}{\partial \phi} \end{aligned} \quad (A.37)$$

$$\operatorname{div}\boldsymbol{A} = \frac{1}{r^2\sin\theta}\left\{ \frac{\partial}{\partial r}(r^2 A_r\sin\theta) + \frac{\partial}{\partial \theta}(rA_\theta\sin\theta) \right. \\ \left. + \frac{\partial}{\partial \phi}(rA_\phi) \right\} \quad (A.38)$$

$$\begin{aligned} \operatorname{curl}\boldsymbol{A} &= \left[\frac{1}{r\sin\theta}\left\{ \frac{\partial}{\partial \theta}(A_\phi\sin\theta) - \frac{\partial A_\theta}{\partial \phi} \right\}, \right. \\ &\quad \frac{1}{r\sin\theta}\left\{ \frac{\partial A_r}{\partial \phi} - \frac{\partial}{\partial r}(rA_\phi\sin\theta) \right\}, \\ &\quad \left. \frac{1}{r}\left\{ \frac{\partial}{\partial r}(rA_\theta) - \frac{\partial A_r}{\partial \theta} \right\} \right] \\ &= \boldsymbol{i}\left[\frac{1}{r\sin\theta}\left\{ \frac{\partial}{\partial \theta}(A_\phi\sin\theta) - \frac{\partial A_\theta}{\partial \phi} \right\} \right] \\ &\quad + \boldsymbol{j}\left[\frac{1}{r\sin\theta}\left\{ \frac{\partial A_r}{\partial \phi} - \frac{\partial}{\partial r}(rA_\phi\sin\theta) \right\} \right] \\ &\quad + \boldsymbol{k}\left[\frac{1}{r}\left\{ \frac{\partial}{\partial r}(rA_\theta) - \frac{\partial A_r}{\partial \theta} \right\} \right] \end{aligned} \quad (A.39)$$

▶ A.3.4 ヘルムホルツの分解定理

ヘルムホルツ (Helmholtz) の分解定理は,任意のベクトル場は「渦 (回転) がなく (curl=0),湧き出し (発散,div) だけが存在するスカラー場」と,「湧き出し (発散) がなく (div=0),渦 (回転,curl) だけがあるベクトル場」に分解できる,ということを示す.すなわち,任意のベクトル場 $\boldsymbol{W}$ は,スカラー場の勾配 $\nabla\phi$ とベクトル場の回転 $\nabla \times \boldsymbol{B}$ に分解できることを示す.

$$\begin{aligned} \boldsymbol{W} &= \operatorname{grad}\phi + \operatorname{curl}\boldsymbol{A} \\ &= \nabla\phi + \nabla \times \boldsymbol{B} \end{aligned} \quad (A.40)$$

A.4 ベクトル解析における恒等式と公式

▶ A.4.1 ベクトル解析における恒等式

よく使用されるベクトル恒等式を以下に示す.

$$\boldsymbol{A} \cdot \boldsymbol{B} = \boldsymbol{B} \cdot \boldsymbol{A} \quad (A.41)$$

$$\boldsymbol{A} \times \boldsymbol{B} = -(\boldsymbol{B} \times \boldsymbol{A}) \quad (A.42)$$

$$\boldsymbol{A} \cdot (\boldsymbol{B} \times \boldsymbol{C}) = \boldsymbol{B} \cdot (\boldsymbol{C} \times \boldsymbol{A}) = \boldsymbol{C} \cdot (\boldsymbol{A} \times \boldsymbol{B}) \quad (A.43)$$

$$\boldsymbol{A} \times (\boldsymbol{B} \times \boldsymbol{C}) = (\boldsymbol{A} \cdot \boldsymbol{C})\boldsymbol{B} - (\boldsymbol{A} \cdot \boldsymbol{B})\boldsymbol{C} \quad (A.44)$$

$$(\boldsymbol{A} \times \boldsymbol{B}) \times \boldsymbol{C} = (\boldsymbol{A} \cdot \boldsymbol{C})\boldsymbol{B} - (\boldsymbol{B} \cdot \boldsymbol{C})\boldsymbol{A} \quad (A.45)$$

$$\boldsymbol{A} \times (\boldsymbol{B} \times \boldsymbol{C}) + \boldsymbol{B} \times (\boldsymbol{C} \times \boldsymbol{A}) + \boldsymbol{C} \times (\boldsymbol{A} \times \boldsymbol{B}) = 0 \quad (A.46)$$

$$(A \times B) \cdot (C \times D)$$
$$= \{(A \times B) \times C\}D = A \cdot \{B \times (C \times D)\}$$
$$= (A \cdot C)(B \cdot D) - (A \cdot D)(B \cdot C) \quad (A.47)$$
$$(A \times B) \times (C \times D)$$
$$= \{(A \times B) \cdot D\}C - \{(A \times B) \cdot C\}D$$
$$= \{A \cdot (C \times D)\}B - \{B \cdot (C \times D)\}A \quad (A.48)$$

▶ **A.4.2 代表的なベクトル公式**

前節で述べた演算子に関する代表的なベクトル公式を以下に列挙する．

$$\nabla(a\phi) = a\nabla(\phi) \quad (A.49)$$
$$\nabla(u + v) = \nabla u + \nabla v \quad (A.50)$$
$$\nabla(uv) = v\nabla u + u\nabla v \quad (A.51)$$
$$\nabla \cdot (u\nabla v) = \nabla u \cdot \nabla v + u\nabla^2 v \quad (A.52)$$
$$\nabla \cdot (u\nabla v - v\nabla u) = u\nabla^2 v - v\nabla^2 u \quad (A.53)$$
$$\nabla^2(uv) = v\nabla^2 u + u\nabla^2 v + 2(\nabla u \cdot \nabla v) \quad (A.54)$$
$$\nabla \cdot (aA) = a\,\nabla \cdot A \quad (A.55)$$
$$\nabla \cdot (A + B) = \nabla \cdot A + \nabla \cdot B \quad (A.56)$$
$$\nabla \cdot (\phi A) = \phi\,\nabla \cdot A + (A \cdot \nabla \phi) \quad (A.57)$$
$$\nabla(A \cdot B) = (A \cdot \nabla)B + (B \cdot \nabla)A$$
$$+ A \times (\nabla \times B) + B \times (\nabla \times A) \quad (A.58)$$
$$\nabla \cdot (A \times B) = B \cdot (\nabla \times A) - A \cdot (\nabla \times B) \quad (A.59)$$
$$\nabla \times (aA) = a\,\nabla \times A \quad (A.60)$$
$$\nabla \times (A + B) = \nabla \times A + \nabla \times B \quad (A.61)$$
$$\nabla \times (\phi A) = \phi\,\nabla \times A + \nabla(\phi) \times A \quad (A.62)$$
$$\nabla \times (A \times B) = (B \cdot \nabla)A - (A \cdot \nabla)B$$
$$+ A(\nabla \cdot B) - B(\nabla \cdot A) \quad (A.63)$$
$$\nabla \times \nabla = 0 \quad (A.64)$$
$$\text{div}(\text{grad}\,\phi) = \nabla \cdot (\nabla \phi) = \nabla^2 \phi \quad (A.65)$$
$$\text{curl}(\text{grad}\,\phi) = \nabla \times (\nabla \phi) = 0 \quad (A.66)$$
$$\text{div}(\text{curl}\,A) = \nabla \cdot (\nabla \times A) = 0 \quad (A.67)$$
$$\text{curl}(\text{curl}\,A) = \nabla \times (\nabla \times A)$$
$$= \nabla(\nabla \cdot A) - \nabla^2 A \quad (A.68)$$
$$\text{grad}(\text{div}\,A) = \nabla(\nabla \times A)$$
$$= \nabla \times (\nabla \times A) + \nabla^2 A \quad (A.69)$$
$$\nabla^2 A = \text{grad}(\text{div}\,A) - \text{curl}(\text{curl}\,A)$$
$$= \nabla(\nabla \cdot A) - \nabla \times (\nabla \times A) \quad (A.70)$$
$$A \cdot \nabla = A_x \frac{\partial}{\partial x} + A_y \frac{\partial}{\partial y} + A_z \frac{\partial}{\partial z} \quad (A.71)$$
$$(A \cdot \nabla \neq \nabla \cdot A = \text{div}\,A \text{ に注意})$$
$$(A \cdot \nabla)\phi = A \cdot (\nabla \phi) \quad (A.72)$$
$$(A \cdot \nabla)B = (A \cdot \nabla B_x)i + (A \cdot \nabla B_y)j + (A \cdot \nabla B_z)k \quad (A.73)$$
$$(A \cdot \nabla)\phi B = \phi(A \cdot \nabla)B + B(A \cdot \nabla \phi) \quad (A.74)$$

A.5 テーラー展開

関数 $f(x)$ を $x = a$ の近傍において，べき関数 $(x-a)^k$ $(k = 0, 1, 2, \cdots)$ の和 $\sum_{k=0} a_k(x-a)^k$ で表すときに用いる．関数 $f(x)$ は無限回微分可能と仮定すると，2点 x, a の間の距離が非常に短いとき，a からわずかに離れた x における関数 $f(x)$ の値は近似的に求めることができ，次の式で表すことができる．

$$f(x) = f(a) + f'(a)(x-a) + \frac{1}{2!}f''(a)(x-a)^2$$
$$+ \frac{1}{3!}f'''(a)(x-a)^3 + \cdots$$
$$= \sum_{n=0}^{\infty} \frac{f^n(a)}{n!}(x-a)^n \quad (A.75)$$

このように，関数 $f(x)$ は，多数の項の和として展開しすることができる．これを「a の周りでのテーラー (Taylor) 展開」と呼ぶ．上式において，原点，すなわち，$a = 0$ の周りでテーラー展開を行うと，

$$f(x) = f(0) + f'(0)x + \frac{1}{2!}f''(0)x^2 + \frac{1}{3!}f'''(0)x^3 + \cdots$$
$$= \sum_{n=0}^{\infty} \frac{f^n(0)}{n!}x^n \quad (A.76)$$

となり，これはしばしば「マクローリン (Maclaurin) 展開」と呼ばれることがある．テーラー展開の厳密な表現は次の式になる．

$$f(x) = f(a) + f'(a)(x-a) + \frac{1}{2!}f''(a)(x-a)^2$$
$$+ \frac{1}{3!}f'''(a)(x-a)^3 + \cdots$$
$$+ \frac{1}{(n-1)!}f^{n-1}(a)(x-a)^{n-1} + \frac{1}{n!}f^n(c)(x-a)^n \quad (A.77)$$

この式の最後の項は剰余項 (remainder) であり，c は x と a の間にある点である．上式で $n = 1$ とおけば

$$f(x) = f(a) + f'(c)(x-a) \quad (A.78)$$

が得られる．これは平均値の定理にほかならない．ここでマクローリン展開の例をいくつか示す．

$$e^x = 1 + x + \frac{x^2}{2!} + \frac{x^3}{3!} + \frac{x^4}{4!} + \frac{x^5}{5!} + \cdots \quad (A.79)$$

$$\sin(x) = x - \frac{x^3}{3!} + \frac{x^5}{5!} - \frac{x^7}{7!} + \frac{x^9}{9!} + \cdots \quad (A.80)$$

$$\cos(x) = 1 - \frac{x^2}{2!} + \frac{x^4}{4!} - \frac{x^6}{6!} + \frac{x^8}{8!} + \cdots \quad (A.81)$$

$$\log(1+x) = x - \frac{x^2}{2} + \frac{x^3}{3} - \frac{x^4}{4} + \frac{x^5}{5} + \cdots$$
$$(-1 < x \le 1) \quad (A.82)$$

$$\tan^{-1}(x) = x - \frac{x^3}{3} + \frac{x^5}{5} - \frac{x^7}{7} + \frac{x^9}{9} + \cdots \quad (A.83)$$

$$\frac{1}{1-x} = 1 + x + x^2 + x^3 + x^4 + x^5 + \cdots$$
$$(|x| < 1) \quad (A.84)$$

$$\frac{1}{\sqrt{1+x}} = 1 - \frac{1}{2}x + \frac{1 \cdot 3}{2 \cdot 4}x^2 - \frac{1 \cdot 3 \cdot 5}{2 \cdot 4 \cdot 6}x^3 + \cdots$$
$$(-1 < x \le 1) \quad (A.85)$$

次の式は代表的なテーラー展開の公式である.

$$(1+x)^a = 1 + ax$$
$$+ \frac{a(a-1)}{2!}x^2 + \frac{a(a-1)(a-2)}{3!}x^3 + \cdots$$
$$= \sum_{n=0}^{\infty} \frac{a!}{(a-n)!n!} x^n \quad (|x| < 1) \quad (A.86)$$

$$f(x+dx) = f(x) + \frac{f'(x)}{1!}dx + \frac{f''(x)}{2!}(dx)^2 + \cdots$$
$$= \sum_{n=0}^{\infty} \frac{f^{(n)}(x)}{n!} (dx)^n \quad (A.87)$$

$$e^{ix} = 1 + (ix)$$
$$+ \frac{(ix)^2}{2!} + \frac{(ix)^3}{3!} + \frac{(ix)^4}{4!} + \frac{(ix)^5}{5!} + \cdots$$
$$= \left(1 - \frac{x^2}{2!} + \frac{x^4}{4!} - \frac{x^6}{6!} + \frac{x^8}{8!} - \cdots\right)$$
$$+ i\left(x - \frac{x^3}{3!} + \frac{x^5}{5!} - \frac{x^7}{7!} + \frac{x^9}{9!} - \cdots\right)$$
$$= \cos(x) + i\sin(x) \quad (A.88)$$

ただし, 式 (A.88) における i は虚数単位であり, $i^2 = -1$ を意味する. 式 (A.88) は複素関数論におけるオイラー (Euler) の公式である.

A.6 フーリエ展開とフーリエ変換

区間 $0 \le x \le 2\pi$ において, 関数 $f(x)$ およびその 1 次微分が部分的に連続な場合, $f(x)$ を次のように級数の形に展開することができる.

$$f(x) = \frac{a_0}{2} + \sum_{n=1}^{\infty} \{a_n \cos(nx) + b_n \sin(nx)\}$$
$$(A.89)$$

これをフーリエ (Fourier) 級数展開という. この式は $0 \le x \le 2\pi$ においてのみ成立する. それ以外の区間では周期 2π の周期関数となる. ここで a_n, b_n は次のように求めることができる.

$$a_n = \frac{1}{\pi} \int_0^{2\pi} f(x) \cos(nx) dx \quad (A.90)$$

$$b_n = \frac{1}{\pi} \int_0^{2\pi} f(x) \sin(nx) dx \quad (A.91)$$

実数における上記の関係は次のように複素数で表示することができる.

$$f(x) = \sum_{n=-\infty}^{\infty} c_n e^{inx} \quad (A.92)$$

$$c_n = \frac{1}{2\pi} \int_0^{2\pi} f(s) e^{-ins} ds \quad (A.93)$$

式 (A.90), 式 (A.91) の a_n, b_n と式 (A.92) の c_n との間には次の関係がある.

$$\begin{cases} 2c_n = a_n - i\,b_n & (n > 0) \\ 2c_0 = a_0 & (n = 0) \\ 2c_n = a_{-n} + i\,b_{-n} & (n < 0) \end{cases} \quad (A.94)$$

フーリエ変換は次の式で定義される.

$$F(\omega) = \int_{-\infty}^{\infty} f(t) e^{-i\omega t} dt \quad (A.95)$$

$$f(t) = \frac{1}{2\pi} \int_{-\infty}^{\infty} F(\omega) e^{i\omega t} d\omega \quad (A.96)$$

式 (A.95) と式 (A.96) の相互関係を $f(t) \Longleftrightarrow F(\omega)$ と表すとき, フーリエ変換には次のような性質がある.

$$a_1 f_1(t) + a_2 f_2(t) \Longleftrightarrow a_1 F_1(\omega) + a_2 F_2(\omega) \quad (A.97)$$

$$F(t) \Longleftrightarrow 2\pi f(-\omega) \quad (A.98)$$

$$f(at) \Longleftrightarrow \frac{1}{|a|} F\left(\frac{\omega}{a}\right) \quad (A.99)$$

$$f(t - t_0) \Longleftrightarrow F(\omega) e^{-i\omega t_0} \quad (A.100)$$

$$f(t) e^{-i\omega_0 t} \Longleftrightarrow F(\omega - \omega_0) \quad (A.101)$$

$$\frac{d}{dt} f(t) \Longleftrightarrow i\omega F(\omega) \quad (A.102)$$

$$\frac{d^n}{dt^n} f(t) \Longleftrightarrow (i\omega)^n F(\omega) \quad (A.103)$$

$$\int_{-\infty}^{t} f(\tau) d\tau \Longleftrightarrow \frac{F(\omega)}{i\omega} \quad (A.104)$$

$$\int_{-\infty}^{\infty} |f(t)|^2 dt \Longleftrightarrow \frac{1}{2\pi} \int_{-\infty}^{\infty} |F(\omega)|^2 d\omega \quad (A.105)$$

$$f_1(t) f_2(t) \Longleftrightarrow \frac{1}{2\pi} \int_{-\infty}^{\infty} F_1(\omega') F_2(\omega - \omega') d\omega'$$
$$(A.106)$$

$$F_1(\omega) F_2(\omega) \Longleftrightarrow \int_{-\infty}^{\infty} f_1(t') f_2(t - t') dt'$$
$$(A.107)$$

式 (A.106) と式 (A.107) は, 次の式で定義される畳み込み (convolution) 積分の関係式になっていることに注意しよう.

$$(f * g)(t) = \int f(\tau) g(t - \tau) d\tau \quad (A.108)$$

なお，畳み込み積分は合成積とも呼ばれる．

A.7 特殊関数

数理解析の分野でさまざまな現象を扱う場合，必ずといってよいほど特殊関数が現れる．これらは，物理学，地球科学，その他多くの応用科学の分野における微分方程式の解，あるいは，初等関数の積分の解として現れるケースが一般的であり，それらを総称して特殊関数 (special functions) と呼ぶ．自然科学や理工学の分野では，sin, cos などの初等関数は断ることなしに使用できるが，特殊関数は複数の定義が存在する場合があるため，原則として使用する前に定義しておくことが望ましい．

▶ A.7.1 ベータ関数

ベータ関数 (Beta function) は，ルシャンドル (Legendre) の定義に従って第1種オイラー積分 (Euler integral) とも呼ばれる特殊関数である．ベータ関数 $B(x,y)$ は，$x>0, y>0$ を満たす実数 x,y により，次の式で定義される．

$$B(x,y) = \int_0^1 t^{x-1}(1-t)^{y-1}\,dt \quad (A.109)$$

ベータ関数は常に正であり，$B(x,y) > 0$ を満たす．またベータ関数は初等関数では表現できないことが知られている．一方ベータ関数を級数表示で表現すると次のような式となる．

$$B(x,y) = \frac{1}{y}\sum_{n=0}^{\infty}(-1)^n \frac{y^{\underline{n+1}}}{n!(x+n)} \quad (A.110)$$

ここで，$y^{\underline{n}}$ は下降階乗べきを表し，

$$y^{\underline{n}} = y(y-1)(y-2)\cdots(y-n+1) \quad (A.111)$$

である．またベータ関数は

$$B(x,y) = 2\int_0^{\pi/2}\sin^{2x-1}(\theta)\cos^{2y-1}(\theta)\,d\theta \quad (A.112)$$

のように三角関数の積分の形で表現することができる．このため物理や工学などのさまざまな場面でベータ関数が現れる．

▶ A.7.2 ガンマ関数

ガンマ関数 (Gamma function) は，ルシャンドルの定義に従って第2種オイラー積分とも呼ばれる特殊関数であり，階乗の複素数への拡張としてオイラーによって考案されたものである．すなわち，整数でない n の値に対する $n!$ の一般化と考えることができる．ガンマ関数 $\Gamma(x)$ は $x>0$ を満たす実数 x により，次の式で定義される．

$$\Gamma(x) = \int_0^{\infty} e^{-t}t^{x-1}\,dt \quad (A.113)$$

オイラーによるもともとのガンマ関数の定義は以下の式で与えられる．

$$\Gamma(x) = \lim_{n\to\infty}\frac{1\cdot 2\cdot 3\cdots(n-1)}{x(x+1)\cdots(x+n-1)}n^x \quad (A.114)$$

ガンマ関数の逆数はワイエルシュトラス (Weierstrass) の乗積定義により，次の式で表される．

$$\frac{1}{\Gamma(x)} = \lim_{n\to\infty}\frac{\prod_{k=0}^{n-1}(x+k)}{n^x(n-1)!}$$
$$= xe^{\gamma x}\prod_{m=1}^{\infty}\left(1+\frac{x}{m}\right)e^{-x/m} \quad (A.115)$$

ここで，γ はオイラー–マスケローニ定数 (Euler–Mascheroni constant) であり，

$$\gamma = 0.577215664901532\cdots \quad (A.116)$$

である．またガンマ関数では次の等式が成立する．

$$\Gamma(x) = (x-1)\Gamma(x-1) \quad (x>1) \quad (A.117)$$
$$\Gamma(n) = (n-1)! \quad (n\text{ は自然数}) \quad (A.118)$$
$$\Gamma(x)\Gamma(1-x) = \frac{\pi}{\sin(\pi x)} \quad (A.119)$$

ガンマ関数とベータ関数との間には次の関係がある．

$$B(x,y) = \frac{\Gamma(x)\Gamma(y)}{\Gamma(x+y)} \quad (A.120)$$

▶ A.7.3 ベッセル関数

a を任意の実数とするとき，2階の線形微分方程式

$$x^2\frac{d^2y}{dx^2} + x\frac{dy}{dx} + (x^2-a^2)y = 0 \quad (A.121)$$

をベッセル (Bessel) の微分方程式と呼ぶ．この微分方程式は，円形の膜の振動，ラプラス (Laplace) 方程式・波動方程式を円柱座標系で変数分離した時など，物理数学では頻繁に現れる重要な方程式である．2つ存在する独立な一般解のうち，1つめの解は次の式で与えられる．

$$J_a(x) = \left(\frac{x}{2}\right)^a\sum_{m=0}^{\infty}\frac{(-1)^m}{m!\Gamma(a+m+1)}\left(\frac{x}{2}\right)^{2m} \quad (A.122)$$

$J_a(x)$ を第1種ベッセル (円柱) 関数と呼ぶ．$\Gamma(x)$ はガンマ関数である．このとき，a は実数でも整数でもよい．もう1つの独立な解は次の式で与えられる．

$$N_a(x) = \frac{\cos(n\pi)J_a(x) - J_{-a}(x)}{\sin(a\pi)} \quad (A.123)$$

$N_a(x)$ を第2種ベッセル (円柱) 関数と呼ぶ．$N_a(x)$ はノイマン関数 (Neumann function) とも呼ばれる．a が実数の場合，$J_a(x), J_{-a}(x), N_a(x)$ はいずれも独立なので，一般解は

$$y = C_1 J_a(x) + C_2 J_{-a}(x) \quad (A.124)$$

あるいは

$$y = C_3 J_a(x) + C_4 N_a(x) \quad (A.125)$$

という形で表すことができる．しかしながら，a が整数のとき $(a=n)$ は，

$$J_{-n}(x) = (-1)^n J_n(x) \quad (A.126)$$

という関係があるため，(A.121) 式の独立な一般解は次の式となる．

$$y = C_3 J_n(x) + C_4 N_n(x) \quad (A.127)$$

a が整数のとき $(a=n)$，第 1 種ベッセル関数，および，第 2 種ベッセル (ノイマン) 関数は以下の形をとる．

$$J_n(x) = \left(\frac{x}{2}\right)^n \sum_{m=0}^{\infty} \frac{(-1)^m}{m!\Gamma(n+m+1)} \left(\frac{x}{2}\right)^{2m} \quad (A.128)$$

$$= \left(\frac{x}{2}\right)^n \sum_{m=0}^{\infty} \frac{(-1)^m}{m!(n+m)!} \left(\frac{x}{2}\right)^{2m} \quad (A.129)$$

$$N_n(x) = \frac{2}{\pi}\left[\ln\left(\frac{x}{2}\right) + \gamma - \frac{1}{2}\sum_{p=1}^{n} p^{-1}\right] J_n(x)$$
$$- \frac{1}{\pi}\sum_{r=0}^{\infty}(-1)^r \frac{(x/2)^{n+2r}}{r!(n+r)!} \sum_{p=1}^{r}\left[\frac{1}{p} + \frac{1}{p+n}\right]$$
$$- \frac{1}{\pi}\sum_{r=0}^{n-1}\frac{(n-r-1)!}{r!}\left(\frac{x}{2}\right)^{-n+2r} \quad (A.130)$$

ここで，γ は式 (A.116) で示したオイラー–マスケローニ定数である．なお，上記以外に，ベッセルの微分方程式に対する線形独立な 2 つの解は，ベッセル関数とノイマン関数を組み合わせたハンケル関数 (Hankel function) (複素解) として定義されることもある．このときの解は第 3 種ベッセル (円柱) 関数と呼ばれている．第 3 種ベッセル関数は下記のように表現される．

$$H_a^{(1)}(x) = J_a(x) + i\, N_a(x) \quad (A.131)$$
$$H_a^{(2)}(x) = J_a(x) - i\, N_a(x) \quad (A.132)$$

第 3 種ベッセル関数は互いに独立であり，また，第 1 種ベッセル関数や第 2 種ベッセル関数とも独立である．また，球ベッセル関数 $j_\alpha(x)$，球ノイマン関数 $n_\alpha(x)$ は次の式で定義される．

$$j_\alpha(x) = \left(\frac{\pi}{2x}\right)^{1/2} J_{\alpha+1/2}(x) \quad (A.133)$$

$$n_\alpha(x) = \left(\frac{\pi}{2x}\right)^{1/2} N_{\alpha+1/2}(x) \quad (A.134)$$

これらの関数は，次の球ベッセル微分方程式に対する 2 つの線形独立な解を与える．

$$x^2 \frac{d^2y}{dx^2} + 2x\frac{dy}{dx} + \{x^2 - \alpha(\alpha+1)\}y = 0 \quad (A.135)$$

▶ **A.7.4 ルジャンドル関数**

n を $n \geq 0$ を満たす整数とするとき，2 階の線形微分方程式

$$(1-x^2)\frac{d^2y}{dx^2} - 2x\frac{dy}{dx} + n(n+1)y = 0 \quad (A.136)$$

をルジャンドルの微分方程式と呼ぶ．式 (A.136) の一般解は次の式で与えられる．

$$y = C_1 P_n(x) + C_2 Q_n(x) \quad (A.137)$$

ここで C_1, C_2 は定数である．$P_n(x)$ を第 1 種ルジャンドル関数，$Q_n(x)$ を第 2 種ルジャンドル関数と呼ぶ．$P_n(x), Q_n(x)$ は以下のように表される．

$$P_n(x) = \frac{1}{2^n}\sum_{k=0}^{[\frac{n}{2}]} \frac{(-1)^k}{k!}\frac{(2n-2k)!}{(n-2k)!(n-k)!}x^{n-2k}$$
$$(n \geq 0) \quad (A.138)$$

$$Q_n(x) = \frac{2^n}{x^{n+1}}\sum_{k=0}^{\infty}\frac{(n+k)!(n+2k)!}{k!(2n+2k+1)!}x^{-2k}$$
$$(n \geq 0, x^2 > 1) \quad (A.139)$$

ここで，$[\frac{n}{2}]$ は $\frac{n}{2}$ を超えない最大の整数を示す (ガウス記号，Gauss symbol)．すなわち n が偶数なら $\frac{n}{2}$，n が奇数なら $\frac{n-1}{2}$ を示す．$n = 5$ までのルジャンドル多項式を下記に示す．

$$P_0(x) = 1 \quad (A.140)$$
$$P_1(x) = x \quad (A.141)$$
$$P_2(x) = \frac{1}{2}(3x^2 - 1) \quad (A.142)$$
$$P_3(x) = \frac{1}{2}(5x^3 - 3x) \quad (A.143)$$
$$P_4(x) = \frac{1}{8}(35x^4 - 30x^2 + 3) \quad (A.144)$$
$$P_5(x) = \frac{1}{8}(63x^5 - 70x^3 + 15x) \quad (A.145)$$

ルジャンドル多項式の微分表現および漸化式を下記に示す．

$$P_n(x) = \frac{1}{2^n n!}\frac{d^n}{dx^n}(x^2 - 1)^n \quad (A.146)$$
$$(2n+1)xP_n(x) = (n+1)P_{n+1}(x) + nP_{n-1}(x)$$
$$(n \geq 1) \quad (A.147)$$

式 (A.146) はロドリゲス (Rodrigues) の公式と呼ばれている．

次に，m を正の整数とするとき，2 階の線形微分方程式

$$(1-x^2)\frac{d^2y}{dx^2} - 2x\frac{dy}{dx} + \left\{n(n+1) - \frac{m^2}{1-x^2}\right\}y = 0 \quad (A.148)$$

をルジャンドルの陪微分方程式と呼ぶ．またその解をルジャンドルの陪関数 (associated Legendre function) という．ルジャンドルの陪関数は以下のように表すことができる．

$$P_n^m(x) = (1-x^2)^{\frac{m}{2}}\frac{d^m P_n(x)}{dx^m} \quad (A.149)$$

$$Q_n^m(x) = (1-x^2)^{\frac{m}{2}}\frac{d^m Q_n(x)}{dx^m} \quad (A.150)$$

ここで，$m > n$ のときは $P_n^m = 0$ である．また次の等式が成立する．

$$P_n^0(x) = P_n(x) \tag{A.151}$$

$$P_n^{-m}(x) = (-1)^m \frac{(n-m)!}{(n+m)!} P_n^m(x) \tag{A.152}$$

$$P_n^m(-x) = (-1)^{n+m} P_n^m(x) \tag{A.153}$$

ルジャンドル陪関数の微分表現，および，漸化式を下記に示す．

$$P_n^m(x) = (1-x^2)^{\frac{m}{2}} \frac{d^m}{dx^m} P_n(x) \tag{A.154}$$

$$(2n+1)(1-x^2)^{\frac{1}{2}} P_n^m(x)$$
$$= P_{n+1}^{m+1}(x) - P_{n-1}^{m+1}(x)$$
$$= (n+m)(n+m-1) P_{n-1}^{m-1}(x)$$
$$\quad - (n-m+1)(n-m+2) P_{n+1}^{m-1}(x) \tag{A.155}$$

$n=4$ までのルジャンドル陪多項式 P_n^m を下記に示す．

$$P_1^1(x) = (1-x^2)^{\frac{1}{2}} \tag{A.156}$$

$$P_2^1(x) = 3x(1-x^2)^{\frac{1}{2}} \tag{A.157}$$

$$P_2^2(x) = 3(1-x^2) \tag{A.158}$$

$$P_3^1(x) = \frac{3}{2}(5x^2-1)(1-x^2)^{\frac{1}{2}} \tag{A.159}$$

$$P_3^2(x) = 15x(1-x^2) \tag{A.160}$$

$$P_3^3(x) = 15(1-x^2)^{\frac{3}{2}} \tag{A.161}$$

$$P_4^1(x) = \frac{5}{2}(7x^3-3x)(1-x^2)^{\frac{1}{2}} \tag{A.162}$$

$$P_4^2(x) = \frac{15}{2}(7x^2-1)(1-x^2) \tag{A.163}$$

$$P_4^3(x) = 105x(1-x^2)^{\frac{3}{2}} \tag{A.164}$$

$$P_4^4(x) = 105(1-x^2)^2 \tag{A.165}$$

▶ **A.7.5 ガウス関数**

ガウス関数 (Gaussian function) は正規分布を用いる統計学などで重要な位置を占める関数であり，理工学分野においても量子力学や統計力学などで頻繁に利用される．ガウス関数は

$$g(x) = a \exp\left\{-\frac{(x-b)^2}{2c^2}\right\} \tag{A.166}$$

の形をした初等関数であり，ガウシアン関数とも呼ばれる．確率変数 x の確率分布において，平均を μ，分散を σ とするとき，

$$G(x) = \frac{1}{\sqrt{2\pi}\sigma} \exp\left\{-\frac{(x-\mu)^2}{2\sigma^2}\right\} \tag{A.167}$$

は確率論や統計学で用いられる正規分布を表す正規分布関数 (正規分布の確率密度関数) として知られており，ガウス関数の一種である．正規分布は自然科学，社会科学などに関連した場面においてさまざまな現象を簡単に表すモデルとして用いられている．野外観測や室内実験で得られる測定データは正規分布に従って分布すると仮定されることが多く，不確かさを評価する際にも使われることが多い．$G(x)$ の定積分

$$S = \int_a^b G(x)dx$$
$$= \int_a^b \frac{1}{\sqrt{2\pi}\sigma} \exp\left\{-\frac{(x-\mu)^2}{2\sigma^2}\right\} dx \tag{A.168}$$

は正規分布関数の $x=a$ と $x=b$ の間にある面積を示しており，確率変数 x が a と b の間にある確率を示す．また

$$\int_{-\infty}^{\infty} \exp\left(\frac{-(x+b)^2}{c^2}\right) dx = c\sqrt{\pi} \tag{A.169}$$

はガウス積分と呼ばれている．この式で $c=1, b=0$ とおけば，

$$\int_{-\infty}^{\infty} e^{-x^2} dx = \sqrt{\pi} \tag{A.170}$$

となる．上式を一般化したガウス積分と式 (A.113) で述べたガンマ関数との間には次の関係が成り立つ．

$$\int_0^{\infty} \exp(-ax^b) dx = \frac{1}{b} a^{-\frac{1}{b}} \Gamma\left(\frac{1}{b}\right) \tag{A.171}$$

▶ **A.7.6 誤差関数**

誤差関数は工学や物理学だけでなく，地球科学においても広く用いられる関数で，熱伝導，確率論，流体力学，統計学，物質科学，偏微分方程式などに関する問題に現れることが多い．誤差関数 (error function) erf (x)，相補誤差関数 (complementary error function) erfc (x) は次の式で定義される．

$$\mathrm{erf}(x) = \frac{2}{\sqrt{\pi}} \int_0^x e^{-t^2} dt \tag{A.172}$$

$$\mathrm{erfc}(x) = \frac{2}{\sqrt{\pi}} \int_x^{\infty} e^{-x^2} dx = 1 - \mathrm{erf}(x) \tag{A.173}$$

erf $(0) = 0$, erf $(\infty) = 1$ である．erf (x) をテーラー展開すると次の式が得られる．

$$\mathrm{erf}(x) = \frac{2}{\sqrt{\pi}} \sum_{k=0}^{\infty} \frac{(-1)^k}{(2k+1)k!} x^{2k+1} \tag{A.174}$$

式 (A.174) の第 n 次のべきまでをとった近似を erf $_n(x)$ とする．$n=7$ までの関係式は次のように表される．

$$\mathrm{erf}_1(x) = \frac{2}{\sqrt{\pi}} x \tag{A.175}$$

$$\mathrm{erf}_3(x) = \frac{2}{\sqrt{\pi}} \left(x - \frac{x^3}{3}\right) \tag{A.176}$$

$$\mathrm{erf}_5(x) = \frac{2}{\sqrt{\pi}} \left(x - \frac{x^3}{3} + \frac{x^5}{10}\right) \tag{A.177}$$

$$\mathrm{erf}_7(x) = \frac{2}{\sqrt{\pi}} \left(x - \frac{x^3}{3} + \frac{x^5}{10} - \frac{x^7}{42}\right) \tag{A.178}$$

次に，式 (A.167) を参考にして，式 (A.172) を書き換えよう．

$$t = \sqrt{\frac{(x-\mu)^2}{2\sigma^2}} = \frac{(x-\mu)}{\sqrt{2}\sigma} \tag{A.179}$$

図 A.1

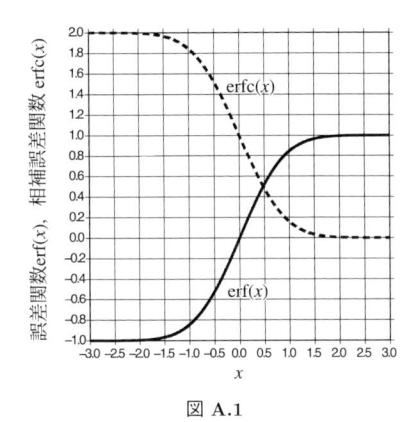

とおくと，
$$\text{erf}(x) = \frac{2}{\sqrt{\pi}} \int_{\mu}^{\mu+\sqrt{2}\sigma x} \exp\left[-\frac{(x-\mu)^2}{2\sigma^2}\right] \frac{dx}{\sqrt{2}\sigma} \quad (A.180)$$

が得られる．同様に
$$\text{erf}(x) = \frac{2}{\sqrt{\pi}} \int_{\mu-\sqrt{2}\sigma x}^{\mu} \exp\left[-\frac{(x-\mu)^2}{2\sigma^2}\right] \frac{dx}{\sqrt{2}\sigma} \quad (A.181)$$

が得られるので，結局，
$$\text{erf}(x) = \int_{\mu-\sqrt{2}\sigma x}^{\mu+\sqrt{2}\sigma x} \frac{1}{\sqrt{2\pi}\sigma} \exp\left[-\frac{(x-\mu)^2}{2\sigma^2}\right] dx \quad (A.182)$$
$$= \int_{\mu-\sqrt{2}\sigma x}^{\mu+\sqrt{2}\sigma x} G(x) dx \quad (A.183)$$

となる．これは式 (A.168) より，確率変数 x が $\mu - \sqrt{2}\sigma x$ と $\mu + \sqrt{2}\sigma x$ の間にある確率を表しており，値 μ（この場合は平均値）からの誤差が $\sqrt{2}\sigma x$ 以下になる確率を示している．この意味で，$\text{erf}(x)$ は誤差関数と呼ばれている．

図 A.1 は $\text{erf}(x)$ および $\text{erfc}(x)$ を図示したものである．

▶ A.7.7 ディラックのデルタ関数

ディラック (Dirac) のデルタ関数 (Delta function) は，瞬間的に作用する力や工学におけるインパルス応答を記述するために考案された概念である．ディラックのデルタ関数 $\delta(x)$ は次の式で定義される．
$$\int_{-\infty}^{\infty} f(x)\delta(x)\, dx = f(0) \quad (A.184)$$

関数としての性質は次のように表すことができる．
$$\int_{-\infty}^{\infty} \delta(x) dx = 1 \quad (A.185)$$

これはすべての値域の範囲における積分値が 1 となることを意味する．一方，関数値は以下のように定義される．
$$\begin{cases} \delta(x) = 0 & (x \neq 0) \\ \delta(0) = \infty \end{cases} \quad (A.186)$$

すなわち，$x=0$ で無限大となり，それ以外のところでは 0 となるような関数である．デルタ関数は，通常の関数であるかのように扱われることもあるが，実際には通常の意味の関数と見なすことはできず，超関数に分類される．統計学におけるガウス分布の標準偏差をゼロに近づける極限を考えたとき，それは幅がゼロで面積が 1 の関数に収束すると考えられ，それがデルタ関数に相当する．

A.8 球面調和関数

球面調和関数 (spherical harmonic function) はフーリエ級数の球面上における拡張として捉えることができる．地球のように，球として第 1 近似が可能な場合，球面上のさまざまな物理現象を扱うためには球面調和関数は非常に便利な道具となる．実際に地球の重力場や表面地形など，多くの物理量が球面調和関数で表現されている．

▶ A.8.1 ラプラス方程式と球面調和関数

磁気ポテンシャルや，質量が存在しない場における引力ポテンシャルは次の式で表されるラプラスの方程式を満たす．
$$\nabla^2 V = \text{div}(\text{grad}\, V) = 0 \quad (A.187)$$

また質量が存在する場における引力ポテンシャルは，密度を ρ とすれば，次の式で表されるポアソン (Poisson) の方程式を満たす．
$$\nabla^2 V = \text{div}(\text{grad}\, V) = \rho \quad (A.188)$$

V をポテンシャル，$A_{nm}, B_{nm}, C_{nm}, D_{nm}$ を実数，m, n を整数とすると，直交座標系におけるラプラス方程式の一般解は次の式で与えられる．
$$V = \sum_{m=0}^{\infty} \sum_{n=0}^{\infty} \{A_{nm} \cos(nx) \cos(my)$$
$$+ B_{nm} \cos(nx) \sin(my)$$
$$+ C_{nm} \sin(nx) \cos(my)$$
$$+ D_{nm} \sin(nx) \sin(my)\}$$
$$\times \exp\left(-\sqrt{(n^2+m^2)}z\right) \quad (A.189)$$

一般に，ラプラス方程式を満たす解は調和関数と呼ばれる．球座標系のラプラシアン (∇^2) の表現を利用すると，球座標におけるラプラスの方程式は次のように表される．
$$\nabla^2 V = \left\{\frac{1}{r^2}\frac{\partial}{\partial r}\left(r^2 \frac{\partial}{\partial r}\right) + \frac{1}{r^2 \sin\theta}\frac{\partial}{\partial \theta}\left(\sin\theta \frac{\partial}{\partial \theta}\right) \right.$$
$$\left. + \frac{1}{r^2 \sin^2\theta}\frac{\partial^2}{\partial \phi^2}\right\} V = 0 \quad (A.190)$$

このとき，n を任意の整数，m は n を超えない整数，

a_{nm}, b_{nm} を任意の実数とすると，球座標におけるラプラスの方程式は次の 2 つの一般解をもつことが知られている．

$$V(r,\theta,\phi) = \sum_{n=0}^{\infty} \frac{1}{r^{n+1}} Y_n(\theta,\phi)$$

$$= \sum_{n=0}^{\infty} \sum_{m=0}^{n} \frac{1}{r^{n+1}} \{a_{nm} P_n^m(\cos\theta)\cos m\phi + b_{nm} P_n^m(\cos\theta)\sin m\phi\}$$

および

$$V(r,\theta,\phi) = \sum_{n=0}^{\infty} r^n Y_n(\theta,\phi) \quad (A.191)$$

ここで，

$$Y_n(\theta,\phi) = \sum_{m=0}^{n} \{a_{nm} P_n^m(\cos\theta)\cos m\phi + b_{nm} P_n^m(\cos\theta)\sin m\phi\}$$

$$= \sum_{m=0}^{n} \{a_{nm}\cos m\phi + b_{nm}\sin m\phi\} P_n^m(\cos\theta) \quad (A.192)$$

は球面調和関数と呼ばれており，$P_n^m(\cos\theta)$ はルジャンドル陪関数である．

式 (A.191) で示した $V(r,\theta,\phi)$ は次のように変形することができる．

$$V(r,\theta,\phi) = \sum_{l=0}^{\infty} \sum_{m=-l}^{l} \left\{ a_{lm} r^l Y_l^m(\theta,\phi) + b_{lm} \frac{1}{r^{l+1}} Y_l^m(\theta,\phi) \right\} \quad (A.193)$$

ここで，a_{lm}, b_{lm} は係数であり，$Y_l^m(\theta,\phi)$ は次のように定義される．

$$Y_l^m(\theta,\phi) = \left[\frac{2l+1}{4\pi} \cdot \frac{(l-|m|)!}{(l+|m|)!}\right]^{\frac{1}{2}} P_l^{|m|}(\cos\theta) \cdot \exp(im\phi) \times \begin{cases} (-1)^m & (m \geq 0) \\ 1 & (m < 0) \end{cases} \quad (A.194)$$

式 (A.194) で示した $Y_l^m(\theta,\phi)$ は正規直交化を施した球面調和関数であり，正規直交性を有する．また，式 (A.194) の $P_l^{|m|}(\cos\theta) \cdot \exp(im\phi)$ の前にかかる係数にはさまざまな定義があるので注意しなければならない．球面上の任意の関数 $h(\theta,\phi)$ は球面調和関数 $Y_l^m(\theta,\phi)$ を用いて次のように展開することができる．

$$h(\theta,\phi) = \sum_{l=0}^{\infty} \sum_{m=-l}^{l} A_{lm} Y_l^m(\theta,\phi) \quad (A.195)$$

ここで，A_{lm} は展開係数であり，球面調和関数 $Y_l^m(\theta,\phi)$ の正規直交性を利用することにより一意に決めることができる．

▶ A.8.2 球面調和関数の正規化

ルジャンドル陪関数は次の直交性を満足する．

$$\int_{-1}^{1} P_n^m(x) P_l^m(x) dx = 0 \quad (l \neq n) \quad (A.196)$$

$$\int_{-1}^{1} |P_n^m(x)|^2 dx = \frac{2}{2n+1} \frac{(n+m)!}{(n-m)!} \quad (A.197)$$

多くの分野では，式 (A.196), (A.197) の関係式を利用してルジャンドル陪関数を正規化することが一般的である．いま d_{mn} を次の式で定義する．

$$d_{mn} = \sqrt{\frac{2(2n+1)}{c_m} \frac{(n+m)!}{(n-m)!}} \quad (A.198)$$

このとき，正規化されたルジャンドル陪関数 $R_n^m(x)$ は次の式で与えられる．

$$R_n^m(x) = d_{mn} P_n^m(x) \quad (A.199)$$

ただし，c_m を下記で定義する．

$$c_m = \begin{cases} 2 & (m = 0) \\ 1 & (m = 1, 2, 3, \cdots) \end{cases} \quad (A.200)$$

このとき，$R_n^m(x)$ を完全正規化球面調和関数 (fully-normalized spherical harmonic function) という．一方，d_{mn} とは別に，次の式で定義される d'_{mn} を使って正規化することもある．

$$d'_{mn} = \sqrt{\frac{2}{c_m} \frac{(n+m)!}{(n-m)!}} \quad (A.201)$$

このとき，

$$S_n^m(x) = d'_{mn} P_n^m(x) \quad (A.202)$$

で定義される球面調和関数 $S_n^m(x)$ をシュミット球面調和関数 (Schmidt spherical harmonic function) という．地球電磁気学やコアのダイナミクスを扱う分野では球面調和関数として $S_n^m(x)$ がよく用いられるが，測地学やマントルのダイナミクスを扱う分野では $R_n^m(x)$ を利用することが多いようである．

A.9 微分方程式

地球科学で扱う微分方程式には，大きく分けると常微分方程式と偏微分方程式がある．簡単にいえば，常微分方程式は 1 つの変数の変化を方程式で表現するものである．それに対して，偏微分方程式は複数の変数の変化を方程式の形で表すものである．どちらも解析的に解ける場合があるが，一般に地球科学では，解析的に解ける場合が少なく，離散数学の考え方を利用して数値的に解く場合が多い．特に，マントル対流のように複雑な条件を必要とする現象を記述する偏微分方程式のほとんどは数値的なシミュレーションとして解を求めることが一般的である．

▶ A.9.1 常微分方程式

常微分方程式において，線形とは「変数と変数の微分だけ」からなる方程式を意味する．一方，非線形とは，「変数と変数の微分」以外の項 (例えば，変数のべき乗や別変数同士の積など) を含む方程式である．またすべての項が変数を含むかどうかで，斉次微分方程式か非斉次微分方程式に分けられる．一般に，変数を含まない項は，方程式で表現される系における外力を表すことが多く，外力項と呼ばれることがある．したがって，常微分方程式の場合，微分の階数，非線形か線形か，斉次か非斉次かによりその型を分類することができる．微分方程式の階数は，最高次の導関数の次数で呼ぶ．また微分方程式の次数は，方程式を有理化した (すべての導関数の分数べきを取り除いた) ときの最高階の導関数のべき数のことである．例えば，

$$\frac{d^2y}{dx^2} + \left(\frac{dy}{dx}\right)^2 + xy = 0 \quad (A.203)$$

は2階1次の常微分方程式であり，

$$\frac{d^3y}{dx^3} + \sqrt{\frac{dy}{dx}} + xy = 0 \quad (A.204)$$

は3階2次の常微分方程式である．いま，n階1次の線形常微分方程式を次の式で定義しよう．

$$\frac{d^n x}{dt^n} + a_1 \frac{d^{n-1}x}{dt^{n-1}} + \cdots + a_{n-1}\frac{dx}{dt} + a_n x = 0 \quad (A.205)$$

この方程式の特性方程式は次の式で定義される．

$$\lambda^n + a_1 \lambda^{n-1} + \cdots + a_{n-1}\lambda + a_n = 0 \quad (A.206)$$

式 (A.206) が $\lambda_1, \lambda_2, \cdots, \lambda_n$ という解をもち，それらがそれぞれ異なる場合，式 (A.205) の一般解は

$$x(t) = C_1 e^{\lambda_1 t} + C_2 e^{\lambda_2 t} + \cdots + C_n e^{\lambda_n t} \quad (A.207)$$

で表すことができる．ただし，$C_1, C_2, \cdots, C_n$ は定数である．線形の常微分方程式の解は，ほとんどの場合，振動解，収束解，あるいは，発散解という3つのパターンに分類できるのが特徴である．ところが，非線形の常微分方程式の場合は，ごく簡単な微分方程式の場合でも，予測不可能になる場合が多い．これはカオス現象の記述などに現れることが多い．

▶ A.9.2 偏微分方程式

地球科学では，さまざまな現象を仮想空間で再現する際，時間と空間を連続的に扱い，そしてそれぞれを変数化した偏微分方程式によってシステム化すると便利で扱いやすい．気象・海洋に関する物理現象，マントル対流など，特に地球に特化した流体現象を扱う場合，必ずといってよいほど偏微分方程式が登場する．多くの場合は2階線形の偏微分方程式であり，非斉次であることが多い．また通常は地球を球または楕円として扱うため，解析的に解が得られることは少なく，ほとんどの場合，離散化した上で数値的に解を求める．その場合，球面上などで経緯度を等間隔に分割した格子で数値計算を行うことが一般的である．いま2階線形の偏微分方程式を以下の一般形式で記載しよう．

$$A\frac{\partial^2 u}{\partial x^2} + B\frac{\partial^2 u}{\partial x \partial y} + C\frac{\partial^2 u}{\partial y^2} + D\frac{\partial u}{\partial x} + E\frac{\partial u}{\partial y} + F = 0 \quad (A.208)$$

このとき，2階線形の偏微分方程式は次のように分類される．

$$\begin{cases} B^2 - 4AC < 0 & \text{楕円型} \\ B^2 - 4AC = 0 & \text{放物型} \\ B^2 - 4AC > 0 & \text{双曲型} \end{cases} \quad (A.209)$$

式 (A.209) からもわかるように，式 (A.208) における1階以下の項は上記の分類において本質的ではない．それぞれの型にあてはまる代表的な方程式には以下のものがある．

$$\begin{cases} \text{楕円型：ラプラス方程式，ポアソン方程式} \\ \text{放物型：熱伝導方程式，ナビエ–ストークス方程式} \\ \text{双曲型：波動方程式} \end{cases} \quad (A.210)$$

演習問題解答

2 章

(1) 相似則より $M_0 = CS^{3/2}$ (C は定数) と表される．これを式 (2.2) へ代入すると $M_W = \log S + C'$ (C' は定数) となる．これより $\log 10S + C' = 1 + \log S + C' = 1 + M_W$ となるので，題意は示された．

(2) 走時 $T(x)$ は
$$T(x) = \frac{\sqrt{a^2 + x^2}}{v_1} + \frac{\sqrt{b^2 + (d-x)^2}}{v_2}$$
と表される．フェルマーの原理より波は走時が極値をとる経路を進むので
$$T'(x) = \frac{1}{v_1}\frac{x}{\sqrt{a^2+x^2}} + \frac{1}{v_2}\frac{-(d-x)}{\sqrt{b^2+(d-x)^2}} = 0$$
とおける．ここで
$$\sin\theta_1 = \frac{x}{\sqrt{a^2+x^2}}, \quad \sin\theta_2 = \frac{d-x}{\sqrt{b^2+(d-x)^2}}$$
なので，これらを代入することにより
$$\frac{\sin\theta_1}{v_1} = \frac{\sin\theta_2}{v_2}$$
が成り立つ．

(3) 2 つの波の足し合わせ u は
$$\begin{aligned}
u &= A\cos(k_1 x - \omega_1 t) + A\cos(k_2 x - \omega_2 t) \\
&= A\cos[(kx-\omega t) - (\delta k x - \delta\omega t)] \\
&\quad + A\cos[(kx-\omega t) + (\delta k x - \delta\omega t)] \\
&= 2A\cos(\delta k x - \delta\omega t)\cos(kx - \omega t)
\end{aligned}$$
と表される．この式は，$2A\cos(kx-\omega t)$ で表される正弦波の振幅が $\cos(\delta k x - \delta\omega t)$ で変調されることを表している．位相速度は正弦波の伝わる速さなので $C = \omega/k$．また，群速度は振幅の変調が伝わる速さなので $U = \delta\omega/\delta k$．

(4) 座標系の回転により，行列 M は行列 $M' = PMP^T$ へ変換される．ここで $P = \begin{pmatrix} \cos\theta & \sin\theta \\ -\sin\theta & \cos\theta \end{pmatrix}$ で θ は回転角，また P^T は P の転置行列である．$M = \begin{pmatrix} M_0 & 0 \\ 0 & -M_0 \end{pmatrix}$, $\theta = -\pi/4$ を代入すると，
$$\begin{aligned}
M' &= \begin{pmatrix} 1/\sqrt{2} & -1/\sqrt{2} \\ 1/\sqrt{2} & 1/\sqrt{2} \end{pmatrix}\begin{pmatrix} M_0 & 0 \\ 0 & -M_0 \end{pmatrix}\begin{pmatrix} 1/\sqrt{2} & 1/\sqrt{2} \\ -1/\sqrt{2} & 1/\sqrt{2} \end{pmatrix} \\
&= \begin{pmatrix} 0 & M_0 \\ M_0 & 0 \end{pmatrix}
\end{aligned}$$
となる．

3 章

(1) 例えば，衛星の軌道情報の精度が大きな問題となる．電波伝播遅延を気象予報に活用するためには，GPS データを取得後速やか (数時間以内) に精密解析を行う必要がある．一方，GPS 衛星軌道の精度は，リアルタイムに近づくほど低下する．実際に衛星が飛行した軌道を数時間先まで時間的に外挿した予報値を利用せざるを得ず，解析精度の低下を招き，座標解と電波伝搬遅延の分離が困難となる場合がある．

(2) 北向きの ascending 軌道からの視線方向は，東西走向の鉛直断面内にある．観測された視線方向の地殻変動は，東西成分と上下成分が合成されたものである．南向きの dscending 軌道から観測された地殻変動も同様である．したがって，両者を組み合わせることにより東西方向，上下方向の地殻変動を分離できる．この手法が厳密に適用できるためには，ascending 軌道，dscending 軌道の両方からの観測時期が同一であることが必要である．実際にひとつの衛星でそれを達成することは不可能なので，両者の観測時期が十分近接していることが条件となる．

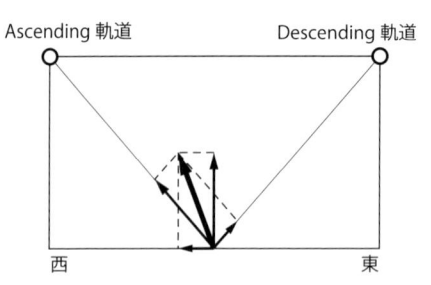

(3) プレートとプレートの衝突に伴う地殻変動のモデル化に応用可能．衝突による地殻変動を (a) プレート同士が近づく一様な並進運動と，(b) 断層面が開くことによるプレート内部の変形の 2 つに分解する．このうち (a) は変形を伴わないので，結果として (b) によってプレートの衝突による地殻変動 (c) を表現できる (Shimazaki and Zhao, 2000)．

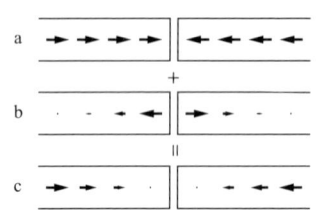

(4) 最低 2 点が必要．1 点の水平変位速度は 2 成分の情報を有する (変位速度の大きさと方向，または東西成分と南北成分)．一方，オイラーベクトルの未知数は 3 個であり，最低 2 点の水平変位速度データが必要である．式 (3.45) や式 (3.46) を一見すると観測点の変位速度は 3 成分の情報を有するように錯覚してしまうが，プレート運動は球面上に拘束されていることを忘れてはならない．

4 章

(1) マグマの熱エネルギー
$$\begin{aligned} E_T &= (1000 \times 1.2 \times 1000 + 320 \times 1000) \\ &\quad \times 1.8 \times 10^{12} = 2.7 \times 10^{18}\,\mathrm{J} \end{aligned} \quad (1)$$
地震のマグニチュードと地震波エネルギーの関係
$$M = 2/3(\log E - 4.8) \quad (2)$$

(1) と (2) より,
$$M = \frac{2}{3}(\log(2.7 \times 10^{18}) - 4.8)$$
$$= \frac{2}{3}(18.43 - 4.8) = 9.1$$
∴ M9.1.

(2) 式 (4.3) より,
$$U = \frac{\Delta \rho g a^2}{3\eta_s} = \frac{100 \times 9.8 \times a^2}{3 \times 10^{19}} = \frac{1}{3} \times 10^{-16} \times a^2$$
$a = 1000$ m のとき, 上昇速度 $U = 1/3 \times 10^{-10}$ m/s. これより年間上昇距離は, 1 mm.

(3) 式 (4.6) より,
$$\Delta P = -\frac{12\eta_m}{h^2} L\bar{u}$$
$h = 1$ m, $\bar{u} = 1$ m/s, $L = 5 \times 10^3$ m
これより圧力差 ΔP は, $\Delta P = 6$ MPa.

(4) 式 (4.8) より,
$$u_{max} = -\frac{R^2}{4\eta}\frac{dP}{dz} = -\frac{R^2}{4\eta}(\rho_r - \rho_m)g$$
$$= -50^2/(4 \times 10^6)(600) \times 10$$
$$= (1.5 \times 10^7)/(4 \times 10^6) = 3.75 \text{ m/s}$$
これより最大流速は 3.75 m/s.

(5) 式 (4.16) から, 変動源の直上での上下変動は
$$\Delta h = \frac{(1-\nu)\Delta P a^3}{\mu}\frac{f}{(f^2)^{3/2}} = \frac{(1-\nu)\Delta P a^3}{\mu}\frac{1}{f^2}$$
これより, 変動源の直上の上下変動は深さの 2 乗に反比例することがわかる. よって, 深さが 2 倍になれば, 上下変動は 1/4 になる.

5 章

(1) 波長 100 km の場合:
線形長波理論の位相速度 198 m/s
式 (5.33) より実際は 196 m/s
誤差 1%
波長 20 km の場合:
線形長波理論の位相速度 198 m/s
式 (5.33) より実際は 163 m/s
誤差 18%

(2) 式 (5.95) から
$$\Delta x^2 = 4d^2 + gd\Delta t^2$$
Δx は 8 km.

(3) 一様に傾斜より波高線の間隔は一定のため式 (5.100) より波高は 4 m.

6 章

(1) 遠心力とローレンツ力のつりあいを考えると, 円運動の半径 r[m] は,
$$r = \frac{m_p v}{qB}$$
上式で, m_p はプロトンの質量 [kg], q はプロトンの電荷 [C], v はプロトンの速さ [m/s], B は外部磁場 [T] である. 数値を代入すると $r \approx 100$ km となって磁気圏サイズよりはるかに小さく, 地球には到達しないと考えられる.

(2) 惑星 1, 2 の半径を r_1, r_2, 磁気双極子モーメントの大きさを m_1, m_2, 赤道上の磁場の強さを B_1, B_2 とすると, 式 (6.19)〜(6.21) から,
$$\frac{B_1}{B_2} = \frac{m_1}{m_2}\left(\frac{r_2}{r_1}\right)^3$$
木星を 1, 地球を 2 とし, 表 6.1 の数値に基づくと, 木星赤道上の磁場は地球赤道上の約 1800 倍となる (木星半径は理科年表などで調べればよい).

(3) 式 (6.28) に $L = 10$ を代入すると, $\lambda = \pm 72°$. よって北緯 72°, 南緯 72° という高緯度地域を通ることになる.

(4) 式 (6.59) に IGRF2010 の g_1^0 (例題 6.5 を参照) を代入して地磁気双極子モーメント m を求め, その値を式 (6.32), (6.35), (6.37) に代入すると, (35N, 140E) における全磁力, 伏角, 偏角はそれぞれ約 $42\,\mu$T, 約 54°, 0° となる. 図 6.5 と比較すると, 地軸双極子以外の成分の影響, 特に全磁力図でシベリアに見られる目玉のような磁場の影響で, 大きな全磁力, 浅い伏角, 西よりの偏角になっていることがわかる.

(5) 条件①: 電気伝導度, サイズが大きくなれば磁気レイノルズ数は大きくなる. 条件②: 流体運動の速さが大きくなれば磁気レイノルズ数は大きくなる. 条件③: 流体運動がいっそう活発になって速さが大きくなると考えられ, 磁気レイノルズ数は大きくなる. これらいずれの場合でも磁気レイノルズ数が大きくなり, ダイナモ作用が起きやすくなる.

(6) 図 6.15 において磁場の向きを下向きにすると, 円板内の電流は外縁から内側に向かう. これに応じて電流は逆向きとなり, コイルに発生する磁場も下向きになる.

(7) 式 (6.5) から, 磁場強度の 1/3 乗に比例して磁気圏のサイズが変わる. 過去 10 万年間のデータ (図 6.17) から, 現在の地球磁気圏のサイズを $10a$ とすると (a: 地球半径), 約 1 万年前は約 $12a$, 約 4 万年前は $5a$, 約 10 万年前は現在とほぼ同じサイズとなる. 静止衛星の距離は約 $7a$ なので, 過去 10 万年間には, 静止衛星軌道の一部が磁気圏から出てしまうような弱い地磁気の期間があったことになる.

(8) (i) 仮想地磁極は, 現在の地理的北極に位置したままである. (ii) 試料採取地点を中心とした小円上で, 北極側から見て反時計回りに地理的北極を 50° 回転した点 A を考える. 1 億 2000 万年前から 1500 万年前の仮想地磁気極は点 A にあり, その後小円上を等速回転して 1000 万年前に地理的北極に達する. 1000 万年前以降の仮想地磁気極は, 地理的北極に位置している. (iii) 試料採取地点と地理的北極を結ぶ大円を考え, 地理的北極を大円上で遠ざかるように 30° 移動させた点 B をとる. 1 億 2000 万年前から 1500 万年前の仮想地磁気極は点 B と地理的北極を結ぶ大円上を等速で移動し, 1500 万年前以降の仮想地磁気極は地理的北極に位置する. (iv) 設問 (iii) の極移動曲線を, 試料採取地点を中心とした小円上で北極側から見て反時計回りに地理的北極を 50° 回転する. この曲線と設問 (ii) の極移動曲線を結合すればよい.

(9) 半径 0.1 μm の球状マグネタイトの磁気モーメント [A m^2] を計算し, その値で岩石の磁化 (10 A/m) を割ると, 球状マグネタイトの数密度は 5×10^9 個/cm^3 となる. 等間隔に分布しているとして平均的な間隔を計算すると, 約 6 μm となる.

7 章

(1) 図 7.7 において, $r > Re$ の領域でポテンシャル曲線に接線をひいたときの傾き, すなわち, 勾配に負の符号をつけたものが物体に働く力 (引力) である. つまり, 地球の中心から離れる (近づく) ほど勾配は小さく (大きく) なり, これに対応して引力も小さく (大きく) なることがわかる.

(2) 地球の質量を 5.974×10^{24} kg, 赤道半径を 6.378×10^6 m, 地球の角速度を 7.272×10^{-5} rad/s, とすると, 赤道上の単位質量の物体に働く万有引力, 遠心力, 重力は以下の値になる.
万有引力: 9.796871 m/s^2, 遠心力: 0.016864065 m/s^2, 重力: 9.780007 m/s^2.

(3) 地球内部が空, すなわち, 密度ゼロの物質で満たされている場合, 式 (7.42) より地球内部での引力はゼロとなる. また地球の外部における引力は, 地球と同じ質量をもつ球殻の質量が地球中心に集中している場合と等価であるため, 式 (7.43) と同一の式となる. 次に, 地球内部での引力はゼロとなるため, 式 (7.46) のポテンシャルは積分定数 C のみとなる. これは式 (7.47) に等しいため, 結局, 地球内部のポテンシャルは式 (7.47) そのものとなり, 一定値

(4) 式 (7.95) を変形すると，
$$g_h = g_s \cdot \frac{R_e^2}{(R_e+h)^2} = g_s \cdot \frac{1}{(1+x)^2}$$
となる．ただし $x = h/R_e$ である．このとき，テーラー展開により，
$$g_h \approx g_s \cdot (1-2x) = g_s \cdot (1 - 2 \cdot h/R_e)$$
$$= g_s - \left(\frac{2g_s}{R_e}\right) \cdot h$$
となる．$gs = 980$ m/s^2，$R_e = 6.378 \times 10^6$ m とすると，係数 $(-2g_s/R_e)$ の値は
$$-\frac{2 \times 980}{6.378 \times 10^6} = -0.0003073 \text{ gal/m}$$
$$= -0.3073 \text{ mgal/m}$$
となる．この係数は重力の大きさが鉛直方向に変化するときの変化率，すなわち勾配を示しており，マイナス符号がつくため地表より高い地点では重力値が小さくなることを意味している．

(5) 図 7.6 の PREM モデルに示すように，実際の地球の内部では密度に不均質があり，マントルの密度は 4.5 ~ 5.5 g/cm^3 であるが，コアの平均密度は 10 ~ 12 g/cm^3 である．このため，図 7.6 に示すように，地球内部の重力分布は地表からコア表面まではほぼ一定となり，密度一定を仮定した結果 (図 7.5) に比べて大きく異なる．一方，地球外部の重力については，地球の全質量が中心に存在する場合の引力と等価であるため，実際の地球も図 7.5 と同様の変化を示す．

(6) 地表，および，コア表面における重力の大きさをそれぞれ g_s, g_c とする．また地球全体，マントル全体，および，コア全体の質量をそれぞれ M_s, M_m, M_c とする．コアの半径と密度を $R_c = aR_e$, $\rho_c = b\rho_m$ とすれば，M_s, M_m, M_c は次のように表すことができる．
$$M_s = M_m + M_c$$
$$= \left\{\frac{4}{3}\pi R_e^3 \rho_m - \frac{4}{3}\pi R_c^3 \rho_m\right\} + \frac{4}{3}\pi R_c^3 \rho_c$$
$$= \frac{4}{3}\pi(R_e^3 \rho_m - R_c^3 \rho_m + R_c^3 \rho_c)$$
$$= \frac{4}{3}\pi\{R_e^3 \rho_m - (aR_e)^3 \rho_m + (aR_e)^3(b\rho_m)\}$$
$$= \frac{4}{3}\pi R_e^3 \rho_m \{1 - a^3 + a^3 b\}$$
$$M_c = \frac{4}{3}\pi R_c^3 \rho_c$$
$$= \frac{4}{3}\pi\{(aR_e)^3(b\rho_m)\}$$
$$= \frac{4}{3}\pi R_e^3 \rho_m(a^3 b)$$
したがって，g_s, g_c は次のように表すことができる．
$$g_s = \frac{GM_s}{R_e^2} = \frac{4}{3}\pi GR_e\rho_m(1 - a^3 + a^3 b)$$
$$g_c = \frac{GM_c}{R_c^2} = \frac{\frac{4}{3}\pi GR_e^3 \rho_m(a^3 b)}{(aR_e)^2} = \frac{4}{3}\pi GR_e\rho_m(ab)$$
よって $a = \frac{1}{2}, b = 2$ のとき，地表とコア表面での重力の大きさの比 r は以下のようになる．
$$r = \frac{g_s}{g_c} = \frac{1 - a^3 + a^3 b}{ab} = \frac{1 - \frac{1}{8} + \frac{2}{8}}{1} = \frac{9}{8}$$
この値は 1.125 であり，図 (7.6) に示した実際の地球の場合と比べてもそれほど違わないことがわかる．同様に，$a = \frac{1}{2}, b = 1$ のとき，地表とコア表面での重力の大きさの比 r は以下のように 2 倍となる．
$$r = \frac{g_s}{g_c} = \frac{1 - a^3 + a^3 b}{ab} = \frac{1 - \frac{1}{8} + \frac{1}{8}}{\frac{1}{2}} = 2$$

(7) 日本付近 (緯度 35°) において，ソミリアナ公式，および式 (7.56) の近似式のそれぞれで計算した正規重力の値と両者の差は以下のようになる．

ソミリアナ公式：979.733, 744 gal

(7.56) の近似式：979.733, 806 gal

両者の差：-61.9 μgal

(8) 地球表面での引力ポテンシャル V は $-\frac{GM_e m}{R}$ で表される．地球の半径として赤道半径 R_e を使用して計算すると，単位質量の物体がもつ引力ポテンシャル V は次のようになる．
$$V = -\frac{GM_e}{R_e}$$
$$= -\frac{(6.67259 \times 10^{-11}) \times (5.97258 \times 10^{24})}{6.378 \times 10^6}$$
$$= -6.248 \times 10^7 \quad (J)$$
一方，緯度 35° における遠心力ポテンシャル U は次式で表される．
$$U = \frac{1}{2}R_e^2\omega^2\cos^2\phi$$
$$= \frac{1}{2}(6.378 \times 10^6)^2 \times (7.272 \times 10^{-5})^2 \times (0.6710101)$$
$$= 72173.18 \text{ J}$$
このとき両者の比の絶対値はおよそ 865.7 である．

(9) 地球内部における重力加速度を式 (7.42) で与えられる引力としよう．地球内部における引力を求める式は (7.42) で与えられる．実際には，多層からなる PREM モデルで与えられた深さ (半径) と密度の値を使って数値積分を行う計算プログラムを作成し，式 (7.42) を計算すればよい．その際，式 (7.42) 中の M_r を求めるとき，各層の質量を数値積分によって積算する必要がある点に注意すること．具体的な計算結果は表 B.1 に示した PREM モデルの値を参照すること．

8 章

(1) 表 8.5 を参照．
(2) 海洋では，熱の伝わり方は伝導だけではなく他のメカニズムを考慮する必要があるため．
(3) 地球内部の熱源を考慮しなかったため．

9 章

(1) 式 (9.9) と (9.12) を順次，差分的に解くことによって，24.4 ~ 2891 km で表 B.1 に近い密度の値が得られるはずである．初期値としては，24.4 km で密度 3.38076 g/cm^3，P 波速度 8.11061 km/s，S 波速度 4.49094 km/s を使用する．また，不連続面においては，それまでに計算した密度にその密度ジャンプ量を加算して計算を行う．

(2) 例題 9.3 で求めたように，密度は分子量 M，体積 V，および Z 数を用いて以下のように表すことができる．
$$\frac{M[\text{g}]}{(V/Z) \times 6.022 \times 10^{23}[\text{Å}^3]}$$
$$= \frac{M[\text{g}]}{(V/Z) \times 6.022 \times 10^{23} \times 10^{24}[\text{cm}^3]}$$
$$= 1.661\frac{MZ}{V}[\text{g/cm}^3]$$
ここで，Mg$_2$SiO$_4$ ウォズレアイトの場合，斜方晶系であるから，$V = abc$．したがって密度は，3.457 g/cm^3．Mg$_2$SiO$_4$ リングウッダイトの場合，立方晶系であるから，$V = a^3$．したがって密度は，3.539 g/cm^3．

MgSiO$_3$ ケイ酸塩ペロブスカイトの場合，斜方晶系であるから，$V = abc$．したがって密度は，4.093 g/cm^3．

MgO ペリクレースの場合，立方晶系であるから，$V = a^3$．

表 B.1 Preliminary Reference Earth Model (PREM) (Dziewonski and Anderson, 1981)

半径 [km]	深さ [km]	P 波速度 [m/s]	S 波速度 [m/s]	密度 [kg/m^3]	体積弾性率 [GPa]	剛性率 [GPa]	圧力 [GPa]	重力加速度 [m/s^2]
6371	0	1450	0	1020	2.1	0	0	9.8156
6368	3	5800	3200	2600	52	26.6	0.3	9.8222
6368	3	1450	0	1020	2.1	0	0.3	9.8222
6356	15	6800	3900	2900	75.3	44.1	0.337	9.8332
6356	15	5800	3200	2600	52	26.6	0.337	9.8332
6346.6	24.4	8110.61	4490.94	3380.76	131.5	68.2	0.604	9.8394
6346.6	24.4	6800	3900	2900	75.3	44.1	0.604	9.8394
6291	80	8076.88	4469.53	3374.71	130.3	67.4	2.45	9.8553
6291	80	8076.88	4469.53	3374.71	130.3	67.4	2.45	9.8553
6221	150	8033.7	4443.61	3367.1	128.7	66.5	4.78	9.8783
6151	220	8558.96	4643.91	3435.78	152.9	74.1	7.11	9.9048
6151	220	7989.7	4418.85	3359.5	127	65.6	7.11	9.9048
6061	310	8732.09	4706.9	3489.51	163	77.3	10.2	9.9361
5971	400	9133.97	4932.59	3723.78	189.9	90.6	13.35	9.9686
5971	400	8905.22	4769.89	3543.25	173.5	80.6	13.35	9.9686
5871	500	9645.88	5224.28	3849.8	218.1	105.1	17.13	9.9883
5771	600	10157.82	5516.01	3975.84	248.9	121	21.04	10.0038
5701	670	10751.31	5945.08	4380.71	299.9	154.8	23.83	10.0143
5701	670	10266.22	5570.2	3992.14	255.6	123.9	23.83	10.0143
5600	771	11065.57	6240.46	4443.17	313.3	173	28.29	9.9985
5600	771	11065.57	6240.46	4443.17	313.3	173	28.29	9.9985
5400	971	11415.6	6378.13	4563.07	347.1	185.6	37.29	9.9698
5200	1171	11733.57	6563.7	4678.44	380.3	197.9	46.49	9.9467
5000	1371	12024.45	6618.91	4789.83	412.8	209.8	55.9	9.9326
4800	1571	12293.16	6725.48	4897.83	444.8	221.5	65.52	9.9314
4600	1771	12544.66	6825.12	5002.99	476.6	233.1	75.36	9.9474
4400	1971	12783.89	6919.57	5105.9	508.5	244.5	85.43	9.9859
4200	2171	13015.79	7010.53	5207.13	540.9	255.9	95.76	10.0535
4000	2371	13245.32	7099.74	5307.24	574.4	267.5	106.39	10.158
3800	2571	13447.42	7188.92	5406.81	609.5	279.4	117.35	10.3095
3630	2741	13680.41	7265.97	5491.45	641.2	289.9	126.97	10.4844
3630	2741	13680.41	7265.97	5491.45	641.2	289.9	126.97	10.4844
3600	2771	13687.53	7265.75	5506.42	644	290.7	128.71	10.5204
3480	2891	8064.82	0	9903.49	644.1	0	135.75	10.6823
3480	2891	13716.6	7264.66	5566.45	655.6	293.8	135.75	10.6823
3400	2971	8199.39	0	10029.4	674.3	0	144.19	10.5065
3200	3171	8512.98	0	10327.26	748.4	0	165.12	10.0464
3000	3371	8795.73	0	10601.52	820.2	0	185.64	9.557
2800	3571	9050.15	0	10853.21	888.9	0	205.6	9.0414
2600	3771	9278.76	0	11083.35	954.2	0	224.85	8.5023
2400	3971	9484.09	0	11292.98	1015.8	0	243.25	7.9425
2200	4171	9668.65	0	11483.11	1073.5	0	260.68	7.3645
2000	4371	9834.96	0	11654.78	1127.3	0	277.04	6.7715
1800	4571	9985.54	0	11809	1177.5	0	292.22	6.1669
1600	4771	10122.91	0	11946.82	1224.2	0	306.15	5.5548
1400	4971	10249.59	0	12069.24	1267.9	0	318.75	4.9413
1221.5	5149.5	11028.27	3504.32	12763.6	1343.4	156.7	328.85	4.4002
1221.5	5149.5	10355.68	0	12166.34	1304.7	0	328.85	4.4002
1200	5171	11036.43	3510.02	12774.93	1346.2	157.4	330.05	4.3251
1000	5371	11105.42	3558.23	12870.73	1370.1	163	340.24	3.6203
800	5571	11161.86	3597.67	12949.12	1389.8	167.6	348.67	2.9068
600	5771	11205.76	3628.35	13010.09	1405.3	171.3	355.28	2.1862
400	5971	11237.12	3650.27	13053.64	1416.4	173.9	360.03	1.4604
200	6171	11255.93	3663.42	13079.77	1423.1	175.5	362.9	0.7311
0	6371	11266.2	3667.8	13088.48	1425.3	176.1	363.85	0

したがって密度は，3.559 g/cm^3．

ここでリングウッダイトがケイ酸塩ペロブスカイトとペリクレース集合体に相転移する際には，

$$\text{Mg}_2\text{SiO}_4 \rightarrow \text{MgSiO}_3 + \text{MgO}$$

と分解相転移するので，MgSiO_3 ケイ酸塩ペロブスカイトと MgO ペリクレースのモル比は $1:1$．よって，MgSiO_3 ケイ酸塩ペロブスカイトと MgO ペリクレースに相転移した後の密度は，それぞれ MgSiO_3 ケイ酸塩ペロブスカイトと MgO ペリクレースの分子量を M_{pv}, M_{pc}，格子体積 V_{pv}, V_{pc}，Z 数 Z_{pv}, Z_{pc} とすると，

$$1.661 \times \frac{M_{pv} + M_{pc}}{V_{pv}/Z_{pv} + V_{pc}/Z_{pc}} = 3.924 \text{ g/cm}^3$$

あるいは MgSiO_3 ケイ酸塩ペロブスカイトと MgO ペリクレースのそれぞれの密度 ρ_{pv}, ρ_{pc} を用いて，

$(M_{pv}+M_{pc})/(M_{pv}/\rho_{pv}+M_{pc}/\rho_{pc}) = 3.924 \text{ g/cm}^3$

と計算しても構わない．

表 B.2

	カンラン石→ウォズレアイト→リングウッダイト→ケイ酸塩ペロブスカイト + ペリクレース			
密度 [g/cm³]	3.204 →	3.457 →	3.539 →	3.924
密度差 [g/cm³]		0.253	0.082	0.385
密度ジャンプの割合		7.9%	2.4%	10.9%

表 B.3 カンラン石の高圧相転移圧力 (単位 GPa)

T [K]	$P(\alpha \to \beta)$	$P(\beta \to \gamma)$	$P(\gamma \to \text{Pv} + \text{Pc})$
1000	10.3	16.0	22.4
1100	10.5	16.3	22.4
1200	10.7	16.7	22.3
1300	11.0	17.1	22.3
1400	11.2	17.4	22.3
1500	11.5	17.8	22.2
1600	11.7	18.2	22.2
1700	12.0	18.5	22.2
1800	12.2	18.9	22.1
1900	12.4	19.2	22.1
2000	12.7	19.6	22.1

よって例題 9.3 のカンラン石の密度と今回計算した密度をまとめると，表 B.2 のようになる．

すなわち，(660 km 不連続面)>(410 km 不連続面)>(520km 不連続面) に相当する相転移の順で，密度変化が小さくなる．この結果から，660 km 不連続面や 410 km 不連続面は顕著な不連続面である一方，520 km 不連続面は顕著な不連続面にはなりにくいことがわかる．

(3) 例題 9.5 を参照して，同様に計算すればよい．表 B.3 が計算結果である．

また，温度圧力勾配は，$\alpha \to \beta$ (olivine–wadsleyite) 相転移，$\beta \to \gamma$ (wadsleyite–ringwoodite) 相転移は正の勾配をもつのに対し，$\gamma \to$ Pv + Pc (ポストスピネル) 相転移は負の勾配をもつ．

410 km, 520 km, 660 km 不連続面の圧力はそれぞれ 13.5 GPa, 18 GPa, 23.5 GPa 程度に相当すると考えられる．よって今回の計算結果は少し不一致が見られるが，その原因は主に計算におけるエンタルピー，エントロピーの温度補正，および体積の温度圧力補正を施していないためと考えられる．これらの補正計算をきちんとしたい読者は，Akaogi et al. (2007) などを参照されたい．

(4) 蛇紋石の化学式から 1 mol の重量は 552 g，そのうち H_2O 成分は 72 g となるので，含水量は 13.0 wt% となる．

ところで，放出される流体の H_2O と A 相に入り地球深部へ運搬される H_2O 成分の割合は，A 相中に存在する H_2O 成分の量は $6H_2O$，流体中に存在する H_2O 量は $18H_2O$ なので，その比は 1:3 である．よって，蛇紋石が沈み込むことによって放出される H_2O 量は 9.75 wt%，A 相に入り地球深部へ運搬される H_2O 量は 3.25 wt% となる．このように例えスラブが低温の場合でも，蛇紋石中の 3/4 の H_2O 成分が流体として放出され，島弧マグマの生成を促していると考えられる．一方，蛇紋石中の 1/4 の H_2O 成分は高圧含水相の A 相として地球深部へ運搬される．図 9.16〜9.18 に見られるように，さらに高圧下では比較的高温下まで安定な含水相が数多く存在するため，この相が生成されれば地球深部への有効な水の運搬が可能となることがわかる．

10 章

(1) 玄武岩の層の体積は

$$\frac{4}{3}\pi \left[(6.370 \times 10^6 [\text{km}])^3 - (6.364 \times 10^6 [\text{km}])^3\right]$$
$$\approx 3.06 \times 10^{18} [\text{m}^3]$$

これに，玄武岩の密度と単位質量あたりの発熱量をかけて，

$$3 \times 10^3 [\text{kg/m}^3] \times 1.6 \times 10^{-10} [\text{W/kg}] \times 3.06 \times 10^{18} [\text{m}^3]$$
$$\approx 1.47 \times 10^{12} [\text{W}]$$

(2) マントル内を熱伝導で伝わる熱流量は

$$4 [\text{W/m K}] \frac{10^3 [\text{K}]}{2.9 \times 10^6 [\text{m}]} = \frac{1}{725} [\text{W/m}^2]$$
$$\approx 1.3793 [\text{mW/m}^2]$$

よってヌッセルト数は

$$Nu = \frac{0.087 [\text{W/m}^2]}{1/725 [\text{W/m}^2]} = 63.075$$

(3) 10 cm/年と熱伝導の速度との比をとると，無次元速度は

$$\frac{0.1 [\text{m/年}]}{3.1536 \times 10^7 [\text{秒/年}]} \frac{2.9 \times 10^6 [\text{m}]}{10^{-6} [\text{m}^2/\text{s}]} \approx 9.2 \times 10^3$$

これを与えられた関係式に代入して整理すると，レイリー数は

$$Ra = \left(\frac{9.2 \times 10^3}{0.078}\right)^{3/2} \approx 4.0 \times 10^7$$

引 用 文 献

2 章

Burridge R. and Knopoff, L., 1964, Body force equivalents for seismic dislocations, *Bull. Seismol. Soc. Am.*, **54**, 1875–1878.

Dziewonski, A.M. and Anderson, D.L., 1981, Preliminary reference Earth model, *Phys. Earth Planet. Intern.*, **25**, 297–356.

Dziewonski, A.M. and Gilbert, F., 1971, Solidity of the inner core of the Earth inferred from normal mode observations, *Nature*, **234**, 465–466.

Ito, Y., Obara, K. Shiomi, K., Sekine, S. and Hirose, H., 2007, Slow Earthquakes Coincident with Episodic Tremors and Slow Slip Events, *Science*, **315**, 503–506.

Kanamori, H. and Brodsky, E.E., 2001, The Physics of Earthquakes, *Physics Today*, **June**, 34–40.

Kennett B.L.N., Engdahl E.R. and Buland R., 1995, Constraints on seismic velocities in the earth from travel times, *Geophys. J. Int.*, **122**, 108–124.

Masters, G., Jordan, T.H., Silver, P.G. and Gilbert, F., 1982, Aspherical Earth structure from fundamental spheroidalmode data, *Nature*, **298**, 609–613.

Nishida, K., Kobayashi, N. and Fukao, Y., 2000, Resonant oscillations between the solid Earth and the Atmosphere, *Science*, **287**, 2244–2246.

Obara, K., 2002, Nonvolcanic deep tremor associated with subduction in Southwest Japan, *Science*, **296**, 1679–1681.

Obara, K., Hirose, H., Yamamizu, F. and Kasahara, K., 2004, Episodic slow slip events accompanied by nonvolcanic tremors in southwest Japan subduction zone, *Geophys. Res. Lett.*, doi:10.1029/2004GL020848.

Suda, N., Nawa, K. and Fukao, Y., 1998, Earth's background free oscillations, *Science*, **279**, 2089–2091.

気象庁, 地震発生のしくみ, http://www.seisvol.kishou.go.jp/eq/know/jishin/about_eq.html.

3 章

Banerjee, P., Pollitz, F.F. and Bürgmann, R., 2005, The size and duration of the Sumatra-Andaman earthquake from far-field static offsets, *Science*, **308**, 1769–1772.

DeMets, C., Gordon, R.G., Argus, D.F. and Stein, S., 1990, Current plate motions, *Geophys. J. Int.*, **101**, 425–478.

Heki, K., Miyazaki, S. and Tsuji, H., 1997, Silent fault slip following an interplate thrust earthquake at the Japan Trench, *Nature*, **386**, 595–598.

Hirose, H., Hirahara, K., Kimata, F., Fujii, N. and Miyazaki, S., 1999, A slow thrust slip event following the two 1996 Hyuganada Earthquakes beneath the Bungo Channel, southwest Japan, *Geophys. Res. Lett.*, **26**, 3237–3240, doi:10.1029/1999GL010999.

一谷祥瑞, 柄賢太郎, 田部井隆雄, 2010, 3次元 GPS 速度場から推定した南海トラフのすべり欠損分布—推定領域を繰り返しシフトさせる測地インバージョン解析—, 地震, **63**, 35–43.

Iinuma, T., Hino, R., Kido, M., Inazu, D., Ohta, Y., Ito, Y., Ohzono, M., Tsushima, H., Suzuki, S., Fujimoto, H. and Miura, S., 2012, Coseismic slip distribution of the 2011 off the Pacific coast of Tohoku Earthquake (M9.0) refined by means of seafloor geodetic data, *J. Geophys. Res.*, **117**, B07409, doi:10.1029/2012JB009186.

石井 紘, 山内常生, 松本滋夫, 2001, 最新の地震・地殻変動計測システムによる地震前兆現象の検出, 月刊地球, 号外 33, 188–196.

Ito, T., Gunawan, E., Kimata, F., Tabei, T., Simons, M., Meilano, I., Agustan, Ohta, Y., Nurdin, I. and Sugiyanto, D., 2012, Isolating along-strike variation in the depth extent of shallow creep and fault locking on the northern Great Sumatran fault, *J. Geophys. Res.*, **117**, B06409, doi:10.1029/2011JB008940.

Kobayashi, T., Tobita, M., Suzuki, A. and Noguchi, Y., 2012, InSAR-derived coseismic deformation of the 2010 southeastern Iran earthquake (M6.5) and its relationship with the tectonic background in the south of Lut block, *Bull. Geospa. Inf. Authority Japan*, **60**, 7–17.

Maerten, F., Resor, P., Pollard, D. and Maerten, L., 2005, Inverting for slip on three-dimensional fault surfaces using angular dislocations, *Bull. Seismol. Soc. Am.*, **95**, 1654–1665.

Marone, C., Scholz, C.H. and Bilham, R., 1991, On the mechanics of earthquake afterslip, *J. Geophys. Res.*, **96**, 8441–8452.

Meade, B.J., 2007, Algorithms fro the calculation of exact displacements, strains, and stresses for triangular dislocation elements in a uniform elastic half space, *Computers and Geosciences*, **33**, 1964–1075.

Minoura, K., Imamura, F., Sugawara, F., Kondo, D. and Iwashita, T., 2001, The 869 Jogan tsunami deposit and recurrence interval of large-scale tsunami on the Pacific coast of northeast Japan, *J. Nat. Disaster Sci.*, **23**, 83–88.

日本測地学会, 2012, CD-ROM テキスト「測地学」Web 版, http://www.geod.jpn.org/web-text/index.html.

Ohta, Y., Kobayashi, T., Tsushima, H., Miura, S., Hino, R., Takasu, T., Fujimoto, H., Iinuma, T., Tachibana, K., Demachi, T., Sato, T., Ohzono, M. and Umino, N., 2012, Quasi real-time fault model estimation for near-field tsunami forecasting based on RTK-GPS analysis: Application to the 2011 Tohoku-Oki earthquake (Mw9.0), *J. Geophys. Res.*, **117**, B02311, doi:10.1029/2011JB008750.

Okada, Y., 1985, Surface deformation due to shear and tensile faults in a half-space, *Bull. Seismol. Soc. Am.*, **75**, 1135–1154.

Okada, Y., 1992, Internal deformation due to shear and tensile faults in a half-space, *Bull. Seismol. Soc. Am.*, **82**, 1018–1040.

Ozawa, S., Nishimura, T., Suito, H., Kobayashi, T., Tobita, M. and Imakiire, T., 2011, Coseismic and postseismic slip of the 2011 magnitude-9 Tohoku-Oki earthquake, *Nature*, **475**, 373–376, doi: 10.1038/nature10227.

Pollitz, F.F., 1996, Coseismic deformation from earthquake faulting on a layered spherical earth, *Geophys. J. Int.*, **125**, 1–14.

Sagiya, T., Miyazaki, S. and Tada, T., 2000, Continuous GPS array present-day crustal deformation of Japan, *Pure Appl. Geophys.*, **157**, 2303–2322.

Sato, M., Ishikawa, T., Ujihara, N., Yoshida, S., Fujita, M., Mochizuki, M. and Asada, A., 2011, Displacement above the hypocenter of the 2011 Tohoku-Oki earthquake, *Science*, **332**, 1395.

Savage, J.C., 1983, A dislocation model of strain accumulation and release at a subduction zone, *J. Geophys. Res.*, **88**, 4984–4996.

Shimazaki, K. and Zhao, Y., 2000, Dislocation model for strain accumulation in a plate collision zone, *Earth Planets Space*, **52**, 1091–1094.

Suwa. Y., Miura, S., Hasegawa, A., Sato, T. and Tachibana, K., 2006, Interplate coupling beneath NE Japan inferred from three-dimensional displacement field, *J. Geophys. Res.*, **111**, B04402, doi:10.1029/2004JB003203.

Wang, K., Wada, I. and Ishikawa, Y., 2004, Stresses in the subducting slab beneath southwest Japan and relation with plate geometry, tectonic forces, slab dehydration, and damaging earthquakes, *J. Geophys. Res.*, **109**, B08304, doi:10.1029/2003JB002888.

Yabuki, T. and Matsu'ura, M., 1992, Geodetic data inversion using a Bayesian information criterion for spatial distribution of fault slip, *Geophys. J. Int.*, **109**, 363–375.

4 章

Carey, S. and Bursik, M., 2000, Volcanic plumes, Encyclopedia of Volcanoes (Editor in chief: Sigurdsson, H.), Academic Press, 527–544.

Cashman, K.V., Sturtevant, B., Papale, P. and Navon, O., 1999, Magmatic fragmentation, Encyclopedia of Volcanoes (Editor in chief: Sigurdsson, H.), Academic Press, 421–461.

Daines, M.J., 2000, Migration of melt, Encyclopedia of Volcanoes (Editor in chief: Sigurdsson, H.), Academic Press, 69–88.

Dunn, R.A. and Forsyth, D.W., 2009, Crust and lithospheric structure-seismic structure of mid-oceanic ridges, Seismology and Structure of the Earth (edited by Romanowicz, B. and Dziwonski, A.), Treatise on Geophysics Volume 1, Elsevier, 419–443.

Einarsson, P. and Brandsdottir, B., 1980, Seismological evidence for lateral magma intrusion during the July 1978 deflation of the Krafla volcano in NE-Iceland, *J. Geophys.*, **47**, 160–165.

Fisher, R.V. and Schmincke, H.U., 1984, Pyroclastic Rocks, Springer-Verlag, Berlin, 472p.

Giordano, D., Russell, J.K. and Dingwell, D.B., 2008, Viscosity of magmatic liquids: A model, *Earth Planet. Sci. Lett.*, **271**, 123–134.

長谷川昭, 中島淳一, 北佐枝子, 辻 優介, 新居恭平, 岡田知己, 松澤 暢, 趙 大鵬, 2010, 地震波でみた東北日本沈み込み帯の水の循環, 地学雑誌, **117**, 59–75.

橋本武志, 2005, 火山の電磁気観測——歴史・意義・展望——, 火山, **50**, 特集号, S115–138.

Hill, D.P. and Prejean, S.G., 2009, Dynamic triggering, Earthquake Seismology (edited by Kanamori, H.), Treatise on Geophysics Volume 4, Elsevier, 257–291.

井口正人, 2005, 地球物理学的観測から見た火山爆発のダイナミクス——桜島を例として——, 火山, **50**, 特集号, S139–149.

井田喜明, 1995, マグマ, 火山の事典 (下鶴大輔, 荒牧重雄, 井田喜明編), 朝倉書店, 13–38.

Jaupart, C., 1998, Gas loss from magmas through conduit walls during eruption, The Physics of Explosive Volcanic Eruptions (edited by Gilbert, J.S. and Sparks, R.S.J.), Cambridge University Press, Geological Soc. London, Special Publication, 145, 73–90.

Jaupart, C., 2000, Magma ascent at shallow levels, Encyclopedia of Volcanoes (Editor in chief: Sigurdsson, H.), Academic Press, 237–245.

Kanamori, H., Ekstrom, G., Dziewonski, A., Barker, J.S. and Sipkin, S.A., 1993, Seismicity radiation by magma injecion: An anomalous seismic event near Tori shima, Japan, *J. Geophys. Res.*, **98**, 6511–6522.

金子隆之, 2005, 衛星リモートセンシングによる火山の赤外観測, 火山, **50**, 特集号, S233–S251.

Kawakatsu, H. and Yamamoto, M., 2009, Volcano seismology, Earthquake Seismology (edited by Kanamori, H.), Treatise on Geophysics Volume 4, Elsevier, 389–420.

国立天文台編, 2013, 理科年表, 丸善出版.

小屋口剛博, 1995, 噴火のエネルギーと規模, 火山の事典 (下鶴大輔, 荒牧重雄, 井田喜明編), 朝倉書店, 82–94.

小屋口剛博, 2008, 火山現象のモデリング, 東京大学出版会, 638P.

小山真人, 2002, 火山で生じる異常現象と近隣地域で起きる大地震の関連性——その事例とメカニズムに関するレビュー——, 地学雑誌, **111**, 222–232.

Lees, J.M., 2007, Seismic tomography of magmatic systems, *J. Volcanology Geothermal Res.*, **167**, 37–56.

松尾禎士, 1995, 火山ガス, 火山の事典 (下鶴大輔, 荒牧重雄, 井田喜明編), 朝倉書店, 155–164.

Mogi, K., 1958, Relations between the eruptions of volcanoes and the deformations of the ground surfaces around them, *Bull. Earthq. Res. Inst.*, **36**, 99–134.

森田裕一, 大湊隆雄, 2005, 火山における地震観測の発展と成果, 火山, **50**, 特集号, S77–100.

Nakamura, M., Yoshida, Y., Zhao, D., Takayama, H., Obana, K., Katao, H., Kasahara, J., Kanazawa, T., Kodaire, S., Sato, T., Shiobara, H., Shinohara, M., Shimamura, H., Takahashi, N., Nakanishi, A., Hino, R., Murai, Y. and Mochizuki, K., 2008, Three-dimensional P- and S-wave velocity structures beneath Japan, *Phys. Earth Planet. Inter.*, **168**, 49–70.

Nataf, H.C., 2000, Seismic imaging of mantle plumes, *Annu. Rev. Earth Planet. Sci.*, **28**, 391–417.

Nolet, G., Allen, R. and Zhao, D., 2007, Mantle plume tomography, *Chemical Geology*, **241**, 248–263.

大久保修平, 2005, 重力変化から火山活動を探る——観測・理論・解析, 火山, **50**, 特集号 S49–S58.

Okada, Y., 1992, Internal deformation due to shear and tensile faults in a half-space, *Bull. Seismol. Soc. Am.*, **82**, 1018–1040.

Okada, Y. and Yamamoto, E., 1991, Dyke intrusion model for the 1989 seismovolcanic activity off Ito, central Japan, *J. Geophys. Res.*, **96**, 10361–10376.

鬼澤真也, 2014, 伊豆大島の地殻変動. 火山噴火予知連絡会会報, **112**, 26–32.

Perfit, M.R. and Davidson, J.P., 2000, Plate tectonics and volcanism, Encyclopedia of Volcanoes (Editor in chief: Sigurdsson, H.), Academic Press, 89–113.

Rubin, A.M., 1992, Dikes vs. diapirs in viscoelastic rock, *Earth Planet. Sci. Lett.*, **119**, 641–659.

力武常次, 1994, 固体地球科学入門 (第 2 版), 共立出版, 267p.

笹井洋一, 上嶋 誠, 歌田久司, 鍵山恒臣, Zlotnicki J., 橋本武志, 高橋優志, 2001, 地磁気, 地電位観測から推定される三宅島火山の 2000 年活動. 地学雑誌, 110, 226–244.

Siebert, L., Simkin, T. and Kimberly, P., 2010, Volcanoes of the World, 3rd ed., Smithsonian Institute, University of Calfornia Press, 551p.

Spera, F. J., 2000, Physical properties of magma, Encyclopedia of Volcanoes (Editor in chief: Sigurdsson, H.), Academic Press, 171–190.

巽　好幸, 1995, 沈み込み帯のマグマ学, 東京大学出版会, 186p.

Tanaka, H.K.M., Nakano, T., Takahashi, S., Yoshida, J., Takeo, M., Oikawa, J., Ohminato, T., Aoki, Y., Koyama, E., Tsuji, H. and Niwa, K., 2007, High resolution imaging in the inhomogeneous crust with cosmic-ray muon radiography: The density structure below the volcanic crater floor of Mt. Asama, Japan, *Earth Planet. Sci. Lett.*, **263**, 104–113.

寅丸敦志, 2009, 揮発性成分の発泡, 火山爆発に迫る (井田喜明, 谷口宏充編), 63–76.

Turcotte, D.L. and Schubert, G., 2002, Geodynamics, 2nd ed., Cambridge University Press, 456p.

筒井智樹, 2005, 地震学的手法を用いた活火山構造探査の現状と課題, 火山, **50**, 特集号, S101–114.

Ukawa, M., 1993, Excitation mechanism of large-amplitude volcanic tremor associated with the 1989 Ito-oki submarine eruption, central Japan, *J. Volcanol. Geotherm. Res.*, **55**, 33–50.

Umakoshi, K., Shimizu, H. and Matsuwo, N., 2001, Volcano-tectonic seismicity at Unzen Volcano, *J. Volcanol. Geotherm. Res.*, **112**, 117–131.

横山　泉, 2005, カルデラ構造に関する火山物理学的研究の50年, 火山, **50**, 特集号, S59–S76.

5 章

阿部勝征, 1978, 近代地震学 (岩波講座地球科学 8), 岩波書店, 89–167.

Barnard, E.N., Gonzalez, F.I. and Titov, V.V., 2005, 「ツナメーター」と米国におけるリアルタイム津波予測, 月刊地球, **37**, 210–215.

Hino, R., Tanioka, Y., Kanazawa, T., Sakai, S., Nishino, M. and Suyehiro, K., 2001, Micro-tsunami from a local interpolate earthquake detected by cable offshore tsunami observation in northeastern Japan, *Geophys. Res. Lett.*, **28**, 3533–3536.

Hirata K., Satake, K., Tanioka, Y., Kuragano, T., Hasegawa, Y., Hayashi, Y. and Hamada, M., 2006, The 2004 Indian Ocean Tsunami: Tsunami Source Model from Satellite Altimetry, *Earth Planets Space*, **58**, 195–201.

岩崎敏夫, 真野　明, 1979, オイラー座標による二次元津波遡上の数値計算, 海岸工学論文集, **26**, 70–74.

Kabiling, M. B., and S. Sato, 1993, Two-dimensional nonlinear dispersive wave-current and three dimensional beach deformation model, *Coastal Eng. in Japan*, **35**, 195–212.

加藤照之, 寺田幸博, 越村俊一, 永井紀彦, 2005, GPS 津波計による津波観測, 月刊地球, **37**, 179–183.

正村憲史, 藤間功司, 後藤智明, 飯田邦彦, 重村利幸, 2000, 底面境界層の構造を考慮した長波理論解と海底摩擦による波高減衰に関する考察, 土木学会論文集, **663**, 69–78.

Mansinha, L. and Smylie, D.E., 1971, The displacement fields of inclined faults, *Bull. Seismol. Soc. Am.*, **61**, 1433–1440.

松冨英夫, 1989, 移動跳水 (波状段波) 発生条件の検討, 水理講演論文集, **33**, 271–276.

松浦充宏, 佐藤良輔, 1975, 断層モデルと地表変位のパターン, 地震第2輯, **28**, 429–434.

岡田義光, 2003, 断層モデルによる地表上下変動のパラドックス, 測地学会誌, **49**, 99–119.

Steketee, J.A., 1958, On Volterra's dislocation in a semi-infinite elastic medium, *Can. J. Phys.*, **36**, 192–205.

田中　仁, サナ・アーマド, 川村育男, 1998, 波動境界層の準定常性に関する理論および実験, 土木学会論文集, **593**, 155–164.

Tanioka, Y. and Satake, K., 1996, Tsunami generated by horizontal displacement of ocean bottom, *Geophy. Res. Lett.*, **23**, 861–864.

Tanioka, Y., 2002, Numerical simulation of far-field tsunamis using the linear Boussinesq equation —The 1998 Papua New Guinea Tsunami—, *Papers in Meteoro. and Geophy.*, **51**, 17–25.

宇津徳治, 2001, 地震学 (第3版), 共立出版, 376p.

6 章

Jackson, J.D., 1995, Classical Electrodynamics, 3rd ed., John Wiley & Sons, Inc.
(地磁気に関係する電磁気学の基礎を学ぶのに適切なテキスト)

Jacobs, J.A., 1992, Deep Interior of the earth, Topics in the Earth Sciences, vol. 6, Chapman & Hall.
(少し古いが, 地磁気に関わる地球ダイナミクスの概略を系統的に把握できる入門書)

Kivelson, M.G. and Russell, C.T., 1995, Introduction to Space Physics, Cambridge University Press.
(地磁気を太陽系スケールで見るときに必要な宇宙空間物理学の基礎)

Kono, M.(ed.), 2007, Geomagnetism, Treatise on Geophysics, vol. 5, Elsevier.
(多数の地磁気研究論文をもとにした包括的レビュー)

McElhinny, M.M. and McFadden, P., 1999, Paleomagnetism —Continents and Oceans—, McElhinny, Academic Press.
(プレートテクトニクスへの応用を念頭に置いた古地磁気学)

綱川秀夫, 望月伸竜, 高橋　太, 2008, 地球ダイナミクスが生み出す地磁気, 日本磁気学会会報「まぐね」.
(他分野向けの地磁気に関する一般的解説)

地磁気・古地磁気研究の最前線, 2005, 地学雑誌, **114**(2).
(日本における中堅・若手の地磁気・古地磁気研究者の研究報告特集)

7 章

Bear, G.W., Al-Shukri, H.J. and Rundman, A.J., 1995, Linear inversion of gravity data for 3-D density distributions. *Geophysics*, **60**, 1354–1364.

Blakely, R.J., 1996, Potential Theory in Gravity and Magnetic Applications, Cambridge University Press, 441p.

地質調査総合センター (編), 2004, 日本重力 CD-ROM, 第2版, 数値地質図 P-2.

Dziewonski, A.M. and Anderson, D.L., 1981, Preliminary Reference Earth Model (PREM), *Phys. Earth Planet. Inter.*, **25**, 297–356.

藤井陽一郎, 藤原嘉樹, 水野浩雄, 1994, 地球をはかる, 東海大学出版会, 194p.

藤本博巳, 友田好文, 2000, 重力からみる地球, 東京大学出版会, 172p.

深尾良夫, 1985, 地震・プレート・陸と海—地学入門, 岩波ジュニア新書, 岩波書店, 228p.

Fukao, Y., Yamamoto, A. and Nozaki, K., 1981, A method of density determination for gravity correction, *J. Phys. Earth*, **29**, 163–166.

Groten, E., 1978, Geodesy and the Earth's Gravity Field: Principles and Conventional Methods, F. Dummler, 409p.

Hagiwara, Y., 1967, Analyses of gravity values in Japan, *Bull. Earthq. Res. Inst.*, **45**, 1091–1228.

萩原幸男, 1978a, 地球重力論, 共立出版, 242p.

萩原幸男, 1978b, 地球の形, 岩波講座地球科学 1 地球, 上田誠也, 水谷　仁編, 岩波書店, 1–43.

ホフマン-ウェレンホフ, モーリッツ著, 西修二郎訳, 2006, 物理測地学, シュプリンガージャパン, 368p.

Jacoby, W. and Smilde, P.L., 2009, Gravity Interpretation: Fundamentals and Application of Gravity Inversion and Geological Interpretation, Springer, 396p.

Kane, M. F. (1962) A comprehensive system of terrain corrections using a digital computer, *Geophys.*, **27**, 455–462.

活断層研究会編, 1991, 新編日本の活断層, 分布と資料, 東京大学出版会, 437p.

狐崎長琅, 2001, 応用地球物理学の基礎, 古今書院, 306p.

国土地理院, 2000, Gravity anomaly relief map of Japan, 3 sheets, 国土地理院技術資料, B・1-No.28.

国土地理院, 2001, 数値地図50mメッシュ (標高), CD–ROM 全3枚 (日本–I, 日本–II, 日本–III).

駒澤正夫, 広島俊男, 石原丈実, 村田泰章, 山崎俊嗣, 上嶋正人, 牧野雅彦, 森尻理恵, 志知龍一, 1999, 100万分の1日本重力図 (ブーゲ異常), 地質調査所.

河野芳輝, 古瀬慶博, 1988, 日本列島の重力異常, ～日本での重力測定100年～, 科学, **58**, 414–422.

河野芳輝, 古瀬慶博, 1989, 100万分の1日本列島重力異常図, 東京大学出版会.

中田 高, 今泉俊文, 2002, 活断層詳細デジタルマップ, 東京大学出版会, 60p.

Nawa, K., Fukao, Y., Shichi, R. and Murata, Y., 1997, Inversion of gravity data to determine the terrain density distribution in southwest Japan, *J. Geophys. Res.*, **102**, 27703–27719.

Nettleton, L.L., 1976, Gravity and Magnetics in Oil Prospecting, McGraw-Hill Book Company, New York, 464p.

日本測地学会, 1994, 現代測地学, 日本測地学会編, 日本測地学会, 611p.

日本測地学会, 2004, 地球が丸いってほんとうですか？～測地学者に50の質問～ (日本測地学会編, 大久保修平監修), 朝日選書752, 朝日新聞社, 277p.

Menke, W., 2012, Geophysical Data Analysis: Discrete Inverse Theory, 3rd ed., MATLAB Edition, Academic Press, 330p.

村田泰章, 1990, ABIC最小化法によるブーゲー密度の推定, 地震第2輯, **43**, 327–339.

Murata, Y., 1993, Estimation of optimum average surficial density from gravity data: An objective Bayesian approach, *J. Geophys. Res.*, **98**, 12097–12109.

中田 高・今泉俊文, 2002, 活断層詳細デジタルマップ, 東京大学出版会, 60p.

大久保修平, 1995, 重力のインバージョン, 地学雑誌, **104**, 1047–1062.

Parasnis, D.S., 1979, Principles of Applied Geophysics, 3rd ed., Chapman and Hall, London, 275p.

Roy, K.K., 2007, Potential Theory in Applied Geophysics, Springer, 651p.

志知龍一, 1985, 重力計の原理と特性および調整法, 名古屋大学理学部付属地震予知観測センター, 60p.

Shichi, R. and Yamamoto, A. (Representatives of the Gravity Research Group in Southwest Japan), 2001, Gravity Database of Southwest Japan (CD–ROM), *Bull. Nagoya University Museum, Special Rept.*, No.9.

Talwani, M., 1959, Rapid gravity computations for two-dimensional bodies with application to the Mendosino subroutine fracture zone, *J. Geophys. Res.*, **64**, 49–59.

Talwani, M., 1973, Computer Usage in the Computation of Gravity Anomalies, Methods in Computational Physics: Advances in Research and Applications, Volume 13, 343–389.

Telford, W.M., Geldart, L.P. and Sheriff, R.E., 1990, Applied Geophysics, 2nd ed., Cambridge University Press, 770p.

友田好文, 鈴木弘道, 土屋 淳編, 1985, 地球観測ハンドブック, 東京大学出版会, 830p.

Torge, W., 2001, Geodesy, 3rd ed., Walter de Gruyter Incorporated, 416p.

Torge, W. and Muller, J., 2012, Geodesy, 4th ed., Walter de Gruyter Incorporated, 433p.

坪井忠二, 1979, 重力, 第2版, 岩波書店, 274p.

Turcotte, D.L. and Schubert, G., 2002, Geodynamics, 2nd ed., Cambridge University Press, 456p.

Yamamoto, A., 1999, Estimating the optimum reduction density for gravity anomaly: A theoretical overview, *J. Fac. Sci., Hokkaido Univ.*, **11**, No.3, 577–599.

山本明彦, 志知龍一編著, 2004, 日本列島重力アトラス–西南日本および中央日本–, 東京大学出版会, 144p.

Yamamoto, A., Shichi, R. and Kudo, T., 2011, Gravity Database of Japan (CD–ROM), Earth Watch Safety Net Research Center, Chubu University, Special Publication, No.1.

8 章

Artemieva, I.M., 2006, Global $1° \times 1°$ thermal model TC1 for the continental lithosphere: Implications for lithosphere secular evolution, *Tectonophysics*, **416**, 245–277.

Carslaw, H.S. and Jaeger, J.C., 1986, Conduction of Heat in Solids, 2nd ed., Oxford University Press, 510 p.

Clark, S.P.Jr., 1966, Thermal conductivity, Handbook of Physical Constants (edited by Clark, S.P.Jr.), Geological Society of America, 459–482.

Davies, G.F., 1999, Dynamic Earth, Cambridge University Press, 458p.

Davies, G.F. and Richards, M., 1992, Mantle convection, *J. Geol.*, **100**, 151–206.

Goutorbe, B., Poort, J., Lucazeau, F. and Raillard, S., 2011, Global heat flow trends resolved from multiple geological and geophysical proxies, *Geophys. J. Int.*, **187**, 1405–1419, doi: 10.1111/j.1365-246X.2011.05228.x.

Jaupart, C. and Mareschal, J.–C., 2010, Heat Generation and Transport in the Earth, Cambridge University Press, 477p.

金原啓司, 2005, 日本温泉・鉱泉分布図及び一覧 (第2版) CD–ROM版, 数値地質図GT-2, 産業技術総合研究所, 地質調査総合センター.

国立天文台編, 2013, 理科年表 平成26年, 丸善出版, 1081p.

栗田 敬, 1991, 地球の電気伝導度構造, 地震第2輯, **44**, 201–216.

Lachenbruch, A.H., 1970, Crustal temperature and heat production: implications of the linear heat-flow relation, *J. Geophys. Res.*, **75**, 3291–3300.

Lachenbruch, A.H. and Sass, J.H., 1980, Heat flow and the energetics of the San Andreas fault zone. *J. Geophys. Res.*, **85**, 6185–6222.

Langseth, M. G., Keihm, S.J. and Peters, K., 1976, Revised lunar heat-flow values, *Proc. Lunar Sci.Conf. 7th*, 3143–3171.

Lay, T., Hernlund, J. and Buffett, B.A., 2008, Core-mantle boundary heat flow, *Nature Geoscience*, **1**, 25–32, doi:10.1038/ngeo.2007.44.

McKenzie, D.P., 1967, Some Remarks on Heat Flow and Gravity Anomalies, *J. Geophys. Res.*, **72**, 6261–6273.

McKenzie, D., Jackson, J. and Priestley, K., 2005, Thermal structure of oceanic and continental lithosphere. *Earth Planet. Sci. Lett.*, **233**, 337–349.

Melosh, H.J., 2011, Planetary Surface Processes, Cambridge University Press, 520p.

水谷 仁, 渡部暉彦, 1978, 地球熱学, 岩波講座地球科学1 地球 (上田誠也, 水谷 仁編), 岩波書店, 167–224.

Parsons, B. and Sclater, J.G., 1977, An analysis of the variation of the ocean floor bathymetry heat flow and with age, *J. Geophys. Res.*, **82**, 803–827.

Pollack, H.N. and Chapman, D.S., 1977, On the regional variation of heat flow, geotherms, and the thickness of the lithosphere, *Tectonophysics*, **38**, 279–296.

Pollack, H.N., Hurter, S.J. and Johnson, J.R., 1993, Heat flow from the earth's interior: analysis of the global data set. *Rev. Geophys.*, **31**, 267–280.

Pollack, H.N. and Huang, S.P, 2000, Climate reconstruction from subsurface temperatures, *Ann. Rev. Earth Planet. Sci.*, **28**, 339–365.

Pujol, J., Fountain, D.M. and Anderson, D.A., 1985, Statistical analysis of the mean heat flow/reduced heat flow relationship for continents and its tectonothermal implications, *J. Geophys. Res.*, **90**, 11335–11344.

Ross, H.E., Blakely, R.J. and Zoback, M.D., 2006, Testing the use of aeromagnetic data for the determination of Curie depth in California, *Geophysics*, **71**, L51–L59.

Sato, H. and Sacks, I., 1989, Anelasticity and thermal structure of the oceanic upper mantle: Temperature calibration with heat flow data, *J. Geophys. Res.*, **94**, 5705–5715.

Scholz, C.H., 1988, The Brittle-Plastic Transition and the Depth of Seismic faulting, *Geol. Rundschau*, **77**, 319–328.

Schubert, G., Turcotte, D.L. and Olson, P., 2001, Mantle Convection in the Earth and Planets, Cambridge University Press, 940p.

Sibson, R.H., 1984, Roughness at the base of the seismogenic zone: Contributing factors, *J. Geophys. Res.*, **89**, 5791–5799.

Solomon, S.C. and Head, J.W., 1991, Fundamental issues in the geology and geophysics of Venus, *Science*, **252**, 252–260.

Spector, A. and Grant, F.S., 1970, Statistical models for interpreting aeromagnetic data, *Geophysics*, **35**, 293–302.

Stacey, F.D., 1992, Physics of the Earth, 3rd ed., Brookfield Press, 513p.

Stacey, F.D. and Davis, P.M., 2008, Physics of the Earth, 4th ed., Cambridge University Press, 532p.

Stein, C. and Stein, S., 1992, A model for the global variation in oceanic depth and heat flow with lithospheric age. *Nature*, **359**, 123–128.

Stein, C. and Stein, S., 1994, Constraints on hydrothermal flux through the oceanic lithosphere from global heat flow, *J. Geophys. Res.*, **99**, 3081–3095.

Stein, C.A., 1995, Heat flow of the Earth, in Global Earth Physics: A Handbook of Physical Constants. AGU Reference Shelf 1 (edited by Ahrens, T.J.), American Geophysical Union, 144–158.

田中明子,山野　誠,矢野雄策,笹井政克,2004,日本列島及びその周辺域の地温勾配及び地殻熱流量データベース.数値地質図 DGM P-5,産業技術総合研究所 地質調査総合センター.

Tanaka, A., Okubo, Y. and Matsubayashi, O., 1999, Curie point depth based on spectrum analysis of the magnetic anomaly data in East and Southeast Asia, *Tectonophysics*, **306**, 461–470.

田中明子,2009,地球浅部の温度構造―地震発生層との関連―,地震 第2輯,**61**,特集号,S239–S245.

The KamLAND Collaboration, 2011, Partial radiogenic heat model for Earth revealed by geoneutrino measurements, *Nature Geoscience*, **4**, 647–651, doi:10.1038/ngeo1205.

Turcotte, D.L. and Schubert, G., 2002, Geodynamics 2nd ed., Cambridge University Press, 426p.

Uyeda, S. and Horai, K., 1964, Terrestrial heat flow in Japan, *J. Geophys. Res.*, **69**, 2121–2141.

山野　誠,木下正高,山形尚司,1997,日本列島周辺海域の地殻熱流量分布,地質ニュース,**517**,12–19.

吉井敏尅,1979,日本列島付近の地球物理データのコンパイル (I).地震研究所彙報,**54**,75–117.

Vitorello, I. and Pollack, H.N., 1980, On the variation of continental heat flow with age and the thermal evolution of continents, *J. Geophys. Res.*, **85**, 983–995.

Wiens, D.A. and Stein, S., 1983, Age dependence of oceanic intraplate seismicity and implications for lithospheric evolution, *J. Geophys. Res.*, **88**, 6455–6468.

9 章

Akaogi, M, Ito, E. and Navrotsky, A., 1989, Olivine – modified spinel – spinel transitions in the system Mg_2SiO_4–Fe_2SiO_4: Calorimetric measurements, thermochemical calculation, and geophysical application, *J. Geophys. Res.*, **94**, 15671–15685.

Akaogi, M. and Ito, E., 1993, Refinement of enthalpy measurement of $MgSiO_3$ perovskite and negative pressure–temperature slopes for Perovskite-forming reactions, *Geophys. Res. Lett.*, **20**, 1839–1842.

Akaogi, M., Kusaba, K., Susaki, J., Yagi, T., Matsui, M., Kikegawa, T., Yusa, H. and Ito, E., 1992, High-pressure high-temperature stability of α-PbO_2-type TiO_2 and $MgSiO_3$ majorite: Calorimetric and *in situ* X-ray diffraction studies, *High pressure Research: Application to Earth and Planetary Sciences, AGU, Geophys. Monogr.*, **67**, 447–455.

Akaogi, M. Navrotsky, A., Yagi, T. and Akimoto, S., 1987, Pyroxene–garnet transformation: Thermochemistry and elasticity of garnet solid solutions, and application to a pyrolite mantle. *High pressure Research in Mineral Physics, AGU, Geophys. Monogr.*, **39**, 251–260.

Akaogi, M., Takayama, H., Kojitani, H., Kawaji, H. and Atake, T., 2007, Low-temperature heat capacities, entropies and enthalpies of Mg_2SiO_4 polymorphs, and α–β–γ and postspinel phase relations at high pressure, *Phys. Chem. Minerals*, **34**, 169–183.

Akaogi, M, Tanaka, A. and Ito, E., 2002, Garnet–ilimenite–perovskite transitions in the system $Mg_4Si_4O_{12}$–$Mg_3Al_2Si_3O_{12}$ at high pressures and high temperatures: Phase equilibria, calorimetry and implications for mantle structure, *Phys. Eath Planet. Inter.*, **132**, 303–324.

Anders, E. and Grevesse, N., 1989, Abundances of the elements: Meteoritic and solar, *Geochim. Cosmochim. Acta*, **53**, 197–214.

Anderson D.L. and Bass, J.D., 1986, Transition region of the Earth's upper mantle, *Nature*, **320**, 321–328.

Bose, K. and Ganguly, J., 1995, Quartz–coesite transition revised: Reversed experimental determination at 500–1200°C and retrieved thermochemical properties, *Am. Mineral.*, **80**, 231–238.

Dunn, K.J. and Bundy, F.P., 1978, Materials and techniques for pressure calibration by resistance-jump transitions up to 500 kilobars, *Rev. Sci. Instr.*, **49**, 365–370.

Dziewonski, A.M. and Anderson, D.L., 1981, Preliminary reference Earth model, *Phys. Earth Planet. Inter.*, **25**, 297–356.

Green, D.H., Hibberson, W.O. and Jaques, A.L., 1978, Petrogenesis of Mid-ocean ridge basalt, *The earth, its Origin, Structure and Evolution* (edited by McElhinney, M.W.), Academic Press, 265–299.

Higo, Y., Inoue, T., Irifune, T., Yurimoto, H., 2001, Effect of water on the spinel–postspinel transformation in Mg_2SiO_4, Geophys. Res. Lett., **28**, 3505–3508.

Huang, X., Xu, Y. and Karato, S., 2005, Water content in the transition zone from electrical conductivity of wadsleyite and ringwoodite, Nature, **434**, 746–749.

伊藤英司, 2003, 高圧地球科学における多数アンビル装置の圧力校正, 高圧力の科学と技術, **13**, 265–269.

井上 徹, 2000, 地球内部の水—マントル遷移層は水のリザバーか?—, 高圧力の科学と技術, **10**, 124–133.

Inoue, T., 1994, Effect of water on melting phase relations and melt composition in the system Mg_2SiO_4–$MgSiO_3$–H_2O up to 15 GPa, Phys. Earth Planet. Inter., **85**, 237–263.

Inoue, T., Ueda, T., Tanimoto, Y., Yamada A. and Irifune T., 2010, The effect of water on the high-pressure phase boundaries in the system Mg_2SiO_4–Fe_2SiO_4, J. Phys.: Conferenceseries, **215**, Art. No.012101.

Inoue, T., Weidner, D.J., Northrup, P.A. and Parise, J.B., 1998, Elastic properties of hydrous ringwoodite (γ-phase) in Mg_2SiO_4, Earth Planet. Sci. Lett., **160**, 107–113.

Inoue, T., Yurimoto, H. and Kudoh, Y., 1995, Hydrous modified spinel, $Mg_{1.75}SiH_{0.5}O_4$: A new water reservoir in the mantle transition region, Geophys. Res. Lett., 22, 117–120.

Ito, E. and Katsura, T., 1992, Melting of ferromagnesian silicates under the lower mantle conditions, High-Pressure Research: Application to Earth and Planetary Sciences, AGU, Geophys. Monogr., **101**, 315–322.

Ito, E. and Takahashi, E., 1989, Postspinel transformations in the system Mg_2SiO_4–Fe_2SiO_4 and some geophysical implications, J. Geophys. Res., **94**, 10637–10646.

Katsura, T. and Ito, E., 1989, The system Mg_2SiO_4–Fe_2SiO_4 at high pressures and temperatures: Precise determination of stabilities of olivine, modified spinel, and spinel, J. Geophys. Res., **94**, 15633–15670.

Komabayashi, T., Omori, S., 2006, Internally consistent thermodynamic data set for dense hydrous magnesium silicates up to 35 GPa, 1600°C: Implication or water circulation in the Earth's deep mantle, Phys. Eath Planet. Inter., **156**, 89–107.

Komabayashi, T., Hirose, K., Funakoshi, K. and Takafuji, N., 2005, Stability of phase A in antigorite (serpentine) composition determined by in situ X-ray pressure observations, Phys. Eath Planet. Inter., **151**, 276–289.

Mason, B (ed.), 1971, Handbook of elemental abundances in meteorites, Gordon and Breach.

Mibe, K., Fujii, T. and Yasuda, A., 2002, Composition of aqueous fluid coexisting with mantle minerals at high pressure and its bearing on the differentiation of the Earth's mantle, Geochim. Cosmochim. Acta, **66**, 2273–2285.

Mibe, K., Kanzaki, M., Kawamoto, T., Matsukage, K. N., Fei, Y. and Ono, S., 2007, Second critical endpoint in the peridotite–H_2O system, J. Geophys. Res., **112**, B03201.

Morishima, H., Kato, T., Suto, M., Ohtani, E., Urakawa, S., Utsumi, W., Shimomura, O. and Kikegawa, T., 1994, The phase boundary between α- and β-Mg_2SiO_4 determined by in situ X-ray observation, Science, **265**, 1202–1203.

Okamoto, K., Maruyama, S., 2004, The eclogite-garnetite transformation in the MORB + H_2O system, Phys. Eath Planet. Inter., **146**, 283–296.

Ono, S., 1998, Stability limits of hydrous minerals in sediment and mid-ocean ridge basalt compositions: Implication for water transport in subduction zones, J. Geophys. Res., **103**, 18253–18267.

Ono, S., Katsura, T., Ito, E., Kanzaki, M., Yoneda, A., Walter, M.J., Urakawa, S., Utsumi, W., and Funakoshi, K., 2001, In situ Observation of ilmenite-perovskite phase transition in $MgSiO_3$ using synchrotron radiation, Geophys. Res. Lett., **28**, 835–838.

Poli, S. and Schmidt, M.W., 2002, Petrology of subducted slab. Annu. Rev. Earth Planet. Sci., **30**, 207–235.

Presnall, D.C. and Gasparik, T., 1990, Melting of enstatite ($MgSiO_3$) from 10 to 16.5 GPa and the forsterite (Mg_2SiO_4) – majorite ($MgSiO_3$) eutectic at 16.5 GPa: Implication for the origin of the mantle, J. Geophys. Res., **95**, 15771–15777.

Presnall, D.C. and Walter, M.J., 1993, Melting of forsterite, Mg_2SiO_4, from 9.7 to 16.5 GPa, J. Geophys. Res., **98**, 19777–19783.

Ringwood, A.E., 1975, Composition and petrology of the earth's mantle, McGraw-Hill (New York), 618p.

Ringwood, A.E., 1979, Origin of the earth and moon, Springer-Verlag New York, 307p.

Ringwood, A.E. and Irifune, T., 1988, Nature of the 650-km seismic discontinuity: Implications for mantle dynamics, Nature, **331**, 131–136.

Sano, A., Ohtani, E., Kubo, T. and Funakoshi, K., 2004, In situ X-ray obserbation of decomposition hydrous aluminum silicate $AlSiO_3OH$ and aluminum oxide hydroxide δ-AlOOH at high pressure and temperature, J. Phys. Chem. Solids, **65**, 1547–1554.

Sano, A., Ohtani, E., Kondo, T., Hirao, N., Sakai, T., Sata, N., Ohishi, Y. and Kikegawa, T., 2008, Aluminous hydrous mineral δ-AlOOH as a carrier of hydrogen into the core-mantle boundary, Geophy. Res. Lett., **35**, L03303.

Shinmei, T., Tomioka, N., Fujino, K., Kuroda, K. and Irifune, T., 1999, In situ X-ray diffraction study of enstatite up to 12 GPa and 1473K and equation of state, Am. Mineral., **84**, 1588–1594.

Suetsugu, D., Inoue, T., Obayashi, M., Yamada, A., Shiobara, H., Sugioka, H., Ito, A., Kanazawa, T., Kawakatsu, H., Shito, A. and Fukao, Y., 2010, Depths of the 410-km and 660-km discontinuities in and around the stagnant slab beneath the Philippine Sea: Is water stored in the stagnant slab?, Phys. Earth Planet. Inter., **183**, 270–279.

Sun, S.-S., 1982, Chemical composition and origin of the Earth's primitive mantle, Geochim. Cosmochim. Acta, 16, 179–192.

Suzaki, J., Akaogi, M., Akimoto, S. and Shimomura, O., 1985, Garnet–perovskite transformation in $CaGeO_3$: In-situ X-ray measurements using synchrotron radiation, Geophys. Res. Lett., **12**, 729–732.

Suzuki, A., Ohtani, E., Morishima, H., Kato, T., Kanbe, Y., Kondo, T., Okada, T., Terasaki, H., Kato, T. and Kikegawa, T., 2000, In situ determination of the phase boundary between wadsleyite and ringwoodite in Mg_2SiO_4, Geophys. Res. Lett., **27**, 803–806.

Taylor, S.R. and MacLennan, S.M., 1985, The continental crust: Its composition and evolution, Blackwell, Oxford, 312p.

Utada, H., Koyama, T., Shmizu, H. and Chave, A.D., 2003, A semi-global reference model for electrical conductivity in the mid-mantle beneath the north Pacific region, Geophys. Res. Lett., **30**, 1194–1198.

Yagi, T., Akaogi, M, Shimomura, O. Suzuki, T. and Akimoto, S., 1987, *In situ* observation of the olivine–spinel phase transformation in Fe_2SiO_4 using synchrotron radiation. *J. Geophys. Res.*, 92, 6207–6213.

Yusa, H., Akaogi, M. and Ito, E., 1993, Calorimetric study of $MgSiO_3$ garnet and pyroxene: heat capacity, transition enthalpies, and equilibrium phase relations in $MgSiO_3$ at high pressures and temperatures, *J. Geophys. Res.*, **98**, 6453–6460.

Zhang, J., Li, B.,Wataru., W. and Liebermann, R.C., 1996, *In situ* X-ray observations of the coesite-stishovite transition: reversed phase boundary and kinetics, *Phys. Chem. Minerals*, **23**, 1–10.

10 章

Argus, D.F. and Gordon, R.G., 1991, No–net–rotation model of current plate vel ocities incorporating plate motion model NUVEL–1, *Geophys. Res. Lett.*, **18**, 11, 2039–2042.

Dziewonski, A.M. and Anderson, D.L., 1982, Preliminary reference Earth model, *Phys. Earth Planet. Inter.*, **25**, 4, 297–356.

Kameyama, M. and Ogawa, M., 2000, Transitions in thermal convection with strongly temperature-dependent viscosity in a wide box, *Earth Planet. Sci. Lett.*, **180**, 3–4, 355–367.

Kameyama, M. and Nishoika, R., 2012, Generation of ascending flows in the Big Mantle Wedge (BMW) beneath Northeast Asia induced by retreat and stagnation of subducted slab, *Geophys. Res. Lett.*, **39**, L10309.

Kono, M. and Roberts, P.H., 2002, Recent geodynamo simulations and observations of the geomagnetic field, *Rev. Geophys.*, **40**, 4, 1013.

Obayashi, M., Sugioka, H., Yoshimitsu, J. and Fukao, Y., 2006, High temperature anomalies oceanward of subducting slabs at the 410-km discontinuity, *Earth Planet. Sci. Lett.*, **243**, 1–2, 149–158.

Ogawa, M., 2008, Mantle convection: A review, *Fluid Dyn. Res.*, **40**, 6, 379–398.

Wicht, J. and Tilgner, A., 2010, Theory and modeling of planetary dynamos, *Space Sci. Rev.*, **152**, 1–4, 501–542.

使用記号一覧

記号	意味	単位・値 (定義式)	章
α	仰角		3
α	減衰率		3
α	アルベド		8
α, α_v	熱膨張率, 熱膨張係数	K^{-1}	9,10
β	フリーエア (重力) 勾配	-0.3086 mgal/m	4,7
β'	ブーゲー補正の勾配	0.11194 mgal/m	7
β''	ブーゲー勾配	-0.19666 mgal/m	7
δ	ディラックのデルタ関数		2
δ	傾斜 (角)	度 (degree), rad	2,3
Δ	角距離	度 (degree), rad	2
$\Delta\tau_i$	観測点 i の内部遅延		3
δ_{jk}	クロネッカーのデルタ		5
ε	誘電率		6
η	粘性率	$N\,s/m^2, Pa\,s$	3,4,6
γ	正規重力値	cm/s^2, gal	7
γ_ϕ	緯度 ϕ におけるソミリアナの正規重力値	cm/s^2, gal	7
γ_e	赤道における正規重力値	$978.03267715\,cm/s^2$, gal	7
γ_p	極における正規重力値	$983.21863685\,cm/s^2$, gal	7
κ	熱拡散率, 熱拡散係数	m^2/s	4,8,10
λ	波長		3
λ	弾性体のラメ定数		5
λ	すべり角	度 (degree), rad	2,3,5
Λ	エルザッサ数		6
μ	剛性率	$N/m^2, Pa$	2,3,4,9
μ	弾性体のラメ定数		5
μ	透磁率	H/m	6
μ	粘性率	$N\,s/m^2, Pa\,s$	10
$\bar{\mu}$	ダッシュポットの粘り気	$N\,s/m$	10
μ_0	真空の透磁率	$4\pi \times 10^{-7}\,H/m$	6
ν	ポアソン比		4
ν	単位法線ベクトル		5
$\boldsymbol{\omega}$	オイラーベクトル		3
ω	角速度	rad/s	3
ω	角振動数, 角周波数	rad/s	6,8
ω	地球の自転角速度	7.292115×10^{-5} rad/s	5,7
$\boldsymbol{\Omega}$	回転ベクトル		6
Ω	角速度	rad/s	6
ω_{ij}	回転		3
ϕ	電波の位相		3
ϕ	緯度	度 (degree), rad	7
φ_i	i 軸となす角	度 (degree), rad	3
Φ	磁束	Wb	6
Φ	地震学的パラメータ (バルク音速の 2 乗)		9
$\phi(\boldsymbol{r})$	磁気ポテンシャル		6
ϕ_S	走向		2
ρ	密度	$g/cm^3, kg/m^3$	2,4,6,7,9,10
ρ	衛星–受信点間の真の距離		3
ρ_c	地殻の密度	g/cm^3	7
ρ_e	地球の平均密度	$5.5\,g/cm^3$	7
ρ_m	マントルの密度	g/cm^3	7
ρ_ω	海水の密度	$1.03\,g/cm^3$	5,6
σ	ノイズ		3
σ	電気伝導度	S/m	6

使用記号一覧

記号	意味	単位・値 (定義式)	章
σ	シュテファン–ボルツマン定数	$5.67\times10^{-8}\,\mathrm{W/m^2 K^4}$	8
σ	応力	$\mathrm{N/m^2, Pa}$	10
Σ	最大せん断ひずみ		3
Σ	平面		5
σ_H	水平主応力	$\mathrm{N/m^2, Pa}$	4
σ_V	鉛直応力	$\mathrm{N/m^2, Pa}$	4
τ	時間幅		3
τ	海底摩擦力	$\mathrm{N/m^2, Pa}$	5
τ_m	磁場減衰の時間スケール		6
τ_v	流体運動野の時間スケール		6
τ_{ve}	マクスウェル時間, 粘弾性緩和時間	s	10
θ	波線の接線と鉛直方向のなす角	度 (degree), rad	2
θ	オフナディア角	度 (degree), rad	3
θ	余緯度		5
Θ	面積ひずみ		3
a	波高		5
a	地球半径	約 6380 km	6
a	地球の赤道半径	6378.137 km	7
a	プレートの厚さ	km	8
A	赤道軸のまわりの慣性モーメント	$\mathrm{kg\,m^2}$	7
A	発熱量	$\mathrm{W/m^3}$	8
A	面積	$\mathrm{m^2}$	10
AC	大気補正	$\mathrm{cm/s^2, gal}$	7
b	地球の極半径	6356.7523141 km	7
b	長さ	m	10
B	衛星の観測ごとの軌道間の距離		3
$\boldsymbol{B}$	磁場	A/m	6
B	磁場の代表的強さ		6
B	磁束密度	T	6
B	ブーゲー異常	$\mathrm{cm/s^2, gal}$	7
BC	ブーゲー補正	$\mathrm{cm/s^2, gal}$	7
BC_f	有限平板によるブーゲー補正	$\mathrm{cm/s^2, gal}$	7
BC_i	無限平板によるブーゲー補正	$\mathrm{cm/s^2, gal}$	7
BC_s	有限球殻によるブーゲー補正	$\mathrm{cm/s^2, gal}$	7
B_e	赤道における磁束密度	T	6
c	光速	299,792,458 m/s	3
c	位相速度	m/s	5
C	自転軸のまわりの慣性モーメント	$\mathrm{kg\,m^2}$	7
c_p, C_p	定圧比熱	J/kg K	4,8,9,10
d	表層の厚さ (不連続面の深さ), 地表からの深さ	km	2,3
d	水深	m, km	5
$\boldsymbol{D}$	すべり方向の単位ベクトル		2
D	すべり量	m	2
D	偏角	度 (degree), rad	6
Di	散逸数		10
E	エクマン数		6
$\boldsymbol{E}$	起電力		6
e_1, e_2	主ひずみ		3
e^2	第1離心率	0.00669438	7
e_{ij}	ひずみ成分		3
E_p	位置エネルギー	J	4
$E(t)$	信号		3
E_T	熱エネルギー	J	4
f	周波数	Hz, c/s	3
f	コリオリ係数	$\mathrm{s^{-1}}$	5
f	引力	N	7
f	地球の扁平率	$298.257222101\,(\frac{1}{f}=\frac{a}{a-b})$	7
$\boldsymbol{F}$	ローレンツ力	Pa	6
F	全磁力	T	6
F	フリーエア異常	$\mathrm{cm/s^2, gal}$	7
F	力	N	9,10
FC	フリーエア補正	$\mathrm{cm/s^2, gal}$	7
f_e	赤道における引力	N	7
f_p	極における引力	N	7
g	ガウス係数	T	6
g	重力	N	7

使用記号一覧

記号	意味	単位・値 (定義式)	章
g	重力加速度	m/s^2	4,5,6,7,9,10
G	万有引力定数	6.67259×10^{-11} m^3/s^2 kg	4,7,8,9
G	ギブス自由エネルギー	J	9
G	せん断弾性率	Pa	10
G	回転力		6
g_a	地表における平均的な重力	m/s^2	7
g_e	赤道における重力	m/s^2	7
$G2n+1$	ラブ波 (劣弧に沿って伝搬)		2
$G2n$	ラブ波 (優弧に沿って伝搬)		2
g_p	極における重力	m/s^2	7
$G(t;\tau)$	グリーン関数		2
h	海面変動, 海面での波高分布 (波形)		5
h	水位	m, km	5
h	遠心力	N	7
h	標高	m, km	7
h	深さ		9
H	潜熱	J/kg	4
H	水深	m, km	5
$\boldsymbol{H}$	磁場	A/m	6
H	エンタルピー	J	9
H	単位質量あたりの発熱率	W/kg	10
H_{AF}	交流磁場		6
H_B	海底変位		5
H_C	保磁力		6
$\boldsymbol{i}$	真の電流	A	6
I	電離層パラメータ		3
$I, \boldsymbol{I}, \boldsymbol{J}$	電流	A	6
I	伏角	度 (degree), rad	6
i_0	震源からの波の射出角	度 (degree), rad	2
$\boldsymbol{j}$	誘導電流		6
J_2	扁平率定数	$108,263 \times 10^{-8}$	7
k	波数		5
$\boldsymbol{k}$	波数ベクトル		6
k	物理定数	0.001931851353 $\left(\frac{b\gamma_p}{a\gamma_e}-1\right)$	7
k	熱伝導率, 熱伝導係数	W/m K	4,8,10
$\bar{k}$	ばね定数	N/m	10
$\boldsymbol{K}$	体積力		6
K	体積弾性率 (非圧縮率)		9,10
K'	体積弾性率の圧力微分		9
ks	定質の等価粒度粗度		5
L	衛星–受信点間の距離	km	3
L	断層方向の長さ	km	3
L	断層の長さ	km	5
L	磁場分布の空間スケール		6
L	自己インダクタンス	H	6
L	長さ	m, km	10
$\boldsymbol{m}$	磁気モーメント	A m^2	6
m	太陽風プラズマの平均質量		6
$\boldsymbol{m}$	地磁気双極子		6
m	質量	kg	7,9
M	マグニチュード		2
$\boldsymbol{M}$	モーメントテンソル		2
M	質量		4
$\boldsymbol{M}$	磁化ベクトル		6
M	相互インダクタンス		6
M	天体の質量	kg	7
M_0	地震モーメント	N m	2
m_b	実体波マグニチュード		2
M_e	地球の質量	5.97258×10^{24} kg	7
M_J	表面波マグニチュード		2
M_S	気象庁マグニチュード		2
M_W	モーメントマグニチュード		2
$\boldsymbol{n}$	(単位) 法線ベクトル		2,6
n	粗度係数 (マンニング係数)		5
n	太陽風プラズマの数密度	m^{-3}	6
N	反磁場係数		6

使用記号一覧

記号	意味	単位・値 (定義式)	章
N	ブラント–バイサラ振動数	s^{-1}	10
$n(M)$	度数密度		2
$N(M)$	(マグニチュード M 以上の) 地震数		2
$n(t)$	(本震から時間 t がすぎたときの) 単位時間あたりの余震数		2
Nu	ヌッセルト数		10
p	破線パラメータ		2
p	太陽風プラズマの動圧	Pa	6
p, P	圧力	Pa	4,5,6,9,10
P	P コードから求めた擬似距離		3
P_m	磁気プラントル数		6
p_m	磁気圧	Pa	6
$P_n^m, P_{n,m}$	ルジャンドルの倍関数		6
Pr	プラントル数		6
q	地殻熱流量	W/m^2	8
q	熱流量	W/m^2	10
Q	線流量	m^2/s	5
$\boldsymbol{r}$	位置ベクトル		3,6
r	半径	m, km	2,9
r	距離	m, km	6,7
R	スラントレンジ		3
R	抵抗		6
R_a	地球の平均半径	km	7
Ra	(熱対流の) レイリー数		6,10
R_e	地球の赤道半径	6378.137 km	7
Re	レイノルズ数		4
R_m	磁気レイノルズ数		6
R$2n+1$	レイリー波 (劣弧に沿って伝搬)		2
R$2n$	レイリー波 (優弧に沿って伝搬)		2
R_p	地球の極半径	6356.7523141 km	7
s	単位質量あたりのエントロピー	J/kg K	10
S	エントロピー	J/K	9
S	(断層) 面積	m^2	2,3,6,9
S_0	太陽全放射量	1.37 kW/m^2	8
$_nS_l$	伸び縮みモード		2
t	時間	s	4,7,8,10,3
T	走時		2
T	自転周期	s	7
T	温度	K	4,6,8,9,10
t_0	緩和時間		3
T_b	ブロッキング温度		6
TC	地形補正	cm/s^2, gal	7
T_D	直達波の走時		2
T_H	ヘッドウェイブの走時		2
t_{P1}^i	衛星 i と観測点 1 の電波伝播遅延		3
$_nT_l$	ねじれモード		2
$\boldsymbol{u}$	変位ベクトル		3
u, U	速度, 水平流速	m/s, km/s	4,5,10
u	変位, 断層面上のすべり量	m	5
u	水平方向の速度	m/s, km/s	10
U	永久変位の変位量		3
U	速度 (ダイアピル)	m/yr	4
U	遠心力ポテンシャル	J	7
u_ϕ	SH 波の変位		2
u_θ	SV 波の変位		2
u_r	P 波の変位		2
$v, \boldsymbol{v}$	(地震波) 速度	m/s, km/s	2,3,6
v	太陽風プラズマの速さ		6
v	鉛直方向の速度	m/s	10
$\boldsymbol{V}$	流速ベクトル		5
V	引力ポテンシャル	J	7
V	体積 (単位質量あたりの体積)	m^3 (m^3/kg)	4,9,10
V_p	P 波速度	m/s, km/s	9
V_s	S 波速度	m/s, km/s	9
w	速度, 鉛直流速	m/s	5,10
w	水平方向の速度	m/s	10
W	傾斜方向の長さ (幅)		3

記号	意味	単位・値 (定義式)	章
W	断層の幅	km	5
W	磁気ポテンシャル		6
W	重力ポテンシャル	J	7
x	距離	m, km	2
x	水平方向の位置	m, km	10
y	鉛直方向の位置	m, km	10
$Y_l^{\,m}(\theta,\varphi)$	球面調和関数		2
z	水平方向の位置	m	10
z	深さ	m	4,8

索　引

1 次の相転移　165
2 階のテンソル　182
2 次の相転移　165
3 成分ひずみ計　38
410 km 不連続面　156
520 km 不連続面　156
660 km 不連続面　156

A

ABIC　40, 130
ABIC (最小化推定) 法　130, 133
ALOS/PALSAR　35
ascending 軌道　35

C

C/A コード　31
CLVD　67
CMB　157

D

DAC　160
DART システム　79
DEM　126
descending 軌道　35
D″ (D double prime) 層　157

F

F–H 相関法　129

G

G–H 相関法　129
Geometry-free 結合　34
GEONET　43
GNSS　30
GPS　30, 61, 119
GPS 津波計　79

I

IGRF　92
IGS　34
InSAR　30
Ionosphere-free 結合　34
ITRF　41
ITRF 座標系　121

J

JERS–1　35

L

L1　31
L2　31
L バンド　35

N

Narrow-lane 結合　34
NNR　42
NNR–NUVEL–1A　42
NUVEL–1　42

P

PREM　118, 156, 177
P コード　31
P 軸　25
P 波　15, 177
P 波速度　155

Q

QZSS　30

S

SAR　30
SH 波　15
SLR　30
SVD 法　134
SV 波　15
S 波　15, 177
S 波速度　155

T

T 軸　25

V

VDM　102
VEI　54
VGP　102
VLBI　30

W

Wide-lane 結合　33

あ 行

アイソスタシー　178
アウターライズ　7
赤池ベイズ型情報量規準　40, 130
アキモトアイト　164
浅間山　52
アジマス方向　34
アスペリティ　6
アセノスフェア　6, 193
阿蘇山　67
圧縮性流体　187
圧力　182
圧力キャリブレーション　160
アムールプレート　42

α 効果　96
アルベド　137
安山岩質　50
アンビギュイティ　33
アンラッピング　36

位相　13
位相速度　16
位相中心変動　34
位置エネルギー　53
一重位相差　32
偽りの解　33
移流　184
移流–拡散方程式　187
隕石衝突による津波　73
インバージョン解析　39
インバース手法　132
引力　112
引力ポテンシャル　113

ウィリアムソン–アダムスの式　118, 156
ウォズレアイト　163, 194
ヴォルテラの定理　71
有珠山　68
宇宙測地技術　30
宇宙の元素存在度　157
雲仙普賢岳　65
運動エネルギー　53

沿岸の津波　76
遠心力　112
遠心力ポテンシャル　113
遠地項　23
エントロピー　187
円板ダイナモ　99
遠洋の津波　76

オイラー極　41
オイラーベクトル　41
横抗式　37
大森公式　13
オフナディア角　36
ω 効果　97
温度勾配　140

か 行

外核　20, 175
海溝　7
海溝型地震　8
開口断層　62
開口割れ目　62
海底ケーブル式水圧計　79
海底地殻変動観測局　46
海底摩擦　77
回転　29
回転楕円体　121
海面高度計　80
界面動電現象　64

索引

海面変動 72
海洋磁気異常 107
海嶺の拡大速度 42
核 175
拡散方程式 146, 185
角周波数 14
角速度 41
拡張 F-H 相関法 130
花崗岩 186
火砕流台地 51
火山性構造性地震 65
火山性地震 4
火山性微動 65
火山性流体 65
火山爆発指数 53
火山噴火に関連する津波 73
火山噴火予知 68
仮想地磁気極 102
仮想地磁気双極子モーメント 102
活断層 5
火道 56
加熱発泡 57
可変密度重力異常 130
ガリレオ・ガリレイ 115
カルデラ 61
間隙流体圧 65
干渉 SAR 61
干渉合成開口レーダー 30
干渉縞 36
含水鉱物 166
岩脈 56
かんらん岩 186
緩和時間 48

擬似距離 31
基準尺 37
基線ベクトル 33
北アメリカプレート 42
軌道縞 36, 37
揮発性成分 53
気泡流 57
逆磁極期 93, 102
逆断層 5, 39
球座標系 24
球状圧力源 61
球対称の層構造 39
球面波 14
急冷回収できない (unquenchable) 161
キュリー点 (温度) 104, 176
強震動 4
霧島山新燃岳 69
近地項 23

食い違い 39
　　──の弾性論 39
矩形断層 38
屈折の法則 14
グーテンベルク不連続面 157
グーテンベルク-リヒター則 12
クラペイロン-クラウジウスの式 166
クラペイロン勾配 195
グリーン関数 22
群速度 16
群発地震 12, 62

ケイ酸塩ペロブスカイト 163
傾斜 5

傾斜角 38
傾斜計 30, 37
傾斜変動 61
ケルビン物体 48
減圧発泡 57
減圧融解 55
原子時計 31
元素存在度 157, 158
検潮所 78
玄武岩 186
玄武岩質 50

コアフェーズ 21
コア-マントル境界 21, 157
高周波地震 65
合成開口 36
合成開口レーダー 34
剛性率 62, 155, 180
構造性地震 65
広帯域地震計 9
後氷期回復 178
交流消磁 107
固化 58
国際地球基準座標系 121
国際標準地球磁場 92
固着 44
コード 31
コードパターン 31
コリオリ力 76, 182
コンドライト隕石 186
コンドリティックマントル 158
コンラッド面 156

さ 行

最大せん断ひずみ 30
サイドルッキングレーダー 35
砕波 77
砕波段波 77
差応力 65
桜島 52
差分法
　　線形長波理論式を解く── 82
　　線形分散波理論式を解く── 84
　　浅水理論式を解く── 83
散逸数 187
三角形要素群 40
三重合 19
三陸はるか沖地震 48

ジオイド 114, 119
ジオイド高 119
磁気圏境界面 89
磁気圏尾部 89
磁気赤道 93
磁気レイノルズ数 98
磁区 104
地震 4
　　──のスリップベクトル 42
地震学的パラメータ 155
地震間変動 44
地震計 9
地震時変動 44
地震動 4
地震波トモグラフィー 175
地震波の影 20
地震モーメント 10, 23
沈み込み角 44

沈み込み帯 7
実体波 15
質量保存則 183
磁鉄鉱 (Fe_3O_4) 104
磁南極 93
自発磁化 104
磁場凍結 96
磁壁 104
磁北極 93
シャドーゾーン 20
周期 14
周波数 14
重力 61, 112
重力異常 123
重力加速度 112
重力式 1967 122
重力式 1980 122
重力潮汐 123
重力変化 63
重力補正 123
重力補正密度 129
重力ポテンシャル 113
主ひずみ 30
準天頂衛星システム 30
衝撃波面 89
消磁 107
常時地球自由振動 18
状態方程式 161
衝突帯 7
情報量規準 40
初生マグマ 55
初動 19
震央 5
震央距離 15
震源 5
震源域 5
震源時 5
震源メカニズム解 26
人工衛星レーザー測距 30
伸縮計 37, 61
震度 11
浸透流 56
深発地震 7
振幅 13
深部低周波地震 66

水管傾斜計 37
水準測量 61
水蒸気爆発 52
水平成層構造 39
数値標高モデル 126
スケーリング則 66
スタグナントスラブ 176
ストークス定数 121
ストークスの抵抗則 59
ストロンボリ式噴火 52
スーパープルーム 176
すべり角 5, 39
すべり欠損 45
すべり速度 5
すべり分布 39
スマトラ-アンダマン地震 39, 47
スラグ流 58
スラブ 7, 176
スラブ内地震 8
スラントレンジ 35
ずれ弾性率 155
スロー地震 8

スロースリップ　4, 49

正規重力　121
正磁極期　93, 102
静水圧平衡　187
整数値バイアス　33
脆性的（岩盤）　64
成層火山　51
正断層　5, 39
静的変位　39
正方晶ガーネット　164
精密位置計測　30
精密暦　31
世界測地系　121
接線応力　182
絶対運動　42
絶対重力観測　63
節面　24
泉温　151
線形結合　33
線形長波理論　74
線形長波理論式を解く差分法　82
線形ブシネスク式　76
線形分散波理論　76
線形分散波理論式を解く差分法　84
全磁力　92
前震　12
浅水理論　76
浅水理論式を解く差分法　83
せん断応力　182
せん断弾性率　180
せん断ひずみ　29
全地球測位システム　30
潜熱　187
浅発地震　7

双極子　176
双極子磁場　91
走向　5, 38
走時　18
相似変数　146
相対運動　42
相対重力観測　63
相対測位　32
相転移　165, 182
層流　59
測地基準系　121
遡上条件　86
塑性　178
粗度係数　77
ソミリアナの公式　122
ソリトン分裂　77

た　行

ダイアピル　56
大気補正　126
堆積残留磁化　106
体積弾性率　155, 180
体積ひずみ計　38
体積力　181
ダイナミック・トリガリング　68
ダイナモ機構　177
ダイナモ作用　95
太平洋プレート　42
ダイヤモンドアンビル型セル　160
太陽系の元素存在度　157
太陽風プラズマ　90

対流　184
対流胞　188
楕円体高　120
多磁区構造　104
脱ガス　58
脱水分解反応　166
盾状火山　51
ダブルカップル　23
タルワニ法　132
単磁区構造　104
弾性　178
単成火山　51
弾性論　71
断層　4
断層運動による津波　71
断層モデル　38
単独測位　31
断熱温度勾配　187
段波　77

遅延時間　48
地温勾配　141, 184
地殻　20, 28, 175
地殻熱流量　139, 184
地殻表層密度　130
地殻変動　28, 61
地球磁気圏　89
地球自由振動　16
地球ダイナモ　96
地球楕円体　119
地球潮汐　16
地球の扁平率　121
地形縞　36, 37
地形補正　123, 126
地衡流　97
地磁気　61, 89
地磁気永年変化　101
地磁気ガウス係数　94
地磁気逆転　93, 101
地磁気極　95
地磁気縞模様　42
地磁気赤道　91
地磁気双極子　91
地磁気双極子仮説　103
地磁気双極子モーメント　95
地磁気ポテンシャル　94
地軸双極子　93
地心引力定数　121
地すべりによる津波　73
チタン磁鉄鉱（$Fe_{3-x}Ti_xO_4$）　104
チャープ信号　35
中越沖地震　44
中越地震　44
中央海嶺　6, 55
長周期地震　65
潮汐力　123
超長基線電波干渉計　30

津波　71
　沿岸の――　76
　遠洋の――　76
　火山噴火に関連する――　73
　地すべりによる――　73
　――の伝播　74
津波初期波源　72
津波数値計算手法　81
津波予報　86
津波励起　73

テア　123
定圧比熱　187
定義定数　121
低周波地震　65
低速度領域（地震波）　60
停滞スラブ　176
デーサイト質　50
電子基準点　43
点震源　22
テンソル　182
伝導　184
電波伝播遅延　31
電離層パラメータ　33

等温核　188
島弧　54
東北地方太平洋沖地震　46
トモグラフィー　55, 60
トラフ　7
トランスフォーム断層　7
　――の走向　42
ドリフト　123

な　行

内核　20, 175
内陸型地震　8
長さ（断層）　38
ナビエ－ストークス方程式　180
波の前傾化　77
南海地震　45
南海トラフ　45
新潟－神戸ひずみ集中帯　44
二酸化ケイ素　50
二重位相差　33
日本海溝　45
日本水準原点　119
日本測地系　121

ヌッセルト数　191
濡れ角　56

ねじれモード　16
熱エネルギー　53
熱拡散係数　60
熱拡散率　146, 185
熱境界層　188
熱残留磁化　105
熱磁気効果　64
熱消磁　64, 107
熱対流　188
熱電対　161
熱伝導　57, 184
熱伝導係数　60
熱伝導方程式　145
熱伝導率　140, 141, 185
熱膨張　181
熱膨張率　181
粘性　50, 178
粘性散逸　187
粘性率　50, 180
粘弾性　178
粘弾性緩和　48
粘弾性緩和時間　179
粘弾性体　48, 178

伸び縮みモード　16

は 行

バイヤリーの法則　152
パイロライト　158
パイロライトマントル　158
破壊速度　5
白亜紀スーパークロン　102
波高計　79
波状段波　77
波数　14
パーセル法　189
波線　14
波線パラメータ　14, 19
バーチ–マーナガン状態方程式　162
波長　13
　——の整数倍の不確定性　32
バックスリップ　45
発震機構解　65
幅 (断層)　38
波面　14
ハーモニック　66
バルク音速　155
パルス　35
パルス圧縮　35
パルス幅　35
ハワイ式噴火　52
半減期　138, 186
反磁場　104
搬送波　31
　——の位相　32
　——の波長　32
汎地球測位システム　119
バンド幅　35
半無限弾性体　38
万有引力　112
万有引力定数　112

非圧縮性粘性流体　59
非圧縮性流体　184
非圧縮率　155
ピエゾ磁気変化　64
非火山性微動　8
ピクロジャイト　158
微小地震　66
ピストンシリンダー型高圧発生装置　159
ひずみ　28, 182
ひずみ計　30, 37
ひずみ速度　183
非線形浅水理論　77
非線形長波理論式　76
非ダブルカップル　65, 67
左横ずれ断層　39
非弾性流体近似　184
比熱　185
ビーム幅　34
標高　114, 119
表皮効果　109
表面波　15

ブイ式海底水圧計　79
フィリピン海プレート　40, 42
フェロペリクレース　163
フォークト粘弾性　179
フォワード手法　132
複成火山　51

ブーゲー異常　123
ブーゲー勾配　124
ブーゲー重力異常　61
ブーゲー補正　123, 124
ブシネスク近似　184
伏角　92
部分溶融　55
フラックスゲート型磁力計　64
ブラント–バイサラ振動数　189
フリーエア異常　123
フリーエア勾配　64, 124
フリーエア補正　123, 124
フーリエの法則　140, 185
プリニー式噴火　51
浮力　181
ブルカノ式噴火　52
フルード数　77
プルーム　56
プレート　6, 28
プレート運動　28
プレート運動速度　40
プレート運動モデル　41
プレート間相互作用　40
プレート間の密度差　44
プレート境界　40
プレート境界面の固着　44
プレートテクトニクス　6
ブロッキング温度　105
フロート式検潮所　78
プロトン磁力計　64
噴煙柱　58
噴火警戒レベル　68
豊後水道　49
分散　16
噴霧流　58

平面波　14
べき乗則　13
ヘッドウェイブ　15
ペリクレース　194
ペロブスカイト　164
ペロブスカイト相　194
変位　28
変位ベクトル　28
変位量　39
偏角　92
変動縞　37
扁平率　122

ボアホール式　37
放射光 X 線その場観察実験　161
放射性元素　185
法線応力　182
放送暦　31
保磁力　105
保存力　113
ホットスポット　54, 176
ホットプルーム　55
本震　12

ま 行

マイクロ波　34
　——の電波伝播遅延　35
マカラーの式　115
マクスウェル時間　179
マクスウェル粘弾性　178
マクスウェル物体　48

マグニチュード　10
マグネシオウスタイト　163
マグマ　50
マグマ水蒸気爆発　52
マグマ溜まり　56
マルチアンビル型高圧発生装置　159
マントル　20, 175
マントルウェッジ　55
マントル遷移層　21
マントル対流　178
マンニング係数　77

見かけ速度　14
右横ずれ断層　39
三宅島　67
ミューオン　61

無限小回転　41
無限小ひずみ　28

メジャライトガーネット　164
面積ひずみ　29
面積力　181

茂木モデル　62
モード　16
モホロビチッチ不連続面 (モホ (不連続)面)　20, 56, 156
モーメント速度関数　24
モーメントテンソル　23, 65
モーメントマグニチュード　10

や 行

やや深発地震　7

有限球殻　125
有限平板　125
有効弾性厚　153
誘導方程式　98
誘発地震　68
ユーラシアプレート　43

溶岩　50
溶岩台地　51
溶岩ドーム　52
余効すべり　48
余効変動　44, 47
横ずれ断層　5
余震　12

ら 行

ラブ波　15

リソスフェア　6, 193
リモートセンシング　64
流速波速比　77
流体粒子　180
流紋岩質　50
臨界レイリー数　190
リングウッダイト　163, 194

レイノルズ数　60
レイリー数　190
レイリー波　15
レーマン面　157
レンジ方向　35

連続の式 183

ローレンツ力 182

わ 行

和達–ベニオフ帯 7

編著者略歴

山本明彦(やまもと あきひこ)
名古屋大学大学院理学研究科博士課程修了
現　在　愛媛大学大学院理工学研究科数理物質科学専攻・教授
　　　　理学博士
　　　　著書は『日本列島重力アトラス　西南日本および中央日本』（東京大学出版会），『日本地方地質誌1　北海道地方』（朝倉書店）など
　　　　日本測地学会坪井賞（団体賞）を受賞
　　　　専門は固体地球物理学，測地学

地球ダイナミクス　　　　　　　　　　　　定価はカバーに表示

2014年4月5日　初版第1刷

編著者　山　本　明　彦
発行者　朝　倉　邦　造
発行所　株式会社　朝　倉　書　店

東京都新宿区新小川町 6-29
郵便番号　162-8707
電　話　03(3260)0141
FAX　03(3260)0180
http://www.asakura.co.jp

〈検印省略〉

Ⓒ 2014〈無断複写・転載を禁ず〉　　　中央印刷・渡辺製本

ISBN 978-4-254-16067-3　C 3044　　　Printed in Japan

JCOPY　<(社)出版者著作権管理機構　委託出版物>

本書の無断複写は著作権法上での例外を除き禁じられています．複写される場合は，そのつど事前に，(社)出版者著作権管理機構（電話 03-3513-6969, FAX 03-3513-6979, e-mail: info@jcopy.or.jp）の許諾を得てください．

元東大 宇津徳治・元東大 嶋　悦三・前東大 吉井敏尅・
東大 山科健一郎編

地震の事典（第2版）（普及版）

16053-6 C3544　　　　A5判 676頁 本体19000円

東京大学地震研究所を中心として，地震に関するあらゆる知識を系統的に記述。神戸以降の最新のデータを含めた全面改訂。付録として16世紀以降の世界の主な地震と5世紀以降の日本の被害地震についてマグニチュード，震源，被害等も列記。〔内容〕地震の概観／地震観測と観測資料の処理／地震波と地球内部構造／変動する地球と地震分布／地震活動の性質／地震の発生機構／地震に伴う自然現象／地震による地盤振動と地震災害／地震の予知／外国の地震リスト／日本の地震リスト

前東大 岡田恒男・前京大 土岐憲三編

地 震 防 災 の 事 典

16035-2 C3544　　　　A5判 688頁 本体25000円

〔内容〕過去の地震に学ぶ／地震の起こり方(現代の地震観，プレート間・内地震，地震の予測)／地震災害の特徴(地震の揺れ方，地震と地盤・建築・土木構造物・ライフライン・火災・津波・人間行動)／都市の震災(都市化の進展と災害危険度，地震危険度の評価，発災直後の対応，都市の復旧と復興，社会・経済的影響)／地震災害の軽減に向けて(被害想定と震災シナリオ，地震情報と災害情報，構造物の耐震性向上，構造物の地震応答制御，地震に強い地域づくり)／付録

防災科学研 岡田義光編

自 然 災 害 の 事 典

16044-4 C3544　　　　A5判 708頁 本体22000円

〔内容〕地震災害-観測体制の視点から(基礎知識・地震調査観測体制)／地震災害-地震防災の視点から／火山災害(火山と噴火・災害・観測，噴火予知と実例)／気象災害(構造と防災・地形・大気現象・構造物による防災・避難による防災)／雪氷環境防災(雪氷環境防災・雪氷災害)・土砂災害(顕著な土砂災害・地滑り分類・斜面変動の分布と地帯区分・斜面変動の発生原因と機構・地滑り構造・予測・対策)／リモートセンシングによる災害の調査／地球環境変化と災害／自然災害年表

日大 首藤伸夫・東北大 今村文彦・東北大 越村俊一・
東大 佐竹健治・秋田大 松冨英夫編

津 波 の 事 典

　　　16050-5 C3544　　A5判 368頁 本体9500円
〔縮刷版〕16060-4 C3544　四六判 368頁 本体5500円

世界をリードする日本の研究成果の初の集大成である『津波の事典』のポケット版。〔内容〕津波各論(世界・日本，規模・強度他)／津波の調査(地質学，文献，痕跡，観測)／津波の物理(地震学，発生メカニズム，外洋，浅海他)／津波の被害(発生要因，種類と形態)／津波予測(発生・伝播モデル，検証，数値計算法，シミュレーション他)／津波対策(総合対策，計画津波，事前対策)／津波予警報(歴史，日本・諸外国)／国際的連携／津波年表／コラム(探検家と津波他)

前東大 下鶴大輔・前東大 荒牧重雄・前東大 井田喜明・
東大 中田節也編

火 山 の 事 典（第2版）

16046-8 C3544　　　　B5判 592頁 本体23000円

有珠山，三宅島，雲仙岳など日本は世界有数の火山国である。好評を博した第1版を全面的に一新し，地質学・地球物理学・地球化学などの面から主要な知識とデータを正確かつ体系的に解説。〔内容〕火山の概観／マグマ／火山活動と火山帯／火山の噴火現象／噴出物とその堆積物／火山の内部構造と深部構造／火山岩／他の惑星の火山／地熱と温泉／噴火と気候／火山観測／火山災害と防災対応／外国の主な活火山リスト／日本の火山リスト／日本と世界の火山の顕著な活動例

前気象庁 新田　尚・東大住　明正・前気象庁 伊藤朋之・
前気象庁 野瀬純一編

気象ハンドブック（第3版）

16116-8 C3044　　　　B5判 1032頁 本体38000円

現代気象問題を取り入れ，環境問題と絡めたよりモダンな気象関係の総合情報源・データブック。[気象学]地球／大気構造／大気放射過程／大気熱力学／大気大循環[気象現象]地球規模／総観規模／局地気象[気象技術]地表からの観測／宇宙からの気象観測[応用気象]農業生産／林業／水産／大気汚染／防災／病気[気象・気候情報]観測値情報／予測情報[現代気象問題]地球温暖化／オゾン層破壊／汚染物質長距離輸送／炭素循環／防災／宇宙からの地球観測／気候変動／経済[気象資料]

日本雪氷学会監修

雪 と 氷 の 事 典

16117-5　C3544　　　　A5判　784頁　本体25000円

日本人の日常生活になじみ深い「雪」「氷」を科学・技術・生活・文化の多方面から解明し、あらゆる知見を集大成した本邦初の事典。身近な疑問に答え、ためになるコラムも多数掲載。〔内容〕雪氷圏／降雪／積雪／融雪／吹雪／雪崩／氷／氷河／極地氷床／海氷／凍上・凍土／雪氷と地球環境変動／宇宙雪氷／雪氷災害と対策／雪氷と生活／雪氷リモートセンシング／雪氷観測／付録(雪氷研究年表／関連機関リスト／関連データ)／コラム(雪はなぜ白いか？／シャボン玉も凍る？他)

元早大坂　幸恭監訳

オックスフォード辞典シリーズ

オックスフォード 地球科学辞典

16043-7　C3544　　　　A5判　720頁　本体15000円

定評あるオックスフォードの辞典シリーズの一冊"Earth Science (New Edition)"の翻訳。項目は五十音配列とし読者の便宜を図った。広範な「地球科学」の学問分野——地質学、天文学、惑星科学、気候学、気象学、応用地質学、地球化学、地形学、地球物理学、水文学、鉱物学、岩石学、古生物学、古生態学、土壌学、堆積学、構造地質学、テクトニクス、火山学などから約6000の術語を選定し、信頼のおける定義・意味を記述した。新版では特に惑星探査、石油探査における術語が追加された

日本地球化学会編

地 球 と 宇 宙 の 化 学 事 典

16057-4　C3544　　　　A5判　500頁　本体12000円

地球および宇宙のさまざまな事象を化学の観点から解明しようとする地球惑星化学は、地球環境の未来を予測するために不可欠であり、近年その重要性はますます高まっている。最新の情報を網羅する約300のキーワードを厳選し、基礎からわかりやすく理解できるよう解説した。各項目1～4ページ読み切りの中項目事典。〔内容〕地球史／古環境／海洋／海洋以外の水／地表・大気／地殻／マントル・コア／資源・エネルギー／地球外物質／環境(人間活動)

東大本多　了訳者代表

地 球 の 物 理 学 事 典

16058-1　C3544　　　　B5判　536頁　本体14000円

Stacey and Davis 著"Physics of the Earth 4th"を翻訳。物理学の観点から地球科学を理解する視点で体系的に記述。地球科学分野だけでなく地質学、物理学、化学、海洋学の研究者や学生に有用な1冊。〔内容〕太陽系の起源とその歴史／地球の組成／放射能・同位体・年代測定／地球の回転・形状および重力／地殻の変形／テクトニクス／地震の運動学／地震の動力学／地球構造の地震学的決定／有限歪みと高圧状態方程式／熱特性／地球の熱収支／対流の熱力学／地磁気／他

元筑波大鈴木淑夫著

岩　石　学　辞　典

16246-2　C3544　　　　B5判　916頁　本体38000円

岩石の名称・組織・成分・構造・作用など、堆積岩、変成岩、火成岩の関連語彙を集大成した本邦初の辞典。歴史的名称や参考文献を充実させ、資料にあたる際の便宜も図った。〔内容〕一般名称(科学・学説の名称／地殻・岩石圏／コロイド他)／堆積岩(組織・構造／成分の形式／鉱物／セメント、マトリクス他)／変成岩(変成作用の種類／後退変成作用／面構造／ミグマタイト他)／火成岩(岩石の成分／空洞／石基／ガラス／粒状組織他)／参考文献／付録(粘性率測定値／組織図／相図他)

東大瀬野徹三著

プレートテクトニクスの基礎

16029-1　C3044　　　　A5判　200頁　本体4300円

豊富なイラストと設問によって基礎が十分理解できるよう構成。大学初年度学生を主対象とする。〔内容〕なぜプレートテクトニクスなのか／地震のメカニズム／プレート境界過程／プレートの運動学／日本付近のプレート運動と地震

東大瀬野徹三著

続 プレートテクトニクスの基礎

16038-3　C3044　　　　A5判　176頁　本体3800円

『プレートテクトニクスの基礎』に続き、プレート内変形(応力場、活断層のタイプ)、プレート運動の原動力を扱う。〔内容〕プレートに働く力／海洋プレート／スラブ／大陸・弧／プレートテクトニクスとマントル対流／プレート運動の原動力

◆ 日本地方地質誌〈全8巻〉◆
プレートテクトニクス後の地質全体を地方別に解説した決定版

日本地質学会編
日本地方地質誌1
北 海 道 地 方
16781-8 C3344　　B5判 656頁 本体26000円

北海道地方の地質を体系的に記載。中生代～古第三紀収束域・石炭形成域／日高衝突帯／島弧会合部／第四紀／地形面・地形面堆積物／火山／海洋地形・地質／地殻構造／地質資源／燃料資源／地下水と環境／地質災害と予測／地質体形成モデル

日本地質学会編
日本地方地質誌3
関 東 地 方
16783-2 C3344　　B5判 592頁 本体26000円

関東地方の地質を体系的に記載・解説。成り立ちから応用まで，関東の地質の全体像が把握できる。〔内容〕地質概説(地形／地質構造／層序変遷他)／中・古生界／第三系／第四系／深部地下地質／海洋地質／地震・火山／資源・環境地質／他

日本地質学会編
日本地方地質誌4
中 部 地 方
(CD-ROM付)
16784-9 C3344　　B5判 588頁 本体25000円

中部地方の地質を「総論」と露頭を地域別に解説した「各論」で構成。〔内容〕【総論】基本枠組み／プレート運動とテクトニクス／地質体の特徴【各論】飛騨／舞鶴／来馬・手取／伊豆／断層／活火山／資源／災害／他

日本地質学会編
日本地方地質誌5
近 畿 地 方
16785-6 C3344　　B5判 472頁 本体22000円

近畿地方の地質を体系的に記載・解説。成り立ちから応用地質学まで，近畿の地質の全体像が把握できる。〔内容〕地形・地質の概要／地質構造発達史／中・古生界／新生界／活断層・地下深部構造・地震災害／資源・環境／地質災害

日本地質学会編
日本地方地質誌6
中 国 地 方
16786-3 C3344　　B5判 576頁 本体25000円

古い時代から第三紀中新世の地形，第四紀の気候・地殻変動による新しい地形すべてがみられる。〔内容〕中・古生界／新生界／変成岩と変成作用／白亜紀・古第三紀／島弧火山岩／ネオテクトニクス／災害地質／海洋地質／地下資源

日本地質学会編
日本地方地質誌8
九 州 ・ 沖 縄 地 方
16788-7 C3344　　B5判 648頁 本体26000円

この半世紀の地球科学研究の進展を鮮明に記す。地球科学のみならず自然環境保全・防災・教育関係者も必携の書。〔内容〕序説／第四紀テクトニクス／新生界／中・古生界／火山／深成岩／変成岩／海洋地質／環境地質／地下資源

◆ 地球科学の新展開〈全3巻〉◆
東京大学地震研究所 編集

東大 川勝 均編
地球科学の新展開1
地球ダイナミクスとトモグラフィー
16725-2 C3344　　A5判 240頁 本体4400円

地震波トモグラフィーを武器として地球内部の構造を探る。〔内容〕地震波トモグラフィー／マントルダイナミクス／海・陸プレート／地殻の形成／スラブ／マントル遷移層／コア-マントル境界／プルーム／地殻・マントルの物質循環

元東大 菊地正幸編
地球科学の新展開2
地殻ダイナミクスと地震発生
16726-9 C3344　　A5判 240頁 本体4000円

〔内容〕地震とは何か／地震はどこで発生するか／大地震は繰り返す／地殻は変動する／地殻を診断する／地球の鼓動を測る／地球の変形を測る／実験室で震源を探る／地震波で震源を探る／強い揺れの生成メカニズム／地震発生の複雑さの理解

京大 鍵山恒臣編
地球科学の新展開3
マグマダイナミクスと火山噴火
16727-6 C3344　　A5判 224頁 本体4000円

〔内容〕ハワイ・アイスランドの常識への挑戦／火山の構造／マグマ／マグマの上昇と火山噴火の物理／観測と発生機構(火山性地震・微動／地殻変動・重力変化／熱・電磁気／衛星赤外画像／SAR)／噴出物／歴史資料／火山活動の予測

前東工大 日野幹雄著
流 体 力 学
20066-9 C3050　　A5判 496頁 本体7900円

魅力的な図や写真も多用し流体力学の物理的意味を十分会得できるよう懇切ていねいに解説し，流体力学の基本図書として高い評価を獲得(土木学会出版賞受賞)している。〔内容〕I.完全流体の力学／II.粘性流体の力学／III.乱流および乱流拡散

上記価格（税別）は 2014 年 3 月現在